大学物理实验

主　编　　褚润通

副主编　　王春妮
苏俊燕
张海民

北京大学出版社
PEKING UNIVERSITY PRESS

内 容 简 介

本书是根据教育部高等学校物理学与天文学教学指导委员会物理基础课程教学指导分委员会制定的《理工科类大学物理实验课程教学基本要求》(2010 年版),结合当前物理实验教学改革的实际和编者多年大学物理实验的教学实践经验编写而成的. 全书分 7 章,共 75 个实验项目,内容涵盖力学、热学、光学、电学、磁学及近代物理学相关知识. 依据实验难易程度和能力培养需要,把实验内容划分为基础训练、技能培养、综合、设计、研究与创新等知识层次.

本书可作为高等学校各类工科专业和理科非物理专业的物理实验教学用书.

前　言

本书为兰州理工大学重点课程建设规划教材，是根据教育部高等学校物理学与天文学教学指导委员会物理基础课程教学指导分委员会制定的《理工科类大学物理实验课程教学基本要求》(2010 年版)，结合编者多年大学物理实验的教学实践经验，参考我校历年自编教材并吸收了国内高等学校物理实验教材的精华编写而成的，适用于各类高等学校工科专业和理科非物理专业的物理实验教学.

本书具有以下特色.

(1) 内容编排上打破了传统的按照力学、热学、光学、电学、磁学和近代物理学等各自独立的物理学课程体系模式.依据实验难易程度和能力培养需要，把实验内容划分为基础训练、技能培养、综合、设计、研究与创新等知识层次，由易到难、由浅入深、循序渐进、逐步提高.

(2) 个别实验项目因实验仪器或实验方法的不同，分别以子项目形式列出，以适应不同的需求，使其适用面更广.

(3) 在加强基础的前提下，增大了综合性、设计性和研究与创新性实验项目比例.

(4) 每个项目前均有关于该项目的知识背景和工程应用介绍.

(5) 所有基础实验都有"预习提要"，为学生实验预习提供帮助.

(6) 设计性实验项目的"实验提示"，为学生设计实验方案提供帮助.

(7) 实验 7.1"光栅立体/变换画设计与制作"结合当前家庭装饰、灯箱广告、婚纱影楼等热门行业的光栅立体画的物理成像原理、立体处理技术、后期加工制作等相关知识，做了全面系统的介绍.相对于其他物理实验教材，该实验是独有的.

(8) 实验 7.2～7.4 为系列性研究与创新性实验，可作为学生自主选修实验，培养学生全面深入地掌握相关知识及应用.

全书共分 7 章，实验项目内容涵盖力学、热学、光学、电学、磁学及近代物理学相关知识，共 75 个实验项目.第 1 章系统地介绍了误差理论、有效数字和数据处理的基本方法等内容；第 2 章主要介绍了物理实验的基本测量方法和基本操作技术等；第 3 章为基础训练型实验(9 个)；第 4 章为技能培养型实验(23 个)；第 5 章为综合性实验(13 个)；第 6 章为设计性实验(11 个)；第 7 章为研究与创新性实验(19 个).书末附录给出了有关的物理常数和常用数表.

本书由褚润通任主编，王春妮、苏俊燕、张海民任副主编.褚润通编写绪论、第 1 章、第 2 章、第 6 章、实验 5.2～5.8、实验 7.1、实验 7.3 及附录；王春妮编写第 3 章及实验 7.4；苏俊燕编写第 4 章；张海民编写实验 5.1、实验 5.9～5.12；王伟编写实验 7.2.教材编写大纲框架的拟定、统稿、定稿由褚润通承担.

本书是在我校曾用教材《大学物理实验》(刘延君、褚润通主编,兰州大学出版社,2007)及《大学物理实验》(褚润通主编,复旦大学出版社,2016)的基础上进行修订和改编的,在此对原书作者所付出的劳动和心血表示深深的感谢!在编写过程中,还得到了编者所在学校应用物理系、物理实验中心同行们的积极支持;同时,一些兄弟院校的教材也为本书的编写提供了很好的借鉴,对此表示衷心的感谢!付小军、钟运连、沈阳编辑了配套教学资源,魏楠、苏娟、汤晓提供了版式和装帧设计方案,在此一并感谢.

由于编者水平有限,书中难免有疏漏和不妥之处,敬请读者批评指正.

编　者

2019年6月

目录

绪 论

一、物理实验课的地位、作用和任务

物理学是研究物质的基本结构、基本运动形式、相互作用及其转化规律的自然科学. 它的基本理论渗透在自然科学的各个领域,应用于生产技术的方方面面,是其他自然科学和工程技术的基础. 在人类追求真理、探索未知世界的过程中,物理学展现了一系列科学的世界观和方法论,深刻影响着人类对物质世界的基本认识,人类的思维方式和社会生活,是人类文明的基石,在人才的科学素质培养中具有重要的地位. 物理实验是科学实验的先驱,体现了大多数科学实验的共性,在实验思想、实验方法以及实验手段等方面是各学科科学实验的基础.

从本质上说,物理学是一门实验学科,实验在物理学的发展史上有其重要的地位和作用. 物理理论建立在实验的基础上,同时又要接受实验的不断检验,而物理实验本身则必须以理论为指导. 理论与实验的这一辩证关系是物理学发展的规律. 从经典物理发展到近代物理,从宏观领域深入到微观领域,物理学中的许多成果都是理论与实验密切结合的产物.

大学物理实验是高等学校对理工科学生进行科学实验基本训练的必修基础课程,是本科生接受系统实验方法和实验技能训练的开端. 物理实验覆盖面广,具有丰富的实验思想、方法、手段,同时能提供综合性很强的基本实验技能训练,可以培养学生科学实验能力,提高学生科学素质,在培养学生严谨的治学态度、活跃的创新意识、理论联系实际和适应科学技术发展的综合应用能力等方面具有其他实践类课程不可替代的作用.

物理实验的基本教学内容,如实验数据处理、误差分析与计算、物理量的测量方法等基本训练,在理论课教学中是无法进行的. 实验还有助于巩固和加深理解理论课所学的内容. 因此,我们在学习物理学时,应当注意理论联系实际,既要重视理论知识的学习,又要注意培养和提高实验能力.

大学物理实验教学的目的和任务如下.

(1) 通过实验方法和实验技能的基本训练,学生可以做到以下几点.

① 能够自行阅读实验教材和资料,概括实验原理和方法的要点,做好实验前的准备.

② 能够借助教材或仪器说明书正确使用常用仪器,掌握基本物理量的测量方法和实验操作技能.

③ 能够运用物理学理论对实验现象进行初步的分析判断.

④ 能够正确记录和处理实验数据、绘制实验曲线、分析实验结果、撰写合格的实验报告.

⑤ 能够完成简单的具有设计性内容的实验.

(2) 培养并逐步提高学生观察和分析实验现象以及理论联系实际的独立工作能力. 通过

对实验的观察、测量、分析和判断,加深对物理学某些概念和定律的理解.

(3) 提高学生的科学素养,培养学生实事求是的科学作风,认真严谨的科学态度,积极主动的探索精神,遵守纪律、团结协作、爱护公共财产的优良品德.

二、大学物理实验课的教学环节与要求

物理实验是学生在老师指导下进行的.物理实验的教学效果与学生的主观努力密切相关.物理实验教学一般可分为三个环节:实验预习、实验操作、撰写实验报告.为了达到物理实验课的教学目的,学生应重视物理实验教学的三个环节.

1. 实验预习

由于实验课的时间有限,不允许学生在上实验课时才开始研究实验教材.为保证在实验过程中做到胸有成竹、顺利地进行实验,必须做好实验前的预习工作.

(1) 实验前仔细阅读实验教材.要求以理解教材中的实验目的、原理为主,了解实验所用的仪器以及实验内容与要求,清楚实验所要观测的物理量.

(2) 写出预习报告.通过阅读教材,在了解实验目的、仪器、原理、内容、注意事项等基础上,用自己的语言归纳整理,写出预习报告.切忌照抄教材、长篇赘述.

(3) 为保证实验时能及时、迅速、准确地记录实验数据,防止漏测、漏记和记录错误,预习时应根据教材要求,事先设计好记录数据的表格.

(4) 预习报告必须于课前交给教师检查,预习报告合格者方允许进行实验;没有预习或预习不符合要求者,不得进行实验.

2. 实验操作

实验操作是物理实验的中心环节,是学生主动研究、积极探索的好时机.学生进入实验室后应遵守实验室规则,多观察、多动手、多分析和多判断,切忌存在侥幸心理、机械操作和盲目实验.实验时应把重点放在实验能力的培养上,而不是测出几个实验数据就算完成任务.

(1) 操作前,认真听取教师简要讲述,了解仪器的性能、规格、使用方法、操作规则和注意事项等.然后安装或调整好仪器,或连接好电路等,做好测量前的准备工作.不要在不清楚操作目的的情况下,乱动仪器.

(2) 实验操作过程中,应做到认真、细致、准确、稳妥、实事求是,注意观察实验现象.如果现象不符,要仔细分析原因,查找问题所在,排除故障后再进行实验测量,绝不能拼凑数据.

(3) 在记录实验数据时,要正确判断数据的科学性,如实清楚地记录必要的环境条件、仪器型号与规格,要一边测量,一边及时把测量数据记录在数据记录表格里.记录时要注意:实验记录中的每一个数据的位数都应符合有效数字的表达规范.如发现记录的数据有错误,可在错误的数据上画一直线或打叉.

(4) 完成实验后要将实验数据交给教师审查签字,达到要求后,再将实验仪器整理还原,方可离开实验室.离开实验室后不允许修改记录的数据.

3. 撰写实验报告

实验报告是实验完成后的书面总结,是把感性认识深化为理性认识的过程.首先应该完整地分析整个实验过程、实验依据的理论和物理规律;其次通过计算、作图等数据处理,得到实验结果,有的还要进行恰当合理的误差估算;然后分析有哪些地方需要提高;最后找出存在什么问题.应该注意的是,写实验报告时不要不动脑筋地照抄教材.实验教材是供做实验

的人阅读的，是用来指导做实验的. 实验报告则是向别人报告实验的原理与方法、使用的仪器、测得的数据、供别人评价自己的实验结果. 认真书写实验报告，不仅可以提高自己写科研报告和科学论文的水平，而且可以提高材料组织、语句表达、文字修饰的能力，这是其他理论课程无法替代的.

物理实验报告一般应包括以下几项内容.

(1) 实验名称.

(2) 实验目的.

(3) 实验仪器.

(4) 实验原理.

简要叙述实验的物理思想和依据的物理规律及主要计算公式；电学和光学实验应画出相应的电路图或光路图.

(5) 实验内容及步骤.

根据实际的实验过程写明实验的关键步骤.

(6) 数据处理及分析.

(7) 注意事项.

将教师签字的原始数据粘贴或如实地誊写在报告的正文中，写出计算结果的主要过程及误差估算过程. 进行数值计算时，要先写出公式，再代入数据(数据单位要统一)，最后得出结果，并要完整地表达实验结果. 若用作图法处理数据，应严格按作图要求，画出符合规定的图线；若上机处理数据，则要有打印结果.

分析实验中遇到的问题，写出自己的见解、体会和收获，提出对实验的改进意见等.

撰写实验报告时必须注意以下三个问题.

(1) 不可把实验报告与实验指导书混为一谈. 实验报告与实验指导书从语体到具体内容都是有本质区别的. 实验指导书向学生提出实验的任务、目的、要求，阐明实验原理，提供进行实验的思路和方法. 而实验报告是在完成实验之后写出的总结，以书面形式汇报实验的成果，具体回答如何做、获得的结果及意义价值. 这些必须由实验者根据其实践再用自己的语言来归纳、总结.

(2) 实验报告的核心特征就是实事求是. 因此在撰写的实验报告中，对实验过程中的实验条件、实验现象、实验数据应严格如实地予以记录，对测量数据的有效位数不得随意增删.

(3) “实验原理”和“数据处理”为写作重点. 没弄懂原理就去做实验，不会有好的实验效果，因此要求在报告中写清楚实验原理，同时还可促使自己重视实验预习，这也符合科研与工程的实际过程；数据处理是指对原始数据进行处理(求平均值、逐差计算等)后，代入测量公式，算出测量结果. 计算各直接测量量的 A 类不确定度、估算 B 类不确定度，利用不确定度传递公式计算测量结果(间接测量量)的不确定度. 最后应正确地表述测量结果，并评估测量结果(测量是否达到预期目的，效果怎样). 如果测量值误差较大，要分析原因，查明主要误差因素，提出减小或消除误差的措施.

实验报告要用统一的实验报告本或实验报告纸书写，字体要工整，文句要简明. 原始数据要附在报告中一并交给教师审阅；没有原始数据的实验报告是无效的.

三、实验室规则

(1) 学生进入实验室需带上预习报告、教材、笔、纸、尺子和记录实验数据的表格，经教师检查同意后,方可进行实验.

(2) 遵守课堂纪律,保持安静的实验环境.

(3) 使用电源时,务必先确认线路连接无误,在做好防护措施的前提下方能接通电源.

(4) 爱护仪器.进入实验室不能擅自搬动或操作仪器,实验中严格按教材或仪器说明书操作,如有损坏,照章赔偿.公用工具用完后应立即放回原处.

(5) 做完实验,经教师审查测量数据并签字后,学生应将仪器整理还原,将桌面和凳子收拾整齐,然后离开实验室.

(6) 及时上交实验报告.

第 1 章

测量误差及数据处理

物理实验的任务不仅是定性地观察各种自然现象，更重要的是定量地测量相关物理量.对事物定量地描述离不开数学方法和实验数据的处理，因此，误差分析和数据处理是物理实验课的基础.本章从测量与误差的定义开始，逐步介绍有关误差以及实验数据处理的方法和基本知识，作为实验前的基础准备.这些知识在每次实验中都要用到，而且是今后从事科学实验工作所必须了解和掌握的.误差理论以概率论和数理统计为其数学基础，研究误差的起因、性质、规律和如何减少或消除误差，提高测量结果的可信赖程度.由于这部分内容涉及面很广，深入讨论超出了本课程的范围，本章只着重介绍一些概念，引用一些结论和计算公式，以满足本课程教学的需要，不进行严格的数学论证.

本章内容较多，有些部分有一定的难度，不可能在一两次课中完全掌握，需要在以后的实验过程中通过运用逐步加以理解和掌握.

§1.1 测量与误差

1.1.1 测量

物理实验是以测量为基础的.在物理实验中，不仅要观察物理现象，而且要定量地测量物理量的大小.所谓测量，就是采取一定的方法，利用某种仪器将被测量与标准量进行比较，从而确定被测量的量值.一个物理量的大小是客观存在的，选择不同的单位，相应的测量数值就有所不同，单位愈大，测量数值愈小，反之亦然.

一个待测物理量，除了用数值和单位来表征它以外，还有另一个很重要的表征参数，这就是对测量结果可靠性的定量估计.这个重要参数往往为人们所忽视.设想如果得到一个测量结果的可靠性几乎为零，那么这种测量结果还有什么价值呢？因此，从表征被测量这个意义上来说，对测量结果可靠性的定量估计与其数值和单位具有同等重要的意义，三者是缺一不可的.

1. 直接测量和间接测量

根据获得测量结果的方法不同，可将测量分为直接测量和间接测量两类.用量具或仪表直接读出测量值的，称为直接测量，相应的物理量称为直接测量量.例如，用刻度尺测长度、用电流表测电流等.另外，还有很多物理量不是用仪器直接测量，而是先直接测量一些其他相关量，再用物理公式计算出结果，称为间接测量，其相应的物理量称为间接测量量.例如，

在测电阻 R 时，可用电压表直接测电阻两端电压 U，用电流表直接测通过电阻的电流 I，再用公式 $R=U/I$ 计算出电阻 R，对电阻的测量就属于间接测量. 所以说，直接测量是一切间接测量的基础. 必须指出，一个物理量需要直接测量还是间接测量，通常与选用仪器有关. 例如，测液体密度（比重），可选用比重计直接测量，也可以选用天平和量筒间接测量.

2. 等精度测量和非等精度测量

根据测量条件的不同，可将测量分为等精度测量和非等精度测量两类. 如果对某一物理量重复地测量了多次，且每次测量都是在相同条件下（同一仪器、同一方法、同一环境、同一观察者）进行的，这时没有根据指出某一次测量比另一次更准确些，认为每次测量都是在相同精度下进行的，即为等精度测量. 这样测量所获得的一组数据称为一个等精度测量列. 如果在多次测量中，每次条件有了变化，那么在条件改变下的测量就是非等精度测量. 等精度测量和非等精度测量的数据处理方法是不同的，在大学物理实验中的重复测量都认为是在相同条件下的等精度测量.

1.1.2 误差

每一个物理量都是客观存在的，在一定的条件下具有不以人的意志为转移的固定大小，这个客观大小称为该物理量的真值. 测量是想要获得待测量的真值. 但是测量是依据一定的理论或方法，使用一定的仪器，在一定的环境中，由一定的人进行的，由于实验理论的近似性、实验仪器灵敏度与分辨能力的局限性以及环境的不稳定性等因素的影响，待测量的真值是不可能测得的，测量结果和被测量真值之间总会存在或多或少的偏差，这种偏差就称为测量值的误差.

根据误差的定义，如以 x_0 表示某一物理量的真值，以 x 表示该量的测量值，则误差可表示为

$$\delta = x - x_0. \tag{1-1-1}$$

测量误差的大小虽然反映了测量结果与真值的接近程度，但由于客观实际的局限性，真值总是测不到的，因此测量误差也无法具体知道. 通常，我们只能测得物理量的近似真值，故对测量误差的量值范围也只能给予估计. 国际上规定用不确定度来表征测量误差可能出现的量值范围，它也是对被测量的真值所处的量值范围的评定. 任何一个实验测量结果应包括量值大小、不确定度范围和物理量的单位，三者缺一不可.

误差存在于一切测量之中，而且贯穿整个实验过程的始终，我们应该牢固地树立这种观念. 每使用一种仪器，每进行一次测量，都会引进误差，因此，为了获得比较理想的实验结果，要求我们掌握误差理论的基本知识.

误差理论是一门专门的学科，深入的讨论需要有丰富的实验经验和较多的数学知识. 在大学物理实验中，我们只介绍有关误差理论的一些最基本的知识，要求大家着重了解它的物理意义，学会简单的计算和分析，领会误差分析思想对于做好实验的意义.

1.1.3 误差的分类

测量所得的一切数据毫无例外地都包含有一定量的误差，因而没有误差的测量结果是不存在的. 在误差必然存在的情况下，测量的任务是：① 设法将测量值中的误差减至最小；② 求出在测量的条件下，被测量的最近真值（最佳值）；③ 估计最近真值的可靠程度（接近真值的程度）. 为此，必须研究误差的性质、来源，以便采取适当的措施，得到最好的结果.

测量误差按其产生的原因与性质可分为系统误差、随机误差和粗大误差三大类.

1. 系统误差

在同一条件下多次测量同一物理量时,误差的大小和符号始终保持恒定,或在条件改变时,误差的大小和符号按一定规律变化,这种误差称为系统误差.

系统误差是由于测量过程中存在某些确定的或按一定规律变化的不合理因素引起的,在相同条件下,这种因素使测量结果总是比真值偏大或偏小,或按一定规律变化.

造成系统误差有三个方面的原因.

(1) 仪器误差.由于测量仪器的不完善、不够精密或安装调整不妥,如刻度不准、零点不对、砝码未经校准、天平不等臂、应该水平放置的仪器没有放水平等而造成系统误差.

(2) 理论误差.由于实验理论和实验方法的不完善,所引用的理论与实验条件不符而造成系统误差.如在空气中称质量而没有考虑空气浮力的影响,测长度时没有考虑温度对测量的影响,量热时没有考虑热量的散失,测电压时未考虑电压表内阻对电路的影响或标准电池的电动势未做温度修正等.

(3) 观测误差.由于实验者生理或心理特点、缺乏经验等而引入系统误差.例如,有的人习惯于侧坐斜视读数,有的人眼睛辨色能力较差等,都会使测量值偏大或偏小.

系统误差的特点是有规律地出现,在测量条件不变时有确定的大小和方向,增加测量次数并不能减小系统误差.例如,用秒表测运动物体通过某段路程所需的时间时,若秒表走时较快,那么即便测量多次,测得的时间总会偏大,而且总是偏大一个固定的量,这就是仪器不准确造成的;又如,用落球法测重力加速度时,由于空气阻力的影响,得到的结果总是偏小,这就是测量方法不完善造成的.

2. 随机误差

在测量过程中,除了存在某些确定因素的影响外,还必然存在一些随机因素的影响.在极力消除或修正了一切明显的系统误差之后,在相同的测量条件下,多次测量同一量时,误差的绝对值和符号的变化时大时小、时正时负,以不可预测的方式变化着的误差称为随机误差.

随机误差是由于人的感官灵敏程度和仪器精密程度有限、周围环境的干扰以及一些偶然因素的影响产生的.例如,温度、湿度、电源电压的起伏、气流波动以及振动等因素的影响.例如,用毫米刻度的米尺去测量某物体的长度时,将米尺对准物体的两端并估读到毫米的下一位读数值,这个数值就存在一定的随机性,也就带来了随机误差.由于随机误差的变化不能预先确定,对待随机误差不能像对待系统误差那样找出原因排除,只能做出估计.

虽然随机误差的存在使每次测量值带有随机性,好像杂乱无章,但是,在相同的实验条件下对被测量进行多次测量时,就会发现随机误差遵循一定的统计规律,可以用概率论对实验结果的随机误差做出估算.

3. 粗大误差

测量时,因测量者不正确地使用仪器、粗心大意、观察错误或记错数据而导致不正确的结果,这种情况出现的误差称为粗大误差.它实际上是一种测量错误,这种数据应当剔除.

§1.2 误差处理

1.2.1 系统误差的发现和处理

1. 系统误差的发现

系统误差一般难于发现，并且不能通过多次测量来消除. 但因系统误差总是使测量结果向一个方向偏离，原则上是能够被发现的. 人们通过长期实践和理论研究，总结出一些发现系统误差的方法.

(1) 理论分析法. 包括分析实验所依据的理论和实验方法是否有不完善的地方；检查理论公式所要求的条件是否得到了满足；观察量具和仪器是否存在缺陷；判断实验环境能否使仪器正常工作以及实验人员的心理和技术素质是否存在造成系统误差的因素；等等. 理论分析法是发现、确定系统误差最基本的方法.

(2) 实验比对法. 实验对比法就是改变实验的部分条件乃至全部条件来测量待测量，对比改变前后的测量值是否有明显的不同，从中分析有无系统误差及其产生根源.

实验对比法有多种.

① 实验方法的对比，即用不同实验方法测量同一个量，看结果是否一致.

② 仪器的对比，如改用不同电流表接入同一电路的对比.

③ 改变测量步骤的对比，如测某物理量与温度的关系可以先升温测量再降温测量，看读数点是否一致.

④ 改变实验条件或换人测量等方法进行对比，如将物体分别放入天平的左盘和右盘称量，可发现天平不等臂引起的误差.

(3) 数据分析法. 随机误差遵从统计分布规律，若测量结果不服从统计规律，则说明存在系统误差. 我们可以按照测量列的先后次序，把偏差(测量值与测量列的平均值的差值) 列表或作图，观察其数值变化的规律. 比如前后偏差的大小是递增或递减的；偏差的数值和符号有规律地交替变化；在某些测量条件下，偏差均为正号(或负号)，条件变化以后偏差又都变化为负号(或正号) 等情况，都可以判断存在系统误差.

2. 系统误差的修正和限制

对系统误差的处理可分为两种情况来考虑.

(1) 对于能掌握的系统误差，可取其负值为修正值加到测量结果上，使测量结果得到修正；或者在计算公式上加上修正项去消除某项系统误差；或者用更高一级的标准仪器校准一般仪器，得到修正值或修正曲线；等等.

(2) 对于在实际工作中有时难以找出的确切的系统误差，要求在测量中想方设法抵消它的影响. 从测量方法上抵消系统误差的常用方法如下.

① 替代法. 在测量条件不变的情况下，先测得未知量，然后再用一已知标准量取代被测量，而不引起指示值的改变，于是被测量就等于这个标准量. 例如，用惠斯通电桥测电阻时，先接入被测电阻，使电桥平衡，然后再用标准电阻替代被测电阻，使电桥仍然达到平衡，则被测电阻值等于标准电阻值. 这样可以消除桥臂电阻不准确而造成的系统误差.

② 抵消法. 这种方法也称为异号法. 在对被测量进行两次测量时，使系统误差一次出现

正值，另一次为负值，取两次测量结果的平均值作为最后结果，以达到消除系统误差的目的.如磁电式仪表在有较强恒定磁场环境中工作时，可在读数后将仪表转 180° 再次读数，用两个读数的平均值作为最后结果，则可消除外界恒定磁场带来的系统误差；用霍尔元件测磁场实验中，分别改变磁场和工作电流的方向，依次为$(+B,+I)$，$(+B,-I)$，$(-B,+I)$，$(-B,-I)$，在这 4 种条件下测量电势差 U_H，再取其平均值，可以减小或消除不等位电势、温差电势等附加效应所产生的系统误差.

③ 交换法. 根据误差产生的原因，在一次测量之后，把某些测量条件交换一下再次测量.例如，用天平称质量时，把被测物和砝码交换位置进行两次测量，设 m_1 和 m_2 分别为两次测得的质量，取物体的质量为 $m = \sqrt{m_1 \cdot m_2}$，就可以消除由于天平不等臂而产生的系统误差.

④ 半周期偶数观测法. 它能消除按周期性规律变化的系统误差. 具体方法是：按系统误差变化的半个周期间隔取值，每周期内取两个观测值，然后取平均值作为结果. 例如，分光仪刻度盘偏心带来的角度测量误差是以 360° 为周期，就采取相隔 180° 的一对游标，每次测量读两个数，并取此二值的平均数作为测量结果，则可消除系统误差的影响.

⑤ 对称观测法. 若系统误差随时间线性变化，则可将观测程序对某时刻对称地再观测一次，两次观测结果取平均值，从而消除随时间线性变化的系统误差. 例如，一只灵敏电流计零点随时间有线性漂移，在测量读数前记录一次零点值，测量读数后再记录一次零点值，取两次零点值的平均值来修正测量值. 由于很多随时间变化的误差在短时间内均可看成是线性变化，对称观测法是一种能够消除随时间变化的系统误差的好方法.

总之，消除或减小系统误差的基本原则是找出产生误差的原因，消除它的影响；如果做不到就采取修正的办法，或者在测量中设法抵消它的影响.

3. 仪器误差

在引起系统误差的各种因素中，理论误差、观测误差以及测量环境带来的误差等一般都可以通过一定的方法加以消除和减小，但由于实验测量仪器自身精度或准确度带来的误差是不可避免的. 实验中所用仪器不可能是绝对准确的，它会给测量结果带来一定的误差，这种误差称为仪器误差. 仪器误差的来源很多，它与仪器的原理、结构和使用环境等有关. 在物理实验中，将国家技术标准规定的仪器和量具的精度等级对应的误差和允许误差范围称为仪器最大允许误差（仪器误差限）. 它是指在正确使用仪器的条件下，测量结果和被测量真值之间可能产生的最大误差. 在测量中常常可用仪器的最大允许误差的绝对值表示仪器误差限 $\Delta_{仪}$，简称仪器误差.

仪器误差限的获得：(1) 依据说明书或计量部门的检定结果；(2) 由仪器的准确度级别来计算，磁电式仪表如指针式电流表、电压表等，$\Delta_{仪} = a\% \cdot N_m$，$a$ 为电表的准确度等级，N_m 为电表的量程；(3) 对于未给出仪器误差或无从获知时可以估计：① 有刻度的连续刻度仪器，取最小分度的一半；② 非连续刻度仪器，取一个最小分度值；③ 数字式仪表，取末尾一个单位值.

在处理误差时，对于系统误差，一般只考虑仪器误差.

1.2.2　粗大误差的发现和剔除

根据粗大误差的定义可知，粗大误差的出现是由于测量者不正确地使用仪器、粗心大意、观察错误或记错数据而引起的严重偏离正常值的非正常结果. 因此，只要测量者在测量过程中严格按照实验规范正确使用实验仪器、注意操作细节、认真观测和记录每一个测量数据，粗大误差就可以完全避免. 在实验结束整理实验数据时如果发现异常数据，在条件允许的情况下可以补测或重测. 在数据处理环节发现某一数据出现异常,若剔除该异常数据对数据处理不会造成太大影响时,可以剔除该数据,用剩余数据进行处理;若剔除该异常数据将会导致数据处理无法正常进行,或保留该数据将产生严重错误结果,在条件允许下可联系实验室人员重新进行实验.

严格来讲,对于一个测量列,是否存在偏差很大的可疑值,偏差到什么程度才算是坏值,需要一个合理的评判准则,常用的有拉依达准则、肖维涅准则、格拉布斯准则,由于涉及较多的数理统计知识,这里不再赘述.

1.2.3 随机误差的统计处理

在测量时即使精心排除产生误差的原因之后,由于人的感官灵敏度、仪器的精度、周围环境的干扰等一些难以控制的随机因素的影响,也会产生随机误差. 由于随机误差的产生不能预料、不可控制、无法消除,只能按其所服从的统计规律进行合适的数学处理. 对于随机误差有比较完整的处理方法,这里只介绍它的一些主要特征和结论.

1. 随机误差的正态分布和标准误差

大量实验证明,对某一个物理量进行多次测量,其结果服从一定的统计规律. 我们用一组测量数据来形象地说明这一点. 例如,用数字毫秒计测量单摆周期,重复 60 次($n=60$),测量结果统计如表 1-2-1 所示.

表 1-2-1 单摆周期数据记录表

时间区间 /s	出现次数 Δn(频数)	相对频数 $(\Delta n/n)$/%	时间区间 /s	出现次数 Δn(频数)	相对频数 $(\Delta n/n)$/%
2.146 ~ 2.150	1	2	2.166 ~ 2.170	15	25
2.151 ~ 2.155	3	5	2.171 ~ 2.175	9	15
2.156 ~ 2.160	9	15	2.176 ~ 2.180	5	8
2.161 ~ 2.165	16	27	2.181 ~ 2.185	2	3

以时间 T 为横坐标、相对频数 $\Delta n/n$ 为纵坐标,用直方图表示测量结果(见图 1-2-1). 如果再进行一组测量(如 100 次),作出相应的直方图,仍可以得到与前述图形不完全吻合但轮廓相似的图形. 随着次数的增加,曲线的形状基本不变,但对称性越来越明显,曲线也趋向光滑. 当测量次数 $n\to\infty$,测量值区间分得足够小时,直方图的边缘就过渡为一条光滑的连续曲线,如图 1-2-1 中虚线所示. 该曲线称为正态分布(又称为高斯分布)曲线. 在一定的测量条件下,设某一物理量的真值为 x_0,其多次重复测量值为 $x_1,x_2,\cdots,x_n$,则各次测量的随机误差可表示为

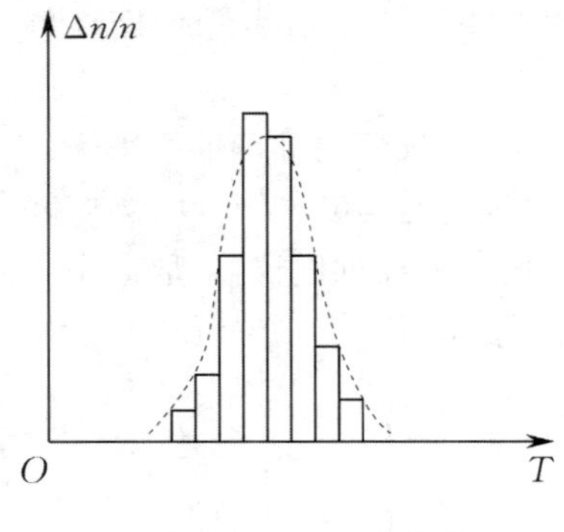

图 1-2-1 直方图

$$\delta_i = x_i - x_0 \quad (i=1,2,\cdots,n). \tag{1-2-1}$$

大量的实验证明,只要测量次数足够多,随机误差 δ 服从正态分布(或称为高斯分布)规律,这一统计规律在数学上可用概率密度函数表示为

$$f(\delta)=\frac{1}{\sqrt{2\pi}\sigma}\mathrm{e}^{-\frac{\delta^2}{2\sigma^2}}, \tag{1-2-2}$$

式中 σ 为标准误差，

$$\sigma=\sqrt{\frac{\sum_{i=1}^{n}(x_i-x_0)^2}{n}}. \tag{1-2-3}$$

由此可看出标准误差也称为方均根误差.

服从正态分布的随机误差的性质可以用正态分布曲线形象地表示出来(见图 1-2-2)，横坐标为误差 δ，纵坐标为误差的概率密度函数 $f(\delta)$，当测量次数 $n\to\infty$时，此曲线具有以下性质：

(1) 对称性. 每一次测量值的取值是随机的，但绝对值相等的正、负误差出现的概率接近相等.

(2) 有界性. 绝对值很大的误差出现的概率为零，即误差的绝对值不会超过某一界线.

(3) 单峰性. 绝对值小的误差出现的概率大，绝对值大的误差出现的概率小.

(4) 抵偿性. 当测量次数足够多时，由于绝对值相等的正、负误差出现的概率相等，此曲线完全对称.

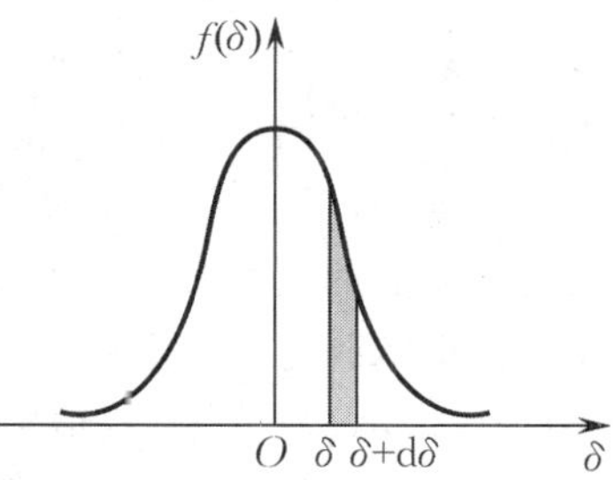

图 1-2-2　正态分布曲线

概率密度函数 $f(\delta)$ 表示在误差值 δ 附近单位间隔内误差出现的概率，测量值的随机误差出现在区间 $(\delta,\delta+\mathrm{d}\delta)$ 的概率为 $f(\delta)\mathrm{d}\delta$，即图 1-2-2 中阴影面积元. 按照概率理论，误差出现在区间 $(-\infty,+\infty)$ 范围内是必然的，即概率为 100%，所以曲线下的总面积表示各种可能误差值出现的总概率

$$P=\int_{-\infty}^{+\infty}f(\delta)\mathrm{d}\delta=1. \tag{1-2-4}$$

2. 标准误差的物理意义

由式(1-2-2)可知，$\delta=0$ 时 $f(0)=\frac{1}{\sqrt{2\pi}\sigma}$，因此，$\sigma$ 值越小，$f(0)$ 的值越大，由于曲线与横坐标轴包围的面积恒等于 1，所以正态分布曲线的形状取决于 σ 值的大小. 如图 1-2-3 所示，σ 值越小，分布曲线越陡，说明绝对值小的误差出现的机会多，测量值的重复性好，测量的精密度高. 反之，σ 值越大，分布曲线越平坦，说明测量值的重复性差，分散程度大. 可见，标准误差反映了测量值的离散程度. 标准误差 σ 与各测量值的误差 δ 有着完全不同的含义. δ 是实在的误差值，而 σ 并不是一个具体的误差值，它只反映在一定的条件下等精度测量列随机误差的概率分布情况，只有统计性质的意义，是一个统计特征值.

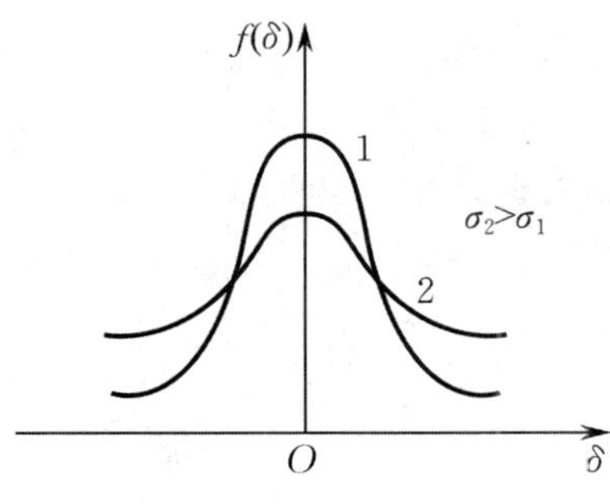

图 1-2-3　σ 的物理意义 Ⅰ

还可以从另一个角度理解 σ 的物理意义，如图 1-2-4 所示. 由上述分析可知，测量值的随机误差在 δ 至 $\delta+\mathrm{d}\delta$ 区域内的概率为 $f(\delta)\mathrm{d}\delta$，经计算测量值的误差出现在 $(-\sigma,\sigma)$ 区间的概率为

$$P_1(-\sigma,\sigma)=\int_{-\sigma}^{\sigma}f(\delta)\mathrm{d}\delta=\int_{-\sigma}^{\sigma}\frac{1}{\sqrt{2\pi}\sigma}\mathrm{e}^{-\frac{\delta^2}{2\sigma^2}}\mathrm{d}\delta=68.3\%, \tag{1-2-5}$$

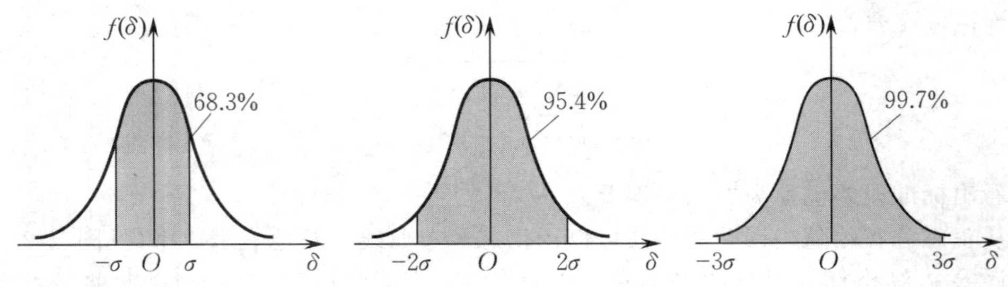

图 1-2-4 σ 的物理意义 Ⅱ

即从 $-\sigma$ 到 σ，曲线下的面积占总面积的 68.3%. 这就是说，如果测量次数足够多，则在所测得的全部数据中，将有占测量总次数 68.3% 的数据的误差落在区间 $(-\sigma,\sigma)$ 内. 或者说，在所测得的数据中，任一数据 x_i 的误差 δ_i 落在区间 $(-\sigma,\sigma)$ 内的概率为 68.3%. 当然，在区间 $(-\sigma,\sigma)$ 内包含真值的概率也为 68.3%，这就提供了一个用概率来表示测量误差的方法. 区间 $(-\sigma,\sigma)$ 称为置信区间，在给定置信区间内包含真实值的概率(68.3%) 称为置信概率. 可见，标准偏差具有统计性质. 扩大置信区间，在相同条件下对某一物理量进行多次测量，其任意一次测量值的误差出现在 $(-2\sigma,2\sigma)$ 和 $(-3\sigma,3\sigma)$ 范围内的概率分别为

$$P_2=\int_{-2\sigma}^{2\sigma}f(\delta)\mathrm{d}\delta=\int_{-2\sigma}^{2\sigma}\frac{1}{\sqrt{2\pi}\sigma}\mathrm{e}^{-\frac{\delta^2}{2\sigma^2}}\mathrm{d}\delta=95.4\%,\tag{1-2-6}$$

$$P_3=\int_{-3\sigma}^{3\sigma}f(\delta)\mathrm{d}\delta=\int_{-3\sigma}^{3\sigma}\frac{1}{\sqrt{2\pi}\sigma}\mathrm{e}^{-\frac{\delta^2}{2\sigma^2}}\mathrm{d}\delta=99.7\%.\tag{1-2-7}$$

由式(1-2-7)可知，测量值超过 $\pm3\sigma$ 范围的情况几乎不会出现，所以我们把 $\pm3\sigma$ 称为极限误差. 对测量误差的绝对值超过 3σ 的数据，可以认为是由于过失引起的异常数据而加以剔除(但在测量次数较少的情况下，这种判别方法不可靠，需要采用另外的判别准则).

在实际测量中，置信概率有不同的取值，根据国家计量技术规范，在写出测量结果的表达式时，要注明它的置信概率. 在 $P=0.954$ 时，不必注明 P 值；当 P 取 0.683 或 0.997 时，要求注明 P 值. 在物理实验教学中，我们约定取置信概率 $P=0.954$.

3. 算术平均值和标准偏差

在真值已知的情况下，误差是一个明确的概念，可由定义式求得误差. 在真值未知的情况下，不能用式(1-2-1)求得误差 δ，也不能由式(1-2-3)计算标准误差. 由于随机误差的存在，对被测量进行 n 次等精度重复测量时，得到的将是大小略有起伏的一组数据 $x_1,x_2,\cdots,x_n$，这时应当首先研究如何用这组数据估算真值的最佳近似值.

(1) 算术平均值.

对一组测量数据 $x_1,x_2,\cdots,x_n$，测量值的算术平均值为

$$\overline{x}=\frac{\sum_{i=1}^{n}x_i}{n}=\frac{x_1+x_2+\cdots+x_n}{n}.\tag{1-2-8}$$

可以证明，算术平均值是真值的最佳近似值.

(2) 标准偏差.

对一组测量值 $x_1,x_2,\cdots,x_n$，各次测量值的误差为 $\delta_i=x_i-x_0\,(i=1,2,\cdots,n)$，由于算术平均值是真值的最佳近似值，实际中总是用算术平均值代替真值. 为了与误差加以区别，将测量值 x_i 与平均值 $\overline{x}$ 的差值称为偏差 v_i，即

$$v_i = x_i - \overline{x}. \tag{1-2-9}$$

在实际测量中，测量次数 n 总是有限的，且真值也不可知，因此标准误差只有理论上的价值，对标准误差 σ 的实际处理只能进行估算. 通常把从一组数据中计算出来的标准误差的最佳估计值，称为标准偏差，记作 S_x，由误差理论推导可得

$$S_x = \sqrt{\frac{\sum_{i=1}^{n} v_i^2}{n-1}} = \sqrt{\frac{\sum_{i=1}^{n} (x_i - \overline{x})^2}{n-1}}, \tag{1-2-10}$$

上式称为贝塞尔公式. 标准偏差 S_x 所反映的是取得 $\overline{x}$ 的一组数据的离散性.

(3) 算术平均值的标准偏差.

如果在完全相同的条件下再重复测量一组数据，由于随机误差的影响，不一定能得到完全相同的 $\overline{x}$，这说明算术平均值本身也具有离散性. 为了评定算术平均值的离散性，需引入算术平均值的标准偏差 $S_{\overline{x}}$，由误差理论可以证明：

$$S_{\overline{x}} = \frac{S_x}{\sqrt{n}} = \sqrt{\frac{\sum_{i=1}^{n} (x_i - \overline{x})^2}{n(n-1)}}. \tag{1-2-11}$$

由式(1-2-11)可见，算术平均值的标准偏差 $S_{\overline{x}}$ 与任一次测量的标准偏差 S_x 相比，都缩小到原值的 $\sqrt{n}$ 分之一. 随着测量次数 n 的不断增加，$S_{\overline{x}}$ 的值将不断缩小，即测量结果的精密度越高. 但也不是测量次数越多越好，因为 n 的增大只对随机误差的减小有作用，对系统误差则无影响，而测量误差是系统误差和随机误差的综合，所以增加测量次数对减小误差的价值是有限的；其次，$S_{\overline{x}}$ 与测量次数 n 的平方根成反比，当 $n>10$ 以后，$S_{\overline{x}}$ 随测量次数的增加而减小得很缓慢；另外，测量次数过多，测量者将疲劳，测量条件也可能出现不稳定，因而有可能出现增加随机误差的趋势. 图 1-2-5 表示算术平均值的标准偏差 $S_{\overline{x}}$ 随测量次数 n 的变化情况，可以看出，当测量次数 $n>10$ 后，$S_{\overline{x}}$ 的减小极慢. 因此，在实际测量中次数不必过多，在科学研究中一般取 $10\sim 20$ 次，而在物理实验中一般取 $5\sim 10$ 次.

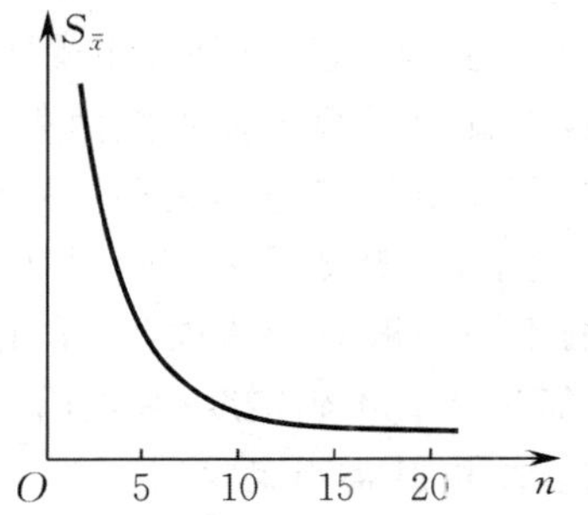

图 1-2-5　算术平均值的标准偏差与测量次数的关系

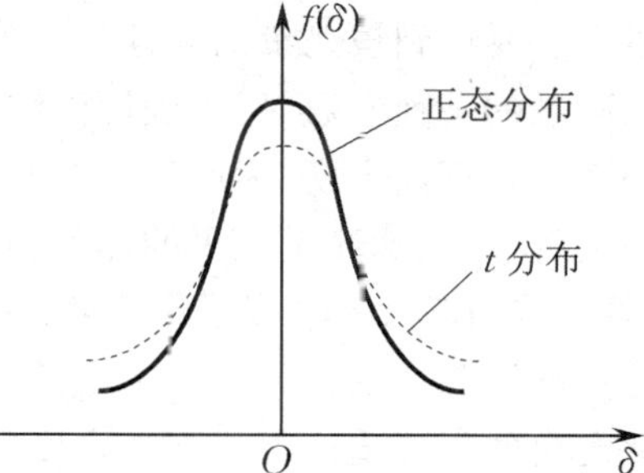

图 1-2-6　t 分布曲线与正态分布曲线比较

4. t 分布

根据误差理论，当测量次数很少时(如少于 10 次)，测量列的误差分布将明显偏离正态分布. 这时测量值的随机误差将遵从 t 分布. 这个分布是 1908 年由德国统计学家戈塞首先提出的，由于他发表该理论时使用了笔名“Student”，故也称为“学生分布”. t 分布曲线与正态分布曲线类似，两者的主要区别是 t 分布的峰值低于正态分布，而且上部较窄、下部较宽，如图 1-2-6 所示. 在有限次测量的情况下，就要将随机误差的估算值取大一些，即在贝塞尔公

式的基础上再乘以一个 t_p 因子，t_p 与测量次数 n 有关，也与置信概率 P 有关. 表 1-2-2 给出了 t_p 与测量次数 n、置信概率 P 的对应关系，供查用.

表 1-2-2　t_p 因子与测量次数 n、置信概率 P 的对应关系

测量次数 n	2	3	4	5	6	7	8	9	10	20	…	∞
$t_p(P=0.683)$	1.84	1.32	1.20	1.14	1.11	1.09	1.08	1.07	1.06	1.03	…	1.00
$t_p(P=0.954)$	12.71	4.30	3.18	2.78	2.57	2.45	2.36	2.31	2.26	2.09	…	1.96
$t_p(P=0.997)$	63.66	9.92	5.84	4.60	4.03	3.71	3.50	3.36	3.25	2.86	…	2.58

由表 1-2-2 可见，当置信概率 $P=68.3\%$ 时，t_p 因子随测量次数增加而趋向于 1，当 $n>6$ 以后，t_p 与 1 的偏离并不大，故在进行误差估算时，当 $n\geqslant 6$ 时置信概率取 68.3%，可以不加修正.

§1.3　测量结果的不确定度估计

科学、技术、工程等各个领域都需要提供测量结果及其测量结果可信任度的数据. 以往人们习惯于用误差表示测量结果的可信任度. 由于误差是测量结果与被测量真值之差，而被测量真值在大多数情况下是未知量，从而使得这种表示方法受到质疑. 1993 年，国际标准化组织(ISO) 在国际计量局、国际电工委员会、国际理论物理与应用物理联合会、国际理论化学与应用化学联合会、国际临床化学联合会等国际组织的支持下出版了《测量不确定度表示导则》，目的是促进表示的不确定度具有足够完整的信息，为测量结果的国际对比提供基础.

测量不确定度表示由于存在测量误差而使测量结果不确定或不能肯定的程度，也就是不可信度. 它是测量准确度的表征，表示测量结果与被测量(真) 值之间的接近程度.

1.3.1　不确定度的分类

测量不但要得到被测量的最佳估计值，而且对其可靠性也应做出评定. 不确定度是与测量结果相联系的一种参数，用于表征因测量误差存在而对测量结果不能肯定的程度. 任一测量结果都存在着不确定度，因此对一个测量结果不仅要指出其测量值的大小，还要指出其测量的不确定度，以表示测量结果的可信赖程度. 不确定度小，测量结果可信赖程度高；不确定度大，测量结果可信赖程度低. 不确定度按评定方法的不同一般分为两大类：采用统计方法评定与计算的不确定度称为不确定度的 A 类分量 Δ_A，简称 A 类不确定度；其他用非统计方法求出或评定出的不确定度称为不确定度的 B 类分量 Δ_B，简称 B 类不确定度.

1. A 类不确定度 Δ_A 的估算

在实际测量中，一般只能进行有限次的测量，这时，测量误差不完全服从正态分布规律，而是服从 t 分布的规律. 在这种情况下，对测量误差的估计，就要在算术平均值的标准偏差的基础上再乘以一个 t_p 因子. 在相同条件下，对同一被测量做 n 次测量，则总不确定度 Δ 的 A 类分量 Δ_A 为

$$\Delta_A = t_p \times S_{\overline{x}} = t_p \times \sqrt{\frac{\sum_{i=1}^{n}(x_i-\overline{x})^2}{n(n-1)}},\qquad(1-3-1)$$

式中 t_p 是与测量次数 n、置信概率 P 有关的量，t_p 的值可以从表 1-2-2 中查到.

2. B 类不确定度 Δ_B 的估算

B 类不确定度 Δ_B 是用不同于统计方法的其他方法计算的. 在物理实验中，B 类不确定度分量常用误差限(最大误差）来计算. 误差限可以通过下面几种方法来计算.

(1) 根据实际条件估算误差限. 例如，在杨氏模量测量实验中，光杠杆镜面到标尺的距离的误差限需要由钢卷尺的最大允许误差、实验中光杠杆镜面和标尺的对准情况、卷尺弯曲程度等实际条件来估计. 一般说来，这个误差远大于钢卷尺本身的仪器误差限.

(2) 根据理论公式或实验确定误差限. 例如，在直流电桥测电阻实验中，可以通过估计检流计因灵敏度局限引入的误差限：当电桥平衡时，可调臂电阻改变 30 Ω，引起检流计指针偏转 1.7 格(左右偏转取平均值)，由此可以得到检流计每偏转 1 格，可调臂电阻改变量为 30 Ω/1.7 ≈ 17.6 Ω. 一般情况是将检流计偏转 0.1 格时可调臂电阻的改变量作为考虑检流计灵敏度局限引起的待测电阻的最大误差，这时得到的误差限为 1.76 Ω.

(3) 根据计量部门、制造厂或其他资料提供的误差限. 例如，由仪器说明书给出的最大允许误差确定误差限.

B 类不确定度 Δ_B 在许多场合是以仪器误差限 $\Delta_{仪}$ 的形式出现的，与仪器误差限 $\Delta_{仪}$ 对应的 B 类不确定度 Δ_B 用下式估算：

$$\Delta_B = \frac{\Delta_{仪}}{c}, \tag{1-3-2}$$

式中 c 是置信系数，其值因分布不同而异. 对正态分布，$c=3$；对均匀分布，$c=\sqrt{3}$；对于其他分布，可以查找有关书籍确定.

本书中评价测量结果的置信概率取为 0.954，为了简化处理，我们约定 B 类不确定度可简单地取为仪器误差限，即

$$\Delta_B = \Delta_{仪}. \tag{1-3-3}$$

1.3.2　不确定度的合成

一个测量结果，一般情况下总是存在不同性质的 A 类不确定度和 B 类不确定度，它们的评定方法虽然不同，但都具有概率特性，具有相同的置信概率，所以它们可以直接合成.

在大学物理实验中，我们采用方和根合成法，即合成不确定度 Δ 定义为

$$\Delta = \sqrt{\Delta_A^2 + \Delta_B^2}. \tag{1-3-4}$$

1. 直接测量的不确定度

(1) 单次测量的不确定度.

作为单次测量，不存在采用统计方法计算的 A 类不确定度. 因此，单次测量的合成不确定度就等于 B 类不确定度.

(2) 多次测量的不确定度.

对 A 类不确定度，主要讨论多次等精度测量条件下，读数分散对应的不确定度，并且用式(1-3-1) 计算；对 B 类不确定度，主要讨论仪器不准所对应的不确定度，可用式(1-3-3) 计算得到；多次直接测量的合成不确定度由式(1-3-4) 得到.

2. 间接测量结果的合成不确定度

间接测量的最佳估计值和合成不确定度是由直接测量结果通过函数式计算出来的. 设

间接测量的函数式为

$$N = F(x, y, z, \cdots), \tag{1-3-5}$$

其中

$$x = \overline{x} \pm \Delta_x, \quad y = \overline{y} \pm \Delta_y, \quad z = \overline{z} \pm \Delta_z, \quad \cdots, \tag{1-3-6}$$

则间接测量量 N 的最佳估计值为

$$\overline{N} = F(\overline{x}, \overline{y}, \overline{z}, \cdots), \tag{1-3-7}$$

相应的不确定度为

$$\Delta_N = \sqrt{\left(\frac{\partial F}{\partial x}\right)^2 \Delta_x^2 + \left(\frac{\partial F}{\partial y}\right)^2 \Delta_y^2 + \left(\frac{\partial F}{\partial z}\right)^2 \Delta_z^2 + \cdots}. \tag{1-3-8}$$

当间接测量的函数式为积商形式(或含和差的积商形式)时,其相对不确定度为

$$E = \frac{\Delta_N}{\overline{N}} = \sqrt{\left(\frac{\partial \ln F}{\partial x}\right)^2 \Delta_x^2 + \left(\frac{\partial \ln F}{\partial y}\right)^2 \Delta_y^2 + \left(\frac{\partial \ln F}{\partial z}\right)^2 \Delta_z^2 + \cdots}. \tag{1-3-9}$$

由上式可知

$$\Delta_N = E \times \overline{N}. \tag{1-3-10}$$

常用函数的不确定度传递公式如表 1-3-1 所示.

表 1-3-1 常用函数的不确定度传递公式

函数式	不确定度传递公式
$N = x + y$	$\Delta_N = \sqrt{\Delta_x^2 + \Delta_y^2}$
$N = x - y$	$\Delta_N = \sqrt{\Delta_x^2 + \Delta_y^2}$
$N = ax + by + cz$	$\Delta_N = \sqrt{a^2\Delta_x^2 + b^2\Delta_y^2 + c^2\Delta_z^2}$
$N = xy$	$\frac{\Delta_N}{\overline{N}} = \sqrt{\left(\frac{\Delta_x}{\overline{x}}\right)^2 + \left(\frac{\Delta_y}{\overline{y}}\right)^2}$
$N = x/y$	$\frac{\Delta_N}{\overline{N}} = \sqrt{\left(\frac{\Delta_x}{\overline{x}}\right)^2 + \left(\frac{\Delta_y}{\overline{y}}\right)^2}$
$N = x^a y^b z^{-c}$	$\frac{\Delta_N}{\overline{N}} = \sqrt{a^2\left(\frac{\Delta_x}{\overline{x}}\right)^2 + b^2\left(\frac{\Delta_y}{\overline{y}}\right)^2 + c^2\left(\frac{\Delta_z}{\overline{z}}\right)^2}$
$N = \sin x$	$\Delta_N = \lvert\cos\overline{x}\rvert\Delta_x$
$N = \ln x$	$\Delta_N = \frac{\Delta_x}{\overline{x}}$

1.3.3 有关不确定度的数据处理过程与实例

1. 单次直接测量的数据处理

在实际测量过程中,有的被测量是随时间变化的,无法对其进行重复测量,只能进行单次测量;还有些被测量,对它们的测量精度要求不高,只要进行单次测量就可以了.

在单次测量中,用单次测量值 $x_{测}$ 作为被测量的最佳估计值. 测量值的不确定度与所用测量仪器的精度、测量者的估读能力及测量条件等很多因素有关,因此它的合理估计是比较复杂的. 在一般情况下,对随机误差很小的测量,可以只估计不确定度的 B 类分量,用仪器误差限 $\Delta_{仪}$ 作为 $x_{测}$ 的总不确定度,测量结果表示为

$$x = x_{测} \pm \Delta_{仪}, \quad E = \frac{\Delta_{仪}}{x_{测}} \times 100\%.$$

2. 多次直接测量的数据处理

多次直接测量的数据 $x_1, x_2, \cdots, x_n$ 处理的一般步骤如下：

(1) 计算被测量的算术平均值 $\overline{x} = \frac{1}{n}\sum_{i=1}^{n} x_i$，把 $\overline{x}$ 作为被测量的最佳估计值；

(2) 求出各测量值的偏差 $v_i = x_i - \overline{x}$；

(3) 求 A 类不确定度 $\Delta_A = t_p \times S_{\overline{x}} = t_p \times \sqrt{\frac{\sum_{i=1}^{n}(x_i - \overline{x})^2}{n(n-1)}}$；

(4) 求 B 类不确定度 $\Delta_B = \Delta_{仪}$；

(5) 求出总不确定度 $\Delta_x = \sqrt{\Delta_A^2 + \Delta_B^2}$；

(6) 表示最后测量结果 $x = \overline{x} \pm \Delta_x$，$E = \frac{\Delta_x}{\overline{x}} \times 100\%$.

例 1-3-1　用量程为 0～25 mm 的一级螺旋测微器($\Delta_{仪} = 0.004$ mm)对一铁板的厚度进行了多次重复测量，以 mm 为单位，测量数据为 3.784，3.779，3.786，3.781，3.778，3.782，3.780，3.778，求测量结果.

解　$$\overline{L} = \frac{\sum_{i=1}^{8} L_i}{n} = \frac{3.784 + 3.779 + \cdots + 3.778}{8}\ \text{mm} = 3.781\ \text{mm},$$

$$v_1 = L_1 - \overline{L} = (3.784 - 3.781)\text{mm} = 0.003\ \text{mm},$$

$$v_2 = L_2 - \overline{L} = (3.779 - 3.781)\text{mm} = -0.002\ \text{mm},$$

$$\cdots$$

$$v_8 = L_8 - \overline{L} = (3.778 - 3.781)\text{mm} = -0.003\ \text{mm}.$$

A 类不确定度

$$\Delta_A = t_p\sqrt{\frac{\sum_{i=1}^{8}(L_i - \overline{L})^2}{n(n-1)}} = 2.36 \times \sqrt{\frac{0.003^2 + (-0.002)^2 + \cdots + (-0.003)^2}{8 \times (8-1)}}\ \text{mm} \approx 0.002\,4\ \text{mm}.$$

B 类不确定度

$$\Delta_B = \Delta_{仪} = 0.004\ \text{mm}.$$

总不确定度

$$\Delta_L = \sqrt{\Delta_A^2 + \Delta_B^2} = \sqrt{0.002\,4^2 + 0.004^2}\ \text{mm} \approx 0.005\ \text{mm}.$$

测量结果

$$L = (3.781 \pm 0.005)\text{mm}, \quad E = \frac{0.005}{3.781} \times 100\% \approx 0.13\%.$$

3. 间接测量的数据处理

间接测量的数据处理步骤如下.

(1) 按照直接测量量的数据处理程序求出各直接测量量的结果：

$$x = \overline{x} \pm \Delta_x, \quad y = \overline{y} \pm \Delta_y, \quad z = \overline{z} \pm \Delta_z, \quad \cdots.$$

(2) 将各直接测量量的最佳估计值代入函数关系式中，求得间接测量量的最佳估计值：

$$\overline{N}=F(\overline{x},\overline{y},\overline{z},\cdots).$$

(3) 求出间接测量不确定度的方和根合成公式.

① 对函数求全微分(对和差形式函数)或先取对数再求全微分(对积商形式函数).

② 合并同一微分变量的系数.

③ 将微分符号变成不确定度符号，并将各独立项求“方和根”.

(4) 求出间接测量值的不确定度.

(5) 表示出测量结果.

$$N=\overline{N}\pm\Delta_N,\quad E=\frac{\Delta_N}{\overline{N}}\times 100\%.$$

例 1-3-2 用流体静力称衡法测固体密度$\left(\rho=\dfrac{m}{m-m_1}\rho_0\right)$，测得

$$m=(2.706\pm0.002)\times10\ \mathrm{g},\ m_1=(1.703\pm0.002)\times10\ \mathrm{g},$$

$$\rho_0=(9.997\pm0.003)\times10^{-1}\ \mathrm{g\cdot cm^{-3}}.$$

求固体密度的测量结果.

解 由已知条件得

$$\overline{\rho}=\frac{\overline{m}}{\overline{m}-\overline{m}_1}\overline{\rho}_0=\frac{2.706\times10}{(2.706-1.703)\times10}\times9.997\times10^{-1}\ \mathrm{g\cdot cm^{-3}}\approx2.697\ \mathrm{g\cdot cm^{-3}}.$$

对函数式 $\overline{\rho}=\dfrac{\overline{m}}{\overline{m}-\overline{m}_1}\overline{\rho}_0$ 先取对数，再求全微分得

$$\ln\overline{\rho}=\ln\overline{m}-\ln(\overline{m}-\overline{m}_1)+\ln\overline{\rho}_0,\quad \frac{\mathrm{d}\overline{\rho}}{\overline{\rho}}=\frac{\mathrm{d}\overline{m}}{\overline{m}}-\frac{\mathrm{d}\overline{m}-\mathrm{d}\overline{m}_1}{\overline{m}-\overline{m}_1}+\frac{\mathrm{d}\overline{\rho}_0}{\overline{\rho}_0},$$

合并同一变量的系数，

$$\frac{\mathrm{d}\overline{\rho}}{\overline{\rho}}=-\frac{\overline{m}_1}{\overline{m}(\overline{m}-\overline{m}_1)}\mathrm{d}\overline{m}+\frac{1}{\overline{m}-\overline{m}_1}\mathrm{d}\overline{m}_1+\frac{\mathrm{d}\overline{\rho}_0}{\overline{\rho}_0}.$$

用不确定度替代微分，再对各项的平方和开方，

$$\frac{\Delta_\rho}{\overline{\rho}}=\sqrt{\left[\frac{\overline{m}_1}{\overline{m}(\overline{m}-\overline{m}_1)}\right]^2\Delta_m^2+\left(\frac{1}{\overline{m}-\overline{m}_1}\right)^2\Delta_{m_1}^2+\left(\frac{1}{\overline{\rho}_0}\right)^2\Delta_{\rho_0}^2},$$

代入已知条件，得到相对不确定度：

$$\begin{aligned}E&=\frac{\Delta_\rho}{\overline{\rho}}\times100\%\\&=\sqrt{\left[\frac{17.03}{27.06(27.06-17.03)}\right]^2\times0.02^2+\left(\frac{1}{27.06-17.03}\right)^2\times0.02^2+\left(\frac{1}{0.9997}\right)^2\times0.0003^2}\\&\approx0.24\%.\end{aligned}$$

不确定度为

$$\Delta_\rho=\overline{\rho}\times\frac{\Delta_\rho}{\overline{\rho}}=2.697\ \mathrm{g\cdot cm^{-3}}\times0.24\%\approx6\times10^{-3}\ \mathrm{g\cdot cm^{-3}}.$$

测量结果为

$$\rho=(2.697\pm0.006)\ \mathrm{g\cdot cm^{-3}},\quad E=0.24\%.$$

§1.4　有效数字及其运算法则

任何物理量的测量都存在误差，因而表示该测量值的数值的位数不能随意取位，而须正确反映测量精度. 另一方面，数值计算都有一定的近似性，这就要求计算的准确性既不必超过测量的准确性，但也不能使测量的准确性受到损失，即计算的准确性必须与测量的准确性相适应.

1.4.1　有效数字的基本概念

能够正确而有效地表示测量和实验结果的数字，称为有效数字. 有效数字由直接从度量仪器最小分度以上的若干位准确数值与最小分度的下一位估读数值（或称可疑数值）构成. 有效数字中的最后一位虽然是估读的，但它还是在一定程度上反映了客观实际，因此它也是有效数字，不能去掉.

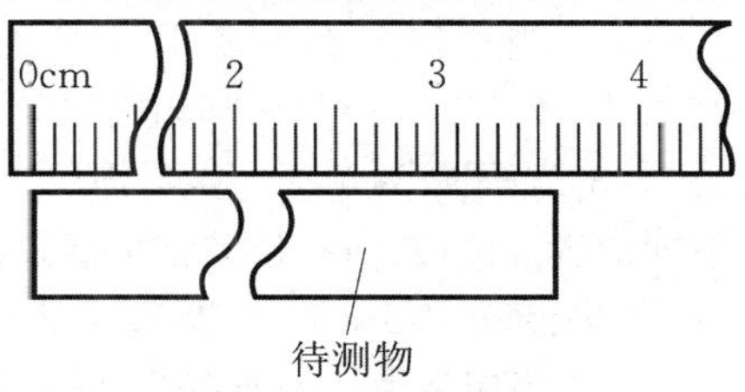

图 1-4-1　直接测量示意图

例如，用毫米尺去测量一个物体的长度（见图 1-4-1），读出的长度为 3.59 cm，该读数的前两位 3.5 cm 直接由尺上读出，是准确的，称为可靠数字；末位数 0.09 cm 是从尺上最小分度之间估计出来的，这个数字带有一定的误差，因而称为可疑数字.

1. 测量仪器与有效数字的关系

测量结果的有效数字一方面反映了被测物理量的大小，另一方面也反映了测量仪器的测量精度. 普通毫米尺读出的 3.59 cm，只得到三位有效数字. 要想提高测量精度，可以换用其他精度更高的仪器，如用螺旋测微器测同一长度，得到 3.594 2 cm，其中 3.594 cm 是可靠数字，而末位的“2”估读到小数点后第四位上，是可疑数字.

2. 测量方法与有效数字的关系

有效数字位数的多少还与测量方法有关. 例如，用秒表测量单摆的周期，其误差主要是由启动秒表和制动秒表时手的动作与目测协调的情况决定，一般其误差为 0.2 s. 如只测一个周期，得到 $T = 1.9$ s；若测量连续的 100 个周期，总时间为 191.2 s，则周期的平均值 $\overline{T} = 1.912$ s. 可见，由于采用了不同的测量方法，结果的有效数字位数也随之变化了.

3. “0” 在有效数字中的作用

有效数字中的“0” 不同于其他的 1，2，…，9 这 9 个数字，“0” 的位置不同，其性质不同. 有效数字的位数从第一个不是“0” 的数字开始算起，末位的“0” 和数字中间出现的“0” 都属于有效数字. 如图 1-4-1 所示，若待测物的右边缘恰好与毫米尺上 3.6 cm 刻度线对齐，测量数据应是 3.60 cm，为三位有效数字，不可写成 3.6 cm，因为此处的“0” 仍然是有效数字的有效组成部分，它反映了该测量值的十分位是准确的. 而 3.6 cm 表示的是两位有效数字，反映了该测量值的十分位是存疑的.

4. 有效数字的科学记数法

有效数字的位数与小数点位置或单位的换算无关. 如 1.20 m 可以写成 120 cm，它仍是三位有效数字，但不能写成 120 0 mm，因为它是四位有效数字，它们表示的测量精度并不相同.同样，1.20 m 可以写成 0.001 20 km，不能写成 0.001 2 km. 因此，在有效数字做单位换算时，一般用科学记数法表示，即

$$1.20\ \mathrm{m} = 1.20 \times 10^{3}\ \mathrm{mm} = 1.20 \times 10^{-3}\ \mathrm{km}.$$

1.4.2 有效数字尾数的修约法则

实验测量所获得的数据因设备精度和分辨率的不同，使其有效数字的位数有多有少，在数据处理过程中，需要根据保留位数的要求，将多余的数字进行取舍，按照一定的规则选取一个近似数(修约数)来代替原来的数，这一过程称为数值修约. 在科学实验测定和计算中用得最多的是“四舍六入五凑偶”修约法则. 具体修约法则如下.

(1) 当尾数小于 5 时，直接将尾数舍去. 例如，将下列数字全部修约到两位小数，结果为 10.273 1 = 10.27，18.504 9 = 18.50，16.400 5 = 16.40，27.182 9 = 27.18.

(2) 当尾数大于 5 时，尾数舍去，向前一位进位. 例如，将下列数字全部修约到两位小数，结果为 16.777 7 = 16.78，10.297 01 = 10.30，21.019 1 = 21.02.

(3) 当尾数为 5，而尾数后面的数字均为 0 时，应看尾数“5”的前一位：若前一位数字为奇数，就应向前进一位；若前一位数字为偶数，则应将尾数舍去. 数字“0”在此时应被视为偶数. 例如，将下列数字全部修约到两位小数，结果为 18.275 0 = 18.28，12.735 0 = 12.74，21.845 000 = 21.84.

(4) 当尾数为 5，而尾数“5”的后面还有任何不是 0 的数字时，无论前一位在此时为奇数还是偶数，也无论“5”后面不为 0 的数字在哪一位上，都应向前进一位. 例如，将下列数字全部修约到两位小数，结果为 12.735 07 = 12.74，21.845 02 = 21.85，12.645 01 = 12.65，79.305 000 1 = 79.31.

有效数字修约口诀为“四舍六入五考虑，五后非零则进一，五后皆零视奇偶，五前为偶应舍去，五前为奇则进一，不论数字多少位，都要一次修约成”.

1.4.3 有效数字的运算规则

物理实验中所进行的测量大多是间接测量，因此需要通过一系列的数学运算才能得到最终的测量结果. 原则上任何测量数据的数学运算结果还是一个有效数字，仍然满足有效数字的定义，即由若干位可靠数字与一位可疑数字构成. 然而，在有效数字的具体运算过程中，由于运算关系不一样，相应的运算特性也不一样. 为了不使因运算而增加或减少有效数字的位数，并尽量简化运算过程，统一规定有效数字的运算规则.

1. 加减法运算规则

加减法运算中，和或差的有效数字中的可疑数字所占位数，和参与运算的各数值中可疑数字所占位数最高的相同. (注：为了区分可靠数字和可疑数字，在下面介绍有效数字运算规则中，算式中数字下加横线者为可疑数字.)

例 1-4-1 $12.3\underline{4} + 2.357\ \underline{4} = 14.6\underline{9}\underline{7}\ \underline{4}$.

解 结果为 14.70 或 1.470×10^{1}.

例 1-4-2 $26.2\underline{5} - 3.925\ \underline{7} = 22.3\underline{2}\underline{4}\ \underline{3}$.

解 结果为 22.32 或 2.232×10^{1}.

2. 乘法运算规则

两个数相乘的积，其有效数字的位数一般和参与运算的各有效数字中位数最少的相同，但如果它们的最高位相乘的积大于或等于 10，其积的有效数字位数应比参与运算的有效数

字中位数最少的多一位.

例 1-4-3　$3.52\underline{3}\times 18.\underline{6}=65.\underline{5}$.

解

$$
\begin{array}{r}
3.52\underline{3}\\
\times\ 18.\underline{6}\\
\hline
2\underline{1}\underline{1}\underline{3}\underline{8}\\
2818\underline{4}\\
352\underline{3}\\
\hline
65.\underline{5}\underline{2}\underline{7}\underline{8}
\end{array}
$$

例 1-4-4　$8.3\underline{2}\times 43.2\underline{6}=359.\underline{9}$.

解

$$
\begin{array}{r}
8.3\underline{2}\\
\times\ 43.2\underline{6}\\
\hline
4\underline{9}\underline{9}\underline{2}\\
166\underline{4}\\
249\underline{6}\\
332\underline{8}\\
\hline
359.\underline{9}\underline{2}\underline{3}\underline{2}
\end{array}
$$

3. 除法运算规则

两个数相除，一般情况下商的有效数字的位数应与被除数及除数中位数较少者的位数相同，但若被除数有效数字的位数小于或等于除数的有效数字位数，并且它的最高位的数小于除数的最高位的数，则商的有效数字位数应比被除数少一位. 如 $4.525\,\underline{4}\div 5.4\underline{7}=0.82\underline{7}$，$12\underline{7}\div 36\underline{1}=0.3\underline{5}$.

4. 乘方、开方运算规则

乘方、幂、开方运算规则和乘法运算规则相同. 例如，$4.25\underline{6}^2=18.11\underline{4}$，$\sqrt{54.3\underline{9}}=7.3\underline{7}$.

5. 函数运算有效数字取位规定

(1) 对数运算.

对数运算分两种情况：对常用对数，其运算结果由首数和尾数构成，规定其尾数的位数与真数的有效数字的位数相同，例如 $\lg 56.\underline{7}=1.75\underline{4}$；对自然对数，其运算结果的有效数字位数与真数的有效数字的位数相同，例如 $\ln 56.\underline{7}=4.0\underline{4}$.

(2) 指数运算.

指数运算结果的有效数字位数与指数的小数点后的位数相同(包括小数点后的零). 例如，$x=6.2\underline{5}$，小数点后有两位，所以$10^{6.2\underline{5}}=1.\underline{8}\times 10^6$，$x=0.000\,092\,\underline{4}$，小数点后有七位，则$e^{0.000\,092\,\underline{4}}=1.000\,09\underline{2}$.

(3) 三角函数运算.

通常三角函数运算结果的有效数字位数由角度的有效数字位数决定. 一般当角度精确至 1′ 时，三角函数运算结果可以取五位有效数字；当角度精确至 1″ 时，三角函数运算结果可以取六位有效数字；当角度精确至 0.1″ 时，三角函数运算结果可以取七位有效数字；当角度精确至 0.01″ 时，三角函数运算结果可以取八位有效数字. 例如，$\cos 9°2\underline{4}' = 0.986\ 5\underline{7}$，$\sin 45°00'0\underline{5}'' = 0.707\ 12\underline{4}$.

6. 常数和系数的有效数字位数

在运算过程中，公式中的可变常数(数值随所取位数变化的常数，如圆周率 π 和自然常数 e)，一般要比参与运算的测量值多取 1 ～ 2 位有效数字进行计算；对于固定常数或系数(如纯数字 2 或 0.24)，可认为其有效数字是无限多，无须在其后面加“0”凑有效数字位数，直接写出该数字进行运算即可，计算结果的有效数字位数由参与运算的测量值的有效数字和运算法则共同决定. 如计算周长 $L = 2\pi R$，$R = 6.03\underline{4}$ cm 时，取 $\pi = 3.141\ 6$，则 $L = 2 \times 3.141\ 6 \times 6.03\underline{4} = 37.91\underline{3}$ cm.

7. 计算的中间过程

计算的中间过程，有效数字可暂保留两位可疑数字，即多保留一位有效数字，但最终计算结果仍需按前面的规定处理有效数字. 应该强调的是，在上述的近似计算规则中，由于具体问题所要求的准确度或采用的方法不同，可能得出具有不同位数的有效数字的结果，只要这些结果是在实际问题允许的范围内，便都认为是正确的，盲目地追求计算结果的绝对准确或违反计算规则而无根据地取舍有效数字都是错误的.

§1.5 实验数据处理的基本方法

科学实验的目的是为了找出事物的内在规律性或检验某种理论的正确性，并作为以后实际工作的依据，因而对实验测量过程中收集到的大量数据资料必须经过正确的处理才能使之成为有用的结论. 数据处理是指从获得数据起到得出结论为止的整个加工过程，包括记录、整理、计算、作图、分析等处理过程，是物理实验的重要组成部分. 本节主要介绍列表法、图示法和图解法、逐差法、最小二乘法等常用的数据处理方法.

1.5.1 列表法

实验测量获得实验数据后，对数据处理的第一项工作就是数据记录. 在记录数据时，将数据排列成表格形式，既有条不紊，又简明醒目；既有助于表示出物理量之间的对应关系(如递增、递减)，也有助于检验和发现实验中的问题. 列表记录并处理数据是一种良好的科学工作习惯.

在列表进行数据处理时，应该遵循下列原则.

(1) 各栏目(纵或横)均应标明名称及单位，若名称用自定义的符号，则需加以说明.

(2) 列入表中的数据主要是原始测量数据，处理过程中一些重要的中间计算结果也应列入表中.

(3) 栏目的顺序应充分注意数据间的联系和计算的顺序，力求简明、齐全、有条理.

(4) 对数据表格应提供必要的说明和参数，包括表格名称、主要测量仪器的规格(型号、量程、准确度级别或最大允许误差等)、有关环境参数等.

列表法是最基本的数据处理方法，它主要用于数据记录和数据预处理. 一个好的数据处理表格，往往就是一份简明的实验报告. 下面以刚体转动惯量测定实验为例，说明如何用列表法记录和处理数据(见表 1-5-1 和表 1-5-2).

表 1-5-1　未加铁环时系统转动惯量测量

主要测量仪器：多功能数字毫秒计　精度：0.001 s　砝码质量：$m = 50.00$ g　塔轮半径：$r = 3.00$ cm

次数	t_0/s	$t_{2\pi}$/s	$t_{4\pi}$/s	$t_{10\pi}$/s	$t_{12\pi}$/s	$t_{14\pi}$/s	β_1/(rad · s^{-2})	β_2/(rad · s^{-2})	J_1/(kg · m^2)	$\overline{J}_1$/(kg · m^2)
1	0	0.486	0.787	1.430	1.679	1.849	20.183	−2.049	6.20E−04	6.24E−04
2	0	0.559	0.877	1.564	1.786	2.013	19.416	−2.775	6.23E−04	
3	0	0.576	0.894	1.585	1.808	2.036	19.789	−2.739	6.13E−04	
4	0	0.689	1.024	1.502	1.706	1.914	18.812	−2.874	6.39E−04	
5	0	0.701	1.034	1.513	1.716	1.923	19.149	−2.916	6.27E−04	

表 1-5-2　加铁环后系统转动惯量测量

铁环质量：$M = 195.00$ g　铁环内径：$R_1 = 6.50$ cm　铁环外径：$R_2 = 9.50$ cm

次数	t_0/s	$t_{2\pi}$/s	$t_{4\pi}$/s	$t_{10\pi}$/s	$t_{12\pi}$/s	$t_{14\pi}$/s	β_1/(rad · s^{-2})	β_2/(rad · s^{-2})	J_2/(kg · m^2)	$\overline{J}_2$/(kg · m^2)
1	0	0.543	0.913	1.488	1.764	2.051	11.846	−3.098	9.48E−04	9.27E−04
2	0	0.662	1.059	1.879	2.134	2.398	11.959	−3.235	9.32E−04	
3	0	0.751	1.164	1.769	2.032	2.306	11.759	−3.570	9.24E−04	
4	0	0.759	1.172	1.777	2.041	2.317	11.829	−3.831	9.05E−04	
5	0	0.807	1.225	1.832	2.097	2.373	11.824	−3.492	9.25E−04	

表 1-5-1 和表 1-5-2 中 $t_0 \sim t_{14\pi}$ 所在列为用多功能数字毫秒计测得的刚体转动过程中不同角位移所对应的时刻读数，即原始记录数据；β_1，β_2，J_1，J_2 所在列为将测量数据及已知数据代入角加速度和转动惯量计算公式后的计算结果，$\overline{J}_1$，$\overline{J}_2$ 分别为表 1-5-1 和表 1-5-2 中 5 次所测转动惯量的平均值，这部分则为数据预处理. 可以看出，通过用列表法预处理数据，可以使数据处理过程简洁明了，省去了分步计算的烦琐过程，为后续处理奠定基础.

1.5.2　图示法和图解法

物理规律既可以用解析函数关系表示，也可以借助图线表示. 实验获得的大量数据之间的关系是不直观的，仅仅通过这些数据的观察难以把握它们所蕴含的科学内涵. 动手作图(或通过计算机作图)能有效地帮助人们形象地、有联系地“看到”这些数据，从而更有效地进行处理分析与推理，这就是数据的可视化. 它把形象思维和逻辑思维有机地联系在一起，从而达到启迪思维、促进科学创新的目的. 工程师和科学家一般对定量的图线最感兴趣，因为定量图线能形象直观地表明两个变量之间的关系. 特别是对那些尚未找到适当解析函数表达式的实验结果，可以从所画出的图线中去寻找相应的经验公式与可能的规律和特点.

利用作图分析物理量之间的关系有下列优点.

(1) 数据间的函数关系形象直观化.

(2) 有利于发现个别不遵从规律的数据.

(3) 通过描点作图具有取平均的效果.

(4) 从曲线图可较容易地得出某些实验结果.

1. 图示法

在研究两个物理量之间的关系时，把实验测得的一系列相应的对应数据及变化情况用曲线或直线表示出来，这就是图示法.

在图示法中，作图的基本步骤包括：图纸的选择，坐标的分度和标记，实验数据点的标出，作出一条与实验数据点基本拟合的图线，注解和说明等.

(1) 图纸的选择.

图纸通常有线性直角坐标纸(毫米方格纸)、单对数坐标纸、双对数坐标纸、极坐标纸等，应根据具体实验情况选取合适的坐标纸.

由于图线中直线最易绘制，也便于使用，在已知函数关系的情况下，作两变量之间的关系图线时，最好通过变量代换将某种原来不是线性函数关系的曲线改为线性函数关系的直线，这种方法称为曲线改直. 例如：

① $y=ax+b$，y 与 x 为线性函数关系；

② $y=\dfrac{a}{x}+b$，若令 $u=\dfrac{1}{x}$，则得 $y=au+b$，y 与 u 为线性函数关系；

③ $y=ax^{b}$，取常用对数，则 $\lg y=\lg a+b\lg x$，$\lg y$ 与 $\lg x$ 为线性函数关系；

④ $y=ae^{bx}$，取自然对数，则 $\ln y=\ln a+bx$，$\ln y$ 与 x 为线性函数关系.

对于 ①，选用线性直角坐标纸就可得直线；对于 ②，以 y，u 为坐标时，在线性直角坐标纸上也是一条直线；对于 ③ 和 ④，在选用双(或单)对数坐标纸后，不必对 x，y 做对数计算，就能得一条直线. 如果只有线性直角坐标纸，而又要作 ③，④ 两类函数关系的直线时，则应将相应的测量值取对数后再作图，只是在对实验数据取对数后，既不能减少有效数字的位数，也不能增加有效数字的位数.

(2) 坐标的分度和标记.

绘制图线时，应以自变量为横坐标，因变量为纵坐标，并标明各坐标轴所代表的物理量(可用相应的符号表示)及单位.

坐标的分度要根据实验数据的有效数字和对结果的要求来确定. 原则上，数据中的可靠数字在图中也应是可靠的，而最后一位的估读数字在图中亦是估计的，即不能因作图而引进额外的误差.

在坐标轴上每隔一定间距应均匀地标出分度值，标记所用有效数字位数应与原始数据的有效数字位数相同，单位应与坐标轴的单位一致. 坐标的分度应以不用计算便能确定各点的坐标为原则，为便于读图，通常只用 1，2，5，10 等进行分度，而不用 3，7 等进行分度. 为了充分利用坐标纸并使图线布局合理，坐标分度值不一定从零开始，可以用低于原始数据的某一整数作为坐标分度的起点，用高于测量所得最高值的某一整数作为终点，这样图线就能充满所选用的整个图纸(见图 1-5-1).

(3) 实验数据点的标出(又称标点).

根据测量数据，用"+"或"⊙"记号标出各数据点在坐标纸上的位置，记号的交叉点或圆心应是测量点的坐标位置，"+"中的横竖线段长度或"⊙"中的半径大小表示测量点的误差范围.

欲在同一图纸上画不同图线，标点应该用不同符号，以便区分(见图1-5-2). 同时应在不同的曲线旁加上文字标注，以便识别. 还可用不同颜色对不同的曲线加以区分.

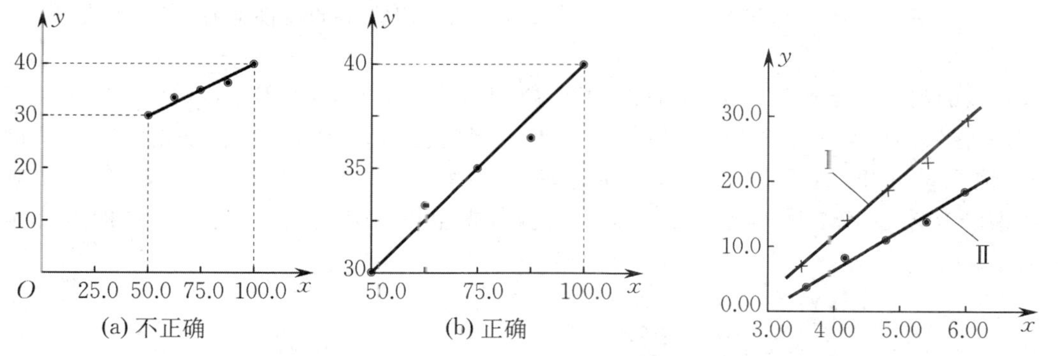

(a) 不正确　　(b) 正确

图 1－5－1　实验点与线段的画法　　图 1－5－2　在同一图纸上画不同的曲线

(4) 作实验点的连线.

实验曲线是由实验点连接而成的. 作实验点的连线时必须使用工具(透明的直尺、三角板、曲线板等),所绘的曲线或直线应光滑匀称,而且要尽可能使所绘的图线通过较多的测量点,但不能连成折线. 对那些严重偏离曲线或直线的个别点,应检查一下标点是否有误,若没有错误,在连线时可舍去不考虑;其他不在图线上的点,应使它们均匀地分布在实验曲线的两侧(见图 1-5-3). 作仪器仪表的校正曲线,应将相邻的两点连成直线,整个校正曲线呈折线形式(见图 1－5－4).

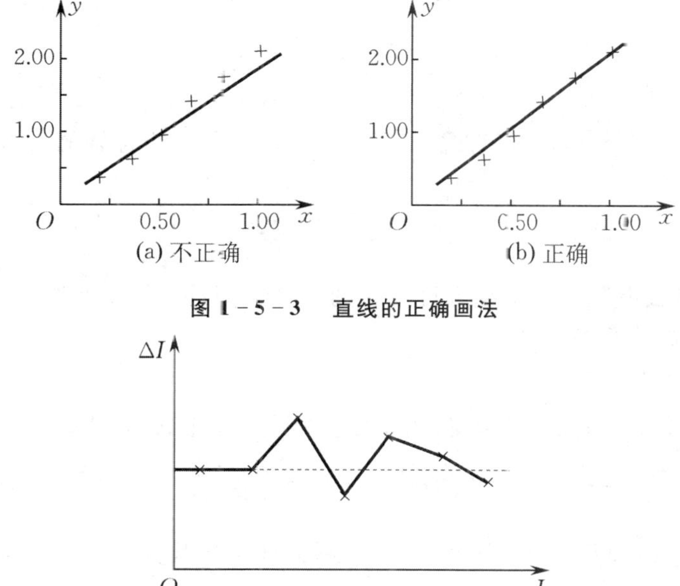

(a) 不正确　　(b) 正确

图 1－5－3　直线的正确画法

图 1－5－4　电流表校正曲线

(5) 注解和说明.

在图纸的明显位置应写清图的名称,注明作者、作图日期和必要的简短说明或计算公式、计算结果.

2. 图解法

利用已作好的实验曲线,定量地求得待测量或得出经验方程,称为图解法. 尤其当图线为直线时,采用此法更为方便.

直线的图解法一般是求出相应的斜率和截距，进而得出完整的线性方程，其步骤如下.

(1) 选点.

求直线的斜率通常用两点法. 在直线的两端任取两点 $A(x_1, y_1)$，$B(x_2, y_2)$. 一般不用实验点，而是在所画的直线上选取，并用与实验点不同的记号作标识，在记号旁注明其坐标值. 两点应尽量分开，如图 1-5-5(a) 所示. 如果两点太靠近[见图 1-5-5(b)]，计算斜率时会使结果的有效数字减少；但也不能取超出实验数据范围以外的点，因为选这样的点无实验依据.

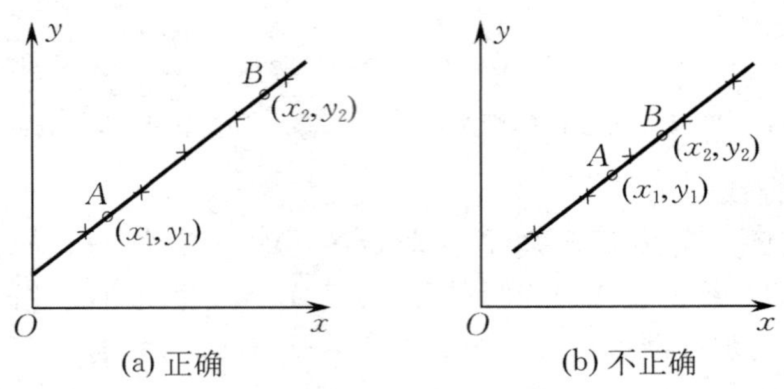

图 1-5-5 图解法的选点

(2) 求斜率.

由直线方程 $y = ax + b$，将两点坐标值代入，可得直线斜率

$$a = \frac{y_2 - y_1}{x_2 - x_1}. \tag{1-5-1}$$

(3) 求截距.

若图纸坐标起点为零，则可将直线用虚线延长，得到与纵坐标轴的交点，即可求得截距；若起点不为零，则有

$$b = \frac{x_2 y_1 - x_1 y_2}{x_2 - x_1}. \tag{1-5-2}$$

下面以测量热敏电阻的阻值随温度变化的关系为例进行图示和图解. 热敏电阻的阻值 R_T 与温度 T 的函数关系为

$$R_T = a e^{\frac{b}{T}}, \tag{1-5-3}$$

其中 a，b 为待定常数，T 为热力学温度. 为了能变换成直线形式，将式(1-5-3) 两边取对数得

$$\ln R_T = \ln a + \frac{b}{T}.$$

将上式做变换，令 $y = \ln R_T$，$a' = \ln a$，$x = \frac{1}{T}$，则得直线方程 $y = a' + bx$. 实验测量了热敏电阻在不同温度下的阻值后，以变量 x，y 作图. 若 y-x 图线为直线，就证明了 R_T 与 T 的理论关系式(1-5-3) 是正确的.

实验测量数据和变量变换值列于表 1-5-3 中. 图 1-5-6 为 R_T-T 关系曲线；图1-5-7 为 $\ln R_T$-$\frac{1}{T}$ 关系曲线.

由图 1-5-7 中 A 点坐标(3.050，7.715) 及 B 点坐标(3.325，8.120) 可得

$$b = \frac{\ln R_{T_2} - \ln R_{T_1}}{\frac{1}{T_2} - \frac{1}{T_1}}\,\mathrm{K} = \frac{8.120 - 7.175}{(3.325 - 3.050) \times 10^{-3}}\,\mathrm{K} = 3.44 \times 10^{3}\,\mathrm{K},$$

表 1-5-3　热敏电阻的测量数据

序号	t/℃	T/K	R_T/Ω	$(x=1/T)/10^{-3}\ \mathrm{K}^{-1}$	$y=\ln R_T$
1	27.0	300.2	3 427	3.331	8.139
2	29.5	302.7	3 124	3.304	8.047
3	32.0	305.2	2 824	3.277	7.946
⋮	⋮	⋮	⋮	⋮	⋮
10	57.5	330.7	1 193	3.024	7.084

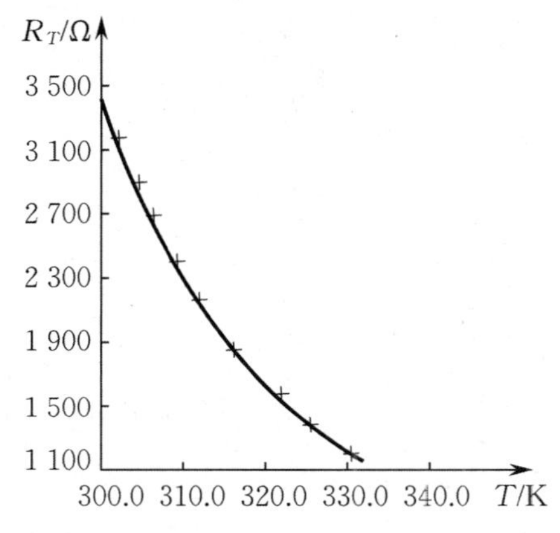

图 1-5-6　R_T-T 关系曲线

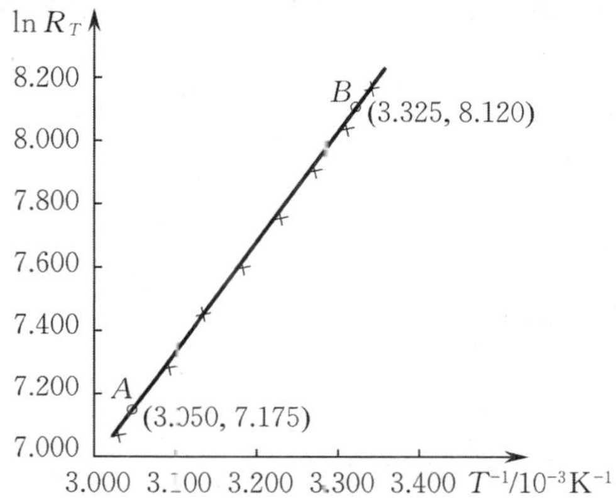

图 1-5-7　$\ln R_T-\dfrac{1}{T}$ 关系曲线

$$a'=\frac{\dfrac{1}{T_2}\ln R_{T_1}-\dfrac{1}{T_1}\ln R_{T_2}}{\dfrac{1}{T_2}-\dfrac{1}{T_1}}=\frac{(3.325\times 7.175-3.050\times 8.120)\times 10^{-3}}{(3.325-3.050)\times 10^{-3}}=-3.306.$$

因为 $a'=\ln a$，所以 $a=0.0367\ \Omega$. 最后可得该热敏电阻的阻值与温度的关系为

$$R_T=0.0367\mathrm{e}^{3.44\times 10^3/T}\ \Omega.$$

1.5.3　逐差法

在物理实验或测量实践中，经常遇到一类通过自变量等间隔变化来获取测量数据的问题. 处理这类问题的常用数据处理方法是逐差法，它在研究上述问题的变化规律或函数关系时有其独特的优点.

逐差法处理数据的基本思想是：将实验测得的等间隔变化的数据分成两组，然后对应项逐项相减，再求所有逐差量的算术平均.

1. 用逐差法处理数据的条件

当两个物理量 y 和 x 满足下列两个条件时，可用逐差法处理数据.

(1) y 是 x 的多项式.

$$y=a_0+a_1x+a_2x^2+\cdots \tag{1-5-4}$$

只有一次方时(线性关系)，用一次逐差；二次方时用两次逐差.

(2) 自变量 x 在实验测量中是等间距变化的，且有偶数组数据.

有些函数经过变换后，能满足上面两个条件，也可以用逐差法处理. 如对指数函数

$$y = a\mathrm{e}^{bx} \tag{1-5-5}$$

两边取对数有

$$\ln y = \ln a + bx. \tag{1-5-6}$$

$\ln y$ 与 x 是线性关系，如果 x 等间距变化也可用逐差法处理.

2. 逐差法处理数据的过程

在物理实验中，一般用一次逐差，即 y 与 x 是线性关系

$$y = a_0 + a_1 x. \tag{1-5-7}$$

若在实验过程中，自变量 x 以 x 为单位等间距变化，测得因变量 y 的数据分别为 $y_1, y_2, \cdots, y_n$，满足以上条件（n 为偶数，设 $n = 2m$），则有

$$\begin{cases} y_1 = a_0 + a_1 x, \\ y_2 = a_0 + a_1(2x), \\ \cdots \\ y_m = a_0 + a_1(mx), \\ y_{m+1} = a_0 + a_1(m+1)x, \\ y_{m+2} = a_0 + a_1(m+2)x, \\ \cdots \\ y_{2m} = y_n = a_0 + a_1(2m)x. \end{cases} \tag{1-5-8}$$

把这 n 个数据按测量顺序分为前 m 个和后 m 个两组，对应项相减有

$$\begin{cases} \delta_1 = y_{m+1} - y_1, \\ \delta_2 = y_{m+2} - y_2, \\ \cdots \\ \delta_m = y_{2m} - y_m. \end{cases} \tag{1-5-9}$$

δ_i 表示自变量 x 发生了 m 个单位变化量时相应的 y 变化量. 由于是线性关系，理论上 $\delta_1 \sim \delta_m$ 的值应是相同的，可以取平均

$$\bar{\delta} = \frac{1}{m}\sum_{i=1}^{m}\delta_i, \tag{1-5-10}$$

则自变量 x 发生一个单位变化量时，相应的 y 单位变化量的平均值为

$$\bar{\delta}_y = \frac{\bar{\delta}}{m} = \frac{1}{m^2}\sum_{i=1}^{m}\delta_i. \tag{1-5-11}$$

3. 逐差法处理数据的不确定度计算

在逐差法处理数据中，m 个 δ_i 相当于 m 次重复测量值，不确定度的计算应从此入手.

δ 的 A 类不确定度为

$$\Delta_{\mathrm{A}} = t_{\mathrm{p}} S_{\bar{\delta}} = t_{\mathrm{p}}\sqrt{\frac{1}{m(m-1)}\sum_{i=1}^{m}(\delta_i - \bar{\delta})^2}. \tag{1-5-12}$$

δ 的 B 类不确定度由所用仪器的误差限确定，若仪器的误差限为 $\Delta_{仪}$，则 B 类不确定度为

$$\Delta_{\mathrm{B}} = \Delta_{仪}. \tag{1-5-13}$$

合成不确定度为

$$\Delta_{\delta} = \sqrt{\Delta_{\mathrm{A}}^2 + \Delta_{\mathrm{B}}^2}. \tag{1-5-14}$$

根据不确定度传递公式，δ_y 的不确定度为

$$\Delta_{\delta_y} = \frac{\Delta_\delta}{m}. \tag{1-5-15}$$

例 1-5-1 在“杨氏模量的测定”实验中,金属丝在拉力的作用下,用光杠杆系统在望远镜中测量的伸长量数据如下.

项目	序号							
	1	2	3	4	5	6	7	8
载荷 /9.8 N	0.00	1.00	2.00	3.00	4.00	5.00	6.00	7.00
伸长量 /cm	0.00	1.34	2.72	4.06	5.43	6.80	8.16	9.51

试计算在 1 N 的力作用下,望远镜中测得的钢丝的伸长量.

解 已知钢丝的伸长量与拉力在弹性限度内是线性关系,实验中每次加 9.8 N(1 kg 砝码)载荷拉伸钢丝,保证了等间距变化,所测数据是连续的 8 个,可以用逐差法处理数据,在此例中,$n = 8, m = 4$. 把数据分为前 4 个和后 4 个两组,对应项相减并取平均值,得

L_1/cm	L_2/cm	L_3/cm	L_4/cm	$\overline{L}$/cm
5.43	5.46	5.44	5.45	5.44

A 类不确定度为($t_p = 3.18$)(见表 1-2-2)

$$\Delta_A = t_p S_{\overline{L}} = 3.18 \times \sqrt{\frac{1}{4\times 3}\sum_{i=1}^{4}(L_i - \overline{L})^2} \approx 0.022\ \text{cm}.$$

所用标尺最小分度为 1 mm,考虑到望远镜的放大、十字叉丝很细及视差等因素,取读数的误差限 $\Delta_{仪} = 0.5$ mm 作为 L 的 B 类不确定度,即

$$\Delta_B = 0.05\ \text{cm}.$$

合成不确定度为

$$\Delta_L = \sqrt{\Delta_A^2 + \Delta_B^2} = \sqrt{0.022^2 + 0.05^2}\ \text{cm} \approx 0.05\ \text{cm}.$$

加 1 N 力的伸长量平均值为

$$\overline{l} = \frac{\overline{L}}{4\times 9.8} = \frac{5.44}{39.2}\ \text{cm} \approx 0.139\ \text{cm}.$$

l 的不确定度为

$$\Delta_l = \frac{\Delta_L}{4\times 9.8} = \frac{0.05}{39.2} \approx 0.001\ \text{cm}.$$

所以,加 1 N 力在望远镜中测得的钢丝伸长量的结果表示为

$$l = (0.139 \pm 0.001)\ \text{cm}, \quad E = \frac{0.001}{0.139}\times 100\% \approx 0.7\%.$$

1.5.4 最小二乘法

最小二乘法(又称为线性回归法)是一种数学优化方法. 它通过最小化误差的平方和寻找数据的最佳函数匹配. 利用最小二乘法可以简便地求得未知的数据,并使得这些求得的数据与实际数据之间误差的平方和为最小. 由一组实验数据找出一条最佳的拟合直线(或曲线)常用的方法是最小二乘法,由此得到的变量之间的相关函数称为回归方程. 它不仅可以进行直线拟合,还可用于曲线拟合. 在此仅介绍用最小二乘法进行一元线性回归(即直线拟合)的基本处理方法.

用最小二乘法进行一元线性回归，就是将一组符合 $y = ax + b$ 关系的测量数据 $\{(x_i, y_i), i = 1,2,\cdots,n\}$ 用计算的方法求出最佳的回归系数 a, b，同时对这种拟合的相关性做出评价.

1. 计算一元线性回归方程 $y = ax + b$ 的最佳回归系数 a, b

设物理量 y 和 x 之间是线性关系，则可以写成下面的函数形式：

$$y = ax + b. \tag{1-5-16}$$

对 x 和 y 做 n 次测量，有 n 组测量数据 $(x_1, y_1), (x_2, y_2), \cdots, (x_n, y_n)$. 为了简化问题讨论，假定在 y 和 x 的直接测量中，只有 y 存在明显的随机误差，x 的误差小到可以忽略. 于是测量得到的 $y_i (i = 1,2,\cdots,n)$ 值与按回归方程 $y = ax + b$ 计算出的 y 值之间存在着偏差 $v_i (i = 1,2,\cdots,n)$：

$$v_i = y_i - (ax_i + b), \quad i = 1,2,\cdots,n. \tag{1-5-17}$$

偏差二乘方的和为

$$\begin{aligned} L &= \sum_{i=1}^{n} v_i^2 = \sum_{i=1}^{n} [y_i - (ax_i + b)]^2 \\ &= \sum_{i=1}^{n} y_i^2 + nb^2 + a^2 \sum_{i=1}^{n} x_i^2 - 2b \sum_{i=1}^{n} y_i - 2a \sum_{i=1}^{n} (x_i y_i) + 2ab \sum_{i=1}^{n} x_i. \end{aligned} \tag{1-5-18}$$

最小二乘法原理指出，当 $\sum\limits_{i=1}^{n} v_i^2$ 为最小时所确定的回归系数 a, b 为最佳回归系数. 要使 $\sum\limits_{i=1}^{n} v_i^2$ 为最小，实际上就是使它对 a, b 的一阶偏导数为零，即

$$\frac{\partial}{\partial a}\left(\sum_{i=1}^{n} v_i^2\right) = 0, \quad \frac{\partial}{\partial b}\left(\sum_{i=1}^{n} v_i^2\right) = 0, \tag{1-5-19}$$

则有

$$\begin{cases} b\sum\limits_{i=1}^{n} x_i + a\sum\limits_{i=1}^{n} x_i^2 - \sum\limits_{i=1}^{n} x_i y_i = 0, \\ nb + a\sum\limits_{i=1}^{n} x_i - \sum\limits_{i=1}^{n} y_i = 0. \end{cases} \tag{1-5-20}$$

由此可得到一元线性回归方程的两个最佳回归系数 a, b 为

$$\begin{cases} a = \dfrac{\left(\sum\limits_{i=1}^{n} x_i\right)\left(\sum\limits_{i=1}^{n} y_i\right) - n\sum\limits_{i=1}^{n} (x_i y_i)}{\left(\sum\limits_{i=1}^{n} x_i\right)^2 - n\left(\sum\limits_{i=1}^{n} x_i^2\right)}, \\ b = \dfrac{\sum\limits_{i=1}^{n} (x_i y_i) \cdot \left(\sum\limits_{i=1}^{n} x_i\right) - \left(\sum\limits_{i=1}^{n} y_i\right)\left(\sum\limits_{i=1}^{n} x_i^2\right)}{\left(\sum\limits_{i=1}^{n} x_i\right)^2 - n\left(\sum\limits_{i=1}^{n} x_i^2\right)}. \end{cases} \tag{1-5-21}$$

2. 线性拟合的相关性评价 —— 相关系数 R

对任何一组测量值 $\{(x_i, y_i), i = 1,2,\cdots,n\}$，不论 x 与 y 之间是否存在线性关系，代入式(1-5-21)都可以求出回归方程系数 a, b. 因此，必须对这种线性拟合的相关性做出评价，最常用的评价参数是相关系数 R，其定义为

$$R=\frac{\sum_{i=1}^{n}(x_i-\overline{x})\cdot(y_i-\overline{y})}{\sqrt{\sum_{i=1}^{n}(x_i-\overline{x})^2\cdot\sum_{i=1}^{n}(y_i-\overline{y})^2}}.\qquad(1-5-22)$$

相关系数 R 是反映所有的实验数据点 $\{(x_i,y_i),i=1,2,\cdots,n\}$ 和设定的一元线性回归方程 $y=ax+b$ 是否相拟合的一个特征参量. 相关系数 R 的绝对值的大小表示线性拟合的相关程度的好坏,若 $|R|=1$,表示变量 x 与 y 完全相关,拟合直线通过全部实验点;若 $|R|=0$,表示 x 与 y 完全不相关. $|R|$ 越接近 1,数据点越靠近拟合曲线,设定的回归方程越合理,拟合的相关程度越高;$|R|$ 越接近 0,数据点越完全不分布在拟合曲线附近,而是越杂乱无章地分散开,设定的回归方程越不合理,拟合的相关程度越低,此时必须改用其他形式的函数方程重新进行回归分析与拟合.

§1.6　计算器在误差统计中的应用

1. 计算机(电脑)自带计算器应用

目前微软操作系统自带计算器的功能很强大,可以满足普通计算、科学计算和统计计算等需要. 这里以 WIN 8 系统自带计算器为例,只介绍统计计算功能的应用.

(1) 在电脑正常工作状态下,点击“WIN”图标按钮,在弹出的“应用”窗口中找到“计算器”图标并双击打开. 这时将出现标准计算器窗口(见图 1-6-1),可以进行简单的加减乘除等运算.

(2) 点击“查看”菜单,可看到图 1-6-2 所示的多种计算功能选择项,选择“统计信息”项,就可以进行统计计算了.

(3) 在统计计算功能下(统计计算界面如图 1-6-3 所示),每输入一个数据点击一下“Add”按钮,依次输入所有测量数据后,就可以计算其统计值. 如需计算平均值,点击一下“$\overline{x}$”按钮,就可以得到结果.

图 1-6-1　标准计算器窗口

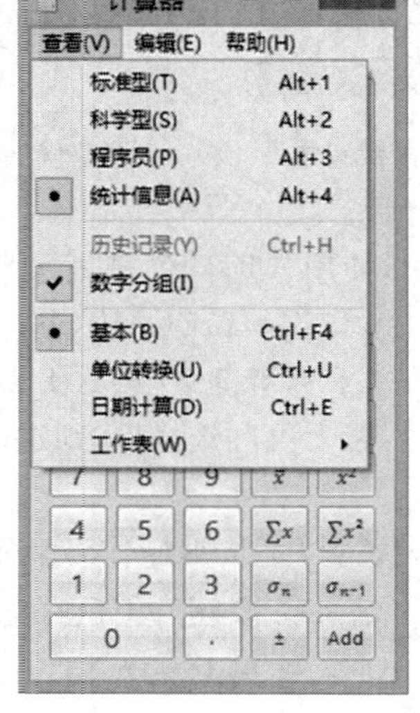

图 1-6-2　计算器功能选择

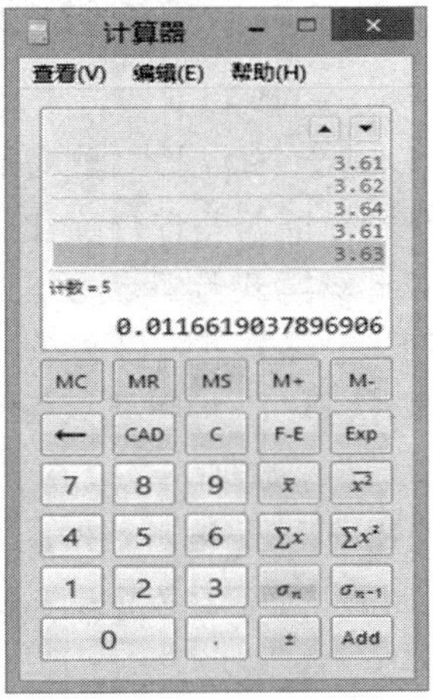

图 1-6-3　统计计算界面

符号 σ_{n-1} 是指样本标准偏差(简称标准偏差,本教材中符号为 S_x),对应的计算公式为

$$\sigma_{n-1}=\sqrt{\frac{\sum_{i=1}^{n}(x_i-\overline{x})^2}{n-1}}. \tag{1-6-1}$$

符号 σ_n 是指总体标准偏差,对应的计算公式为

$$\sigma_n=\sqrt{\frac{\sum_{i=1}^{n}(x_i-\overline{x})^2}{n}}. \tag{1-6-2}$$

算术平均值的标准偏差(本教材中符号为 $S_{\overline{x}}$)为

$$S_{\overline{x}}=\frac{\sigma_{n-1}}{\sqrt{n}}=\frac{\sigma_n}{\sqrt{n-1}}. \tag{1-6-3}$$

2. 学生用计算器应用

这里以卡西欧(CASIO)fx-82ES 学生用计算器为例,介绍统计计算功能的使用. 其实物和面板分别如图 1-6-4 和图 1-6-5 所示.

图 1-6-4　卡西欧计算器实物图　　　图 1-6-5　卡西欧计算器面板

(1) 进入 SD 模式(单变量统计计算模式).

使用标准偏差进行统计计算时,使用“MODE”键进入 SD 模式. 先按“MODE”键,显示屏幕上将出现模式选择提示(见图 1-6-4):1:COMP(基本运算),2:STAT(统计计算),3:TABLE(生成数表);再选择“2”(即按下数字键 2) 进入 STAT 模式,这时屏幕上若出现再次选择项,选择“1” 即可进入 SD 模式,若无再次选择项,则这时默认为 SD 模式.

(2) 输入数据.

使用 STAT 编辑器输入数据,执行以下按键操作可显示 STAT 编辑器:[SHIFT][1](STAT)[2](Data). 在开始数据输入之前, 请务必按 [SHIFT] [CLR] [1](Scl) [=] 键清除统计记忆器. 然后依次输入各测量数据. 每输入一个数据按一下 [M+] 键(在 SD 模式及 REG 模式中,[M+] 键起[DT] 键的作用),如要输入 1.23,1.34,1.29,1.36,1.32 这 5 个数据,可连续输入 1.23,[M+],1.34,

[M+] 1.29, [M+], 1.36, [M+], 1.32, [M+].

(3) 从输入的数据中得出统计值.

输入的数据是用以计算 $n,\sum x,\sum x^2,\overline{x},\sigma_n$ 及 σ_{n-1} 等数值,可使用下列键操作调出这些数值.要得出统计值,在输入数据后,先在 STAT 编辑器中按 [AC],然后调用所需的统计变量(如 $\overline{x}$ 和 σ_{n-1}).

调出 $\sum x^2$:[SHIFT] [1] (STAT) [3] (SUM) [1].

调出 $\sum x$:[SHIFT] [1] (STAT) [3] (SUM) [2].

调出 n:[SHIFT] [1] (STAT) [4] (VAR) [1].

调出 $\overline{x}$:[SHIFT] [1] (STAT) [4] (VAR) [2].

调出 σ_n:[SHIFT] [1] (STAT) [4] (VAR) [3].

调出 σ_{n-1}:[SHIFT] [1] (STAT) [4] (VAR) [4].

§1.7 WPS 表格(或 Excel) 在数据处理中的应用

随着计算机的普及,利用计算机处理实验数据成为首选方式,尤其是对较复杂的数据处理,其优势更为突出. WPS 表格是根据 Microsoft Office Excel 开发的一款国产办公软件,两者完全兼容,它不仅具有强大的数值分析、数据绘图功能,而且函数库非常丰富,能够满足实验数据处理的多种要求. 另外,它突出的优点是使用非常方便,不要求学生会编程,只要进行基本的电脑操作,就可以方便地处理数据. 处理物理实验数据常用的方法有列表法、作图图解法、逐差法、最小二乘法,下面分别介绍 WPS 表格在这几种方法中的应用.

1.7.1 列表法处理数据

列表法是数据处理中较常用的方法,通常在记录实验中的原始数据时使用. 首先,根据实验内容和要求设计好表格,实验时将数据记录在表格中,然后进行数据处理,一般要求计算被测量的算术平均值、不确定度等. WPS 表格本身就是电子数据表格,利用 WPS 表格可以设计出清晰美观的表格,要注意以下几点:第一,各栏目都要注明名称和单位;第二,栏目的顺序要依据数据间的联系和计算顺序,力求简明、齐全、有条理;第三,反映测量值函数关系的数据表格,应按自变量由小到大或者由大到小的顺序排列. 图 1-7-1 为长度的测量实验的数据表格. 用 WPS 表格记录数据的一个优点是可通过“单元格格式”中的“数值”选项对录入

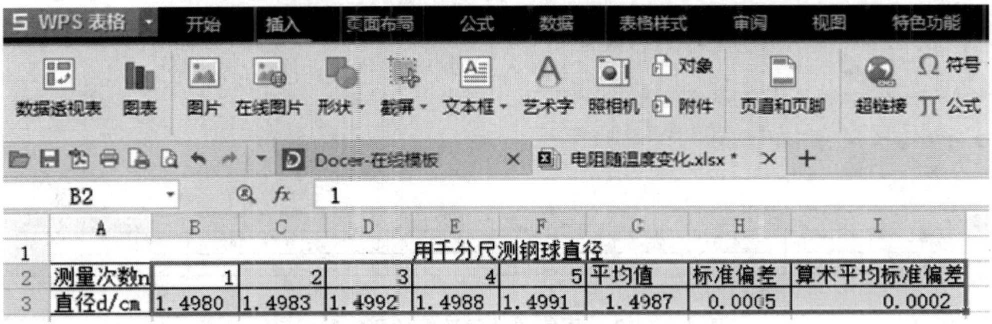

用千分尺测钢球直径								
测量次数n	1	2	3	4	5	平均值	标准偏差	算术平均标准偏差
直径d/cm	1.4980	1.4983	1.4992	1.4988	1.4991	1.4987	0.0005	0.0002

图 1-7-1 列表法处理数据

数字的小数位数进行设置，确保原始测量数据能正确反映有效数字. 另一个优点是可通过编辑公式或者函数功能，自动完成算术平均值和不确定度的计算，非常方便快捷.

1. 原始数据的输入

原始数据的输入非常方便，用鼠标点击相应的单元格，然后直接输入数据和文字. 在输入数据时，为了保证有效数字的位数，先用鼠标选定要输入数字的单元格，再单击鼠标右键快捷方式，"设置单元格格式 …"/"数字"/"数值" 在弹出的设置窗口中设置"小数点位数". 图 1-7-1 中表格为"用千分尺测钢球直径" 的 Excel 数据处理表，其中 B3 ～ F3 为输入的原始测量数据.

2. 数据处理

(1) 求算术平均值 $\overline{d}$.

用鼠标选取 B3:G3 单元格，单击工具栏上符号"$\sum$" 旁的下拉式三角箭头并选取"平均值"，Excel 自动将 5 次钢球直径测量值的平均值显示在 G3 单元格中. 如检查发现输入的数据有错误，只需改正有错误的单元格里的数据，G3 单元格中的结果就会自动地更新，这是普通函数计算器没有的功能. 平均值的计算也可在 G3 单元格中直接输入"= AVERAGE(B3:F3)" 后回车.

(2) 求测量列的标准偏差 σ_d.

选定 H3 单元格，并输入公式"= STDEV(B3:F3)" 后回车，将自动计算出直径测量列的标准偏差. 标准偏差的计算也可在选中 H3 单元格时单击工具栏中插入函数，在弹出对话框中选择"统计" 类别中的"STDEV" 函数来实现.

(3) 求算术平均值的标准偏差 $S_{\overline{d}}$.

由式(1-6-3)，直径测量列算术平均值的标准偏差为 $S_{\overline{d}} = \sigma_{n-1}/\sqrt{n}$. 所以，计算时，将鼠标点在 I3 单元格，输入"= H3/SQRT(5)" 回车即可.

1.7.2 图解法处理数据

用 WPS 表格图解法处理数据时，先将数据按列表法的方式分类输入 WPS 表格中，然后用图表向导完成作图，主要步骤有四步：图表类型、图表源数据、图表选项和图表位置. 下面以惠斯通电桥测定铜丝在不同温度下的电阻值实验为例，简要说明用 WPS 表格图表向导作图的方法.

1. 创建表格，输入数据

启动 WPS 表格，在新建的 WPS 表格工作表中输入实验数据，如图 1-7-2 所示.

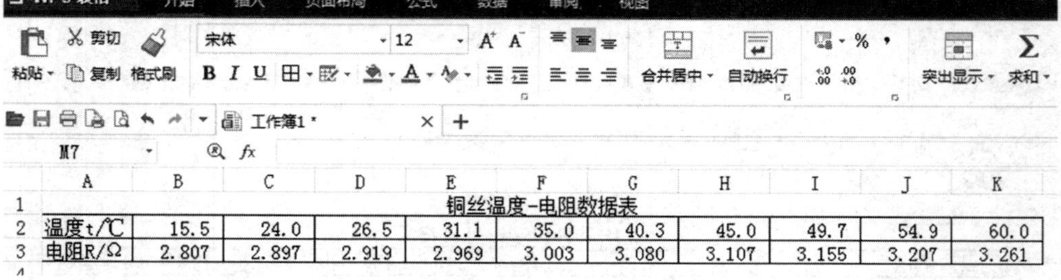

铜丝温度-电阻数据表

温度t/℃	15.5	24.0	26.5	31.1	35.0	40.3	45.0	49.7	54.9	60.0
电阻R/Ω	2.807	2.897	2.919	2.969	3.003	3.080	3.107	3.155	3.207	3.261

图 1-7-2　图解法处理数据的原始数据表

2. 插入图表

第一步是选定实验数据，将鼠标移到 B2 单元格，按下鼠标左键并移到 K3 单元格，松开左键.

第二步是单击菜单栏上的“插入”项，并点选“图表”选项(见图 1-7-3).然后在弹出的“图表类型”复选框中点选“xy 散点图”后的三角形下拉菜单图标，从弹出的图表类型选项中选择“仅带数据标记的散点图”(第一个图表类型)，这时就可以在 WPS 表格页面上显示出图表类型页面，鼠标点在图表区边缘处当出现“+”字箭头时可以点住左键拖动来改变图表位置，如图 1-7-3 和图 1-7-4 所示.

图 1-7-3　插入图表

第三步是输入图表的基本信息.在图 1-7-4 状态下，一直点“下一步”到图 1-7-5 所示页面.点“标题”，然后在“图表标题”栏中输入“铜丝电阻随温度的变化关系”；在“数值(X)轴”栏中输入“t/℃”；在“数值(Y)轴”栏中输入“R/Ω”.单击“完成”后将在文档中插入图 1-7-6 所示图表.

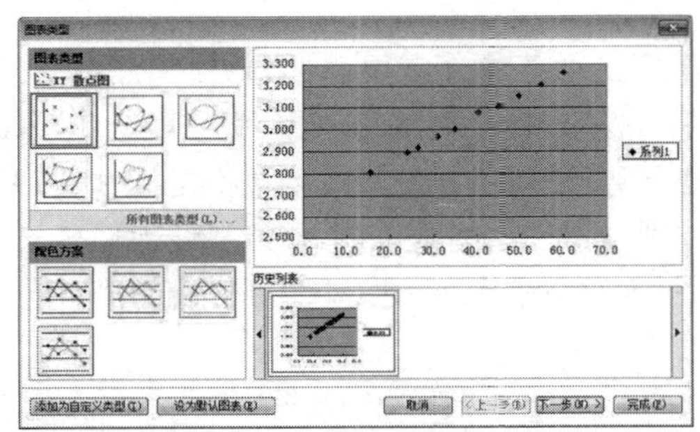

图 1-7-4　图表类型

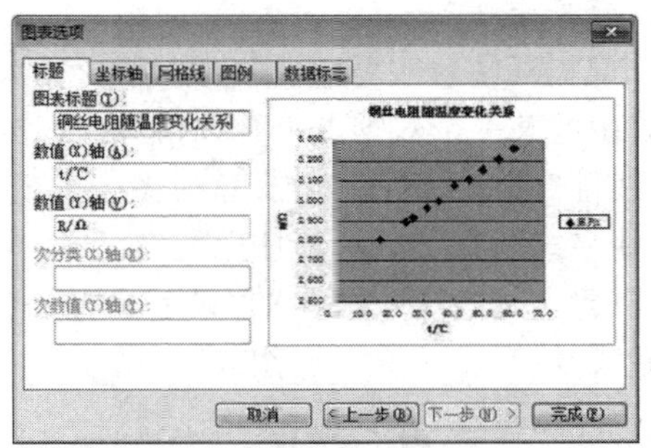

图 1-7-5　设置图表标题及坐标轴符号及单位

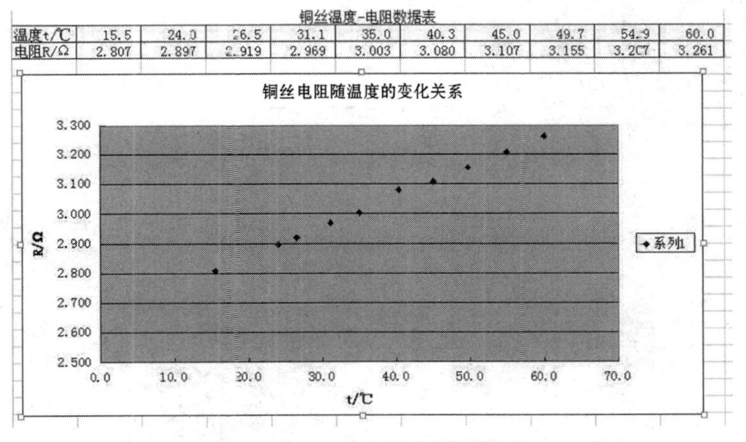

铜丝温度-电阻数据表

温度t/℃	15.5	24.0	26.5	31.1	35.0	40.3	45.0	49.7	54.9	60.0
电阻R/Ω	2.807	2.897	2.919	2.969	3.003	3.080	3.107	3.155	3.207	3.261

图 1-7-6　文档中插入图表

3. 修改坐标

由图 1-7-6 可见，图表不能很好地反映铜丝电阻随温度变化关系，需要进行修改美化.首先把鼠标放在图表的 X 轴上点左键选中 X 轴，然后点右键，将弹出如图 1-7-7 所示的“坐标轴格式设置”选项，点选它可进入 X 轴格式设置页面，这时可以根据菜单选项中对图案、字体、刻度等进行设置.关键要对刻度进行设置使图表得以美化，如图 1-7-8 所示，分别对 X 轴的“最小值”“最大值”“主要刻度单位”“数值(Y)轴交叉于”等进行设置，然后点“确定”.Y 轴设置参照以上方法进行.

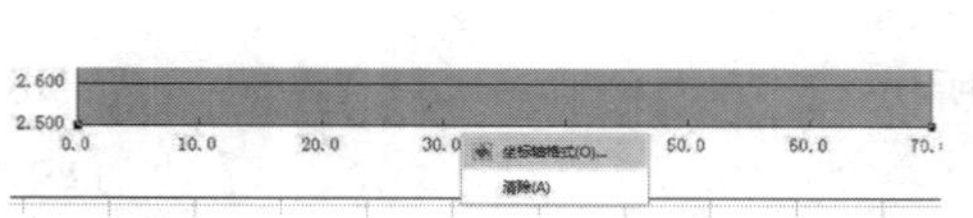

图 1-7-7 坐标轴格式设置

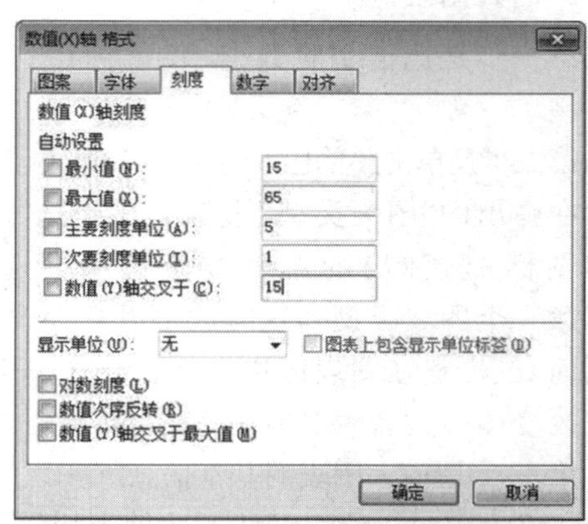

图 1-7-8 设置坐标轴刻度参数

4. 添加趋势线

完成坐标轴修改后,数据分布就显得比较合理了.接下来还需要添加趋势线.首先将鼠标点在图表中的某一个数据点上,然后单击右键,在弹出窗口中选择"添加趋势线"(见图 1-7-9),并选择"线性"类型后点"确定".这时图表中就出现趋势线.然后在趋势线上单击鼠标右键,并选择"趋势线格式";在"选项"栏中的"前推""倒推"分别设置一定的单位值,使趋势线前后延长,显得更美观.再勾选"选项"栏中的"显示公式"和"显示 R 平方值"(见图 1-7-10),点击"确定"后函数关系式及 R^2 值将显示在图表中(见图 1-7-11).

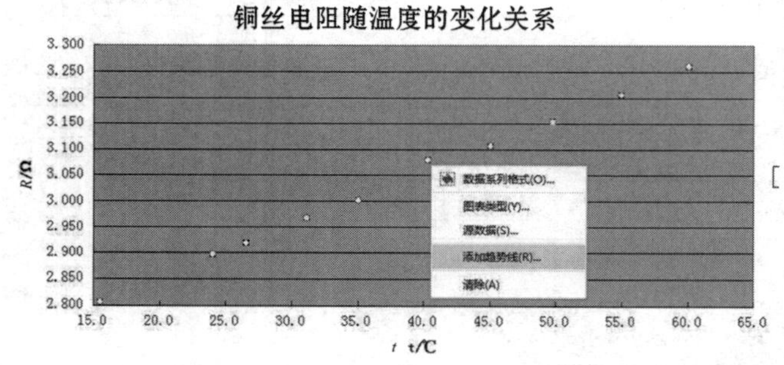

图 1-7-9 添加趋势线

图 1-7-10 设置趋势线格式

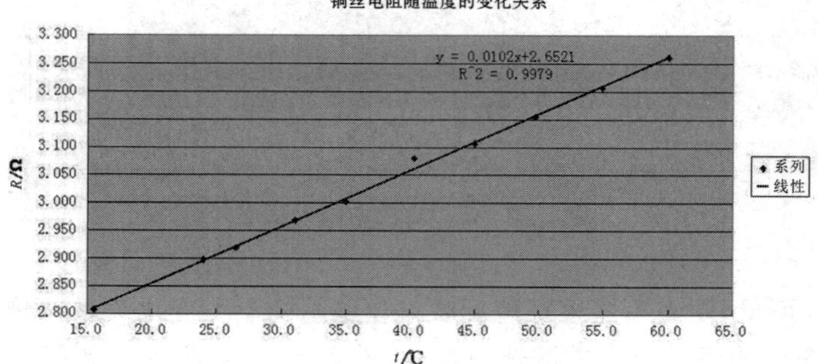

图 1-7-11 最终图表

5. 求斜率和截距

图 1-7-11 中图表所示函数关系式 $y=0.010\,2x+2.652\,1$ 就是拟合直线的方程,由此

可知，直线斜率 $k = 0.0102$，直线截距 $b = 2.6521$. 由于 x 轴表示的是温度 t，y 轴表示的是电阻 R，铜丝电阻随温度的变化关系式为

$$R = (0.0102t + 2.6521)\Omega.$$

1.7.3　逐差法处理数据

逐差法就是把一组等精度测量的数据分为前后两组（数据个数为偶数），将对应项分别相减，然后求平均值. 逐差法的优点是既能充分利用数据，又能减小误差. 这里以牛顿环实验的数据处理为例加以说明.

1. 设计数据处理表格，输入实验数据

该实验原始记录数据如表 1-7-1 所示. 其数据处理的关键是要根据测量数据（每一环直径的左右位置读数）算出 21 ～ 30 环的直径，然后用逐差法计算 30 － 25，29 － 24，28 － 23，27 － 22，26 － 21 环之间的直径平方差. 根据计算需要，设计数据处理表格，如图 1-7-12 所示. 由图可以看出，当输入数据后，会出现部分数据的有效数字位数不对，这时就需要“设置单元格格式”来对数值的小数位数进行设置，使其符合有效数字位数要求. 如表 1-7-1 中的测量数据是用精度为 0.001 mm 的读数显微镜测得的，当以 mm 为单位时，其读数应保留三位小数. 设置方法是：将鼠标点在 C4 单元格，按住左键拉至 G6，这时对角线 G4 到 G6 所在所有单元格被选中，单击右键，选择“设置单元格格式”，然后，在弹出窗口选项菜单栏中点选“数字”/“数值”，再在“小数位数”输入框中输入“3”后点“确定”. C8 ～ G10 设置方法同上.

表 1-7-1　牛顿环实验测量数据

组数		1	2	3	4	5
环数 m_i		30	29	28	27	26
位置读数	左 x_i/mm	29.369	29.298	29.219	29.152	29.073
	右 x_i'/mm	20.811	20.889	20.949	21.022	21.093
环数 n_i		25	24	23	22	21
位置读数	左 x_i/mm	29.001	28.919	28.843	28.768	28.683
	右 x_i'/mm	21.169	21.241	21.318	21.400	21.478

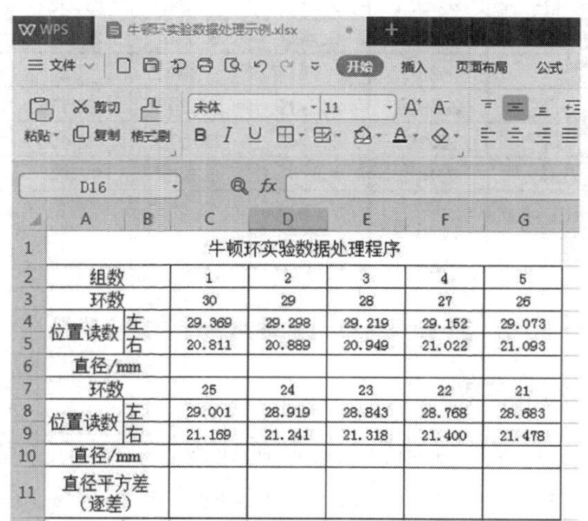

牛顿环实验数据处理程序						
组数		1	2	3	4	5
环数		30	29	28	27	26
位置读数	左	29.369	29.298	29.219	29.152	29.073
	右	20.811	20.889	20.949	21.022	21.093
直径/mm						
环数		25	24	23	22	21
位置读数	左	29.001	28.919	28.843	28.768	28.683
	右	21.169	21.241	21.318	21.400	21.478
直径/mm						
直径平方差（逐差）						

图 1-7-12　牛顿环实验数据处理表

2. 计算牛顿干涉环直径

由该实验原理知，某一环的直径就等于该环左右位置读数之差的绝对值，如 $d_{30}=(29.369-20.811)\mathrm{mm}$.

	A	B	C	
1			牛顿环实验	
2	组数		1	
3	环数		30	
4	位置读数	左	29.369	29.
5		右	20.811	20.
6	直径/mm		=C4-C5	
7	环数		25	

图 1-7-13　选中单元格

从图 1-7-12 可看出，在 WPS 表格中 30 环直径所在单元格为 C6，数字 29.369 所在单元格为 C4，数字20.811 所在单元格为 C5，所以 C6 = C4－C5. 计算时，将鼠标点在 C6 单元格(见图 1-7-13)，然后输入公式“= C4 - C5”回车即可得到计算值. 然后鼠标单击 C6 单元格，出现该单元格被选中的方框，将鼠标点在方框右下角出现一个小“+”字，按住左键向右拉至 G6 单元格，这时 26 ～ 30 环的直径就自动算出来了. 21 ～ 25 环用同样方法计算得出.

3. 用逐差法计算直径平方差

经上述计算得到了 21 ～ 30 环共 10 个直径数据，将其前 5 个(21 ～ 25 环直径数据) 和后 5 个(26 ～ 30 环直径数据) 各分为一组，用逐差法求每间隔 5 环的直径平方差，即

$$d_{30}^2-d_{25}^2,\quad d_{29}^2-d_{24}^2,\quad d_{28}^2-d_{23}^2,\quad d_{27}^2-d_{22}^2,\quad d_{26}^2-d_{21}^2.$$

将鼠标点在图 1-7-12 所示表格的 C11 单元格，在该单元格中或函数输入栏中输入“= POWER(C6,2) - POWER(C10,2)”回车(见图 1-7-14)，就可以在 C11 单元格得到计算结果. 选中 C11 单元格，鼠标点在其右下角按下左键，一直向右拉到 G11 单元格，则所有直径平方差将自动算出.

C11　fx　=POWER(C6, 2)-POWER(C10, 2)

	A	B	C	D	E	F	G
1	牛顿环实验数据处理程序						
2	组数		1	2	3	4	5
3	环数		30	29	28	27	26
4	位置读数	左	29.369	29.298	29.219	29.152	29.073
5		右	20.811	20.889	20.949	21.022	21.093
6	直径/mm		8.558	8.409	8.270	8.130	7.980
7	环数		25	24	23	22	21
8	位置读数	左	29.001	28.919	28.843	28.768	28.683
9		右	21.169	21.241	21.318	21.400	21.478
10	直径/mm		7.832	7.678	7.525	7.368	7.205
11	直径平方差(逐差)		11.899				
12							

图 1-7-14　计算直径平方差

1.7.4　最小二乘法处理数据

图解法虽然形象直观，但是不如函数能够精确地表达物理量之间的数量关系. 从一组实验数据中求经验方程，称为方程的回归. 求回归方程的方法有很多，在大学物理实验中，最常用的是最小二乘法. 用 WPS 表格(或 Excel) 进行最小二乘法的计算，过程简便、易于掌握.

WPS 表格(或 Excel)中有大量函数,分别用于各种不同的计算. 求斜率的函数(命令)是"SLOPE",求截距函数(命令)是"INTERCEPT",相关系数函数(命令)"CORREL". 可分别利用以上函数命令求出线性方程 $y = ax + b$ 的 a,b 两个系数和相关系数 R^2,从而得到一元线性回归方程式,并可利用相关系数来判断线性拟合度的好坏. 这里仍以惠斯通电桥测定铜丝在不同温度下的电阻值实验为例.

首先在空白处选一单元格,输入"a",然后在其下方或右方选一个单元格作为斜率 a 值所在位置单元格,这时单击"插入函数"菜单中的"f_x"函数,在弹出的对话框中的"查找函数"输入栏中输入"斜率"即可找到求斜率函数"SLOPE";或在"或选择类别"栏中选择"全部"(默认为常用函数,如果之前没用过斜率函数,则要在全部函数中查找选择),然后滚动鼠标在全部函数中找到斜率函数"SLOPE",如图 1-7-15 所示. 双击"SLOPE"选择后弹出"函数参数"页面,在"已知 y 值集合"和"已知 x 值集合"输入框中分别输入"B3:K3"和"B2:K2"(见图 1-7-16)后点确定,即可得到斜率 $a = 0.010\,2$. 同理,利用截距函数"INTERCEPT"可得截距 $b = 2.652\,1$,利用相关系数函数"CORREL"可得相关系数 $R^2 = 0.999\,0$. 还可以分别在三个空白单元格中输入"= SLOPE(B3:K3,B2:K2)""= INTERCEPT(B3:K3,B2:K2)"和"= CORREL(B3:K3,B2:K2)"(输入时注意,前一组数据为 y 坐标数据值,后一组为 x 坐标数据值)也可得到斜率、截距和相关系数的数值. 求出了斜率、截距和相关系数,就可以得到线性回归方程 $y = 0.010\,2x + 2.652\,1$,$R^2 = 0.999\,0$.

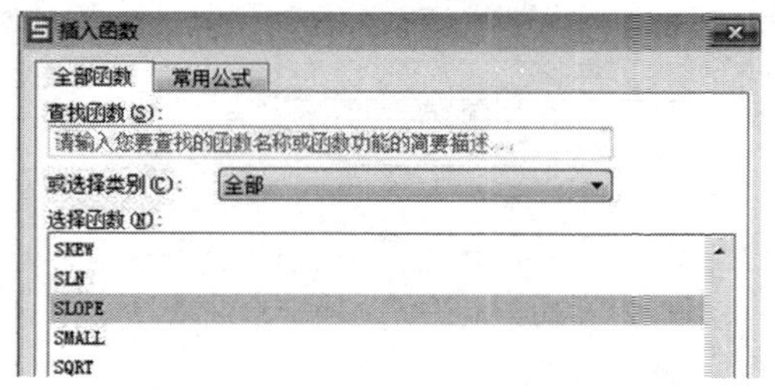

图 1-7-15　查找或选择函数

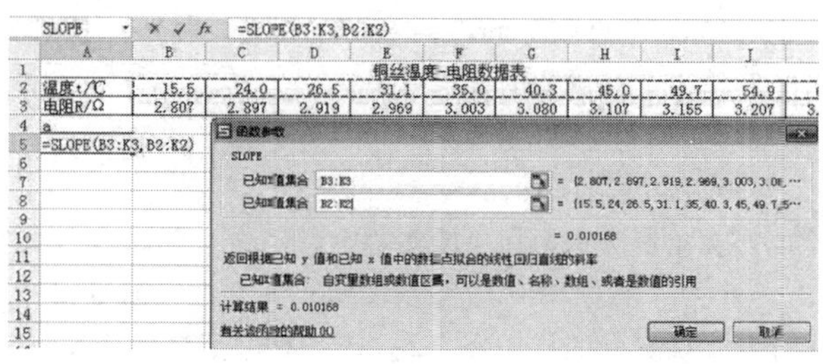

图 1-7-16　输入已知的 y 和 x 数据

习　题

1. 判断下列情况中产生的误差类型:

(1) 指针式电表零点没有调准;

(2) 实验仪器水平或铅直没有调整好;

(3) 伏安法测电阻没有考虑电表内阻的影响;

(4) 用单摆测重力加速度时,摆角偏大;

(5) 实验中用合格的米尺测同一物体长度得到多个相差不大的结果;

(6) 实验中电源电压波动;

(7) 使用的米尺刻度不均匀;

(8) 看错实验中电表刻度盘最小一格的数值.

2. 用多功能数字毫秒计测量时间共 10 次,测量数据表格如下:

测量次数	1	2	3	4	5	6	7	8	9	10
t/s	0.135	0.136	0.138	0.133	0.130	0.129	0.133	0.132	0.134	0.129

若不计仪器误差，写出测量结果：$t=\bar{t}\pm\Delta_t$，$E=\frac{\Delta_t}{\bar{t}}\times 100\%$.

3. 写出下列函数的不确定度的传递公式：

(1) $N=x+y+2z$； (2) $f=\frac{ab}{a-b}(a\neq b)$；

(3) $f=\frac{A^2-l^2}{4A}$； (4) $V=\frac{\pi}{6}d^3$；

(5) $R=\sqrt{R_1\cdot R_2}$； (6) $y=\exp(-x^2)$.

4. 指出下列各量有效数字的位数：

(1) $l=0.000\,1$ cm； (2) $t=1.000\,1$ s；

(3) $m=1.000$ kg； (4) $\lambda=0.005\,540$ mm；

(5) $S=2\,506\,000$ m^2； (6) $R=2.40\times10^2$ Ω.

5. 按照有效数字的定义及运算规则，改正下列错误：

(1) $l=(10.800\pm0.20)$ cm； (2) $M=(31\,690\pm200)$ kg；

(3) $s=12$ km $+100$ m； (4) $d=(18.652\pm1.4)$ cm；

(5) 28 cm $=$ 280 mm； (6) 2 500 Ω $=2.5\times10^3$ Ω；

(7) $0.022\,1\times0.022\,1=0.000\,488\,41$； (8) $\frac{400\times1500}{12.60-11.6}=600\,000$；

(9) $a=0.002\,5$ cm，$b=0.12$ cm，则 $a\times b=3\times10^{-4}$ cm^2，$a+b=0.1225$ cm.

6. 给出下列函数的有效数字：

(1) $x=9.80$，$\ln x=$ ________； (2) $x=5.84$，$\sqrt{x}=$ ________；

(3) $x=3.314\,15$，$e^x=$ ________； (4) $x=0.527$，$\sin x=$ ________.

7. 在单摆测重力加速度实验中，用 $g=4\pi^2 l/T^2$ 计算重力加速度. 已获得摆长 l 与周期 T 的测量结果为

$$l=(100.01\pm0.01)\text{cm},\quad T=(2.002\pm0.002)\text{s}.$$

推导出不确定度的传递公式 $\Delta_g/\bar{g}$，计算出不确定度 Δ_g，最后写出测量结果.

8. 用伏安法测电阻数据如下：

U/V	1.00	2.00	3.00	4.00	5.00	6.00	7.00	8.00
I/mA	2.00	4.01	6.05	7.85	9.70	11.83	13.75	16.02

试用直角坐标纸作图，并求出 R 值. 若上述实验电压 U 用 0.5 级、量程为 10 V 的电压表测量，电流用 0.2 级、20 mA 电流表测量，试分析测量 R 的不确定度并给出 R 的表达式.

9. 已知铜棒长度随温度变化的关系为 $l=l_0(1+\alpha t)$，试用一元线性回归方法由下列数据求出线膨胀系数 α.

t/℃	10.0	20.0	25.0	30.0	40.0	45.0
l/mm	2 000.36	2 000.72	2 000.80	2 001.07	2 001.48	2 001.60

第2章 物理实验的基本测量方法和基本操作技术

§2.1 物理实验的基本测量方法

物理实验由三个基本部分构成,即在实验室人为再现自然界的物理现象、寻找物理规律和测量物理量.物理实验与物理测量有紧密的联系,在几乎所有物理实验中都含有测量物理量的内容.测量的最终目的是获得物理量的精确值,物理实验的最终目的是探索物理规律,测量不能替代物理实验,而物理实验中又大多有测量.在物理实验中,把具有共性的测量方法称为物理实验的测量方法,这些基本的测量方法在科研和生产实践中得到了非常广泛的应用,渗透到科学实验与工程实践的各个领域.

在详细讨论物理实验的测量方法之前,我们简要阐述一下物理实验方法与物理实验的测量方法之间的联系和区别.所谓物理实验方法,是指依据一定的物理现象、物理规律和物理原理,设置特定的实验条件,观察相关物理现象和物理量的变化,研究物理量之间关系的手段.而物理实验测量方法是对物理实验中的某个物理量的具体测定方法,即如何根据要求,在给定的实验条件下,尽可能地减小测量误差,使获得的测量值更为精确的方法.可以看出,物理实验方法是一个较大范畴中的概念,而物理实验的测量方法则是上述大范畴下的次一范畴中的概念.几乎所有物理实验都离不开物理量的定量测量,实验方法和测量方法两者之间相辅相成、互相依存.

不同的实验有不同的测量方法,测量方法的分类有许多种.按被测量取得的方法不同可分为直接测量法、间接测量法和组合测量法;根据测量过程中被测量是否随时间变化可分为静态测量法和动态测量法;根据测量数据是否通过对基本量的测量而求得可分为绝对测量法和相对测量法;按测量技术可分为比较法、放大法、平衡法、补偿法、转换法、模拟法、干涉法、示踪法和量纲分析法等.本章将对按测量技术分类的几种主要方法做介绍.

2.1.1 比较法

测量就是把被测物理量与选作计量标准单位的同类物理量进行比较的过程.找出被测量是计量单位的多少倍,这个倍数称为测量的读数,读数带上单位记录下来便是实验测量数据.可见,所谓比较法,就是将被测量与标准量进行比较而得到测量值的方法,它是物理测量中最普遍、最基本、最常用的测量方法.比较法可分为直接比较法和间接比较法.

1. 直接比较法

直接比较法是将被测量与同类物理量的标准量具直接进行比较,直接读数得到测量数据. 例如,用米尺测量长度,用钟表测量时间. 直接比较法有如下特点.

(1) 同量纲.

被测量与标准量的量纲相同. 例如,用米尺测量某物体的长度,米尺与被测量的量纲同为长度量纲.

(2) 直接可比.

被测量与标准量直接可比,从而直接获得被测量的量值. 例如,用天平称量物体的质量,当天平平衡时,砝码的示数就是被测量的量值.

(3) 同时性.

被测量与标准量的比较是同时发生的,没有时间上的超前和滞后. 例如,用秒表测量某过程的时间,过程开始,启动秒表,过程结束,止动秒表,两者是同时开始,同时终止.

直接比较法的测量精度受到测量仪器或量具自身精度的局限,因此欲提高测量精度就必须提高量具的精度.

2. 间接比较法

多数物理量难以制成标准量具,无法通过直接比较法测出,因而先制成与待测量有关的仪器,再用这些仪器与待测量进行比较,这种仪器也称为量具,比如温度计、电表等. 这种借助于一些中间量或将被测量进行某种变换,来间接实现比较测量的方法称为间接比较法.

有时仅有标准量还不够,还要配置比较系统,使被测量和标准量具能够实现比较. 例如,只有标准电池还不能够直接测量未知电压,还需要有比较电阻等附属装置组成电位差计,这种装置称为比较系统.

还可以将被测量转换为能够进行比较的另一种物理量再进行比较,例如用李萨如图形测量交流电信号频率就是先将被测信号和标准信号同时输入示波器转换为特殊的图形后,再由标准信号的频率换算出被测信号的频率.

间接比较法的测量结果往往可以达到很高的准确度.

实际上,所有测量都是将待测量与标准量进行比较的过程,只不过比较的形式有时明显,有时不那么明显而已.

2.1.2 放大法

在测量中有时由于被测量极小,用给定的某种仪器进行测量会造成很大的误差,甚至无法被实验者或仪器直接感觉和反映,此时可以借助一些方法将待测量放大后再进行测量. 放大被测量所用的原理和方法便称为放大法.

放大法是常用的基本测量方法之一,它分为累计放大法、机械放大法、电子电路放大法和光学放大法. 许多物理量的测量,最后往往都归结为长度、时间和角度的测量,所以关于长度、时间、角度等的放大是放大法的主要内容.

1. 累计放大法

在被测物理量能够简单重叠的条件下,将它扩展若干倍再进行测量的方法,称为累计放大法(叠加放大法). 如纸的厚度、金属丝的直径等,常用这种方法进行测量;又如,在转动惯量的测量中,用秒表测量三线扭摆的周期时,不是测一次扭转的时间,而是测出连续 40 次扭转的总时间 t,则三线扭摆的周期为

$$T=\frac{t}{40}.$$

累计放大法的优点是在不改变测量性质的情况下，将被测量扩展若干倍后再进行测量，从而增加测量结果的有效数字位数，减小测量的相对误差. 在使用累计放大法时，应注意两点：一是在扩展过程中被测量不能发生变化，二是在扩展过程中应努力避免引入新的误差因素.

2. 机械放大法

利用机械部件之间的几何关系，使标准单位量在测量过程中得到放大的方法，称为机械放大法. 螺旋测微器和读数显微镜都是用机械放大法进行精密测量的典型代表，它们均与被测物关联的测量尺面和螺杆连在一起，螺杆尾端加上一个圆盘，称为微分筒. 若微分筒边缘等分成 50 格，微分筒每转一圈，恰使测量尺面移动 0.5 mm，那么当微分筒转动一小格时，尺面便移动了 0.01 mm. 若微分筒尺寸制作得大些，如微分筒外径 $D = 16$ mm，则微分筒周长 $L = \pi D \approx 50$ mm，微分筒上每一格的弧长便相当于 1 mm 的长度，也就是说当测量尺面移动 0.01 mm 时，在微分筒上却变化了 1 mm，于是微小位移 0.01 mm 被整整地放大了 100 倍. 由此可见，机械放大法充分提高了测量仪器的分辨率，增加了测量结果的有效数字位数.

3. 电子电路放大法

对于电磁类等实验中的微小的电流或电压，常需要用电子仪器将被测信号加以放大后再测量. 如光电效应法测普朗克常量实验中，就是将十分微弱的光电流通过微电流测量放大器放大后进行测量的；又如利用示波器将电信号放大，不仅显示直观，还可进行定量的测量，这类测量方法称为电子电路放大法.

电信号的放大很容易实现，因而电子电路放大法应用相当广泛. 当前把电信号放大几个至十几个数量级已不再是难事. 因此，常常在非电量的测量中，先将非电量转换为电量，再将该电量放大后进行测量，这已成为科学研究与工程技术中常用的测量方法之一. 应当指出，在使用电子电路放大法时，除了提高物理量本身的量值以外，还要注意提高信噪比或测量的灵敏度.

4. 光学放大法

常用体温计刻度部分的圆弧形玻璃相当于凸透镜，起放大作用，以便读数，就是光学放大法在测量中的应用.

一般的光学放大法有两种. 一种是被测物通过光学仪器形成放大的像，便于观察判断. 例如常用的测微目镜、读数显微镜等，这些仪器在观察中只起放大视角作用，并非把实际物体尺度加以变化，所以并不增加误差. 因而许多仪器都在最后的读数装置上加一个视角放大设备以提高该仪器的测量精度. 另一种是通过测量放大后的物理量，间接测得本身极小的物理量. 光杠杆就是一种常见的光学放大系统，它可测长度的微小变化，如拉伸法测金属丝的杨氏模量实验中就使用了光杠杆. 为了进一步提高光放大倍数，有些仪器还采用了光杠杆多次反射，最高精度可达 10^{-6} m 以上. 光学放大法具有稳定性好、受环境干扰小、灵敏度高的特点.

2.1.3　平衡法

平衡态是物理学中的一个重要概念，在平衡态下，许多复杂的物理现象可以以比较简单的形式进行描述，一些复杂的物理关系亦可以变得十分简明，实验会保持原始条件，观察会有较高的分辨率和灵敏度，从而容易实现定性和定量的物理分析.

所谓平衡态，其本质就是各物理量之间的差异逐步减小到零的状态. 判断测量系统是否已达到平衡态,可以通过"零示法"测量来实现,即在测量中,不是研究被测物理量本身,而是让它与一个已知物理量或相对参考量进行比较,通过检测并使这个差值为"0",再用已知量或相对参考量描述待测物理量. 利用平衡态测量被测物理量的方法称为平衡法. 例如,利用等臂天平称衡时,当天平指针处在刻度的零位或在零位左右等幅摆动时,天平达到力矩平衡,此时物体的质量(作为待测物理量)和砝码的质量(作为相对参考量)相等;温度计测温度是热平衡的典型例子;惠斯通电桥测电阻亦是一个平衡法的典型例子.

2.1.4 补偿法

补偿法也是物理实验中常用的测量方法之一. 所谓补偿,是指某一系统若受某种作用产生A效应,受另一种同类作用产生B效应,如果由于B效应的存在而使A效应显示不出来,就称为B效应对A效应进行补偿. 利用补偿概念进行测量的方法称为补偿法. 补偿法往往要与平衡法、比较法结合使用,大多用在补偿法测量和用补偿法修正系统误差这两个方面.

1. 补偿法测量

设某系统中A效应的量值为测量对象,但由于A效应的量值不能直接测量,或难于准确测量,就用人为方法构造一个B效应与A效应补偿,构造B效应的原则是B效应量值应易于测量或完全已知. 于是用测量B效应量值的方法求出A效应的量值.

我们常见的测力仪器,如弹簧测力计,就是采用了最简单的补偿法所形成的补偿装置. 因为在力学测量中常常是人为施力于系统使之与待测力达到平衡,也就是与待测力补偿,从而求得待测力. 物理实验中电桥应用非常广泛,种类也很多,它是利用电压补偿原理,并通过指零装置 —— 灵敏电流计来显示待测电阻(电压)与补偿电阻(电压)比较结果的.

补偿测量系统一般由待测装置、补偿装置、测量装置和指零装置四个基本部分组成. 待测装置产生待测效应,它要求待测量尽量稳定,便于补偿;补偿装置产生补偿效应,并要求补偿量值准确达到设计的精度;测量装置可将待测量与补偿量联系起来进行比较;指零装置是一个比较系统,它将显示待测量与补偿量比较的结果. 比较法可分为零示法和差示法,零示法是完全补偿,差示法是不完全补偿. 一般都采用零示法,因为人眼对刻线重合比刻线不重合去估读的判断能力要高出近10倍,从而可以提高补偿测量的精度.

2. 用补偿法修正系统误差

测量过程中往往由于存在某些不合理因素而导致系统误差,且又无法排除,于是人们想办法制造另一种因素去补偿这种不合理因素的影响,使得这种因素的影响消失或减弱,这个过程就是用补偿法修正系统误差.

例如,在测量电路中的电流时需在电路中串入一个电流表,在测量电路中某两点之间的电压时需在这两点并联一个电压表,在原有电路中串联电流表或并联电压表都将改变原电路的结构,使测量结果与原电路中的实际数值不相符,而通过补偿法可减少这种系统误差.

又如在光学实验中为防止由于光学元件的引入而影响光程差的对比,而在光路中人为地适当安置某些补偿元件来抵消这类影响,迈克耳孙干涉仪中的补偿板正是这种用途.

2.1.5 转换法

1. 转换测量的定义与意义

许多物理量由于属性关系无法用仪器直接测量,或者即使能够进行测量,但测量时不方便且准确性差,为此常将这些物理量转换成其他能方便、准确测量的物理量来进行测量,之后再反求待测量,这种测量方法称为转换法.最常见的玻璃温度计,就是利用在一定范围内材料的热膨胀与温度的关系,将温度测量转换为长度测量.由上述转换法测量的定义可知,转换法测量有下述几方面的意义.

(1) 把不可测的量转换为可测的量.

质子衰变为此类问题的一个典型例子.长期以来人们认为质子是一种稳定的粒子,但进一步的理论预言,质子的寿命是有限的,质子也会衰变成正电子及介子,其平均寿命为 10^{31} 年.这个时间是一个不可测出的量,地球也只存在几十亿年.于是解决的途径是:如果考虑 10^{33} 个质子(每吨水约有 10^{29} 个质子),则一年内可有近 100 个质子发生衰变,使原来根本没有可能实现的事情变成有可能实现.这里把时间概率转换为空间概率,从而把不能测的物理量变为可以测量的了.

我国古代曹冲称象的故事,也包含了把不能直接测的大象的重量变成可测的石块的重量这一转换法思想.

(2) 把不易测准的量转换为可测准的量.

有时某个物理量虽然在某种条件下是可以测定的,其实验方案也可以实现,但是这种测量只能是粗略的,换一个途径则可测得准确些.最典型的例子就是利用阿基米德原理测量不规则物体的体积,把不易测准的不规则物体的体积变成容易准确测量的排开水的体积进行测量.

(3) 用测量改变量替代测量物理量.

把测量物理量变为测量该物理量的改变量也是转换测量法的一种.在基础实验中,金属丝杨氏模量的测定就是通过金属丝长度的改变量 ΔL 的测量来进行的.

(4) 绕过一些不易测准的量.

在实际的实验或测量工作中,可以测量的量,选择的条件是众多的,在这样的情形下,可绕过一些测不准或不好测的量,选择一些容易测准的量来进行测量.例如,在综合实验中,光电效应法测普朗克常量 h 利用了爱因斯坦的光电效应方程

$$U_0=\left(\frac{h}{e}\right)\cdot\nu-\frac{W_0}{e}$$

测出不同入射光频率 ν 对应的光电流截止电压 U_0,作 U_0-ν 关系图线,由该直线的斜率可方便地求出普朗克常量 h,而不必考虑金属表面的逸出功 W_0.

2. 两种基本的转换测量法

(1) 参量转换法.

利用各种参量变换及其变化的相互关系来测量某一物理量的方法称为参量转换法.例如,在拉伸法测金属丝的杨氏模量实验中,依据胡克定律,在弹性限度内应力 F/S 与应变 $\Delta L/L$ 成正比,即

$$\frac{F}{S}=E\frac{\Delta L}{L},$$

其比例系数即为金属丝的杨氏模量.利用此关系式,将关于杨氏模量 E 的测量转换为应力 F/S 和应变 $\Delta L/L$ 的测量.

(2) 能量转换法.

能量转换法是利用换能器(如传感器) 将一种形式的能量转换为另一种形式的能量进行

测量的方法. 一般来说是将非电学物理量转换成电学量. 例如热电转换,就是将热学量转换为电学量的测量;压电转换,就是将力学量转换为电学量的测量;光电转换,就是将光学量转换为电学量的测量;磁电转换,就是将磁学量转换为电学量的测量.

能量转换法的主要优点如下.

① 非电量转换成电学量信号,由于电信号容易传递和控制,因而可方便地进行远距离的自动控制和遥测.

② 对测量结果可以数字化显示,并可以与计算机相连接进行数据处理和在线分析.

③ 电测量装置的惯性小、灵敏度高、测量幅度范围大、测量频率范围宽.

因此,能量转换法在科学技术与工程实践中得到了广泛的应用,特别在静态测试向动态测试的发展中显示出更多的优越性.

3. 转换法测量与传感器

转换法测量最关键的器件是传感器. 传感器种类很多,从原则上讲所有物理量都能找到与之相应的传感器,从而将这些物理量转换为其他信号进行测量.

一般传感器由两个部分组成,一个是敏感元件,另一个是转换元件. 敏感元件的作用是接收被测信号,转换元件的作用是将所接收的待测信号按一定的物理规律转换为另一种可测信号. 传感器性能的优劣由其敏感程度以及转换规律是否单一决定. 敏感程度越高,测量越精确;转换规律越单一,干扰就越小,测量效果就越好. 例如,磁敏传感器是一种磁电转换器件,其基本原理是霍尔效应和磁阻效应. 在综合性实验中,用霍尔元件测磁场就是将磁学量的测量转换为电学量的测量.

传感器是现代检测、控制等仪器设备的重要组成部分,由于电子技术的不断进步,计算机技术的快速发展,传感器在现代科学技术与工程实践中的重要地位越来越突出,已经逐渐成为一门新兴的学科.

2.1.6 模拟法

模拟法是一种综合研究被测对象物理属性或规律的实验方法. 它以相似理论为基础,设计与被测原型(被测物、被测现象等) 有物理或数学相似的模型,然后通过对模型的测量间接测得原型数据或研究原型的性质及规律,这使我们对诸如过分庞大(如大型水坝等)、十分危险(如原子能反应堆等) 或变化缓慢而难于直接进行测量的研究对象(如星体的寿命等) 得以通过模拟法进行测量研究,还可使十分抽象的物理理论具体化. 模拟实验能方便地使自然现象重现;可进行单因素或多因素的交叉实验;能加速或减缓物理过程;甚至有时可以用实物的部件进行模拟实验,取得更确切的数据,获得更准确的信息. 因而无论在科学研究,还是在工程设计与实践等方面都广泛地使用了模拟法,大大节省了人力、物力和财力,少走弯路,提高效率.

模拟法可分为物理模拟法、数学模拟法和计算机模拟法. 本节主要介绍前两种.

1. 物理模拟法

保持同一物理本质的模拟方法称为物理模拟法,它必须具备一些条件. 首先,要求模型的几何尺寸与原型的几何尺寸成比例地缩小或放大,即在形状上模型与原型完全相似,这称为几何相似条件;其次,要求模型与原型遵从同样的物理规律,只有这样才能用模型代替原型进行物理规律范围内的测试,这称为物理相似条件.

2. 数学模拟法

两个性质完全不同的物理现象或过程，依赖于它们的数学方程形式的相似而进行的模拟方法，称为数学模拟法. 数学模拟法又称类比法，它既不满足几何相似条件，也不满足物理相似条件，原型和模型在物理规律的形式和实质上均毫无共同之处，它们只是遵从了相同的数学规律.

在模拟法描绘静电场实验中，就是用稳恒电流场的等势线来模拟静电场的等势线，因为电磁场理论指出，静电场和稳恒电流场具有相同的数学方程式. 直接对静电场进行测量是十分困难的，因为任何测量仪器的引入都将明显地改变静电场的原有状态.

力电模拟也是一种常用的数学模拟. 在实际问题中，改变一些力学量不是轻而易举的事，而在实验电路中改变电阻、电容和电感的数值是很容易实现的. 例如，质量为 m 的物体在弹性力 $-kx$、阻尼力 $-\alpha\dfrac{dx}{dt}$ 和策动力 $F_0\sin\omega t$ 的作用下，其振动方程为

$$m\frac{d^2x}{dt^2}+\alpha\frac{dx}{dt}+kx=F_0\sin\omega t.$$

对 RLC 串联电路，加上交流电压 $V_0\sin\omega t$ 时，电荷 Q 的运动方程为

$$L\frac{d^2Q}{dt^2}+R\frac{dQ}{dt}+\frac{1}{C}Q=V_0\sin\omega t.$$

上述两式是形式上完全相同的二阶常系数常微分方程，利用其系数的对应关系，就可把上述力学振动系统用电学振动系统来进行模拟.

2.1.7　干涉法

应用相干波干涉时所遵循的物理规律进行有关物理量测量的方法称为干涉法. 利用干涉法可进行物体的长度、薄膜的厚度、微小的位移与角度、光波波长、透镜的曲率半径、气体或液体的折射率等物理量的精确测量，并可检验某些光学元件的质量等.

例如，在著名的牛顿环实验中，可通过对等厚干涉图样牛顿环的测量，求出平凸透镜的曲率半径；在迈克耳孙干涉仪的使用实验中，应用干涉图样，可准确地测定光束的波长、薄膜的厚度、微小的位移与角度等物理量.

测量振动频率的重要方法之一就是共振干涉法. 将一未知振动施加于频率可调的已知振动系统，调节已知振动系统的频率，当两者发生共振时，此已知频率即是该未知系统的固有频率. 如振簧式频率计的工作原理就是共振干涉法.

驻波是由振幅、频率和传播速度都相同的两列相干波在同一直线上沿相反方向传播时叠加而形成的一种特殊形式的干涉现象，当其反射波的频率与入射波的频率相同时，将形成共振，此时驻波最为显著. 在用驻波法测定声波波长的实验中，基于这一原理，通过改变反射面和发射面的距离，用压电陶瓷换能器将声波的能量转换为电能，通过示波器所呈现的李萨如图形等来确定驻波的波节位置和相应的波长，从而测定声波的波长.

§2.2　物理实验的基本操作技术

在物理实验中调整和操作技术十分重要. 合理的调整和正确的操作对提高实验结果的准确度有直接影响. 对某一实验具体使用的仪器的调整和操作将在以后有关实验中介绍. 本

节介绍一些最基本的且具有普遍意义的调整操作技术.

1. 零位调整

许多仪器由于装配不当或长期使用和环境变化等原因,其零位往往已发生偏离.因此在使用前都须校正零位.有一类仪器配有零位校准器,如电表等,可直接调整零位;另有一类仪器不能或不易校正零位,如螺旋测微器等,则可在使用前记下零位读数,以便在测量值中加以修正.

2. 水平、铅直调整

在实验中常需对仪器进行水平和铅直调整,如仪器工作台须保持水平或立柱须保持铅直等.调整时可利用水平仪和悬锤进行.一般说来需要调整水平或铅直的实验装置,其水平工作台在底座都装有 3 个调节螺钉.3 个螺钉的连线成正三角形或等腰三角形,如图 2-2-1 所示.调整时,首先将水平仪放在与螺钉 2,3 连线平行的 AB 方向上,调整螺钉 2(或 3),使 2,3 连线方向处于水平方向;然后再将水平仪置于与 AB 垂直的 CD 方向,调节螺钉 1,使工作台大致在一个水平面上.由于调整时 3 个螺钉作用的相互影响,故这种调节须反复进行,达到满意程度.

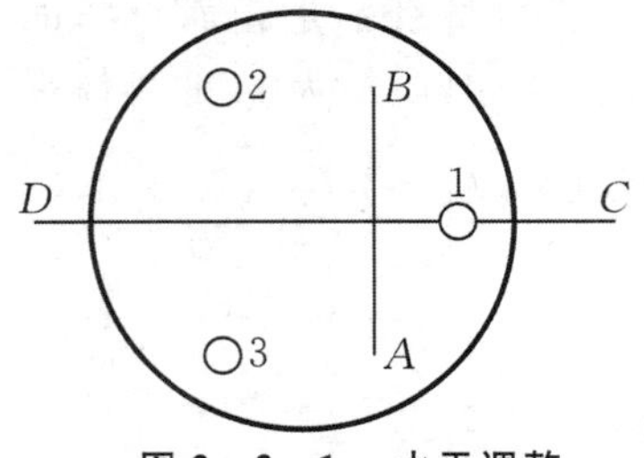

图 2-2-1 水平调整

3. 消除读数装置的空程误差

许多仪器(如测微目镜、读数显微镜等)的读数装置都由丝杠-螺母的螺旋机构组成.在刚开始测量或开始反向移测时,丝杠需转动一定的角度才能与螺母啮合,由此引起的虚假读数,称为空程误差(这种空程误差会由于空程的累积而加大,如迈克耳孙干涉仪的读数机构).为了消除空程误差,使用时除了一开始就要注意排除空程外,还须保持整个读数过程沿同一方向进行.

4. 仪器的初态和安全位置

许多仪器在正式实验操作前,需要处于正确的"初态"和"安全位置",以便保证实验顺利进行和仪器使用安全.光学仪器中有许多调节螺钉,如迈克耳孙干涉仪动镜和定镜的调节螺钉以及光学测角仪中望远镜的俯仰角调节螺钉等,在调整这些仪器前,应先将这些调整螺钉处于适中状态,使其具有足够的调整量.移测显微镜在使用前也应使显微镜处于主尺的中间位置.在电学实验中则需要考虑一个安全位置.例如,连好线路而未合开关接通电源前,应使电源处于最小电压输出位置,使滑线变阻器组成的限流电路处于电路电流最小状态和组成的分压电路处于电压输出最小状态;电路平衡调节前,要使接入指零仪器的保护电阻处于阻值最大位置,等等.电路的安全位置不仅保护了仪器的安全,还能使实验顺利进行.

5. 逐次逼近调整

"反向逐次逼近"调节法是使仪器装置较快调整到规定状态的一种方法.可在天平、电桥、电位差计等平衡调节中应用,也可在光路共轴调整、分光计调整中应用.例如,输入量为 x_1 时,指零器左偏若干格,输入第二个量 x_2 时应使指零器右偏若干格,这样就可以判定指零的平衡位置对应的输入量 x 应在 $x_2 < x < x_1$ 范围内.然后输入 $x_3(x_2 < x_3 < x_1)$,x_3 的大小约为 $x_1-(x_1-x_2)/3$,再输入 $x_4(x_2 < x_4 < x_3)$,大小约为 $x_2+(x_3-x_2)/3$.如此反向逐次逼近就会很快找到平衡点.

6. 消视差调节

在光学实验中,像与叉丝(或分划板标尺)不在一个平面上的情况经常出现.此时,若眼睛在观察位置左右或上下移动,即可见像和叉丝的相对位置也随之变动,这就是视差现象.如同日常用尺量物,尺和物必须贴紧才能测量准确的道理一样,在光路中为了准确定位和测量,必须把像与叉丝或分划板标尺调到一个平面上,即做消视差调节.在比较像与叉丝两者离眼睛的远近时,可据下述实验规律做出判断:把自己左右手的食指伸直,一前一后立在视平线附近,眼睛左右移动时即可看出,离眼近者,其视位置变动与眼睛移动方向相反,而离眼远者,其视位置变动与眼睛移动方向相同.

常用仪表的指针与标尺之间总会有一段小距离,应尽量在正视位置读数.有些表盘上安装了平面镜,用以引导正确的视点位置,从而减小视差,使读数更准确.

第3章

基础训练型实验

实验 3.1　长度与物体密度的测量

长度测量是最基本的测量之一，在生产和科学实验中有广泛的应用. 各种各样的物理测量仪器外观虽然不同，但其标度大都是按照一定的长度来划分的. 用温度计测量温度，就是确定水银柱面在温度标尺上的位置；测量电流或电压，就是确定指针在电流表或电压表标尺上的位置. 总之，长度测量是物理实验中最基本的测量之一，是一切测量的基础. 钢直尺、游标卡尺和螺旋测微器是常用的长度测量仪器，其基本原理往往是其他长度测量的基本依据. 比如迈克耳孙干涉仪的读数装置用的就是螺旋测微器的基本原理，其精度可达十万分之一毫米. 质量也是最基本的物理量之一，天平是测量物体质量的基本仪器.

实验 3.1.1　长度与规则固体密度的测量

【预习提要】

1. 了解游标卡尺和螺旋测微器测长度的原理和方法.
2. 理解有效数字的概念及其运算规则，熟悉测量的不确定度估计和测量结果表示.
3. 了解物理天平的结构和使用方法.

【实验目的】

1. 学习游标卡尺、螺旋测微器和物理天平的结构原理和使用方法.
2. 运用误差知识，合理选择测量仪器.
3. 掌握不确定度和有效数字的概念，学会正确记录和处理数据.

【实验仪器】

物理天平，游标卡尺，螺旋测微器，待测圆柱、小球等.

【实验原理】

1. 游标卡尺.

游标卡尺由主尺与副尺（又称游标）两部分构成，如图 3-1-1 所示. 主尺上按米尺刻度（1 分格的长度是 1 mm），并与量爪 A，C 连成一体，副尺上有 n 个（10 个、20 个或 50 个）分格并与量爪 B，D 连成一体，按 $n=10,20,50$，分别称为 10 分、20 分、50 分游标卡尺. 副尺紧贴着主尺可自由滑动，用它来读出主尺上小于最小分度的数值. 两量爪 A，B 用来卡住被测物的厚度或外径，C，D 用来测量被测物的内径，尾尺 E 用来测量槽的深度. F 为游标，H 为推手，G 是固定副尺在主尺上位置的螺钉，读数时防止游标移位.

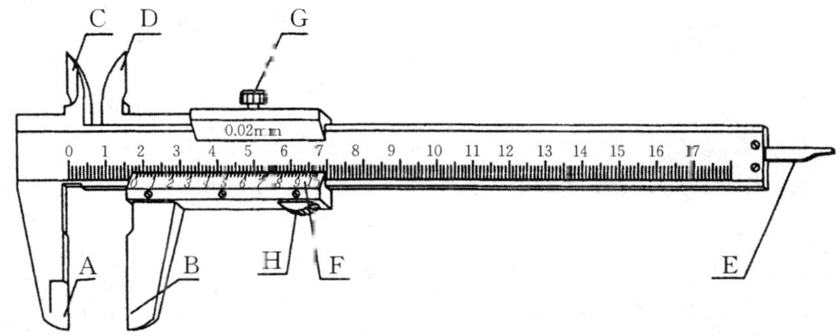

图 3-1-1　游标卡尺的结构

下面以 20 分游标卡尺为例介绍游标卡尺的读数原理. 由图 3-1-2 看出，副尺上 $n(n=20)$ 个分格的总长与主尺上 $\gamma n-1$ 个分格的总长相等，$\gamma=1$ 或 2，称为游标系数，以 a 表示主尺上 1 个分格的长度，b 表示副尺上 1 个分格的长度，则有

$$nb=(n-1)a \quad 或 \quad nb=(2n-1)a.$$

对 $\gamma=1$，如图 3-1-2(a) 所示，主尺与副尺上每个分格的差值定义为游标的分度值 δ，

$$\delta=a-b=a-\left(\frac{n-1}{n}\right)a=\frac{a}{n}=0.05\ \text{mm}.$$

对 $\gamma=2$，如图 3-1-2(b) 所示，主尺上 2 个分格与副尺上 1 个分格的差值定义为游标的分度值：

$$\delta=2a-b=2a-\left(\frac{2n-1}{n}\right)a=\frac{a}{n}=0.05\ \text{mm}.$$

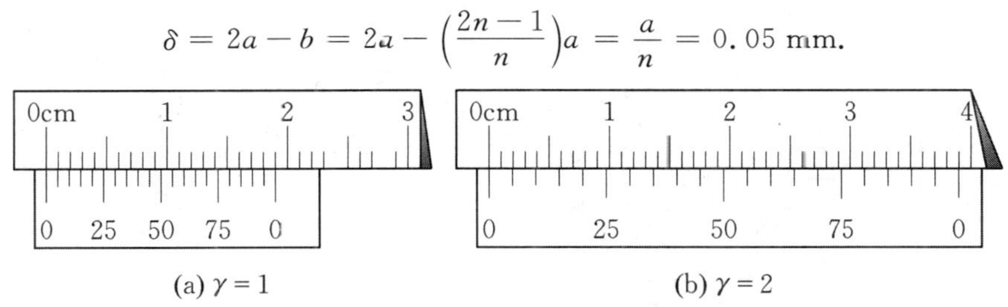

(a) $\gamma=1$　　(b) $\gamma=2$

图 3-1-2　游标卡尺读数原理

由上可见，如果游标系数不同，游标卡尺的结构就不同，但游标的分度值却是一样的，均由 $\delta=\frac{a}{n}$ 计算. 下面介绍游标卡尺的读数方法.

如图 3-1-2(a) 所示，当量爪 A，B 合拢时，副尺上的"0"线与主尺上的"0"线对齐，而副尺上的第一、第二、第三 …… 根刻线则分别在主尺的第一、第二、第三 …… 根刻线左边的 0.05 mm，0.10 mm，0.15 mm，… 处. 容易看出，当量爪 A，B 之间依次放入厚度为 0.05 mm，0.10 mm，0.15 mm，… 的物体时，与 B 相连的副尺将向右移动 0.05 mm，0.10 mm，0.15 mm，…，副尺上的第一、第二、第三 …… 根刻线将分别与主尺上的第一、第二、第三 …… 根刻线重合. 由此可得游标卡尺的读数方法.

(1) 毫米以上数据由主尺读出. 根据副尺"0"线对主尺的位置，在主尺左边读出毫米整数.

(2) 毫米以下数据由副尺读出. 若副尺上第 n 根刻线与主尺上某根刻线重合，则毫米以下读数为 $n\delta$.

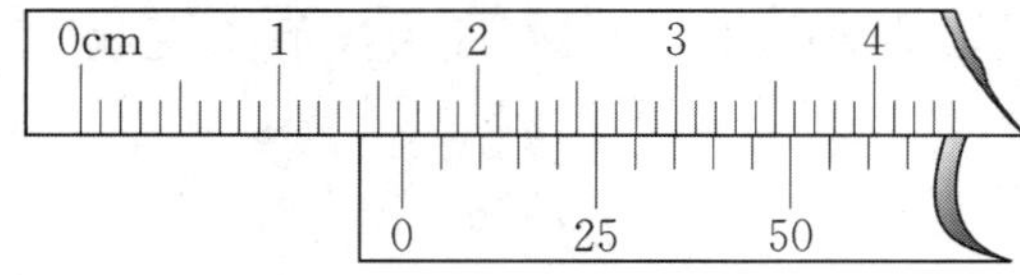

图 3-1-3 游标卡尺的读数

如图 3-1-3 所示,游标卡尺的读数为 $L = 16.00\ \text{mm} + 5 \times 0.05\ \text{mm} = 16.25\ \text{mm}$. 与任何物理测量仪器一样,游标卡尺也存在仪器误差. 它的仪器误差一般规定等于其分度值.

(3) 零点误差 δ_0 及其消除办法.

使用游标卡尺之前,应注意主尺上的"0"线与副尺上的"0"线是否对齐,若未对齐,则应记下其初始读数,此即零点误差. 零点误差的读数规则:依据副尺的"0"线在主尺的"0"线的左、右侧按照"左负右正"的原则读取,则测量结果等于 $x_{结果} = x_{测} - \delta_0$,零点误差即被消除.

游标卡尺是最常用的精密量具,使用时应注意维护. 推游标时不要用力过大,测量中不摆弄刀口和钳口,用完后应立即放回盒内,不能随便放在桌上,更不能放在潮湿的地方. 这样才能保持它的准确度,延长使用的期限.

2. 螺旋测微器.

螺旋测微器,也称为千分尺,是比游标卡尺更精密的仪器. 在实验室中常用它来测小球的直径、金属丝的直径和薄板的厚度等,其准确度至少可达 0.01 mm.

螺旋测微器的主要部分是弓形尺架、测砧、测微螺旋(见图 3-1-4). 测微螺旋由一根精密的测微螺杆和固定套管(其螺距是 0.5 mm)组成,测微螺杆的后端还带一个具有 50 个分度的微分筒. 当微分筒相对于固定套管转过一周时,测微螺杆就会在固定套管内沿轴线方向前进或后退 0.5 mm. 同理,当微分筒转过一个分度时,测微螺杆就会前进或后退 0.5/50 mm(即 0.01 mm). 因此,从微分筒转过的刻度就可以准确地读出测微螺杆沿轴线移动的微小长度. 测微螺杆移动的毫米数,可由固定套管上刻有的毫米分度标尺读出.

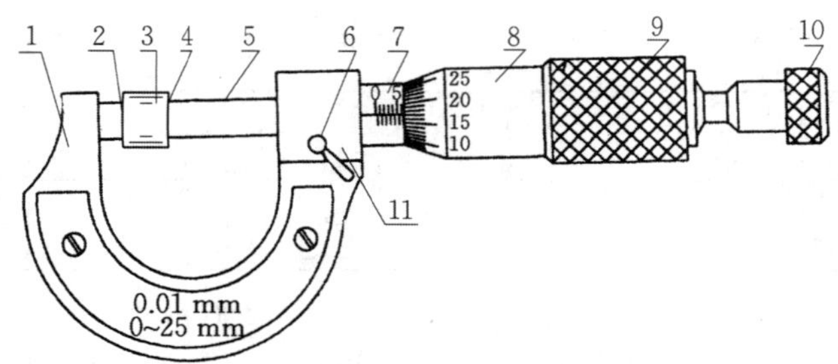

1—尺架; 2—固定测砧; 3—待测物体; 4—测量面; 5—测微螺杆; 6—锁紧装置;
7—固定套管; 8—微分筒; 9—旋钮; 10—棘轮; 11—螺母套管

图 3-1-4 螺旋测微器

测量物体尺寸时,应先将测微螺杆退开,把待测物体放在固定测砧与测微螺杆之间,然后轻轻转动测力装置棘轮,使测微螺杆和固定测砧的测量面刚好与物体接触,这时在固定套管的标尺上与微分筒上的读数之和就是待测物体的长度. 读数时,应从标尺上读整数部分(读到半毫米),从微分筒上读毫米以下部分(估计到最小分度的十分之一,即 1/1 000 mm),然后两者相加. 由于测微螺杆的螺距是 0.5 mm,因此,在 1 mm 的范围内,微分筒上的同一读数要出现两次,对应的测量值不同,正如一天是 24 h,而钟表的周期是 12 h,同一指示值对应的时间不同,可能是凌晨 3 时,也可能是下午 3 时,等等. 例如,图 3-1-5(a) 中的读数是 5.375 mm,而图 3-1-5(b) 中的读数是 5.875 mm. 两者的差别在于微分筒端面的位置,前者没有超过 5.5 mm,而后者超过了 5.5 mm.

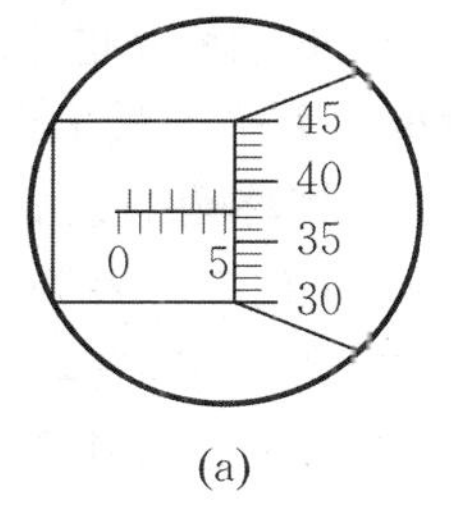

(a)

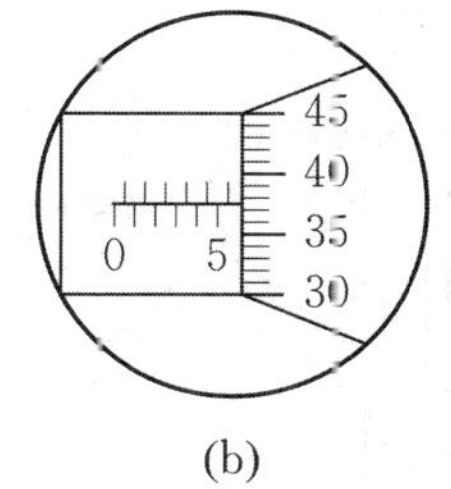

(b)

图 3-1-5　螺旋测微器的读数方法

螺旋测微器是精密测量仪器，使用时必须注意下列几个方面.

(1) 测量前应记录零点误差，其原理同游标卡尺. 零点误差(即初读数) 是当测砧与测微螺杆刚好接触时，标尺和微分筒上的读数. 标尺读数是以微分筒边为准线的，微分筒读数是以标尺中线为准的. 若微分筒 0 线和标尺中线重合，则无零点误差，如图 3-1-6(a) 所示. 微分筒 0 线指在套管标尺中线以上时，零点误差为负值；微分筒 0 线指在套管标尺中线以下时，零点误差为正值. 测量时，测出的读数应减去这一零点误差后才是被测长度的测量值，如图 3-1-6(b) 所示，零点误差为 −0.012 mm，在测量时要减去这个负的零点误差(等于加上其绝对值)；如图 3-1-6(c) 所示，零点误差为 +0.005 mm，在测量时要减去这个正的零点误差.

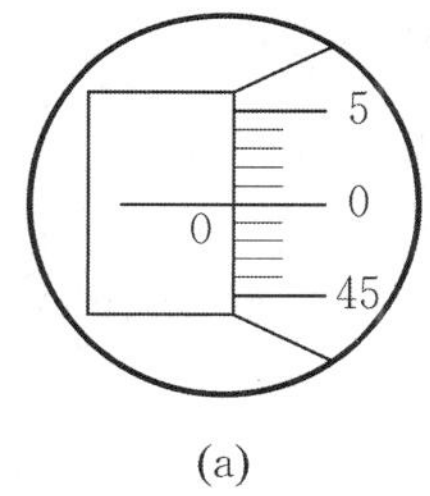

(a)

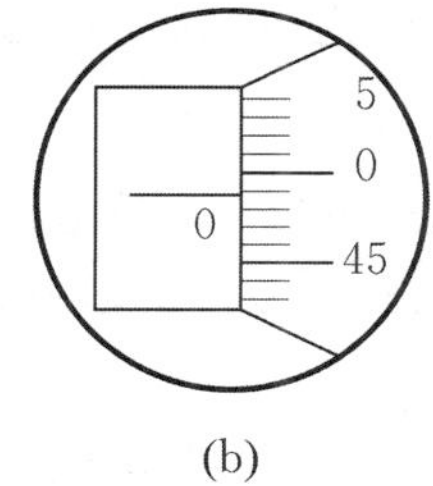

(b)

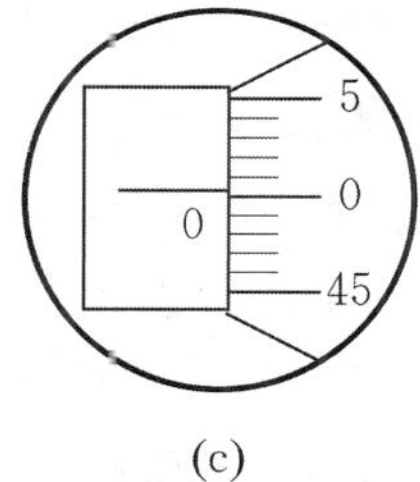

(c)

图 3-1-6　螺旋测微器的零点误差

(2) 测量面和被测物体间的接触压力应当很小且大小一定. 因此，旋转旋钮当测量面将接触被测物体时，必须使用棘轮转动，缓缓旋进棘轮时若听到“喀、喀……”的声音，此时表示测量面已经接触被测物，则不能再旋进螺杆，可以扳动锁紧装置的拨杆固定螺杆进行读数.

(3) 测量完毕，应使测量面间留出一点间隙，以避免因热胀或因初学者由于搞不清旋钮转动方向和螺旋进退的关系而损坏精密的螺纹.

实验室中常见的一级螺旋测微器的仪器误差为 $\Delta_{仪} = 0.004$ mm.

3. 物理天平.

物理天平是常用的测量物体质量的仪器，其外形如图 3-1-7 所示. 主要部件是横梁 1，其上装有三个刀口(用玛瑙或合金钢制造)，主刀口 14 置于支柱上，两侧刀口 6 各悬挂一个秤盘 3，整个天平横梁是一个等臂杠杆，横梁下面固定一个指针 5，当横梁摆动时，指针尖端就在支柱下方的标尺 9 前摆动，制动旋钮 11 可以使横梁上升或下降. 横梁下降时，支柱 10 上的制动架就会把它托住，以避免磨损刀口，横梁两端的两个平衡螺母 2 用于天平空载时调节平衡. 横梁上装有游码 4，用于 1 g 以下的称衡. 支柱左边的托盘 7 可以托住不被称衡的物体. 底座上装有水平调节螺钉 12，以调节天平放置水平，底座有指示水平的水准仪 13.

物理天平的规格由以下两个参量来表示.

(1) 感量：天平平衡时，为使指针产生可觉察的偏转，在一端所加的最小质量. 感量的倒

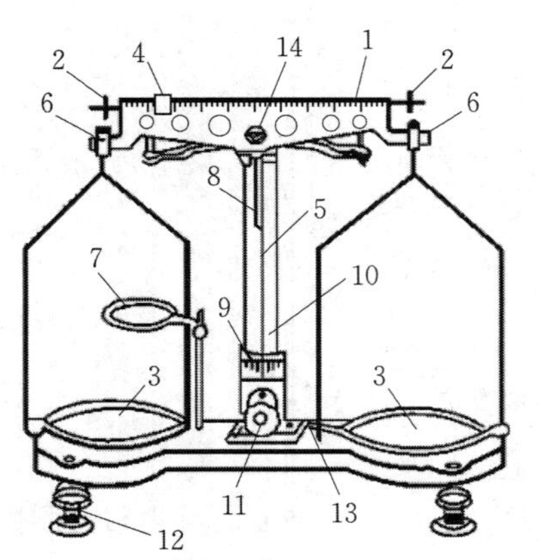

1—横梁； 2—平衡螺母； 3—秤盘； 4—游码；
5—指针； 6—两侧刀口； 7—托盘； 8—配重；
9—标尺； 10—支柱； 11—制动旋钮；
12—底座螺钉； 13—水准仪； 14—主刀口

图 3-1-7 物理天平

数为天平的灵敏度，感量越小，天平的灵敏度越高.感量一般也指天平的最大误差.

(2) 称量：允许称衡的最大质量.

使用物理天平时应当注意以下几点.

(1) 调水平.使用前，应调节天平底座螺钉，使水准仪的水泡移到中心以保证支柱铅直.

(2) 调等臂.要调准零点，即先将游码移到横梁左端零线上，空载时调节制动旋钮支起横梁，观察指针是否停在中央.如不在中央，可以调节平衡螺母，使指针指向中央或左右摆动格数相等(调节平衡螺母时应先将横梁制动，即放下横梁，使横梁搁在制动架上).

(3) 称衡物体时，被称衡物体放在左盘，砝码放在右盘，并应放在盘的中央.加减砝码和移动游码，都必须使用镊子，严禁用手.

(4) 取放物体和砝码，移动游码或调节平衡时，都应将横梁制动，以免损坏刀口.

(5) 称衡完毕要检查横梁是否放下，盒中的砝码和镊子是否齐全.

【实验内容及步骤】

1. 熟悉仪器，练习它们的使用方法，并能正确读数.

2. 用游标卡尺分别测出圆筒的内、外径及圆筒的高度，在不同位置分别测 5 次，将数据记入表 3-1-1 中，计算圆筒的体积.

3. 用螺旋测微器测圆球的直径，测 5 次求平均值，将数据记入表 3-1-2 中，计算圆球的体积.

4. 调整好物理天平，分别称出圆筒及圆球的质量各一次，按 $\rho=\dfrac{M}{V}$ 分别计算圆筒和圆球的质量密度.

【数据处理及分析】

1. 计算圆筒体积.

表 3-1-1 用游标卡尺测量圆筒的内径、外径和筒高

仪器：游标卡尺 分度值：________ 仪器误差 $\Delta_{仪}$：________ 零点误差 δ_0：________

测量项目	测量次数				
	1	2	3	4	5
内径 d/mm					
外径 D/mm					
筒高 H/mm					

修正值：

$$\overline{D}_0=\overline{D}-\delta_0,\quad \overline{d}_0=\overline{d}-\delta_0,\quad \overline{H}_0=\overline{H}-\delta_0.$$

计算：

$$\overline{V}_0=\frac{\pi}{4}(\overline{D}_0^2-\overline{d}_0^2)\overline{H}_0,\quad \Delta_D=\sqrt{(t_p S_{\overline{D}})^2+\Delta_{仪}^2},\quad \Delta_d=\sqrt{(t_p S_{\overline{d}})^2+\Delta_{仪}^2},$$

$$\Delta_H=\sqrt{(t_p S_{\overline{H}})^2+\Delta_{仪}^2},$$

$$\Delta_V=\sqrt{\left(\frac{\pi}{2}\overline{H}_0\overline{D}_0\right)^2\Delta_D^2+\left(\frac{\pi}{2}\overline{H}_0\overline{d}_0\right)^2\Delta_d^2+\left[\frac{\pi}{4}(\overline{D}_0^2-\overline{d}_0^2)\right]^2\Delta_H^2}.$$

结果表示：

$$V=\overline{V}_0\pm\Delta_V,\quad E=\frac{\Delta_V}{\overline{V}_0}\times100\%.$$

2. 计算圆球体积.

表 3-1-2　用螺旋测微器测圆球直径

仪器：螺旋测微器　分度值：________　仪器误差 $\Delta_{仪}$：________　零点误差 δ_0：________

测量次数	1	2	3	4	5
直径 D/mm					

修正值：

$$\overline{D}_0=\overline{D}-\delta_0.$$

计算：

$$\overline{V}_0=\frac{\pi}{6}\overline{D}_0^3,\quad \Delta_D=\sqrt{(t_p S_{\overline{D}})^2+\Delta_{仪}^2},\quad \Delta_V=\frac{\pi}{2}\overline{D}_0^2\Delta_D.$$

结果表示：

$$V=\overline{V}_0\pm\Delta_V,\quad E=\frac{\Delta_V}{\overline{V}_0}\times100\%.$$

3. 计算圆筒和圆球的质量密度.

仪器：物理天平；　仪器型号：________；　感量：________；　仪器误差 $\Delta_{仪}$：________.

圆筒及圆球的质量：$M_{筒测}$ = ________ g；　$M_{球测}$ = ________ g.

写出各自的 $M\pm\Delta_M$，按 $\overline{\rho}=\frac{\overline{M}}{\overline{V}}$ 求 $\rho_{筒}$，$\rho_{球}$；由 $E=\sqrt{\left(\frac{\Delta_V}{\overline{V}_0}\right)^2+\left(\frac{\Delta_M}{M}\right)^2}$ 分别计算出圆筒、圆球的 E，Δ_ρ. 最后将结果表示为 $\rho=\overline{\rho}\pm\Delta_\rho$ 的形式.

【注意事项】

1. 在使用螺旋测微器时，应记录零点误差，在测量时作为校正值，测量值等于读数减去校正值.

2. 在使用螺旋测微器时，要注意不要丢掉主尺上可能露出的半整数.

3. 在使用天平时，若需增加 1 g 以内的质量，尽量通过移动游码来完成.

【思考题】

1. 已知游标卡尺的测量准确度为 0.01 mm，其主尺的最小分度值为 0.5 mm，试问游标卡尺的分度值为多少？以 mm 为单位，游标的总长度可取哪些值？

2. 试扼要地说明为什么圆筒的高要用游标卡尺测量，圆球直径要用螺旋测微器测量.

3. 若改用普通米尺测量圆筒的内、外径和高，测得圆筒密度的结果与上述实验测量结果有何不同？

实验 3.1.2 用流体静力称衡法和比重瓶法测形状不规则固体和液体的密度

【实验目的】

1. 学习正确使用比重瓶的方法.
2. 掌握用流体静力称衡法和比重瓶法测形状不规则的固体和液体密度的原理.
3. 测定形状不规则固体和液体的密度.

【实验仪器】

比重瓶,物理天平,温度计等.

【实验原理】

1. 流体静力称衡法.

若一物体的质量为 m,体积为 V,密度为 ρ,则按密度的定义有

$$\rho=\frac{m}{V}. \tag{3-1-1}$$

浸在液体中的物体要受到向上的浮力,浮力的大小等于物体所排开的液体的重量.用天平称衡物体(设为钢块),在空气中称得相应的砝码质量为 m,物体完全浸入但悬浮在水中,称得相应的砝码质量为 m_1.根据阿基米德定律,有

$$mg-m_1g=\rho_0Vg, \tag{3-1-2}$$

式中 ρ_0 为水的密度,V 为排开水的体积即物体的体积.将式(3-1-2)代入式(3-1-1)得

$$\rho=\frac{m}{m-m_1}\rho_0. \tag{3-1-3}$$

这种方法也可测液体密度.在前述测量的基础上.将固体放入待测密度为 ρ' 的液体中称衡,得天平相应砝码质量为 m_2,则

$$mg-m_2g=\rho'Vg. \tag{3-1-4}$$

将式(3-1-2)代入式(3-1-4)得

$$\rho'=\frac{m-m_2}{m-m_1}\rho_0. \tag{3-1-5}$$

若待测物体密度 $\rho''<\rho_0$(比如石蜡),物体不能自行浸入水中,在单独测钢块得到式(3-1-2)的基础上,将该物体(石蜡)与钢块拴在一起,分别按图3-1-8(a)和图3-1-8(b)两次称衡,得天平相应砝码质量为 m_3 和 m_4,则

$$\rho''=\frac{m_3-m_1}{m_3-m_4}\rho_0. \tag{3-1-6}$$

2. 比重瓶法.

实验所用比重瓶如图3-1-9所示,在比重瓶注满液体后,当用中间有毛细管的玻璃塞子塞住时.多余的液体就从毛细管溢出,这样瓶内所盛液体的体积就是固定的.

如果要测量液体的密度,可先称出比重瓶的质量 m_0,然后再分两次将温度相同(室温)的待测液体和纯水注满比重瓶,称出纯水和比重瓶的总质量 m_1 以及待测液体和比重瓶的总质量 m_2.于是,同体积的纯水和待测液体的质量分别为 m_1-m_0 与 m_2-m_0,通过计算可得待测液体的密度

$$\rho'=\frac{m_2-m_0}{m_1-m_0}\rho_0. \tag{3-1-7}$$

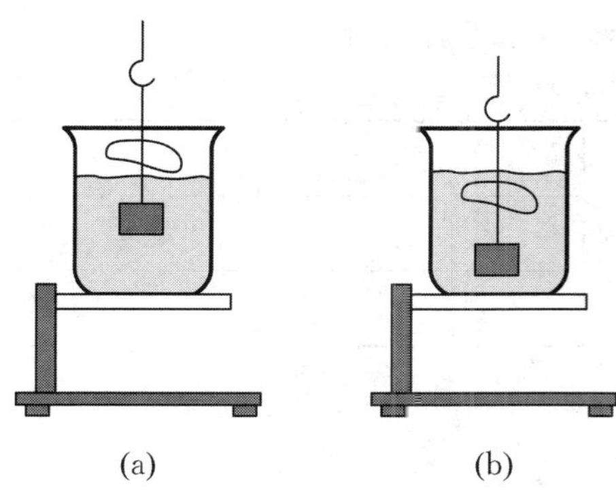

图 3-1-8　小密度值的测定

图 3-1-9　比重瓶

若用比重瓶法测量不溶于水的小块固体(其大小应保证能放入比重瓶内)的密度 ρ,可依次称出小块固体的质量 m_3、盛满纯水后比重瓶和纯水的总质量 m_1 以及装满纯水的瓶内投入小块固体后的总质量 m_4. 显然,被小块固体排出比重瓶的水的质量是 $m_1+m_3-m_4$,排出水的体积就是质量为 m_3 的小块固体的体积. 所以,小块固体的密度为

$$\rho' = \frac{m_3}{m_1+m_3-m_4}\rho_0. \tag{3-1-8}$$

【实验内容及步骤】

1. 用流体静力称衡法测金属块的密度.

(1) 按照物理天平的使用方法,称出物体在空气中的质量 m.

(2) 把盛有大半杯水的杯子放在天平左边的托盘上,然后将用细线挂在天平左边小钩上的物体全部浸入水中(注意物体不能接触杯子),称出物体在水中的质量 m_1.

(3) 查出室温下纯水的密度 ρ_0,按式(3-1-3)算出物体的密度.

2. 用流体静力称衡法测石蜡的密度.

(1) 将石蜡与钢块拴在一起,悬挂在天平左边的小钩上,分别按图 3-1-8(a),(b) 两次称衡,得天平相应砝码质量为 m_3 和 m_4.

(2) 由式(3-1-6) 算出固体的密度.

3. 用比重瓶法测量小块固体的密度.

(1) 将比重瓶注满纯水,塞上塞子,擦去溢出的水(注意:瓶内不能有残留的水泡),这时水面恰好达到毛细管顶部. 用物理天平称出比重瓶和纯水的总质量 m_1.

(2) 将小块固体洗净、烘干,然后称出其质量 m_3.

(3) 将小块固体投入盛有纯水的比重瓶内,重复步骤(1),称出比重瓶、瓶内的纯水和小块固体的总质量 m_4.

(4) 由式(3-1-8) 算出固体的密度.

4. 用比重瓶法测液体的密度.

(1) 洗净、烘干比重瓶(注意瓶内外都要干燥),称出其质量 m_0.

(2) 称出纯水和比重瓶的总质量 m_1.

(3) 拭净、烘干比重瓶,再装满待测液体;称出待测液体和比重瓶的总质量 m_2.

(4) 由式(3-1-7) 计算待测液体的密度.

【数据处理及分析】

1. 用流体静力称衡法测金属块的密度.

表 3-1-3 用流体静力称衡法测钢块的密度

水温 $t=$ ______℃，$\rho_0=$ ______ $\mathrm{kg\cdot m^{-3}}$，天平感量：______ g

钢块在空气中的质量 m/g	
钢块悬浮在水中的质量 m_1/g	
钢块的密度 $\rho/(\mathrm{g\cdot cm^{-3}})$	

待测物体密度：

$$\bar{\rho}=\frac{m}{m-m_1}\rho_0.$$

取对数得到

$$\ln\bar{\rho}=\ln m-\ln(m-m_1)+\ln\rho_0,$$

再求全微分，得

$$\frac{\mathrm{d}\rho}{\bar{\rho}}=\frac{\mathrm{d}m}{m}-\frac{\mathrm{d}m}{m-m_1}+\frac{\mathrm{d}m_1}{m-m_1}+\frac{\mathrm{d}\rho_0}{\rho_0}.$$

如果 ρ_0 是由数据表中查出，则可略去其不确定度. 由不确定度的传递公式可得

$$\frac{\Delta_\rho}{\bar{\rho}}=\sqrt{\left(\frac{1}{m}-\frac{1}{m-m_1}\right)^2\Delta_m^2+\left(\frac{1}{m-m_1}\right)^2\Delta_{m_1}^2}.$$

因 m 和 m_1 是同一架天平称衡的，所以 $\Delta_m=\Delta_{m_1}$.

结果表示：

$$\rho=\bar{\rho}\pm\Delta_\rho,\qquad E=\frac{\Delta_\rho}{\bar{\rho}}\times100\%.$$

2. 其余实验内容请根据具体情况自己拟定.

【注意事项】

1. 使用天平时一定要遵守天平的使用规则.
2. 待测物体悬在液体中称量时，切勿与杯壁或杯底接触，也不允许局部露出液面.
3. 物体浸没在液体中时，物体上的气泡必须清除干净.

【思考题】

1. 若求一批用同一物质做成的、体积相等的微小球粒的直径，采用本实验所述的哪一种方法可以得到比较准确的结果呢？

2. 假如待测固体能溶于水，但不溶于某种液体. 现欲用比重瓶法测定该固体的密度，请给出测量的原理和大致步骤.

实验 3.2 摆的研究

重力加速度 g 是物理学中一个重要的参量，地球上各个地区重力加速度的数值随该地区的地理纬度和海拔高度不同而稍有差异. 一般说，在赤道附近重力加速度的数值最小，越靠近地球两极，g 的数值越大，g 的最大值与最小值相差仅为 1/30，研究重力加速度的分布情况在地球物理学中具有重要的意义. 本实验分别用单摆和复摆测定重力加速度.

实验 3.2.1　用单摆测定重力加速度

【预习提要】

1. 熟悉用单摆测周期的原理和方法.
2. 了解周期的测定方法.
3. 理解有效数字的概念及其运算规则,熟悉测量的不确定度估计和测量结果表示.
4. 熟悉用作图法处理数据的方法.

【实验目的】

1. 学会用单摆测定本地区的重力加速度的原理和方法.
2. 掌握周期的测定方法.
3. 掌握有效数字和不确定度的概念,正确记录和处理数据.
4. 练习用作图法处理数据.

【实验仪器】

单摆实验装置一套,米尺,游标卡尺,电子秒表(或数字毫秒计).

【实验原理】

一根长为 L 且不能伸缩的细线,上端固定,下端悬挂一质量为 m 的小球,设细线质量比小球质量小很多,可以将小球当作质点. 将小球从平衡位置移开一个小角度 θ,小球在重力作用下可在竖直平面内来回摆动,这种装置称为单摆,如图 3-2-1 所示.

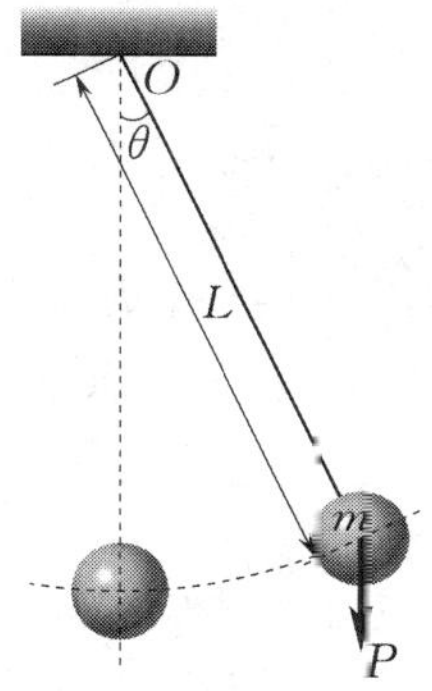

图 3-2-1　单摆

当单摆的细悬线与竖直方向成 θ 角时(设物体右偏时 θ 为正,左偏时 θ 为负),作用在小球上的重力 P 产生的回复力矩为

$$M = -mgL\sin\theta. \tag{3-2-1}$$

小球对 O 轴的转动惯量为

$$J = mL^2. \tag{3-2-2}$$

根据转动定律 $M = J\dfrac{\mathrm{d}^2\theta}{\mathrm{d}t^2}$,则有

$$\frac{\mathrm{d}^2\theta}{\mathrm{d}t^2} + \frac{g}{L}\sin\theta = 0. \tag{3-2-3}$$

解此方程,可得单摆的周期 T 为

$$T = 2\pi\sqrt{\frac{L}{g}}\left[1 + \left(\frac{1}{2}\right)^2\sin^2\frac{\theta}{2} + \left(\frac{1}{2}\cdot\frac{3}{4}\right)^2\sin^4\frac{\theta}{2} + \cdots + \left(\frac{1}{2}\cdot\frac{3}{4}\cdot\cdots\cdot\frac{2n-1}{2n}\right)\sin^{2n}\frac{\theta}{2} + \cdots\right]. \tag{3-2-4}$$

当 θ 角很小时(5° 以下),角位移 θ 的弧度值几乎和它的正弦函数等值,即 $\theta \approx \sin\theta$,于是式(3-2-3)变为

$$\frac{\mathrm{d}^2\theta}{\mathrm{d}t^2} + \frac{g}{L}\theta = 0. \tag{3-2-5}$$

解此方程,可得单摆的周期 T 为

$$T = 2\pi\sqrt{\frac{L}{g}}, \tag{3-2-6}$$

式中单摆的摆长 L 是从上端悬点到小球球心的距离，g 是当地的重力加速度. 如果我们测出单摆的摆长 L 和周期 T，就可以计算出重力加速度

$$g = \frac{4\pi^2}{T^2} \cdot L. \tag{3-2-7}$$

这是粗略测量重力加速度的一个简便方法. 式(3-2-6) 是一个近似公式，公式的成立是有条件的，所以在精密测量中，必须对其进行修正.

(1) 摆角修正.

单摆的摆角应很小. 如果摆角 $\theta > 5°$，根据振动理论，周期不仅与摆长 L 有关，而且与摆动的角度 θ 有关，其公式为

$$T = 2\pi\sqrt{\frac{L}{g}}\left(1 + \frac{1}{4}\sin^2\frac{\theta}{2}\right). \tag{3-2-8}$$

(2) 复摆修正.

单摆是一个理想状态，悬线质量 m_0 应远小于摆球的质量 m，摆球的半径 r 应远小于摆长 L. 实际上任何单摆都不是理想的，严格说来，它应是一个复摆. 由理论可以证明，考虑上述因素的影响，其摆动周期为

$$T = 2\pi\sqrt{\frac{L}{g}}\left[\frac{1 + \frac{2r^2}{5L^2} + \frac{m_0}{3m}\left(1 - \frac{2r}{L} + \frac{r^2}{L^2}\right)}{1 + \frac{m_0}{2m}\left(1 - \frac{r}{L}\right)}\right]^{1/2}. \tag{3-2-9}$$

(3) 浮力修正.

如果考虑空气的浮力，则周期应为

$$T = T_0\left(1 + \frac{\rho_0}{2\rho}\right), \tag{3-2-10}$$

式中 T_0 为同一单摆在真空中的摆动周期，ρ_0 是空气的密度，ρ 是摆球的密度，由式(3-2-10)可知单摆周期并非与摆球材料无关，当摆球密度很小时影响较大.

(4) 阻尼修正.

实际上，由于摆球摆动时要受到空气阻力作用，使单摆不是做简谐振动而是阻尼振动，使周期增大，阻尼振动的周期为

$$T = \frac{2\pi}{\sqrt{\omega_0^2 - \beta^2}}, \tag{3-2-11}$$

式中 ω_0 是无阻尼时摆球振动的固有角频率，β 是阻尼因数.

上述四种因素带来的误差都是系统误差，均来自理论公式所要求的条件在实验中未能很好地满足，属于理论方法误差. 此外，使用的仪器(如秒表、米尺) 也会带来仪器误差.

【实验内容及步骤】

1. 测量重力加速度.

(1) 测量摆长 L. 摆长是从单摆的上悬点到摆球中心的长度. 用米尺测量单摆上悬挂点到下悬挂点的长度 l，用游标卡尺测定摆球的直径 D，分别重复测量 5 次，将数据记录在表3-2-1 中，求其平均值，则摆长为 $\overline{L} = \overline{l} + \frac{\overline{D}}{2}$.

(2) 测量摆动周期 T. 为了减小系统误差，应保证摆角小于 5°，当摆长约 1 m 时，摆球离开平衡位置的位移应小于 7 ~ 8 cm. 略微移动小球使单摆摆动，当摆动稳定后开始计时，摆球通

过平衡位置（即摆球速度最大）时，开始按动秒表，计数 50 个周期以及相应摆动的总时间 t，则周期 $T=\frac{t}{50}$，重复测量 5 次，将数据记录在表 3-2-1 中，计算重力加速度.

2. 作 T^2-L 关系曲线，求出直线的斜率并求解重力加速度.

改变摆长 L，分别取 50.00 cm，60.00 cm，70.00 cm，80.00 cm，90.00 cm，100.00 cm，测出在不同摆长情况下的摆动周期 T，将所测数据列入表 3-2-2 中，用作图法求解重力加速度.

3. 作 $T-\sin^2\frac{\theta}{2}$ 关系曲线，验证周期与摆角的关系.

取摆长为 1 m，分别取不同的摆角 θ，测出对应的周期 T. 由于角度 θ 不容易测定，以摆球离开竖直线最大距离分别为 $x=10.00$ cm，15.00 cm，20.00 cm，25.00 cm，30.00 cm，35.00 cm，40.00 cm，测出相应的周期 T，算出幅角 $\theta=\arcsin\frac{x}{L}$. 由于幅角较大时，衰减较显著，因此取摆幅始末的平均值作摆幅，并且减少每次测量的周期数. 根据式（3-2-8）算出相应摆角 θ 的周期 T（理论）值，将所测数据列入表 3-2-3 中.

【数据处理及分析】

1. 计算重力加速度.

表 3-2-1　用单摆测重力加速度 Ⅰ

测量项目	次数					
	1	2	3	4	5	平均值
悬线长 l/mm						
球直径 D/mm						
摆长 L/mm	$\overline{L}=\overline{l}+\overline{D}/2$					
50 个周期总用时 t/s						
平均周期 $\overline{T}$/s	$\overline{T}=\overline{t}/50$					
重力加速度 $\overline{g}$/(m·s^{-2})	$\overline{g}=\frac{4\pi^2}{\overline{T}^2}\overline{L}$					

（1）计算摆长.

测量结果：

$$l=\overline{l}\pm\Delta_l,\quad D=\overline{D}\pm\Delta_D,\quad T=\overline{T}\pm\Delta_T.$$

摆线长度 L 的不确定度

$$\Delta_L=\sqrt{\Delta_l^2+\frac{\Delta_D^2}{4}}.$$

（2）计算重力加速度.

将 $\overline{L}$，$\overline{T}$ 代入式（3-2-7），即可计算出重力加速度的近似值

$$\overline{g}=\frac{4\pi^2}{\overline{T}^2}\cdot\overline{L}.$$

测量结果的相对不确定度：

$$E=\sqrt{\left(\frac{\Delta_L}{\overline{L}}\right)^2+\left(\frac{2\Delta_T}{\overline{T}}\right)^2},\quad \Delta_g=\overline{g}\cdot E,\quad g=\overline{g}\pm\Delta_g.$$

2. 用作图法求出直线的斜率并求解重力加速度.

表 3-2-2　用单摆测重力加速度 Ⅱ

摆长 L/cm	50.00	60.00	70.00	80.00	90.00	100.00
50 个周期总用时 t/s						
周期($T=t/50$)/s						
T^2/s^2						

根据实验数据，作 T^2-L 关系图线，得到一条直线，则其直线斜率为 $k=\dfrac{\Delta T^2}{\Delta L}$，所以重力加速度 $g=\dfrac{4\pi^2}{k}$，将测量值与该地区的公认值相比较.

3. 作 T-$\sin^2\dfrac{\theta}{2}$ 关系曲线，验证周期与摆角的关系.

表 3-2-3　周期与摆角的关系

摆长 $L=$ ＿＿＿＿＿ cm($L>50.00$ cm)　　$g=$ ＿＿＿＿＿ $\mathrm{m\cdot s^{-2}}$

摆球离开竖直线最大距离 x/cm	10.00	15.00	20.00	25.00	30.00	35.00	40.00
摆角 $\theta=\arcsin\dfrac{x}{L}$							
周期的测量值 $T_{测}$/s							
周期的理论值 $\left[T=2\pi\sqrt{\dfrac{L}{g}}\left(1+\dfrac{1}{4}\sin^2\dfrac{\theta}{2}\right)\right]$/s							

以 $\sin^2\dfrac{\theta}{2}$ 为横坐标、周期 $T_{测}$ 为纵坐标作 $T_{测}$-$\sin^2\dfrac{\theta}{2}$ 关系曲线，在同一坐标纸上，作 T-$\sin^2\dfrac{\theta}{2}$ 理论曲线，由这两条线可以看出式(3-2-8)与实际情况符合的程度.

【注意事项】

1. 摆角 $\theta<5°$.
2. 单摆必须在垂直面内摆动，防止形成锥摆.
3. 秒表是精密仪器，不可随意摆弄. 测周期时，应从摆球经过平衡位置时开始计数.

【思考题】

1. 为什么在摆球经平衡位置时开始计时?
2. 为什么测量周期 T 时，不直接测量往返摆动一次时的周期值?试从测量误差的角度分析说明.
3. 单摆在摆动中受到空气阻尼，振幅越来越小，试问它的周期是否会变化?请根据实验的观察做出回答，并说出理论依据.

实验 3.2.2　复摆测重力加速度

一个任意形状的物体，在重力作用下绕固定转轴在竖直面内做往复的摆动，这种运动是一种振动. 当摆角幅度很小时运动是一种简谐振动. 对于重力加速度的测量有很多种方法，利用复摆的共轭特性，应用作图法来进行重力加速度的测量，是一种比较准确的方法.

【预习提要】

1. 了解谐振动的特点及参数测定.
2. 熟悉利用复摆的共轭特性测周期的原理和方法.
3. 了解复摆测量仪的结构、安装和调节.

【实验目的】

1. 掌握如何利用复摆测重力加速度.
2. 进一步学习用图解法求解物理量.
3. 研究复摆的振动周期与转动轴质心间距离的关系.

【实验仪器】

J-LD23 型复摆测量仪，电子秒表(或数字毫秒计)，米尺等.

【仪器介绍】

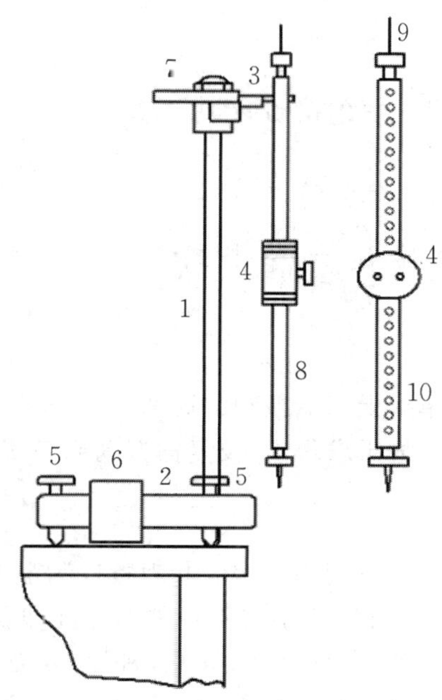

图 3-2-2　J-LD23 型复摆测量仪

J-LD23 型复摆测量仪，主要由立柱和摆杆构成，如图 3-2-2 所示，在立柱的顶端备有一个三角形的刀口 3 和一个 U 形刀承 7(可根据实验需要选用). 为使整个仪器稳定，在 T 字形底座后部，压有一平衡铁块 6，调节水平调节旋钮 5，可以使底座保持水平，立柱保持铅直. 摆杆 8 是一条长约 60 cm 的长条形金属块，在摆杆的正中心位置夹有一重锤 4，注意重锤的重心必须和摆杆的几何中心重合. 为在实验中研究摆动轴的位置与摆动周期的关系，摆杆上依次有 58 个圆孔 10，每个圆孔相对于摆杆中心的距离可由摆杆上的米尺刻度读出. 每个圆孔都可以套在三角形的刀口上，将刀口作为转轴而摆杆由刀口支撑可以进行自由摆动. 摆杆两端分别装有挡光杆 9，可以用它与各种类型数字毫秒计配合，测出复摆的摆动周期.

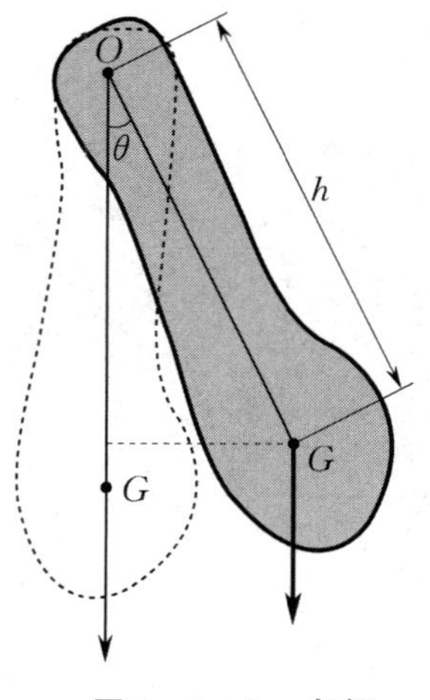

图 3-2-3　复摆

【实验原理】

一个任意形状的刚体在重力作用下，在竖直面内绕一固定转轴做往复摆动，这种摆称为复摆(或物理摆).

如图 3-2-3 所示，设 G 为刚体的重心，由重心到转轴 O 的垂直距离为 $OG=h$. 刚体在摆动过程中实际上是绕转轴 O 在做转动，用 J 表示刚体对转轴 O 的转动惯量. 平衡时 OG 连线是在铅垂方向上. 使刚体离开平衡位置，OG 连线与铅垂线有夹角，此时刚体受到一个转动力矩的作用而发生转动，此力矩为

$$M=-mgh\sin\theta,$$

其中 θ 为转动角位移，负号表示力矩的方向总是与角位移方向相反. 当转角很小(满足 $\theta<5^\circ$ 时)，$\sin\theta\approx\theta$ 时，则

$$M=-mgh\theta. \tag{3-2-12}$$

根据转动定律，转动力矩 M 应为刚体转动惯量 J 与角加速度的乘积，即

$$M = J\frac{\mathrm{d}^2\theta}{\mathrm{d}t^2}. \tag{3-2-13}$$

将式(3-2-12)代入式(3-2-13)中整理得

$$\frac{\mathrm{d}^2\theta}{\mathrm{d}t^2} + \frac{mgh}{J}\theta = 0, \tag{3-2-14}$$

上式表示复摆在其平衡位置附近做简谐振动.根据简谐振动原理,其振动的角频率为

$$\omega = \sqrt{\frac{mgh}{J}}, \tag{3-2-15}$$

因此复摆的振动周期为

$$T = 2\pi\sqrt{\frac{J}{mgh}}. \tag{3-2-16}$$

令 $L' = \frac{J}{mh}$,则式(3-2-16)变为

$$T = 2\pi\sqrt{\frac{L'}{g}}, \tag{3-2-17}$$

与单摆做简谐振动的周期计算公式非常相似,故 L' 称为复摆的等值单摆长(或等效摆长).

如果求得 L' 及复摆振动周期 T 就可以很方便地求出重力加速度

$$g = \frac{4\pi^2}{T^2}\cdot L'. \tag{3-2-18}$$

可以利用复摆的共轭特性测定 L'.如图 3-2-4 所示,在复摆上总能找到这样两个悬点 O,O',分别位于重心 G 的两旁并和重心在同一直线上,当 OO' 距离等于等值单摆长 L' 时,以 O 为悬点的摆动周期 T_1,和以 O' 为悬点的摆动周期 T_2 正好相等,我们称 O,O' 点为共轭点.根据复摆这一性质,由 $T_1 = T_2$ 找到 O,O' 两点后,测量其间距便求得了等值单摆长 L'.

如果改变转轴 O 的位置测量相应的周期,可以绘出振动周期与转轴位置之间的关系曲线,如图 3-2-5 所示,以横坐标 h 表示转动轴与重心间的距离,纵坐标 T 表示对应的摆动周期,所作出的 T-h 关系曲线是两条以纵坐标为对称的曲线.在确定周期为 T 处画一条与水平横轴 h 平行的直线 MN,交曲线于 a,b,c,d 四点,ac 和 bd 连线相等并等于复摆在此相应周期下的等值单摆长 L',代入式(3-2-18),求得重力加速度.

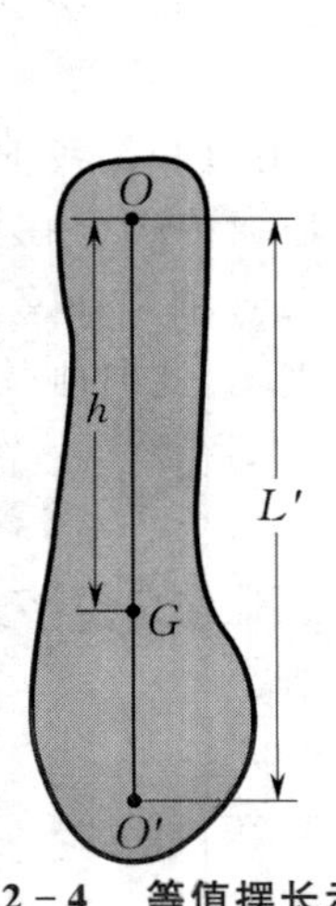

图 3-2-4 等值摆长示意图

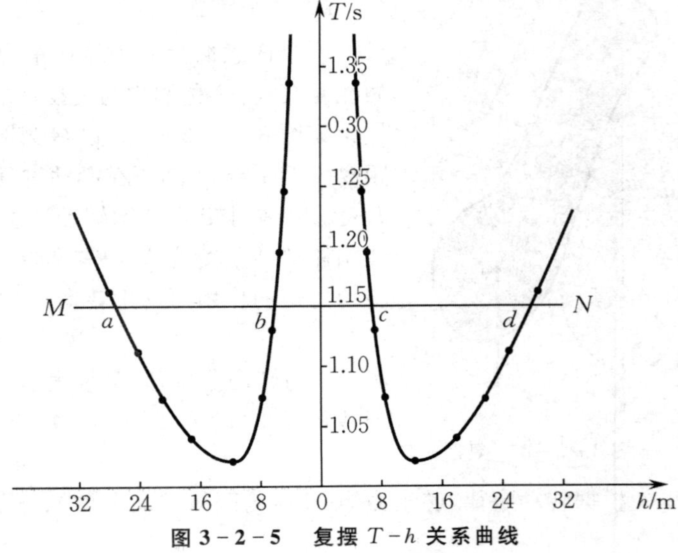

图 3-2-5 复摆 T-h 关系曲线

【实验内容及步骤】

1. 安装和调节实验装置.

将复摆底座靠近桌子边沿放置. 取下摆杆，调节杆上的重锤位置，尽量使摆杆的几何中心与带重锤摆杆的重心相重合，即摆杆重心处于 $h=0$ 处. 然后将摆杆挂在立柱上端的三角形刀口上，略微推动摆杆使其来回摆动. 调节水平调节旋钮，使摆杆仅在竖直面内摆动而不发生扭转.

2. 测量复摆的摆动周期 T.

将摆杆最末端的一个孔放入三角形刀口上（此时相当于转轴离摆杆的重心距离 $h=28.00\ \text{cm}$），使其摆角 $\theta<5°$，让其摆动正常后按动秒表开始计时，摆动30次停止计时，测其摆动30次所需的总时间 t，则摆动周期为 $T=t/30$. 将三角形刀口依次放入 h 距离为26.00 cm，24.00 cm，22.00 cm，… 各孔中，重复上述测量步骤，然后再将摆杆倒转过来，用相同方法进行调试，将所测数据记录在表3-2-4中.

3. 求重力加速度.

【数据处理及分析】

表3-2-4　用复摆测重力加速度

O 端 h/cm	28.00	26.00	24.00	22.00	20.00	18.00	…
t/s							
$(T=t/30)$/s							
O' 端 h/cm							
t/s							
$(T=t/30)$/s							

1. 作 T-h 关系曲线.

用直角坐标纸，以 T 为纵坐标、h 为横坐标建立坐标系，根据表格中的数据逐点描绘 T-h 关系曲线（见图3-2-5）.

2. 求共轭点及等值单摆长.

在绘有 T-h 关系曲线的坐标图上适当位置处，画一条与横轴 h 平行的直线 MN，与 T-h 关系曲线相交于 a,b,c,d 四点，MN 直线与纵轴的交点可读出周期 T，对应于周期 T 有两组共轭点. 位置 h_a 和 h_c 为一组，h_b 和 h_d 为另一组，相应的等值单摆长为

$$L'_1=|h_c-h_a|,\quad L'_2=|h_d-h_b|,\quad L'=(L'_1+L'_2)/2.$$

3. 求重力加速度.

(1) 将求得的 T 和 L' 代入式(3-2-18)，求得重力加速度 g 值.

(2) 再用相同的方法，作另外两根与横轴 h 平行的直线，与曲线相交，求得另外两组周期 T 和对应的等值单摆长 L'，算得另外两组重力加速度 g 值.

(3) 求出三个不同周期对应的重力加速度 g 的平均值，将测量结果与公认值进行比较.

【注意事项】

1. 摆角 $\theta<5°$.

2. 调节复摆测量仪水平，使摆杆的几何中心与带重锤摆杆的重心相重合，并使摆杆仅在

竖直面内摆动而不发生扭转.

3. 测周期时,应从摆杆经过平衡位置时开始计数.

【思考题】

1. 试总结、比较、分析、说明复摆和单摆的相似之处与不同之处.
2. 你能用什么简单方法,检测出摆杆重心位置,或带重锤的摆杆重心的准确位置?
3. 摆杆的几何中心如果与其重心不重合,会给实验结果带来什么影响?试分析说明.
4. 摆杆在什么位置开始计时,测得的周期 T 才准确?
5. 利用转动惯量的平行轴定理,试证明以两共轭点 O,O' 为支点时,其转动周期相等.

实验 3.3　电阻的测量

电阻器在日常生活中一般称为电阻,是一个限流元件.将电阻接在电路中后,阻值固定的电阻器(称为固定电阻器)一般有两个引脚,它可限制通过它所连支路的电流大小.阻值可变的称为电位器或可变电阻器.理想的电阻器是线性的,即通过电阻器的瞬时电流与外加瞬时电压成正比.一些特殊电阻器,如热敏电阻器、压敏电阻器和敏感元件,其电压与电流的关系是非线性的.电阻器是电子电路中应用数量最多的元件,通常按功率和阻值形成不同系列,供电路设计者选用.电阻器在电路中主要用来调节和稳定电流与电压,可作为分流器和分压器,也可作电路匹配负载.根据电路要求,还可用于放大电路的负反馈或正反馈、电压-电流转换、输入过载时的电压或电流保护元件,又可组成 RC 电路作为振荡、滤波、旁路、微分、积分和时间常数元件等.因此,电阻的测量显得尤为重要.

实验 3.3.1　伏安法测电阻

伏安法测电阻是电学实验中的基础实验,是欧姆定律的具体应用,而欧姆定律又是电学中最基本的定律,它反映了电流、电压和电阻之间相互联系的基本规律,可用来解决有关电路的很多实际问题.电流、电压、电阻三个物理量中,只要知道其中的任意两个量,就可以求出第三个量.例如,已知某段导体两端的电压和通过它的电流,就可以求出导体的电阻,这就是伏安法测电阻,尤其适用于测量非线性电阻的伏安特性.

【预习提要】

1. 认真阅读电磁学实验的基本仪器及预备知识(见本实验附录).
2. (选做) 了解半导体二极管(非线性电阻) 的导电原理及其具有的特性.
3. 弄清滑线变阻器的两种接法及实验通电前滑动端应放置的正确位置.

【实验目的】

1. 学习使用伏特表、安培表,掌握各元件伏安特性的测量方法.
2. 学习分析实验中的系统误差及消除或减小这种误差的方法.
3. 掌握用作图法处理实验数据.

【实验仪器】

直流电源,滑线变阻器,微安表,毫安表,电压表,待测电阻,开关.

【实验原理】

当直流电流通过待测电阻 R_x 时，用电压表测出两端电压 U，同时用电流表测出通过 R_x 的电流 I，根据欧姆定律 $R=U/I$ 算出待测电阻 R_x 的数值，这种方法称为伏安法. 以测得的电压值为横坐标，相对应的电流值为纵坐标作图，流过电阻元件的电流随元件两端电压变化的关系曲线称为电阻的伏安特性曲线. 若一个元件的两端电压与通过它的电流成比例，则伏安特性曲线为一条直线，这类元件称为线性电阻元件. 线性电阻元件的电阻值在一定温度下是一定的. 若元件的伏安特性曲线是一条曲线，则称为非线性电阻元件，如二极管、热敏电阻和压敏电阻等. 非线性电阻元件的电阻值不再是常数，它的电阻特性一般用伏安特性曲线来表示.

对于碳膜电阻、金属膜电阻、线绕电阻等一般金属导体的电阻，在通常情况下，它与外加电压的大小和方向无关，其伏安特性曲线是一条直线，如图 3-3-1 所示. 从图中可以看到，当调换电阻两端电压的极性时，电流也换向，而电阻始终为一定值，等于直线斜率的倒数.

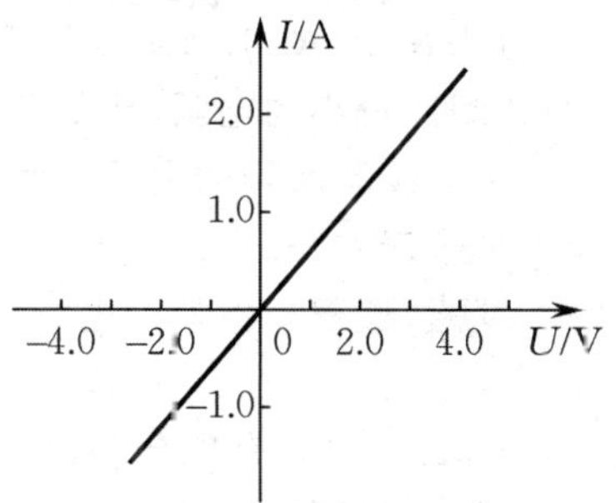

图 3-3-1　线性元件伏安特性曲线

伏安法测电阻的电路连接有两种，分别如图 3-3-2 和图 3-3-3 所示. 前者称为电流表内接，后者称为电流表外接. 由于电表的影响，无论哪种接法，都会产生接入误差，下面对两种接法分别进行分析.

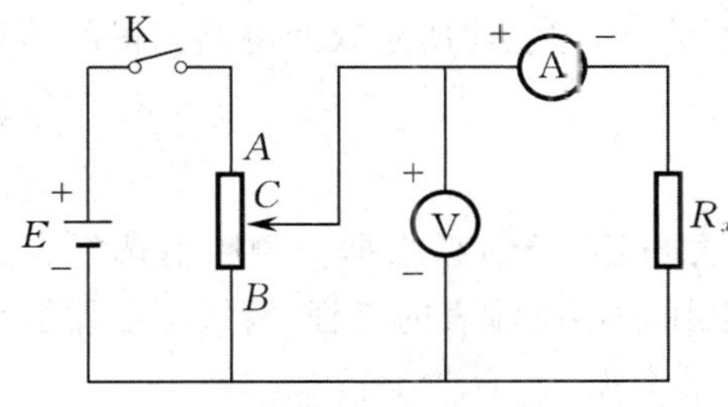

图 3-3-2　电流表内接

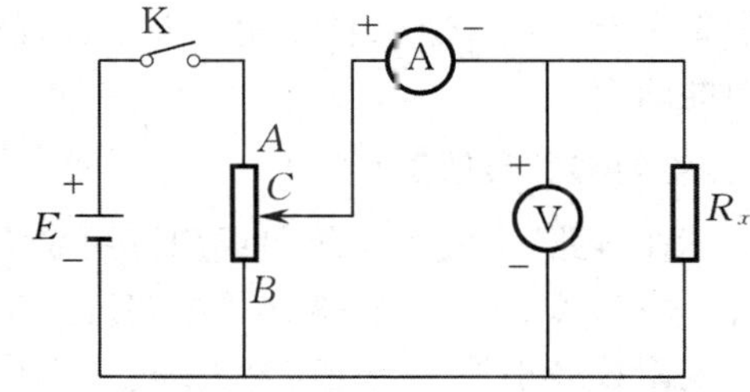

图 3-3-3　电流表外接

1. 电流表内接.

如图 3-3-2 所示，所测电流是流过 R_x 的电流，但所测电压是 R_x 和电流表上电压之和. 设电流表的内阻为 R_A，由欧姆定律，电阻的测量值

$$R_{测}=\frac{U}{I}=\frac{U_x+U_A}{I_x}=R_x+R_A, \tag{3-3-1}$$

其相对误差

$$E=\frac{\Delta_{R_x}}{R_x}=\frac{R_{测}-R_x}{R_x}=\frac{R_A}{R_x}, \tag{3-3-2}$$

此误差是由于电流表有内阻 R_A 引起的. 可见，电流表内接时，测得的结果 $R_{测}$ 比实际值 R_x 偏大，只有当 $R_x \gg R_A$，$R_x=U/I$ 才能保证有足够的准确度. R_A 的值一般比较小，约为几欧或更小，用此法测比较大的电阻（$R_x/R_A>100$）时，产生的误差较小.

2. 电流表外接.

如图 3-3-3 所示，所测电压是 R_x 两端电压，但所测电流是流过电压表的电流和通过 R_x 的电流之和. 设电压表的内阻为 R_V，则电阻的测量值为

$$R_{测} = \frac{U}{I} = \frac{U}{U\left(\frac{1}{R_V} + \frac{1}{R_x}\right)} = \frac{R_V R_x}{R_V + R_x}, \tag{3-3-3}$$

其相对误差为

$$E = \frac{|\Delta_{R_x}|}{R_x} = \frac{|R_{测} - R_x|}{R_x} = \frac{R_x}{R_x + R_V}, \tag{3-3-4}$$

此误差是由于电压表有内阻 R_V 引起的. 可见，电流表外接时，测得的结果 $R_{测}$ 比实际值 R_x 偏小，只有当 $R_V \gg R_x$ 时，$R_x = U/I$ 才能保证有足够的准确度. R_V 的值一般比较大，在几千欧以上，因此测比较小的电阻(比如几十欧以下)，产生的误差就不大.

由于本实验所用的电压表和电流表均为指针式磁电系仪表，受仪器精确度的限制，仪器本身也带来误差 —— 仪器误差. 如 f 为电表的准确度等级，U_m 和 I_m 分别表示电压表和电流表的满度值(量程)，根据磁电式仪表准确度等级与仪器误差的关系可得

$$\Delta_{U_{仪}} = U_m \times f\%, \quad \Delta_{I_{仪}} = I_m \times f\%,$$

式中 $\Delta_{U_{仪}}$，$\Delta_{I_{仪}}$ 分别是电压与电流的测量误差限值，显然 U_m，I_m 越大，其对应的误差限越大. 可见，要使电阻测量的准确度高，线路参数的选择应使电表读数尽可能接近满量程.

由欧姆定律 $R = \frac{U}{I}$ 可知，$\frac{\Delta_R}{R} = \sqrt{\left(\frac{\Delta_U}{U}\right)^2 + \left(\frac{\Delta_I}{I}\right)^2}$，当 $\frac{\Delta_R}{R}$ 确定时，可以根据选择仪器的不确定度等作为假设来选择电表相应的量程及其他参数.

综上所述，由于电表内阻的存在，使得测量总存在一定的系统误差，究竟采用哪种接法，必须事先对 R_x，R_A，R_V 三者的相对大小进行粗略的估计，才能使所选取的电路测得的结果有足够的准确度.

【实验内容及步骤】

1. 选择电路. 由实验室给出或用万用表测量待测电阻大致值，根据待测阻值选择合适电路，按图 3-3-2 或图 3-3-3 接好电路. 注意选择电压表和电流表的量程，滑线变阻器触头处在电压表读数最小处.

2. 调节滑线变阻器. 由小到大改变 R_x 上的电流、电压值 5 次，注意尽可能使电流表、电压表读数在满偏度一半以上，但又不能超量程，分别读出相应的电流、电压值，将数据记录在表 3-3-1 中.

3. 换一待测电阻. 重复以上步骤，将数据记录在表 3-3-2 中.

【数据处理及分析】

表 3-3-1　高阻值电阻测量数据记录表

待测电阻大致值__________　　　　测量电路接法__________

电压表等级__________　　　　电流表等级__________

量程__________　　　　量程__________

测量次数 n	1	2	3	4	5
电压 U/V					
电流 I/mA					
电阻($R = U/I$)/kΩ					

表 3-3-2　低阻值电阻测量数据记录表

待测电阻大致值＿＿＿＿＿　　测量电路接法＿＿＿＿＿

电压表等级＿＿＿＿＿　　电流表等级＿＿＿＿＿

量程＿＿＿＿＿　　量程＿＿＿＿＿

测量次数 n	1	2	3	4	5
电压 U/V					
电流 I/mA					
电阻($R=U/I$)/kΩ					

1. 由电表量程和准确度等级求出仪器误差 $\Delta_{U_{仪}}$ 和 $\Delta_{I_{仪}}$.

2. 由式(3-3-1)或式(3-3-3)分别推导内接法或外接法的不确定度合成公式，计算测量值 R 的不确定度.

$$\Delta_{RB}=\Delta_{U_{仪}}/\Delta_{I_{仪}},\quad \Delta_{RA}=t_{\mathrm{p}}(5)\sqrt{\frac{\sum\limits_{i=1}^{5}(R_i-\overline{R})^2}{5\times 4}},\quad \Delta_R=\sqrt{\Delta_{RA}^2+\Delta_{RB}^2}.$$

3. 表示出测量结果.

$$R=\overline{R}\pm\Delta_R.$$

4. 换一待测电阻，重复上述数据处理步骤.

【注意事项】

1. 连接好电路后，一定要对照电路图，仔细检查电路是否按要求连接好了.

2. 电流表一定要串联在电路中，经仔细检查后，方可进行实验.

3. 用瞬间通电法检查电表是否正常偏转，若有异常(反偏或超量程)，立即关闭电源.

【思考题】

1. 伏安法测电阻的接入误差是由什么因素引起的？电阻的伏安特性曲线的斜率表示什么？

2. 实验时，用电流表、电压表测 30 Ω，2 kΩ，1 MΩ 电阻时，应分别采用哪种接法？

3. 使用电表时选择量程的依据是什么？为什么不选用多量程表中的最大量程或表盘上所标数字好读的量程？

4. 给定一个标准电阻箱，如何根据伏安法测电阻的线路，分别测算出电压表和电流表内阻的近似值？

实验 3.3.2　电桥法测电阻

电桥是利用比较法进行电磁测量的一种电路连接方式，它不仅可以测量很多电学量，如电阻、电容、电感等，而且配合不同的传感器件，可以测量很多的非电学量，如温度、压力等.

实验室里常用的电桥有惠斯通电桥(单臂电桥)和开尔文双电桥(双臂电桥)两种. 前者一般用于测量中高值电阻，后者用于测量 1 Ω 以下的低值或超低值电阻.

【预习提要】

1. 查阅资料熟悉稳压源、数字万用表、ZX21 型旋转式电阻箱、检流计等的原理和使用方法及注意事项.

2. 熟悉换位法的思想及应用.

3. 熟悉惠斯通电桥的原理和测量方法.

【实验目的】

1. 学会自组惠斯通电桥，理解直流惠斯通电桥的平衡条件.

2. 掌握用惠斯通电桥测电阻的方法.

3. 掌握用换位法减小系统误差的方法.

4. 学会箱式惠斯通电桥的使用方法.

【实验仪器】

稳压电源(带开关)，数字万用表，ZX21 型旋转式电阻箱，检流计，标准电阻若干，待测电阻 2 只，开关 2 个，导线若干，QJ23a 直流单臂电桥.

【实验原理】

电阻是电学元件的基本参数之一. 伏安法测电阻、万用表(欧姆表) 测电阻都只是一种粗略测量电阻阻值的方法，其相对误差一般都在百分之几以上. 原因是在上述测量中电表本身的非理想化(所谓电表的理想化是指电压表内阻应无穷大，电流表内阻应等于 0) 给测量带来附加的误差. 为了减小这种由于电表非理想化所带来的测量误差，惠斯通专门设计了一种用于测量电阻的电路 —— 惠斯通电桥. 在这个电路中，不使用电表读数，而是将待测电阻直接与标准电阻进行比较，故可达到很高的精确度.

1. 惠斯通电桥的测量原理.

惠斯通电桥如图 3 - 3 - 4 所示，待测电阻 R_x 与三个已知电阻 R_1，R_2，R_0 连成电桥的四个臂. 四边形的对角线 AB 接电源，称为电桥的电源对角线；另一对角线 CD 接入平衡指示仪(灵敏检流计)，称为电桥的检测对角线，也称为桥路. 检流计的作用就是检测 C，D 两点间的电势差. 若 A 点电势高于 B 点，就会有电流从 A 点向 B 点方向流动，而从 A 点向 B 点方向的电流在 R_1，R_2 两电阻上分为两支，然后通过 R_x 和 R_0 又使电流汇于一点. 这时假定 C，D 两点电势恰好相等、通过检流计 G 的电流 I_G 恰好为零，这种状态称为“电桥平衡”. 设通过 ACB 路的电流为 I_2，通过 ADB 路的电流为 I_1，则应有关系：

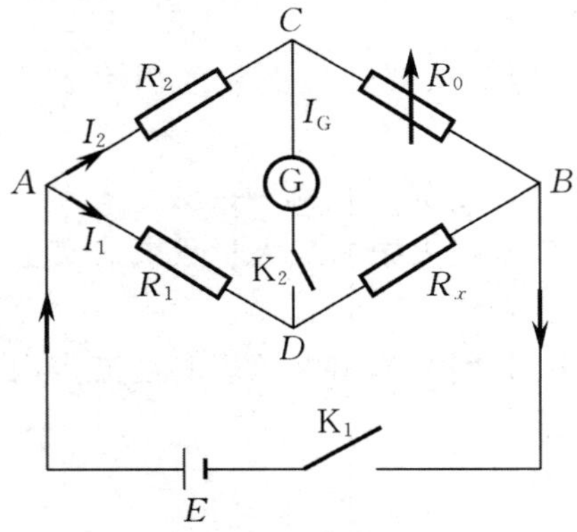

图 3 - 3 - 4　惠斯通电桥原理图

$$\begin{cases} I_1R_1 = I_2R_2, \\ I_1R_x = I_2R_0. \end{cases} \tag{3-3-5}$$

将式(3 - 3 - 5) 中两式相除，得

$$\frac{R_2}{R_0} = \frac{R_1}{R_x}. \tag{3-3-6}$$

式(3 - 3 - 6) 表示电桥平衡时，图 3 - 3 - 4 中上边左、右两电阻的阻值与下边左、右两电阻的阻值对应成比例. 这就是电桥平衡(即 C，D 间电势相等、C，D 间电流为零) 的充要条件，即

$$R_x = \frac{R_1}{R_2}R_0. \tag{3-3-7}$$

为了计算方便，通常把阻值 R_1/R_2 选定为 10^n(n 为整数)，记作 $M = R_1/R_2$，称为电桥的倍率，则 $R_x = MR_0$；相应地把 R_1，R_2 两臂称为电桥的比例臂，R_0 称为比较臂(一般是可变的标准电阻). 实验时，只要调节 R_0 使电桥平衡，由式(3 - 3 - 7) 即可求得待测电阻 R_x.

2. 电桥的灵敏度.

式(3-3-7)是在电桥平衡的条件下推导出的,而电桥是否平衡,实验时是看检流计有无偏转来判断的.实验时所使用的检流计指针偏转1格所对应的电流大约为10^{-6} A,当通过它的电流小于10^{-7} A时,指针的偏转小于0.1格,就很难观测出来.假设在电桥平衡后,把R_0改变一个量ΔR_0,电桥就应失去平衡,从而有电流I_G流过检流计,但如果I_G小到使检流计的偏转Δn觉察不出来,我们认为电桥还是平衡的,因而得$R_x = \frac{R_1}{R_2}R_0$,但实际上$R_x = \frac{R_1}{R_2}(R_0 + \Delta R_0)$,$\Delta R_x = \frac{R_1}{R_2}\Delta R_0$,就是由于检流计灵敏度不够而带来的测量误差.对此,我们引入电桥灵敏度S的概念,定义为

$$S = \frac{\Delta n}{\frac{\Delta R_x}{R_x}},$$

式中Δn是由于电桥偏离平衡而引起的检流计的偏转格数.S表示电桥对桥臂电阻的相对不平衡值$\frac{\Delta R_x}{R_x}$的反应能力,S越大,说明电桥越灵敏,误差也就越小.

如果由于检流计灵敏度不够,或通过它的电流太微弱而无法觉察出来,这时可以把电源电压增高,便相应增大了微弱电流,从而使检流计指针发生较大的偏转.因此,检流计的灵敏度和电源电压的高低都对电桥灵敏度有影响.选用灵敏度高、内阻低的检流计,适当提高电源电压,适当减小桥臂电阻,尽量把桥臂配置成均匀状态,有利于提高电桥灵敏度.

当电桥灵敏度足够高,且已知比较电阻R_0足够准确时,由式(3-3-7)看出,被测电阻R_x的准确度取决于R_1/R_2的准确度,但是R_1/R_2的误差总是不可消除.为了消除R_1/R_2引起的测量误差,实验中可通过交换法消除.具体做法是:按照图3-3-4所示,调节R_0使电桥平衡,则有$R_x = \frac{R_1}{R_2}R_0$,然后保持R_1和R_2不变,把R_0与R_x的位置互换,再次调节R_0使电桥重新平衡,设重新平衡后R_0的大小变为R_0',根据电桥平衡原理有

$$R_x = \frac{R_2}{R_1}R_0'. \tag{3-3-8}$$

联立式(3-3-7)和式(3-3-8)可得

$$R_x = \sqrt{R_0 \cdot R_0'}. \tag{3-3-9}$$

由于上式中没有R_1和R_2,故而可以消除由于R_1和R_2数值不准确而带来的系统误差.这种交换测量法由于测量的某些条件(如被测物的位置)相互交换,使产生系统误差的因素对测量的结果起相反的作用,从而抵消了系统误差,这是处理系统误差的基本方法之一.

在本次实验中,我们还要学会使用箱式惠斯通电桥.这是一种便携式的电桥,在实际工作中运用非常广泛,其将电源、开关、标准电阻箱、比例臂、检流计等都集中组合在一只箱子里,基本原理和板式惠斯通电桥一样,只是增加了比例臂(用以调整测量的范围)和外接灵敏检流计、外接电源的接线柱等,因此使用起来十分方便灵活(详细的使用方法可见本实验附录部分).

【实验内容及步骤】

1. 组装电桥并测量待测电阻.

(1) 用数字万用表粗测未知电阻R_{x1},R_{x2},并根据测得值选取合适的比例臂R_1,R_2的值

和比较臂 R_0 的值，使得测量结果有四位有效数字且通电时电桥尽可能接近平衡.

(2) 按原理图 3-3-4 将电路接好(先选电阻 R_{x1}).

(3) 将稳压电源电压先调至 3 V 左右. 应注意开关顺序. 接通电路时，应先闭合 K_1，后闭合 K_2；断开电路时，应先断开 K_2，后断开 K_1.

(4) 调节 R_0 的过程中，观察检流计的偏转方向，适当调整电阻的阻值 R_0，直到使其阻值增减 10 Ω 时，检流计的指针向左右不同方向偏转为止，此时 R_0 的粗调完成.

(5) 当电桥平衡时，应通过下列步骤判断电桥是否真正达到平衡：反复通断 K_2，看检流计指针是否偏转；少量增减 R_0，以破坏电桥平衡，当检流计指针向不同方向偏转时，则原来的平衡是正确的.

(6) 正确判断测量结果的有效数字位数. 电桥平衡后，改变作为 R_0 的电阻箱的较低位的阻值，使得 R_0 有一相对变化 $\Delta R_0/R_0$. 如果这一位由 0 变化到 0.9，检流计指针不动，则说明电桥灵敏度较低，这一位不能作为有效数字的位数，应该继续增大 R_0 的变化，直到检流计有明显偏转为止，R_0 的有效数字位数应记到这一位.

(7) 交换 R_0 和 R_x 的位置，重复上述步骤测得 R_0'.

(8) 用上述方法再测量另一未知电阻 R_{x2}.

(9) 测量结果记入表 3-3-3.

2. QJ23a 直流单臂电桥测电阻(可根据学时选做).

(1) 检查仪器上检流计的指针是否指零，如不指零，应旋转零点调整旋钮，使指针准确指零.

(2) 取之前测量过的电阻 R_{x1}，将其接在 R_x 的两个接线柱之间.

(3) 根据 R_x 的粗测值，R_0 应取四位有效数字的原则(使电阻箱的 4 个旋钮全部使用)，参照本节附录的附表 3-3-2 中的 QJ23a 型直流电阻电桥参数说明确定比例臂旋钮的指示值.

(4) 调节 R_0 的千位数与 R_x 粗测值的第一位数字相同，其余各旋钮旋到零，用两个手指同时按下按钮 B 和 G，眼睛密切注意检流计指针的偏转，如果检流计指针快速偏转，说明电桥很不平衡，通过检流计的电流很大，应迅速松开手指，使按钮弹起，以免烧坏检流计；然后检查比例臂和比较臂的指示值，如有错置，立即改正.

(5) 如果检流计指针较慢地偏向"+"一边或"−"一边，可调节 R_0，使指针向"0"移动，直到指针最接近"0"为止. 如果指针偏向"+"一边，说明 R_0 偏大，应调小；如果指针偏向"−"一边，说明 R_0 偏小，应调大. R_0 的具体调节方法是：由电阻箱的高阻挡(×1 000 挡和×100 挡)到低阻挡(×10 挡和 ×1 挡) 逐个仔细地调节.

(6) 松开 B 和 G，由于检流计的灵敏度提高了，指针一般又会偏离，仔细调节 R_0 的低阻挡，直到指针精确指零为止. 记录比例臂 R_1/R_2 和比较臂 R_0 的指示值，填入表 3-3-3.

(7) 计算待测电阻 R_x'，并与自组电桥的测量结果进行比较.

【数据处理及分析】

表 3-3-3　自组惠斯通电桥(换位法)测电阻

R_1/Ω	R_2/Ω	R_0/Ω	R_0'/Ω	自组惠斯通电桥测量值 R_{xi}/Ω	箱式惠斯通电桥测量值 R_{xi}'/Ω	自组电桥相对于箱式电桥的测量误差 $E/\%$

1. 由 R_0 的测量结果的有效数字位数确定 Δ_{R_0} 及 $\Delta_{R'_0}$.

2. 计算不确定度.

$$\Delta_{R_x} = \sqrt{\left(\frac{R_0}{2R_x}\Delta_{R'_0}\right)^2 + \left(\frac{R'_0}{2R_x}\Delta_{R_0}\right)^2}.$$

3. 写出测量结果.

$$R_x = R_{x测} \pm \Delta_{R_x}, \quad E = \frac{\Delta_{R_x}}{R_{x测}} \times 100\%.$$

【注意事项】

1. 连接好电路后，一定要对照电路图，仔细检查电路是否按要求连接好了.

2. 实验过程中为了保护检流计，用先试触再调节的方法反复调节，以免烧坏检流计.

3. 电桥的平衡应通过"通、断"K_2 仔细观察检流计来判断.

4. R_0的有效数字位数是确定测量结果的有效数字位数的关键，务必耐心仔细调节.

【思考题】

1. 从研究电桥灵敏度的实验数据中，分析出有哪些因素影响着电桥的灵敏度.

2. 在电桥平衡的调节过程中，如何依据检流计指针的偏转变化来调节比较臂 R_0，使电桥趋于平衡.

3. 如果用电桥测一毫安表内阻（量程 3 mA，内阻约为 30 Ω），应该特别注意什么？怎样选择参数，才能保证测量顺利完成？

实验 3.3.3　电桥伏安法测电阻

采用伏安法测电阻时，不论是电流表内接还是外接都会因电表内阻的存在而不可避免地使测量结果偏大或者偏小，若不加以修正，会使测量结果误差很大. 电桥伏安法测电阻是在伏安法的基础上的改进，很好地避免了电表内阻对测量结果的影响，值得学生体会和学习.

【预习提要】

1. 复习伏安法测电阻的内接法和外接法，分析其误差出现的主要原因.

2. 复习惠斯通电桥的测量原理.

3. 学习有关补偿法测量的实例和思想.

【实验目的】

1. 学会电桥伏安法测电阻的方法.

2. 通过比较，体会电桥伏安法测电阻的优点和必要性.

3. 学习补偿法的应用.

【实验仪器】

待测电阻，电压表，电流表，电阻箱 2 只，检流计，稳压电源，开关.

【实验原理】

由图 3-3-2 及图 3-3-3 可知，不论是电流表的内接法还是外接法都会因电表的内阻而使实验结果误差增大，如何能减小甚至消除电表内阻对实验结果的影响是我们的改进方向. 图 3-3-5 是惠斯通电桥测电阻的示意图，这种方法完全消除了电表内阻的影响（由于之前介绍过，此处不再赘述）. 图 3－3－6 是电桥伏安法测电阻的示意图，这种方法是对惠斯通电桥的桥臂进行了改进，又不脱离伏安法，因此称为“电桥伏安法”. 在 R_1 中串联一只电流表，R_s 用电压表代替，仔细调节电阻箱 R_1，R_2 的值，总可以使电桥达到平衡，这时 G 中无电流通过，所以电流表示数即为通过 R_x 的电流. 由于 B，D 两点电势相等，电压表示数即为 R_x 两端的电压，故 $R_x = U/I$.

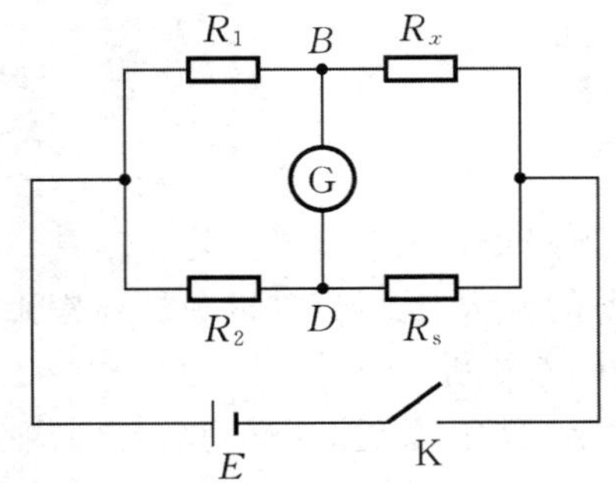

图 3－3－5　惠斯通电桥测电阻

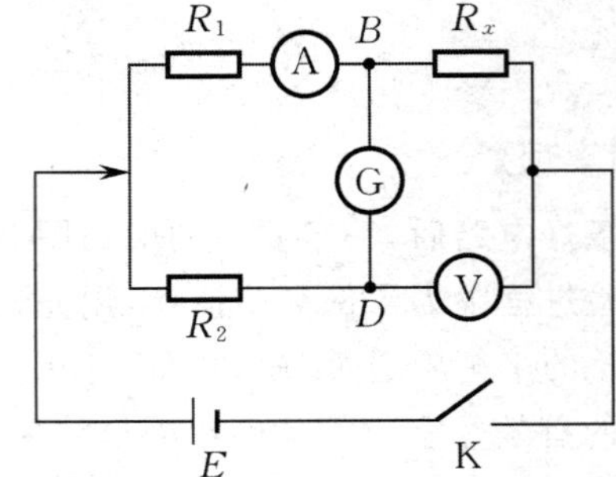

图 3－3－6　电桥伏安法测电阻

【实验内容及步骤】

1. 按照图 3－3－6 连接好电路，电阻箱 R_1 调到较大的值以保护电流表.

2. 在电流表示数较大的前提下，缓慢调节电阻箱 R_2 的值使检流计指示为零，电桥平衡，此时有 $R_x = U/I$.

3. 在电流表不超量程的前提下，改变 R_1 的值 5 次，并分别重复步骤 2，实验数据记录于表 3－3－4 中.

【数据处理及分析】

表 3－3－4　电桥伏安法测电阻

次数	1	2	3	4	5
电流 I/A					
电压 U/V					
$(R_x = U/I)/\Omega$					

$$\overline{R}_x = \frac{\sum_{i=1}^{5} R_{xi}}{5}, \quad \Delta_{R_x} = t_{\mathrm{p}} \sqrt{\frac{\sum_{i=1}^{5} (R_{xi} - \overline{R}_x)^2}{n(n-1)}}, \quad R_x = \overline{R}_x \pm \Delta_{R_x}.$$

【注意事项】

1. 闭合开关 K 之前，R_1 的值要调得较大，以免通过电流表的电流过大烧坏电流表.

2. 为减小电压测量误差，应根据电压表量程（量程不宜太大，一般不超过 10 V）合理选择电源电压，使电压表指针在满偏度一半以上.

3. 电流表应选择毫安表，合理选择 R_1 的取值，使电流表指针在满偏度一半以上.

【思考题】

除了上述三种常用测量电阻的方法，你还能想到其他测量电阻的办法吗？

【附录】

电磁学实验的基本仪器及预备知识

了解电磁学实验常用仪器的原理和性能,掌握实验时仪器布局和线路连接的要领,对做好电磁学实验具有十分重要的意义.电磁学实验仪器种类很多,此处主要介绍电源、电表、电阻、便携式电桥等基本仪器.由于实验仪器设备不断更新,或同一性能仪器仪表就有多个品种,在此仅简要介绍通用基本仪器的结构、原理、性能、使用方法及注意事项,其他需用仪器的原理和方法大致与此类似,将在各具体实验中详细介绍.

一、电源

电源是输出电能的装置,用于提供能量(标准电池例外,见后面说明).电源通常分为直流电源与交流电源两大类.

1. 交流电源.

符号:AC或～.

电压(市电):220 V,380 V;频率50 Hz.

实验室常用的交流电为市电,它有单相和三相之分.机房一般引入三相380 V,50 Hz的市电作为电源,但是设备的电源整流模块用的是单相220 V的电压.市电可通过调压变压器(亦称自耦变压器)获得连续可调的交流电压,调压变压器如附图3-3-1所示.从①,②两接线柱输入220 V交流电压,转动手柄A,从③,④两接线柱可输出0～220 V连续可调电压,其主要指标有容量和最大允许电流.使用时须分清输入端与输出端,严禁接错,否则会造成电源短路或烧坏仪器等事故.

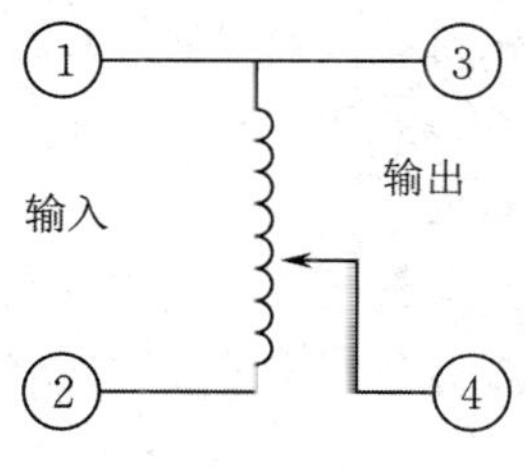

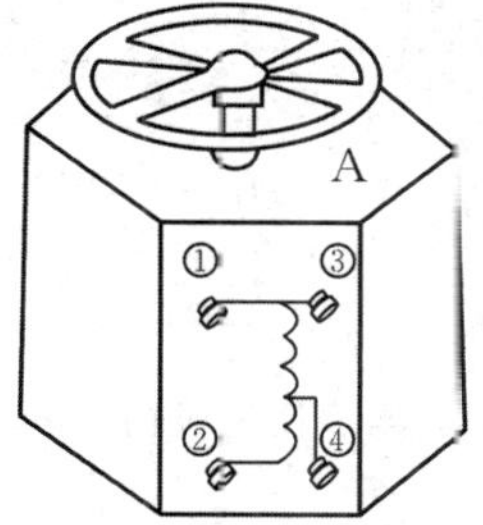

附图3-3-1　调压变压器

使用交流电时应注意以下几方面.

(1) 人体触及220 V交流电会有生命危险,要格外谨慎操作.

(2) 交流电有零线(地线)与相线(火线)之分,绝对不能把电源的火线接到其他仪器的地线上,否则将造成电源短路.

(3) 接线使用前,调压器输出应调为零(指针指零),使用完毕,应将指针调回零位,并切断输入电源后再拆线.

2. 直流电源.

符号:DC.

常用的直流电源分为化学电源与直流稳压电源.

(1) 化学电源是将化学能转变为电能的装置,也称为化学电池.由正负电极、电解质和去极化剂等组成,化学电池有原电池与蓄电池之分.原电池在使用后,其化学物质被消耗不能恢复,电源电动势下降,内阻明显升高,干电池就是一种原电池.蓄电池用后可充电而重复使用.

(2) 直流稳压电源是将交流电转变为直流电的装置.实验室普遍采用晶体管直流稳压电

源，其工作原理是由电子控制电路自动调节因电源电压或负载变化而引起的电压变化，从而输出一个稳定的直流电压.该电压在一定范围内不随负载、输入的交流电压的变化而变化.具有电压稳定性好、内阻小、输出连续可调、输出功率较大、使用方便等特点.

一般的直流稳压电源的输出电压都是可调的，电源面板上都配有：① 用波段开关进行电压粗调的旋钮；② 用电位器进行电压连续调节的旋钮；③ 显示输出电压、电流的电压表与电流表；④ 为了安全与防电磁干扰专设的接地旋钮.

使用时应注意以下几方面.

(1) 防止电源短路，因短路时电流很大，远远超过电源允许输出的电流，从而烧坏电源.

(2) 接地旋钮不是电源的输出负极.

(3) 使用时应注意它所能输出的电压值和允许的最大电流，严禁超载.

二、电表

电表按照测量机构工作原理的不同可分为磁电式、电磁式、电动式、热电式、感应式等多种类型.每一种类型的表又有其各自的特性，因而具有不同的用途.大学物理实验中，常用的电表是磁电式，这里仅简要介绍这类电表.

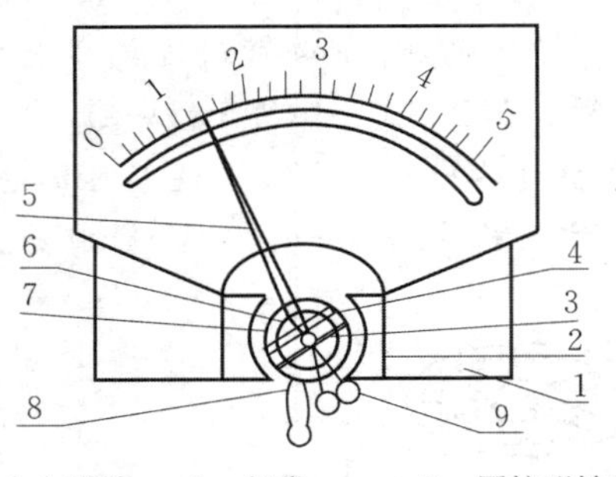

1—永久磁铁； 2—级掌； 3—圆柱形铁芯；
4—线圈； 5—指针； 6—游丝；
7—半轴； 8—调零螺钉； 9—平衡钟

附图 3－3－2　磁电式电表测量机构

磁电式电表测量机构（亦称磁电式表头测量机构）如附图 3－3－2 所示.其工作原理是利用通电流的线圈在永久磁铁和铁芯之间的均匀辐射磁场中受到磁力矩作用而发生偏转的原理制成的.由于磁场强度、线圈的面积和匝数一定，偏转角度与通过线圈的电流成正比.即当线圈通过电流时，线圈受磁力矩作用而偏转，直至与游丝产生的反扭力矩作用相平衡，指针停止在确定的位置上，由表盘刻度可读出其值.

磁电式测量机构（磁电式表头）所能允许流入的电流是有限的，对于较小的电流可直接接入测量，而对于大电流、电压的测量则必须采用分流分压的方法将磁电式表头改装成不同的电流表、电压表，它们的测量原理都是一样的.

1. 指针式检流计.

磁电式检流计通常用作指零仪表，即确定电路中有无电流通过，比如电桥的指零，有时也可用作测量微小电流.检流计所允许通过的电流非常小，一般约为 10^{-6} A，内阻为数百欧姆.当检流计作为指零仪表使用时，平衡位置（零点）在标尺中央，指针可以向左右两个方向偏转，便于检测流过电流的方向.使用前应调节零点，如附图 3－3－3 所示，机械零点的调节用于通电前调整.安全制动旋钮平时处于锁定位置，以防止因震动造成机芯损坏，只有在使用时才打开.

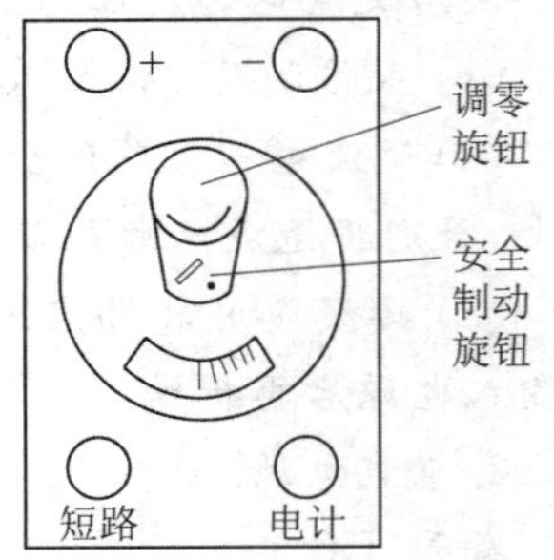

附图 3－3－3　指针式检流计

使用方法及注意事项如下.

(1) 使用时首先将检流计接线柱端钮按其“＋”“－”标记接入电路内.

(2) 将安全制动旋钮移向白色圆点位置，并用调零旋钮调节指针零位.

(3) 按下电计按钮，检流计即被接入电路，如需将检流计长期接入电路时，可将电计按钮按下，并转一角度即可.

(4) 使用中若指针不停地摆动时，按一下短路按钮指针便立即停止.

(5) 检流计使用完毕后，必须将安全制动旋钮移向红色圆点位置，此时电计及短路按钮放松.

检流计应保管在周围空气温度 +10 ~ +35 ℃，相对湿度在 80% 以下，通风良好的环境里，空气中不应有可致腐蚀性的有害杂质.

2. 直流电流表.

磁电式表头上并联不同分流低电阻，就构成可测量不同大小范围电流的电流表. 因电流表是用于测量电路中电流值的仪表，所以它必须串联于被测电路中. 直流电流表按所测电流大小可分为微安表(μA)、毫安表(mA) 和安培表(A). 不同表内阻不同，一般安培表内阻在 0.1 Ω 以下，毫安表、微安表内阻可达数百到数千欧. 电流表所能测量的最大电流称为量程. 近年来许多表都做成多量程安培表，用插塞可以选择所需量程，如附图 3-3-4 所示.

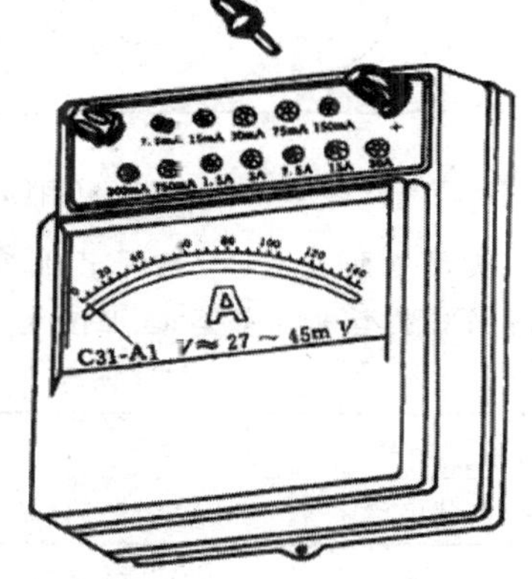

附图 3-3-4　直流电流表

3. 直流电压表.

电压表用于测量电路中两点间电压，测量时应并联在被测的两点之间. 从结构原理上看，它与电流表并无区别，只是在磁电式表头上串联不同的分压高电阻就可得到不同量程的电压表. 直流电压表按所测电压大小分为毫伏表、伏特表、千伏表. 常用的多量程电压表也是用插塞控制量程选择，其外形结构与附图 3-3-4 类似.

4. 电表的正确使用及注意事项.

(1) 注意电表极性. 使用直流电表，必须注意电表的正负极，接线柱旁边有"+""—" 极性，'+" 表示电流流入端，"—" 表示电流流出端，接线时切不可把极性接错，以免损坏电表.

(2) 正确连接电表. 电流表必须串联在待测电路中，电压表必须与待测电压的电路并联.

(3) 合理选择量程. 根据待测电流或电压的大小，选择合适的量程. 若量程太小，过大的电流或电压会将电表损坏；量程太大，则指针偏转太小，测量的相对误差较大.

(4) 读数避免视差. 为了减小视差，读数时必须使视线垂直于刻度面，精密电表刻度盘下装有反光镜，读数时应使指针与它在镜中的像重合.

(5) 注意读出有效数字. 由表头标明的准确度等级及选用的量程大小，根据下式可确定仪器的基本误差限

$$\Delta_{I仪}（或 \Delta_{U仪}）= 量程 \times a\%,$$

其中 a 为仪器的准确度等级，一般在仪器主面板上有喷码标明. 读数时数值应读到有误差的一位上. 例如，0.5 级量程 150 mA 的电流表，仪器的基本误差限为 $\Delta_{I仪} = 150\ \mathrm{mA} \times 0.5\% = 0.75\ \mathrm{mA} \approx 0.8\ \mathrm{mA}$，即读数时要读到小数点的后面一位.

三、电阻

电阻分为固定和可变两类. 实验中常用可变电阻——电阻箱、滑线变阻器、电位器来改变电路中的电阻、电流和电压.

1. 电阻箱.

电阻箱一般是由电阻温度系数较小的锰铜线绕制的精密电阻串联而成，通过十进位旋

钮可使阻值改变.电阻箱的主要规格是总电阻、额定电流(额定功率)和准确度等级.附图 3-3-5 是常用的ZX21型六位十进式电阻箱面板,附图3-3-6是其内部电路示意图.它的6个旋钮下的最大电阻为 99 999.9 Ω,由“0”与“99 999.9”两接线柱引出.若电路中仅需“0～9.9 Ω”或“0～0.9 Ω”的阻值变化,则分别由“0”与“9.9”或“0”与“0.9”两接线柱引出.这样可避免电阻箱其余部分的接触电阻和导线电阻对低电阻所带来的不可忽略的误差.

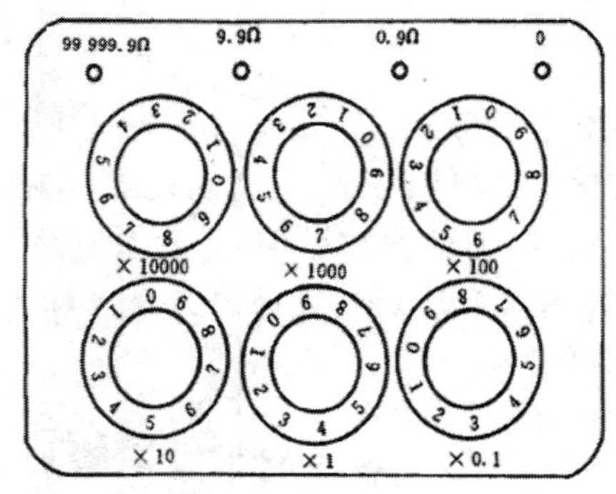

附图 3-3-5 电阻箱面板

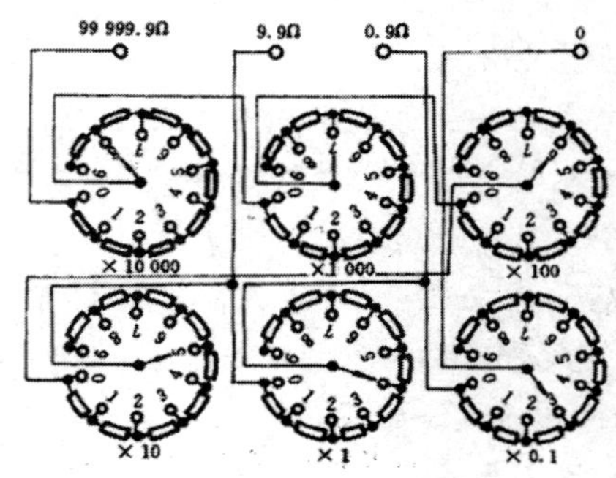

附图 3-3-6 电阻箱内部电路示意图

使用电阻箱时,为确保其准确度,不得超过其额定功率或最大允许电流.附表 3-3-1 为常用 ZX21 型电阻箱各挡阻值允许通过的电流值.

附表 3-3-1 电阻箱各挡阻值允许的电流值

旋钮倍率	×0.1	×1	×10	×100	×1 000	×10 000
允许负载电流 /A	1.5	0.5	0.15	0.05	0.015	0.005

注:有些电阻箱上只标明额定功率 P,其额定电流可用公式 $I=(P/R)^{1/2}$ 算出.

2. 滑线变阻器.

滑线变阻器的用途是控制电路中的电压和电流,它的结构如附图 3-3-7 所示.

它由涂有绝缘膜的电阻丝均匀绕在绝缘磁管上制成.电阻丝的两头分别固定在磁管两端的 A,B 接线柱上,滑动触头 C 可沿金属杆滑动,杆的两端支撑在金属架上,并与其绝缘,杆的一端连有接线柱 C′.滑动头和电阻丝相接触处的绝缘膜已经刮掉,因此改变滑动头的位置就可以改变 A,C 或 B,C 之间电阻的大小.

变阻器的主要规格如下.

① 额定电流:允许通过变阻器的最大电流.

② 全电阻:A,B 间电阻丝的电阻值.

滑线变阻器在电路中有如下两种用法.

① 限流器.将滑线变阻器接入附图 3-3-8 所示电路,即构成限流器.

② 分压器.其接法如附图 3-3-9 所示.

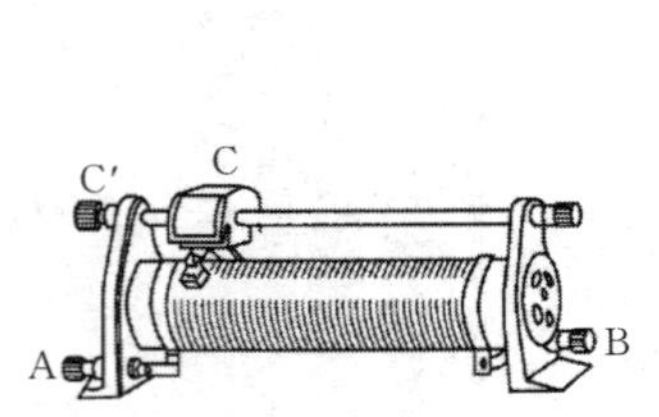

附图 3-3-7 滑线变阻器

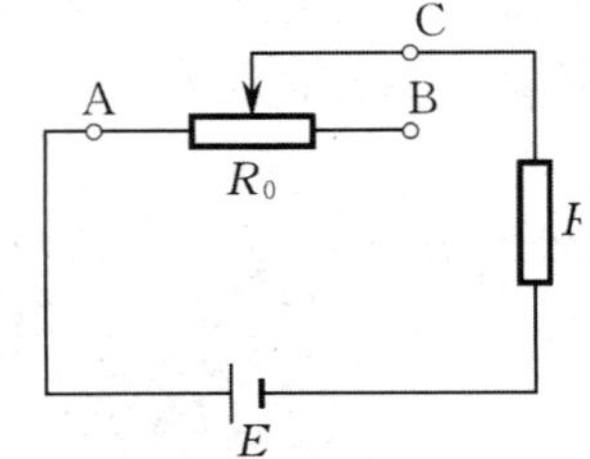

附图 3-3-8 滑线变阻器作限流器

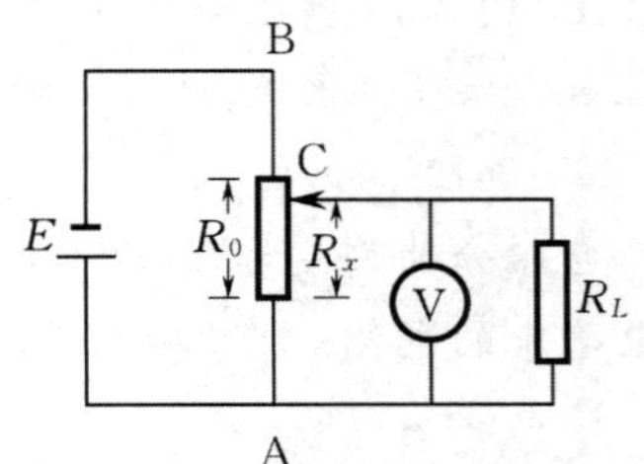

附图 3-3-9 滑线变阻器作分压器

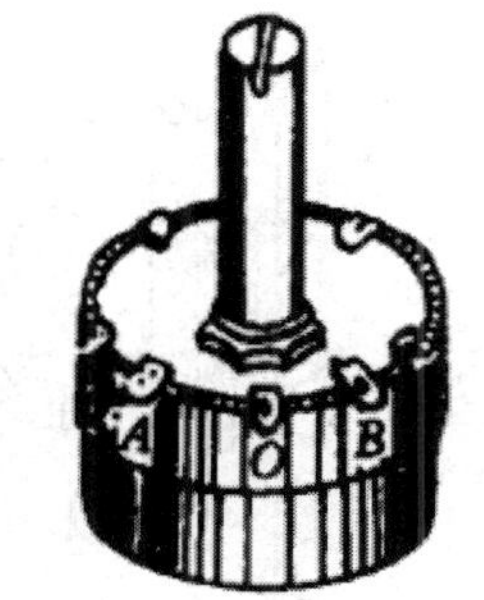

附图 3－3－10　电位器

应注意实验前连接电路时，限流接法的变阻器活动端应放在使取用电阻最大位置处(如附图 3－3－8 中C应滑到最右端)，滑动触头C使电阻逐渐减小，电路的电流会逐渐增大；分压接法的变阻器滑动端应放在所取分压最小的位置(如附图 3－3－9，C应先滑到最下端)，逐渐滑动C的过程，使分压电阻逐渐增大，相应的电路的分压也逐渐增大.

3. 电位器.

小型的滑线变阻器通常称为电位器，其外形如附图 3－3－10 所示. 它的额定功率只有零点几瓦到数瓦，视体积大小而定. 电阻值较小的电位器多数用电阻丝绕成，称线绕电位器. 线绕电位器中有一种多圈精密电阻器，可对电阻作精细调节. 电阻值较大的电位器(约从千欧到兆欧) 用碳质薄膜作电阻，故称碳膜电位器.

选择电位器作为限流器或分压器时，要特别注意其阻值与额定电流，另外还要根据测量的需要注意其阻值与负载的配比关系.

四、电桥

主要介绍箱式惠斯通电桥 QJ23a 型直流电阻电桥.

1. 概述.

QJ23a 型直流电阻电桥采用惠斯通电桥线路，内附指零仪和电池盒，整个测量机构装在金属外壳内，轻巧且便于携带. 测量 1 Ω ～ 10 MΩ 范围内的电阻极为方便，适宜在实验室及现场使用.

2. 主要规格.

(1) 总有效量程：1 Ω ～ 11.11 MΩ.

(2) 测量盘：1 000 Ω × 10 ＋ 100 Ω × 10 ＋ 10 Ω × 10 ＋ 1 Ω × 10.

(3) 量程倍率：× 0.001，× 0.01，× 0.1，× 1，× 10，× 100，× 1 000.

(4) 温度、相对湿度使用范围：

有效量程 $\geqslant 10^6$ Ω 时为 10 ～ 30 ℃，25% ～ 75%；

有效量程 $< 10^6$ Ω 时为 5 ～ 35 ℃，25% ～ 80%.

(5) 内附指零仪：

电流常数：$< 6 \times 10^{-7}$ A · mm^{-1}；

阻尼时间：4 s 以内.

(6) 测量盘残余电阻：⩽ 0.02 Ω.

(7) 电源：1 号干电池三节，4.5 V.

(8) 外形尺寸：265 mm × 200 mm × 150 mm.

(9) 重量：小于 2 kg.

3. 仪器各部分的名称.

QJ23a 型直流电阻电桥示意图如附图 3－3－11 所示.

4. 使用方法.

(1) 仪器水平放置，打开仪器盖，3(内、外接指零仪转换开关) 扳向“外接”，则内附指零仪短路，电桥由 2(外接指零仪接线端钮) 接入外接指零仪；3 扳向“内接”，则内附指零仪接入电桥线路，仪器内附指零仪电源的电池盒装在仪器底部.

请按“＋”“－”极性装上三节 1.5 V1 号电池. 按下 5(电源按钮) 再调整 11(指零仪零位调整器) 使指零仪指零位(简称按“B”调零).

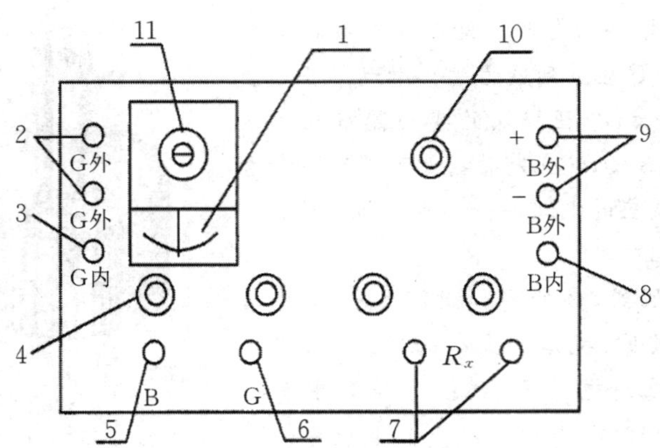

1—指零仪；
2—外接指零仪接线端钮；
3—内、外接指零仪转换开关；
4—测量盘；
5—电源按钮(B)；
6—指零仪按钮(G)；
7—被测电阻接线端钮(R_x)；
8—内、外接电源转换开关；
9—外接电源接线端钮；
10—量程倍率开关；
11—指零仪零位调整器

附图 3-3-11　QJ23a 型直流电阻电桥示意图

(2) 8(内、外接电源转换开关)扳向"外接"，则由 9(外接电源接线端钮)接入外接电源；8 扳向内接，则电桥内附电源接入电桥线路. 仪器内附电源的电池盒在仪器底部，使用时按"+""—"极性装上三节 1 号干电池. 当采用提高电源电压方法增加电桥线路灵敏度时，外接电源电压值不能超过附表 3-3-2 的规定. 极性不得接反.

(3) 被测电阻接到 7(被测电阻接线端钮)，被测电阻若小于 10 kΩ，可使用内附指零仪、内接电源进行测量. 当内附指零仪灵敏度不够时，可外接高灵敏度的指零仪.

(4) 调节 10(量程倍率开关)，根据被测量电阻估计值，按附表 3-3-2 选择适当的量程和倍率，按下 6(指零仪按钮)，随后按下 5(电源按钮)，看指零仪偏转方向，如果指针为"+"方向偏转，表示被测电阻大于估计值，需增加测量盘示值，使指零仪趋向于零位；如果指零仪仍偏向"+"边，则可增加量程倍率，再调节测量盘使指零仪趋向于零位. 若指针为"—"方向偏转，表示被测电阻小于估计值，需减少测量盘示值使指零仪趋向于零位；测量盘示值减少到 1 000 Ω 时，指零仪仍然偏向"—"边，则可减少量程倍率，再调节测量盘使指零仪趋向于零位.

当指零仪指零位时，电桥平衡，被测电阻值可由下式求得：

$$被测电阻值 = 量程倍率 \times 测量盘示值.$$

QJ23a 型直流电阻电桥参数说明如附表 3-3-2 所示.

附表 3-3-2　QJ23a 型直流电阻电桥参数说明

<table>
<tr><th rowspan="2">量程倍率</th><th rowspan="2">有效量程</th><th colspan="2">准确度等级</th><th rowspan="2">电源电压</th></tr>
<tr><th>※</th><th>※※</th></tr>
<tr><td>×0.001</td><td>1 ~ 11.11 Ω</td><td>0.5</td><td>0.5</td><td rowspan="5">4.5 V</td></tr>
<tr><td>×0.01</td><td>10 ~ 111.1 Ω</td><td>0.2</td><td>0.2</td></tr>
<tr><td>×0.1</td><td>100 ~ 1111 Ω</td><td>0.1</td><td rowspan="5">0.1</td></tr>
<tr><td rowspan="2">×1</td><td>1 ~ 5 kΩ</td><td>0.1</td></tr>
<tr><td>5 ~ 11.11 kΩ</td><td>0.2</td></tr>
<tr><td rowspan="2">×10</td><td>10 ~ 50 kΩ</td><td>0.1</td><td rowspan="2">9 V</td></tr>
<tr><td>50 ~ 500 kΩ</td><td>1</td></tr>
<tr><td>×100</td><td>100 ~ 500 kΩ</td><td>2</td><td rowspan="2">0.2</td><td rowspan="3">15 V</td></tr>
<tr><td rowspan="2">×1 000</td><td>500 ~ 1 111 kΩ</td><td>5</td></tr>
<tr><td>1 ~ 11.11 MΩ</td><td>20</td><td>0.5</td></tr>
</table>

※ 用内附检流计测量时的准确度等级

※※ 用外接检流计测量时的准确度等级

5. 注意事项.

(1) 仪器使用完毕后将 3,8 扳向外接,以切断内部电源. 5,6 按钮松开.

(2) 在测量感抗负载的电阻(如电机、变压器等)时,必须先按电源按钮 5,然后按指零仪按钮 6. 断开时,先放开 6,再放开 5.

(3) 在测量时,连接被测电阻的导线的电阻要小于 0.002 Ω. 当测量小于 10 Ω 的被测电阻时,要扣除导线电阻所引起的误差.

(4) 使用时,测量盘 ×1 000 不允许置于"0"位.

(5) 电桥应存放在周围空气为 5 ～ 35 ℃、相对湿度低于 80%、空气不含有腐蚀性气体的室内,避免阳光暴晒并防止剧烈震动.

(6) 仪器初次使用或相隔一定时期再使用前,应将各旋钮开关旋动数次.

(7) 仪器长期不用时,应将内附电池取出.

(8) 仪器在运输时,应有防震、防潮包装.

(9) 电子式检流计采用的是电位器调零.

调零方法如下:打开底板,把内附 4.5 V 电池按"+""−"极性接上(禁止接反),单独按面板下方的"B"钮(不能同时按"G"钮)调节表头上方的调零旋钮,使指针指示在"0"位. 此时松开"B"钮时,指针有时会不在"0"位,略有偏差,但对使用无妨.

(10) 测量时将被测电阻接到"R_x"两接线柱上,适当选择各挡位旋钮至合适位置,同时按"B"和"G"钮,此时检流计即进入工作状态,再按原来的测试方法直至测试结束. 测试完毕后,同时松开"B"和"G"钮. 长期不用时请取出内附 4.5 V 电池.

五、电磁学实验接线规则

1. 合理安排仪器. 参照正确的线路图,通常把需要经常操作的仪器放在近处,需要读数的仪表放在眼前,根据走线合理、操作方便、实验安全的原则布置仪器.

2. 按回路接线法接线和查线. 按线路图,从电源正极开始,经过一个回路,回到电源负极. 再从已接好的回路中某段分压的高电位点出发接下一个回路,然后回到低电位点. 这样一个回路一个回路地接线. 查线时也按回路查线. 这是电磁学实验接线和查线的基本方法. 接线时还要注意走线美观整齐.

3. 预置安全位置. 在接通电源前,应检查变阻器滑动端(或电位器旋钮)是否已放在安全位置,即电路中电流最小、电压最低的位置. 有些电磁学实验还需要检查电阻是否已放到预估的阻值等. 检查线路和预置安全位置后,应请老师复查,才能接通电源.

4. 接通电源时要做瞬态试验. 先试通电源,及时根据仪表示值等现象判断线路有无异常. 若有异常,应立即断电进行检查. 若情况正常,就可以正式开始做实验,调节线路至实验的最佳状态.

5. 拆线时应先切段电源再拆线,严防电源短路. 实验完毕应整理好仪器.

实验 3.4　薄透镜焦距的测定

透镜是由两个共轴折射曲面构成的光学元件. 通常多以光学玻璃为原材料,磨制成形后将折射面抛光而成. 若不加以说明而提到透镜或透镜组时,绝大多数场合是指球面透镜及其组合. 由于透镜两个表面的折射具有对光束的会聚或发散作用,能在任何要求位置形成物体的像,因此是不可缺少的光学元件. 反映透镜特性的一个重要参数是焦距. 在不同的使用场合,由于使用目的不同,需要选择不同焦距的透镜或透镜组. 为了能正确地使用光学仪器,必须掌握透镜成像的规律,学会光路的调节技术和焦距的测量方法.

【预习提要】

1. 阅读本实验附录《光学仪器的使用和维护规则》,初步了解光学实验的特点.
2. 了解测量薄透镜焦距的几种方法.
3. 了解等高共轴及左右逼近的调节方法.

【实验目的】

1. 通过实验加深对薄透镜成像公式的认识,了解近轴条件和等高共轴调节的必要性.
2. 掌握简单光路的分析和调整(等高共轴) 方法.
3. 掌握测量透镜焦距的自准法、共轭法,了解透镜成像的像差.
4. 学习左右逼近法读数及消去法.
5. 掌握直接测量的不确定度估计、间接测量的不确定度传递和测量结果的正确表示.

【实验仪器】

光具座(包括导轨和可移动的底座),凸透镜,凹透镜,平面镜,光源,物屏(其上中心位置有"1" 形透光孔),像屏等.

【实验原理】

1. 薄透镜成像公式.

透镜可以分成凸透镜和凹透镜两类. 凸透镜具有使光线会聚的作用,当一束平行于透镜主光轴的光线通过透镜后,将会聚到主光轴上,会聚点 F 称为该透镜的焦点,如图 3-4-1(a) 所示. 透镜光心 O(光线过这一点时不改变传播方向) 到焦点 F 的距离称为焦距 f. 同理,位于凸透镜焦点上的点光源发出的光束通过凸透镜后,将变成一束平行于主轴的平行光,如图 3-4-1(b) 所示.

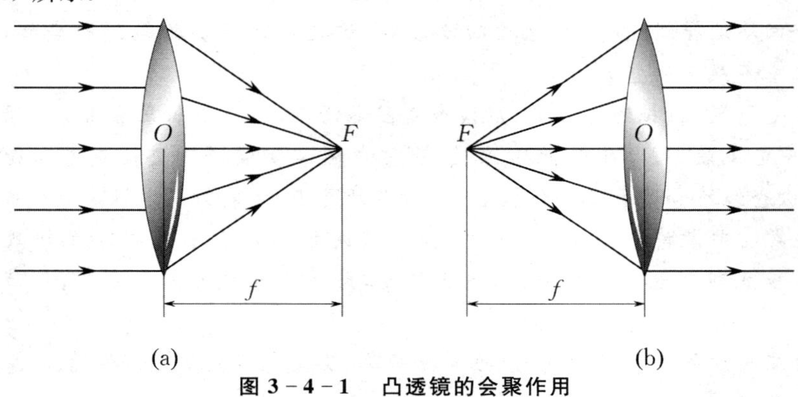

图 3-4-1 凸透镜的会聚作用

凹透镜具有相反的作用,即使光线发散. 一束平行于透镜主光轴的光线通过透镜后将散开. 发散光的反向延长线与主光轴的交点 F 称为凹透镜的焦点,如图 3-4-2(a) 所示. 透镜光心 O 到焦点 F 的距离称为焦距 f. 同理,当一束会聚光入射到凹透镜上,且会聚光的会聚点在凹透镜的入射面的反面的焦点上时,光束通过凹透镜后将成为一束平行于主轴的平行光,如图 3-4-2(b) 所示.

当透镜的厚度与其焦距相比很小时,这种透镜称为薄透镜. 在近轴光线的条件下,薄透

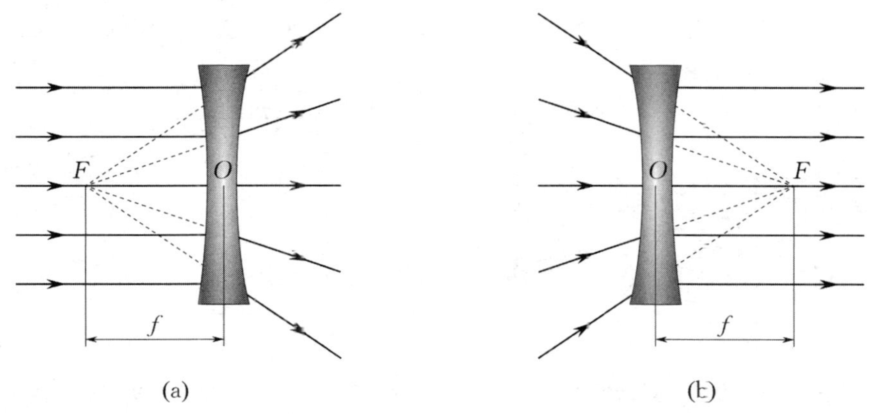

图 3-4-2　凹透镜的发散作用

镜成像的规律可表示为

$$\frac{1}{u}+\frac{1}{v}=\frac{1}{f},\tag{3-4-1}$$

式中 u 表示物距，v 表示像距，f 为透镜的焦距. u，v 和 f 均从透镜的光心 O 点算起. 物距 u 恒取正值，像距 v 的正负由像来确定. 实像时，v 为正；虚像时，v 为负. 凸透镜的 f 取正值，凹透镜的 f 取负值.

通常在考虑薄透镜时，都是将其作为理想光具来对待，即假定同心光线（从同一点光源发出的光线）经透镜仍能保持为同心光线，且物与像几何上完全相似. 实际上，只有单色的近轴光线才能较好地满足上述条件. 实际的光学系统由于总具有一定大小的孔径和视场，物点发出的光线中，部分或全部远离近轴区，光线与光轴夹角的正弦值不可能再用角度值（单位为 rad）代替而不产生误差，故实际光路与理想光路有所偏离，得不到与物完全相似的像，导致像差. 图 3-4-3 中由 P 点发出的近轴光线通过透镜中心部分后可以很好地交于一点，但通过边缘部分的光线经过透镜折射后就不会交于一点，造成球面像差. 另外，制造光学零件的光学材料，其折射率随波长而异，用白光或复色光经光学系统成像时，会因为各色光之间的光路差异而产生色差，如图 3-4-4 所示. 因此，为了改善透镜成像的质量，尽量减小各种像差，在光学仪器中很少使用单透镜，而是采用多个透镜组成的复合透镜.

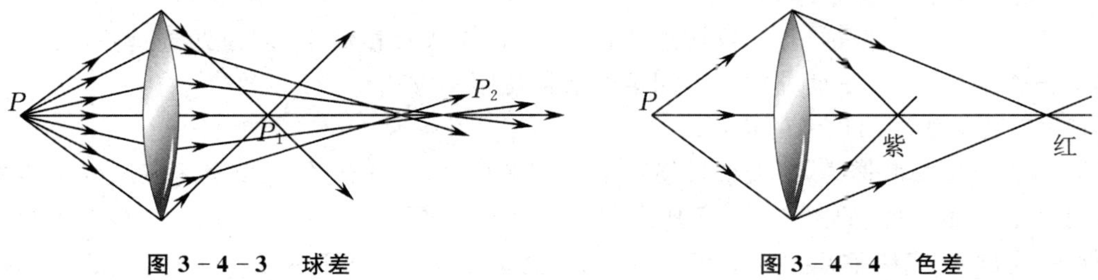

图 3-4-3　球差　　　图 3-4-4　色差

2. 凸透镜焦距测量原理.

(1) 用自准法测凸透镜的焦距.

在图 3-4-5 中，点光源 S_0 置于凸透镜焦点 F 处，发出的光经过透镜后成为平行光，若在透镜后面放一块与透镜主光轴垂直的平面镜 M，平行光射向 M 后由原路反射回来，仍会聚于 S_0 处，即光源和光源的像都在透镜的焦点 F 处，凸透镜光心 O 与点光源 S_0 之间的距离即为该透镜的焦距 f. 如果光源不是点光源，而是一个发光的、有一定形状的物屏 AB，当该物屏位于凸透镜的焦平面上时，则其将成像于物屏，且呈倒立等大实像. 此时物屏至凸透镜光心的距

离便是焦距 f. 利用这种物、像在同一平面上且呈倒像的测量凸透镜焦距的方法称为自准法.

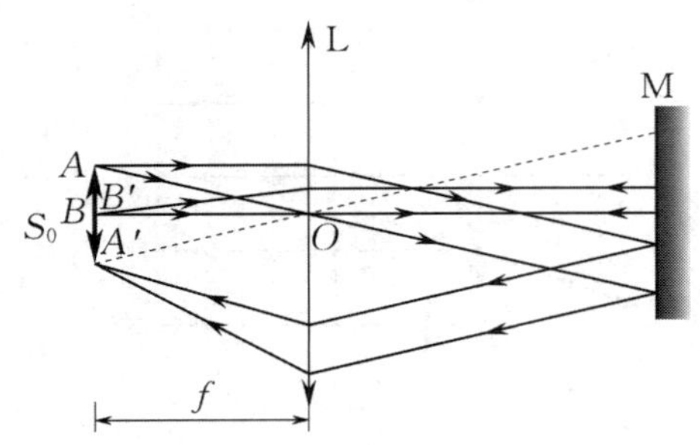

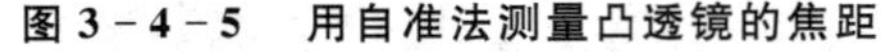

图 3-4-5 用自准法测量凸透镜的焦距

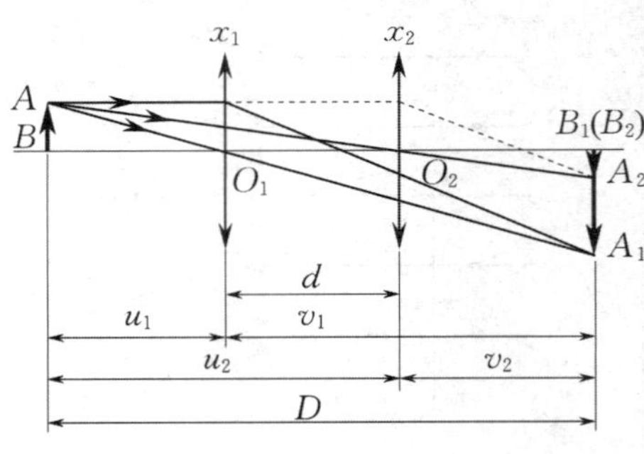

图 3-4-6 用共轭法测凸透镜的焦距

(2) 用共轭法测凸透镜的焦距.

由式(3-4-1)可以证明，当物距与像距之和 $D = u + v > 4f$ 时，使凸透镜在物屏与像屏之间移动，能在像屏上二次成像，如图 3-4-6 所示. 当凸透镜在 x_1 位置时，在屏上得到一个倒立放大的实像 A_1B_1；当凸透镜在位置 x_2 时，在屏上得到一个倒立缩小的实像. 设两次成像凸透镜移动的距离为 d，则 $d = |x_1 - x_2|$. 当凸透镜在位置 x_1 时，

$$\frac{1}{f} = \frac{1}{u_1} + \frac{1}{D - u_1}; \tag{3-4-2}$$

当凸透镜在位置 x_2 时，有

$$\frac{1}{f} = \frac{1}{u_1 + d} + \frac{1}{D - (u_1 + d)}. \tag{3-4-3}$$

由式(3-4-2) 和式(3-4-3)，消去 u_1，可解得

$$f = \frac{D^2 - d^2}{4D}. \tag{3-4-4}$$

只要测出物屏、像屏的位置及凸透镜两次成像时的位置便可以算出 D 和 d，代入式(3-4-4)，即可求得凸透镜的焦距. 用这种方法测焦距的优点是把焦距的测量归结为可以精确测定的量 D 和 d，避免了在测量 u 和 v 时，由于估计凸透镜光心位置不准确所带来的误差(因为在一般情况下，凸透镜的光心并不与它的对称中心重合).

3. 凹透镜焦距的测量原理.

由于凹透镜是发散透镜，实物成虚像，它的焦距无法直接测定. 测量凹透镜焦距时，需要用凸透镜作辅助透镜. 下面介绍两种测量凹透镜焦距的方法.

(1) 用自准法测凹透镜的焦距.

因凹透镜是发散透镜，要使凹透镜获得一束平行光，就必须有一会聚透镜产生一会聚光束入射其上才能实现. 如图 3-4-7 所示，物 S_0 处于凸透镜 L_1 的主光轴上，物距大于它的焦距，物 S_0 通过 L_1 成像于 S_{10} 处，如果在 S_{10} 与凸透镜之间放一凹透镜 L_2，并使它与 L_1 共轴，当 L_2 的光心 O_1 到 S_{10} 的距离等于凹透镜 L_2 的焦距时，从凹透镜射出的就是一束平行光，若用一垂直于主光轴的平面反射镜 M 将这束平行光反射回去，则能在物屏 S_0 上成一清晰的实像 S'_0，则此时 L_2 的光心到未放置 L_2 和平面镜 M 时凸透镜 L_1 对 S_0 所成的像 S_{10} 之间的距离就是凹透镜 L_2 的焦距.

(2) 物距、像距法测凹透镜的焦距.

如图 3-4-8 所示，先用凸透镜 L_1 使物 AB 成缩小倒立的实像 A_1B_1，然后将待测凹透镜 L_2 置于凸透镜 L_1 与像 A_1B_1 之间，如果 O_2B_1 小于凹透镜焦距 f，则通过的光束经过折射后，

仍能成一实像 A_2B_2. 但应注意，对凹透镜 L_2 来讲，A_1B_1 是虚物，物距 $u=-O_2B_1$，像距 $v=O_2B_2$，代入式(3-4-1)，即可算出焦距：

$$f=\frac{uv}{v-u}. \tag{3-4-5}$$

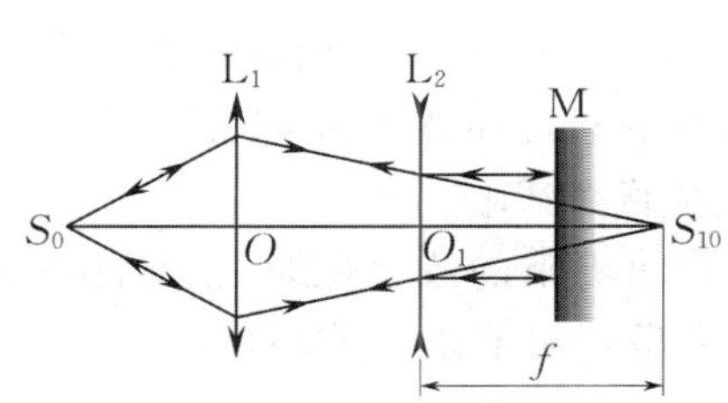

图 3-4-7　用自准法测凹透镜的焦距

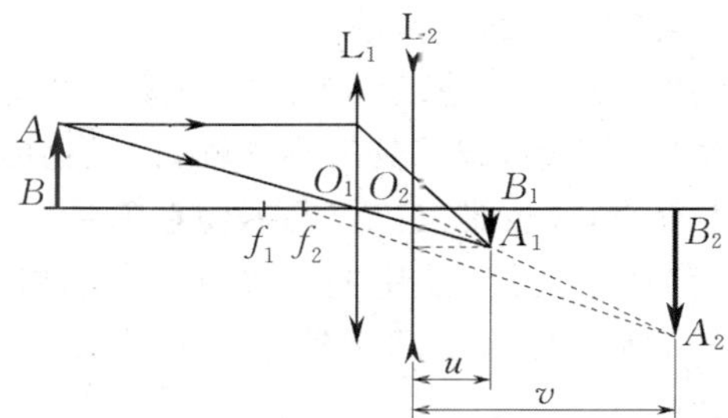

图 3-4-8　物距、像距法测凹透镜的焦距

【实验内容及步骤】

1. 光具座上各元件的等高共轴调整.

薄透镜成像公式(3-4-1)仅在近轴光线的条件下才能成立. 对于一个透镜的装置，应使发光点处于该透镜的主光轴，并在透镜前适当位置上加一光阑，挡住边缘光线，使入射光线与主光轴的夹角很小. 对于由 n 个透镜元件组成的光路，应使各光学元件的主光轴重合，才能满足近轴光线的要求. 光具座的导轨带有毫米刻度尺，导轨上用于装接各种光学元件上的滑块上有读数准线. 为了能在导轨的刻度上正确地测得光学元件之间的距离，必须使待测长度与导轨平行. 本实验测量的焦距 f、物距 u、像距 v 等都是指透镜光轴上的长度，因此透镜的光轴应与光具座导轨平行. 这一调节步骤统称为光学系统的等高共轴调整.

(1) 粗调. 把光源、透镜、物屏、像屏等安置在滑块上，先将它们靠拢，调节高低、左右，使光源、物屏上"1"形透光孔的中心、透镜中心、像屏中心大致在一条与导轨平行的直线上，并使物屏、透镜和像屏的平面互相平行且垂直于导轨.

(2) 细调. 借助于其他仪器或应用成像规律来调整. 本实验中可以用透镜成像的共轭法原理(二次成像法)进行调整，使物屏与像屏之间的距离大于 $4f$，逐步将凸透镜从物屏移向像屏，在移动过程中，像屏上将先后获得一次放大和一次缩小的清晰的实像. 若两次所成像的中心重合，即表示等高共轴的要求已经达到. 若放大像中心在缩小像中心的下方，说明透镜位置偏低，应将透镜调高；反之，则将透镜调低.

(3) 当有两个透镜需要调整时(如测凹透镜焦距时)，必须逐个进行上述调整，即先将一个透镜(凸)调整好，记下像中心在屏上的位置，然后加上另一个透镜(凹)，再次观察成像情况. 对后一透镜的位置做上下、左右的调整，直至像的中心仍保持在第一次成像时记下的中心位置上为止.

2. 用自准法测凸透镜的焦距.

(1) 将物屏、凸透镜和平面镜依次装在光具座上的滑块上，改变凸透镜的距离，直至物屏上"1"形透光孔旁出现清晰的"1"形透光孔像为止(注意区分光线经凸透镜表面反射所成的像和经平面镜反射所成的像). 调好光路后测物屏的位置，只需测一次，估计仪器误差为 2 mm.

(2) 在实际测量时，由于对成像清晰程度的判断总有一定的误差，故常采用左右逼近法读数. 先使凸透镜由左向右移动，像刚清晰时记下凸透镜位置的读数. 继续向右移动使像由清晰变为模糊，再使凸透镜由右向左移动，像刚清晰时再记下读数，取这两次读数的平均值作为成像清晰时凸透镜的位置. 然后改变物的位置，重复上述测量，共做 5 次，求凸透镜焦距及其不确定度. 数据记录于表 3-4-1 中.

3. 用共轭法测凸透镜的焦距.

(1) 按图 3-4-6 所示，使物屏和像屏之间的距离 D 大于 4 倍估计的焦距值，在物屏和像屏之间放置凸透镜，调节其等高共轴，记录物屏和像屏的位置. 注意 D 不能过大，否则将使一个像缩得很小，导致难以确定凸透镜在哪一个位置上成像最清晰.

(2) 移动凸透镜，使用左右逼近法，当像屏上呈现出清晰的放大像时，记下凸透镜的位置读数 x_1，然后再移动凸透镜至另一位置，当物屏上呈现出清晰的缩小像时，记下凸透镜的位置读数 x_2.

(3) 始终保持物屏与像屏的间距 D 不变，重复步骤(2) 测量 5 次，由式(3-4-4) 求凸透镜焦距及其不确定度. 数据记录于表 3-4-2 中.

4. 用自准法测量凹透镜的焦距.

(1) 按照图 3-4-7，在光具座上依次放置光源、凸透镜、凹透镜、平面镜，并进行等高共轴调节.

(2) 移动凸透镜使物距稍大于其焦距，移动凹透镜和平面反射镜，当物屏上出现大小与原物相同的实像时，采用左右逼近法测定凹透镜的位置，记录其位置读数 x_1.

(3) 去掉凹透镜和平面反射镜，放上像屏，用左右逼近法确定 S_{10} 的位置 x_2.

(4) 改变凸透镜的位置重复测量 3 次，将数据填入表 3-4-3.

5. 物距、像距法测凹透镜的焦距.

(1) 按照图 3-4-8，在光具座上依次放置光源、凸透镜、光屏，并进行等高共轴调节.

(2) 移动凸透镜使物距稍大于其 2 倍焦距，保持光源及凸透镜位置不变. 移动像屏，当像屏上出现清晰、倒立、缩小的实像 A_1B_1 时，采用左右逼近法测定像屏的位置，记录其位置读数 x_1.

(3) 保持光源及凸透镜位置不变，在凸透镜与像屏之间放上待测的凹透镜，调节凹透镜与原系统等高共轴.

(4) 移动像屏直到出现清晰、倒立、放大的实像 A_2B_2，固定像屏不动，移动凹透镜，采用左右逼近法记录此时凹透镜的位置 x_0；固定凹透镜不动，用左右逼近法记录像屏的位置 x_2.

(5) 保持光源及凸透镜位置不变，改变凹透镜的位置，重复测量 3 次，将数据填于表3-4-4.

【数据处理及分析】

读数位置的仪器误差均为 2 mm.

1. 自准法测凸透镜焦距数据分析与处理.

数据处理：

$$\overline{f} = |\overline{x} - x_{物}|, \quad S_{\overline{x}} = \sqrt{\frac{\sum_{i=1}^{5}(x_i - \overline{x})^2}{5\times(5-1)}}, \quad \Delta_x = \sqrt{(t_p S_{\overline{x}})^2 + \Delta_{仪}^2},$$

$$\Delta_{x_{物}} = \Delta_{仪}, \quad \Delta_f = \sqrt{\Delta_x^2 + \Delta_{x_{物}}^2}.$$

结果表示：

表 3-4-1　自准法测凸透镜焦距的凸透镜位置

物屏的位置：$x_{物}$ = ________ cm　　仪器误差：$\Delta_{仪}$ = ________ cm

测量次数		1	2	3	4	5
凸透镜位置	$x_{左}$ /mm					
	$x_{右}$ /mm					
$\left[x_i=\dfrac{(x_{左}+x_{右})}{2}\right]$/mm						
$\left(\overline{x}=\dfrac{1}{5}\sum_{i=1}^{5}x_i\right)$/mm						

$$f=\overline{f}\pm\Delta_f,\quad E=\frac{\Delta_f}{\overline{f}}\times100\%.$$

2. 共轭法测凸透镜焦距数据分析与处理.

表 3-4-2　共轭法测凸透镜焦距的凸透镜位置

物屏的位置：$x_{物}$ = ________ cm　　像屏的位置：$x_{像}$ = ________ cm

物屏与像屏间距 $D=x_{物}-x_{像}$ = ________ cm　　仪器误差：$\Delta_{仪}$ = ________ cm

测量次数	1	2	3	4	5
x_1/mm					
x_2/mm					
$(d_i=\lvert x_1-x_2\rvert)$/mm					
$\left(\overline{d}=\dfrac{1}{5}\sum_{i=1}^{5}d_i\right)$/mm					

数据处理：

$$\Delta_D=\Delta_{仪},\quad \Delta_{dA}=t_p\cdot\sqrt{\frac{\sum_{i=1}^{5}(d_i-\overline{d})^2}{5\times(5-1)}},\quad \Delta_d=\sqrt{\Delta_{dA}^2+\Delta_{仪}^2},$$

$$d=\overline{d}\pm\Delta_d,\quad \overline{f}=\frac{D^2-\overline{d}^2}{4D},\quad \Delta_f=\sqrt{\left(\frac{1}{4}+\frac{\overline{d}^2}{4D^2}\right)^2\Delta_D^2+\left(\frac{\overline{d}}{2D}\right)^2\Delta_d^2}.$$

结果表示：

$$f=\overline{f}\pm\Delta_f,\quad E=\frac{\Delta_f}{\overline{f}}\times100\%.$$

3. 用自准法测凹透镜的焦距.

表 3-4-3　自准法测凹透镜焦距

单位：cm

次数	凹透镜位置 x_1 左→右	凹透镜位置 x_1' 右→左	$\overline{x}_1$	S_{10} 位置 x_2 左→右	S_{10} 位置 x_2' 右→左	$\overline{x}_2$	$f_n=\lvert x_2-x_1\rvert$	$\overline{f}$
1								
2								
3								

数据处理：

$$\overline{x}_1=\frac{x_1+x_1'}{2},\quad \overline{x}_2=\frac{x_2+x_2'}{2},\quad \overline{f}=\frac{f_1+f_2+f_3}{3},$$

$$\Delta_{fA}=t_p\cdot\sqrt{\frac{\sum_{i=1}^{3}(f_i-\overline{f})^2}{3\times 2}},\quad \Delta_f=\sqrt{\Delta_{fA}^2+\Delta_{仪}^2}.$$

结果表示：

$$f=\overline{f}\pm\Delta_f,\quad E=\frac{\Delta_f}{\overline{f}}\times 100\%.$$

4. 物距、像距法测凹透镜的焦距.

表 3-4-4　物距、像距法测凹透镜的焦距

A_1B_1 位置 $x_1=$ ________ cm(左 → 右)　A_1B_1 位置 $x_1'=$ ________ cm(右 → 左)

A_1B_1 位置 $\overline{x}_1=(x_1+x_1')/2$　　单位：cm

次数	L_2 位置 x_0 左 → 右	L_2 位置 x_0' 右 → 左	$\overline{x}_0$	$u=\lvert\overline{x}_1-\overline{x}_0\rvert$	A_2B_2 位置 x_2 左 → 右	A_2B_2 位置 x_2' 右 → 左	$\overline{x}_2$	$v=\lvert\overline{x}_2-\overline{x}_0\rvert$	$f=\frac{uv}{v-u}$
1									
2									
3									

数据处理：

$$\overline{f}=\frac{f_1+f_2+f_3}{3},\quad \Delta_{fA}=t_p\cdot\sqrt{\frac{\sum_{i=1}^{3}(f_i-\overline{f})^2}{3\times 2}},\quad \Delta_f=\sqrt{\Delta_{fA}^2+\Delta_{仪}^2}.$$

结果表示：

$$f=\overline{f}\pm\Delta_f,\quad E=\frac{\Delta_f}{\overline{f}}\times 100\%.$$

【注意事项】

1. 透镜应轻拿轻放，小心不要失手跌落打破.

2. 不要用手接触透镜的光学表面，若透镜有灰尘时要用透镜纸轻轻擦去或交实验室工作人员清洗.

【思考题】

1. 调节等高共轴有何意义？如何调节？

2. 共轭法测量凸透镜焦距的条件是什么？有何优点？

3. 为什么采用"左右逼近法"调节？

4. 分别对共轭法和自准法测同一块凸透镜焦距所得结果做出评定.

【附录】

光学仪器的使用和维护规则

光学是物理学的重要组成部分，通常分为几何光学、物理光学和量子光学. 在本教材中，"薄透镜焦距的测定"就是运用几何光学的典型实验；"光栅衍射实验"和"偏振光的研究及应用"就是运用物理光学的典型实验；"光电效应　普朗克常量测定"就是运用量子光学的典型实验.

光学仪器一般分为两部分：一是机械部分，二是光学元件. 机械部分如狭缝、螺丝的传动装置、度盘等，都是精密加工件，严禁乱拨乱拧，调节时必须按仪器操作规程使用，动作要轻，精神集中，要坚持在观察现象的情况下进行调整的原则．光学元件大都是玻璃制品，表面经过精细抛光，有的还经过镀膜，使用时须小心谨慎，不能粗心大意．

光学仪器常见的损坏情况有下列几种．

（1）破损．光学元件大都是玻璃制品，若使用者粗心大意，发生激烈撞击（如失手跌落、震动或挤压），极易造成破裂．

（2）磨损．在光学表面附有灰尘或油渍等不洁物时，若处理不当（如用手、普通的布或普通的纸去擦），致使光学表面留下痕迹或镀膜被擦掉．也有保管不善，使光学表面与其他物品发生摩擦，造成光学表面的擦伤．由于磨损使仪器成像模糊，甚至无法观察和测量．

（3）污损．在拿取光学元件时，若用手直接接触光学表面，会将手上的汗渍、油渍粘在光学表面而留下污渍，特别是镀过膜的光学表面，如不能及时清除污渍，问题更为严重．因此，拿取光学元件一定要十分小心，绝对不能接触光学表面．

（4）发霉．由于保管不善，使光学元件经常处于温度高、湿度大的环境中，霉菌沾污光学表面，因此平时应将光学仪器放在通风干燥的房间或将光学元件置于干燥的容器内保存

（5）腐蚀．光学表面遇到酸、碱等化学物品时会发生腐蚀现象，应加以注意．

鉴于以上损坏情况，光学仪器在使用时必须遵守下列原则．

（1）必须详细了解仪器的使用方法和操作规程后才能使用．

（2）仪器应轻拿轻放，避免激烈震动和失手跌落．

（3）禁止用手触摸仪器的光学表面，如果必须用手拿光学元件（如透镜、棱镜、平面镜、光栅等）时，只能接触非光学表面部分，即磨砂面，如透镜的边缘、棱镜的上下底面、平面镜和光栅的底座等，如附图 3－4－1 所示．

附图 3－4－1　手持光学元件的方式

（4）光学表面如果有轻微的污渍或指印，可用特制的擦镜纸或清洁的麂皮轻轻擦去，不能用力硬擦，更不能用衣服或其他纸来擦，使用的擦镜纸应保持清洁．如果光学表面有较严重的污渍、指印时，应交实验室人员用乙醚、丙酮或酒精等清洁．

（5）光学表面如果有灰尘，可用实验室专备的橡皮球将灰尘吹去，或用软毛刷轻轻掸去，切不可用其他物品来擦．

（6）除实验室规定外，不允许任何溶液接触光学表面，不要对着光学表面说话、咳嗽、打喷嚏等．

（7）在暗室中应先熟悉各种仪器和元件安放的位置，在黑暗环境中摸索光学元件时，手应贴着桌面，动作要轻而缓慢，以免碰倒或带落仪器、元件等．

（8）光学仪器的机械结构一般都比较精细．操作时动作要轻，缓慢进行，用力要均匀平稳，不得强行扭动，也不能超出其行程范围．若使用不当，其精度会大大降低，甚至损坏．

(9) 光学仪器的装配非常精密,拆卸后很难复原,因此严禁私自拆卸仪器.

(10) 仪器用毕,应放回箱内或加防尘罩,防止沾污和受潮.

(11) 对于光学狭缝,不允许狭缝过于紧闭,否则由于狭缝过紧造成刀刃口互相挤压而受损,若狭缝处不清洁,可将狭缝调到适当宽度,用折好的软白纸在狭缝内由上而下滑动一次,切不要往复滑动.

实验 3.5 模拟法测绘静电场

模拟法本质上是用一种易于实现、便于测量的物理现象或过程模拟另一种不易实现、不便测量的现象或过程,要求这两种现象或过程有一一对应的两组物理量,且满足相似的数学形式及边界条件.

一般情况,模拟可分为物理模拟和数学模拟. 对一些物理场的研究主要采用物理模拟(物理模拟就是保持同一物理本质的模拟),数学模拟也是一种研究物理场的方法,它是把不同本质的物理现象或过程,用同一个数学方程来描绘. 对一个稳定的物理场,它的微分方程和边界条件一旦确定,其解是唯一的. 如果描述两个不同本质的物理场的微分方程和边界条件相同,则它们的解也是一一对应的,只要对其中一种易于测量的场进行测绘,并得到结果,那么与它对应的另一个物理场的结果也就知道了. 由于稳恒电流场易于实现测量,可用稳恒电流场来模拟与其具有相同数学形式的静电场.

我们还要明确,模拟法是在实验和测量难以直接进行,尤其是在理论上难以计算时采用的一种方法,它在工程设计中有着广泛的应用.

【预习提要】

1. 了解用稳恒电流场模拟静电场的理论根据.
2. 用稳恒电流场模拟静电场的条件是什么?
3. 等位线与电场线之间有何关系?
4. 如果电源电压增加一倍,等位线和电场线的形状是否发生变化?电场强度和电位分布是否发生变化?为什么?

【实验目的】

1. 学习并体会用模拟法测绘具有相同数学形式的物理场.
2. 描绘分布曲线及场量的分布特点.
3. 加深对各物理场概念的理解.
4. 初步学会用模拟法测量和研究二维静电场.

【实验仪器】

GVZ - 3 型导电微晶静电场描绘仪(包括专用电源、导电微晶、双层固定支架、同步探针等).

【仪器介绍】

如图 3 - 5 - 1 所示,支架采用双层结构,上层放记录纸,下层是固定好的导电微晶. 电极已直接制作在导电微晶上,并将电极引线接到外接线柱上,电极间有电导率远小于电极且各向均匀的导电微晶. 接通直流电源(12 V) 就可实验. 在导电微晶和记录纸上方各有一探针,通过金属探针臂把两探针固定在同一手柄座上,两探针始终保持在同一铅垂线上. 移动手柄座

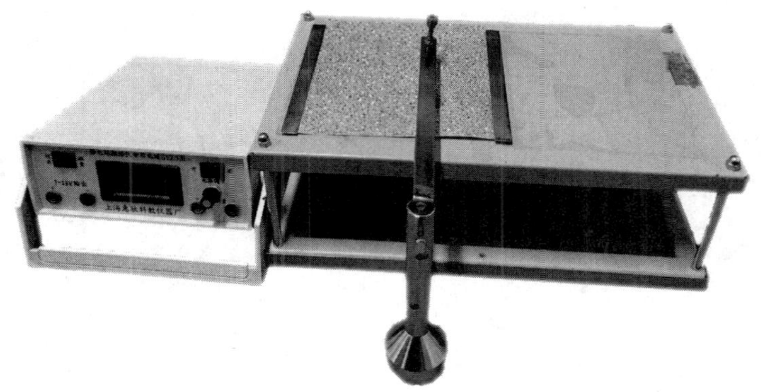

图 3-5-1　导电微晶静电场描绘仪实物图

时，可保证两探针的运动轨迹是一样的. 由下层导电微晶上方的探针找到待测点后，按一下记录纸上方的探针，在记录纸上留下一个对应的标记. 移动同步探针在导电微晶上找出若干电位相同的点，由此便可描绘出等位线.

【实验原理】

稳恒电流场与静电场是两种不同性质的场，但是两者在一定条件下具有相似的空间分布，即两种场遵循的规律在形式上相似，都可以引入电位 U. 电场强度 $\boldsymbol{E}=-\nabla U$，都遵循高斯定理.

对于静电场，电场强度在无源区域内满足以下积分关系：

$$\oint_S \boldsymbol{E}\cdot \mathrm{d}\boldsymbol{S}=0,\quad \oint_L \boldsymbol{E}\cdot \mathrm{d}\boldsymbol{l}=0.$$

对于稳恒电流场，电流密度 $\boldsymbol{j}$ 在无源区域内也满足类似的积分关系：

$$\oint_S \boldsymbol{j}\cdot \mathrm{d}\boldsymbol{S}=0,\quad \oint_L \boldsymbol{j}\cdot \mathrm{d}\boldsymbol{l}=0.$$

由此可见，各向同性的均匀介质中静电场的电场强度 $\boldsymbol{E}$ 和各向同性的导电导体中稳恒电流场的电流密度 $\boldsymbol{j}$ 在各自区域中满足相同的数学规律. 在相似的场源分布及相同的边界条件下，具有相同的解析解，因此，可以用稳恒电流场来模拟静电场，这就是可模拟的依据. 我们知道，稳恒电流场的相关物理量如电位、电流密度等的测量要比静电场相应物理量如电位、电场强度等的测量简单和容易得多. 在模拟的条件下，要保证电极形状一定，电极电位不变，空间介质均匀，在任何一个观测点，均应有 $U_{静电}=U_{稳恒}$ 或 $\boldsymbol{E}_{静电}=\boldsymbol{E}_{稳恒}$.

下面通过具体实验来讨论这种等效性.

1. 同轴圆柱电缆及其静电场分布.

如图 3-5-2(a) 所示，在真空中有一半径为 r_a 的长圆柱形导体 A 和一内半径为 r_b 的长圆筒形导体 B，它们同轴放置，分别带等量异号电荷. 由高斯定理知，在垂直于轴线的任一截面 S 内，都有均匀分布的辐射状电场线，这是一个与轴无关的二维场. 在二维场中，电场强度 $\boldsymbol{E}$ 垂直于轴，其等位面为一组同轴圆柱面. 因此，只要研究 S 面上的电场分布即可.

由静电场的高斯定理可知，距轴线距离为 r 处[见图 3-5-2(b)]的各点电场强度大小为

$$E=\frac{\lambda}{2\pi\varepsilon_0 r},\tag{3-5-1}$$

式中 λ 为柱面单位长度的电荷量. 距轴线距离为 r 的任一点与外圆柱面间的电位差为

$$U_r=\int_r^{r_b}\boldsymbol{E}\cdot \mathrm{d}\boldsymbol{r}=\frac{\lambda}{2\pi\varepsilon_0}\ln\frac{r_b}{r},\tag{3-5-2}$$

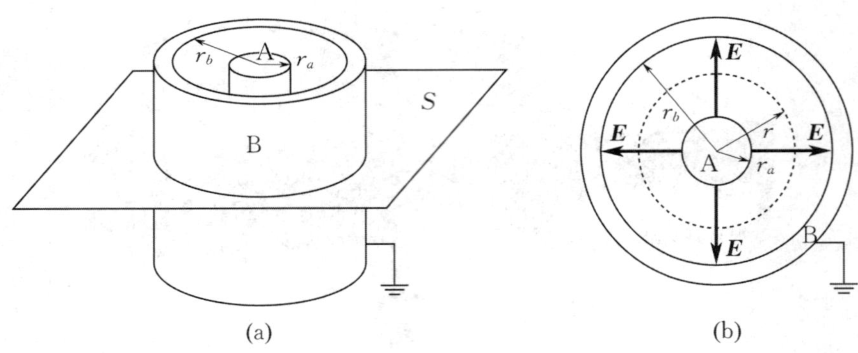

图 3-5-2 同轴圆柱电缆及其静电场分布

两柱面间电位差为

$$U_0=\int_{r_a}^{r_b}\boldsymbol{E}\cdot\mathrm{d}\boldsymbol{r}=\frac{\lambda}{2\pi\varepsilon_0}\ln\frac{r_b}{r_a}. \tag{3-5-3}$$

比较上两式,得

$$U_r=U_0\frac{\ln\dfrac{r_b}{r}}{\ln\dfrac{r_b}{r_a}}. \tag{3-5-4}$$

由式(3-5-4),可得

$$E_r=-\frac{\mathrm{d}U_r}{\mathrm{d}r}=\frac{U_0}{\ln\dfrac{r_b}{r_a}}\cdot\frac{1}{r}. \tag{3-5-5}$$

2. 同轴圆柱电极间的电流分布.

若上述圆柱形导体 A 与圆筒形导体 B 之间充满了电导率为 σ 的不良导体,A,B 与电源正负极相连接(见图 3-5-3),A,B 间将形成径向电流,建立稳恒电流场 E_r'. 可以证明,不良导体中的电场强度 E_r' 与原真空中的静电场 E_r 是相等的.

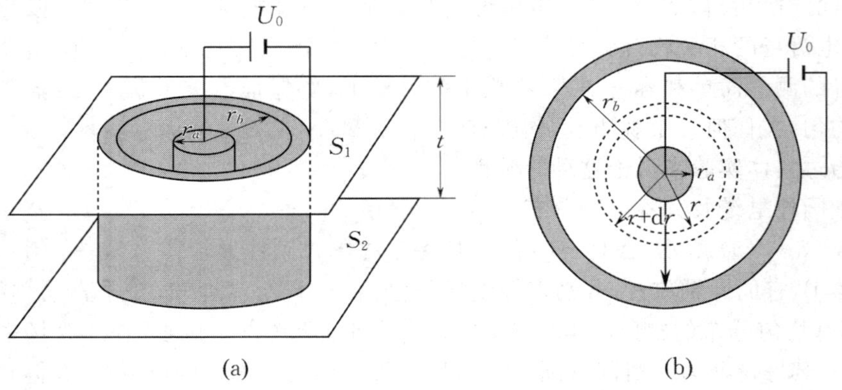

图 3-5-3 同轴电缆的模拟电极模型

取厚度为 t 的圆柱形同轴不良导体片为研究对象,设材料电阻率为 $\rho\left(\rho=\dfrac{1}{\sigma}\right)$,则半径 r 到 $r+\mathrm{d}r$ 的圆筒间的电阻为

$$dR=\rho\cdot\frac{dr}{S}=\rho\frac{dr}{2\pi rt}=\frac{\rho}{2\pi t}\cdot\frac{dr}{r},\tag{3-5-6}$$

则半径为 r 到 r_b 之间的圆柱片的电阻为

$$R_{rr_b}=\frac{\rho}{2\pi t}\int_r^{r_b}\frac{dr}{r}=\frac{\rho}{2\pi t}\ln\frac{r_b}{r},\tag{3-5-7}$$

半径 r_a 到 r_b 之间圆柱片的总电阻为

$$R_{r_ar_b}=\frac{\rho}{2\pi t}\int_{r_a}^{r_b}\frac{dr}{r}=\frac{\rho}{2\pi t}\ln\frac{r_b}{r_a}.\tag{3-5-8}$$

因两圆柱面间所加电压为 U_0，则径向电流为

$$I=\frac{U_0}{R_{r_ar_b}}=\frac{2\pi tU_0}{\rho\ln\frac{r_b}{r_a}}.\tag{3-5-9}$$

半径 r 处到外柱面的电位差为

$$U'_r=IR_{rr_b}=U_0\frac{\ln\frac{r_b}{r}}{\ln\frac{r_b}{r_a}},\tag{3-5-10}$$

则

$$E'_r=-\frac{dU'_r}{dr}=\frac{U_0}{\ln\frac{r_b}{r_a}}\cdot\frac{1}{r}.\tag{3-5-11}$$

由以上分析可见，U_r 与 U'_r，E_r 与 E'_r 的分布函数完全相同. 为什么这两种场的分布相同呢?我们可以从电荷产生场的观点加以分析. 在导电导体中没有电流通过时，其中任一体积元(宏观小、微观大，仍包含大量原子) 内正负电荷数量相等，没有净电荷，呈电中性. 当有电流通过时，单位时间内流入和流出该体积元内的正或负电荷数量相等，净电荷为零，仍然呈电中性. 因而，整个导电导体内有电流通过时也不存在净电荷. 这就是说，真空中的静电场和有稳恒电流通过时导电导体中的场都是由电极上的电荷产生的. 事实上，真空中电极上的电荷是不移动的，在有电流通过的导电导体中，电极上的电荷一边流失，一边由电源补充，在动态平衡下保持电荷的数量不变，所以这两种情况下电场分布是相同的.

【实验内容及步骤】

1. 描绘同轴电缆的静电场分布.

将图 3-5-1 中静电场专用的稳压电源左侧的红色及黑色插线孔与描绘仪上同轴圆柱电极相应的红色及黑色插孔用红色及黑色线分别连接；稳压电源右侧的红色插孔与同步探针的立柱上的接线柱连接. 将白纸平整地铺在同轴圆柱电极上方的描绘平板上，两边用磁性压条压紧，打点过程中，描绘纸绝对不能移动. 移动同步探针，使其首先与中心电极接触，此时 LED 指示的是正极电位，调节电压调节旋钮，使正极电位 U_0 等于 12 V；其次移动同步探针使其与外电极(负极) 接触，理论上指示应该为零，但是一般会有 0.1 ～ 0.2 V的误差(导线是有电阻的)，即当探针与外电极接触时显示电压为 0.1 ～ 0.2 V 都属正常.

描绘等位线和电场线. 根据电子屏显示，移动同步探针测绘同轴电缆的等位线簇，用寻电微晶上方的探针找到等位点后，按一下记录纸上方的探针，测出一系列等位点，每条等位线上至少对称地打 8 个点，要求相邻两等位线间的电位差为 2 V，即分别测绘电位为 10 V，8 V，6 V，4 V，2 V 的等位线簇，以每条等位线上各点到原点的平均距离 r 为半径画出等位线

的同心圆簇，并标明每个等位线簇的电位. 然后根据电场线与等位线正交，再画出电场线，要求对称地画出 8 条电场线，并用箭头表示电场强度方向，从而得到一张完整的电场分布图. 导体表面是等位面，电场线垂直于导体表面，电场线发自正电荷而终止于负电荷，疏密表示场强的大小，根据电极正、负画出电场线方向.

将等位线半径的测量值与理论值比较，做出误差分析. 数据填入表 3-5-1.

2. 描绘一对长直平行导线(见图 3-5-4)形成的静电场分布.

将图 3-5-1 中静电场专用的稳压电源左侧的红色及黑色插线孔与描绘仪上两平行电极相应的红色及黑色插孔用红色及黑色线分别连接；稳压电源右侧的红色插孔与同步探针的立柱上的接线柱连接；两电极间电压设定为 12 V.

将记录纸铺在上层平板上并固定，从 2 V 开始每隔 2 V 测定一组等位线，共测 5 条等位线，要求每条等位线上找 8 个对称的点，在电极端点附近应多找几个等位点. 画出等位线及电场线.

3.（选做）利用描绘仪上如图 3-5-5 所示的模拟模型，描绘一个劈尖电极和一个条形电极形成的静电场分布.

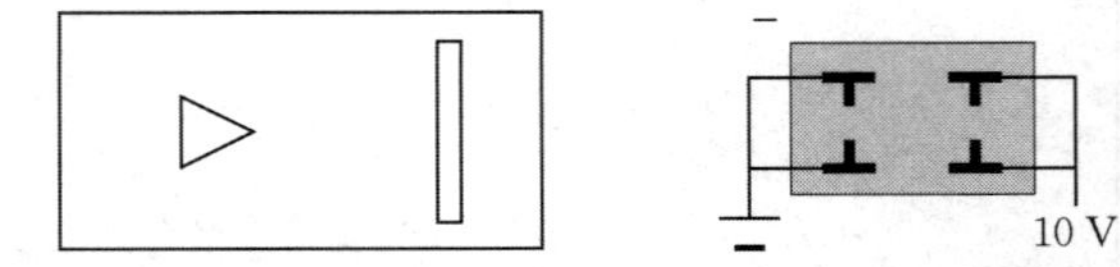

图 3-5-4 长直平行导线型模拟电极　图 3-5-5 劈尖型模拟电极　图 3-5-6 聚焦电极

4.（选做）描绘聚焦电极的电场分布.

利用图 3-5-6 所示模拟模型，测绘阴极射线示波管内聚焦电极间的电场分布. 要求测出 7～9 条等位线，相邻等位线间的电位差为 1 V. 该场为非均匀电场，等位线是一簇互不相交的曲线，每条等位线的测量点应取得密一些. 画出电场线，可了解静电透镜聚焦场的分布特点和作用，加深对阴极射线示波管电聚焦原理的理解.

【数据处理及分析】

表 3-5-1 同轴圆柱电极之间等位线半径数据记录与分析

电位 U_r	等位线半径											
	r_1/cm	r_2/cm	r_3/cm	r_4/cm	r_5/cm	r_6/cm	r_7/cm	r_8/cm	$\bar{r}$/cm	$r_{理}$/cm	Δ_r/cm	E
10 V												
8 V												
6 V												
4 V												
2 V												

任取一等位线为例分析测量结果的误差：

由 $U_r = U_0 \dfrac{\ln \dfrac{r_b}{r}}{\ln \dfrac{r_b}{r_a}}$ 得 $r_{理} = \dfrac{r_b}{\left(\dfrac{r_b}{r_a}\right)^{\frac{U_r}{U_0}}}$，结果表示为

$$\Delta_r = \bar{r} - r_{理}, \quad E = \frac{|\Delta_r|}{r_{理}} \times 100\%.$$

注:(1) r_a 与 r_b 分别是正、负电极导体的半径,可由学生自行测量得到,或者老师给出.

(2) 一定要强调等位线作图是用平均半径作图,而不能直接连点描线.

【注意事项】

1. 模拟方法的使用有一定的条件和范围,不能随意推广,否则将会得到荒谬的结论. 用稳恒电流场模拟静电场的条件可以归纳为下面三点.

(1) 稳恒电流场中的电极形状应与被模拟的静电场中的带电体几何形状相同(数学上讲,就是边界条件相同).

(2) 稳恒电流场中的导电导体是不良导体且电导率分布均匀,并满足 $\sigma_{电极} \gg \sigma_{导电导体}$ 才能保证电流场中的电极(良导体)的表面也近似是一个等位面.

(3) 模拟所用电极系统与被模拟电极系统的边界条件相同.

2. 测绘方法.

场强 $\boldsymbol{E}$ 在数值上等于电位梯度,方向指向电位下降的方向. 考虑到 $\boldsymbol{E}$ 是矢量,而电位 U 是标量,从实验测量来讲,测定电位比测定场强容易实现,所以可先测绘等位线,然后根据电场线与等位线正交,画出电场线. 这样就可由等位线的间距确定电场线的疏密和指向,将抽象的电场形象反映出来. 由于导电微晶边缘处电流只能沿边缘流动,因此等位线必然与边缘垂直,使该处的等位线和电场线严重畸变,这就是用有限大的模拟模型去模拟无限大的空间电场时必然出现的"边缘效应". 如要减小这种"边缘效应"的影响,则要使用"无限大"的导电微晶进行实验,或者人为地将导电微晶的边缘切割成电场线的形状.

【思考题】

1. 根据测绘所得等位线和电场线的分布,分析哪些地方场强较强,哪些地方场强较弱.

2. 从实验结果能否说明电极的电导率远大于导电导体的电导率?如不满足该条件会出现什么现象?

3. 在描绘同轴电缆的等位线簇时,如何正确确定圆形等位线簇的圆心,如何正确描绘圆形等位线?

4. 由导电微晶与记录纸的同步测量记录,能否模拟出点电荷激发的电场或同心球壳型带电体激发的电场?为什么?

5. 能否用稳恒电流场模拟稳定的温度场?为什么?

第4章 技能培养型实验

实验 4.1　气垫导轨上运动规律的研究

在物理实验中，由于摩擦的存在，使某些力学实验结果的误差很大，甚至使有些实验无法进行. 气垫导轨是一个一端封闭的中空长直导轨，表面上有一排排小孔，压缩空气从小孔喷出，从而在导轨表面与运动物体间形成一层很薄的"气垫"或"气膜". 由于气垫的漂浮作用，使被测物体在导轨上运动时的接触摩擦阻力大为减小，可近似为无阻力的直线运动，极大地减小了以往力学实验中由于摩擦力引起的误差，使实验结果更接近理论值. 结合打点计时器、光电门、闪光照相等，气垫导轨可以测定多个力学物理量和验证力学定律. 另外，工业上应用气垫技术，还可以减少机械或器件的磨损、延长使用寿命、提高速率和机械效益. 因此，气垫技术在机械、纺织、运输等工业生产中已得到广泛应用，如气垫船、空气轴承、气垫输送线等.

实验 4.1.1　速度、加速度和重力加速度的测量

【预习提要】

1. 如何调节与判断导轨水平？
2. 气垫导轨上如何测量重力加速度？如何消除阻力的影响？
3. 实验中如何验证匀变速直线运动？
4. 测量时为什么滑块每次都要从导轨顶端固定点滑下？

【实验目的】

1. 熟悉气垫导轨的调节和数字计时仪的使用.
2. 观察匀速直线运动、匀变速直线运动，验证匀变速直线运动的规律.
3. 学习在气垫导轨上测量物体速度、加速度和重力加速度的方法.

【实验仪器】

气垫导轨，滑块（两块），数字计时仪，气源，游标卡尺，不同厚度的垫块若干.

【仪器介绍】

1. 气垫导轨.

(1) 导轨的构造.

图 4-1-1 是气垫导轨结构示意图，它主要由七个部分组成.

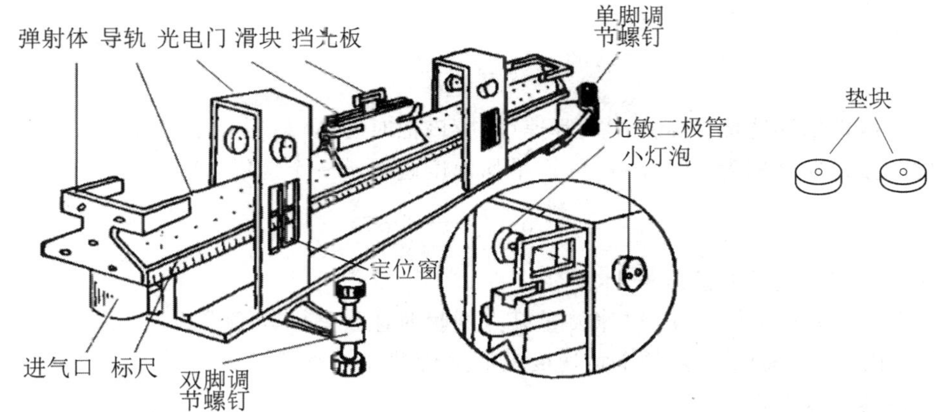

图 4-1-1　气垫导轨结构示意图

① 导轨. 采用角铝合金型材料. 为了加强刚性使它不易变形,须将角铝合金型材料固定在工字钢上. 导轨面的宽度为 40 mm,上面均匀分布直径为 0.4 mm 的气孔两排.

② 光电门. 它是由小灯泡和光敏二极管组成,利用光敏二极管受光照和不受光照时的电势变化,产生电脉冲来控制计时器"计"和"停",进行计时. 光电门在导轨上的位置,由定位窗读出.

③ 滑块. 它是在导轨上运动的物体,在它的上面又可以加装挡光板、加重块、缓冲弹簧和橡皮泥等附件,满足各种不同实验的需要. 挡光板有两种形状,如图 4-1-2 所示.

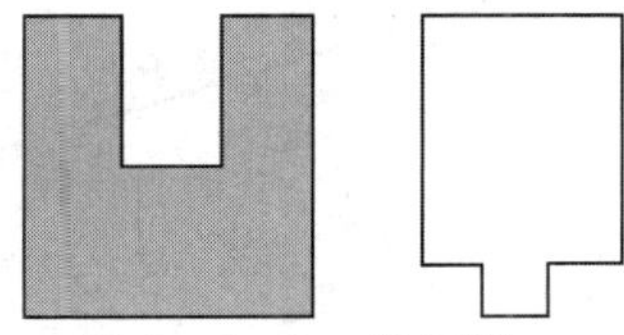

图 4-1-2　挡光板

④ 垫块. 用以改变气垫导轨的斜度,根据不同的要求,可将不同厚度的垫块放在导轨的单脚调节螺钉下,构成不同坡度的斜面.

⑤ 调节螺钉. 共有 3 个调节螺钉,用于调节导轨水平. 一端是单脚调节螺钉,另一端有两个螺钉,称为双脚调节螺钉.

⑥ 弹射体. 导轨的两端各有一个弹射体,它们的上面装有橡皮筋,可以用来弹射滑块.

⑦ 标尺. 固定在导轨的一侧,可读出光电门的位置. 根据实验的需要,在导轨的一端还可以再加装气垫滑轮等附件.

(2) 气源.

为了向气垫导轨管腔内输送压缩空气,需要供气设备,即通常指的"气源". 气源一般由电动机带动风叶轮旋转而产生压缩空气.

每台气垫导轨的进气口用橡皮管与气源相连. 进入导轨内的压缩空气,由导轨表面上的小孔喷出,从而托起滑块,托起的高度一般在 10 ～ 100 μm 之间,视气压或气流量的大小而定. 气源电动机转速较高,容易发热,所以不能长时间使用.

2. 数字计时仪.

数字计时仪(或多用数字测试仪、多通道计数器等)有各种型号,但它们的基本原理类似. 仪器面板上的基本组成部分也类似. 本实验使用 MUJ-5B 型计时计数测速仪,详细使用方法见附录.

【实验原理】

1. 瞬时速度的测量.

一个做直线运动的物体,在 Δt 时间内,物体经过的位移为 Δs,则该物体在 Δt 时间内的平

均速度为

$$\overline{v}=\frac{\Delta s}{\Delta t}.$$

为了精确地描述物体在某点的实际速度,应该把时间 Δt 取得越小越好,Δt 越小,所求出平均速度越接近实际速度. 当 $\Delta t\to 0$ 时,平均速度趋近于一个极限,即

$$v=\lim_{\Delta t\to 0}\frac{\Delta s}{\Delta t}=\lim_{\Delta t\to 0}\overline{v},\tag{4-1-1}$$

这就是物体在该点的瞬时速度.

在实验时,直接用式(4-1-1)来测量某点的瞬时速度是极其困难的,因此,在一定误差范围内,可以用历时极短的 Δt 内的平均速度近似地代替瞬时速度.

2. 匀变速直线运动.

沿光滑斜面下滑的物体,在忽略空气阻力情况下,可视为做匀变速直线运动. 匀变速直线运动的速度公式、位移公式、速度和位移的关系分别为

$$v_t=v_0+at,\tag{4-1-2}$$

$$s=v_0t+\frac{1}{2}at^2,\tag{4-1-3}$$

$$v^2=v_0^2+2as.\tag{4-1-4}$$

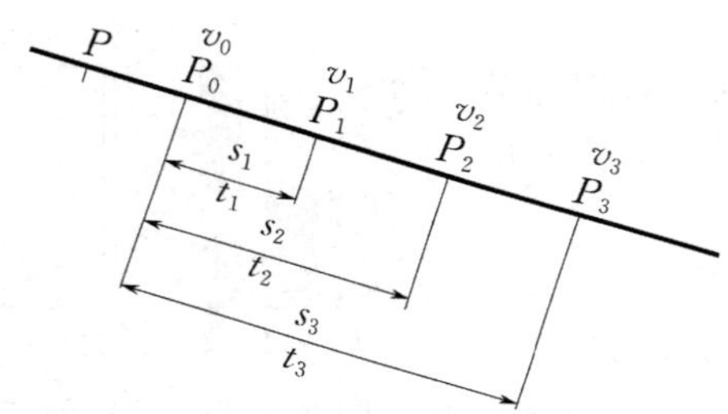

图 4-1-3 斜面上物体运动

如图 4-1-3 所示,物体从同一位置 P 处静止开始下滑,测得在不同位置 $P_0,P_1,P_2,\cdots$ 处的速度分别为 $v_0,v_1,v_2,\cdots$ 及相应的时间为 $t_0,t_1,t_2,\cdots$ 以 t 为横坐标、v 为纵坐标作 $v-t$ 图,如果图线是一条直线,则证明该物体做匀变速直线运动,直线的斜率即为加速度 a,截距即为 v_0.

取 $s_i=P_i-P_0$,作$\frac{s}{t}-t$ 图和 v^2-s 图,若为直线,也证明物体做匀变速直线运动,两图线斜率分别为$\frac{1}{2}a$ 和 $2a$,截距分别为 v_0 和 v_0^2.

3. 重力加速度的测定.

(1) 重力加速度的测定.

由图 4-1-4 可知,沿斜面下滑的物体,其加速度为

$$a=g\sin\theta.$$

由于 θ 角很小,$\sin\theta\approx\tan\theta$,故

$$g=\frac{a}{\sin\theta}=\frac{a}{h}L.\tag{4-1-5}$$

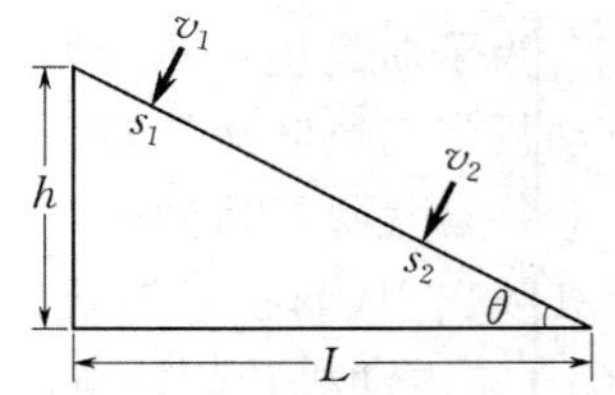

图 4-1-4 重力加速度的测定

若测出物体经过 s_1 和 s_2 时的瞬时速度为 v_1 和 v_2,由式(4-1-4)可得

$$a=\frac{v_2^2-v_1^2}{2(s_2-s_1)}.\tag{4-1-6}$$

再测出 h,L,将 a,h,L 代入式(4-1-5) 即可测定重力加速度 g 的值.

(2) 气流阻力影响的消除.

物体在气垫导轨上运动,可将滑动摩擦阻力减到十分微小,但是垂直于物体运动方向喷出压缩气流,对运动物体仍有阻力作用,在测量重力加速度 g 时可采用使物体在导轨组成的

斜面上做下滑与上滑运动的组合测量，以消除这种阻力的影响.

设物体在倾斜导轨上运动时，由重力沿斜面方向的分力和气流阻力作用所获得的加速度分别为 a 和 a_f. 由于阻力方向总与运动方向相反，下滑时阻力与重力沿斜面分力方向相反，合加速度大小为 $a_{下} = a - a_f$；而上滑时阻力与重力沿斜面分力方向相同，合加速度大小为 $a_{上} = a + a_f$. 联立上两式，可得

$$a = \frac{a_{上} + a_{下}}{2}, \tag{4-1-7}$$

这样就可以消除 a_f 的影响. 由实验测出 $a_{上}$，$a_{下}$，按式(4-1-7)求出 a，再代入式(4-1-5)，可得 g.

【实验内容及步骤】

1. 气垫导轨和光电测量系统的调节.

(1) 将压缩空气送入导轨，并清洁导轨和滑块表面，将滑块放在导轨上，使滑块在导轨上自由滑动.（注意：在没有送气时，严禁推动滑块，以免磨损导轨表面.）

(2) 调节和检查光电测量系统.

接通数字计时仪的电源开关，如果这时已有数字显示，可按复位按钮，使显示的数字复零，然后做挡光试验. 滑块上放一挡光板，轻轻推动滑块，即给滑块一初速度，观察滑块上挡光板通过光电门时，数字计时仪是否计时，如果数字计时仪显示计时数字，则仪器正常. 挡光时如果数字计时仪没有反应，则应进行检查.

(3) 调节气垫导轨水平.

按实验要求在导轨中部相隔一定距离放置两个光电门. 使滑块向左或向右运动时，滑块上挡光板通过两个光电门的时间 Δt_1 与 Δt_2 近乎相等. 具体调节分为如下两步.

① 粗调. 把滑块静止放在导轨上，调节导轨的单脚调节螺钉，使滑块基本静止.

② 细调. 轻轻推动滑块，给它一个适当的初速，观察经过两光电门时显示的时间. 仔细调节单脚调节螺钉，使 $\Delta t_1 < \Delta t_2$，且满足 $\dfrac{\Delta t_2 - \Delta t_1}{\Delta t_1} < 3\%$，就可以认为导轨已基本调水平.

2. 匀变速直线运动的研究.

(1) 如图 4-1-5 所示，测量挡光板宽度 Δx，将数据记入表 4-1-1 中.

(2) 在单脚调节螺钉下垫一块厚度适当的垫块，使导轨组成如图 4-1-3 所示的斜面. 把一个光电门放在导轨上 P_0 处，另一光电门则依次放在 P_1，P_2，…，P_i，… 处. 每次使滑块由同一位置 P 从静止开始下滑，依次测得挡光板 Δx 通过 P_1，P_2，…，P_i，… 处光电门的时间为 Δt_0，Δt_1，…，Δt_i，… 以及由 P_0 到 P_i 的时间间隔 t_i（思考如何测量），列表记录所有测量数据.

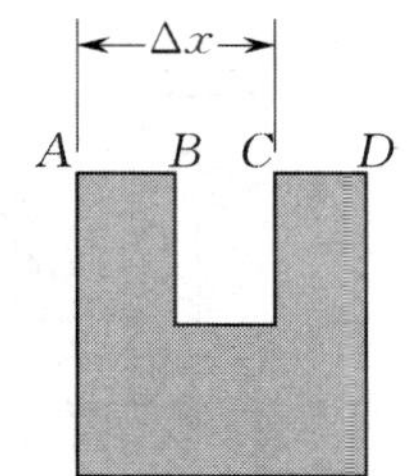

图 4-1-5　挡光板

3. 重力加速度 g 的测量.

(1) 将两光电门分别置于导轨上有一定间隔的 s_1 和 s_2 处，使 $s = s_1 - s_2 = 60$ cm.

(2) 先将导轨调节到水平状态，然后在单脚调节螺钉下垫入厚度为 h 的垫块，使导轨形成具有一定斜度的斜面.

(3) 让滑块从斜面顶端某一固定位置处（注意：每次操作该初始位置不变）从静止开始释放后自由下滑，分别测出滑块下滑时挡光板通过 s_1 和 s_2 处光电门的时间 Δt_1，Δt_2 和反弹回来上滑时通过 s_2 和 s_1 处光电门的时间 Δt_3，Δt_4，将测量数据记入表 4-1-2.

(4) 改变 s_1 和 s_2 的间隔距离，在间距分别为 70 cm，80 cm 下重复步骤(3)，分别测出相应

的时间，将测量数据记入表 4-1-2.

【数据处理及分析】

1. 匀变速直线运动的研究.

(1) 自拟记录 Δx 数据的表格. $\Delta t, t, s$ 等数据记录表如表 4-1-1 所示(供参考).

表 4-1-1　匀变速直线运动研究的实验数据

$P_0 =$ ________ cm　　$\Delta x =$ ________ cm　　$h =$ ________ cm

i	P_i/cm	$(s_i = P_i - P_0)$/cm	Δt_i/s	$\overline{v}_0/(\mathrm{cm \cdot s^{-1}})$	Δt_i/s	$v_i/(\mathrm{cm \cdot s^{-1}})$	t_i/s
1							
2							
3							
4							
5							
6							

(2) 分别作 v-t 图线和 $\frac{s}{t}$-t 图线，若所得均为直线，则表明滑块做匀变速直线运动，由直线斜率与截距求出 a 与 v_0，将 v_0 与表 4-1-1 中 $\overline{v}_0$ 比较，并加以分析和讨论.

2. 重力加速度 g 的测量.

(1) 列表法预处理数据，将计算结果填入表格中相应位置.

(2) 求不同间隔条件下所得加速度的平均值 $\overline{a} = \frac{1}{3}(\overline{a}_1 + \overline{a}_2 + \overline{a}_3)$.

(3) 根据 $\overline{g} = \frac{\overline{a}}{h}L$ 计算重力加速度.

(4) 与本地重力加速度公认值 g_0 相比较，求出相对误差 $E = \frac{|\overline{g} - g_0|}{g_0} \times 100\%$.

表 4-1-2　测定重力加速度数据记录

$h =$ ________ cm　　$L =$ ________ cm

$s = s_1 - s_2$		60 cm					70 cm					80 cm				
n		1	2	3	$\overline{\Delta t_i}$	a_1	1	2	3	$\overline{\Delta t_i}$	a_2	1	2	3	$\overline{\Delta t_i}$	a_3
下滑	Δt_1					$a_{1下} =$					$a_{2下} =$					$a_{3下} =$
	Δt_2															
上滑	Δt_3					$a_{1上} =$					$a_{2上} =$					$a_{3上} =$
	Δt_4															
$\overline{a}_i$		$\overline{a}_1 = \frac{a_{1上} + a_{1下}}{2}$					$\overline{a}_2 = \frac{a_{2上} + a_{2下}}{2}$					$\overline{a}_3 = \frac{a_{3上} + a_{3下}}{2}$				

注：表中时间单位为 s，加速度单位为 $\mathrm{m \cdot s^{-2}}$.

【注意事项】

1. 滑块的内表面经过精密加工，光洁度较高，在气垫导轨未通气时不能将滑块放在导轨上移动，以免划伤和碰坏，更要防止滑块跌落到地面而损坏. 在使用前，用纱布蘸少许酒精把导轨表面和滑块内表面擦洗干净.

2. 气源电动机容易发热，使用时间不宜过长，也不能时开时关. 测量时做好一切准备工作，开气源立即迅速将全部 $\Delta t, t$ 测完. 实验中要随时注意电动机的升温情况.

3. 实验完毕应给导轨套上塑料防尘装置，以免灰尘或污物沾染.

4. 计时仪使用前，应先弄清面板上各插孔及旋钮的作用.

【思考题】

1. 试分析当导轨放置不水平，对 t, g 的测量结果会有什么影响？

2. 由式(4-1-2)、式(4-1-3)和式(4-1-4)可知，用 $v-t$ 图，$\frac{s}{t}-t$ 图和 v^2-s 图均可得出 a，试分析哪种图线求得的 a 值更接近由 $a=g\frac{h}{L}$ 算出的值.

【附录】

MUJ-5B 型计时计数测速仪

计时计数测速仪是具有存储功能、时基精度高(微秒数量级)的计量仪器，可与气垫导轨、自由落体仪、扭摆等仪器配合使用，可以测量速度、加速度、重力加速度、周期等物理量，并直接显示实验的时间、速度和加速度的值，还可作信号源使用.

一、面板说明

(一) 前面板

MUJ-5B 型计时计数测速仪前面板如附图 4-1-1 所示.

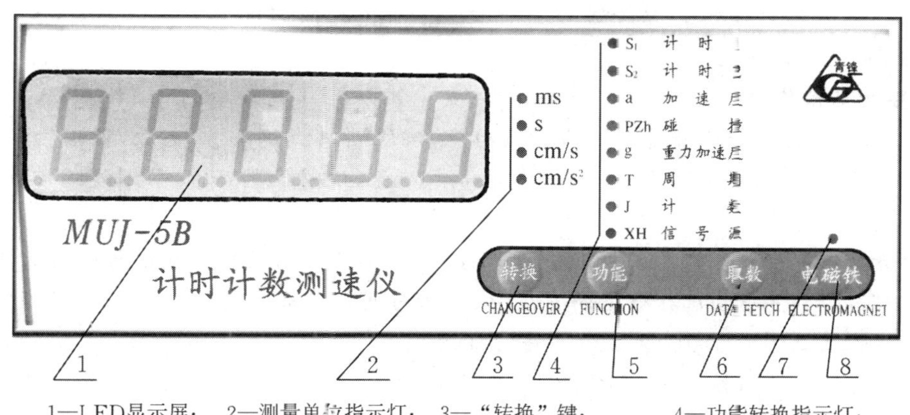

1—LED显示屏；　2—测量单位指示灯；　3—“转换”键；　4—功能转换指示灯；
5—“功能”键；　6—“取数”键；　7—电磁铁通断指示灯；　8—“电磁铁”键

附图 4-1-1　MUJ-5B 型计时计数测速仪前面板

1. LED 显示屏用于显示字符或数据.

2. 测量单位指示灯用来指示“显示窗口”数据的单位.

3. “转换”键用于测量单位的转换，挡光板宽度的设定及简谐运动周期值的设定. 在使用计时、加速度、碰撞功能时，若按“转换”键的时间小于 1 s，测量值在时间或速度之间转换；若按“转换”键的时间大于 1 s，可重新选择所用的挡光板宽度（1.0 cm，3.0 cm，5.0 cm，10.0 cm）.

4. 功能转换指示灯用于指示所选功能.

5."功能"键用于八种功能的选择或清除显示数据.若按下"功能"键前,光电门挡过光,按"功能"键,可清"0"复位.光电门没挡过光,按"功能"键将选择新的功能.按下"功能"键不放,可循环选择功能,至所需的功能灯亮时,放开此键即可.

6."取数"键:在"计时 1""计时 2""周期"功能下,仪器可自动存入前 20 个测量值,按"取数"键,可依次显示数据存储顺序及相应值.在显示存储值过程中,若按"功能"键,则清除存储数据.

7.电磁铁通断指示灯:灯亮则表示此时电磁铁通电,灯灭则表示此时电磁铁断电.

8."电磁铁"键:按此键可改变电磁铁的通、断.

(二) 后面板

MUJ-5B 型计时计数测速仪后面板如附图 4-1-2 所示.

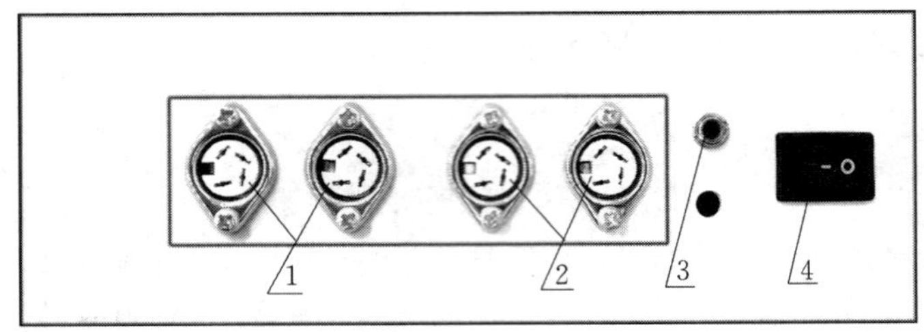

1—P1 光电门插口(外口兼电磁铁插口);2—P2 光电门插口;3— 信号源输出插口;4— 电源开关

附图 4-1-2 MUJ-5B 型计时计数测速仪后面板

该仪器配备了两路 4 门光电门插口,为叙述方便,从左往右将这四个光电门编号为 1,2,3,4,其中 1,2 号光电门为一路,统称为 P1 口,3,4 号光电门为一路,统称为 P2 口.1 号光电门插口兼作电磁铁插口使用."信号源输出插口"可输出时间间隔为 0 ~ 1 ms,1 ms,10 ms,100 ms,1 000 ms 的电信号.

二、使用与操作

MUJ-5B 型计时计数测速仪具有自检功能,按住"取数"键,开启电源,数码管显示"2 2 2 2 2"→"5 5 5 5 5"→数码管全亮并显示"20.47"(ms),说明仪器正常.若不能正常计时,请检查光电门是否正常.

每次开机,挡光板宽度自动设定为 1.0 cm.当实际使用的挡光板宽度与此默认值不一致时,应使用"转换"键手动选择合适的宽度(仅显示时间可忽略此项).

1.实验准备工作,光电门和显示器件的自检.

(1) 将两个光电门插头插入 P1,P2 光电门插座.

(2) 接上 220 V 交流电源,打开电源开关.

(3) 开机后依次按"功能"键,循环选择所有实验功能,检查其工作是否正常.

2.操作功能介绍.

(1) 计时 1—— 挡光计时.

测量对任一光电门的挡光时间,可连续测量(不适合气垫导轨实验).自动存入前 20 个数据,按"取数"键可查看.

(2) 计时 2—— 间隔计时.

测量 P1 口光电门两次挡光或 P2 口光电门两次挡光的间隔时间,可连续测量(适合气垫导轨实验).自动存入前 20 个数据,按"取数"键可查看.

(3) 加速度 —— 测加速度.

测量带凹形挡光板的滑块通过两个光电门的速度及通过两光电门之间路程的时间及加速度，可接 2～4 个光电门. LED 显示屏将循环显示下列数据（下述“测量值”因使用功能不同可以是时间、速度或加速度）：

1	第 1 个光电门
＊＊＊＊＊＊	第 1 个光电门测量值
2	第 2 个光电门
＊＊＊＊＊＊	第 2 个光电门测量值
1—2	第 1 个至第 2 个光电门
＊＊＊＊＊＊	第 1 个至第 2 个光电门测量值

如接入 4 个光电门将继续显示第 3 个光电门、第 4 个光电门以及 2～3 和 3～4 段的测量值. 只有再按“功能”键清零，方可进行新的测量.

(4) 碰撞 —— 等质量、不等质量碰撞.

在 P1，P2 口各接一个光电门，两个滑块上装好相同宽度的凹形挡光板和碰撞弹簧，让滑块从气轨两端向中间运动，各自通过一个光电门后相撞. 做完实验，会循环显示下列数据（下述“测量值”因使用功能不同可以是时间、速度或加速度）：

P1-1	P1 口光电门第 1 次通过
＊＊＊＊＊＊	P1 口光电门第 1 次测量值
P1-2	P1 口光电门第 2 次通过
＊＊＊＊＊＊	P1 口光电门第 2 次测量值
P2-1	P2 口光电门第 1 次通过
＊＊＊＊＊＊	P2 口光电门第 1 次测量值
P2-2	P2 口光电门第 2 次通过
＊＊＊＊＊＊	P2 口光电门第 2 次测量值

如滑块 3 次通过 P1 口光电门，一次通过 P2 口光电门，本机将不显示 P2-2 而显示 P1-3，表示 P1 口光电门第 3 次挡光. 如滑块 3 次通过 P2 口光电门，一次通过 P1 口光电门，本机将不显示 P1-2 而显示 P2-3，表示 P2 口光电门第 3 次挡光. 只有再按“功能”键清零，才能进行下一次测量.

(5) 重力加速度 —— 测重力加速度.

将电磁铁插入电磁铁插口，两个光电门插入 P2 光电门插口，“电磁铁”键上方发光管亮时，吸上小钢球；按“电磁铁”键，小钢球下落（同步计时），到小钢球前沿挡住光电门（记录时间），显示：

1	第 1 个光电门
＊＊＊＊＊＊	t_1 值
2	第 2 个光电门
＊＊＊＊＊＊	t_2 值

第 3 个光电门插在 P1 光电门上侧插口，还可测到第 3 个数值.

因 $h_1=\frac{1}{2}gt_1^2$，$h_2=\frac{1}{2}gt_2^2$，故有

$$g=\frac{2(h_2-h_1)}{t_2^2-t_1^2},$$

式中 (h_2-h_1) 为两光电门之间的距离.

按“功能”键或“电磁铁”键，可自动清零，电磁铁吸合.

(6) 周期——测振子周期.

测量单摆振子或弹簧振子 1 ～ 10 000 周期的时间. 可选用以下两种方法.

方法一为不设定周期数. 在周期数显示为 0 时，每完成一个周期，显示周期数会加 1. 按“转换”键即停止测量. 显示最后一个周期数约 1 s 后，显示累计时间值. 按“取数”键，可提取单个周期的时间值.

方法二为设定周期数. 按“转换”键不放，确认到所需周期数时放开此键即可(只能设定 100 以内的周期数). 每完成一个周期，显示周期数会自动减 1，当最后一次挡光完成，显示累计时间值. 按“取数”键可显示本次实验(最多前 20 个周期) 每个周期的测量值，如显示“E2(表示第 2 个周期)，* * * * * * *(第 2 个周期的时间)”. 待运动平稳后，按“功能”键，即可开始重新测量.

(7) 计数——测量光电门的挡光次数.

(8) 信号源. 将信号源输出插头，插入信号源输出插口，可在插头上测量本机输出时间间隔为 0 ～ 1 ms，1 ms，10 ms，100 ms，1 000 ms 的电信号，按“转换”键可改变电信号的频率.

实验 4.1.2 碰撞实验——动量守恒定律的验证

动量守恒定律、能量守恒定律以及角动量守恒定律是物理学中的三大基本守恒定律. 最初它们是牛顿定律的推论，但后来发现它们的适用范围远远超过牛顿定律，是比牛顿定律更基础的物理规律，是时空性质的反映. 其中，动量守恒定律由空间平移不变性推出，能量守恒定律由时间平移不变性推出，而角动量守恒定律则由空间的旋转对称性推出.

【预习提要】

1. 如何调节与判断导轨水平？
2. 验证完全弹性碰撞和完全非弹性碰撞时各需要测哪些物理量？设计好实验数据记录表格.
3. 熟悉动量守恒定律的内容和满足的条件.

【实验目的】

1. 熟悉气垫导轨的调整和数字计时仪的使用.
2. 学习如何通过实验来验证有关规律.
3. 深入了解完全弹性碰撞和完全非弹性碰撞的特点.

【实验仪器】

气垫导轨，滑块(两端分别装有弹簧片与尼龙搭扣) 两个，数字计时仪，气源，天平，游标卡尺.

气垫导轨与数字计时仪的介绍见实验 4.1.1.

【实验原理】

动量守恒定律指出：如果一物体系统不受外力作用或者所受外力的矢量和为零，则该系统的总动量保持不变.

要用实验验证这一定律，就要设法满足定律成立的条件，即系统不受外力作用或者所受外力的矢量和为零. 我们可以通过研究滑块在气垫导轨上的相互碰撞来验证动量守恒定律.

当两滑块在水平的导轨上沿直线做对心碰撞时，若滑块运动过程中气流的阻力影响可以忽略，则两滑块在水平方向除受到碰撞时彼此相互作用的内力外，不受其他任何水平外力的作用,这就满足动量守恒定律的条件,所以两滑块沿水平方向的总动量在碰撞前后保持不变.

如图 4-1-6 所示,在已调节成水平的导轨上,两滑块质量分别为 m_1 和 m_2,碰撞前速度分别为 v_{10} 和 v_{20},碰撞后速度分别为 v_1 和 v_2,由动量守恒定律有

$$m_1 v_{10} + m_2 v_{20} = m_1 v_1 + m_2 v_2, \tag{4-1-8}$$

式中速度的正负取决于速度方向与所选取的正方向,若两者方向一致,则取正号,反之,取负号.

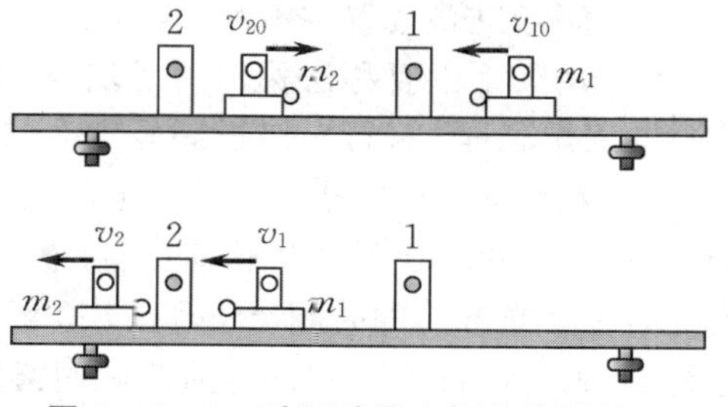

图 4-1-6　验证动量守恒定律原理

1. 完全弹性碰撞.

完全弹性碰撞的特点是碰撞前后系统的动量守恒,机械能也守恒.实验时,在两滑块相碰端各装上弹性极好的缓冲弹簧片,相撞时,弹簧片发生弹性变形而又迅速恢复原状,并将滑块弹开,系统的机械能近似无损失,碰撞前后总动能保持不变,即

$$\frac{1}{2}m_1 v_{10}^2 + \frac{1}{2}m_2 v_{20}^2 = \frac{1}{2}m_1 v_1^2 + \frac{1}{2}m_2 v_2^2. \tag{4-1-9}$$

由式(4-1-8)和式(4-1-9)得

$$v_1 = \frac{(m_1 - m_2)v_{10} + 2m_2 v_{20}}{m_1 + m_2}, \tag{4-1-10}$$

$$v_2 = \frac{(m_2 - m_1)v_{20} + 2m_1 v_{10}}{m_1 + m_2}. \tag{4-1-11}$$

若两滑块质量相等,$m_1 = m_2$,且 $v_{20} = 0$,则由式(4-1-10)和式(4-1-11)可得

$$v_1 = 0, \quad v_2 = v_{10},$$

这表示滑块 1 和 2 在碰撞前后交换速度.

若 $m_1 \neq m_2$,但 $v_{20} = 0$,则有

$$v_1 = \frac{(m_1 - m_2)v_{10}}{m_1 + m_2}, \tag{4-1-12}$$

$$v_2 = \frac{2m_1 v_{10}}{m_1 + m_2}. \tag{4-1-13}$$

2. 完全非弹性碰撞.

完全非弹性碰撞是指两滑块在碰撞后粘在一起并以相同的速度运动,其特点是:两滑块在碰撞前后系统的动量守恒,但机械能却不守恒.由动量守恒定律,有

$$m_1 v_{10} + m_2 v_{20} = (m_1 + m_2)v. \tag{4-1-14}$$

若 $v_{20} = 0$,则

$$v = \frac{m_1}{m_1 + m_2}v_{10}; \tag{4-1-15}$$

若 $m_1 = m_2$,$v_{20} = 0$,则

$$v = \frac{1}{2}v_{10}. \tag{4-1-16}$$

实验中测出 m_1,m_2,v_1,v_2,v_{10},即可研究上述各规律.

【实验内容及步骤】

1. 气垫导轨和光电测量系统的调节见实验 4.1.1“实验内容及步骤”部分.

2. 验证完全弹性碰撞.

(1) 测量准备放置在滑块1,2 上的挡光板的宽度 ΔL_1,ΔL_2,测量方法见实验4.1.1 部分.

(2) 用天平以复称法称出两滑块连同挡光板的质量 m_1,m_2(测量次数与误差计算按“直接测量工作流程”进行). 以加黏橡皮泥的方法,使 $m_1 = m_2 = m$.

(3) 将滑块2 放在导轨上两光电门之间,并靠近第二个光电门,使其静止. 把滑块1 放在导轨的一端,使两滑块弹簧片相向放置. 然后使滑块1 以一定速度向滑块2 运动. 分别记下滑块1 经过第一个光电门的时间 Δt_1 和滑块2 经过第二个光电门的时间 Δt_2. 重复 4 次,列表记录所有数据(表格请自拟),验证碰撞前后两滑块系统的动量与机械能是否守恒.

3. 验证完全非弹性碰撞.

将两滑块有尼龙搭扣的一端相向放置,按步骤 2(3) 进行实验,重复 4 次,列表记录所有数据(表格请自拟),验证碰撞前后两滑块系统的动量是否守恒.

【数据处理及分析】

1. 完全弹性碰撞的验证.

根据所测得的 Δt_i 和 ΔL_i 算出 v_i,验证系统碰撞前后动量和机械能是否守恒,并说明误差原因.

2. 完全非弹性碰撞的验证.

根据所测量的 m_i,v_i 验证系统碰撞前后动量是否守恒,说明误差原因.

【注意事项】

1. 阅读实验 4.1.1 的注意事项.

2. 要使碰撞为对心碰撞,碰撞前后滑块均没有左右晃动现象.

3. 要及时测得滑块碰撞前后的速度,特别是碰撞后的速度. 所以两光电门距离应尽可能靠近,而且滑块 2 也尽可能靠近第二个光电门放置.

【思考题】

若实验结果表明两滑块在碰撞前后总动量有差别,试分析其原因.

实验 4.2 杨氏模量的测定

力作用于物体所引起的效果之一是使受力物体发生形变. 物体的形变可分为弹性形变和塑性形变. 固体材料的弹性形变又可分为纵向、切变、扭转和弯曲,对于纵向弹性形变可以引入杨氏模量来描述材料抵抗形变的能力. 杨氏模量是表征固体材料性质的一个重要物理量,是工程技术中选取机械构件材料的重要参数之一.

在杨氏模量的测定中,因研究对象的形状结构的不同可采用不同的测量方法. 常用的测量方法有静态法和动态法. 静态法又包括拉伸法(适合于金属丝等材料) 和梁弯曲法(适合于棒状材料或各种型材);动态法包括振动法(适合于棒状材料或各种型材). 下面对三种不同测量方法逐一加以介绍.

实验 4.2.1A 用拉伸法测定金属丝的杨氏模量(光杠杆法)

【预习提要】

1. 光杠杆系统的调节是本实验的重点和难点之一,在预习实验时应充分理解和掌握光杠杆的工作原理及其调节方法.

2. 查阅本书相关章节了解螺旋测微器、游标卡尺的使用及读数方法，以便正确读数，保证测量数据的正确性.

3. 仔细阅读实验原理和实验内容，了解在实验过程中需要测量哪些物理量、如何测量、测量次数等，做到"心中有数".

4. 逐差法处理数据是本实验在进行数据处理时的重点训练内容，在进行数据处理前应先了解什么是逐差法，为什么用逐差法，如何使用逐差法. 另外，还要注意由逐差法最终求得的平均变化量$\overline{\Delta n}$不是加减一次砝码引起的，它与逐差间隔数相关.

【实验目的】

1. 学习用拉伸法测量金属丝的杨氏模量.

2. 掌握用光杠杆法测量微小长度变化的原理和方法.

3. 练习用逐差法处理数据.

【实验仪器】

杨氏模量仪(拉伸式)，光杠杆，砝码，钢卷尺，螺旋测微器，游标卡尺，望远镜尺组等.

【实验原理】

1. 杨氏模量测量原理.

物体在外力作用下发生的形状大小的变化称为形变. 它可分为弹性形变和塑性形变两类. 如果在一定限度内，物体因外力作用而发生形变，但当撤销外力作用后物体能恢复到原来状态，这种形变称为弹性形变；反之，如果撤销外力作用后，物体不能恢复到原来状态，而留下剩余形变，则称这种形变为塑性形变. 本实验只讨论弹性形变.

设有一根长为 L、横截面积为 S 的粗细均匀的钢丝，在受到沿其长度方向的外力 F 作用下伸长 ΔL. 根据胡克定律，在弹性限度内，钢丝相对伸长量 $\Delta L/L$(应变) 与其单位面积上所受的作用力 F/S(应力) 成正比，则有

$$\frac{F}{S} = E\,\frac{\Delta L}{L}, \tag{4-2-1}$$

式中比例系数 E 叫作杨氏模量. 它的大小与物体所受外力 F、原长 L、横截面积 S 等无关，完全取决于材料的性质.

设金属丝的直径为 d，则 $S = \frac{1}{4}\pi d^2$，上式可改写为

$$E = \frac{4FL}{\pi d^2 \Delta L}. \tag{4-2-2}$$

式(4-2-2) 表明，在长度 L、直径 d 和外力 F 相同的情况下，杨氏模量 E 大的金属丝伸长量较小. 而一般金属材料的杨氏模量均达到 $10^{-11}\ \mathrm{N \cdot m^{-2}}$ 数量级，所以当 FL/d^2 的比值不太大时，绝对伸长量 ΔL 就很小，用通常的测量仪器(如米尺、游标卡尺等) 就难以测量，因此，必须用一种专门设计的测量装置 —— 光杠杆 —— 来进行测量.

2. 光杠杆系统测量原理.

光杠杆系统由光杠杆和望远镜尺组(由读数望远镜和读数标尺组合在一起构成) 组成，其测量原理如图 4-2-1 所示. 望远镜对准光杠杆平面镜时，从望远镜中可以看到标尺由平面镜反射的像，望远镜目镜的十字叉丝可以对准标尺上某个刻度用来读数. 假定从望远镜中读出的标尺初始读数为 n_0，实验中如果光杠杆的前足(或支架刀刃) 固定，而后足的支撑点(被

测物体）因受外力作用而下降或升高微小长度 ΔL，这时光杠杆的平面镜就会由 M 位置转过一个角度 θ 到达 M' 位置，而镜面上的反射光会相应转过 2θ 的角度，此时望远镜中观察到的标尺刻度变为 n 位置，由图 4－2－1 中的几何关系可得

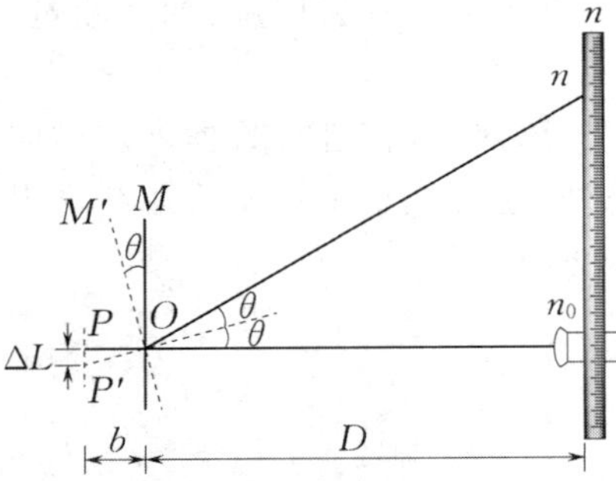

$$\tan\theta=\frac{\Delta L}{b},\quad \tan 2\theta=\frac{\Delta n}{D}.$$

由于 θ 角很小（$\Delta L\ll b$），$\theta\approx\tan\theta=\dfrac{\Delta L}{b}$，$2\theta\approx\tan 2\theta=\dfrac{\Delta n}{D}$，两式联立，消去 θ 得

$$\Delta L=\frac{b}{2D}\Delta n. \tag{4-2-3}$$

将式（4－2－3）代入式（4－2－2）得

$$E=\frac{8FLD}{\pi d^2 b\Delta n}, \tag{4-2-4}$$

图 4－2－1 光杠杆系统测量原理

式中 F 为待测金属丝沿纵向所受外力（即实验中所加砝码的重量），L 为待测金属丝的有效长度，D 为平面镜面到标尺的垂直距离，d 为金属丝的直径，b 为光杠杆两前足连线（或支架刀刃）到后足的垂直距离，Δn 为标尺上的读数差.

【实验内容及步骤】

1. 仪器的调节.

（1）实验装置如图 4－2－2A 所示. 调节杨氏模量仪底座螺钉，使金属丝处于铅直状态（即位于平台限位槽内的圆柱体夹具与槽孔四周不接触，处于自由悬挂状态）.

（2）调节光杠杆系统（调节方法请参阅本实验的附录“光杠杆系统快速调节方法”），在望远镜中看到清晰的标尺的像. 这时，通过轻微调整光杠杆镜面的倾角或上下移动标尺，使从望远镜中观察到的十字横线位于标尺零刻度线附近. 仔细调节目镜聚焦，当眼睛上下移动时从望远镜中观察到的十字叉丝与标尺刻度之间没有相对移动（无视差）. 调节完毕后，在实验过程中不能再触动仪器.

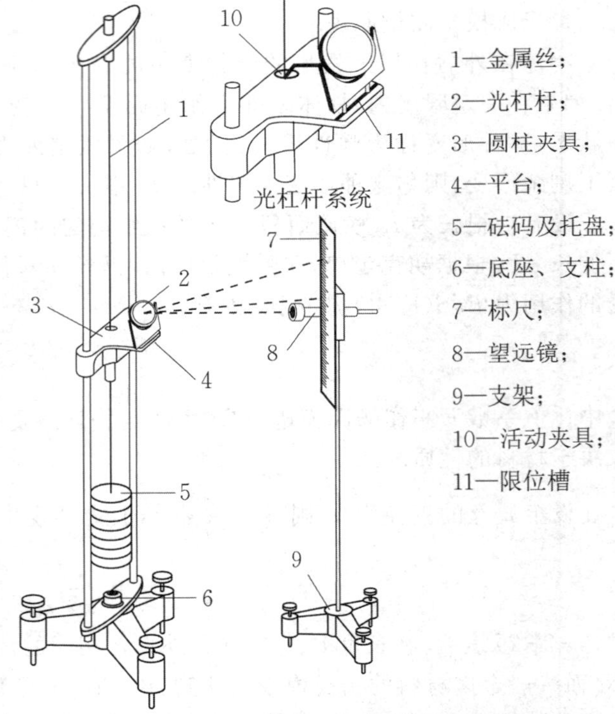

图 4－2－2A 拉伸法测杨氏模量实验装置

2. 观测伸长量变化.

在钢丝下端挂上砝码托盘及适当砝码，使钢丝处于预拉直状态. 记下此时望远镜中标尺的读数，作为开始拉伸的初始读数 n_0，然后在砝码盘上逐次增加等质量的砝码，每增加单位质量的砝码，读取一次数据，一共增加 7 次，得一组读数为 $n_0, n_1, n_2, \cdots, n_7$，记入将数据分别记入表 4－2－1A 中. 再逐次减少砝码，每减少单位重量的砝码，读取一次数据，直到将前面加上去的砝码减完为止，记录相应的读数 $n_7', n_6', n_5', \cdots, n_0'$（$n_7'=n_7$），将数据分别记入

表 4－2－1A 中.

3. 其他各量的测量.

(1) 光杠杆前后足距离 b. 把光杠杆的三个足尖印在一张白纸上. 连接两前足印成一直线,或先在白纸上作一条直线让支架刀刃与该直线重合后再印出后足尖印,用游标卡尺量出后足到前足连线的垂直距离 b.

(2) 测量金属丝直径 d. 用螺旋测微器在金属丝的上中下不同部位测量其直径 5 次,将数据分别记入表 4－2－2A 中,取其平均值作为金属丝直径 d.

(3) 用钢卷尺测量光杠杆平面镜到望远镜标尺的距离 D.

(4) 用米尺或钢卷尺测量金属丝原长 L,将数据记入表 4－2－2A 中.

【数据处理及分析】

1. 求钢丝的直径及不确定度.

(1) 计算直径的测量平均值:$\overline{d}=\overline{d_i}-d_0$.

(2) 计算 $\overline{d}$ 的测量不确定度 $\Delta_{\overline{d}}$.

表 4－2－1A　光杠杆系统测量数据记录表

$m=$ ________ kg　$\Delta_m=$ ________ kg　$D=$ ________ cm　$\Delta_D=$ ________ cm

$b=$ ________ cm　$\Delta_b=$ ________ cm

次数	砝码质量 /kg	标尺读数/cm				平均值 $\overline{n}=\frac{n_i+n_i'}{2}$		逐差 $\Delta n_i=\overline{n_{i+4}}-\overline{n_i}$		$\overline{\Delta n}$
		增加砝码读数		减少砝码读数						
1		n_0		n_0'		$\overline{n_0}$		Δn_{40}		
2		n_1		n_1'		$\overline{n_1}$				
3		n_2		n_2'		$\overline{n_2}$		Δn_{51}		
4		n_3		n_3'		$\overline{n_3}$				
5		n_4		n_4'		$\overline{n_4}$		Δn_{62}		
6		n_5		n_5'		$\overline{n_5}$				
7		n_6		n_6'		$\overline{n_6}$		Δn_{73}		
8		n_7		n_7'		$\overline{n_7}$				

表 4－2－2A　金属丝长度及直径测量记录表

$L=$ ________ mm　$\Delta_L=$ ________ mm　螺旋测微器零点误差 $d_0=$ ________ mm

次数	1	2	3	4	5	平均值$\overline{d_i}$
直径 d_i/mm						

$$\Delta_A=t_p\times\sqrt{\frac{\sum_{i=1}^{5}(d_i-\overline{d_i})^2}{5\times(5-1)}}\,(t_p=2.78),\quad \Delta_B=\Delta_{仪},\quad \Delta_{\overline{d}}=\sqrt{\Delta_A^2+\Delta_B^2}.$$

2. 求标尺读数的平均变化量$\overline{\Delta n}$及不确定度.

(1) 用逐差法处理数据，计算出$\overline{\Delta n}$.

(2) 计算$\overline{\Delta n}$的测量不确定度 $\Delta_{\overline{\Delta n}}$：

$$\Delta_A = t_p \times \sqrt{\frac{\sum_{i=1}^{4}(\Delta n_i - \overline{\Delta n})^2}{4\times(4-1)}}\ (t_p = 3.18),\quad \Delta_B = \Delta_{\text{仪}},\quad \Delta_{\overline{\Delta n}} = \sqrt{\Delta_A^2 + \Delta_B^2}.$$

3. 计算杨氏模量的测量值及不确定度.

(1) 杨氏模量的测量值

$$\overline{E} = \frac{8FLD}{\pi \overline{d}^2 b\, \overline{\Delta n}},$$

式中$\overline{\Delta n}$为加 4 个砝码引起的变化量，所以$F = 4\times 9.8\times$(单个砝码质量)，在代入数据进行计算时应先统一单位，以免计算出错.

(2) 计算 E 的相对不确定度

$$E_E = \sqrt{\left(\frac{\Delta_m}{m}\right)^2 + \left(\frac{\Delta_L}{L}\right)^2 + \left(\frac{\Delta_D}{D}\right)^2 + \left(\frac{\Delta_b}{b}\right)^2 + \left(2\frac{\Delta_{\overline{d}}}{\overline{d}}\right)^2 + \left(\frac{\Delta_{\overline{\Delta n}}}{\overline{\Delta n}}\right)^2},$$

其中 m 为单个砝码质量，$\Delta_m, \Delta_L, \Delta_D, \Delta_b$ 由实验室给出.

(3) 计算 E 的测量不确定度

$$\Delta_E = E_E \times \overline{E}.$$

4. 测量结果.

$$E = \overline{E} \pm \Delta_E.$$

【注意事项】

1. 仪器一经调好，在实验过程中不可再移动，否则需要重新调整和测量. 在增、减砝码时，应轻拿轻放，并随时观察、判断标尺的读数是否合理.

2. 光杠杆的后足必须立于夹紧金属丝的柱形夹头上，否则，金属丝负荷增减时，望远镜中将看不到标尺指示值的变化.

3. 应经常注意平面镜是否松动，若已松动，则读数不正确. 应重新调整后再开始测量，原测量数据无效.

4. 测量直径时不要将金属丝扭曲.

【思考题】

1. 实验中为什么对不同长度的测量用不同的仪器?

2. 用逐差法处理数据的优点是什么?

3. 是否可用作图法求杨氏模量?如果以应力为横轴、应变为纵轴作图，图线应该是什么形状?

【附录】

光杠杆系统快速调节方法

光杠杆系统由光杠杆和望远镜尺组(由读数望远镜和读数标尺组合在一起构成)组成，其测量原理如图 4-2-1 所示. 利用光杠杆系统可以准确地测定微小长度的变化，只要场地允许其测量的放大倍数几乎不受限制. 因此，在物理实验的测量手段中，光杠杆测微小长度的方法具有非常重要的地位.

光杠杆的调节主要有以下几个关键步骤.

(1) 准备. 调节光杠杆长度,使其后足尖位于被测物体伸长(缩短)端平面(或夹具平面)上,前足位于平台限位槽中;平面镜朝向望远镜,其法线大致处于水平方向.

(2) 调节望远镜标尺组高度. 使望远镜与平面镜处于同一水平高度,其中心轴线与平面镜法线大致重合(凭目测).

(3) 不打开望远镜镜头盖,从望远镜靠近支架竖杆一侧,沿其水平方向观察平面镜,看在平面镜中是否能够看到望远镜的像(镜头),如果看不到,应先仔细调节一下平面镜的俯仰角或左右移动望远镜标尺组(连同底座一起),在镜头前上方或下方挥手,直到恰好将手放在镜头前时能够看到为止.

(4) 松开望远镜固定螺丝,用其瞄准器瞄准平面镜中标尺的像,然后旋紧固定螺丝.

(5) 去掉望远镜镜头盖,调节目镜聚焦,使观察到的十字叉丝最清晰.

(6) 调节望远镜物镜聚焦旋钮,通过望远镜目镜观察标尺的像,使观察到的标尺的像最清晰. 同时进一步调整望远镜的位置和标尺的灯光照明情况,使望远镜中标尺的像位于视场正中,并且清晰、明亮. 如果望远镜视场中标尺的像的上部或下部模糊,则可能是望远镜与平面镜不在同一水平位置,可通过调整望远镜高度及其俯仰角螺丝,使视场中的标尺上下部均匀且清晰.

(7) 观察者在目镜前上下、左右适度晃动眼睛,看到从望远镜中观察到的标尺刻度线和十字叉丝间应当没有位置偏移(即无视差),若有应进一步仔细调节物镜和目镜聚焦,直到消除视差为止.

(8) 调节标尺高度,使十字叉丝横线位于其零刻度线附近.

这时光杠杆系统已完全调好,可利用其进行测量了.

实验 4.2.1B　用拉伸法测定金属丝的杨氏模量(CCD 成像测量法)

【实验目的】

1. 测量钢丝的杨氏模量.
2. 掌握 CCD 成像系统的使用方法.
3. 学习用逐差法或作图法处理数据.

【实验仪器】

DHY-3A 拉伸法杨氏模量测定仪,CCD 成像系统,砝码,螺旋测微器,卷尺等.

【实验原理】

参阅实验 4.2.1A"实验原理"部分.

式(4-2-2)中 ΔL 是一个很小的长度变化,可以用 CCD 成像系统进行直接测量,把原来从显微镜中看到的图像通过 CCD 呈现在监视器的屏幕上,便于观测.

CCD 是电荷耦合器件的简称,是目前比较实用的一种图像传感器,它有一维和二维两种. 一维 CCD 用于位移、尺寸的检测,二维 CCD 用于平面图形、文字的传递.

DHY-3A 拉伸法杨氏模量测定仪采用二维 CCD 作为固态摄像机,它将光学图像转变为视频电信号,由视频电缆接到监视器,在电视屏幕上显示出来,对伸长量 ΔL 进行直接测量.

【实验内容及步骤】

1. 仪器调节.

(1) DHY-3A拉伸法杨氏模量测定仪如图4-2-2B所示. 调节底座上的可调机脚,使立杆铅直,使钢丝下端的小圆柱与钳形平台无摩擦地上下自由移动,旋转钢丝上端固定座,使圆柱两侧刻槽对准钳形平台两侧的限制圆柱转动的圆锥头螺丝,两侧同时对称地将圆锥头螺丝旋入刻槽中部,力求减小摩擦.

(2) 调节显微镜目镜使眼睛看到清晰的分划板像,再将物镜对准小圆柱平面中部刻线处,调节显微镜前后距离,直到看清小圆柱平面中部刻线的像,同时稍微旋转显微镜,确保分划板中读数标尺线与刻线像完全平行,并消除视差. 判断无视差的方法是当左右或上下稍微改变视线方向时,两个像之间没有相对移动,这时读数显微镜已经调节好. 只有无视差的调焦,才能保证测量精度.

(3) 将CCD摄像机装上镜头,把视频电缆线的一端接摄像机的视频输出端子(VIDEO OUT),另一端接监视器的BNC视频输入端,将CCD专用12 V直流电源接到摄像机后面板"12VDCIN"孔,开启电源,通过调节监视器的MODE,选择信号输入通道为BNC,此时监视器上将有图像显示,仔细调整CCD到读数显微镜的距离以及镜头焦距,直到监视器屏幕上看到清晰的图像.

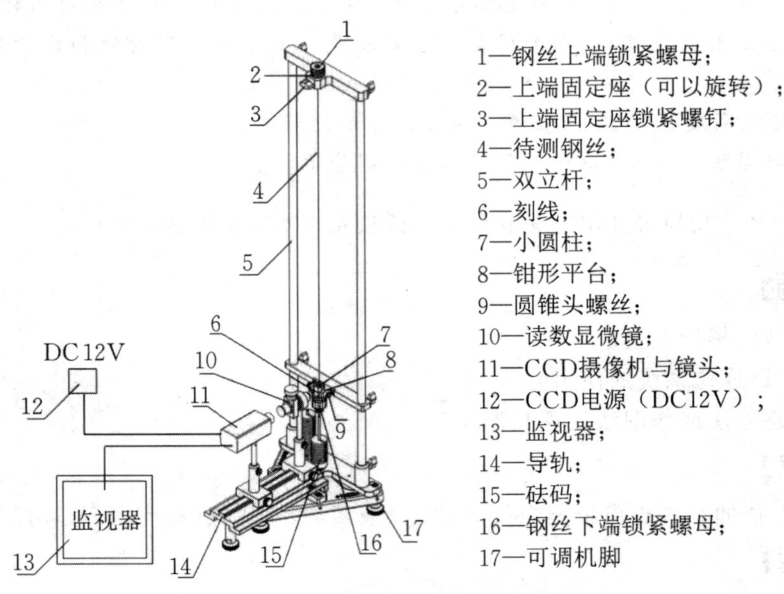

图4-2-2B 拉伸法杨氏模量测定仪

2. 观测钢丝加减砝码的伸缩量变化.

当砝码托盘未放置砝码时,监视器屏幕上显示的小圆柱上细横刻线指示的刻度为Y_0,记录其数值,然后在砝码托盘上逐次增加100 g砝码,一共增加9个砝码,对应的读数依次为Y_1,Y_2,Y_3,Y_4,Y_5,Y_6,Y_7,Y_8,Y_9,将数据记录表4-2-1B中;再将所加的砝码依次减去,记下对应的读数Y'_9,Y'_8,Y'_7,Y'_6,Y'_5,Y'_4,Y'_3,Y'_2,Y'_1,Y'_0,将数据记入表4-2-1B中.

3. 用卷尺测量钢丝的长度L,用螺旋测微器测量钢丝的直径d,将测量所得数据记入表4-2-2B中.

【数据处理及分析】

表 4-2-1B　受力后钢丝伸缩量的测量数据记录表

砝码质量/g	钢丝长度读数/mm				平均值/mm		逐差/mm $\Delta Y_i=\overline{Y}_{i+5}-\overline{Y}_i$		$\overline{\Delta Y}$/mm
	增加砝码读数 Y_i		减少砝码读数 Y'_i						
0	Y_0		Y'_0		$\overline{Y}_0$		ΔY_{50}		
100	Y_1		Y'_1		$\overline{Y}_1$				
200	Y_2		Y'_2		$\overline{Y}_2$		ΔY_{61}		
300	Y_3		Y'_3		$\overline{Y}_3$				
400	Y_4		Y'_4		$\overline{Y}_4$		ΔY_{72}		
500	Y_5		Y'_5		$\overline{Y}_5$				
600	Y_6		Y'_6		$\overline{Y}_6$		ΔY_{83}		
700	Y_7		Y'_7		$\overline{Y}_7$				
800	Y_8		Y'_8		$\overline{Y}_8$		ΔY_{94}		
900	Y_9		Y'_9		$\overline{Y}_9$				

表 4-2-2B　金属丝长度及直径测量记录表

$L=$ __________ mm　$\Delta_L=$ __________ mm　螺旋测微器零点误差 $d_C=$ __________ mm

次数	1	2	3	4	5	平均值$\overline{d_i}$
直径 d_i/mm						

1. 求钢丝的直径及不确定度.

(1) 计算直径的测量平均值 $\overline{d}=\overline{d_i}-d_0$.

(2) 计算 $\overline{d}$ 的测量不确定度 $\Delta_{\overline{d}}$.

$$\Delta_A=t_p\times\sqrt{\frac{\sum_{i=1}^{5}(d_i-\overline{d})^2}{5\times(5-1)}}\ (t_p=2.78),\quad \Delta_B=\Delta_{\text{仪}},\quad \Delta_{\overline{d}}=\sqrt{\Delta_A^2+\Delta_B^2}.$$

2. 求受力后钢丝长度的平均变化量及不确定度.

(1) 用逐差法处理数据，计算出$\overline{\Delta Y}$.

(2) 计算$\overline{\Delta Y}$ 的测量不确定度 $\Delta_{\overline{\Delta Y}}$：

$$\Delta_A=t_p\times\sqrt{\frac{\sum_{i=1}^{5}(\Delta Y_i-\overline{\Delta Y})}{5\times(5-1)}}\ (t_p=2.78),\quad \Delta_B=\Delta_{\text{仪}},\quad \Delta_{\overline{\Delta Y}}=\sqrt{\Delta_A^2+\Delta_B^2}.$$

3. 计算杨氏模量的测量值及不确定度.

(1) 杨氏模量的测量值

$$\overline{E}=\frac{4FL}{\pi d^2\Delta L}=\frac{4FL}{\pi\overline{d}^2\ \overline{\Delta Y}},$$

式中$\overline{\Delta Y}$ 为加 5 个砝码引起的变化量，所以 $F=5\times100\times10^{-3}\times9.8\ \text{N}=4.90\ \text{N}$.

(2) 计算 E 的相对不确定度

$$E_E = \sqrt{\left(\frac{\Delta_m}{m}\right)^2 + \left(\frac{\Delta_L}{L}\right)^2 + \left(2 \times \frac{\Delta_{\bar{d}}}{\bar{d}}\right)^2 + \left(\frac{\Delta_{\overline{\Delta Y}}}{\overline{\Delta Y}}\right)^2}.$$

(3) 计算 E 的测量不确定度

$$\Delta_E = E_E \times \overline{E}.$$

4. 测量结果.

$$E = \overline{E} \pm \Delta_E.$$

【注意事项】

1. 增减砝码时,尽量轻拿轻放,以免外力过猛超出钢丝的弹性形变范围.
2. 切勿用手直接擦拭显微镜的目镜、物镜以及 CCD 摄像机的镜头.
3. 眼睛观察读数显微镜的读数时,应该在读数的正前方平视,以免引入误差.

【思考题】

1. 对微小伸长量的测量除了读数显微镜法外,还有哪些方法?
2. 该实验的数据处理也可以用作图法进行,与逐差法比较,哪个更好一些?

实验 4.2.2 用振动法测金属材料的杨氏模量

因为拉伸法不能真实地反映材料内部结构的变化,而且不能对脆性材料进行测量,所以本实验借助新颖的动态杨氏模量测量仪用振动法测量材料的杨氏模量,该方法不仅可以弥补拉伸法的不足,同时还可扩大学生在物体机械振动方面的知识面,不失为一种非常有用和很有特点的测量方法. 振动法对研究金属材料、光纤材料、半导体、纳米材料、聚合物、陶瓷、橡胶等各种材料的力学性质有着重要的意义.

【预习提要】

1. 查阅相关资料,了解示波器及函数信号发生器的基本使用方法.
2. 待测样品的节点位置如何确定?如何用振动法测定样品的基频共振频率?
3. 如何用作图外推求值法求共振频率?

【实验目的】

1. 了解振动法测量材料杨氏模量的原理.
2. 学会用作图外推求值法测量振动体基频共振频率和杨氏模量.
3. 测量试件机械振动的本征值.
4. 通过实验逐步提高综合运用各种测量仪器的能力.

【实验仪器】

DY-D99 型多用途动态杨氏模量测量仪,音频信号源,示波器,毫米刻度钢尺,游标卡尺,物理天平(精度 0.05 g).

【仪器介绍】

杨氏模量测量仪示意图如图 4-2-3 所示,它由棒材试件杨氏模量定量测量装置和板材试件振型演示观察装置两部分组成. 两部分用接线箱连接和转换. 前一装置包含两个换能器(电动式换能器)、导轨标尺及其支架. 其中一个电动式换能器用作激振器,在音频信号发生器输出的音频正弦信号电压的作用下做机械振动,进而激励试件做机械振动. 另一个电动式换能器当作拾振器,将由试件传递过来的机械振动信号转变为电信号,并输出到示波器观察波形. 当音频信号发生器的信号频率调到与试件的固有频率相同时，试件产生共振，示波器显示的波形幅度达到最大. 两个换能器的作用可互换. 它们各自设有一个刀口，可搁置棒材试件. 导轨标尺用于指示换能器或刀口在试件上的位置.

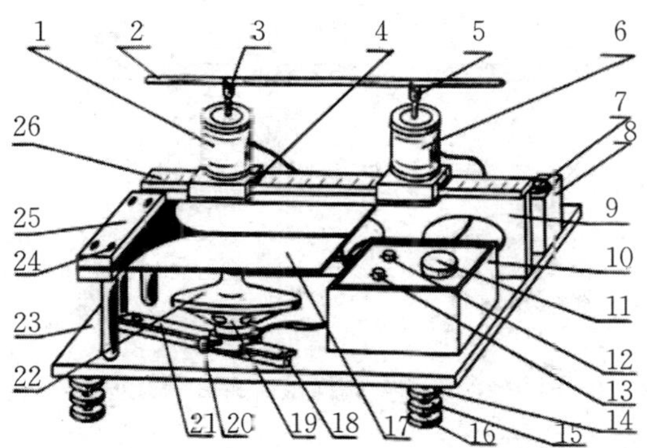

1—电动式激振器；2—试件（圆棒）；3，5—刀口；4—刻度指示板；6—电动式拾振器；7—试件限位装置；8—备用试件安放支架；9—标尺支架；10—接线箱；11—试件选择旋钮；12—输入接口；13—输出接口；14~16—水平调节螺钉；17—试件（金属铝板）；18—小导轨；19—发声元件；20—声激振器固定螺钉；21—声激振器导轨；22—声整流罩；23—底板；24—压板固定螺钉；25—试件压板；26—导轨标尺

图 4-2-3　杨氏模量测量仪示意图

矩形金属板试件和带有声整流罩的声激振器是振动体振型演示观察装置的基本组成部分. 声激振器在音频信号电压的作用下，通过声压，激励板材试件振动. 当音频信号发生器的信号电压频率达到板材试件的某一阶谐振频率时，则均匀撒在板表面的沙粒形成一个相应的振型图案.

【实验原理】

1. 振动法测杨氏模量的原理

振动法测杨氏模量是以自由梁的振动分析理论为基础的. 两端自由梁振动规律的描述要解决两个基本问题：固有频率和固有振型函数. 本实验只讨论前一个问题，然后以此为基础，导出杨氏模量的计算公式.

图 4-2-4 所示的均质等截面两端自由梁做横向振动时，其振动方程为

$$\frac{\partial^4 y}{\partial x^4}+\frac{\rho S}{EI}\frac{\partial^2 y}{\partial t^2}=0. \qquad (4-2-5)$$

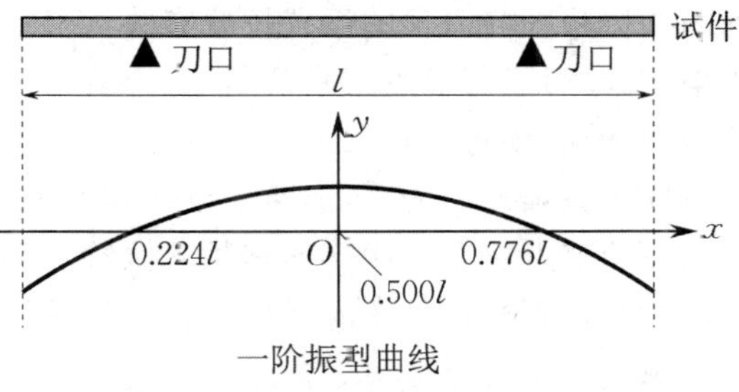

图 4-2-4　两端自由梁的基频振动

对于横截面为圆形的棒，上式中 y 为棒上某一点 x 在时刻 t 的横向位移，它是 x 和 t 的二元函数，ρ 为棒材料的密度，E 为棒的杨氏模量，S 为棒的横截面积，I 为横截面对垂直于 x 和 y 轴且通过其中心轴线的转动惯量. 经推导并代入相关边界条件求解方程，可得

$$E=1.6067\frac{l^3 m}{d^4}f^2, \qquad (4-2-6)$$

式中 E 为杨氏模量，l 为棒的长度，d 为棒的直径，m 为棒的质量，f 为棒的基频共振频率.

2. 振动体谐振频率的测量方法.

由式(4-2-6)可见,振动法测量杨氏模量的实质就是测量振动体的基频谐振频率 f,基频谐振频率的测量装置框图如图 4-2-5 所示,圆形截面试件搁在两个距离可调的刀口上.刀口之间的距离大致等于试件两个节点之间的距离.

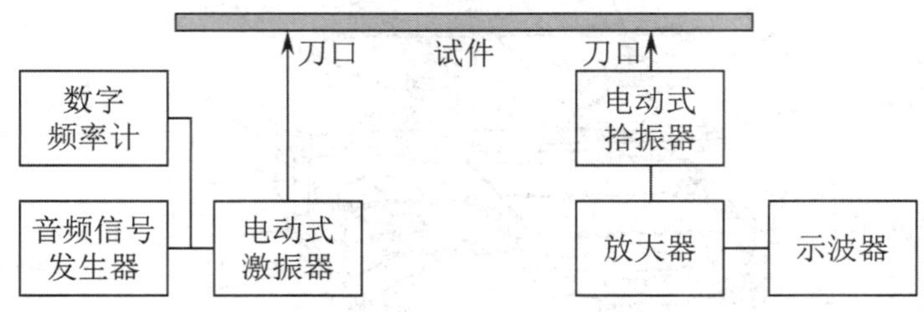

图 4-2-5 振动法测杨氏模量的实验装置框图

将音频信号发生器输出的等幅电信号加到电动式激振器上,使电信号变为电动式激振器的机械振动,通过激振器刀口传到试件上,激励试件做受迫振动.在两端自由梁的另一端设置了一个电动式拾振器,它可把试件的机械振动转变为电信号.该信号经放大后,传输到示波器,用以显示振动波形和振动信号的大小.电动式激振器输入电信号的频率可在音频信号发生器的数字频率计上读出.

试件的共振状态是通过调节电动式激振器输入电压信号的频率来实现的.当音频信号发生器输出信号的频率尚未调到试件的固有频率时,试件不发生共振,示波器上几乎看不到电信号波形或波形幅度很小.当音频信号发生器输出信号的频率调至试件的固有频率时,试件发生共振.在这种状态下,示波器显示的振动波形幅度骤然增大,这时音频信号发生器数字频率计上显示的频率就是试件在该条件下的共振频率 f_r.

测出试件的相关尺寸 m,l,d 和共振频率 f_r,由式(4-2-6)计算试件的杨氏模量 E.但在上述测量中,激振器、拾振器的刀口离试件的节点位置有一定的距离,故测出的共振频率有一定的误差,从而算出的杨氏模量也有一定的误差.为消除这种误差,应该用作图外推求值法测量材料的杨氏模量.

3. 用作图外推求值法测共振频率的原因.

实验时,刀口对试件振动有阻尼作用,测得的共振频率的数值随刀口对试件搁置位置的变化而变化.因电动式拾振器感受的是刀口位置的共振速度信号,而不是振幅信号,故检测到的共振频率与刀口的搁置位置有关,刀口与试件节点的距离越大,共振频率偏离基频共振频率越大.刀口与节点的距离越小,共振频率越接近于基频共振频率,故要测得试件的基频共振频率,必须将刀口置于节点位置.试件上两个节点离试件端面的距离为 $0.224l$ 和 $0.776l$.节点处的振幅几乎为零,故拾振器无信号输出,示波器上无波形变化,因此直接将两个刀口搁在棒的节点位置来测棒的基频共振频率是不可行的,测得的结果会导致一定的误差.要测得试件的基频共振频率应采用作图外推求值法.

4. 作图外推求值法.

用钢尺测量出试件的长度 l,计算试件基频振型的节点位置($0.224l$ 和 $0.776l$),将刀口置于节点位置处,读出此时激振器刀口和拾振器刀口在标尺上的位置坐标.以棒材中心点作为坐标原点,并设两个坐标:左坐标 30 mm,20 mm,10 mm,0 mm,−10 mm,−20 mm,−30 mm 和右坐标 −30 mm,−20 mm,−10 mm,0 mm,10 mm,20 mm,30 mm.将激振器和拾振器的刀口分别移到左右坐标的 30 mm,20 mm,10 mm,−10 mm,−20 mm,−30 mm 处,移毕后,将两个换能器用螺钉锁紧. 每移动 10 mm，就调一次试件的基频谐振态，具体调节方法如下.

(1) 调大音频信号发生器的输出信号电压，加大激振头的激励强度，使试件做机械振动.

(2) 用音频信号发生器的粗调频率旋钮，从最低频率端到高频率端改变音频信号发生器输出信号的频率，从而改变声激振器的激励频率，注意示波器上波形幅度的变化，当波形幅度突然变大时，试件基本达到基频谐振状态；再调节频率微调旋钮，使波形幅度达到最大，则试件达到基频谐振状态. 注意判别基频共振频率和倍频谐振频率. 记下基频谐振频率.（注：在用粗调频率旋钮将试件基本上调到基频谐振态时，若在示波器上的波形出现毛刺状，则表明音频信号发生器输出的电压太大，应减小电压值，直到出现良好的正弦波形. 然后调节频率微调旋钮，使波形幅度达到最大，此时，试件的基频谐振态就被调到最佳状态.）

(3) 以激振头和拾振头的移动量 x 为横坐标，共振频率 f_r 为纵坐标，作 f_r-x 图线，将图线 f_r-x 向纵坐标 f_r 方向延长并相交，相交点的纵坐标值即为试件的基频共振频率.

作图外推求值法只适用于所研究范围内无突变的函数.

【实验内容及步骤】

1. 测量试件的共振频率 f_r.

(1) 先用水平调节螺钉调节杨氏模量测量仪的水平状态.

(2) 按图 4-2-5 连接电路. 用双插头导线将杨氏模量测量仪的输入接口与音频信号发生器的输出接口连接，将杨氏模量测量仪的输出接口与示波器的 Y 输入接口连接.

(3) 音频信号发生器“频率范围”置于 200 Hz～2 kHz 挡，输出信号置于“电压挡”，“衰减旋钮”置于零；将示波器各相关旋钮置于显示波形所需要的位置上.

(4) 将杨氏模量测量仪上的“试件选择旋钮”拨到“棒”.

(5) 将激振器和拾振器两刀口各置于试件节点内、外各 10 mm，20 mm，30 mm 共 6 个位置处，测量 6 个共振频率.

2. 用作图外推求值法测杨氏模量 E.

将测得的 6 个共振频率，采用作图外推求值法，得出试件的基频共振频率 f_r.

3.(选做) 观察铝平板的振型.

(1) 将杨氏模量测量仪上的“试件选择旋钮”拨到“板”.

(2) 将声激振器的激振头调到试件的非节线位置(不同的振型激振头的位置不同)，并将激振器的激振头与试件之间的距离调到最小(但不要接触).

(3) 在铝平板表面均匀撒上细沙粒.

(4) 把音频信号发生器的输出电压调到较大水平.

(5) 调节音频信号发生器输出信号的频率(先粗调，后细调频率旋钮)，观察板面上沙粒的移动情况. 继续细调频率旋钮，使试件板面上出现“T”字形沙型，则试件出现“一弯一扭”振型.

【数据处理及分析】

表 4-2-3　圆形截面黄铜棒杨氏模量的测量数据记录表

刀口位置 x/mm	30	20	10	−10	−20	−30
共振频率 f_r/Hz						
其他量	$l=$　　mm，$d=$　　mm，$m=$　　g					

1. 以激振头和拾振头的移动量 x 为横坐标，共振频率 f_r 为纵坐标，作 f_r-x 图线，将图线

向纵坐标 f_r 方向延长并相交,则左边和右边两个相交点的纵坐标值分别为 f_1 和 f_2,取其平均值 $\overline{f}=\frac{1}{2}(f_1+f_2)$,即为试件的基频共振频率 $\overline{f}$.

2. 将试件的基频共振频率 $\overline{f}$、长度 l、直径 d 及质量 m 代入式(4-2-6)计算出待测样品的杨氏模量 $\overline{E}$.

$$\overline{E}=1.606\,7\frac{l^3 m}{d^4}\overline{f}^2.$$

3. 计算 E 的不确定度.

$\Delta_l=$ ______, $\Delta_d=$ ______, $\Delta_m=$ ______, $\Delta_f=|f_1-f_2|$,

$$\frac{\Delta_E}{\overline{E}}=\left[\left(3\frac{\Delta_l}{l}\right)^2+\left(4\frac{\Delta_d}{d}\right)^2+\left(\frac{\Delta_m}{m}\right)^2+\left(2\frac{\Delta_f}{\overline{f}}\right)^2\right]^{1/2}.$$

4. 写出测量结果.

$$E=\overline{E}\pm\Delta_E,\quad E_E=\frac{\Delta_E}{\overline{E}}\times 100\%.$$

【注意事项】

1. 激振器和拾振器的刀口每移至一个位置都必须锁紧,避免引起激振器和拾振器的本体振动,影响测量结果.

2. 在共振频率的测量过程中,要先粗调再细调,逐渐减小信号发生器的输出幅度,当最终示波器上显示幅度最大、波形最好的正弦波形时,信号发生器的频率才是共振频率.

3. 移动试件在刀口的位置坐标 30 mm,20 mm,10 mm,−10 mm,−20 mm,−30 mm 全部是相对坐标原点而言,切勿放错位置.

【思考题】

1. 试分析拉伸法测杨氏模量和振动法测杨氏模量各自的特点.

2. 在本实验中,如何判断试件的振动已处于基频共振状态?

3. 在两端自由梁的振动实验中,为什么要将电动式激振器和电动式拾振器的刀口偏离试件的两个节点位置放置?如果两个刀口放在非节点位置上,会不会对测量结果产生影响?

实验 4.2.3 用梁弯曲法测金属材料的杨氏模量

【预习提要】

1. 阅读教材,掌握梁弯曲法的测量原理.

2. 熟悉用读数显微镜测量矩形梁垂度的方法.

3. 熟悉实验内容及步骤,事先绘制好数据记录表格.

【实验目的】

1. 学习用梁弯曲法测量金属的杨氏模量.

2. 研究梁的弯曲程度与梁的长度、宽度、厚度、负重等之间的关系.

【实验仪器】

矩形梁,读数显微镜,带刀口的可调支架,带刀口的金属框,砝码,水准泡,螺旋测微器,游标卡尺,米尺,待测金属.

【实验原理】

设梁是一个长为 L、厚度为 h、宽度为 a 的矩形梁,两端自由地放在一对平行的刀口上,在梁的中央(两刀刃的中点处)挂上质量为 m 的砝码. 在梁的弹性限度内,如不计梁本身的重量,设挂砝码处下降了 λ(称为垂度),在 $\lambda \ll L$ 时,如图 4-2-6 所示,梁的杨氏模量 E 等于

$$E=\frac{mgL^{3}}{4\lambda a h^{3}}. \tag{4-2-7}$$

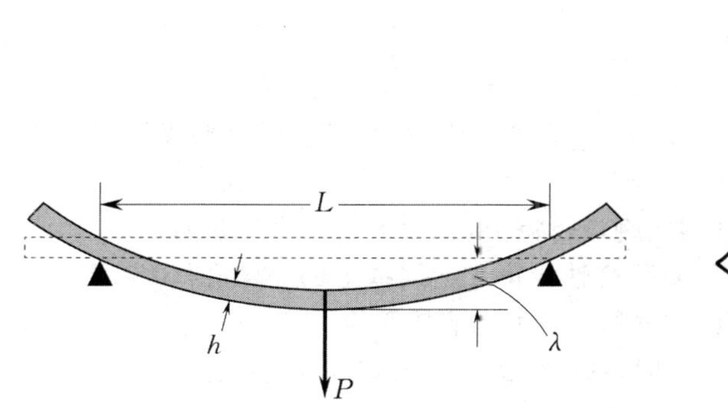

图 4-2-6　梁弯曲示意图

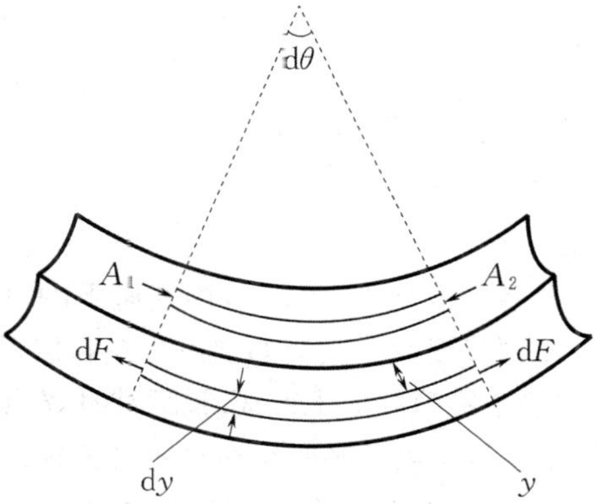

图 4-2-7　金属压缩拉伸示意图

下面推导式(4-2-7). 图 4-2-7 为梁的纵断面的一部分,在相距 $\mathrm{d}x$ 的 A_1, A_2 两点上的横断面,弯曲后成一小角度 $\mathrm{d}\theta$. 显然,梁的上半部分为压缩状态,下半部分为拉伸状态,而中间层尽管弯曲但长度不变.

设距中间层为 y、厚度为 $\mathrm{d}y$、形变前长度为 $\mathrm{d}y$ 的一段,弯曲后伸长量为 $y\mathrm{d}\theta$,它所受拉力为 $\mathrm{d}F$,根据胡克定律有

$$\frac{\mathrm{d}F}{\mathrm{d}S}=E\frac{y\mathrm{d}\theta}{\mathrm{d}x},$$

式中 $\mathrm{d}S$ 表示形变层的横截面积,即 $\mathrm{d}S=a\mathrm{d}y$. 于是

$$\mathrm{d}F=Ea\frac{\mathrm{d}\theta}{\mathrm{d}x}y\mathrm{d}y,$$

此力对中间层的转矩为 $\mathrm{d}M$,即

$$\mathrm{d}M=Ea\frac{\mathrm{d}\theta}{\mathrm{d}x}y^{2}\mathrm{d}y,$$

整个横断面的转矩 M 为

$$M=2\int_{0}^{\frac{h}{2}}\mathrm{d}M=2Ea\frac{\mathrm{d}\theta}{\mathrm{d}x}\int_{0}^{\frac{h}{2}}y^{2}\mathrm{d}y=\frac{1}{12}Eh^{3}a\frac{\mathrm{d}\theta}{\mathrm{d}x}. \tag{4-2-8}$$

若将梁的中点 O 固定,在 O 点两侧各为 $L/2$ 处,分别施以向上的力 $mg/2$(见图 4-2-8),则梁的弯曲程度应当与图 4-2-6 所示完全一致.

梁上距中点 O 为 x、长为 $\mathrm{d}x$ 的一段,由弯曲而下降的 $\mathrm{d}\lambda$ 等于

$$\mathrm{d}\lambda=\left(\frac{L}{2}-x\right)\mathrm{d}\theta. \tag{4-2-9}$$

当梁平衡时,外力 $mg/2$ 在 $\mathrm{d}x$ 处产生的力矩应当等于由式(4-2-8)求出的 M,即

$$\frac{1}{2}mg\left(\frac{L}{2}-x\right)=\frac{1}{2}Eh^{3}a\frac{\mathrm{d}\theta}{\mathrm{d}x}.$$

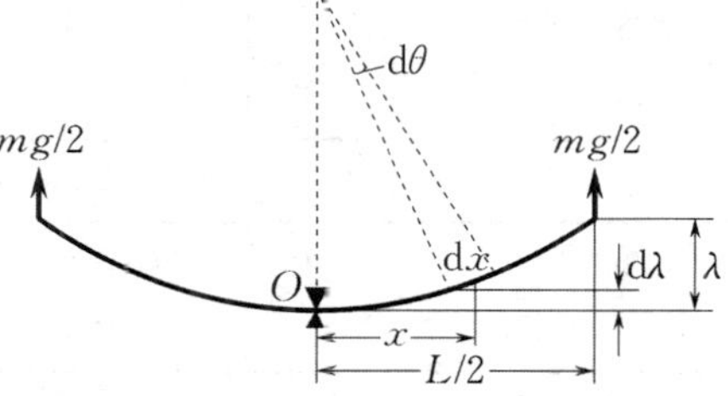

图 4-2-8　金属压缩拉伸示意图

由此式求出 $d\theta$，代入式(4-2-9)中并积分，求出垂度，即

$$\lambda = \frac{6mg}{Eah^3}\int_0^{\frac{L}{2}}\left(\frac{L}{2}-x\right)^2 dx = \frac{mgL^3}{4Eah^3}. \tag{4-2-10}$$

由上式可得

$$E = \frac{mgL^3}{4\lambda ah^3}.$$

【实验内容及步骤】

1. 将待测梁放在两支架上端的刀口上，套上金属框并使刀刃刚好在可调支架两刀口的中间.

2. 将水准泡放在梁上，用支座下的可调底脚进行调节，直至梁处于水平位置.

3. 调节读数显微镜的上下和左右位置，使镜筒轴线正对金属框上的小圆孔. 调节显微镜目镜，看清楚镜筒内的十字线. 前后移动显微镜，直到从镜中看清楚梁的边缘，再进行微调，使显微镜的十字线与梁的某一个边缘重合无视差. 这时，从显微镜上读出其位置读数 λ_0.

4. 在砝码盘上依次加砝码，共加 5 次，每次增加一个单位质量砝码，每加一次砝码待稳定后读出相应位置读数 $\lambda_1,\lambda_2,\lambda_3,\lambda_4,\lambda_5$.

5. 按相反的次序，依次减去砝码，直到减完为止，并读出该过程对应的位置读数 λ'_5，$\lambda'_4,\cdots,\lambda'_0$. 将步骤 3～5 所测数据记入表 4-2-4 中.

6. 采用相对应的长度测量工具，分别测量梁的长度 L、梁的厚度 h 和梁的宽度 a. 其中 h，a 分别取不同位置多次测量的算术平均值. 将数据分别记入表 4-2-5 和表 4-2-6 中.

【数据处理及分析】

表 4-2-4　矩形梁垂度 λ 测量数据记录表

所加砝码总质量/g	横梁垂度 λ/mm				平均值 $\bar{\lambda}_i$	求逐差		
	加砝码		减砝码			$\Delta\bar{\lambda}=\bar{\lambda}_{i+3}-\bar{\lambda}_i$		$\overline{\Delta\bar{\lambda}}=\frac{\Delta\bar{\lambda}_{30}+\Delta\bar{\lambda}_{41}+\Delta\bar{\lambda}_{52}}{3}$
0	λ_0		λ'_0			$\Delta\bar{\lambda}_{30}$		
	λ_1		λ'_1					
	λ_2		λ'_2			$\Delta\bar{\lambda}_{41}$		
	λ_3		λ'_3					
	λ_4		λ'_4			$\Delta\bar{\lambda}_{52}$		
	λ_5		λ'_5					

表 4-2-5　矩形梁厚度 h 测量数据记录表

次数	1	2	3	4	5	平均值
h/mm						$\bar{h}=$

表 4-2-6　矩形梁宽度 a 测量数据记录表

次数	1	2	3	4	5	平均值
a/mm						$\bar{a}=$

1. 用逐差法处理表 4-2-4 中测量数据，将计算结果填入表中.

2. 计算单个砝码引起的矩形梁垂度及其不确定度 Δ_λ.

(1) 由表 4-2-4 中算出的 $\overline{\Delta\lambda}$ 是 3 个砝码引起的横梁垂度，单个砝码引起的矩形梁垂度平

均值应为 $\bar{\lambda}=\frac{\overline{\Delta\bar{\lambda}}}{3}$.

(2) $\Delta_{\bar{\lambda}}=C\times\sqrt{\frac{\sum_{i=1}^{3}(\Delta\bar{\lambda}_i-\overline{\Delta\bar{\lambda}})^2}{3\times(3-1)}}$, $C=4.30$.

3. 分别计算出 h, a 的平均值 $\bar{h}$, $\bar{a}$ 以及不确定度 Δ_h, Δ_a.

4. 计算待测梁的杨氏模量 $\bar{E}$ 以及不确定度 Δ_E.

(1) 待测梁的杨氏模量平均值：

$$\bar{E}=\frac{mgL^3}{4\bar{\lambda}\,\bar{a}\,\bar{h}^3}.$$

(2) 相对不确定度：

$$\frac{\Delta_E}{\bar{E}}=\left[\left(3\frac{\Delta_L}{L}\right)^2+\left(\frac{\Delta_{\bar{\lambda}}}{\bar{\lambda}}\right)^2+\left(\frac{\Delta_{\bar{a}}}{\bar{a}}\right)^2+\left(3\frac{\Delta_{\bar{h}}}{\bar{h}}\right)^2\right]^{\frac{1}{2}}.$$

(3) 不确定度：

$$\Delta_E=\frac{\Delta_E}{\bar{E}}\times\bar{E}.$$

5. 写出测量结果.

$$E=\bar{E}\pm\Delta_E.$$

【注意事项】

1. 使用螺旋测微器时，注意记下其零点误差，并对测量结果进行修正.

2. 为减小由于螺距差引起的误差，在测量矩形梁垂度时，显微镜的测微鼓轮必须向下一个方向运动.

3. 在加减砝码时要轻拿轻放，不能触碰金属框，以免使刀刃发生位移而影响测量结果.

【思考题】

1. 若该实验改用光杠杆测量 λ，你认为精密度如何？它与用读数显微镜直接去测 λ 相比，哪一个效果更好？

2. 思考该实验的主要误差来源. 还可以采用哪种数据处理方法处理实验数据？

3. 在条件许可的情况下(即有多种不同规格的待测梁)，研究 λ 分别与 h 和 a 的函数关系，并通过实验来验证.

实验 4.3　刚体转动惯量的测定

转动惯量是描述刚体转动惯性大小的物理量，是研究和描述刚体转动规律的一个重要物理量，它不仅取决于刚体的总质量，而且与刚体的形状、质量分布以及转轴位置有关. 对于质量分布均匀、具有规则形状的刚体，可以通过数学方法计算刚体转动惯量. 对于质量分布不均均匀、几何形状不规则的刚体，用数学方法计算是相当困难的，学会用实验的方法来测定刚体的转动转量就十分重要.

实验测定刚体的转动惯量时，一般都是使刚体以某一种形式运动，通过描述这种运动的特定物理量与转动惯量的关系来间接地测定刚体的转动惯量. 另外，正确测定刚体的转动惯量,在工程技术中也有十分重要的意义.本实验是高等学校理工科物理实验教学大纲中的一个重要基本实验.

实验 4.3.1 用 IM-2 刚体转动实验仪测刚体的转动惯量

IM-2 刚体转动实验仪应用霍尔开关传感器并结合计数计时多功能毫秒仪自动记录刚体在一定转矩作用下,转过一定角位移的时刻,从而测定刚体转动时的角加速度和刚体的转动惯量.本实验仪提供了一种测量刚体转动惯量的新方法,实验思路新颖、科学,测量数据精确,仪器结构合理,维护简单方便.

【预习提要】

1. 阅读教材,了解 IM-2 刚体转动实验仪的构造以及使用方法.
2. 了解多功能毫秒仪测量(时间)的基本方法.
3. 熟悉 IM-2 刚体转动实验仪的实验原理.
4. 掌握用 IM-2 刚体转动实验仪测定刚体转动惯量的实验方法以及注意事项.

【实验目的】

1. 了解多功能毫秒仪的计时、计数原理和使用.
2. 用刚体转动法测定刚体的转动惯量.
3. 验证转动定律及平行轴定理.

【实验仪器】

IM-2 刚体转动实验仪如图 4-3-1 所示.

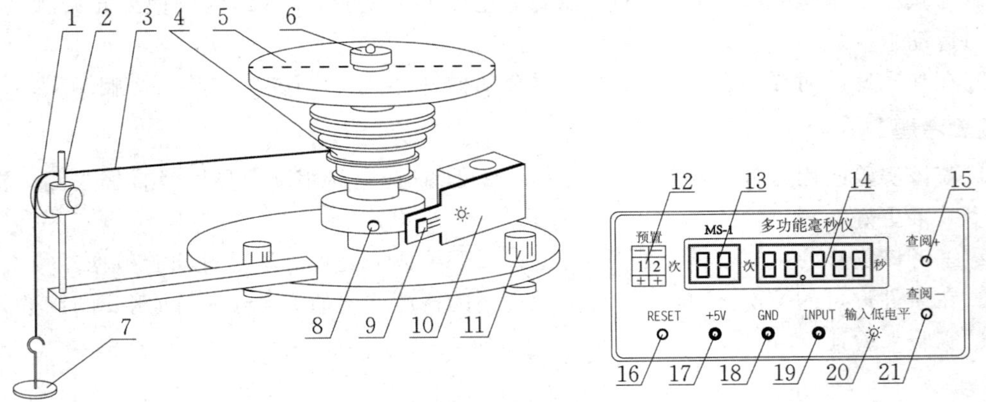

1—滑轮; 2—滑轮高度和方向调节组件; 3—挂线; 4—塔轮组;
5—铝质圆盘形实验样品(可兼载物台); 6—样品固定螺母; 7—砝码盘;
8—磁钢; 9—霍尔开关传感器; 10—传感器固定装置; 11—水平调节旋钮;
12—次数预置拨码开关; 13—计数窗口; 14—计时窗口; 15—数据查阅键+(上翻);
16—复位键; 17—电源正极接线柱; 18—电源负极(或地端)接线柱;
19—信号输入接线柱; 20—输入低电平指示; 21—数据查阅键-(下翻)

图 4-3-1 IM-2 刚体转动实验仪

【实验原理】

1. 转矩、转动惯量和角加速度的关系.

当系统受恒外力矩作用时,系统做匀加速转动.系统所受的外力矩有两个:一个为绳子

张力 T 产生的力矩 $M = T \cdot r$(r 为塔轮上绕线轮的半径),另一个为摩擦产生的摩擦力矩 M_μ. 由刚体转动定律得 $M + M_\mu = J\beta_1$,即

$$T \cdot r + M_\mu = J\beta_1, \tag{4-3-1}$$

式中 β_1 为系统的角加速度,此时为正值,J 为转动系统的转动惯量,M_μ 为摩擦力矩,数值为负. 设砝码 m 下落时的加速度为 a,由牛顿第二定律可知,$mg - T = ma$,T 为绳子张力,已知 $a = r\beta_1$,则

$$T = m(g - r\beta_1).$$

当砝码与绕线塔轮脱离后,此时砝码力矩 $M = 0$,摩擦力矩 M_μ 使系统做角加速度为 β_2 的减速运动(β_2 数值为负),则转动方程为

$$M_\mu = J\beta_2. \tag{4-3-2}$$

由式(4-3-1)和式(4-3-2)解得

$$mr(g - r\beta_1) + J\beta_2 = J\beta_1,$$

即

$$J = \frac{mr(g - r\beta_1)}{\beta_1 - \beta_2}. \tag{4-3-3}$$

2. 角加速度的测量.

设转动系统在 $t = 0$ 时的初角速度为 ω_0,角位移为 0,转动 t 时间后,其角位移为 θ,转动中角加速度为 β,则

$$\theta = \omega_0 t + \frac{1}{2}\beta t^2. \tag{4-3-4}$$

若测得角位移 θ_1,θ_2 与相应的时间 t_1,t_2,则得

$$\theta_1 = \omega_0 t_1 + \frac{1}{2}\beta t_1^2, \tag{4-3-5}$$

$$\theta_2 = \omega_0 t_2 + \frac{1}{2}\beta t_2^2. \tag{4-3-6}$$

式(4-3-5)和式(4-3-6)联立求解得

$$\beta = \frac{2(\theta_2 t_1 - \theta_1 t_2)}{t_2^2 t_1 - t_1^2 t_2} = \frac{2(\theta_2 t_1 - \theta_1 t_2)}{t_1 t_2 (t_2 - t_1)}. \tag{4-3-7}$$

实验时,式(4-3-7)中的角位移 θ_1,θ_2 可分别取为 $\theta_1 = 2\pi$,$\theta_2 = 4\pi$. 转动系统每转过 π 角位移,多功能毫秒仪的计数窗口内计数次数 +1,同时计时器将记下这一时刻的时间值. 当计数为 0,作为角位移初始时刻,则这一时刻的初始值也为 0. 因此,计数窗口中显示的数字 1,2,…,n 就是从初始时刻起发生了角位移 π,2π,…,$n\pi$. 那么,从某一时刻 t_n 起发生 2π 角位移所用的时间就是

$$t_{2\pi} = t_{n+2} - t_n, \tag{4-3-8}$$

发生 4π 角位移所用的时间就是

$$t_{4\pi} = t_{n+4} - t_n. \tag{4-3-9}$$

如从初始时刻 t_0 起发生 2π 角位移所用的时间 $t_{2\pi} = t_2 - t_0$.

求解角加速度 β_1 时,多功能毫秒仪的计数为 0 作为角位移的开始时刻,t_1 和 t_2 可分别由式(4-3-8)和式(4-3-9)求得.

求解角加速度 β_2 时,要注意砝码落地或挂线与绕线塔轮脱离的角位移时刻,以其下一时刻作为角位移的起始时刻,称为角位移分界时刻. t_1 和 t_2 可分别由式(4-3-8)和式(4-3-9)

求得,但这时公式中的 t_n 为角位移分界时刻的后一时刻.

3. 线性回归法计算角加速度.

用多功能毫秒仪测量有外力矩作用下载物台转过角位移 $\theta_1,\theta_2,\cdots,\theta_n$ 时所需的时间 $t_1,t_2,\cdots,t_n$,测出砝码落地或挂线和绕线塔轮分开后($M=0$),角位移为 $\theta'_1,\theta'_2,\cdots,\theta'_n$时所需果的时间 $t'_1,t'_2,\cdots,t'_n$,算出角加速度 β_1 和 β_2.

在系统转动过程中(即采集数据的时间内)摩擦力矩 M_μ 基本不变,系统做匀变速转动,角位移方程为

$$\theta=\omega_0 t+\frac{1}{2}\beta t^2,$$

即

$$\frac{\theta}{t}=\omega_0+\frac{1}{2}\beta t,$$

式中 ω_0 为记录系统角位移开始时刻的初角速度,t 为它转过角位移 θ 所需要的时间. 用多功能毫秒仪进行测量角位移为 $\pi,2\pi,\cdots,n\pi$ 所对应的时间 $t_1,t_2,\cdots,t_n$.

把 $\frac{\theta}{t}$ 作为 y,t 作为 x,进行回归运算,由斜率可算出角加速度 β_1,利用同样方法测得 β_2. 砝码质量 m 和塔轮直径 $2r$ 都是已知值. 利用式(4-3-2)和式(4-3-3)可算得摩擦力矩 M_μ 和转动惯量 J.

4. 转动惯量 J 的理论公式.

(1) 设圆环形试件质量分布均匀,总质量为 M,外径为 D_1,内径为 D_2,其对中心轴的转动惯量为

$$J=\frac{1}{8}M(D_1^2+D_2^2). \tag{4-3-10}$$

(2) 平行轴定理:设质量为 M 的刚体对通过质心的转轴的转动惯量为 J_0,那么刚体对其他任一与质心轴平行的转轴(设两轴之间的距离为 d)的转动惯量为

$$J=J_0+Md^2. \tag{4-3-11}$$

【实验内容及步骤】

1. 按图 4-3-1,在铝盘中心孔安装铝盘组成转动系统,测量在砝码力矩作用下的角加速度 β_1 和砝码挂线脱离后的角加速度 β_2. 测量系统的转动惯量 J_1,可测多次求平均值,数据记入表 4-3-1.

2. 以铝盘作为载物台,对称地加载环形钢质实验样品,测量在砝码力矩作用下的角加速度 β_1 和砝码挂线脱离后角加速度 β_2,由式(4-3-3)算得 J_2,则环形钢质实验样品转动惯量 $J_3=J_2-J_1$,可测多次求平均值. 数据记入表 4-3-2.

测转动系统角加速度 β_1,β_2 的步骤如下.

(1) 放置仪器,滑轮 1 置于实验台外 3 ~ 4 cm,调节仪器水平,设置多功能毫秒仪计数次数.

(2) 连接传感器与多功能毫秒仪. 红线接 +5 V 接线柱,黑线接 GND 接线柱,黄线接 INPUT 接线柱.

(3) 将霍尔开关传感器安置于底座上,使其前端(霍尔元件所在端)与磁钢间距为 0.4 ~ 0.6 cm. 给多功能毫秒仪通电,转动塔轮检查霍尔开关传感器与多功能毫秒仪是否正常工作:① 塔轮转动时,磁钢不能与霍尔开关传感器发生擦碰;② 当每一个磁钢经过霍尔元件时,霍尔开关传感器上的指示灯和多功能毫秒仪上的低电平指示灯应点亮一次;③ 若指示灯不亮

或只有一个磁钢经过时亮，说明霍尔开关传感器与磁钢相对位置或距离不合适，应仔细调节至正常状态.

(4) 将连有砝码($m=50$ g) 的挂线自由端打一小结，沿塔轮上开的细缝塞入，并整齐地绕于半径为 r 塔轮上.

(5) 调节定滑轮的方向和高度，使挂线与绕线塔轮相切，挂线与绕线塔轮的中间呈水平.

(6) 让磁钢初始位置离开霍尔元件，复位多功能毫秒仪，释放砝码，砝码在重力作用下带动转动系统做加速度转动. 这时，多功能毫秒仪将开始计数计时，并依次储存起来.

(7) 查阅多功能毫秒仪，根据数据处理需要读取并记录系统从 0 开始发生 $\pi, 2\pi, \cdots$ 角位移相应的时刻.

3.(选做) 验证平行轴定理.

以铝盘偏心孔 $d=3.0, 4.0, 5.0$ cm 为转轴，记录数据后，用 Excel 软件数据处理，测量在砝码力矩作用下角加速度 β_1 和砝码挂线脱离后角加速度 β_2. 由式(4-3-3) 算得 J_4，计算转动系统铝盘偏心安装后其转动惯量的增量，根据平行轴定理，铝盘中心离转轴平行移动 d 的距离后，系统转动惯量增量为 $J_5'=Md^2$. 故 $J_4'=J_1+J_5'$，实验值与理论值比较，计算相对误差.

4. 线性回归法测量角加速度.

用多功能毫秒仪测量时：(1) 测出有外力矩作用下承物台转过角位移为 $\theta_1, \theta_2, \cdots, \theta_n$ 时所需的时间 $t_1, t_2, \cdots, t_n$；(2) 砝码挂线和绕线塔轮分开后($M=0$)，角位移为 $\theta_1', \theta_2', \cdots, \theta_n'$ 时所需的时间 $t_1', t_2', \cdots, t_n'$. 把 $\dfrac{\theta}{t}$ 作为 y，t 作为 x，进行回归运算，由斜率可算出角加速度 β_1 和 β_2. 利用式(4-3-2) 和式(4-3-3) 可算得摩擦力矩 M_μ 和转动惯量 J.

【数据处理及分析】

表 4-3-1　未加样品钢环时测量数据

$m=50$ g, $r=$ ____ cm

	t_0	$t_{2\pi}$/s	$t_{4\pi}$/s	$t_{i\pi}$/s	$t_{i\pi+2\pi}$/s	$t_{i\pi+4\pi}$/s	$\beta_1/(\mathrm{rad\cdot s^{-2}})$	$\beta_2/(\mathrm{rad\cdot s^{-2}})$	$J_1/(\mathrm{kg\cdot m^2})$	$\overline{J}_1/(\mathrm{kg\cdot m^2})$
1	0									
2	0									
3	0									
4	0									
5	0									

表 4-3-2　加样品钢环时测量数据

$m=50$ g, $r=$ ______ cm, $M=$ ______ g, $D_1=9.50$ cm, $D_2=6.50$ cm

	t_0	$t_{2\pi}$/s	$t_{4\pi}$/s	$t_{i\pi}$/s	$t_{i\pi+2\pi}$/s	$t_{i\pi+4\pi}$/s	$\beta_1/(\mathrm{rad\cdot s^{-2}})$	$\beta_2/(\mathrm{rad\cdot s^{-2}})$	$J_2/(\mathrm{kg\cdot m^2})$	$\overline{J}_2/(\mathrm{kg\cdot m^2})$
1	0									
2	0									
3	0									
4	0									
5	0									

注意：表 4-3-1 和表 4-3-2 中的 $t_{i\pi}$ 为角位移分界时刻的一下时刻，若分界时刻为 $t_{8\pi}$，则 $t_{i\pi}$ 可取 $t_{9\pi}$ 或 $t_{10\pi}$.

1. 列表法预处理数据，分别计算 β 和 J，将结果填入表 4-3-1 和表 4-3-2 中相应位置.

(1) 利用表 4-3-1 和表 4-3-2 中的时间数据，分别算出 t_1, t_2, t'_1, t'_2.

$$t_1 = t_{2\pi} - t_0 = t_{2\pi}, \quad t_2 = t_{4\pi} - t_0 = t_{4\pi},$$

$$t'_1 = t_{i\pi+2\pi} - t_{i\pi} = t'_{2\pi}, \quad t'_2 = t_{i\pi+4\pi} - t_{i\pi} = t'_{4\pi}.$$

(2) 将 t_1, t_2, t'_1, t'_2 代入 $\beta_1 = \dfrac{2(\theta_2 t_1 - \theta_1 t_2)}{t_1 t_2 (t_2 - t_1)}$，$\beta_2 = \dfrac{2(\theta_2 t'_1 - \theta_1 t'_2)}{t'_1 t'_2 (t'_2 - t'_1)}$，算出 β_1, β_2.

(3) 根据式(4-3-3) 分别算出 J_1 和 J_2.

2. 对表 4-3-1 和表 4-3-2 中各次测量结果的 J 值离散性分别分析判断，剔除出现粗大误差的数据后，分别求出 $\overline{J}_1$ 和 $\overline{J}_2$.

3. 计算样品钢环的转动惯量 $J_3 = \overline{J}_2 - \overline{J}_1$.

4. 根据式(4-3-10) 计算钢环转动惯量的理论值 $J_{理}$.

5. 计算相对误差 $E = \dfrac{|J_3 - J_{理}|}{J_{理}} \times 100\%$.

【注意事项】

1. 正确连接霍尔开关传感器组件和多功能毫秒仪.

2. 霍尔开关传感器放置于合适的位置，不能距离磁钢太近，容易碰撞，也不能太远，否则感应不到，并且使磁钢与霍尔开关传感器的相对位置错开一定距离.

3. 挂线长度不能太长，否则容易打结，也不能太短，否则砝码不能着地，以比砝码释放的高度稍长为宜.

4. 实验中，在砝码挂线脱离绕线塔轮前转动系统做加速转动，在砝码落地或挂线脱离塔轮后转动系统做减速转动，须分清正角加速度 β_1 到负角加速度 β_2 的计时分界时刻.

5. 钢环的质量 M(待测)、外径 $D_1 = 9.50$ cm，内径 $D_2 = 6.50$ cm，砝码质量 $m = 50$ g，塔轮半径 $r = 3.0$ cm，2.5 cm，2.0 cm，1.5 cm，1.0 cm.

【思考题】

1. 数据处理时，系统的角加速度为 β_2 的开始时刻可以选为分界处的下一时刻，发生角位移的时间须减去该时刻，为什么？

2. 实验中，为了利于数据一致，砝码要置于相同的高度而后静止释放，为什么？

【附录】

多功能毫秒仪使用说明

MS-1，MS-2 系列多功能毫秒仪采用单片机作主件，具有测量时间和周期准确度高、重复性好的优点，特别是没有第一个周期的计时误差，自动地利用下降边沿触发开始计时和结束计时. 它是物理实验中的基本测量仪器. 可应用于(集成霍尔开关传感器与简谐振动实验仪中) 测量弹簧的振动周期、(在单摆实验中) 测量单摆的振动周期、(在磁阻尼和动摩擦系数测定仪中) 测量滑块匀速下滑的时间，(在三线摆实验中) 测量摆的振动周期，也可结合激光光电门，在气垫导轨实验中进行速度测量，与计时仪接口的传感器可以是集成霍尔开关传感器，也可以是光电门，备有 +5 V 电源和信号输入接线柱，可作为上述传感器的电源和信号响应，实验输入信号是常态高电平，有效作用是由高电平向低电平的跳变，类似信号可多组并联接入，当计时达到记录预置次数后，自动停止计时，这时可以通过查阅键分别读出对应输入信号的时间. 因此实验数据采集处理准确而方便.

使用方法如下.

(1) 接通电源，打开位于仪器后盖板上的电源开关.

(2) 按 RESET 按钮，窗口显示“-- 00.000”.

(3) 按拨码开关上的“+”或“—”钮，设定计数预置次数.

(4) 连接相应的传感器，传感器常态为高电平，有效输出信号为 TTL 低电平. 此时仪器面板低电平指示灯亮.

(5) 多功能毫秒仪输入端由高电平向低电平跳变信号后，计数窗口显示“00”，即开始计数，计时窗口时间显示依 1 ms 递增，多功能毫秒仪输入端如再由高电平向低电平跳变信号，计数窗口显示“01”，计时窗口的时间显示仍依 1 ms 递增. 依次类推，直到计数窗口显示的数等于设定的次数，多功能毫秒仪停止计时.

(6) 按“查阅+”或“查阅—”可以查阅开始计时到相应时刻(对应输入端由高电平向低电平跳变次数)所计的时间.

(7) 如需要再测量，按 RESET 按钮，即可重复上述工作过程. 改变设定次数后，又按 RESET 按钮进行再次测量.

实验 4.3.2 用三线摆测刚体的转动惯量

三线摆是通过扭转运动来测定物体的转动惯量，其特点是物理图像清楚、操作简便易行、适合各种形状的物体，如机械零件、电机转子、枪炮弹丸、电风扇的风叶等. 这种实验方法在理论和技术上有一定的实际意义.

【预习提要】

1. 对仪器调整有何要求?

2. 如何使下圆盘扭转摆动?有何要求?

3. 如何测得周期?如何测得上、下圆盘悬点到中心的距离 r 和 R?

4. 验证平行轴定理时，两圆柱应如何放置?$J_2' = \frac{1}{2}m_2\left(\frac{D_2}{2}\right)^2 + m_2d^2$ 中 D_2 和 d 分别表示什么量?m_2 是一个圆柱体还是两个圆柱体的质量?

【实验目的】

1. 学会用三线摆测量刚体的转动惯量.

2. 验证平行轴定理.

【实验仪器】

三线摆实验仪，气泡水平仪，游标卡尺，钢皮尺，电子秒表，试件(铁圆环、铁圆柱体两只).

【实验原理】

三线摆是一个匀质圆盘，以等长的三条线对称地悬挂在一个水平固定的小圆盘下面. 如图 4-3-2 所示，下圆盘可绕两圆盘的中心轴线 OO' 做扭转摆动，扭转的过程就是圆盘势能与动能的转化过程. 扭转的周期由下圆盘(包括置于其上的物体)的转动惯量决定. 根据振动周期(或摆上物体)和有关几何参数就可以测定摆(或摆上物体)的转动惯量. 设下圆盘的质量为 m，当以不大的角度做扭转时，它沿轴线上升的高度为 h，则增加的势能为

$$E_p = mgh.$$

当圆盘回到平衡位置时，它具有的动能是

$$E_k = \frac{1}{2}J_0\omega_0^2,$$

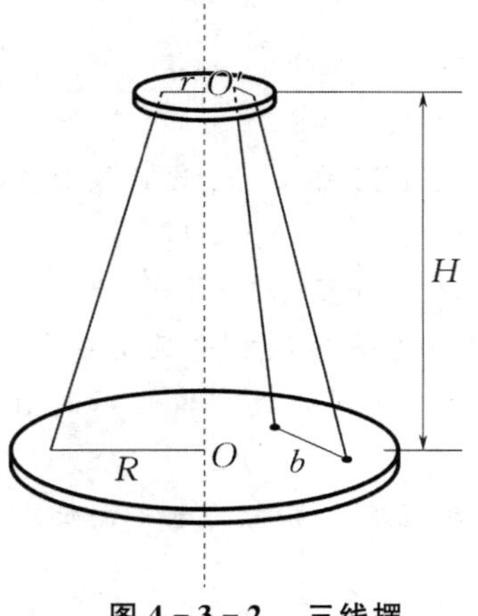

图 4-3-2　三线摆

式中 J_0 是下圆盘对于通过其重心且垂直于盘面 OO' 轴的转动惯量，ω_0 是圆盘回到平衡位置时刻的角速度. 不计摩擦阻力和空气阻力，根据机械能守恒定律得

$$\frac{1}{2}J_0\omega_0^2 = mgh. \tag{4-3-12}$$

把下圆盘的小角度扭转摆动看作简谐振动，则圆盘的角位移与时间的关系是

$$\theta = \theta_0 \sin\frac{2\pi}{T}t,$$

式中 θ 是圆盘在时间 t 的角位移，θ_0 是角振幅，T 是一次完全振动的周期，振动的初相位可认为是零，于是角速度为

$$\omega = \frac{\mathrm{d}\theta}{\mathrm{d}t} = \frac{2\pi\theta_0}{T}\cos\frac{2\pi}{T}t. \tag{4-3-13}$$

在通过平衡位置的瞬时，$t = 0, \frac{T}{2}, T, \frac{3T}{2}, \cdots$，角速度最大，$\omega_0 = \frac{2\pi\theta_0}{T}$，于是有

$$mgh = \frac{1}{2}J_0\left(\frac{2\pi\theta_0}{T}\right)^2. \tag{4-3-14}$$

下面进一步讨论 h, θ_0 与三线摆有关的几何参数的关系.

设悬线长度为 L，上、下圆盘的悬点到中心的距离分别为 r 和 R，上、下圆盘间垂直距离为 H，如图 4-3-3 所示. 摆动前，

$$|BC|^2 = |AB|^2 - |AC|^2 = L^2 - (R-r)^2 = H^2. \tag{4-3-15}$$

当摆角振幅为 θ_0 时，下圆盘上某悬点 A 移动到位置 A_1，圆盘的轴上升高度 h 为

$$h = |OO_1| = |BC| - |BC_1| = \frac{|BC|^2 - |BC_1|^2}{|BC| + |BC_1|}. \tag{4-3-16}$$

此时，

$$\begin{aligned}|BC_1|^2 &= |A_1B|^2 - |A_1C_1|^2 \\ &= L^2 - (R^2 + r^2 - 2Rr\cos\theta_0).\end{aligned} \tag{4-3-17}$$

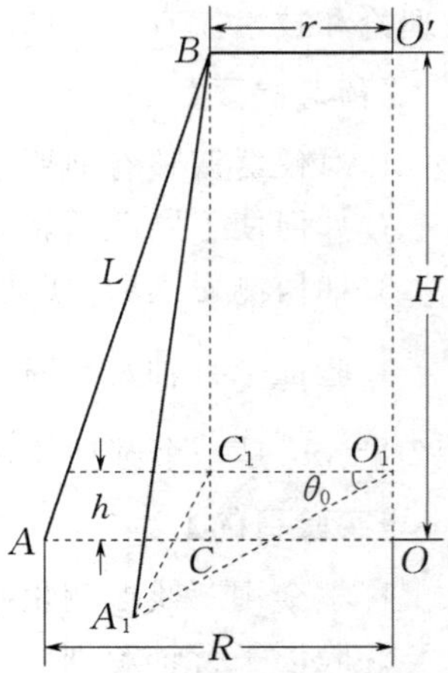

图 4-3-3　三线摆几何参数示意图

联立以上三式求解，得

$$h = \frac{2Rr \cdot 2\sin^2\dfrac{\theta_0}{2}}{|BC| + |BC_1|}.$$

由于 $H \gg h$，因此 $2H - h \approx 2H$. 如摆角 θ_0 很小，则 $\sin^2\frac{\theta_0}{2} \approx \left(\frac{\theta_0}{2}\right)^2 = \frac{\theta_0^2}{4}$. 由此得

$$h = \frac{Rr\theta_0^2}{2H}, \tag{4-3-18}$$

代入式(4-3-14)整理可得

$$J_0 = \frac{mgRr}{4\pi^2 H}T^2. \tag{4-3-19}$$

式(4-3-19)是下圆盘对于 OO' 轴的转动惯量计算式. 等式右边各量 R, H, r 和 T 都可以直接测出. 应注意式(4-3-19)成立的条件：θ_0 很小($\theta_0 < 10°$)，三线等长，线上张力相等，上、下

圆盘均水平，而且是绕盘的中心轴扭转摆动的.

欲测质量为 m_1 的待测物体对于 OO' 轴的转动惯量，只需将该物体置于下圆盘上，由式(4-3-19)先算得该待测物体和下圆盘共同对于 OO' 轴的转动惯量

$$J=\frac{(m+m_1)gRr}{4\pi^2 H}T_1^2, \tag{4-3-20}$$

式中 T_1 为待测物体和下圆盘共同的一次完全振动周期. 于是得到待测物体对轴的转动惯量为

$$J_1=J-J_0=\frac{(m+m_1)gRr}{4\pi^2 H}T_1^2-J_0. \tag{4-3-21}$$

理论分析证明，若刚体绕过重心某轴的转动惯量为 J_0，当转轴平行移动距离为 d 时，则它绕新轴的转动惯量变为 $J=J_0+m_1 d^2$，这就是平行轴定理. 我们可以用实验来验证这一定理. 将两个质量均为 m_2 且形状完全相同的圆柱体，对称地放在下圆盘上，离圆盘中心的距离都为 d. 按以上方法可测得两圆柱体绕圆盘中心轴的转动惯量为

$$J_2=\frac{(m+2m_2)gRr}{4\pi^2 H}T_2^2-J_0. \tag{4-3-22}$$

将此式所得的结论与理论上按平行轴定理所得的

$$J_2'=\left[\frac{1}{2}m_2\left(\frac{D_2}{2}\right)^2+m_2 d^2\right]\times 2 \tag{4-3-23}$$

进行比较. 式(4-3-23)中的 D_2 为圆柱体的直径，$\frac{1}{2}m_2\left(\frac{D_2}{2}\right)^2$ 为圆柱体绕通过其自身中心轴线的转动惯量.

【实验内容及步骤】

1. 分别测定圆盘、圆环和两个圆柱体绕中心轴 OO' 的转动惯量.

2. 仪器的调整：利用铅垂线和气泡水平仪，调节支架底座螺旋和三悬线的长度，使支架铅垂且上、下圆盘水平.

3. 用累计放大法测量各刚体扭转摆动周期.

(1) 轻轻扭动上圆盘使下圆盘摆动，摆角在 5° 左右，并尽可能消除扭转摆动之外的振动，用秒表测定 50 次完全振动所需的时间 t，可得周期 $T=t/50$，重复测 6 次取平均值 $\overline{T}$.

(2) 将圆环放在下圆盘上，使其重心通过下圆盘中心，按步骤(1)测出两者一起摆动的周期 $\overline{T}_1$.

(3) 取下圆环，把质量相同、形状相同的两圆柱体对称地置于下圆盘上，再按步骤(1)测出它们共同摆动的周期 $\overline{T}_2$.

4. 各刚体几何参量和质量的测量.

(1) 用天平分别称出圆环和两圆柱体的质量(下圆盘质量已经标明在其表面上).

(2) 按照直接测量工作流程，进行以下测量：测出上、下圆盘间的垂直距离 H，测出下圆盘的直径 D_1，测出圆环的内外直径 $D_{内}$ 和 $D_{外}$，测出圆柱体的直径 D_2 和柱体中心与悬线中心的距离 d.

(3) 分别测出上圆盘和下圆盘的三个悬点之间的距离 a 和 b，各取其平均值 $\overline{a}$ 和 $\overline{b}$，根据 $\overline{r}=\frac{\sqrt{3}}{3}\overline{a}$ 和 $\overline{R}=\frac{\sqrt{3}}{3}\overline{b}$ 算出 $\overline{r}$ 和 $\overline{R}$.

【数据处理及分析】

表 4-3-3 未放待测物时系统转动惯量测量数据记录表

$m=$ ________ g, $R=$ ________ cm, $r=$ ________ cm, $H=$ ________ cm, $D_1=$ ________ cm

时间	次数					
	1	2	3	4	5	6
t/s						
T/s						

表 4-3-4 放置圆环时系统转动惯量测量数据记录表

$m=$ ________ g, $R=$ ________ cm, $r=$ ________ cm, $H=$ ________ cm, $D_1=$ ________ cm,
$M=$ ________ g, $D_{外}=$ ________ cm, $D_{内}=$ ________ cm

时间	次数					
	1	2	3	4	5	6
t_1/s						
T_1/s						

表 4-3-5 放置两个相同圆柱体时系统转动惯量的数据记录表

$m=$ ________ g, $R=$ ________ cm, $r=$ ________ cm, $H=$ ________ cm, $D_1=$ ________ cm,
$m_2=$ ________ g

时间	次数					
	1	2	3	4	5	6
t_2/s						
T_2/s						

1. 分别按照式(4-3-19)、式(4-3-21)和式(4-3-22)求出 J_0, J_1 和 J_2,并进行误差估算,写出测量结果.

2. 由 $J'_0=\frac{1}{2}m\left(\frac{D_1}{2}\right)^2$($D_1$ 为下圆盘直径)和式(4-3-23)分别算出各理论值.

3. 对各组 J_i 与 $J'_i(i=0,1,2)$ 进行分析比较,求出相对误差 $\frac{|J'_i-J_i|}{J'_i}\times 100\%$.

【注意事项】

1. 秒表使用前要弄清功能以及使用方法,先试用几次再正式测量. 测量完毕立即归还实验室,不能随意摆弄.

2. 用游标卡尺测量 a, b 时,要防止刀口割损悬线.

【思考题】

1. 三线摆在摆动中因受到空气阻力,振幅会越来越小,它的周期是否会变化?为什么?

2. 如何利用三线摆测定任意形状物体绕特定轴的转动惯量?

实验 4.4 液体表面张力系数的测定

液体沿表面总是存在使液面张紧且向液体内收缩的力,称为表面张力. 液体的许多现象，如毛细现象、润湿现象、泡沫的形成等，都与表面张力有关. 表面张力系数是液体表面的重要力学性质. 对于不同种类的液体，其表面张力不同；而对于同一种液体，其表面张力系数随着温度及其所含杂质的改变而增大或减小. 这些性质广泛应用于工业生产中，如浮法选矿、液体的传输技术、化工生产线的设计等都要对液体的表面张力进行研究.

测定液体表面张力系数的方法很多，本书介绍力敏传感器法和焦利秤法.

实验 4.4.1　用力敏传感器测定液体表面张力系数

拉脱法测液体表面张力系数实验通常是通过提拉洁净的门形金属丝框或矩形金属片，用焦利秤（或扭秤）进行测量. 现在采用硅压阻力敏传感器测量液体与金属相接触的表面张力，用数字式电压表显示输出量，用一定高度的薄金属吊环替代门形金属丝框及矩形金属片. 改进后仪器的传感器灵敏度高，线性和稳定性好，测量方法直观，概念清楚，测量结果重复性好.

【预习提要】

1. 了解用硅压阻力敏传感器测量的原理和方法.
2. 阅读介绍液体表面性质的参考书籍.

【实验目的】

1. 学习 FD-NST-I 型液体表面张力系数测定仪的使用方法.
2. 用拉脱法测定室温下液体的表面张力系数.

【实验仪器】

FD-NST-I 型液体表面张力系数测定仪，片码，铝合金吊环，吊盘，玻璃器皿，镊子. 仪器装置组成如图 4-4-1 所示.

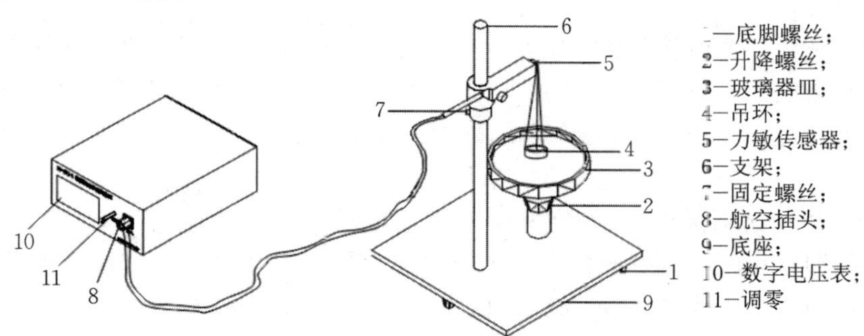

图 4-4-1　液体表面张力系数测定仪

【实验原理】

液体内部每一个分子四周都被液体其他分子包围，它所受到的周围分子作用力的合力为零. 液面上方是分子数密度比液体少得多的气相层，因此气相层下方液体表面层（厚度约为分子力作用半径）内分子所处的环境跟液体内部的分子不同，表面层内每一个分子所受的向上的引力比向下的引力小而使合力不为零，如图 4-4-2 所示. 该合力垂直于液面并指向液体内部，使表面分子有从液面挤入液体内部的倾向. 从宏观上看，使液体表面有收缩的趋势，即液体表面好像是一张被拉紧的橡皮薄膜. 我们把这种沿着液体表面使液面收缩的力称为表面张力. 表面张力的存在使液面产生许多特有现象，如润湿现象、毛细现象、水面波的传播等.

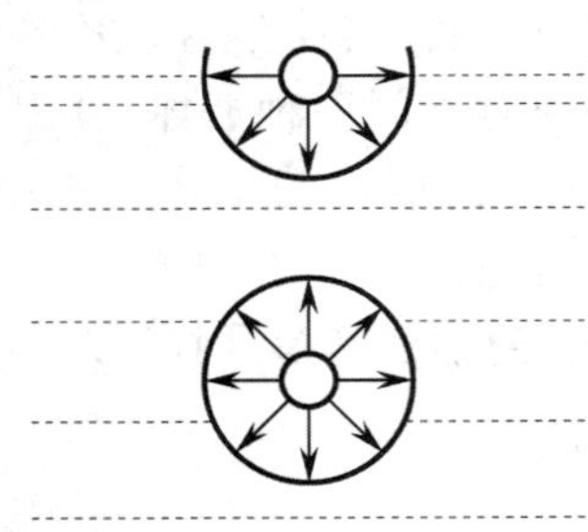

图 4-4-2 水分子示意图

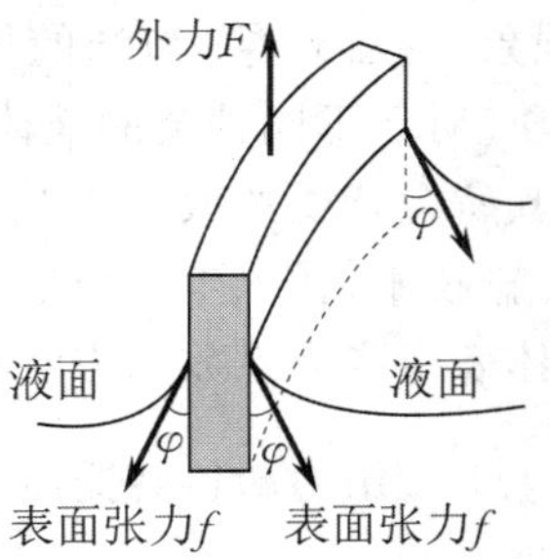

外力F
液面
液面
表面张力f
表面张力f

图 4-4-3 液体的表面张力

在液体中浸入一只钢圆环，使圆环的底面保持水平，然后将圆环轻轻地提起. 对润湿液体而言，靠近圆环的液面将呈现如图 4-4-3 所示的形状. 圆环与液面的接触线上由于液面收缩而产生的表面张力沿液面的切线方向，与圆环侧面的夹角 φ 称为接触角(或润湿角). 当用外力 F 缓缓向上拉钢圆环时，接触角逐渐减小而趋于零，这时被圆环所拉起的液膜也呈圆环形状. 设液膜的表面张力为 f，在液膜破裂前，

$$F = mg + f, \tag{4-4-1}$$

其中 m 为钢圆环和在圆环上所黏附的液体的总质量，g 为重力加速度. 表面张力 f 与环状液膜表面的周界长(即接触线长) 成正比，设钢圆环的内、外直径为 d_1，d_2，接触线总长度为 $\pi(d_1 + d_2)$，因此

$$f = \alpha \cdot \pi(d_1 + d_2), \tag{4-4-2}$$

式中比例系数 α 称为液体表面张力系数，其数值等于作用在液体表面单位长度上的力. 表面张力系数与液体种类、纯度、温度及液体上方气体的成分有关. 实验证明，液体的温度越高，液体内所含杂质越多，α 的数值越小. 由式(4-4-2) 得

$$\alpha = \frac{f}{\pi(d_1 + d_2)}. \tag{4-4-3}$$

硅压阻力敏传感器由弹性梁和贴在梁上的传感器芯片组成，其中芯片由 4 个硅扩散电阻集成一个非平衡电桥. 当外界压力作用在金属梁时，在压力作用下，电桥失去平衡，此时将有电压信号输出，输出电压 U 的大小与所加外力 F 成正比：

$$U = BF, \tag{4-4-4}$$

其中 B 称为力敏传感器灵敏度，单位为 $\mathrm{V \cdot N^{-1}}$.

环形液膜即将拉断前一瞬间数字电压表读数为 $U_1 = B(mg + f)$，液膜拉断后一瞬间数字电压表读数为 $U_2 = Bmg$，两电压的差值

$$\Delta U = U_1 - U_2 = Bf \tag{4-4-5}$$

与表面张力成正比. 将式(4-4-5) 代入式(4-4-3)，得液体的表面张力系数

$$\alpha = \frac{f}{\pi(d_1 + d_2)} = \frac{\Delta U}{B\pi(d_1 + d_2)}. \tag{4-4-6}$$

【实验内容及步骤】

1. 开机预热 15 min.
2. 清洗玻璃器皿和吊环.
3. 调节支架的底脚螺丝，使玻璃器皿保持水平.
4. 测定力敏传感器的灵敏度 B.

(1) 预热 15 min 以后，在力敏传感器上吊上吊盘，并对电压表调零.

(2) 将 7 个质量均为 0.5 g 的片码依次放入吊盘中，分别记下电压表的读数 $U_0 \sim U_7$；再

依次从吊盘中取走片码，记下读数 $U'_7 \sim U'_0$，将数据填入表 4-4-1.

5. 测定水的表面张力系数.

(1) 将盛水的玻璃器皿放在平台上，并将洁净的吊环挂在力敏传感器的小钩上，并对电压表调零.

(2) 逆时针旋转升降螺丝使玻璃器皿中液面上升，当环下沿部分均浸入液体中时，改为顺时针转动升降螺丝，这时液面下降(或者说吊环相对上升). 观察环浸入液体中及从液体中拉起时的物理现象. 记录吊环拉断液柱的前一瞬间数字电压表的读数值 U_1，拉断后数字电压表的读数值 U_2. 重复测量 5 次，将数据填入表 4-4-2.

【数据处理及分析】

表 4-4-1　测定力敏传感器灵敏度 B

次数	砝码质量/g	电压表读数/mV				平均值 $\left(\overline{U}=\frac{U_i+U'_i}{2}\right)$/mV		逐差 $(\Delta U_i=\overline{U}_{i+4}-\overline{U}_i)$/mV	$\overline{\Delta U}$/mV
		加砝码时读数		减砝码时读数					
1	0.0	U_0		U'_0		$\overline{U}_0$			
2	0.5	U_1		U'_1		$\overline{U}_1$			
3	1.0	U_2		U'_2		$\overline{U}_2$			
4	1.5	U_3		U'_3		$\overline{U}_3$			
5	2.0	U_4		U'_4		$\overline{U}_4$			
6	2.5	U_5		U'_5		$\overline{U}_5$			
7	3.0	U_6		U'_6		$\overline{U}_6$			
8	3.5	U_7		U'_7		$\overline{U}_7$			

表 4-4-2　液体表面张力使电压表数值变化 ΔU

次数	1	2	3	4	5	$\overline{\Delta U}$/mV
U_1/mV						
U_2/mV						
$(\Delta U=U_1-U_2)$/mV						

1. 求力敏传感器灵敏度 B.

(1) $\overline{B}=\dfrac{\overline{\Delta U}}{\Delta F}$，$\Delta F=4\times 0.5\times 10^{-3}\times 9.8\ \mathrm{N}=1.96\times 10^{-2}\ \mathrm{N}$.

(2) $\Delta_A(\Delta U)=t_p\times\sqrt{\dfrac{\sum\limits_{i=0}^{3}(\Delta U_i-\overline{\Delta U})}{4\times(4-1)}}$ $(t_p=3.18)$，$\Delta_B(\Delta U)=\Delta_{仪}$.

(3) $\Delta(\Delta U)=\sqrt{\Delta_A^2(\Delta U)+\Delta_B^2(\Delta U)}$.

(4) $\Delta(B)=\dfrac{\Delta(\Delta U)}{\Delta F}$.

(5) $B=\overline{B}\pm\Delta(B)$.

2. 求液体表面张力使电压表数值变化量 ΔU.

(1) $\overline{\Delta U} = \frac{1}{5}\sum_{i=1}^{5}\Delta U_i$.

(2) $\Delta_A(\Delta U) = t_p \times \sqrt{\frac{\sum_{i=1}^{5}(\Delta U_i - \overline{\Delta U})^2}{5\times(5-1)}}(t_p = 2.78)$,$\Delta_B(\Delta U) = \Delta_{仪}$.

(3) $\Delta(\Delta U) = \sqrt{\Delta_A^2(\Delta U) + \Delta_B^2(\Delta U)}$.

(4) $\Delta U = \overline{\Delta U} \pm \Delta(\Delta U)$.

3. 求液体表面张力系数 α.

(1) $\bar{\alpha} = \frac{\overline{\Delta U}}{\overline{B}\pi(d_1 + d_2)}$,$d_1$,$d_2$ 的值由实验室给出.

(2) $E = \sqrt{\left[\frac{\Delta(B)}{\overline{B}}\right]^2 + \left[\frac{\Delta(\Delta U)}{\overline{\Delta U}}\right]^2}$.

(3) $\Delta(\alpha) = E \times \bar{\alpha}$.

(4) $\alpha = \bar{\alpha} \pm \Delta(\alpha)$,$E = \frac{\Delta(\alpha)}{\bar{\alpha}} \times 100\%$.

【注意事项】

1. 必须使吊环保持竖直,以免测量结果引入较大误差.

2. 实验之前,仪器须开机预热 15 min.

3. 在旋转升降螺丝时,尽量不要使液体产生波动.

4. 若液体为纯净水,在使用过程中防止灰尘和油污以及其他杂质污染. 特别注意手指不要接触被测液体.

5. 调节升降螺丝拉起水柱时,动作必须轻缓,应注意液膜必须充分地被拉伸开,不能使其过早地破裂. 实验过程中不要使平台摇动,否则会导致测量失败或测量不准.

6. 使用力敏传感器时用力不大于 0.098 N. 过大的拉力容易损坏传感器.

【思考题】

1. 实验前,为什么要清洁吊环?

2. 为什么吊环拉起的水柱的表面张力为 $f = \alpha \cdot \pi(d_1 + d_2)$?

3. 当吊环下沿部分均浸入液体中后,调节升降螺丝使得液面下降,数字电压表的示数如何变化?

实验 4.4.2 用焦利秤测定液体表面张力系数

【预习提要】

1. 了解焦利秤的结构和使用方法.

2. 理解用逐差法处理数据的条件和方法.

3. 理解"三线对齐",如何进行调节?

【实验目的】

1. 学习焦利秤测量微小力的原理和方法.

2. 了解液体表面的性质,测定液体的表面张力系数.

【实验仪器】

焦利秤,金属丝框,砝码,玻璃皿,游标卡尺.

【仪器介绍】

焦利秤的构造如图4-4-4所示. 它实际上是一种用于测微小力的精细弹簧测力计. 一金属套管A垂直竖立在三角底座上，调节底座上的螺丝，可使金属套管A处于垂直状态. 带有毫米标尺的圆柱B套在金属套管内. 在金属套管A的上端固定有游标，圆柱B顶端伸出的支臂上挂一锥形弹簧S. 转动旋钮G可使圆柱B上下移动，因而也就调节了弹簧S的升降. 弹簧上升或下降的距离由主尺(圆柱B)和游标来确定. E为固定在金属套管A上一侧刻有刻线的玻璃圆筒，D为挂在弹簧S下端的两头带钩的小平面镜，镜面上有一刻线. 实验时，使玻璃圆筒E上的刻线、小平面镜上的刻线、E上的刻线在小平面镜中的像始终重合，简称"三线对齐". 用这种方法可保证弹簧下端的位置是固定的，弹簧的伸长量可由主尺和游标定出来(即伸长前后两次读数之差值). 一般的弹簧测力计都是上端固定，在下端加负载后向下伸长，而焦利秤与之相反，它是控制弹簧下端的位置保持一定，加负载后向上拉动弹簧确定伸长值. C为一平台，转动其下端的螺钉使平台C可升降但不转动.

设在力F作用下弹簧伸长Δl，根据胡克定律可知，在弹性限度内，弹簧的伸长量Δl与所加的外力F成正比，即

$$F = k\Delta l,$$

图4-4-4　焦利秤

式中k是弹簧的劲度系数. 对于一个特定的弹簧，k值是一定的. 如果将已知质量的砝码加在砝码盘中，测出弹簧的伸长量，由上式即可计算该弹簧的k值. 这一步骤称为焦利秤的校准. 焦利秤校准后，只要测出弹簧的伸长量，就可计算出作用于弹簧上的外力F.

【实验原理】

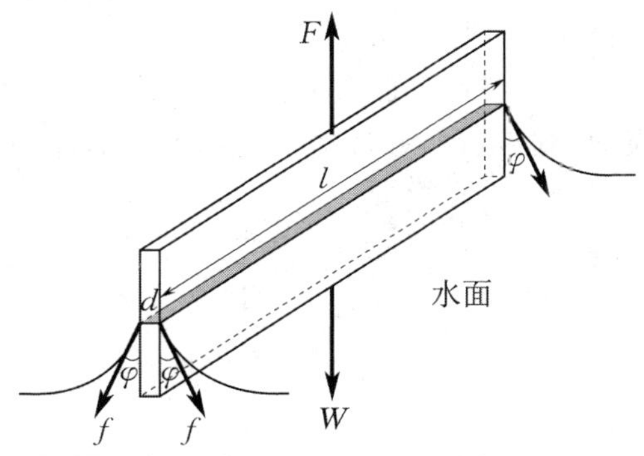

图4-4-5　液体表面张力受力分析

将一表面洁净的矩形金属丝框竖直地浸入水中，使其底边保持水平，然后轻轻提起，则其附近的液面将呈现出如图4-4-5所示的形状，即金属丝框上挂有一层水膜. 水膜的两个表面沿着切线方向有作用力，称为表面张力，φ为接触角. 当缓缓拉出金属丝框时，接触角φ逐渐减小而趋向于零. 这时表面张力f垂直向下，其大小与金属丝框水平段的长度l成正比，由于水膜有前后两面，故有

$$f = 2\alpha l,$$

式中比例系数α称为表面张力系数，它在数值上等于单位长度上的表面张力. 在国际单位制中，α的单位为$\mathrm{N \cdot m^{-1}}$.

在金属丝框缓慢拉出水面的过程中，金属丝框下面将带起一水膜，当水膜刚被拉断时，诸力的平衡条件是

$$F = W + 2\alpha l + ldh\rho g, \qquad (4-4-7)$$

式中F为弹簧向上的拉力，W为水膜被拉断时金属丝框的重力和所受浮力之差，l为金属丝框的长度，d为金属丝的直径，即水膜的厚度，h为水膜被拉断时的高度，ρ为水的密度，g为重力加速度；$ldh\rho g$为水膜的重力，由于金属丝的直径很小，这项值不大，可以忽略. 由式(4-4-7)

中解得

$$\alpha=\frac{F-W}{2l}. \tag{4-4-8}$$

实验中先测出弹簧的劲度系数 k,然后用焦利秤测出与式(4-4-8)中 $F-W$ 相对应的弹簧伸长量 ΔL,则有

$$\alpha=\frac{k\Delta L}{2l}, \tag{4-4-9}$$

此式即为实验公式.

【实验内容及步骤】

1. 测量弹簧的劲度系数 k.

(1) 将弹簧、砝码盘挂在焦利秤上,调节三角底座上的螺钉,使小平面镜穿过玻璃圆筒 E 的中心,这时弹簧将与金属套管 A 平行.

(2) 转动旋钮 G 使弹簧上升,直至“三线对齐”为止,此时读出游标零线所指示的毫米标尺上的读数 L_0.

(3) 逐次增加砝码,每次加 0.5 g 砝码,调整一次旋钮 G 使“三线对齐”,再记下毫米标尺上的读数,直至加到 3.5 g.

(4) 逐次递减砝码,每次减 0.5 g 砝码,调整一次旋钮 G 使“三线对齐”,再记下毫米标尺上的读数,直至砝码全部取下.

(5) 将所记录数据填入表 4-4-3,用逐差法处理数据,求出劲度系数 k 值.

2. 测量液体的表面张力系数.

(1) 将待测液体倒入洗净干燥的烧杯中,置于平台 C 上,并将金属丝框悬挂于砝码盘下端的小钩上,使金属丝框完全浸入水中,调节旋钮G使“三线对齐”. 调节时要保证金属丝框始终处于水面以下.

(2) 转动平台C下端的旋钮使平台稍微下降一点,然后调节旋钮G,使当金属框刚好到达水面时“三线对齐”. 记下此时毫米标尺上的读数 L_1(用游标读到 0.1 mm).

(3) 使平台 C 继续下降一点,然后调节旋钮 G 使“三线对齐”,不断重复该步骤,金属丝框将慢慢露出液面,并在表面张力的作用下带起一液膜,直到液膜被破坏时为止. 记下液膜被破坏时毫米标尺上的读数 L_2.

(4) 重复步骤(2),(3) 操作 5 次,将测量数据填入表 4-4-4.

3. 用游标卡尺测金属丝框的长度 3 次,数据填入表 4-4-5.

【数据处理及分析】

表 4-4-3 测定弹簧劲度系数 k

次数	砝码质量 /g	标尺读数 /mm				平均值 $\left(\overline{y}_i=\frac{y_i+y_i'}{2}\right)$ /mm		逐差 ($\Delta\overline{y}_i=\overline{y}_{i+4}-\overline{y}_i$) /mm	$\overline{\Delta y}$ /mm
		加砝码时读数		减砝码时读数					
1	0.0	y_0		y_0'		$\overline{y}_0$			
2	0.5	y_1		y_1'		$\overline{y}_1$			
3	1.0	y_2		y_2'		$\overline{y}_2$			
4	1.5	y_3		y_3'		$\overline{y}_3$			

续表

次数	砝码质量 /g	标尺读数 /mm				平均值 $\left(\overline{y}_i=\frac{y_i+y_i'}{2}\right)$ /mm		逐差 $(\Delta\overline{y}=\overline{y}_{i+4}-\overline{y}_i)$ /mm	$\overline{\Delta y}$ /mm
		加砝码时读数		减砝码时读数					
5	2.0	y_4		y_4'		$\overline{y}_4$			
6	2.5	y_5		y_5'		$\overline{y}_5$			
7	3.0	y_6		y_6'		$\overline{y}_6$			
8	3.5	y_7		y_7'		$\overline{y}_7$			

表 4-4-4　液体表面张力使弹簧伸长量 ΔL

次数	1	2	3	4	5	$\overline{\Delta L}$/mm
L_1/mm						
L_2/mm						
$(\Delta L=\lvert L_1-L_2\rvert)$/mm						

表 4-4-5　金属丝框长度测量记录表

游标卡尺零点误差 l_0 = ________mm

次数	1	2	3	$\overline{l}$/mm
l/mm				

计算每个测量量的不确定度，并根据传递公式计算 α 的不确定度．正确表示结果．

【注意事项】

1. 焦利秤中使用的弹簧是精密易损元件，要轻拿轻放，切忌用力拉．

2. 实验时动作必须仔细、缓慢．平台一次只能下降一点，如果动作过大，会使液膜过早破裂，带来较大误差．

3. 每次实验前要清洗玻璃杯和金属丝框，实验结束后用吸水纸将金属丝框表面擦干，以免锈蚀．

【思考题】

1. 弹簧的劲度系数为什么用逐差法来求？逐差法处理数据的优点是什么？

2. 焦利秤的常用弹簧的最大负荷是多大？测量过程中应注意什么？

3. 分析式(4-4-8)成立的条件，实验中应如何保证这些条件实现？

4. 本实验中为何安排测$(F-W)$，而不是分别测 F 和 W？

实验 4.5　固体导热系数的测定

热量传输有多种方式，热传导是热量传输的重要方式之一，也是热交换现象三种基本形式(传导、对流、辐射)之一．导热系数是反映材料导热性能的重要参数之一，它不仅是评价材料热学特性的依据，也是材料在设计应用时的一个依据．熔炼炉、传热管道、散热器、加热器，以及日常生活中热水瓶、冰箱等都要考虑它们的导热程度，所以对导热系数的研究和测量就显得很有必要. 导热系数大、导热性能好的材料称为良导体；导热系数小、导热性能差的材料称为不良导体. 一般来说，金属的导热系数比非金属的大，固体的导热系数比液体的大，气体的导热系数最小. 因为材料的导热系数不仅随温度、压力变化，而且材料的杂质含量、结构变化都会明显影响导热系数的数值，所以在科学实验和工程技术中对材料的导热系数常用实验的方法测定. 测量导热系数的方法大体上可分为稳态法和动态法两类.

本实验介绍一种比较简单的利用稳态法测材料导热系数的实验方法. 稳态法是通过热源在样品内部形成一个稳定的温度分布后，用热电偶测出其温度，进而求出材料导热系数的方法.

【预习提要】

1. 学习傅里叶热传导定律.
2. 了解用稳态法测量材料导热系数的原理和方法.
3. 了解热电偶的测温原理.

【实验目的】

1. 掌握稳态法测固体导热系数的方法.
2. 掌握一种用热电转换方式进行温度测量的方法.

【实验仪器】

YBF-2型导热系数测试仪(示意图见图4-5-1)，杜瓦瓶，测试样品(硬铝、橡皮)，游标卡尺等.

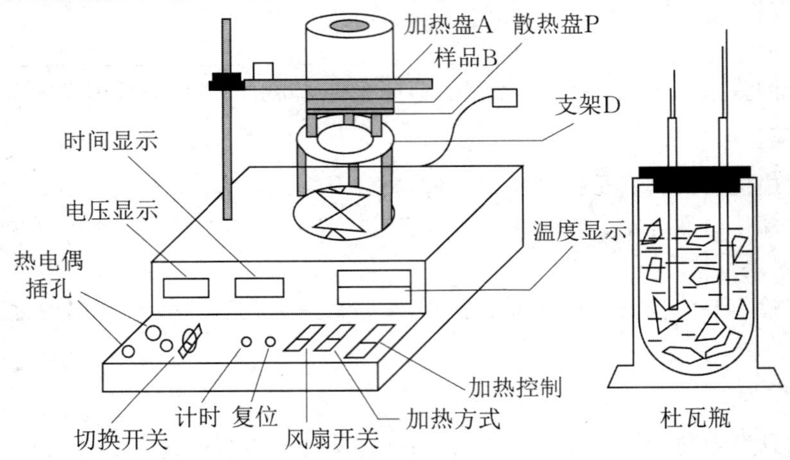

图4-5-1　YBF-2型导热系数测试仪

【实验原理】

早在1882年，法国科学家傅里叶就提出了热传导定律. 目前各种测量导热系数的方法都建立在傅里叶热传导定律基础上.

当物体内部各处温度不均匀时，就会有热量从温度较高处传向较低处，这种现象称为热传导. 热传导定律指出：如果热量是沿着 Z 轴方向传导，那么在 Z 轴上任一位置 Z_0 处取一个垂直截面积 $\mathrm{d}S$，以 $\frac{\mathrm{d}T}{\mathrm{d}Z}$ 表示在 Z 处的温度梯度，以 $\frac{\mathrm{d}Q}{\mathrm{d}t}$ 表示该处的传热速率(单位时间内通过截面积 $\mathrm{d}S$ 的热量)，那么

$$\frac{\mathrm{d}Q}{\mathrm{d}t}=-\lambda\left(\frac{\mathrm{d}T}{\mathrm{d}Z}\right)_{Z_0}\mathrm{d}S, \tag{4-5-1}$$

式中的负号表示热量从高温区向低温区传导(即热传导的方向与温度梯度的方向相反)，比例系数 λ 即为导热系数，其物理意义为：在温度梯度为一个单位的情况下，单位时间内垂直通过截面单位面积的热量. 利用式(4-5-1) 测量材料的导热系数 λ，需解决两个关键的问题：一是如何在材料内造成一个温度梯度 $\frac{\mathrm{d}T}{\mathrm{d}Z}$ 并确定其数值，二是如何测量材料内由高温区向低温区的传热速率 $\frac{\mathrm{d}Q}{\mathrm{d}t}$.

1. 关于温度梯度 $\frac{\mathrm{d}T}{\mathrm{d}Z}$.

为了在样品内造成一个温度的梯度分布，可以把样品加工成平板状，并把它夹在两块良导体——铜板之间，如图 4-5-2 所示，使两块铜板分别保持在恒定温度 T_1 和 T_2，就可能在垂直于样品表面的方向上形成温度的梯度分布. 若样品厚度远小于样品直径($h \ll D$)，样品侧面积比平板面积小得多，由侧面散去的热量可以忽略不计，可以认为热量是沿垂直于样品平面的方向上传导，即只在此方向上有温度梯度. 由于铜是热的良导体，在达到平衡时，可以认为同一铜板各处的温度相同，样品内同一平行平面上各处的温度也相同. 这样，只要测出样品的厚度 h 和样品上下表面的温度 T_1，T_2，就可以确定样品内的温度梯度 $\frac{\mathrm{d}T}{\mathrm{d}Z} = \frac{T_1 - T_2}{h}$. 这需要铜板与样品表面紧密接触无缝隙，否则中间的空气层将产生热阻，使得温度梯度测量不准确.

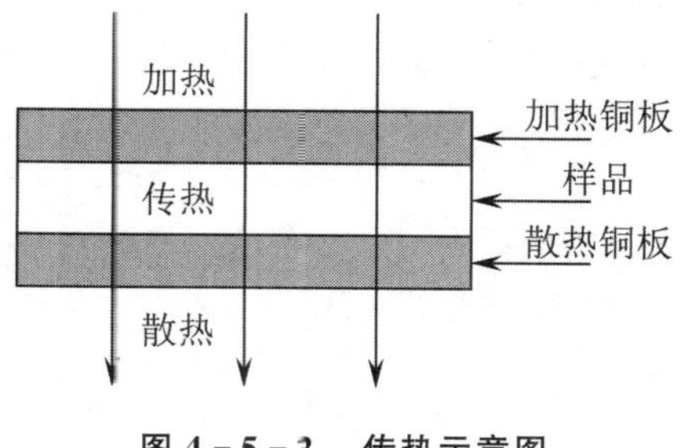

图 4-5-2　传热示意图

为了保证样品中温度场的分布具有良好的对称性，把样品及两块铜板都加工成等大的圆形.

2. 关于传热速率 $\frac{\mathrm{d}Q}{\mathrm{d}t}$.

单位时间内通过某一截面积的热量 $\frac{\mathrm{d}Q}{\mathrm{d}t}$ 是一个无法直接测定的量，设法将这个量转化为较容易测量的量. 为了维持恒定的温度梯度分布，必须不断地给高温侧铜板加热，热量通过样品传到低温侧铜板，低温侧铜板则要将热量不断地向周围环境散出. 当加热速率、传热速率与散热速率相等时，系统就达到一个动态平衡，称为稳态，此时低温侧铜板的散热速率就是样品内的传热速率. 只要测量低温侧铜板(散热铜板)在稳态温度 T_3 下散热的速率，也就间接测量出样品内的传热速率. 但是，铜板的散热速率也不易测量，还需要进一步做参量转换. 我们知道，铜板的散热速率与冷却速率(温度变化率) $\frac{\mathrm{d}T}{\mathrm{d}t}$ 有关，其表达式为

$$\frac{\mathrm{d}Q}{\mathrm{d}t} = -mc\left.\frac{\mathrm{d}T}{\mathrm{d}t}\right|_{T_3}, \tag{4-5-2}$$

式中 m 为铜板的质量，c 为铜板的比热容，负号表示热量向低温方向传递. 因为质量容易直接测量，c 为常量，这样对铜板的散热速率的测量又转化为对低温侧铜板冷却速率的测量. 铜板的冷却速率测量方法如下：在达到稳态后，移去样品，用加热铜板直接对散热铜板加热，使其温度高于稳态温度 T_3(大约高出 10 ℃ 左右)，再让其在环境中自然冷却，直到温度低于 T_3，

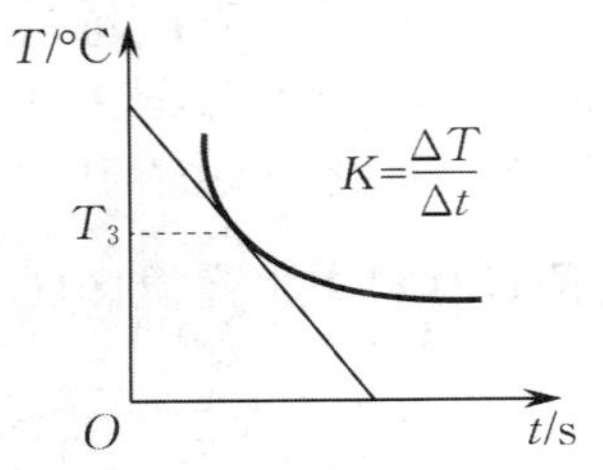

图 4-5-3 散热铜板的冷却曲线

测出温度在大于 T_3 到小于 T_3 区间中随时间的变化关系，描绘出 T-t 曲线(见图 4-5-3)，曲线在 T_3 处的斜率就是散热铜板在稳态温度 T_3 时的冷却速率.

应该注意，采用上述方法得出的 $\frac{\mathrm{d}T}{\mathrm{d}t}$ 是铜板全部表面暴露于空气中的冷却速率，其散热面积为 $2\pi R_p^2+2\pi R_p h_p$(其中 R_p 和 h_p 分别是散热铜板的半径和厚度). 设样品截面半径为 R，在实验中稳态传热时，散热铜板的上表面(面积为 πR_p^2) 是被样品全部($R=R_p$) 或部分($R<R_p$) 覆盖的，由于物体的散热速率与其面积成正比，稳态时铜板散热速率的表达式应修正.

若 $R=R_p$，则

$$\frac{\mathrm{d}Q}{\mathrm{d}t}=-mc\frac{\mathrm{d}T}{\mathrm{d}t}\cdot\frac{\pi R_p^2+2\pi R_p h_p}{2\pi R_p^2+2\pi R_p h_p};\tag{4-5-3}$$

若 $R<R_p$，则

$$\frac{\mathrm{d}Q}{\mathrm{d}t}=-mc\frac{\mathrm{d}T}{\mathrm{d}t}\cdot\frac{2\pi R_p^2-\pi R^2+2\pi R_p h_p}{2\pi R_p^2+2\pi R_p h_p}.\tag{4-5-3$'$}$$

将式(4-5-3) 或(4-5-3′) 代入热传导定律表达式，考虑到 $\mathrm{d}S=\pi R^2$，可以得到导热系数：

$$\lambda=mc\frac{R_p+2h_p}{2R_p+2h_p}\cdot\frac{1}{\pi R^2}\cdot\frac{h}{T_1-T_2}\cdot\left.\frac{\mathrm{d}T}{\mathrm{d}t}\right|_{T=T_3}\tag{4-5-4}$$

或

$$\lambda=mc\frac{2R_p^2-R^2+2R_p h_p}{2R_p^2+2R_p h_p}\cdot\frac{1}{\pi R^2}\cdot\frac{h}{T_1-T_2}\cdot\left.\frac{\mathrm{d}T}{\mathrm{d}t}\right|_{T=T_3}.\tag{4-5-4$'$}$$

实验中并不是直接测量温度，而是用铜-康铜热电偶将温度的测量转换为温差电动势的测量. 当温度变化范围不大时，热电偶的温差电动势 θ(mV) 与待测温度 T(℃) 的比值是一个常数，即 $\theta=\alpha(T-T_0)$. 实验中 α 表示热电偶常数，T 为样品加热达到稳态时的温度，T_0 为冰水混合物的温度，$T_0=0$ ℃，所以表达式可以简化为 $\theta=\alpha T$，因此在用式(4-5-4) 或式(4-5-4′) 计算时，也可以直接用温差电动势 θ 代表温度 T. 式(4-5-4) 或(4-5-4′) 可以变为

$$\lambda=mc\frac{R_p+2h_p}{2R_p+2h_p}\cdot\frac{1}{\pi R^2}\cdot\frac{h}{\theta_1-\theta_2}\cdot\left.\frac{\mathrm{d}\theta}{\mathrm{d}t}\right|_{\theta=\theta_3}\tag{4-5-5}$$

或

$$\lambda=mc\frac{2R_p^2-R^2+2R_p h_p}{2R_p^2+2R_p h_p}\cdot\frac{1}{\pi R^2}\cdot\frac{h}{\theta_1-\theta_2}\cdot\left.\frac{\mathrm{d}\theta}{\mathrm{d}t}\right|_{\theta=\theta_3}.\tag{4-5-5$'$}$$

【实验内容及步骤】

1. 金属样品.

(1) 用游标卡尺测量样品、散热铜板的几何尺寸，各测一次.

(2) 放置好待测样品，使待测样品与加热、散热铜板接触良好. 将两个热电偶的测热端分别插入待测样品的上、下部测温孔中. 热电偶插入测温孔中时，一定要插到测温孔底部，使热电偶测温端与样品接触良好，热电偶冷端插在杜瓦瓶中的冰水混合物中.

(3) 选择自动加热方式，加热温度设定在 90 ℃ 左右，同时开启风扇. 当加热盘实时温度达到 85 ℃ 以上时(此时 θ_1 的值应在 3.00 mV 以上，如果不是，应检查加热盘与样品接触情况)，将加热方式切换为“手动”“低温”，然后监测 θ_1 的变化情况，当发现 θ_1 不再升高或开始有下降趋势时，每隔 30 s(中途秒表不能停) 读取一组 θ_1 和 θ_2 的值，一边测量一边分析记录的数

据，当 θ_2 有连续五六个数据保持不变时说明已达到了稳态. 此时立即将样品下端的热电偶拔下插入散热盘测温孔，并将信号选通开关拨到相应通道，待温度显示值相对稳定时读出其值即为稳态时的 θ_3. 记录稳态时的 θ_1、θ_2 和 θ_3 值.

(4) 移去样品，将加热铜板和散热铜板贴在一起，对散热铜板加热，当散热铜板电动势比 θ_3 高出 0.3 mV 左右时，移去加热铜板，将"控制方式"开关置于中间挡"0"，停止加热. 让散热铜板所有表面均暴露于空气中，使散热铜板冷却(风扇仍然开启)至比 θ_3 高出 0.2 mV 开始计时，每隔 30 s 读一次散热铜板的电动势，直到电动势下降到比 θ_3 低 0.2 mV 左右停止. 作散热铜板的 $\theta-t$ 冷却曲线，选取邻近 θ_3 的测量数据求出冷却速率.

2. 非金属样品.

测量步骤与金属样品基本相同，这里不再赘述，但注意以下几点不同之处.

(1) 原步骤(2) 中，用加热、散热两铜板的测温孔作为样品上、下端测温孔.

(2) 原步骤(3) 获得的 θ_2 即为 θ_3，无须再测.

【数据处理及分析】

样品：__________　　　　　室温：__________ ℃；

散热铜板比热容(紫铜)：$c = 0.389\ \mathrm{J \cdot g^{-1} \cdot K^{-1}}$；散热铜板质量：$m =$ __________ g.

表 4-5-1　数据记录表格

	厚度 /mm	直径 /mm
散热铜板		
样品		

稳态时，样品上表面的电动势 $\theta_1 =$ ________ mV，下表面的电动势 $\theta_2 =$ ________ mV，散热铜板的电动势 $\theta_3 =$ ________ mV.

表 4-5-2　散热铜板冷却时温度记录

t/s	0	30	60	90	120	150	…
θ/mV							

1. 计算冷却速率 $\left.\dfrac{\mathrm{d}\theta}{\mathrm{d}t}\right|_{\theta=\theta_3}$.

2. $\bar{\lambda} = mc\,\dfrac{2R_\mathrm{p}^2 - R^2 + 2R_\mathrm{p}h_\mathrm{p}}{2R_\mathrm{p}^2 + 2R_\mathrm{p}h_\mathrm{p}} \cdot \dfrac{1}{\pi R^2} \cdot \dfrac{h}{(\theta_1 - \theta_2)} \cdot \left.\dfrac{\mathrm{d}\theta}{\mathrm{d}t}\right|_{\theta=\theta_3}$.

3. $E = \sqrt{\left[\dfrac{\Delta(\Delta\theta)}{\Delta\theta}\right]^2 + \left[\dfrac{\Delta(\theta_1 - \theta_2)}{\theta_1 - \theta_2}\right]^2 + \left(\dfrac{\Delta(h)}{h}\right)^2 + \left(2\,\dfrac{\Delta(R)}{R}\right)^2}$，其中 $\Delta(\Delta\theta) = \Delta(\theta_1 - \theta_2)$ 为数字毫伏表仪器误差，取 0.01 mV，$\Delta(h) = \Delta(R)$ 为游标卡尺仪器误差，取 0.02 mm. $\Delta\theta$ 为计算冷却速率时所选取的 θ 变化量.

4. $\Delta_\lambda = \bar{\lambda} \times E$.

5. $\lambda = \bar{\lambda} \pm \Delta_\lambda$，$E = \dfrac{\Delta_\lambda}{\bar{\lambda}} \times 100\%$.

【注意事项】

1. 使用前将加热铜板、散热铜板的表面擦干净，样品两端面擦净，可涂上少量硅油，以保证接触良好.

2. 加热铜板侧面和散热铜板侧面，都有供安插热电偶的小孔，安放加热铜板和散热铜板时此两小孔都应与杜瓦瓶在同一侧，以免线路错乱. 热电偶插入小孔时，要抹上些硅脂，并插到洞孔底部,以保证接触良好,热电偶冷端浸于冰水混合物中.

3. 实验过程中,如若移开加热铜板,应先关闭电源,旋松加热铜板侧面的锁紧螺钉再移,并防止高温烫伤.

4. 导热系数测定仪铜板下方的风扇的作用为强迫对流换热,以减小样品侧面与底面的放热比,增加样品内部的温度梯度,从而减小实验误差,所以实验过程中,风扇一定要打开.

5. 数字电压表出现不稳定或加热时数值不变化,应先检查热电偶及各个环节的接触是否良好.

【思考题】

1. 测导热系数 λ 要满足哪些条件?在实验中如何保证?
2. 测冷却速率时,为什么要在稳态温度 T_2(或 T_3) 附近选值?如何计算冷却速率?
3. 讨论本实验的误差因素,并说明导热系数可能偏小的原因.

【附录】

铜-康铜热电偶分度表

温度 /℃	热电势 /mV									
	0	1	2	3	4	5	6	7	8	9
−10	−0.383	−0.421	−0.458	−0.496	−0.534	−0.571	−0.608	−0.646	−0.683	−0.720
−0	0.000	−0.039	−0.077	−0.116	−0.154	−0.193	−0.231	−0.269	−0.307	−0.345
0	0.000	0.039	0.078	0.117	0.156	0.195	0.234	0.273	0.312	0.351
10	0.391	0.430	0.470	0.510	0.549	0.589	0.629	0.669	0.709	0.749
20	0.789	0.830	0.870	0.911	0.951	0.992	1.032	1.073	1.114	1.155
30	1.196	1.237	1.279	1.320	1.361	1.403	1.444	1.486	1.528	1.569
40	1.611	1.653	1.695	1.738	1.780	1.822	1.865	1.907	1.950	1.992
50	2.035	2.078	2.121	2.164	2.207	2.250	2.294	2.337	2.380	2.424
60	2.467	2.511	2.555	2.599	2.643	2.687	2.731	2.775	2.819	2.864
70	2.908	2.953	2.997	3.042	3.087	3.131	3.176	3.221	3.266	3.312
80	3.357	3.402	3.447	3.493	3.538	3.584	3.630	3.676	3.721	3.767
90	3.813	3.859	3.906	3.952	3.998	4.044	4.091	4.137	4.184	4.231
100	4.277	4.324	4.371	4.418	4.465	4.512	4.559	4.607	4.654	4.701
110	4.749	4.796	4.844	4.891	4.939	4.987	5.035	5.083	5.131	5.179

实验 4.6 金属线膨胀系数的测量

当某种固体被加热而温度升高时,构成固体的原子热运动随之加剧,原子间的距离将增大,进而引起固体体积增大,这种现象称为固体的热膨胀. 热胀冷缩是固体材料的重要特性之一. 固体的热膨胀可分为体膨胀和线膨胀,本实验主要研究线膨胀. 线膨胀是指在一维情况下固体受热后长度的增加. 对于不同的材料,其线膨胀和温度的关系特性各不相同,固体的这种特性差异用线膨胀系数来表示. 线膨胀系数是工程设计、精密仪器制造、材料焊接与加工中必须考虑的重要参数之一. 如在建筑施工、铁路钢轨的铺设中必须根据材料特性留取合适的伸缩缝隙,将两种不同材料焊接到一起时必须要考虑两者的线膨胀系数是否接近,等等.

【预习提要】

1. 阅读并掌握金属线膨胀系数的测量原理.
2. 掌握光杠杆原理及光杠杆的调节方法.

【实验目的】

1. 掌握一种测定金属线膨胀系数的方法.
2. 学会用光杠杆测量长度微小变化的方法.

【实验仪器】

金属线膨胀系数测定仪,卷尺,游标卡尺.

【仪器介绍】

金属线膨胀系数测定仪整体测量装置由望远镜尺组、支架、光杠杆、温度计和加热装置组成,其中加热装置结构示意图如图 4-6-1 所示. 整个加热装置外壳呈圆筒状,外层为绝热保温层,保温层包裹着圆筒状加热器(螺线管形电热丝),加热器内侧垫有云母绝缘层,再加上铜质内筒形成加热腔. 待测样品为空心铜棒,其上部顶端有一较宽的外沿,用于放置光杠杆后足. 测量时温度计通过橡胶塞插入空心铜管内部测量温度. 仪器底座内部设有调压电路,可通过位于底座表面的电源开关和调温旋钮控制加热状态.

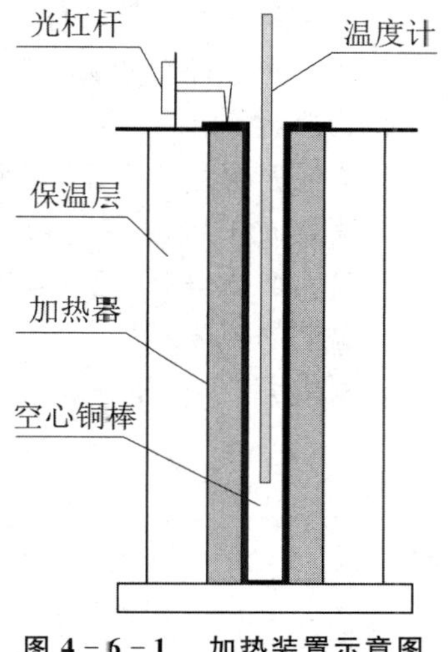

图 4-6-1　加热装置示意图

【实验原理】

实验证明:物体的长度随温度改变而增加或减少的数值取决于温度改变的大小、物体材料本身的性质及物体的原有长度. 设一物体在温度为 t_0 时其长度为 l_0,当温度升至 t 时,长度变为 l,则

$$l = l_0[1+\alpha(t-t_0)], \tag{4-6-1}$$

式中 α 为线膨胀系数,其数值因物体材质的不同而不同,反映了不同的物体有不同的热性质. 殷钢和石英的线膨胀系数很小,故常用于精密测量仪器中,而塑料的线膨胀系数最大,金属次之. 实验发现,同一材质的线膨胀系数也因温度的不同而有所变化. 在某些特殊的情况下,某些合金甚至会出现线膨胀系数的突变(如记忆合金). 当然,一般情况下在温度变化不大的范围内,线膨胀系数变化量还是很小的,仍可认为是一常量,所以通常使用平均线膨胀系数,其定义为

$$\alpha = \frac{\Delta l}{[l_0(t-t_0)]} = \frac{\Delta l}{l_0 \Delta t}, \tag{4-6-2}$$

式中 Δl 为温度从 t_0 增加到 t 时金属杆所增加的长度;α 为线膨胀系数,在数值上等于当温度升高 1 ℃ 时金属杆每单位原长的伸长量. 严格地说,α 的数值与起始温度有关,故通常令 $t_0 =$ 0 ℃,但在实际情况下,0 ℃ 时的 α 与 t ℃ 时的 α 相差甚微,可视为相等. 由于固体的线膨胀系数很小,其长度的变化量 Δl 也很小,用普通的测长仪器不能测出. 在本实验中,采用了一种特殊的方法 —— 光杠杆放大法来测量长度的微小变化.

根据光杠杆的原理(请参阅实验 4.2.1A),可以得到

$$\Delta l = \frac{b(n-n_0)}{2D} = \frac{b\Delta n}{2D}, \tag{4-6-3}$$

所以

$$\alpha = \frac{b\Delta n}{2Dl_0\Delta t}, \tag{4-6-4}$$

式中 b 为光杠杆后足尖到两前足尖连线的垂直距离,n_0,n 为温度为 t_0 和 t 时标尺上的对应读数,D 为标尺到平面镜的距离,l_0 为被测铜管的原长.

【实验内容及步骤】

1. 记录铜管的原始长度 l_0 及初始温度 t_0.

2. 调节光杠杆和望远镜到测量状态(具体的过程请参阅实验 4.2.1A),记录望远镜中标尺的原始读数 n_0.

3. 给恒温管加热升温,观察温度计及望远镜中标尺读数的变化,记录温度每升高 5 ℃ 时标尺的读数 n,直至温度升到 90 ℃ 左右,共测量 10 组数据.

4. 关闭加热电源,记录温度每降低 5 ℃(与升温时对应温度相同)时标尺的读数 n',直至降到升温前的温度.

5. 测出 D 和 b,并将数据填入表 4-6-1 中.

表 4-6-1　金属线膨胀系数测量记录表

$D=$ ______mm,$b=$ ______mm,$l_0=$ ______mm,$t_0=$ ______℃,$n_0=$ ____mm

温度/℃	望远镜中标尺读数 /mm			温度/℃	望远镜中标尺读数 /mm			逐差法求读数差
	升温 n_i	降温 n_i'	平均值 $\bar{n}$		升温 n_i	降温 n_i'	平均值 $\bar{n}$	

【数据处理及分析】

1. 计算相同温度下标尺读数的平均值 $\bar{n}$,将结果填入表 4-6-1 中.

2. 用逐差法处理数据,计算温度每升高 25 ℃(即 $\Delta t = 25$ ℃)标尺读数的变化量 Δn_i 及变化量的平均值 $\overline{\Delta n}$.

3. 将数据代入式(4-6-4)计算待测样品的线膨胀系数 α 及其不确定度,写出最后结果表达式.

4. 以温度 t 为横坐标、标尺读数平均值 $\bar{n}$ 为纵坐标,画出 t-$\bar{n}$ 曲线,用两点法求斜率,计算 α 值.

5. 比较两种不同处理方法得到的线膨胀系数 α 值,并分析这两种不同数据处理方法的优缺点.

【注意事项】

1. 实验开始前,一定要先测量室温下金属棒的原长和放入金属线膨胀系数测定仪后室温下标尺的读数.

2. 升温速度不要太快,否则容易造成读数误差.

3. 光杠杆系统一旦调好,在测量过程中切不可再动,否则将影响测量结果.

【思考题】

本实验测定的是 0 ～ 100 ℃ 之间的平均线膨胀系数,若欲测定更高温度范围内的线膨胀系数,应如何制订实验方案,如何改进实验装置?

实验 4.7　灵敏电流计特性研究

灵敏电流计是一种测量微小电流的直读式磁电系仪表. 由于它变革了机械指针式电流计的机械结构和偏转显示系统,因而具有很高的灵敏度(一般可以检测 $10^{-6} \sim 10^{-11}$ A 的微弱电流或检测 $10^{-3} \sim 10^{-6}$ V 的微小电压),常用于光电流、生物电流、温差电动势的测量或用作精密电桥、精密电位计的平衡指示器. 灵敏电流计在具有高灵敏度的同时,也带来了如何控制电流计指示迅速稳定和迅速回零的问题. 因此,了解灵敏电流计的构造原理及其线圈在磁场中的运动特性、最佳工作状态、内阻和灵敏度等,对于电流计的使用和调整具有实际意义.

【预习提要】

1. 了解灵敏电流计有较高灵敏度的原因,在结构上做了哪些改进?使用时应注意什么?

2. 掌握灵敏电流计常数的定义和测量方法.

3. 了解灵敏电流计的三种运动状态和临界外电阻的定义及测定方法.

【实验目的】

1. 了解灵敏电流计的基本结构和工作原理.

2. 掌握测量灵敏电流计内阻和灵敏度的方法.

3. 学会正确使用灵敏电流计.

【实验仪器】

光电式灵敏电流计(简称灵敏电流计),直流稳压电源,滑线变阻器,电阻箱,标准电阻,直流电压表等.

【实验原理】

1. 灵敏电流计的基本结构.

灵敏电流计的结构如图 4-7-1 所示. 在永久磁铁之间有一圆柱体软铁芯,使空隙中的磁场呈辐射状分布. 用张丝将一个多匝矩形线圈垂直悬挂于空隙中,一小平面镜置于线圈下端. 从光源发出的一束定向聚焦光首先投射在小平面镜上,反射后射到凸面镜上,再反射到长条平面镜上,最后反射到弧形标尺上,形成一个中间有一条黑色准丝像的方形光斑. 当有微弱电流通过线圈时,此线圈(及小平面镜)在电磁力矩作用下以张丝为轴偏转,于是小平面镜的反射光也改变方向,该反射光起到了电流计指针的作用. 由于用

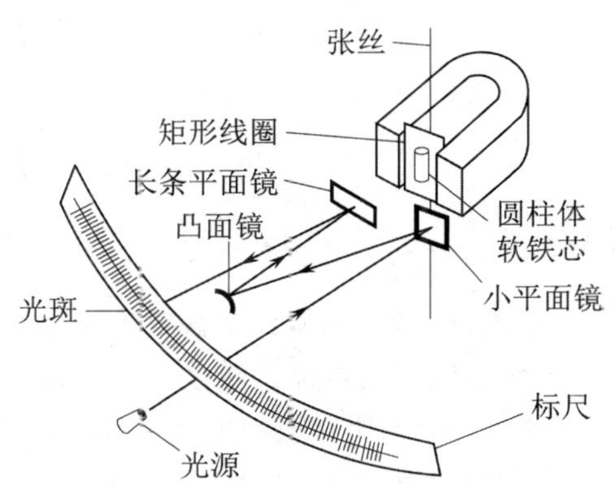

图 4-7-1　灵敏电流计的基本结构

扭力矩很小的张丝代替了普通电表的一般游丝，减少了轴承摩擦，又由于发射光线多次来回反射，增加了"光指针"的长度，使在同样转角下，"光指针指尖"(光斑)所扫过的弧长增加，使这种电流计的灵敏度得到大大提高.

2. 灵敏电流计的工作原理.

如图 4-7-2 所示，当有电流 I_g 流过线圈时，根据电磁学原理，线圈所受的磁力矩为

$$M_B = NSBI_g, \tag{4-7-1}$$

式中 N 和 S 为线圈匝数和截面积，B 为磁极与铁芯间隙中的磁感应强度. 同时，线圈偏转过程中受到张丝产生的扭力矩(回复力矩)的作用，其大小为

$$M_\theta = -D\theta, \tag{4-7-2}$$

式中 D 为张丝的弹性扭转系数，负号表示线圈偏转角 θ 转向与 M_θ 相反. 当线圈静止时偏转角为 θ_0，则有

$$M_{\theta_0} = -D\theta_0,$$

此时 $M_B + M_{\theta_0} = 0$，即 $NSBI_g = D\theta_0$，有

$$I_g = \frac{D}{NBS}\theta_0 = K'\theta_0. \tag{4-7-3}$$

可见，线圈偏转角 θ_0 和线圈通过的电流 I_g 成正比例，由线圈偏转角 θ_0 就可以确定 I_g 的大小.

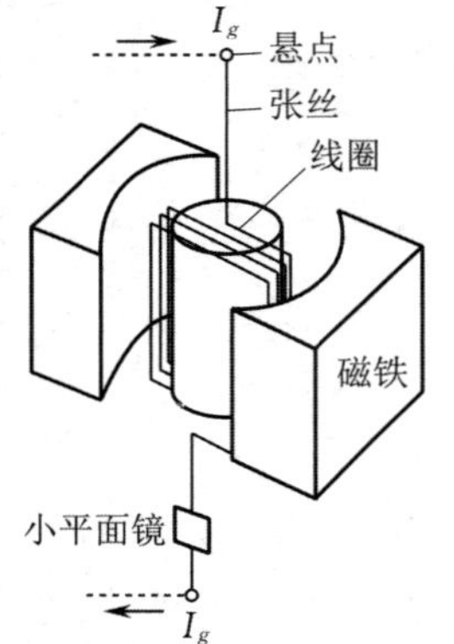

图 4-7-2 灵敏电流计线圈部分

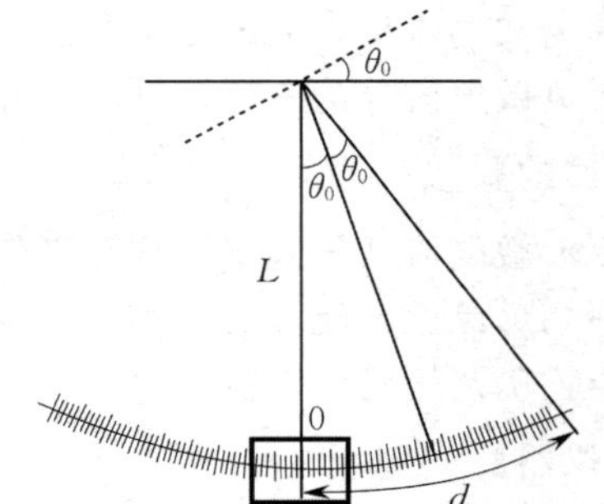

图 4-7-3 灵敏电流计镜尺系统

线圈偏转角 θ_0 可由前面所述的光源射到小平面镜上、再反射到标尺上的光标所移动的距离 d 和标尺与小平面镜的距离 L(见图 4-7-3)求得. 由光的反射定律，标尺上的读数 d 与 θ_0 的关系为

$$d = L \cdot 2\theta_0,$$

代入式(4-7-3)有

$$I_g = \frac{D}{2LNBS} \cdot d = K_i d, \tag{4-7-4}$$

其中 $K_i = \dfrac{D}{2LNBS}$ 为电流常数. 式(4-7-4)表明，通过电流计的电流 I_g 与标尺上的读数 d 成正比. 电流计给定，电流计常数就确定了.

灵敏电流计的电流常数是由电流计本身的结构决定的，单位是 A/分度，表示光标每偏转 1 分度(1 mm)所对应的电流值. K_i 值越小，电流计越灵敏，K_i 的倒数($1/K_i = S$)称为灵敏电流计的电流灵敏度，即 S 越大，电流计灵敏度越高.

3. 灵敏电流计线圈的三种运动状态.

在使用灵敏电流计时我们发现，某些情况下，当电流发生变化后，光标会来回摆动很久才逐渐停在新的平衡位置上，这样读数很浪费时间．一般的指针式电表，内部装有电磁阻尼线圈，通电后指针很快摆到平衡位置，上述问题不会引人注意．但灵敏电流计的阻尼问题要求在外部线路解决，这就需要研究一下如何用电磁阻尼控制线圈的运动状态．

由电磁感应定律可知，闭合线圈在磁场中转动时因切割磁感应线而产生感应电动势和感应电流．这个感应电流也要受磁场作用，即线圈受到一个阻碍线圈转动的电磁阻尼力矩 M 的作用，由电流计内阻 R_g 和外电阻 $R_{外}$ 组成的闭合回路的总电阻与 M 成反比，即

$$M \propto \frac{1}{R_g + R_{外}}.$$

由此可见，可以通过改变 $R_{外}$ 的大小来控制电磁阻尼力矩 M 的大小．M 不同，线圈的运动状态也不同，按其性质可分为三种不同的状态．

(1) 当 $R_{外}$ 较大时，M 较小，线圈做振幅逐渐衰减的振荡．也就是说，线圈偏转到相应位置 θ_0 处不会立即停止不动，而是越过此位置，并以此位置为中心来回振荡，需较长时间才能停在平衡位置 θ_0 处．$R_{外}$ 越大，M 越小，振荡时间也就越长．这种状态称为欠阻尼状态，如图 4-7-4 中曲线 ① 所示．

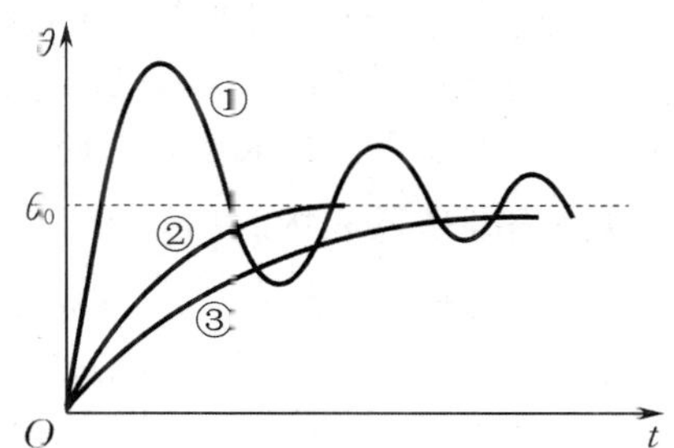

图 4-7-4　灵敏电流计线圈的三种运动状态

(2) 当 $R_{外}$ 较小时，M 较大，线圈缓慢地趋向于新的平衡位置，也不会越过此平衡位置．$R_{外}$ 越小，M 越大，达到平衡位置的时间也越长，这种状态称为过阻尼状态，如图 4-7-4 中曲线 ③ 所示．

(3) 当 $R_{外}$ 适当时，线圈能很快达到平衡位置而又不发生振荡，处于欠阻尼与阻尼的中间状态．这种状态称为临界状态，如图 4-7-4 中曲线 ② 所示，这时对应的 $R_{外}$ 称为临界外电阻 R_C．R_C 的数值在铭牌上或说明书中．

【实验内容及步骤】

1. 观察电流计的三种运动状态，测定临界外电阻 R_C．

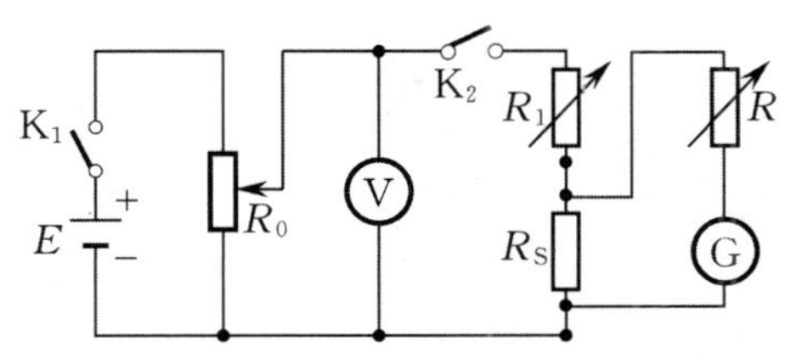

图 4-7-5　测定灵敏电流计特性电路图

按图 4-7-5 接好电路，其中 $E = 3$ V，K_1 和 K_2 为单刀开关，R_0 为滑线电阻器，R_1 和 R 为电阻箱．R_S 为标准电阻．V 为 3 V 电压表，G 为灵敏电流计．分流器旋钮拨到"直接"挡（见本实验附录附图 4-7-1）．合上 K_1，调 R_0 使电压表指数为零．R_1 取 5 kΩ．

按照电流计铭牌上给出的临界外电阻 R_C 的数值，取 $R = 2R_C$，合上 K_2，调节 R_0 使电压值增加，使电流计光标偏转 40 mm 左右，将 K_2 突然断开，观察光标回零的运动方式，判断它属于哪一种运动状态（欠阻尼运动状态）．

由大到小调节电阻箱 R 的阻值，同时再调 R_0，使光标始终保持偏转 40 mm 左右，每调一次，断开 K_2，观察光标回到零位时的运动状态．调节 R 直到光标能迅速回到零点，又不超过零点，这时电流计处于临界阻尼状态．记录此时电阻箱的阻值 R（实际测量出的临界外电阻），则

$$R_C = R + R_S. \qquad (4-7-5)$$

取 $R = 0$ 和 $R = \frac{1}{4}R_C$，合上 K_2，调节 R_0 仍使电流计光标偏转 40 mm 左右，将 K_2 断开，观察

光标回到零位时的过阻尼运动状态.

2. 测定电流计的内阻和电流常数.

实验电路如图 4－7－5 所示，合上 K_1 和 K_2，当电压表读数为 U 时，标准电阻上的电压为

$$U_S = \frac{R_S}{R_1 + R_S}U \approx \frac{R_S}{R_1}U \quad (R_1 \gg R_S). \tag{4-7-6}$$

此时通过电流计的电流为

$$I_g = \frac{U_S}{R + R_g} \approx \frac{R_S U}{R_1(R + R_g)}. \tag{4-7-7}$$

由式(4－7－4) 得

$$K_i = \frac{R_S U}{R_1(R + R_g)d}. \tag{4-7-8}$$

对 R_g 和 K_i 可采用如下方法进行测量：R 初值取 400 Ω，调 R_0 使电压 U 取最大值，调 R_1 使电流计偏转 $d = 40$ mm；此后 R_1 保持不变，只改变 R 和电压 U 值，使电流计的偏转保持不变($d = 40$ mm)；记录 R_i 和 U_i 的对应值，共测 8 组数据.

【数据处理及分析】

灵敏电流计编号________；临界外电阻 R_C = ________Ω；

标准电阻 R_S = ________Ω；R_1 = ________Ω；d = ________mm.

表 4－7－1　数据记录表格

序号	1	2	3	4	5	6	7	8
R_i/Ω	400	350	300	250	200	150	100	50
U_i/V								

求 R_g 和 K_i. 把式(4－7－8) 改写成

$$R = \frac{R_S}{K_i R_1 d}U - R_g. \tag{4-7-9}$$

用所测得的各组 R 和 U 的数据，以 U 为横坐标、R 为纵坐标，作 R－U 关系曲线，图线在 R 轴上的截距就是内阻 R_g，由图线斜率可求出 K_i.

【注意事项】

1. 灵敏电流计极易损坏，防止较大电流烧坏线圈.

2. 灵敏电流计使用完毕，应把"分流器"置于"短路"位置.

【思考题】

1. 灵敏电流计为什么有较高的灵敏度?

2. 本实验为何用二级分压电路?在图 4－7－5 的测量电路中，如果 R_1 短路或 R_S 开路，分别会出现什么情况?为什么?

【附录】

灵敏电流计的使用方法和注意事项

AC15 型直流复射式检流计的面板如附图 4－7－1 所示，现将其使用方法和注意事项分述如下.

待测电流由面板左下角标有"＋"和"—"的两个接线柱接入(有的是三个接线柱，可接"—"和"1"两个接线柱)，一般不考虑正负. 检流计电源插口在仪器背面，有 AC220 V 和 AC6 V 两

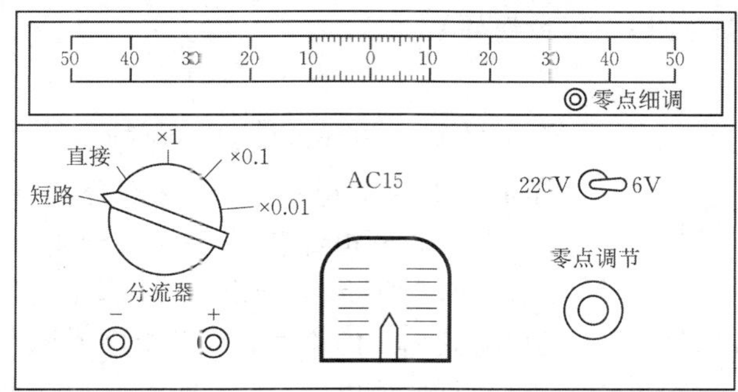

附图 4-7-1　AC15 型直流复射式检流计的面板图

种. 在接通电源前，要特别注意电源的选择开关应和实际电源相符(本实验用 AC220 V).

实验时，先接通电源，看到光标后将分流器旋钮从“短路”拨到“×0.01”挡，看光标是否指“0”，若光标不指“0”，应使用零点调节器和零点细调把光标调到“0”点. 若找不到光标，先检查仪器的小灯泡是否发光，若小灯泡是亮的，轻拍检流计. 观察光标偏在哪边，若偏在左边，逆时针旋转“零点调节”，若偏在右边，则顺时针旋转“零点调节”，使光标露出并调零.

测量时，检流计的“分流器”应从最低灵敏挡(×0.01 挡) 开始，或者把“分流器”直接转到指定的挡位“直接”挡上，对检流计进行调节. 当实验结束时必须将分流器置于“短路”挡，以防止线圈或张丝受到机械振动而损坏.

实验 4.8　双臂电桥测低值电阻

电阻按阻值的大小，大致可分为三类：1 Ω 以下的为低值电阻，1 Ω ~ 100 kΩ 之间的为中值电阻，100 kΩ 以上的为高值电阻. 不同阻值的电阻，测量方法不尽相同，它们都有本身的特殊问题. 例如，用惠斯通电桥测中值电阻时，可以忽略导线本身的电阻和接点处的接触电阻(总称附加电阻) 的影响，但用它测低值电阻时，就不能忽略了. 一般来说，附加电阻约为 0.001 Ω，若所测电阻为 0.01 Ω，则附加电阻的影响可达 10%. 如所测低值电阻在 0.001 Ω 以下，就无法得到测量结果了. 对惠斯通电桥加以改进而成的双臂电桥(又称开尔文双电桥) 消除了附加电阻的影响，它适用于 $10^{-5} \sim 10^{-1}$ Ω 电阻的测量.

【预习提要】

1. 为什么不能用单臂电桥测低值电阻?从单臂电桥改进到双臂电桥测电阻，主要采用了哪些办法?

2. 简述双臂电桥的使用操作步骤和应注意的事项.

【实验目的】

1. 了解双臂电桥测低值电阻的原理.

2. 学会用双臂电桥测低值电阻的方法.

3. 测定给定金属棒的电阻及其电阻率.

【实验仪器】

开放式(又称板式) 双臂电桥，可调直流稳压电源，检流计，安培表，50 Ω 滑线变阻器，游标卡尺，标准电阻，待测电阻（均匀金属棒）.

【实验原理】

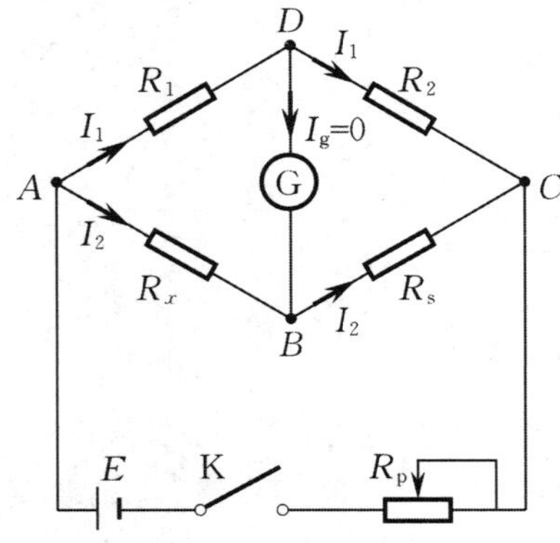

图 4-8-1 用惠斯通电桥测电阻

先分析附加电阻对测量结果的影响. 在图 4-8-1 所示的惠斯通电桥中，桥电路部分共有 12 根导线和 4 个接点，A，C 点到电源和 B，D 点到检流计的电阻可并入电源和检流计，对测量结果没有影响，R_1 和 R_2 可选用高阻值电阻，与其相连的 4 根导线的电阻对测量结果影响较小. 但由于 R_x 是低值电阻，比较臂 R_s 也应为低值电阻，与其相连的导线和接点电阻对测量结果影响较大.

通过对测量电路及连接方式的改变，可以消除上述影响. 如图 4-8-2 所示，分别使 A 与 R_x，C 与 R_s 直接相连，可消除导线电阻，将 A 点分成 A_1，A_2 两点，C 点分成 C_1，C_2 两点，A_1，C_1 点接触电阻计入电源内阻，A_2，C_2 点接触电阻计入 R_1，R_2 的电阻中. B 点与 R_x，R_s 相连的导线电阻及 B 点的接触电阻可通过对电路的改进来消除，增加电阻 R_3 和 R_4 使 B 点与检流计、R_3 和 R_4 相连. 最后讨论 R_x 与 R_s 相连的附加电阻，同样把两个接点分成 B_1，B_3 和 B_2，B_4，B_3，B_4 计入 R_3，R_4 中，将 B_1，B_2 用粗导线相连，其电阻忽略不计；设 B_3 与 B_4 间的总电阻为 r，适当调整 R_1，R_2，R_3，R_4 和 R_s 的值可以消除 r 对测量结果的影响. R_x 和 R_s 分别是 A_2 与 B_3，B_4 与 C_2 间的电阻值.

如图 4-8-2 所示，电桥平衡时，$I_g=0$，B，D 两点电位相等，故

$$\begin{cases} I_1R_1 = I_2R_x + I_3R_3, \\ I_1R_2 = I_3R_4 + I_2R_s, \\ I_3(R_3+R_4) = (I_2 - I_3)r, \end{cases} \tag{4-8-1}$$

解之得

$$R_x = \frac{R_1}{R_2}R_s + \frac{rR_4}{R_3+R_4+r}\left(\frac{R_1}{R_2} - \frac{R_3}{R_4}\right). \tag{4-8-2}$$

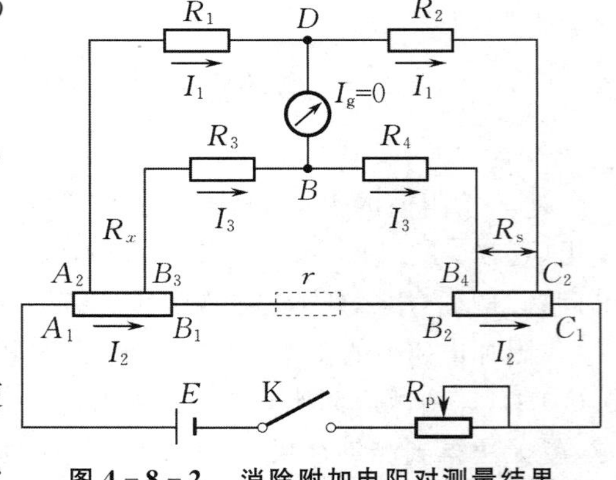

图 4-8-2 消除附加电阻对测量结果产生影响的线路

为了消除附加电阻 r 对测量结果的影响，应使式(4-8-2)第二项为零，即 $\dfrac{R_1}{R_2} = \dfrac{R_3}{R_4}$. 在惠斯通电桥上增加电阻 R_3，R_4，采用两对比例臂（R_1，R_2 和 R_3，R_4），"双臂电桥"由此而得名. 当使这两对比例臂有相同的变化时，则

$$R_x = \frac{R_1}{R_2}R_s = \frac{R_3}{R_4}R_s. \tag{4-8-3}$$

开放式双臂电桥结构及工作示意图如图 4-8-3 所示，MN 是粗细均匀的电阻棒，旁边有刻度尺，当 P 点在尺上滑动时，NP 的长度可由刻度尺读出. 该仪器已经根据电阻棒的参数将长度值换算为电阻值标在刻度尺上，该读数即为 R_s. 未知待测电阻 R_x 用弹簧片夹在 A_2，B_3 两点并在 A_1，B_1 夹具上用螺丝固定. 电阻 R_{11}，R_{21}，R_{31}，R_{41} 均为 450 Ω，电阻 R_{12}，R_{22}，R_{32}，R_{42} 均为 100Ω. 电流计可以接在三对不同的接头上以改变电桥的倍率. 如接在"×1"倍率接头上时，有

$$R_1 = R_{11} + R_{12} = (450+100)\,\Omega = 550\,\Omega,\quad R_2 = R_{21} + R_{22} = (450+100)\,\Omega = 550\,\Omega,$$

$$R_3 = R_{31} + R_{32} = (450+100)\,\Omega = 550\,\Omega,\quad R_4 = R_{41} + R_{42} = (450+100)\,\Omega = 550\,\Omega,$$

满足倍率 $k=\frac{R_1}{R_2}=\frac{R_3}{R_4}=1$ 的要求. 同理, 接在“×0.1”或“×10”倍率接头上时, 倍率 $k=\frac{R_1}{R_2}=\frac{R_3}{R_4}=0.1$ 或 10. 实际测量时应根据待测电阻的大小合理选择倍率接头, 使标尺在允许的范圈内, NP 尽可能长一些.

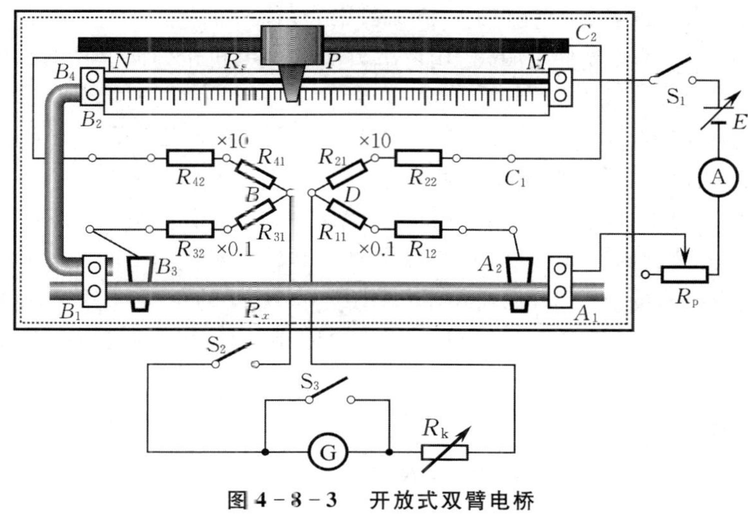

图 4－8－3　开放式双臂电桥

对于已经校准并且能够在标尺上直接读出 R_s 阻值的情况, 在测量待测电阻 R_x 时, 只需将待测电阻棒 R_x 安装在弹簧片 A_2、B_3 之间, 并在 A_1, B_1 夹具上用螺丝固定, 选择合适的倍率 k, 然后调节滑动触头 P, 改变其在 MN 上的位置. 当电桥处于平衡状态时, 从刻度尺上直接读出 R_s 的值, 则待测电阻

$$R_x=kR_s. \tag{4-8-4}$$

对于刻度尺上只能读取长度值的情况, 应先用一根已知阻值的标准电阻棒 R_0 代替 R_x 来校准 R_s. 方法是先将标准电阻棒 R_0 安装在弹簧片 A_2, B_3 两点, 并在 A_1, B_1 夹具上用螺丝固定, 选择适当的倍率 k, 调节滑动触头 P 使电桥平衡, 读出 NP 的长度 l_s 值, 设 R_s 上单位长度的阻值为 a, 则

$$a=\frac{1}{kl_s}R_0. \tag{4-8-5}$$

然后换上未知待测电阻 R_x, 若再次调节滑动触头 P 使电桥平衡时, NP 的长度为 l_x, 设此时倍率为 k', 则

$$R_x=k'l_xa=\frac{k'l_x}{kl_s}R_0. \tag{4-8-6}$$

【实验内容及步骤】

1. 用未校准的双臂电桥测量导体的电阻.

(1) 按照图 4－8－3 连接好电路. 图中 S_2 为检流计保护开关, S_3 为检流计校零开关, 如果所用检流计自带该开关, 不需另接开关. R_k 为检流计保护电阻, 可根据需要选择.

(2) 将标准电阻棒 R_0 表面擦净, 夹在 R_x 的位置上, 拧紧螺丝, 使接头接触良好.

(3) 先断开开关 S_1, 将限流电阻 R_p 调到最大, 再选择合适的电源电压(5～10 V); 接通开关 S_1 并观察电流表显示的电流大小, 调节 R_p 使电流表读数在 1 A 左右. 实验中工作电流较大时,电桥灵敏度较高,但受电源及滑线变阻器参数限制,一般选 1 A 左右,同时电源接通时间应尽量短,一方面减轻电源的负荷,另一方面避免电阻棒和导线发热.

(4) 选择适当的倍率 k,将检流计的两根输入线连接到该倍率对应的两个接头上,调节电阻棒 MN 上的滑动触头 P,使电桥平衡,测出 NP 的长度 l_s. 该实验用检流计灵敏度很高,操作时要注意保护. 调节电桥平衡时,先将保护电阻 R_k 调到最大,粗调平衡后再将其调到最小,仔细调节使检流计指示零,记下这时的 l_s 值及倍率 k 值.

(5) 用待测金属棒代替标准电阻棒,用以上方法测出电桥平衡时 NP 的长度 l_x,并记下此时的倍率 k'.

(6) 将以上所测数据 l_s, k, l_x, k' 及 R_0 代入式(4-8-6)求出 R_x.

2. 用已校准的双臂电桥测导体棒的电阻.

将上述步骤(2)中标准电阻棒 R_0 换为待测电阻棒 R_x. 操作步骤与上述(1) ~ (4)相同,调节电桥平衡后,直接读出 R_s 值及倍率 k. 代入式(4-8-4),求出 R_x.

3. 若要测量金属棒的电阻率,只需用米尺测出 A_2, B_3 间的距离 l,用螺旋测微器测待测金属棒不同处的直径 5 次,求其平均值得到 d,代入电阻率计算公式即可得到导体的电阻率.

【数据处理及分析】

1. 自拟表格记录数据.

2. 由式(4-8-6)或式(4-8-4)计算 R_x.

3. 用公式 $\rho = \dfrac{\pi d^2 R_x}{4l}$ (Ω·m)计算其电阻率,求误差.

【注意事项】

1. 标准电阻棒和待测电阻棒必须保持表面洁净,但不得用砂纸打磨,可用酒精擦拭清洁.

2. 连接电路时应旋紧各接头螺母,保持接触良好.

3. 电阻棒 MN 上的滑动触头 P 在滑动时应先抬起滑动,再压下接触,不能一直压紧滑动,否则会因磨损使其阻值发生变化,从而影响测量结果.

4. 正确使用检流计,以防损坏.

【思考题】

1. 实验时哪部分用较粗而短的导线为宜,而哪部分可不作要求?

2. 如果发现电桥灵敏度不足,原则上可采取哪些措施?这些措施又受什么限制?

3. 为了获得良好的测量结果,在操作上应注意什么?

【附录】

QJ44 型便携式直流双臂电桥

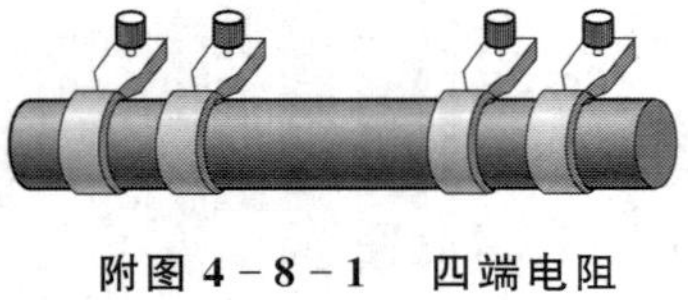

C_1 P_1 P_2 C_2

附图 4-8-1 四端电阻

先介绍四端电阻的概念. 在双臂电桥中 R_x 有 4 个接线端,具有此类接线方式的电阻称为四端电阻,如附图 4-8-1 所示. 在图 4-8-2 中,由于流经 A_1, B_1 之间的电流比较大,通常称 A_1 和 B_1 接点为"电流端",在箱式双臂电桥上常用符号 C_1 和 C_2 表示. 而 A_2 和 B_3 接点则称为"电压端",用符号 P_1 和 P_2 表示. 采用四端电阻可以大大减少测量低电阻时导线电阻和接触电阻对测量结果的影响.

附图 4-8-2 和附图 4-8-3 是 QJ44 型双臂电桥的线路图和面板图. C_1, C_2 和 P_1, P_2 为待测电阻的电流接头和电压接头的接线柱. B 为电源按钮, G 为检流计接通按钮, "G 调零" 为检流计调零旋钮, "灵敏度调节" 用来调节检流计灵敏度, B_1 为检流计工作开关. 该电桥倍率共有五挡: 100, 10, 1, 0.1, 0.01, 电桥出厂时已校准. R_s 分连续可变和跳跃可变两部分, 即滑线读数盘和步进读数盘, 可直接读出 R_s 值(R_s = 步进读数 + 滑线读数), 代入式(4-8-4) 可求出 R_x 值.

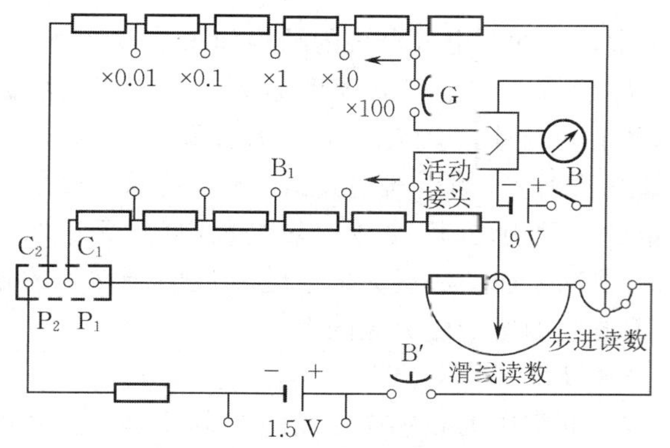

附图 4-8-2　QJ44 型便携式直流双臂电桥的线路图

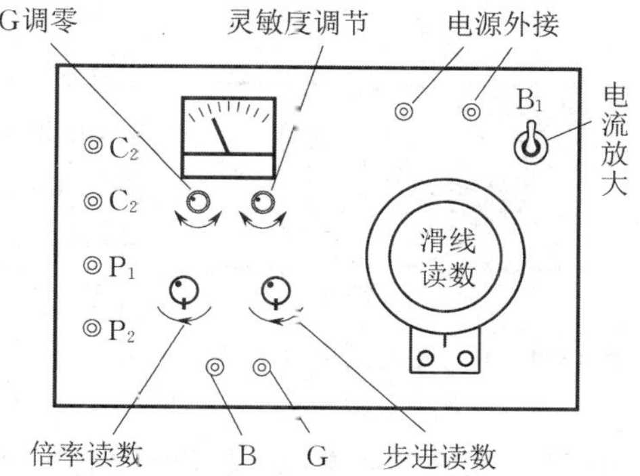

附图 4-8-3　QJ44 型便携式直流双臂电桥的面板图

使用方法如下.

(1) B_1 拨到"通", 约 5 min 后检流计调零.

(2) "灵敏度调节" 旋钮放在最低位置.

(3) 将待测电阻按四端电阻接法接在 C_1, P_1, C_2, P_2 接线柱上.

(4) 估计被测电阻值的大小, 选择适当的倍率, 先按 G 按钮, 再按 B 按钮, 调节步进读数和滑线读数使检流计指零. 如发现检流计灵敏度不够, 应增加其灵敏度. 移动滑线读数盘 4 小格, 检流计偏离零位约 1 格, 就能满足测量要求. 在改变灵敏度时, 会引起检流计偏离零位, 在测量前, 随时调节检流计使指针指零位.

实验 4.9　电表的改装与校正

电流计表头一般只能测量很小的电流和电压, 若要用它来测量较大的电流和电压, 就必须对其进行改装来扩大其量程. 各种多量程表(包括多用途的万用表) 就是用这种办法制作的.

【预习提要】

1. 电表扩大量程的方法和条件是什么?

2. 电表的每伏欧姆数有什么意义? 它有何用处?

3. 为何要校正电表? 方法特点是什么?

4. 替代法测量电路中 r 和 R 分别起什么作用? 测量时应如何正确调节 r 和 R?

【实验目的】

1. 掌握扩大电表量程的原理和方法.

2. 学会用实验方法测定电流计表头的内阻.

3. 学会对改装表进行校正和测绘校正曲线，并能理解电表准确度等级的含义.

【实验仪器】

量程为 I_g 的电流计表头，电阻箱，标准电流表，标准电压表(所谓标准电表是其准确度等级比所给表头高两级的表)，稳压直流电源，滑线变阻器.

【实验原理】

1. 磁电式电表测电流原理.

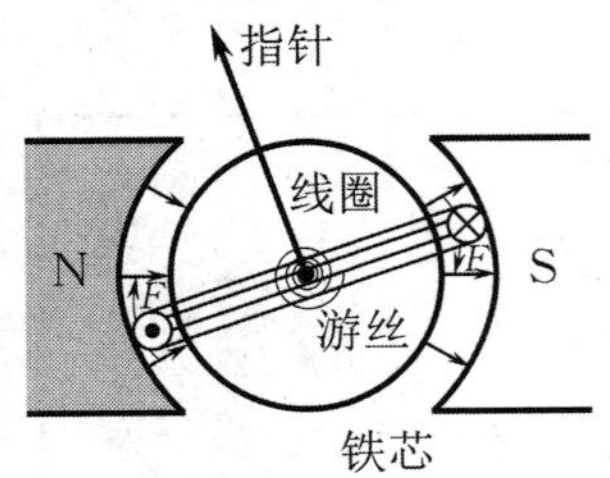

图 4-9-1 磁电式电表的结构

实验室经常使用的磁电式电表的结构如图 4-9-1 所示，永久磁铁和圆柱形铁芯在空气间隙中形成均匀的辐射状磁场，在间隙内放有可绕中心轴转动的矩形线圈，轴上固定着指针并装有螺线形游丝. 当电流通过线圈时，线圈在磁场中受到磁场力矩的作用而转动. 由于磁场是径向的，无论线圈转到什么位置，线圈平面的法线方向总是和线圈所在处的磁场方向垂直，因此线圈所受磁力矩的大小为

$$M = NBSI, \tag{4-9-1}$$

式中 N 是线圈的匝数，S 是线圈的面积，B 是空气间隙中的磁感应强度的大小，I 是通入线圈的电流. 当线圈有了偏转，就会使游丝发生扭转，产生一个回复力矩作用在线圈上，其方向与磁力矩方向相反. 在游丝弹性限度范围内，扭转力矩 M' 的大小与转角 θ 成正比，即

$$M' = D\theta, \tag{4-9-2}$$

式中 D 为游丝的扭转系数.

当磁力矩 M 和恢复力矩 M' 大小相等时，线圈处于平衡位置，则有

$$\theta = \frac{NBS}{D}I = S_1 I, \tag{4-9-3}$$

表明线圈偏转的角度 θ 和通过线圈的电流 I 成正比，这就是磁电式电表能够测量电流的原理. 式(4-9-3) 中，

$$S_1 = \frac{NBS}{D}$$

为电表的电流灵敏度，它仅由电表内部的结构常数确定.

2. 电流表量程.

由于电流表的偏转角度是有限的，其最大偏转角 θ_g(一般为 90° 左右) 对应的电流值就是该电流表的电流量程 I_g，一般只有$10^{-5} \sim 10^{-2}$ A 数量级.

3. 电流表的扩大量程.

如欲用电表测量超过其量程的电流，就必须扩大其量程. 扩大量程的方法是在电表两端并联一个分流电阻 R_s，如图 4-9-2 所示，图中虚线框内的电表和 R_s 组成了一个新的电流表. 设新表量程为 I，则当流入电流为 I 时，由于流入原电表的电流只能为 I_g，所以 $I - I_g$ 的电流必须从分流电阻 R_s 上流过. 由欧姆定律知

$$I_g R_g = (I - I_g) R_s,$$

式中 R_g 是原电表内阻，分流电阻 $R_s = \dfrac{I_g}{I - I_g} R_g$，令 $\dfrac{I}{I_g} = n$，称为量程的扩大倍数，则分流电阻为

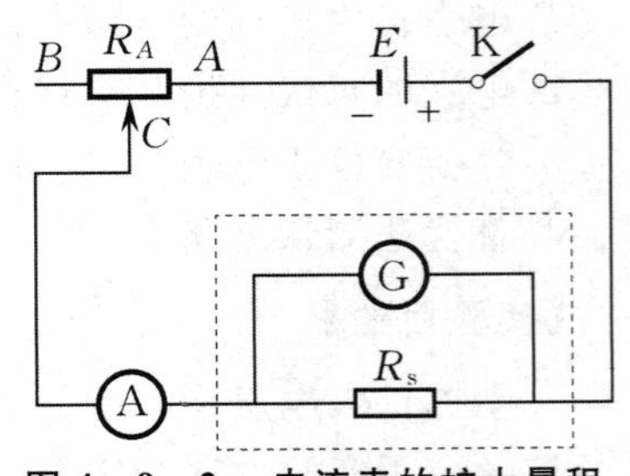

图 4-9-2 电流表的扩大量程

$$R_s = \frac{1}{n-1} R_g. \tag{4-9-4}$$

当确定电表的参量 I_g 和 R_g 后，根据所要扩大量程的倍数 n，就可算出需要并联的分流电阻 R_s，实现电表的扩程. 同一电表，并联不同的分流电阻 R_s，就可得到不同量程的电流表.

4. 电流表改装成电压表.

如欲用量程为 I_g、内阻为 R_g 的电表测量电压，其电压量程仅为 $V_g = I_g R_g$，一般在 $10^{-1} \sim 10^{-2}$ V 数量级，显然是很小的. 若要用它测量较大的电压，则可采用如图 4-9-3 所示的串联分压电阻 R 的方法来实现. 虚线框中的电表和 R 组成一只量程为 V_m 的电压表，该电压表的总内阻为

$$R_g + R = \frac{V_m}{I_g},$$

分压电阻为

$$R = \frac{V_m}{I_g} - R_g. \tag{4-9-5}$$

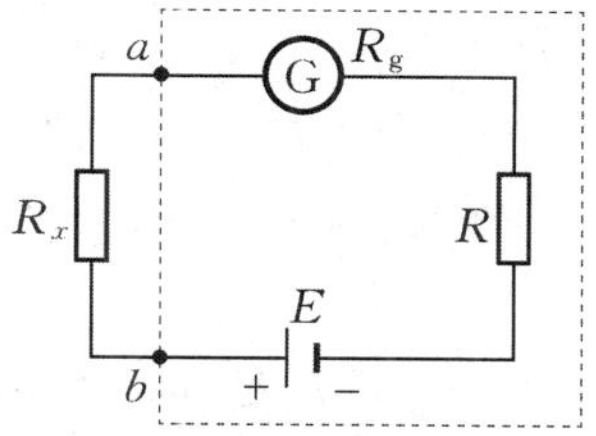

图 4-9-3　电流表改装成电压表

在计算 R 时，通常先计算将量程为 I_g 的电表改装成 1 V 的电压表所需要的总内阻，它等于 $\frac{1}{I_g}$，称为每伏欧姆数，这是一个很重要的参量. 当需要将电表改装成量程为 V_m 的电压表时，只要将 V_m 乘以每伏欧姆数，然后减去电表内阻 R_g，就可确定分压电阻 R 的大小. 同一电表串联不同的分压电阻 R，就可得到不同量程的电压表.

5. 改装表的校正.

电表在扩大量程或改装后，还需要进行校正. 校正的目的是：(1) 评定该表在扩大量程或改装后是否仍符合原电表准确度的等级；(2) 绘制校正曲线，以便于对扩大量程或改装后的电表能准确读数. 所谓准确度等级是国家对电表规定的质量指标，它以数字形式标明在电表的表盘上. 如标明为 s 级（s 为 0.1，0.2，0.5，1，1.5，2.5，5 等 7 个中的一个），则各电表的最大示值误差

$$\Delta_{仪} = 量程 \times s\%.$$

常用的简便校正方法就是比较法，将待校表与级别较高的标准表进行比较.

对扩大量程后的电流表可用标准电流表进行校正，线路如图 4-9-4 所示. 校正点应选在扩大量程后的电表的全偏转范围内各个标度值的位置上，确定各校正点的 $\Delta I = I_x - I_s$ 值. 这样不仅可与等级度误差 $\Delta_{仪}$ 做比较，以判定各校正点的 ΔI 是否超过 $\Delta_{仪}$，而且可作 $\Delta I - I_x$ 曲线，供使用时对读数做修正.

对改装后的电压表则用标准电压表进行校正，线路如图 4-9-5 所示. 校正点同样应选择在改装表的所有标度值的位置上，确定各校正点的 $\Delta V = V_x - V_s$ 值，与等级度误差 $\Delta_{仪}$ 做比较，并作 $\Delta V - V_x$ 曲线.

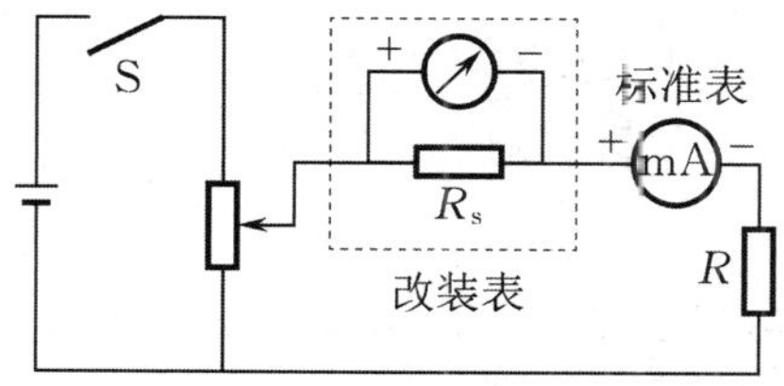

图 4-9-4　校正电流表的电路

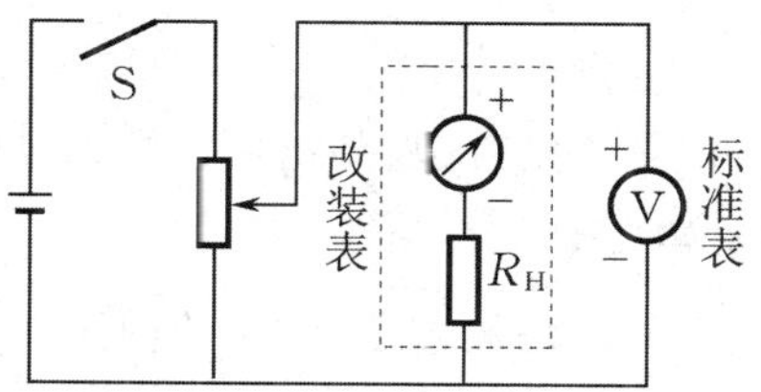

图 4-9-5　校正电压表的电路

【实验内容及步骤】

1. 表头内阻的测定.

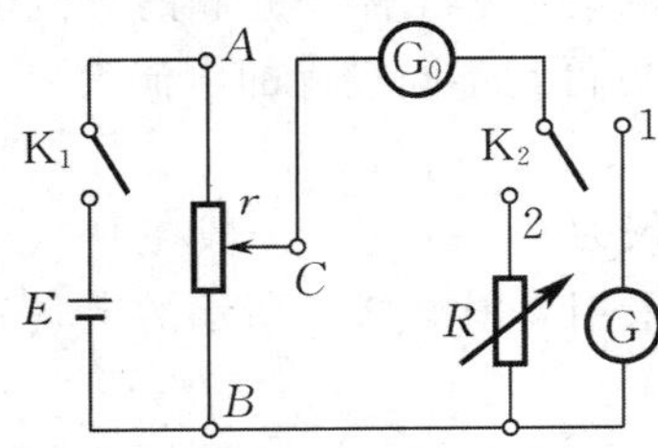

图 4-9-6　替代法测量电路

在电表扩大量程或改装时，均需知道表头的两个参量 I_g 和 R_g. I_g 可在表头的表盘上获知，而 R_g 需实测，R_g 的测定有多种方法，本实验介绍一种替代法供参考. 替代法测量电路如图 4-9-6 所示.

(1) 将 K_2 置于 1 处，适当调节 r 使标准电流表 G_0 与表头 G 偏转到某一较大示值处.(同时注意电表指针，不能超过量程，并记下其值.)

(2) 将 K_2 置于 2 处，保持 r 不变，调节电阻箱 R 使标准电流表 G_0 指在原来的示值上，则 $R = R_g$.

2. 将表头电流量程扩大 n 倍.

(1) 计算 R_s，用电阻箱作 R_s 并按图 4-9-4 接线.

(2) 校正扩大量程表上有标度值的点，应对电流单调上升和下降各校一次，将标准表两次读数的平均值作为 I_s，计算各校正点的 $\Delta I = I_x - I_s$. 作校正曲线，并对是否符合等级度做出评价.

3. 将表头改装成量程为 V_H 的电压表.

(1) 计算 R_H，用电阻箱作 R_H，并按图 4-9-5 接线.

(2) 校正电压表上有标度值的点，应对电压单调上升和下降各校一次，将标准表两次读数的平均值作为 $V_{标}$，计算各校正点的 $\Delta V = V_{改} - V_{标}$. 作校正曲线，并对是否符合等级度做出评价.

【数据处理及分析】

1. 表头参数.

量程：__________；等级：__________；读数误差：__________；

内阻测定结果：__________.

2. 电表扩大量程.

改装后的量程：__________；扩大量程倍数：__________；R_s：__________；

标准表等级：__________；

标准表的量程：__________；分度值：__________；读数误差：__________.

数据表格自拟，列出原始数据并作校正曲线，分析讨论.

3. 改装成电压表.

改装后的量程：__________；每伏欧姆数：__________；R_H：__________；

标准表等级：__________；

标准表的量程：__________；分度值：__________；读数误差：__________.

数据记录表格自拟，列出原始数据并作校正曲线，分析讨论.

【注意事项】

1. 在用替代法测量表头 G 的内阻时，应先将滑线变阻器 r 的滑动触头 C 调至 B 端(见图 4-9-6)，以免接通电源开关 K_1 时因电流超量程而烧坏表头.

2. 将开关单刀双掷 K_2 接通电阻箱 R(触点 2) 时，不能再动滑线变阻器 r.

【思考题】

1. 能否缩小电表的量程?
2. 扩展多量程电流表时,有几种电路方式?比较其优劣.
3. 设想测量电表内阻的各种方法.

实验 4.10　示波器的原理及使用

示波器是用来测量交流电或脉冲电流波的形状的仪器,除了观测电流的波形外,还可以测定频率、电压等物理参数.凡可以转变为电效应的周期性物理过程都可以用示波器进行观测.按照信号的不同,示波器可以分为模拟示波器和数字示波器,下面分别加以介绍.

实验 4.10.1　模拟示波器的原理及使用

阴极射线示波器(以下简称模拟示波器)是一种用途较广的电子仪器,它可以把原来肉眼看不见的电压变化变换成可见的图像,以供人们分析研究.示波器除了可以直接观测电压随时间变化的波形外,还可以测量频率、相位等.如果利用换能器还可以将应变、加速度、压力以及其他非电量转换成电压来进行测量.由于电子质量非常小,没有机械示波器所具有的惯性,因而可以在很高的频率范围内工作,这是模拟示波器很重要的优点.

【预习提要】

1. 模拟示波器为什么能把看不见的电压变化显示成看得见的图像?简述其原理.
2. 如何利用李萨如图形测量待测信号的频率?

【实验目的】

1. 了解模拟示波器的基本结构,熟悉模拟示波器的调节和使用.
2. 学习用模拟示波器观察电压波形和李萨如图形.
3. 学习用模拟示波器测量电信号的方法.

【实验仪器】

COS5020B 型示波器,XD-7s 信号发生器.

【仪器介绍】

COS5020B 型示波器前面板图如图 4-10-1 所示,各个旋钮名称及功能介绍如下.

1—校准信号输出端.

2—电源指示灯.

3—电源开关.

4—辉度调节:调节光迹亮度.

5—聚焦调节:调节光迹至最清晰.

6—光迹旋转:调整水平扫描线,使之与刻度线平行.

7—标尺亮度:调节刻度的亮度.

8—CH1 通道垂直位移:调节光迹的垂直位置.

9—CH1 通道输入信号与垂直放大器连接方式选择:自上而下分别为 AC,GND,DC.

10—CH1 通道(垂直)信号输入端.

11—CH1 通道(垂直)信号衰减选择:从 5 $mV \cdot cm^{-1}$ 到 5 $V \cdot cm^{-1}$ 共分为 10 挡.

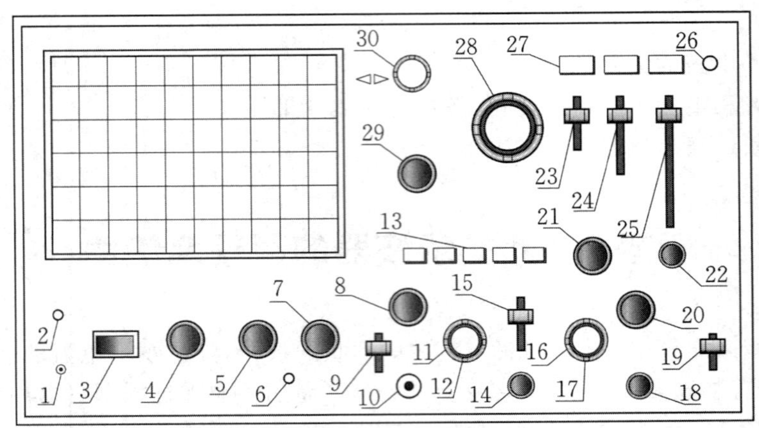

图 4-10-1 COS5020B **型示波器前面板**

12—CH1 通道(垂直) 信号衰减微调.

13— 垂直系统工作方式选择."CH1":CH1 通道单独工作;"ALT":CH1 与 CH2 两个通道交替工作,适用于高速扫描状态;"CHOP":以 250 kHz 的频率轮流显示 CH1 和 CH2,适用于较低速度扫描状态;"ADD":用来测量 CH1 与 CH2 的代数和(CH1+CH2),若将CH2 微调旋钮拉出,则测量两通道之差;"CH2":CH2 通道单独工作.

14— 示波器外壳接地端.

15— 内触发信号源选择开关:当触发信号源开关 25 置于"内" 位置时有效,其中"CH1($x-y$)":CH1 以输入信号为触发信号,在处于 $x-y$ 工作状态时,该信号连接于 X 轴上;"CH2":CH2 将信号作为触发信号;"VERTMODE" 把荧光屏上的信号作为触发信号.

16—CH2 通道(垂直) 信号衰减选择:从 5 mV · cm^{-1} 到 5 V · cm^{-1} 共分为 10 挡.

17—CH2 通道(垂直) 信号衰减微调.

18—CH2 通道(垂直) 信号输入端.

19—CH2 通道输入信号与垂直放大器连接方式选择自上而下分别为 AC,GND,DC.

20—CH2 通道垂直位移.

21— 外层旋钮为"释抑时间" 调节,内层旋钮为"触发电平" 调节.

22— 外触发信号输入端.

23— 触发信号极性选择.

24— 触发信号耦合方式选择."AC":通过交流耦合施加触发信号;"HFR" 亦为交流耦合,但附加有抑制高于 50 kHz 信号的功能;"TV" 挡时触发信号应取自电视同步分离电路,此时扫描时基选择钮 28 应置于"TV. V" 或"TV. H" 状态;"DC":通过直流耦合施加信号.

25— 触发信号源选择."内":以内部信号作为触发信号,此时"内触发信号源选择键"15 有效;"电源":以交流电源作为触发信号;"外":以来自外触发信号输入端 22 的信号为触发信号.

26— 单次扫描准备状态指示灯.

27— 扫描方式选择."AUTO":无触发信号加入或触发信号频率低于 50 Hz 时工作,此时扫描为自激方式;"常态(NORM)":当无触发信号加入时,扫描处于准备状态,屏幕上无扫描线,主要用于观察频率低于 50 Hz 的信号;"单次(SINGLE)":用于单次扫描启动,当扫描方式的 3 个键均未按下时,电路即处于单次扫描状态. 此时"单次扫描准备状态指示灯"26 亮;按下 3 个扫描方式选择键之一后,扫描电路复位,"单次扫描准备状态指示灯"26 灭.

28—(水平) 扫描时基选择.

29—(水平) 扫描时基微调.

30— 水平位移:调节光迹在屏幕上的水平位置.

信号发生器提供用以观察示波器波形的各种信号电压. 它可以输出各种波形(如正弦波、方波、三角波等),对同一种波形又可输出各种不同频率. 使用时要看清面板上标明的符号,弄清各旋钮与接线柱的作用后,再按仪器规定的要求使用.

图 4-10-2 给出了 XD-7s 低频信号发生器面板图.

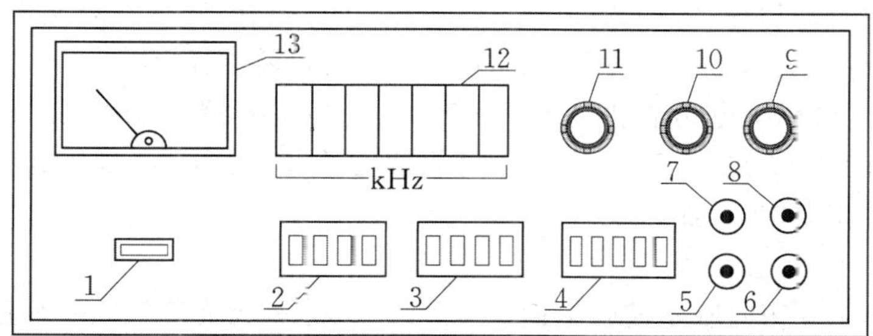

1—电源开关; 2—频率选择; 3—输出功率选择; 4—衰减选择; 5—外侧信号输入端; 6—功率输出端; 7—电平输出端; 8—电压输出端; 9—输出幅度调节; 10—频率细调; 11—频率粗调; 12—频率数码显示; 13—输出电压/功率表

图 4-10-2　XD-7s 低频信号发生器面板

【实验原理】

模拟示波器动态显示物理量随时间变化的基本思路是将这些变化量转换成随时间变化的电压,加在电极板上,极板间形成相应的变化电场,使进入该变化电场的电子运动情况相应地随时间变化,最后把电子运动的轨迹用荧光屏显示出来.

模拟示波器有各种型号,其基本结构包括两大部分:示波管和控制示波管工作的电路. 示波器型号不同,面板形状也不相同.

1. 示波管.

示波管的结构如图 4-10-3 所示.

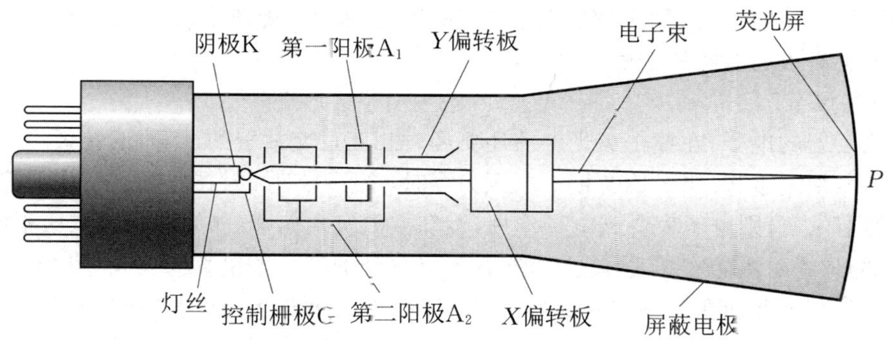

图 4-10-3　示波管的结构

(1) 电子枪.

电子枪的作用是发射电子,并把它们加速到一定速度聚成一细束. 电子枪由灯丝、阴极 K、控制栅极 G、第一阳极 A_1、第二阳极 A_2 等同轴金属圆筒和膜片组成. 灯丝通电后加热阴极 K,使阴极 K 发射电子. 控制栅极 G 的电位比阴极低,对阴极发出的电子起排斥作用,只有初速度较大的电子才能穿过栅极的小孔并射向荧光屏,而初速度较小的电子则被电场排斥回阴极. 通过调节栅极电位可以控制射向荧光屏的电子流密度,从而改变荧光屏上的光斑亮度. 阳极电位比阴极电位高很多,对电子起加速作用,使电子获得足够的能量射向荧光屏,从而激发荧光屏上的荧光物质发光．第一阳极 A_1 称为聚焦阳极，第二阳极 A_2 称为加速阳极，增加加速电极的电压，电子可获得更大的轰击动能，荧光屏的亮度可以提高，但加速电压一经确定，就不宜随时改变它来调节亮度．

（2）偏转系统．

偏转系统由两对互相垂直的偏转板（平行板电容器）构成，其中一对是上下放置的 Y 轴偏转板（或称垂直偏转板），另一对是左右放置的 X 轴偏转板（或称水平偏转板）．若在偏转板的极板间加上电压，则板间电场会使电子束偏转，使相应荧光屏上光点的位置发生偏移，偏移量的大小与所加电压成正比．其中，X 轴偏转板使电子束在水平方向（X 轴）上偏移，Y 轴偏转板使电子束在垂直方向（Y 轴）上偏移．

（3）荧光屏．

荧光屏可显示电子束打在示波管端面的位置．屏上涂有荧光物质，在高速电子轰击下发出荧光．当电子射线停止作用后，荧光物质将持续一段时间后才停止发光，这段时间称为余辉时间．不同材料的荧光粉发出的颜色不同，余辉时间也不同．如果电子束长时间轰击荧光屏上固定一点，则该点会被烧坏而形成暗斑，所以当电子束光斑需要长时间停留在屏上不动时，应将光点亮度减弱．示波管内部表面涂有石墨导电层，称为屏蔽电极，它与第二阳极连在一起，可避免荧光屏附近电荷积累．

2. 控制示波管工作的电路．

（1）聚焦调节．

灯丝通电后呈炽热状态，它能使阴极受热而发射电子．由于阳极电势高于阴极，电子被阳极加速．改变阳极电势，可以使不同发射方向的电子恰好会聚在荧光屏某一点上．这种调节称为聚焦．示波器面板上“聚焦”和“辅助聚焦”旋钮就是用来改变阳极电势实现聚焦的．

（2）辉度控制．

栅极的电位较阴极的电位低，改变栅极电位的高低，可以控制电子枪发射电子的多少，甚至完全不让电子通过，这称为辉度调节．示波器上“辉度”旋钮就是用来调节栅极电位，以控制荧光屏上亮点的明暗的程度．

（3）位移调节．

电子枪发射的电子，在撞击荧光屏前还要经过相互正交放置的 X，Y 偏转板．Y 偏转板是水平放置的两块电极板．当 Y 偏转板上电压为零时，电子束正好射在荧光屏正中的 P 点．如果 Y 偏转板加上电压，则电子束受到电场作用，运动方向发生偏移．如果所加的电压不断地发生变化，P 点的位置也跟着在铅垂线上移动．在屏上看到的是一条铅直的亮线．荧光屏上亮点在铅直方向的位移 y 和加在 Y 偏转板的电压 U_y 成正比．X 偏转板是竖直放置的两块电极板，在 X 偏转板上加一个变化的电压，那么荧光屏上亮点在水平方向的位移 x 与加在 X 偏转板的电压 U_x 成正比，于是在屏上看到的是一条水平的亮线．示波器上的“X 位移”和“Y 位移”用来调节光点轨迹的左右和上下位置．

3. 模拟示波器显示波形的原理．

如果在 Y 偏转板上加一个随时间做正弦变化的电压 $U_y = U_{ym}\sin\omega t$，在荧光屏上仅能看到一条铅直的亮线，而看不到正弦曲线．只有同时在 X 偏转板上加一个与时间成正比的锯齿形电压（见图 4－10－4），才能在荧光屏上显示出信号电压 U_y 和时间 t 的关系曲线，其原理如图 4－10－5 所示．

设在开始时刻 a，电压 U_y 和 U_x 均为零，荧光屏上亮点在 a'' 处．时间由 a 到 b，在只有电压

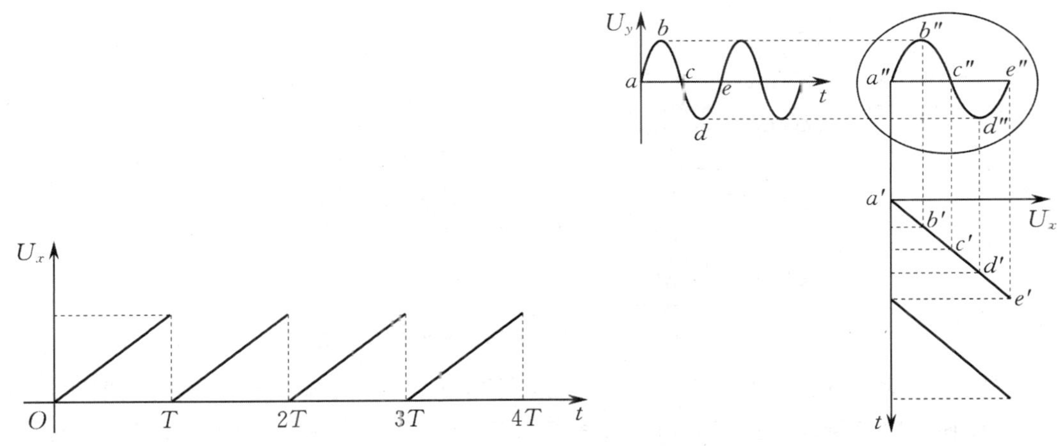

图 4-10-4　锯齿形电压　　　　图 4-10-5　示波器形成正弦波的原理图

U_y 作用时，亮点在铅直方向的位移为 U_{by}，屏上亮点在$(0,U_{by})$处. 由于同时加上 U_x，电子束既受 U_y 作用而向上偏转，同时又受 U_x 作用而向右偏转(亮点水平位移为 $U_{b'x}$)，因而亮点不在$(0,U_{by})$处，而在 b'' 处. 随着时间推移，以此类推，便可显示出正弦波形. 在荧光屏上看到的正弦曲线实际上是两个相互垂直的运动的合成轨迹.

由上所述，要想观测加在 Y 偏转板上电压 U_y 的变化规律，必须在 X 偏转板加上锯齿形电压，把 U_y 产生的垂直亮线"展开"，这个展开过程称为"扫描"，锯齿形电压又称为扫描电压.

由图 4-10-5 可知，如果正弦波电压与锯齿形电压的周期相同，正弦波到 e 点时，锯齿波也正好到 e' 点，从而亮点描完了整个正弦曲线. 由于锯齿波这时马上复原，亮点又回到 a'' 点，开始周期性地在同一位置描出同一条曲线. 这时我们将看见这条曲线稳定地停在荧光屏上. 如果正弦电压与锯齿电压的周期稍有不同，则第二次所描出的曲线将和第一次曲线的位置不重合，而且荧光屏上显示的图形是不稳定的，或者图形较为复杂. 如果扫描电压的周期 T_x 是正弦电压周期 T_y 的两倍，在荧光屏上就显示出两个完整的正弦波. 同理，如果 $T_x = 3T_y$，则在荧光屏上显示出三个完整的波形. 以此类推，如果示波器显示出完整而稳定的波形，扫描电压的周期 T_x 必须为 Y 偏转板电压周期 T_y 的整数倍数，即

$$T_x = nT_y,\quad n = 1,2,\cdots,\tag{4-10-1}$$

式中 n 为荧光屏上所显出的完整波形的数目. 或者式(4-10-1)表示为

$$f_y = nf_x,\quad n = 1,2,\cdots,\tag{4-10-2}$$

式中 f_y 为加在 Y 偏转板电压的频率，f_x 为扫描电压的频率.

综上所述，示波器显示稳定波形的条件是：Y 偏转板上必须加足够大的待测信号电压，X 偏转板上必须加锯齿形电压，锯齿形电压周期应为待测信号周期的整数倍.

4. 模拟示波器控制电路的功能.

模拟示波器控制电路主要包括垂直(Y 轴)放大电路、水平(X 轴)放大电路、扫描发生器、同步电路以及电源等部分，其方框图如图 4-10-6 所示.

(1) 垂直放大电路.

首先，垂直放大电路要不失真地放大待测信号，同时保证示波器测量灵敏度这一指标要求. 示波器灵敏度单位为 $\mathrm{V\cdot div^{-1}}$ 或 $\mathrm{mV\cdot div^{-1}}$(div 为荧光屏上一格的长度).

例如，某模拟示波器的垂直输入灵敏度为 $S_y = 20\ \mathrm{mV\cdot div^{-1}}$，即当 Y 偏转板输入的被测信号的峰-峰值为 20 mV 时，荧光屏竖直方向显示光迹长度应为一格.

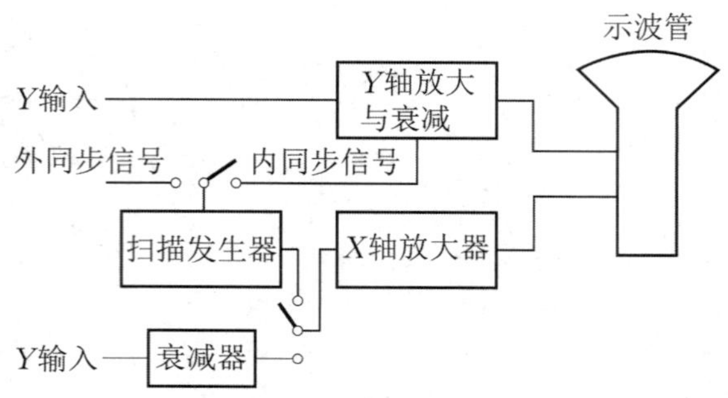

图 4-10-6 模拟示波器控制电路方框图

此外,还要求垂直放大电路有一定宽度的频率响应、足够大的增益调整范围和比较高的输入阻抗.输入阻抗是表示示波器对被测系统影响程度大小的指标.输入阻抗愈高,对待测系统的影响愈小.

Y 输入端与 Y 轴放大电路之间有一个衰减器,其作用是使过大的输入信号电压减小,以适应放大器的要求.衰减器电路通常有两级衰减器组成,第一级具有 1/1,1/10,1/100 衰减;第二级具有 1/1,1/2,1/4,1/10 衰减.转换衰减器的"V · cm^{-1}"开关 S101/S201,信号可分为 10 挡,在 1/1 至 1/1 000 范围内衰减.

(2) 扫描发生器与水平放大电路.

扫描发生器产生线性良好、频率可调的锯齿波信号,作为频率显示的时间基线,水平放大电路将上述的锯齿波信号放大,输送到 X 偏转板,以保证扫描基线有足够的宽度.另外,水平放大电路也可以直接放大外来信号,这样示波器可作 $x-y$ 显示之用.

(3) 同步电路.

同步电路从垂直放大电路中取出部分待测信号,输入到扫描发生器,迫使锯齿波与待测信号同步,称为"内同步".如果同步电路信号从仪器外部输入,则称为"外同步".如果同步信号从电源变电压器获得,则称为"电源同步".为了有效地稳定显示波形,目前多数的示波器都采用触发扫描电路来达到同步目的.操作时,使用"电平"(LEVEL)旋钮,改变触发电平大小.当待测信号电压上升到触发电平时,扫描发生器便开始扫描.扫描时间的长短,由扫描速度选择开关控制.由于每次波形的扫描起点都在荧光屏上的固定位置,显示的波形极为稳定.

(4) 电源.

电源为示波器各部分电路供电,使它们能正常工作.

5.用示波器观察李萨如图形与测量频率.

在模拟示波器 X 偏转板上加上锯齿形电压进行扫描时,在一个扫描周期内,扫描电压与时间成正比地增加,锯齿形电压扫描又称为线性扫描.除了线性扫描以外,在 X 偏转板(即 X 输入端)上也可以加上其他波形的扫描电压,称为非线性扫描.

如果在模拟示波器的 X 和 Y 偏转板上分别输入两个正弦信号,且它们频率的比为简单的整数比,则光屏上就会显示李萨如图形,它们是两个相互垂直的简谐振动合成的结果.若 f_x 与 f_y 分别代表 X 与 Y 偏转板上输入信号的频率,N_x,N_y 分别为李萨如图形与假想水平线及假想竖直线的切点数目,它们与 f_x,f_y 的关系是

$$\frac{f_y}{f_x}=\frac{N_x}{N_y},\quad f_y=f_x\frac{N_x}{N_y}. \tag{4-10-3}$$

如果 f_y 已知,从荧光屏上的图形求出 N_x,N_y,由上式可算出 f_x.因而用李萨如图形可以测量信号的频率.例如,Y 偏转板上输入 $f_y=100$ Hz,改变 f_x 的数值得如表 4-10-1 中的李萨如

图形，可算得各 $f_{x测}$ 值.

表 4-10-1　不同频率比的李萨如图形

$f_y : f_x$	1∶1	1∶2	1∶3	2∶3	3∶2	3∶4	2∶1
李萨如图形	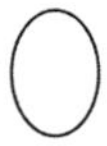			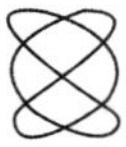		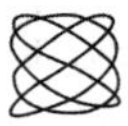	
N_x	1	1	1	2	3	3	2
N_y	1	2	3	3	2	4	1
f_y /Hz	100	100	100	100	100	100	100
f_x /Hz	100	200	300	150	66.66	133.33	50
$f_{x测}$ /Hz							
$\Delta_{f_{x测}}$ /Hz							

【实验内容及步骤】

1. 熟悉模拟示波器的使用，观察模拟示波器的机内信号和信号发生器输出信号的波形.

(1) 了解模拟示波器的型号，弄清面板上各旋钮的作用后再开始实验.

(2) 接通模拟示波器的电源后，熟悉一下“辉度”“聚焦”“辅助聚焦”“X 位移”“Y 位移”各旋钮的作用，调节“Y 衰减”置于 100，“X 扫描”置于外接，“辉度”适中，“聚焦”适当，可看到一个光点.

(3) “Y 输入”输入模拟示波器的机内信号，“X 输入”输入锯齿波，并调节到合适的扫描频率范围，可观察机内信号波形. 调节扫描微调，观察波形变化情况，使屏上依次出现 1,2,3,… 个周期稳定的波形. 绘制波形示意图.

(4) 弄清信号发生器面板上各旋钮、接线柱的作用后，将信号发生器信号输出与示波器“Y 输入”相连，示波器“X 输入”仍输入锯齿波，并使两者频率范围相同. 打开信号发生器和示波器. 观察信号发生器波形，欲使波形稳定，可调节扫描微调. 绘制所观察到的波形示意图. 若信号发器有几种输出波形，则分别送入示波器“Y 输入”观察并绘制波形示意图.

2. 观察、绘制李萨如图形.

模拟示波器“Y 输入”输入待测正弦信号电压，“X 输入”输入信号发生器正弦波(此时 X 输入不再加锯齿波). 改变信号发生器频率，分别使 $f_y/f_x = 1:1, f_y/f_x = 1:3, f_y/f_x = 2:1$ 等观察李萨如图形，并绘制每种情况下的特征示意图，同时由李萨如图形测出信号发生器的输出频率，并与信号发生器面板上指示的输出频率相比较.

3. (选做) 交流电压的测量.

若荧光屏上观察到的波形如图 4-10-5 所示，根据荧光屏 y 坐标刻度，读得信号波形的峰-峰值为 D_y(图 4-10-5 中 $D_y = 2.0$ div). 如果 y 轴 $\mathrm{V \cdot div^{-1}}$ 挡级标称值为 $0.2\ \mathrm{V \cdot div^{-1}}$，则输入的交流电压为

$$U = 0.2\ \mathrm{V \cdot div^{-1}} \times 2.0\ \mathrm{div} = 0.40\ \mathrm{V}.$$

可用这一方法测量信号发生器输入示波器的各种波形的电压值.

【数据处理及分析】

本实验是以熟悉模拟示波器使用方法和观察各种波形为主的实验，应认真绘制实验中

观察到的各种波形.

1. 绘制所观察到的信号发生器输出的各种波形示意图.

2. 绘制所观察到的各种频率比的李萨如图形变化图，测出信号发生器的输出频率，且与刻度指示值进行比较，计算绝对误差.

3.（选做）列出交流电压测量结果.

【注意事项】

1. 必须先弄清模拟示波器、信号发生器的型号与面板上各旋钮的作用后再开始实验.

2. 荧光屏上的光点亮度不可调得太强（即把辉度旋钮调得适中），且不可将光点固定在荧光屏上一点的时间太长，以免损坏荧光屏.

3. 模拟示波器上所有开关和旋钮都有一定的强度和角度，使用时应轻轻地缓慢旋转，不能用力过猛或随意乱旋.

【思考题】

1. 模拟示波器能否用来测量直流电压？如果能测，则应如何进行？

2. 观察李萨如图形时，当 X 轴与 Y 轴偏转板上的正弦电压频率相等时，屏上图形还在时刻转动. 这是为什么？

实验 4.10.2　数字示波器的原理及使用

数字示波器是 20 世纪 70 年代初发展起来的一种新型示波器. 这种类型的示波器可以方便地实现对模拟信号波形进行长期存储并能利用机内微处理器系统对存储的信号做进一步的处理，例如，对被测波形的频率、幅值、前后沿时间、平均值等参数的自动测量以及多种复杂的处理. 数字示波器的出现使传统示波器的功能发生了重大变革.

在很多情况下，模拟示波器和数字示波器都可以用来测试. 一般使用模拟示波器测试那些要求实时显示并且变化很快的信号，或者很复杂的信号；而使用数字示波器来显示周期性相对比较强的信号. 另外数字示波器内置的 CPU（中央处理器）或者专门的数字信号处理器可以分析处理信号，并保存波形等，对分析处理有很大的帮助.

【实验目的】

1. 了解数字示波器的基本原理.

2. 学习数字示波器的基本使用方法.

3. 使用数字示波器观测信号波形和李萨如图形.

【实验仪器】

SDS1072CNL 数字示波器，SIN－2300A 系列双通道 DDS 信号发生器.

【仪器介绍】

SDS1072CNL 数字示波器的前面板如图 4－10－7 所示.

1. 垂直控制.

垂直控制系统功能旋钮（或按钮）面板如图 4－10－8 所示. 可以使用垂直控制来显示波形（按 CH1 或 CH2）、调整垂直刻度（V－mV）和位置（POSITION）. 每个通道都有单独的垂直菜单. 每个通道都能单独进行设置.

(1) CH1，CH2：模拟输入通道. 两个通道标签用不同颜色标识，且屏幕中波形颜色和输入通道连接器的颜色相对应. 按下通道按键可打开相应通道及其菜单，连续按下两次可关闭

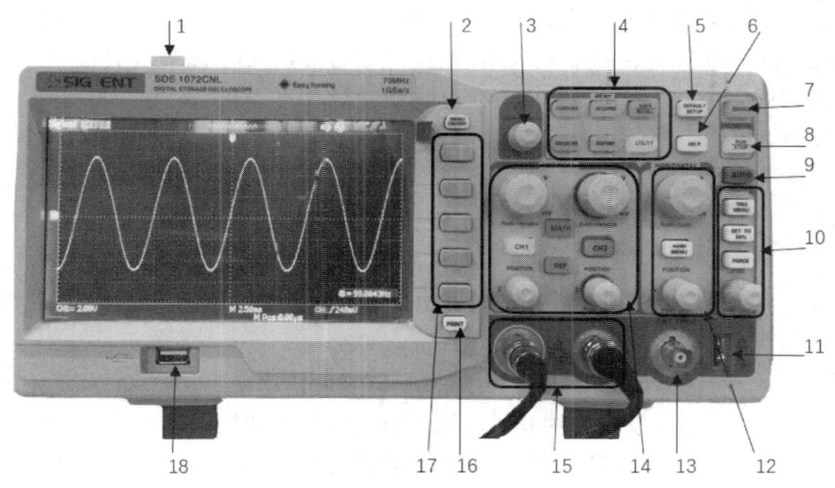

1—电源开关；　2—菜单开关；　3—万能旋钮；　4—功能选择键；　5—默认设置；
6—帮助信息；　7—单次触发；　8—运行/停止控制；　9—波形自动设置；　10—触发系统；
11—探头元件；　12—水平控制系统；　13—外触发输入端；　14—垂直控制系统；　15—模拟通道输入端；
16—打印键；　17—菜单选项；　18—USB Host

图 4-10-7　SDS1072CNL 数字示波器的前面板

该通道.

(2) MATH：按下该键打开数学运算菜单，可进行加、减、乘、除、FFT 运算.

(3) REF：按下该键可打开参考波形功能. 可将实测波形与参考波形相比较，以判断电路故障.

(4) POSITION：修改对应通道波形的垂直位移. 顺时针转动增大位移，逆时针转动减小位移. 修改过程中波形会上下移动，同时屏幕左下角弹出的位移信息相应变化. 按下该按钮可快速复位垂直位移.

图 4-10-8　垂直控制系统面板

(5) VOLTS/DIV：修改当前通道的垂直挡位. 顺时针转动减小挡位，逆时针转动增大挡位. 修改过程中波形幅度会增大或减小，同时屏幕左下角的挡位信息会相应变化. 按下该按钮可快速切换垂直挡位调节方式为“粗调”或“细调”.

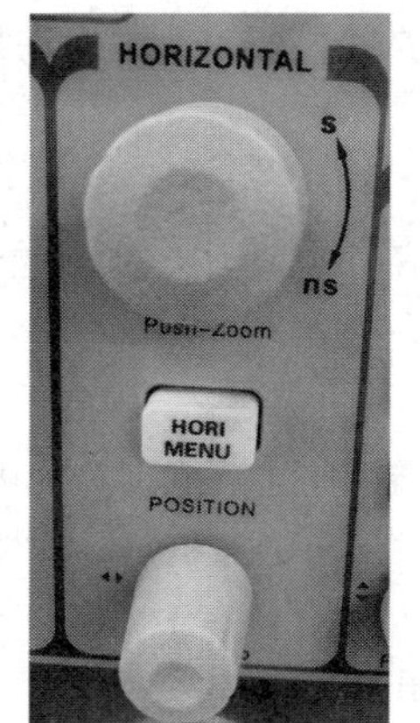

图 4-10-9　水平控制系统面板

2. 水平控制.

水平控制系统功能旋钮(或按钮) 面板如图 4-10-9 所示.

(1) HORI MENU：按下该键打开水平控制菜单. 在此菜单下可开启或关闭延迟扫描功能，切换存储深度为“长存储”或“普通存储”.

(2) POSITION：修改触发位移. 旋转旋钮时触发点相对于屏幕中心左右移动. 修改过程中，所有通道的波形同时左右移动，屏幕左下角的触发位移信息也会相应变化. 按下该按钮可快速复位波形的触发位移(或延迟扫描位移).

(3) SEC/DIV：修改水平时基挡位. 顺时针旋转减小时基，逆时针旋转增大时基. 修改过程中，所有通道的波形被扩展或压缩,同时屏幕下方的时基信息相应变化.按下该按钮可将波形快速切换至延迟扫描状态.

注意:① 延迟扫描开启,实现局部放大功能,此时(POSITION)调节放大位置;(s-ns)调节放大区域,还可以设置水平(POSITION)旋钮的触发位移.

② 延迟扫描关闭(POSITION)水平移动波形,(s-ns)调节时基分辨率.

3. 触发控制.

图 4-10-10 触发控制系统面板

触发控制系统功能旋钮(或按钮)面板如图 4-10-10 所示.

(1) TRIG MENU:该按钮用于调出触发菜单.通过调节(LEVEL)设定触发点对应的信号电压即触发电平,以便进行采样.按下"LEVEL"旋钮可使触发电平归零.

(2) SET TO 50%:按下该键可快速稳定波形.可自动将触发电平的位置设置为约是对应波形最大电压值和最小电压值间距的一半.

(3) FORCE:无论示波器是否检测到触发,都可以使用此按钮完成对当前波形采集.

示波器提供边沿、脉冲、视频、斜率和交替五种触发类型.

① 边沿触发.当触发输入沿给定方向通过某一给定电平时,边沿触发发生.

② 脉冲触发.设置一定的条件捕获异常信号,一般有两种典型应用场合:(i) 同步电路行为;(ii) 用来发现信号中的异常现象.

③ 视频触发.对标准视频信号进行行场或行视频触发.

④ 斜率触发.对示波器设置的指定时间的正斜率或负斜率触发.

⑤ 交替触发.触发信号来自两个垂直通道,此方式用于同时观察两个不相关的信号,可为两个通道信号选择不同的触发类型.

(4) LEVEL:修改触发电平.顺时针转动旋钮增大触发电平,逆时针转动减小触发电平.修改过程中,触发电平线上下移动,同时屏幕左下角的触发电平值相应变化.按下该按钮可快速将触发电平恢复至对应通道波形零点.

4. 运行控制.

RUN STOP:按下该键将示波器的运行状态设置为"运行"或"停止"."运行"状态下,该键黄灯被点亮;"停止"状态下,该键红灯被点亮.

5. 单次触发.

SINGLE:按下该键将示波器的触发方式设置为"单次".单次触发设置检测到一次触发时采集一个波形,然后停止.

6. 波形自动设置.

AUTO:按下该键开启波形自动显示功能.示波器将根据输入信号自动调整垂直挡位、水平时基以及触发方式,使波形以最佳方式显示.

7. 万能旋钮.

(1) 调节波形亮度:非菜单操作时,旋转该旋钮可调节波形的显示亮度,可调范围为 30%~100%.顺时针转动增大波形亮度,逆时针转动减小波形亮度.也可按"DISPLAY",选择"波形亮度"菜单,然后使用该旋钮调节波形亮度.

(2) 多功能旋钮:菜单操作时,按下某个菜单软件后,若旋钮上方指示灯被点亮,则转动该旋钮可选择该菜单下的子菜单,按下该旋钮可选中当前选择的子菜单,且指示灯熄灭.另外，该旋钮还可用于修改参数值、输入文件名等.

8. 功能菜单.

功能菜单各选择按钮面板如图 4－10－11 所示.

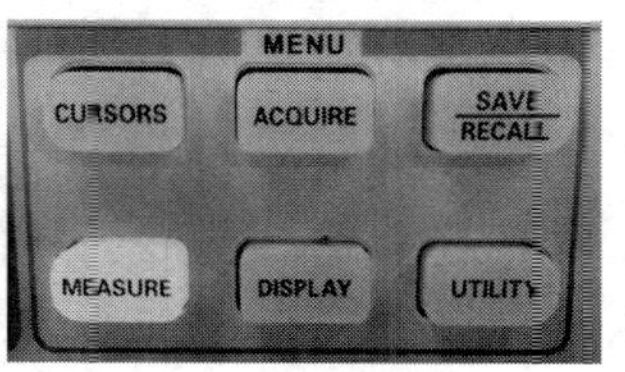

图 4－10－11　功能菜单

(1) CURSORS：按下该键进入光标测量菜单. 示波器提供手动测量、追踪测量和自动测量三种光标测量模式.

(2) ACQUIRE：按下该按键进入采样设置菜单. 可设置示波器的获取方式、内插方式和采样方式.

(3) SAVE/RECALL：按下该键进入文件存储 / 调用界面. 可存储 / 调出的文件类型包括设置存储、波形存储、图像存储和 CSV 存储，另外，还可调出示波器出厂设置.

(4) MEASURE：按下该键进入测量设置菜单. 包含的测试类别有电压测量、时间测量和延迟测量，每种测量菜单下又包含多种子测试，按下相应的子测试菜单即可显示当前测量值.

(5) DISPLAY：按下该键进入显示设置菜单. 可设置波形显示类型、余辉时间、波形亮度、网格亮度、显示格式(XY/YT)、屏幕正反向、网格、菜单持续时间和界面方案.

(6) UTILITY：按下该键进入系统功能设置菜单. 设置系统相关功能和参数，如扬声器、语言、接口等. 此外，还支持一些高级功能，如自校正、升级固件和通过测试等.

9. 默认设置.

DEFAULT SETUP：按下该键进入系统默认设置界面. 系统默认设置下的电压挡位为 1 V，时基挡位为 500 μs.

10. 帮助信息.

HELP：按下该按键开启帮助信息功能. 在此基础上依次按下各功能菜单键即可显示相应菜单的帮助信息. 若要显示各功能菜单下子菜单的帮助信息，则需先打开当前菜单界面，然后按下 HELP 键，选中相应的子菜单键. 再次按下该按键可关闭帮助信息功能.

11. 打印.

PRINT：按下该键将执行打印功能. 若当前已连接打印机，并且打印机处于闲置状态，按下该键将执行打印功能.

图 4－10－12 为 SDS1072CNL 数字示波器的后面板功能介绍.

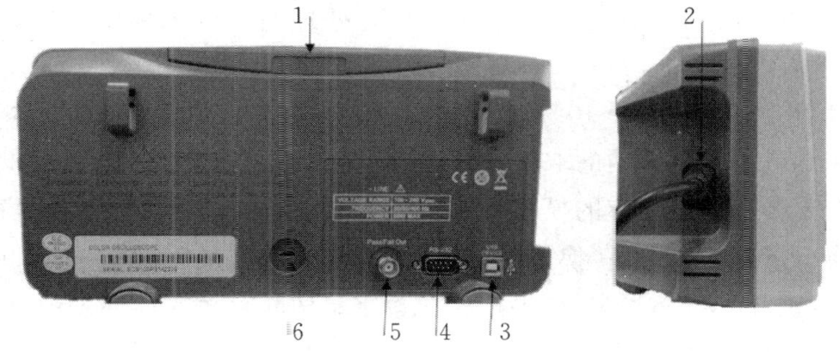

1—手柄：垂直拉起该手柄，可方便提携示波器. 不需要时，向下轻按即可；
2—AC电源输入端：本示波器的供电要求为100~240 V，45~440 Hz，请使用附件提供的电翻线将示波器连接到AC电源中；
3—USB DEVICE：通过该接口可连接打印机打印示波器当前显示界面，或连接PC通过上位机软件对示波器进行控制；
4—RS-232 接口：通过该接口可进行软件升级、程控操作以及连接PC端测试软件；
5—Pass/Fail 输出口：通过该端口输出Pass/Fail检测脉冲；
6—锁孔：可以使用安全锁通过该锁孔将示波器锁在固定位置

图 4－10－12　SDS1072CNL 数字示波器的后面板

【实验原理】

1. 数字示波器原理.

数字示波器与模拟示波器不同在于信号进入示波器后立刻通过高速 A/D 转换器将模拟信号前端快速采样，存储其数字化信号，利用数字信号处理技术对所存储的数据进行实时快速处理，得到信号的波形及其参数，并由示波器显示，从而实现模拟示波器功能，测量精度高，可以存储和调用显示特定时刻信号.

一个典型的数字示波器原理框图如图 4-10-13 所示，模拟输入信号先适当地放大或衰减，然后再进行数字化处理. 数字化包括"取样"和"量化"两个过程，取样是获得模拟输入信号的离散值，而量化则是使每个取样的离散值经 A/D 转换成二进制数字，最后数字化的信号在逻辑控制电路的控制下依次写入 RAM(存储器)中，CPU 从存储器中依次把数字信号读出并在显示屏上显示相应的信号波形. GPIB 为通用接口总线系统，通过它可以程控数字示波器的工作状态，并且使内部存储器和外部存储器交换数据成为可能.

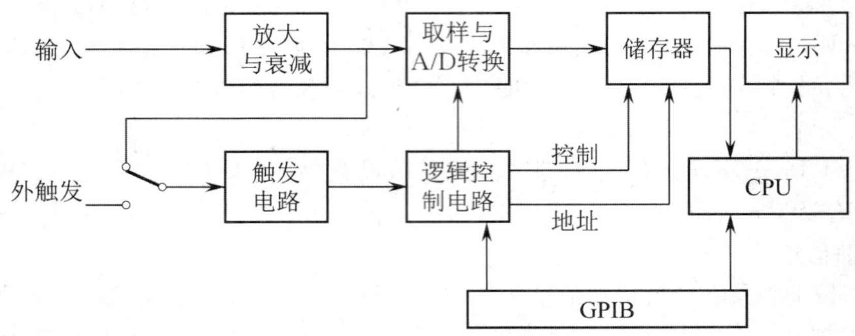

图 4-10-13　典型数字示波器原理框图

由此可见，数字示波器必须要完成波形的取样、存储和波形的显示. 另外，为了满足一般应用的需求，几乎所有微机化的数字示波器都提供了波形的测量与处理功能.

(1) 波形的取样和存储.

由于数字系统只能处理离散信号，必须对模拟连续波形先进行抽样，再进行 A/D 转换. 根据奈奎斯特(Nyquist)定理，只有抽样频率大于要处理信号频率的两倍时，才能在显示端理想地复现该信号.

连续信号离散化通过如图 4-10-14 所示的取样方法完成，把模拟波形送到加有反偏的取样门的 a 点，在 c 点加入等间隔的取样脉冲，则对应时间 $t_n(n=1,2,\cdots)$，取样脉冲打开取样门的一瞬间，在 b 点就得到相应的模拟量 $a_n(n=1,2,\cdots)$，这个模拟量就是离散化了的模拟量，把每一个模拟量进行 A/D 转换，就可以得到相应的数字量，如 $a_1 \to$ A/D $\to$ 01H，$a_2 \to$ A/D $\to$ 02H，$a_3 \to$ A/D $\to$ 03H，…. 如果把这些数字量按序存放在存储器中就相当于把一幅模拟波形以数字量存储起来.

(2) 波形的显示.

数字示波器必须把上面存储器中的波形显示出来以便用户进行观察、处理和测量. 存储器中每个单元存储了一个抽样点的信息，在显示屏上显示为一个点，该点 Y 方向的坐标值取决于数字信号值的大小、示波器 Y 方向电压灵敏度设定值、Y 方向整体偏移量，X 方向的坐标值取决于数字信号值在存储器中的位置(即地址)、示波器 X 方向电压灵敏度的设定值、X 方向的整体偏移量.

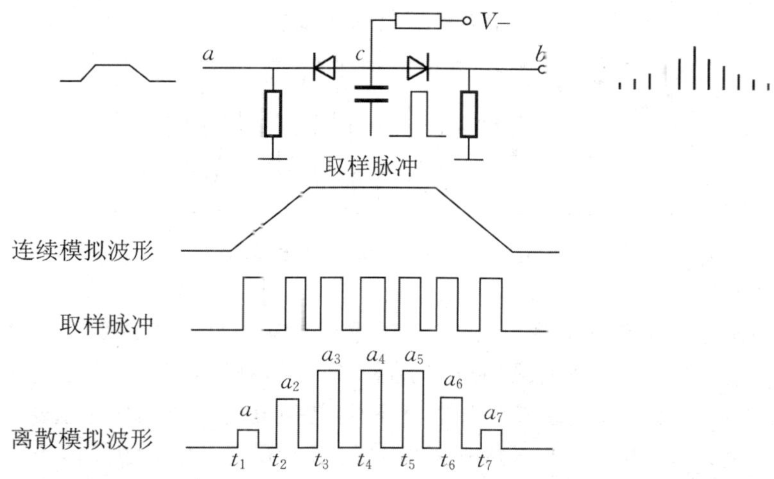

图 4-10-14　连续模拟波形的离散化

为了适应对不同波形的观测，智能化的数字存储器有多种灵活的显示方式：存储显示、双踪显示、插值显示、流动显示等.

存储显示是示波器最基本的显示方式.它显示的波形是由一次触发捕捉到的信号片断，即在触发信号控制下稳定地显示在液晶屏上.存储显示还有连续捕捉显示和单次捕捉显示之分.在连续捕捉显示方式下，每满足一次触发条件，屏幕上原来的波形就被新存储的波形更新，而单次捕捉显示只保存并显示一次触发形成的波形.

如果需要显示两个电压波形并保持两个波形在时间上的原有对应关系，可采用交替存储技术以达到双踪显示.这种交替存储技术利用存储器写地址的最低位 A_0 来控制通道开关，使取样和A/D转换轮流对两通道输入信号进行取样和转换，其存储方式如图 4-10-15 所示，当 A_0 为1时，对通道1的信号 Y_1 进行采样和转换，并写入技术存储器单元中，读出时，先读偶数地址，再读奇数地址，Y_1 和 Y_2 信号便在液晶屏上交替显示.

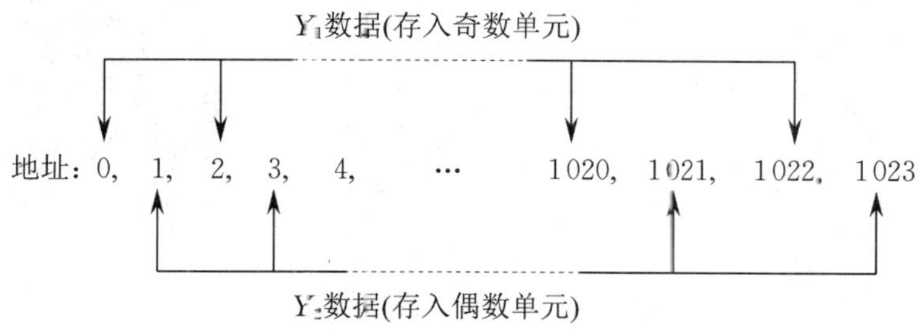

图 4-10-15　双踪显示的存储方式

示波器屏幕显示的波形由一些密集的点构成，当被观察的信号在一周期内采样点数较少时会引起视觉上的混淆现象，如图 4-10-16 左图所示的正弦波形就很难辨认.一般认为当采样频率低于被测信号频率的 2.5 倍时，点显示就会造成视觉混淆.为了有效地克服视觉的混淆现象，同时又不降低带宽指标，数字滤波器往往采用插值显示，即在波形上两个测试点数据间进行估值.估值方式通常有矢量插值法和正弦插值法两种.矢量插值法是用斜率不同的线段来连接相邻的点，当被测信号频率为采样频率的 1/10 以下时，采用矢量插值可以得到满意的效果；正弦插值法是以正弦规律用曲线连接各数据点的显示方式，它能显示频率为采样频率的 1/2.5 以下的被测波形，其能力已接近奈奎斯特极限频率.

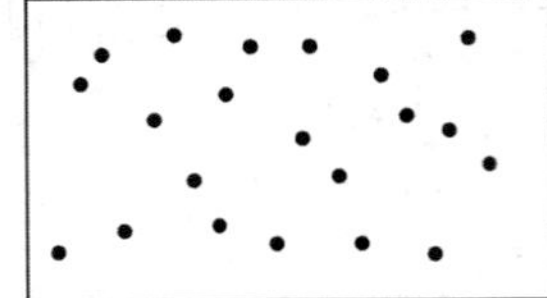
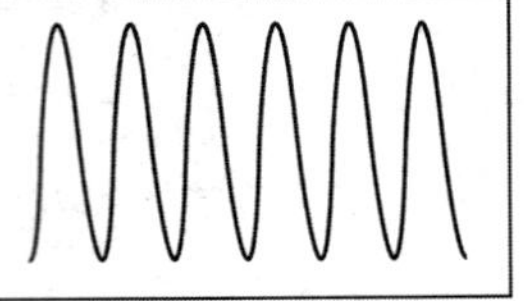

图 4-10-16 波形的插值显示

(3) 信号的触发.

为了实时稳定地显示信号波形，示波器必须重复地从存储器中读取数据并显示. 为使每次显示的曲线和前一次重合，必须采用触发技术. 信号的触发也称为整部或同步，一般的触发方式如下：输入信号经放大或衰减后分送至 A/D 转换器的同时也分送至触发电路，触发电路根据一定的触发条件(如信号电压达到某值并处于上升沿) 产生触发信号，控制电路一旦接收到来自触发电路的触发信号，就启动一次数据采集与 RAM 写入循环.

触发决定了示波器何时开始采集数据和显示波形，一旦触发被正确设定，它可以把不稳定的显示或黑屏转换成有意义的波形. 示波器在开始收集数据时，先收集足够的数据在触发点的左方画出波形. 示波器在等待触发条件发生的同时连续地采集数据. 当检测到触发后，示波器连续地采集足够的数据以在触发点的右方画出波形.

触发可以从多种信源得到，如输入通道、市电、外部触发等. 常见的触发类型有边沿触发和视频触发；常见的触发方式有自动触发、正常触发和单次触发.

数字示波器是按照取样原理，利用 A/D 转化，将连续的模拟信号转变成离散的数字序列，然后进行恢复和重建波形，从而达到测量波形的目的.

2. 李萨如图形的基本原理.

如果在示波器的 CH1 通道加上一正弦波，在示波器的 CH2 通道加上另一正弦波，当两正弦波信号的频率比值为简单整数比时，荧光屏上将得到李萨如图形(见图 4-10-17). 这些李萨如图形是两个相互垂直的简谐振动合成的结果，两正弦波信号的频率比满足：

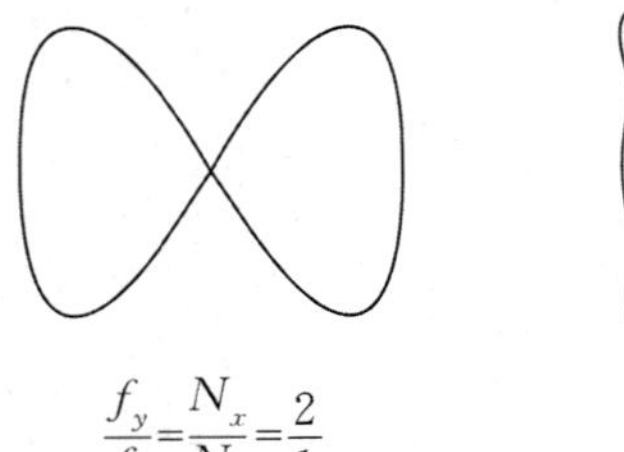
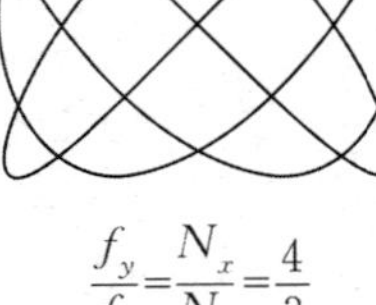
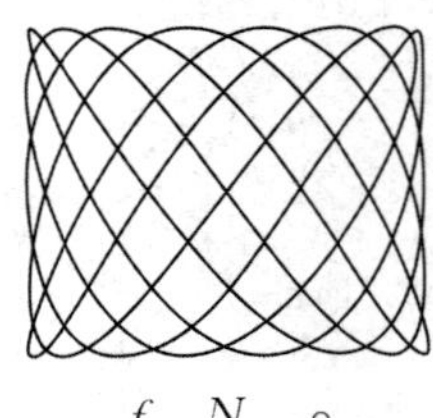

$\frac{f_y}{f_x}=\frac{N_x}{N_y}=\frac{2}{1}$ $\frac{f_y}{f_x}=\frac{N_x}{N_y}=\frac{4}{3}$ $\frac{f_y}{f_x}=\frac{N_x}{N_y}=\frac{8}{5}$

图 4-10-17 李萨如图形

$$\frac{f_y}{f_x}=\frac{N_x}{N_y},$$

其中 f_x 代表CH1通道上正弦波信号的频率，f_y 代表CH2通道上正弦波信号的频率，N_x 代表李萨如图形与假想水平线的切点数目，N_y 代表李萨如图形与假想垂直线的切点数目.

【实验内容及步骤】

1. 准备工作(将数字示波器与信号发生器连接好).

语言设置：通过旋转万能键选择简体中文，然后确定.

2. 通道设置：观察校准信号(以 CH1 为例).

(1) 触发调节：点击 TRIG MENU 按钮，选择类型为边沿、信源为 CH1，然后旋转 LEVEL 旋钮，调节触发位置(一般将屏幕的触发线调至信号区域即可).

(2) 自动测量：点击 MEASURE 按钮 + 选择按钮(5 个按钮任意) + 全部测量，然后开启电压和时间测试.

(3) 局部放大功能：点击 HORI MENU 按钮，开启延迟扫描，通过调节水平旋钮和时基旋钮选择放大的位置和宽度.

3. 练习.

(1) 通过信号发生器给 CH1 输入 1 000 Hz 的正弦波，观察波形及相关测量.

(2) 通过信号发生器给 CH2 输入 2 000 Hz 的正弦波，观察波形及相关测量.

(3) 通过信号发生器给 CH1 和 CH2 分别输入 1 000 Hz 和 2 000 Hz 的正弦波，观察波形及相关测量.

4. 观察李萨如图形.

(1) 点击 DISPLAY，观察李萨如图形.

(2) 如果给 CH2 输入 100 Hz 正弦波，给 CH1 分别输入 100 Hz，200 Hz，300 Hz，150 Hz，66.66 Hz，133.33 Hz，50 Hz 的正弦波，合成相应的李萨如图形，记录数据，填入表 4－10－1.

【数据处理及分析】

1. 用数字示波器显示信号发生器输入的各种波形，并显示出各种波形的相应参数.

2. 记录所观察到的各种频率比的李萨如图形变化图，测出信号发生器的输出频率，并由理论计算值求出误差值.

【注意事项】

1. 为避免损坏仪器或探头的表面，请勿使用任何腐蚀性试剂或化学清洁试剂.

2. 在重新通电使用前，请确认仪器已干透，避免因水分造成电路短路甚至人身伤害.

3. 数字示波器的所有旋钮应该缓慢旋转，不能用力过猛或者随意旋转.

【附录】

SIN－2300A 系列双通道 DDS 信号发生器

SIN－2300A 系列双通道 DDS 信号发生器采用大规模 FPGA 集成电路和 32 位高速 ARM 微处理器，内部电路采用表面贴片工艺，大大提高了仪器的抗干扰性和使用寿命. 显示界面采用 2.4 英寸(1 英寸约为 2.54 cm)TFT 液晶显示屏，具有 320 × 240 高分辨率，能够显示两个通道的所有参数并且提示当前的按键功能，高效地利用了按键资源，避免了用户频繁的按键操作，大大地增强了可操作性. 本仪器在信号产生、波形扫描、参数测量以及使用方面都有很大的优势，是电子工程师、电子实验室、生产线及教学、科研的理想测试、计量设备.

显示屏说明如下.

1. CH1/CH2：表示当前的区域是通道 1/ 通道 2 的相关参数.

2. 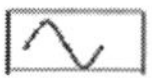 表示当前的波形，可以为正弦波、方波、三角波和任意波形，图标分别为，，，.

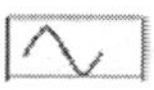

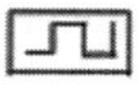

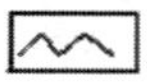

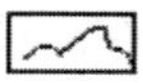

3. OFF：表示当前通道处于关闭状态，开启状态显示为 ON.

4. 000%：表示当前的偏置设置为 0%，这个设定范围为 －100% ～＋100%，是指当前幅度的百分数. 如果设定为 ＋100%，则表示波形都在正向，此时如果设定波形为方波，幅度为

5 V,则可以作为 5VTTL 电平的数字信号输出.所以设定不同的幅度值可以产生不同幅值的 CMOS 数字信号波.

5. P = 180°:表示当前的相位设定,这里 CH1 的相位表示多个机器相连时,CH1 通道间和其他机器的 CH1 通道间的相位差,也就是多机相连的时候使用,单机使用没有意义,CH2 通道的相位差表示该通道和 CH1 通道之间的相位差.

6. F = 00'010'000.00 Hz:表示当前设定的频率值为 10 kHz.

7. AMPL = 10.00:表示当前设定的幅度为 10.00 V,这个值指的是峰-峰值.

8. DUTY = 50.0%:表示当前设定的占空比为 50.0%.需要说明的是这项设定仅仅对三角波和方波有效,对正弦波没有作用.对于方波,占空比的设定范围为 0.1% ~ 99.9%.对于三角波,占空比的设定分三种情况:DUTY = 50.0% 为标准三角波;DUTY > 50.0% 为升锯齿波;DUTY < 50.0% 为降锯齿波.

9. ← OK →:一般表示按键操作提示,或者一些特殊值设定显示.目前表示的含义是,← OK → 3 个按键可以开关 CH1 通道和 CH2 通道,具体来说,← 按键控制 CH1 通道,→ 按键控制 CH2 通道,OK 按键则同时控制两个通道同时开启或关闭.

10. 信息:表示按下 F1 按键,显示本机信息,包括本机型号以及当前固件的版本号.

11. CH1:按下后可以设定 CH1 通道的参数.

12. 功能:本机的一项其他辅助功能,比如设定开启或关闭声音,进行频率、周期等参数测量,设定通信相关参数等功能.

13. CH2:按下后可以设定 CH2 通道的参数.

14. 存储:进入后有存入和调出两个选项,存入表示把当前的 CH1 和 CH2 具体参数设定存入本机 Flash 存储区,具体存储位置有 100 个,即 M00 到 M99.调出就是把本机 Flash 存储器的内容调出,当本机在开机的时候,会自动调出 M00 位置的参数值.M01 存储位置也有定义,主要用于扫描功能的一些参数设定.

实验 4.11　干涉法测几何量

牛顿为了研究薄膜颜色,曾经仔细研究过由凸透镜和平面玻璃组成的实验装置,并获得了极大的成功.19 世纪初,托马斯·杨用光的干涉原理解释了牛顿环,并参考牛顿的测量,计算了与不同颜色对应的波长和频率.劈尖干涉和牛顿环干涉都是用分振幅方法产生的干涉,是等厚干涉中两个典型的干涉现象,其原理在科研和工业生产技术上有广泛的应用,如检测透镜的曲率及其研磨质量,测量光波波长,精确测量微小长度、厚度和角度,检验物体表面的粗糙度和平整度等.

实验 4.11.1　用牛顿环测平凸透镜曲率半径

应用牛顿环现象可判断透镜表面凸凹、精确检验光学元件表面质量、测量透镜表面曲率半径和液体折射率.用牛顿环测量透镜球面的曲率半径,也是大学物理实验中的一个典型光学实验.实验装置较简单,但却可以测量平凸、平凹透镜球面的大曲率半径,且测量精密度较高.

【预习提要】

1. 仔细阅读教材的“仪器介绍”内容,熟悉读数显微镜的基本结构和测量原理,掌握目镜聚焦、物镜聚焦的调节要领和评判标准.

2. 查阅资料,掌握光的干涉原理,了解什么是等厚干涉,什么是等倾干涉,在什么条件下存在光程差.

3. 仔细阅读教材的"实验内容及步骤"内容,掌握用牛顿环测定平凸透镜球面曲率半径的实验步骤及方法.

【实验目的】

1. 观察并研究等厚干涉现象,加深对光的波动性的认识.
2. 学习利用光的干涉现象测定几何量.
3. 掌握读数显微镜的使用方法.

【实验仪器】

读数显微镜,钠光灯,牛顿环仪,升降台,45°反光镜(套在读数显微镜物镜的镜筒上).

【仪器介绍】

1. 读数显微镜.

读数显微镜结构如图4-11-1所示. 它主要由显微放大部分、螺旋测微部分及底座、平台、连接支撑部分三大部分组成.

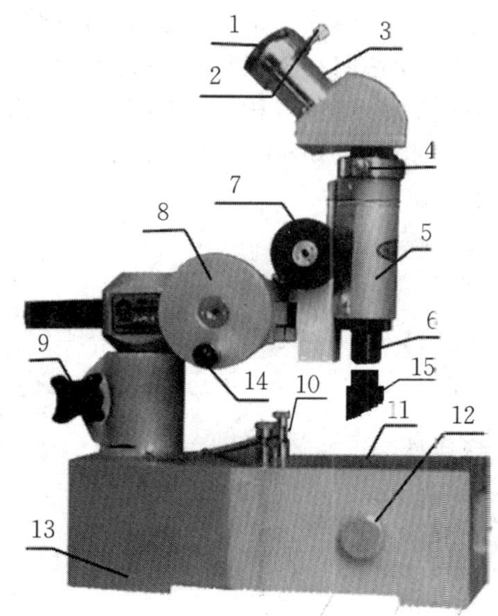

1—目镜螺盖; 2—目镜锁紧圈螺钉; 3—目镜接筒;
4—棱镜接头锁紧圈; 5—镜筒; 6—物镜;
7—调焦手轮; 8—测微手轮; 9—支架锁紧旋钮;
10—弹簧压片; 11—台面玻璃;
12—内置反光镜角度调整旋钮; 13—底座;
14—测微手柄; 15—45°反光镜

图4-11-1 读数显微镜结构图

显微镜主要由物镜、镜筒、目镜等构成,其放大倍率由物镜放大倍率和目镜放大倍率的乘积决定. 本实验所用显微镜物镜倍率为3×,目镜倍率为10×,故显微镜放大倍率为30倍. 使用前,应先调正十字叉丝:松开目镜锁紧圈螺钉2,一边通过目镜观察,一边转动目镜螺盖1使目镜整体转动,让十字叉丝中的一条叉丝沿水平方向(即与螺旋测微器的标尺平行),另一条叉丝沿垂直方向,调正后锁紧螺钉. 然后调节目镜聚焦:旋转目镜螺盖1,使在目镜中看到的十字叉丝最清晰,当眼睛上下左右小范围内晃动时,目镜中看到的叉丝无视差,说明目镜及目镜聚焦已调好,测量过程中不能再动. 最后调节物镜聚焦,为了防止调节过程中损坏物镜及套在物镜下端的反光镜,通常采用提升法聚焦,即先让物镜靠近被测物体(如牛顿环表面),然后慢慢提起,直到从目镜中看到的物像最清晰为止.

螺旋测微部分的测量原理与螺旋测微器原理相同.读数标尺上为 0 ~ 50 mm 刻线,每一格的值为 1 mm,测微鼓轮圆周等分为 100 格,鼓轮转动一周,显微镜沿标尺移动 1 mm(即标尺的读数准线沿标尺移动一格),所以鼓轮上每一格的值为 0.01 mm,在读数时,最小分度下还应估读一位,即读到千分位.为了避免回程误差,采用单方向移动测量.

显微镜与底座之间的连接支撑部分采用多功能组合设计,通过调整或改变组装方式可改变显微镜的位置、方向,以适应不同测量条件需要.在底座腹腔内装有一平面反光镜,可用于透明物体的投射照明,镜面角度可调.台面上的弹簧夹片用于固定被测物体.

2. 牛顿环仪.

牛顿环仪是将一块曲率半径较大的平凸透镜叠放于一光学平面玻璃板上,并固定在一凹形金属圆框中,其上部有一圆环形压片和 3 个调节螺钉,调节这 3 个螺钉可改变透镜凸面和平面玻璃板的接触点位置及两者间压力.牛顿环仪结构示意图如图 4-11-2 所示.

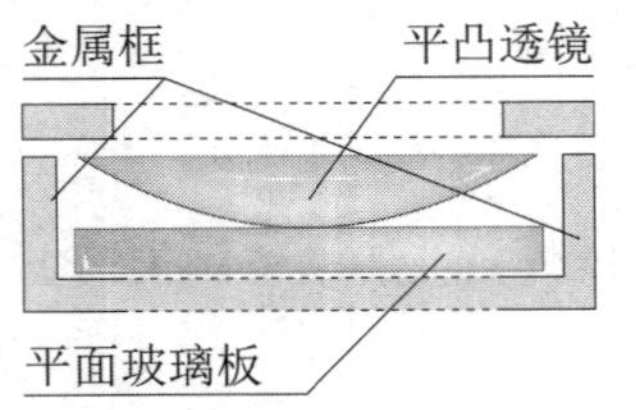

图 4-11-2　牛顿环仪结构示意图

【实验原理】

由牛顿环仪的结构可知,在平凸透镜凸面与光学平面玻璃板之间形成了一层空气薄膜,其厚度从中心接触点到边缘逐渐增加.当一单色光垂直照射到薄膜上时,入射光将在此薄膜上下两表面依次反射,产生具有一定光程差的两束相干光,它们在相遇区域内将产生干涉.显然,其干涉条纹是以接触点为圆心的一系列明暗相间的同心圆环,称为牛顿干涉环,简称牛顿环(见图 4-11-3),其特点是中间疏、边缘密,圆心在接触点 O,并且中心处为暗斑.

由于从下表面反射的光比上表面的反射光多走了 2 倍空气层厚度,且下表面的反射光是从光密介质反射到光疏介质,存在半波损失,故这两束相干光的光程差为

$$\Delta = 2\delta + \frac{\lambda}{2}, \qquad (4-11-1)$$

式中 λ 为入射光的波长,δ 是空气层厚度,空气折射率 $n \approx 1$.当光程差 Δ 为半波长的奇数倍时为暗环,若第 m 个暗环处的空气层厚度为 δ_m,则有

$$\Delta = 2\delta_m + \frac{\lambda}{2} = (2m+1)\frac{\lambda}{2} \quad (m = 0,1,2,\cdots),$$

即

$$\delta_m = m \times \frac{\lambda}{2}. \qquad (4-11-2)$$

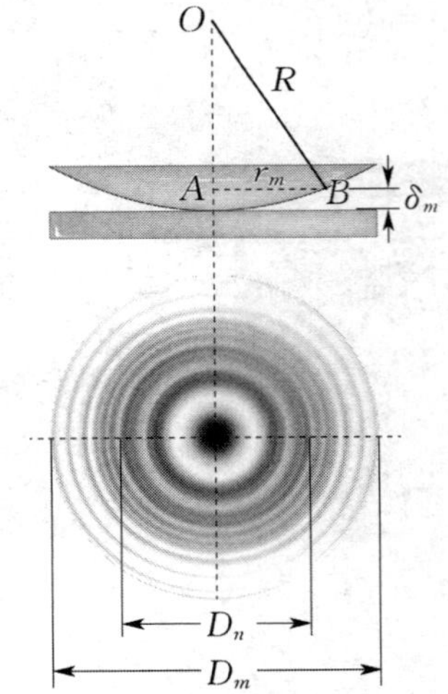

图 4-11-3　牛顿干涉环示意图

由图 4-11-3 中几何关系知 $R^2 = r_m^2 + (R-\delta_m)^2$.由于空气层厚度远小于平凸透镜的曲率半径 R,即 $\delta_m \ll R$,可得

$$\delta_m = \frac{r_m^2}{2R}, \qquad (4-11-3)$$

式中 r_m 是第 m 个暗环的半径.

由式(4-11-2)和式(4-11-3)可得

$$r_m^2 = mR\lambda. \qquad (4-11-4)$$

可见,若测得第 m 个暗环的半径,便可由已知 λ 求 R.由于玻璃接触处受压所引起的局部

弹性形变，使透镜凸面与平面玻璃不可能理想地以一个点相接触，所以圆心位置很难确定，环的半径 r_m 也就不易测准. 同时因玻璃表面的不洁净，在平凸透镜与平面玻璃接触处存在尘埃，会引入附加程差，使实验中看到的干涉条纹序数并不代表真正的干涉级数 m. 为此，将式(4-11-4) 做一变换，将 r_m 换成直径 D_m，有 $D_m^2 = 4mR\lambda$；对第 n 个暗环有 $D_n^2 = 4nR\lambda$. 将以上两式相减，整理后得

$$R = \frac{D_m^2 - D_n^2}{4\lambda(m-n)}. \tag{4-11-5}$$

这样，只要测得第 m 个暗环和第 n 个暗环的直径 D_m，D_n，就可由式(4-11-5) 计算透镜的曲率半径 R. 经过上述公式变换，避开了难测的量 r_m 和级数 m，从而提高测量精度，这是实验中常采用的方法.

【实验内容及步骤】

1. 调整测量装置获得并观察干涉条纹.

(1) 按实验装置图放置好仪器. 在自然光下观察并调节牛顿环仪. 在侧光下用肉眼观察牛顿环仪，可看到干涉条纹. 如果干涉条纹的中心光斑不在金属框的几何中心，可通过调节位于金属边框上的 3 个螺钉，使其大致位于金属框中心. 螺钉适当旋紧即可，切不可过紧，以免损坏牛顿环仪，也不可太松，以免测量过程中装置晃动，会使中心光斑发生移动，无法进行准确测量.

(2) 将调节好的牛顿环仪放在显微镜载物台上. 显微镜镜筒大致移动到标尺的中间部位，牛顿环仪放于物镜下方的载物台上. 放置时注意让由 3 个可调节螺钉构成的三角形的一个边与载物台靠近钠光灯的边缘相平行.

(3) 打开钠光灯电源，调整灯罩，使发光窗口正对显微镜筒，镜筒和牛顿环仪均处于光照范围之内.

(4) 调节升降支架，使显微镜载物台台面与钠光灯窗口下边缘大致相平.

(5) 45° 反光镜的调节. 通常 45° 反光镜做成如图 4-11-1 中 15 所示形状，直接套在显微镜物镜镜筒上，可以绕镜筒转动. 其调节要点是：转动反光镜使其对准光源，在显微镜下边观察边调节，使目镜视场中观察到的光线亮度最大并处处均匀. 左右不均，应旋转反光镜；上下不均，应调节升降支架，改变光线在反光镜上的入射点，使反射光垂直照射到牛顿环仪上.

(6) 显微镜调节. 显微镜的调节分为目镜聚焦和物镜聚焦：① 调节目镜，使目镜视场中能够清晰地看到十字叉丝，松开目镜锁紧螺钉转动目镜，使十字叉丝中的一条叉丝与标尺平行，另一条叉丝用来测定物体位置(注：个别显微镜的十字叉丝有一条是双线，最好使双线叉丝与标尺平行)；② 调节镜筒升降旋钮，先让套在物镜上的 45° 反光镜靠近牛顿环仪，然后缓缓升起镜筒，直至看到清晰的干涉条纹. 如果怎么调节都看不到干涉条纹或干涉条纹非常暗淡，说明 45° 反光镜没有调好，应仔细调节 45° 反光镜及升降支架，使光线水平照射到 45° 反光镜上.

2. 测量牛顿环直径.

(1) 使显微镜的十字叉丝交点与牛顿环中心重合，并使水平方向的叉丝与标尺平行(与显微镜筒移动方向平行).

(2) 转动显微镜测微鼓轮，使显微镜筒沿一个方向移动，同时数竖向叉丝移过的暗环数，直到竖丝与第 35 环相切为止.

(3) 反向转动鼓轮，当竖向叉丝与第 30 环相切时，记录读数显微镜上的位置读数，然后继续转动鼓轮，使竖向叉丝依次与第 29，28，…，21 环相切，顺次记下位置读数.

(4) 继续转动鼓轮，越过干涉圆环中心，记下竖向叉丝依次与另一边的 21，22，…，30 环相切时的位置读数.

3. 逐差法处理数据.

第 n 个环直径 $D_n = |$左位置读数－右位置读数$|$，依次计算出 30 环到 21 环的直径，分别计算出 $D_{30}^2 - D_{25}^2, D_{29}^2 - D_{24}^2, \cdots, D_{26}^2 - D_{21}^2$，填入表 4-11-1 中.

【数据处理及分析】

表 4-11-1　牛顿环位置读数记录表

组数		1	2	3	4	5
环数 m_i		30	29	28	27	26
位置读数	左 x_i/mm					
	右 x_i'/mm					
直径 D_{m_i}/mm						
环数 n_i		25	24	23	22	21
位置读数	左 x_i/mm					
	右 x_i'/mm					
直径 D_{n_i}/mm						
$(D_{m_i}^2 - D_{n_i}^2)$/mm^2						

1. 根据测量数据计算出各环直径 $D_i = |x_i - x_i'|$，并填入表 4-11-1 中.

2. 用逐差法处理数据，分别计算出 $D_{m_i}^2 - D_{n_i}^2$，并求出其平均值 $\overline{D_{m_i}^2 - D_{n_i}^2}$.

3. 计算 $\overline{D_{m_i}^2 - D_{n_i}^2}$ 的不确定度.

因本实验中 $D_{m_i}^2 - D_{n_i}^2$ 的 B 类不确定度极小，可忽略不计，所以

$$\Delta_{\overline{D_{m_i}^2 - D_{n_i}^2}} = t_{\mathrm{p}} \times \sqrt{\frac{\sum_{i=1}^{5}\left[(D_{m_i}^2 - D_{n_i}^2) - (\overline{D_{m_i}^2 - D_{n_i}^2})\right]^2}{5 \times (5-1)}} \quad (t_{\mathrm{p}} = 2.78).$$

4. 计算平凸透镜曲率半径.

$$\overline{R} = \frac{\overline{D_m^2 - D_n^2}}{4\lambda(m-n)} \quad (m - n = 5).$$

5. 计算曲率半径的测量不确定度.

$$\Delta_R = \frac{\Delta_{\overline{D_{m_i}^2 - D_{n_i}^2}}}{4\lambda(m-n)}.$$

6. 写出测量结果.

$$R = \overline{R} \pm \Delta_R, \quad E = \frac{\Delta_R}{\overline{R}} \times 100\%.$$

【注意事项】

1. 若牛顿环仪、劈尖、透镜和显微镜的光学表面不清洁，要用专门的擦镜纸轻轻揩拭.

2. 读数显微镜的测微鼓轮在每一次测量过程中只能向一个方向旋转，中途不能反转.

3. 当用镜筒对待测物聚焦时，为防止损坏显微镜物镜，正确的调节方法是使镜筒移离待测物（即提升镜筒）.

【思考题】

1. 牛顿环干涉条纹形产生的条件是什么？

2. 牛顿环干涉条纹的中心在什么情况下是暗的？什么情况下是亮的？

3. 分析牛顿环相邻暗（或亮）环之间的距离（靠近中心的与靠近边缘的大小）有什么规律？

4. 为什么说读数显微镜测量的是牛顿环的直径，而不是显微镜内被放大了的直径？若改变显微镜的放大倍率，是否影响测量的结果？

5. 如何用等厚干涉原理检验光学平面的表面质量？

实验 4.11.2　用劈尖测细丝直径

【预习提要】

1. 仔细阅读实验 4.11.1 的“仪器介绍”，熟悉读数显微镜的基本结构和测量原理，掌握目镜聚焦、物镜聚焦的调节要领和评判标准.

2. 查阅资料，掌握光的干涉原理，了解什么是等厚干涉，什么是等倾干涉，在什么条件下存在光程差.

3. 仔细阅读教材“实验内容及步骤”，掌握用劈尖测定细丝直径的实验步骤及方法.

【实验目的】

1. 观察劈尖等厚干涉条纹.

2. 利用劈尖干涉测量微小厚度.

【实验仪器】

读数显微镜，钠光灯，劈尖.

【实验原理】

1. 劈尖干涉.

如图 4-11-4 所示，取两块光学平面玻璃板，使其一端接触，另一端夹一薄纸片或细金属丝（为便于说明问题，图中金属丝的直径放大了许多），在两玻璃板之间就形成了一劈尖形空气薄膜，称为空气劈尖. 两玻璃板的交线称为棱边，在平行于棱边的同一条线上，劈尖的厚度是相等的. 当平行单色光垂直照射到玻璃板上时，由空气劈尖上、下表面反射的两束光线将形成相干光，它们在劈尖的上表面相遇而产生干涉，呈现出一组与棱边平行、间隔相等、明暗相间的干涉条纹.

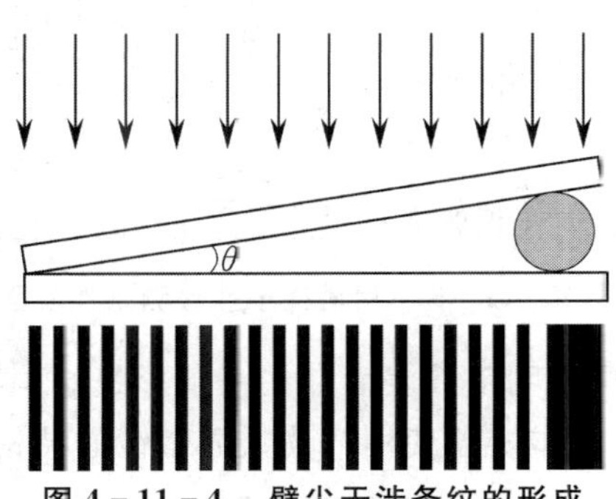

图 4-11-4　劈尖干涉条纹的形成

设单色光的波长为 λ，在劈尖厚度为 d 处产生干涉的两束光线的光程差为

$$\Delta = 2d + \frac{\lambda}{2}, \tag{4-11-6}$$

式中$\frac{\lambda}{2}$是光线由光疏介质(空气)到光密介质(玻璃)时,在交界面上反射时由相位π的突变而引起的附加光程差(半波损失).由干涉条件可知,对于第k级暗条纹有

$$\Delta = 2d_k + \frac{\lambda}{2} = (2k+1)\frac{\lambda}{2} \quad (k = 0,1,2,\cdots), \tag{4-11-7}$$

式中k为干涉级数,d_k为第k级条纹所在位置处的空气薄膜厚度.式(4-11-7)化简可得第k级暗纹对应的空气劈尖厚度为

$$d_k = k\frac{\lambda}{2}, \tag{4-11-8}$$

第$k+1$级暗纹对应的空气劈尖厚度为

$$d_{k+1} = (k+1)\frac{\lambda}{2}, \tag{4-11-9}$$

两式相减得

$$\Delta d = d_{k+1} - d_k = (k+1)\frac{\lambda}{2} - k\frac{\lambda}{2} = \frac{\lambda}{2}. \tag{4-11-10}$$

上式表明任意相邻的两条干涉条纹所对应的空气劈尖厚度差为$\frac{\lambda}{2}$.由此可推出相隔n个条纹的两条干涉条纹所对应的空气劈尖厚度差为

$$\Delta d_n = n\frac{\lambda}{2}. \tag{4-11-11}$$

再由几何相似性条件可得待测细丝直径为

$$d = \frac{n\lambda L}{2l_n}, \tag{4-11-12}$$

式中L为两玻璃板交线与待测细丝间的垂直距离(即劈尖的有效长度),l_n为n个条纹间的距离,它们可由读数显微镜测出.

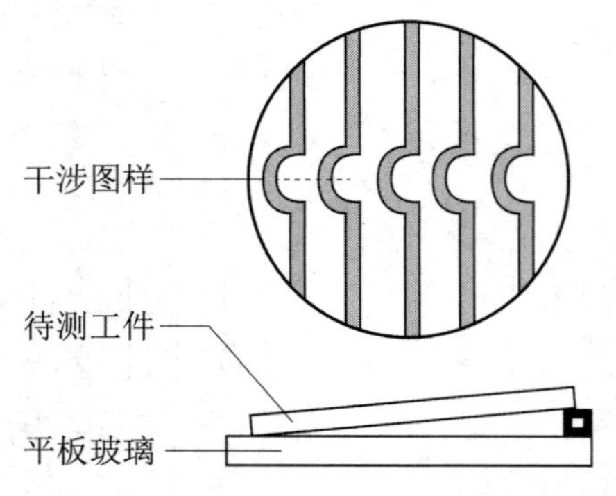

图 4-11-5 用劈尖干涉检测工件表面平整度

2. 利用劈尖干涉检测工件表面质量.

利用劈尖干涉原理,可以观察劈尖空气薄膜形成的干涉条纹,检测工件表面的加工质量.如图 4-11-5 所示,在一块平面度高的平板玻璃上方放置待测工件,使其间形成一空气劈尖,用单色光垂直照射到工件表面,用读数显微镜观察干涉图样,如果观察到的干涉条纹不是直条纹,而是发生了畸变,说明工件表面不够平整,并可根据干涉条纹的形状判断工件的凸凹情况.当观察到如图 4-11-5 所示的干涉条纹时,说明工件表面存在一条形凹槽.

本实验使用的读数显微镜的结构和使用方法参见实验 4.11.1.

【实验内容及步骤】

用劈尖干涉测量细丝直径的实验装置如图 4-11-6 所示.

1. 将待测细丝放置在两块平板玻璃之间,形成一个空气劈尖.

2. 将劈尖放置在读数显微镜的毛玻璃平台上,调节好读数显微镜(调节方法参见实验 4.11.1),在目镜视场中找到劈尖干涉条纹.

3. 调节显微镜的调焦手轮，使干涉条纹清晰，移动劈尖，使干涉条纹和读数显微镜目镜视场中的叉丝竖线平行，并且 0 级和最后一级暗纹都能在读数显微镜中观察到.

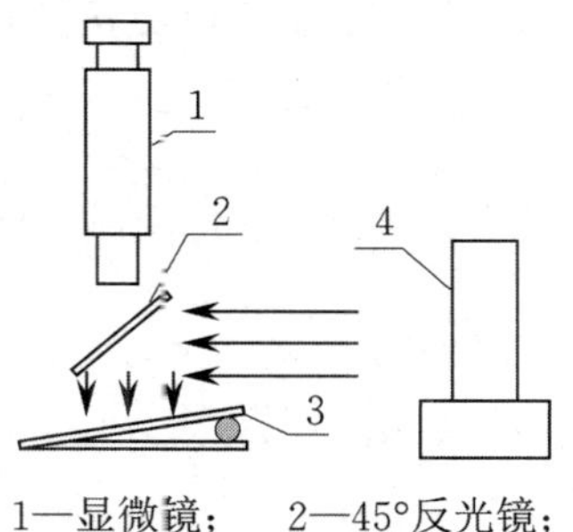

1—显微镜；　2—45°反光镜；
3—劈尖；　4—钠光灯

图 4 - 11 - 6　劈尖干涉装置示意图

4. 旋转测微手轮，使十字叉丝沿某一方向移动，从第 10 级条纹开始每隔 10 条暗纹时记录一个位置读数，分别测量出第 10，20，…，100 级条纹的位置读数（在测量过程中，如果钠光灯照度较强，应尽量使钠光灯距离显微镜远一点，以扩大其照明范围，便于测量；如果照度较弱，不允许拉大距离，在测量过程中应根据情况适当平移钠光灯，以保证竖向叉丝所在位置处有清晰的干涉条纹. 注意：切不可移动劈尖！），将测量数据填入表 4 - 11 - 2 中.

5. 旋转测微手轮，使十字叉丝移至棱边处，记录此时($k=0$) 读数显微镜的读数，继续旋转测微手轮，使十字叉丝移至平板玻璃与待测物的交线处，记录读数显微镜中最后一级暗纹的读数，这两个读数之差即为干涉条纹的总长度 L，重复测 5 次，将测量数据填入表 4 - 11 - 3 中.

【数据处理及分析】

表 4 - 11 - 2　劈尖干涉条纹位置读数记录表

组数	1	2	3	4	5
级数 k	10	20	30	40	50
位置读数 x_k/mm					
级数 k	60	70	80	90	100
位置读数 x_k/mm					
$(l_{ni}=x_{k+50}-x_k)$/mm					

表 4 - 11 - 3　劈尖有效长度测量记录表

次数	1	2	3	4	5	平均值
总长度 L_i						

1. 计算劈尖有效长度的测量平均值 $\overline{L}$ 及测量不确定度 Δ_L.

$$\overline{L}=\frac{1}{n}\sum_{i=1}^{n}L_i(n=5),\quad \Delta_L=t_p\times\sqrt{\frac{\sum\limits_{i=1}^{n}(L_i-\overline{L})^2}{n(n-1)}}\quad (t_p=2.78).$$

2. 计算 n 个条纹的间隔距离 $\overline{l}_n$ 及其不确定度 Δ_{l_n}.

(1) 根据表 4 - 11 - 2 数据，用逐差法分别计算出 $x_{60}-x_{10}$，$x_{70}-x_{20}$，$x_{80}-x_{30}$，… 等差值并求其平均值 $\overline{l}_n$.

(2) 计算 $\overline{l}_n$ 的测量不确定度 Δ_{l_n}.

$$\Delta_{l_n}=t_p\times\sqrt{\frac{\sum\limits_{i=1}^{5}(l_{ni}-\overline{l}_n)^2}{5\times 4}}\quad (t_p=2.78).$$

3. 计算待测细丝直径 $\overline{d}$ 及其不确定度 Δ_d.

$$\overline{d} = \frac{n\lambda \overline{L}}{2\overline{l}_n},$$

其中 $n = 50$（因 $\overline{l}_n$ 是每间隔 50 个条纹的距离平均值）.

$$\Delta_d = \overline{d} \cdot \sqrt{\left(\frac{\Delta_L}{\overline{L}}\right)^2 + \left(\frac{\Delta_{l_n}}{\overline{l}_n}\right)^2}.$$

4. 写出测量结果.

$$d = \overline{d} \pm \Delta_d, \quad E = \frac{\Delta_d}{\overline{d}} \times 100\%.$$

【注意事项】

1. 手持劈尖时只能平拿，不得反转，以免劈尖玻璃片掉落被损坏.

2. 放置待测细丝时，应注意使其与棱边平行.

3. 爱护仪器，不得用手或其他物体触摸各光学面.

4. 测量时，只能往一个方向缓慢转动读数显微镜的测微手轮，中途切不可反转，以免带来回程差（螺距差）.

5. 钠光灯点亮之后需要十几分钟才能达到稳定工作状态，关掉之后也不能马上再启动，必须先拿开灯罩冷却十几分钟才能再次启动.

【思考题】

1. 牛顿环干涉与劈尖干涉有什么相同与不同之处？

2. 怎样利用劈尖干涉现象检测工件表面平整度？

3. 结合你的实验过程，试分析本实验误差主要来自哪些方面，怎样减小误差.

实验 4.12　分光仪的调节及应用

分光仪通常利用棱镜或光栅把一束多色入射光分解为不同角度的出射光，通过对出射光角度的测量获得其波长等信息. 由于分光仪对角度的测量精度较高，有时也作为一种用光学方法测量角度的精密仪器. 由于有些物理量如折射率、光栅常数、色散率等往往可以通过直接测量有关的角度（如最小偏向角、衍射角、布儒斯特角等）来确定，因此在光学技术中，分光仪的应用十分广泛.

分光仪的基本部件和调节原理与其他更复杂的光学仪器（如单色仪、摄谱仪等）有许多相似之处，因此学习和使用分光仪能为今后使用更为精密的光学仪器打下良好基础. 本实验要求学会分光仪的调节和使用，并通过测量棱镜的顶角等应用，了解其基本原理、结构及调节思想.

【预习提要】

1. 认真阅读本实验教材.

2. 掌握分光仪的组成和结构.

3. 熟练掌握分光仪的测角原理.

【实验目的】

1. 了解分光仪的结构及各组成部分的作用.

2. 了解分光仪的调节要求及调节方法.

3. 测定三棱镜的顶角.

【实验仪器】

(一) 分光仪

分光仪是用来准确测量光线偏转角度的仪器. 分光仪的调整方法与技巧，在光学仪器中有一定的代表性. 分光仪的型号比较多，本实验所介绍的 JJY－1 型由平行光管、阿贝式自准直望远镜、载物台和游标读数装置四个部分构成，分光仪各组成部分及相应的调节旋钮参见图 4－12－1，原理图如图 4－12－2 所示.

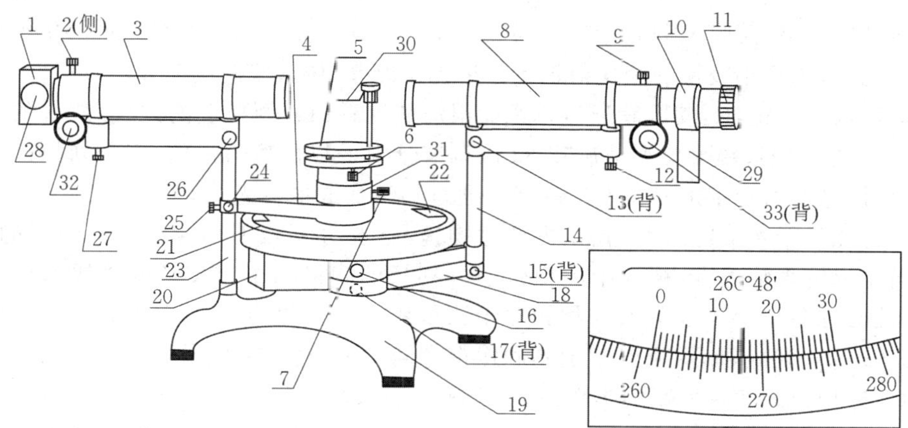

1—狭缝装置；2—狭缝与物镜距离锁紧螺钉；3—平行光管；4—游标盘制动架；5—载物台；
6—载物台调平螺钉(3只)；7—载物台台座锁紧螺钉；8—望远镜镜筒；9—阿贝式目镜锁紧螺钉；
10—阿贝式目镜；11—目镜聚焦调节手轮；12—望远镜光轴高低调节螺钉；
13—望远镜光轴水平调节螺钉；14—望远镜支臂；15—望远镜转角微调螺钉；16—转座与度盘止动螺钉；
17—望远镜止动螺钉；18—望远镜制动架；19—底座；20—转座；21—度盘；22—游标盘；
23—立柱；24—游标盘转角微调螺钉；25—游标盘止动螺钉；26—平行光管光轴水平调节螺钉；
27—平行光管光轴高低调节螺钉；28—狭缝宽度调节螺钉；29—照明灯；30—压片；31—载物台台座；
32—平行光管聚焦调节旋钮；33—望远镜聚焦调节旋钮

图 4－12－1　JJY－1 型分光仪实物图

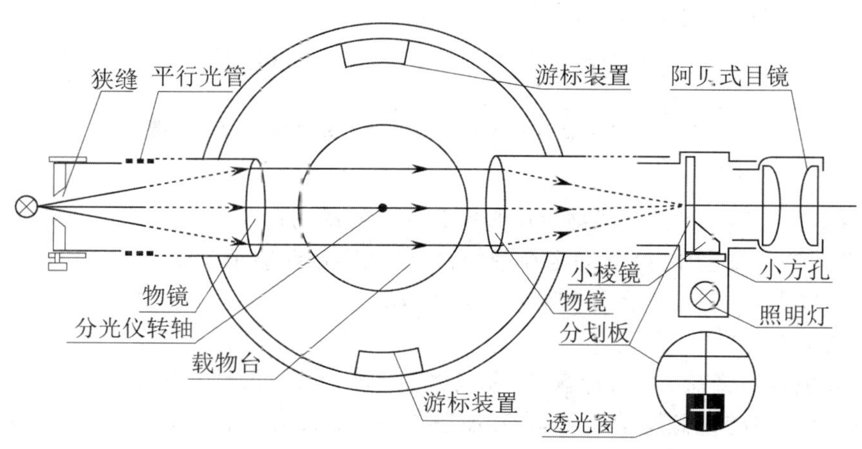

图 4－12－2　分光仪原理图

1. 平行光管.

平行光管原理如图 4-12-2 所示，管筒右端有一物镜，左端有一宽度可调节的精密狭缝，当狭缝位于物镜的焦平面上时，通过狭缝的光经过凸透镜后就成为平行光. 平行光管的调节(见图 4-12-1)：松开狭缝装置锁紧螺钉 2，拧转平行光管聚焦调节旋钮 32，使狭缝处在物镜的焦平面上. 狭缝的宽度由狭缝宽度调节螺钉 28 调节，平行光管光轴(光轴即为物镜的主轴，下同)的位置由平行光管光轴水平调节螺钉 26、平行光管光轴高低调节螺钉 27 调节.

2. 阿贝式自准直望远镜.

原理如图 4-12-2 所示，阿贝式目镜由目镜、分划板和照明装置组成. 望远镜由物镜和阿贝式目镜组成. 分划板上刻有叉丝，旁边有一块全反射小棱镜，在小棱镜与分划板相邻的面上涂有不透光的薄膜，薄膜上刻有十字形透光窗口. 小灯泡点亮后，白光经过小方孔上的滤光片变为绿色光，再经小棱镜的全反射把十字透光窗照亮. 望远镜的调节如图 4-12-1 所示，旋转目镜聚焦调节手轮 11，使眼睛通过目镜能很清楚地看到分划板上的刻线. 放松阿贝式目镜锁紧螺钉 9，拧转望远镜聚焦调节旋钮 33 以调节分划板与物镜的距离. 当分划板位于物镜的焦平面上时，它上面十字透光窗发出的光线通过物镜变成平行光，如图 4-12-3(a) 所示. 用一平面镜将此平行光反射回来，此光再经过物镜，会在分划板上形成绿色亮十字的像. 如果平面镜与望远镜光轴垂直，视场中此像位于分划板的测量用十字叉丝的竖线与调节叉丝的交点上，此时绿色十字叉丝的像与物相对于测量用十字叉丝的水平线距离均为 h，即上下对称，如图 4-12-3(b) 所示. 在光学上物和像都在同一平面内(在分划板上)称为自准直. 实现了自准直，分划板必然在物镜的焦平面上. 当绿十字像处于图 4-12-3(b) 所示的位置时，望远镜光轴必然与平面镜垂直. 如图 4-12-1 所示，调节望远镜光轴高低调节螺钉 12 和望远镜光轴水平调节螺钉 13，可使望远镜轴线与分光仪转轴垂直.

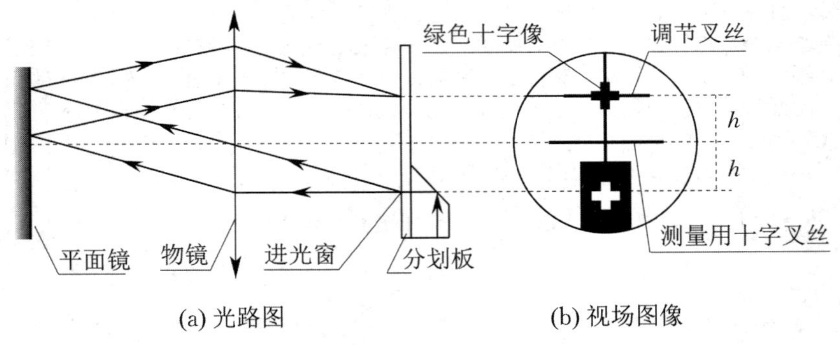

(a) 光路图　　(b) 视场图像

图 4-12-3　自准直法调节望远镜的光路图及视场图像

3. 载物台.

放在载物台台座 31 和 3 只载物台调平螺钉 6 上的载物台 5 是用来放置三棱镜、光栅等光学元件的. 光学元件可用压片 30 固定在载物台上. 载物台台座锁紧螺钉 7 可以把载物台台座固定在任一高度上，并使载物台与游标盘一起转动.

4. 游标读数装置.

游标读数装置由度盘 21、游标盘 22 和读数照明放大镜(附件)组成. 望远镜或载物台座转动时，可使度盘与游标盘发生相对运动. 如图 4-12-1 所示，JJY-1 型的度盘上刻有 720 条等分刻线，分度值 $\alpha=30'$，游标的分度数 $n=30$，根据游标的基本原理，游标分度值 $i=\frac{\alpha}{n}=$

$\frac{30'}{30}=1'$. 在图 4－12－1 的右下角，画出了游标及对应的读数. 分光仪上的游标装置是测角度的，因此这种游标装置又称角游标.

为了消除度盘的中心与分光仪转轴之间的偏心差，在度盘同一直径的两端各装一个游标读数装置. 测量时两个游标都应读数，然后算出每个游标两次读数的差，再取平均值. 这个平均值可作为游标盘相对于度盘转过的角度，并且消除了偏心误差.

（二）汞灯

汞灯（水银灯）是一种气体放电灯，汞蒸气是发光物质. 按汞蒸气气压的不同，可分为低压汞灯、高压汞灯和超高压汞灯. 物理实验室常用的 GP20Hg 型汞灯是一种低压汞灯，其结构和连接电路如图 4－12－4 所示. 在抽成真空的玻璃管胆 1 内封一对主电极 2 和一个辅助电极 4，管胆内还封有汞滴 3，管胆外封接有玻璃外壳 5. 汞滴在管胆内蒸发形成低压汞蒸气，为了启动方便，管胆内还充有少量的氩（或氖、氖）气. 汞灯电源接通后，辅助电极与旁边的主电极之间产生很强的电场，从这两个电极交替发射的自由电子在电场中被加速，自由电子与惰性气体原子发生频繁的碰撞而使电子在两电极之间的运动路径变长，从而增加了与汞蒸气中汞原子碰撞的机会. 汞原子的激发电位和电离电位比惰性气体原子低得多，从而被碰撞的汞原子可以被激发和电离，被激发的汞原子从高能态向低能态跃迁时发出辉光（被激发的惰性气体原子也会发出辉光），被电离的汞原子形成正离子和自由电子. 由于串联在辅助电极上的电阻 R 的限制，大量的正离子和自由电子在两主电极之间电场的作用下，向主电极运动的同时自身动能也不断增加. 移动过程中又与汞原子碰撞，会使越来越多的汞原子处于激发态. 它们从高能态向低能态跃迁时，就会发出各种频率的光谱线. 对于 GP20Hg 型低压汞灯，在可见光范围内，579.07 nm（黄色）、576.96 nm（黄色）、546.07 nm（绿色）、435.83 nm（蓝紫色）4 条光谱线最亮.

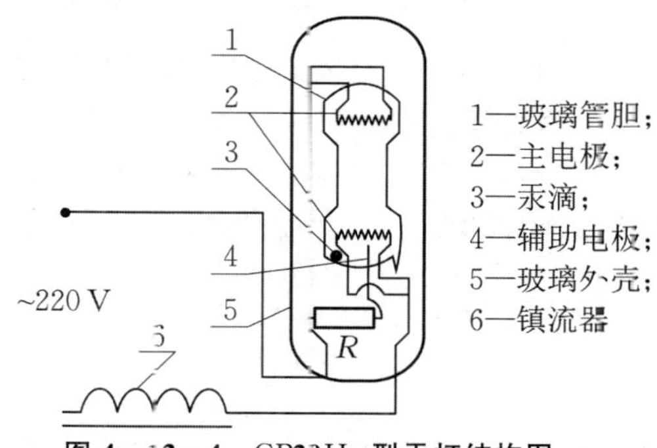

图 4－12－4　GP20Hg 型汞灯结构图

从汞灯点燃开始，电能就不断地转化为热能和光能，管胆内部温度不断升高，汞滴也不断被气化，管胆内正汞离子和自由电子数目越来越多，两主电极之间的电流越来越强而电压越来越低. 这种负伏安特性的器件不能单独稳定地工作，因此需要将汞灯与一个自感系数较大的镇流器 6 串联起来，使主电极之间电压稳定. 当管胆内汞蒸气达到饱和时，汞灯发出青白色的光. 从汞灯点燃到正常发光，大约需要 5 min.

汞灯熄灭后，不能立即启动. 因为灯刚熄灭，管胆内还保持较高的蒸气压. 这时再启动，镇流器产生的通电自感电动势可直接加在主电极两端，使汞灯受到大电流的冲击而有损于汞灯的寿命. 因此要等到灯管冷却，汞蒸气凝结后才能再次点燃，冷却过程要 10 min 左右.

【实验原理】

1. 三棱镜顶角的测量.

如图 4－12－5 所示，AB 和 AC 是三棱镜的两个光学面，用平行光束分别垂直照射这两个面，测出这两束光线之间的夹角 φ，则三棱镜的顶角

$$\alpha=180^{\circ}-\varphi. \tag{4-12-1}$$

2. 测三棱镜玻璃的折射率.

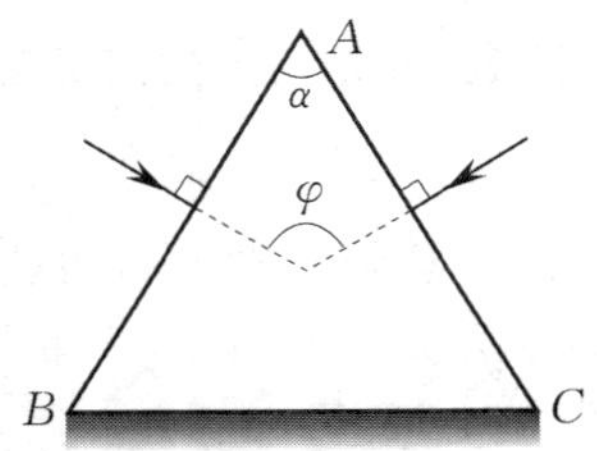

图 4-12-5 自准法测三棱镜顶角

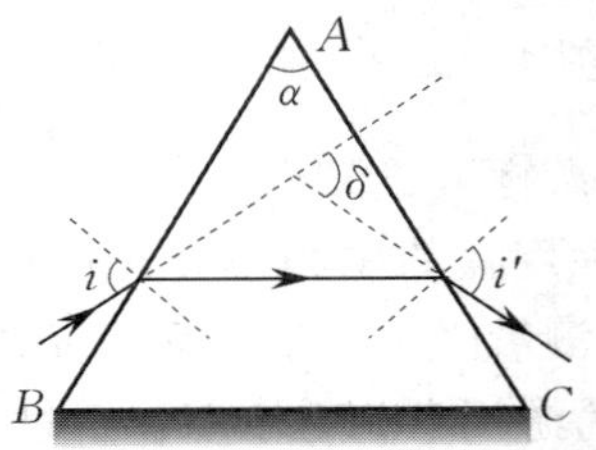

图 4-12-6 偏向角示意图

如图 4-12-6 所示,某种波长的光线从 AB 面射入棱镜,经两次折射后由 AC 面射出.棱镜的入射光线与出射光线之间的夹角为 δ(称为偏向角).随着入射角 i 的改变,偏向角 δ 也随之改变.可以证明,在入射光线和出射光线处于光路对称的情形下,即 $i=i'$ 时偏向角 δ 最小,称为最小偏向角 $\delta_{\min}$,此时棱镜的折射率 n 与 $\delta_{\min}$ 和 α 有如下关系:

$$n=\frac{\sin\frac{\alpha+\delta_{\min}}{2}}{\sin\frac{\alpha}{2}}. \tag{4-12-2}$$

实验中用分光仪测出 α 和 $\delta_{\min}$,就可由此式求出棱镜玻璃对这种波长的光的折射率.

【实验内容及步骤】

(一) 调整分光仪

调整分光仪使平行光管发出平行光,望远镜聚焦于无穷远,平行光管和望远镜光轴在同一水平面内并与分光仪转轴垂直.调节前,应对照图 4-12-1 和图 4-12-2 熟悉分光仪的基本原理和结构.先目测粗调,使各部件大致符合上述要求,然后进行以下调节.

1. 望远镜聚焦于无穷远.

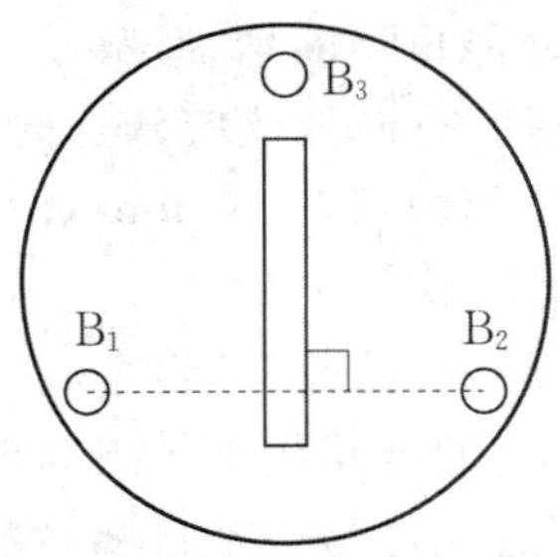

图 4-12-7 平行平镜放置位置

调节目镜聚焦调节手轮 11,清晰地看到分划板上的刻线.接通照明灯电源,在载物台上放置光学平面平板(即正反面都可反射光线的反射镜),放法如图 4-12-7 所示.轻轻地转动载物台座,同时从望远镜中寻找由光学平面平板反射回来的绿色光团.若找不到光团,须细心调节望远镜光轴高低调节螺钉 12 和载物台下的螺钉 B_1,B_2.找到光团后,将阿贝式目镜锁紧螺钉 9 旋松,调节望远镜聚焦调节旋钮 33 以调节分划板与物镜的距离,直到在目镜中可以清晰地看到反射回来的亮十字像为止,这时望远镜已聚焦于无穷远.为了消除视差,眼睛可上下或左右移动,如果亮十字像与分划板刻线的距离保持不变,就说明亮十字像与刻线必然位于同一平面上,没有视差.否则应仔细调节物镜与分划板之间的距离,直到视差消除,锁紧阿贝式目镜螺钉 9.

2. 调整望远镜光轴与分光仪转轴垂直.

如果亮十字像处于图 4-12-8(a) 所示位置,可以先调节载物台下的螺钉 B_1(或 B_2),使得亮十字像移近正确位置一半,如图 4-12-8(b) 所示,再调节望远镜光轴高低调节螺钉 12,使亮十字像与正确位置重合,如图 4-12-8(c) 所示.然后把载物台台座连同光学平面平板一起旋转 180°,重复上述步骤反复调节几次,直到正反两个光学平面反射回来的亮十字像都在图 4-12-8(c) 所示位置,这时望远镜光轴就与分光仪转轴相垂直.这种调节方法称为逐次逼近调整法.

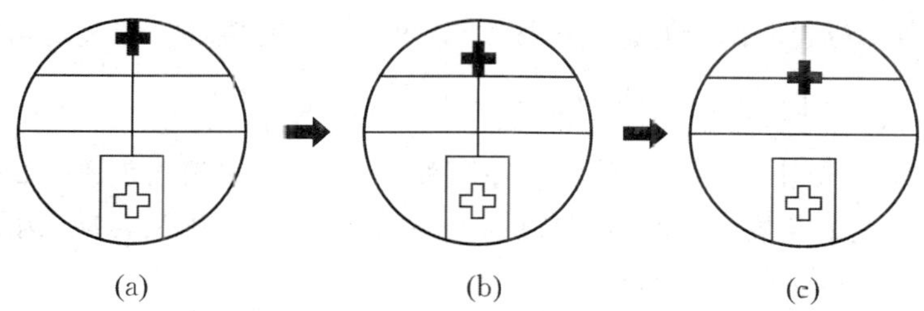

图 4-12-8　调整望远镜光轴与分光仪转轴相垂直

3. 将分划板刻线调成水平和竖直.

缓慢旋转载物台台座，如果分划板的水平刻线与亮十字像的移动方向不平行，就要在不破坏望远镜调焦的前提下转动分划板. 放松阿贝式目镜锁紧螺钉 9，转动阿贝式目镜 10，使亮十字像移动方向与分划板水平刻线平行，这时望远镜就调好了，锁紧阿贝式目镜锁紧螺钉 9，取下光学平面平板放好.

4. 调节平行光管.

(1) 以调好的望远镜为基准，关闭望远镜上的照明灯，用汞灯照亮狭缝. 转动望远镜支臂 14 使望远镜正对平行光管. 松开狭缝与物镜距离锁紧螺钉 2，仔细拧转平行光管聚焦调节旋钮 32，直到望远镜中看到清晰的狭缝像，且与分划板刻线之间无视差时为止. 这时狭缝恰好位于平行光管物镜的焦平面上，平行光管从物镜端射出平行光.

(2) 将平行光管狭缝调成竖直. 应在不破坏平行光管调焦的情形下，放松狭缝与物镜距离锁紧螺钉 2，旋转狭缝装置 1，把狭缝像调到与分划板竖直刻线平行时，锁好狭缝与物镜距离锁紧螺钉 2.

(3) 调整平行光管光轴高低调节螺钉 27，升高或降低狭缝像的位置，使得狭缝像位于测量用十字叉丝竖线的中央. 这时平行光管的光轴与望远镜光轴相重合并均与分光仪转轴垂直.

至此，分光仪已调节完毕，除目镜聚焦调节手轮 11 可因人而异进行微调外，上述望远镜和平行光管的调节螺钉不能再动，否则就应重新调节.

(二) 用自准直法测量三棱镜顶角

1. 如图 4-12-9 所示，将三棱镜放在载物台中央，为了便于调节，三棱镜的 3 个边应分别与载物台下 3 个螺钉 6 的连线垂直. 转动载物台台座，当三棱镜的一个光学面(如 AB 面) 正对望远镜时，调整螺钉 B_2，使亮十字像在图 4-12-8(c) 所示的位置上. 然后将另一个光学面 AC 正对望远镜，调节螺钉 B_1 使亮十字也在图 4-12-8(c) 所示的位置上. 反复几次，即达到三棱镜的光学面与分光仪转轴平行.

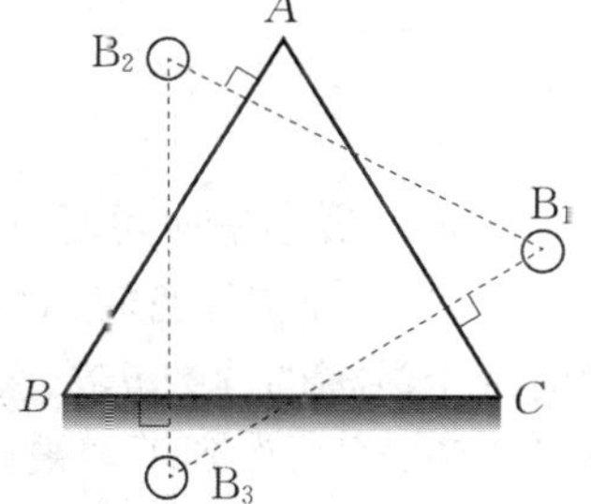

图 4-12-9　三棱镜的放置

2. 把游标盘 22 调到使两游标分居平行光管的左右两侧，方便读数，以防止测量过程中平行光管和望远镜挡住游标. 锁紧载物台台座锁紧螺钉 7 和游标盘止动螺钉 25，以固定载物台和游标盘 22 的位置. 把望远镜对准光学面 AB 后，应锁紧望远镜止动螺钉 17，这样望远镜与度盘才能一起转动.

3. 锁紧望远镜止动螺钉 17，一边旋转望远镜转角微调螺钉 15，一边在望远镜中观察，当亮十字像正好在图 4-12-8(c) 所示位置时，记下两个游标盘的读数 φ_1 和 φ_1'. 放松望远镜止动螺钉 17，把望远镜对准光学面 AC，然后锁紧螺钉 17，微调螺钉 15，记下亮十字像正好在

图 4-12-8(c) 所示位置时两个游标盘的读数 φ_2 和 φ'_2. 此时望远镜转过的角度

$$\varphi=\frac{1}{2}[(\varphi_2-\varphi_1)+(\varphi'_2-\varphi'_1)]. \tag{4-12-3}$$

根据式(4-12-1),可测出三棱镜的顶角 α. 重复测 5 次,将结果填入表 4-12-1.

计算望远镜转过的角度时,如果经过度盘的零点,应加上 360° 后再减. 例如,$\varphi_1\to\varphi_2$ 是从 $355°45'\to 0°\to 115°43'$,那么转过的角度

$$\varphi_2-\varphi_1=(115°43'+360°)-355°45'=119°58'.$$

(三)(选做) 测量最小偏向角

1. 放松载物台台座锁紧螺钉 7,关闭亮十字像光源,用汞灯照亮狭缝. 调节狭缝宽度调节螺钉 28 使狭缝宽度为 0.3 mm 左右. 如图 4-12-10 所示,将三棱镜放在载物台上,根据折射定律,判断经过三棱镜的折射光线的出射方向,用眼睛观察出射光线的光学表面,同时慢慢转动载物台台座,当眼睛正对出射光线时,就会在三棱镜的这个光学面上,看到平行光管的物镜镜头和由于色散而发出的彩色谱线. 把望远镜对准其中的蓝紫色谱线,选择蓝紫光偏向角减小的方向,继续缓慢转动载物台台座,同时用望远镜追踪蓝紫色谱线,这时会发现蓝紫色谱线移至某一位置后将反向移动,这说明偏向角存在一个最小值 δ_{min},如图 4-12-10 所示. 入射光线与出射光线形成最小偏向角时,这两条光线对三棱镜顶角的角平分线来讲是左右对称的.

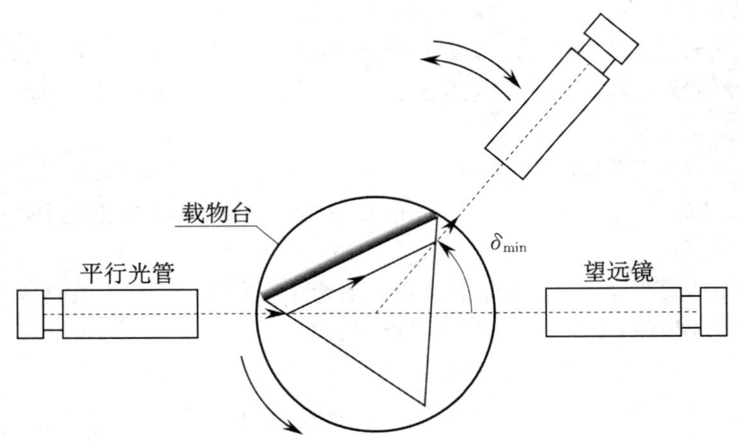

图 4-12-10 最小偏向角的测量

2. 观察最小偏向角时,应锁紧望远镜止动螺钉 17 和游标盘止动螺钉 25,微调望远镜转角微调螺钉 15 和游标盘转角微调螺钉 24. 当蓝紫色谱线刚逆转,分划板竖线与谱线重合时记下此时两个游标的读数 θ,θ'. 然后捏住三棱镜的棱脊从载物台上取下三棱镜(绝不能触碰光学面 AB 和 AC),放到不会被碰到的地方. 松开螺钉 17,把望远镜对准平行光管,然后锁紧螺钉 17,微调螺钉 15,测出狭缝像与分划板竖线重合时两个游标的读数 θ_0,θ'_0. 蓝紫光的最小偏向角

$$\delta_{min}=\frac{1}{2}[(\theta-\theta_0)-(\theta'-\theta'_0)]. \tag{4-12-4}$$

将 α 和 δ_{min} 的值代入式(4-12-2),就可求出三棱镜对蓝紫光的折射率.

3. 重复步骤 1,2,分别测出绿光、黄光(靠得很近的两条谱线)的最小偏向角. 将以上数据填入表 4-12-2,分析折射率随波长变化的定性规律.

【数据处理及分析】

1. 测三棱镜顶角.

表 4-12-1 测三棱镜顶角数据表

次数	望远镜正对 AB 面		望远镜正对 AC 面		$\varphi=\frac{1}{2}[(\varphi_2-\varphi_1)+(\varphi_2'-\varphi_1')]$	$\alpha=180°-\varphi$
	左游标 φ_1	右游标 φ_1'	左游标 φ_2	右游标 φ_2'		
1						
2						
3						
4						
5						

注:表中所有测量数据单位用度、分表示,计算时要注意度和分之间为 60 进制.

(1) 计算顶角 α 的平均值 $\bar{\alpha}$:$\bar{\alpha}=\frac{1}{5}\sum_{i=1}^{5}\alpha_i$.

(2) 计算顶角 α 的 A 类不确定度.

$$\Delta_A(\alpha)=t_p\sqrt{\frac{\sum_{i=1}^{5}(\bar{\alpha}-\alpha_i)^2}{5\times 4}}.$$

(3) 顶角 α 的 B 类不确定度.

$$\Delta_B(\alpha)=\Delta_m(\varphi)=1'.$$

(4) 顶角 α 的总的不确定度

$$\Delta(\alpha)=\sqrt{\Delta_A^2(\alpha)+\Delta_B^2(\alpha)}.$$

(5) 正确表示结果.

$$\alpha=\bar{\alpha}\pm\Delta(\alpha),\quad E=\frac{\Delta(\alpha)}{\bar{\alpha}}\times 100\%.$$

2. 测最小偏向角.

表 4-12-2 测最小偏向角数据表

谱线波长 /nm	θ	θ'	θ_0	θ_0'	$\delta_{min}=\frac{1}{2}[(\theta-\theta_0)+(\theta'-\theta_0')]$	折射率 n
蓝紫色 435.83						
绿色 546.07						
黄色(Ⅰ)576.96						
黄色(Ⅱ)579.07						

注:表中所有测量数据单位用度、分表示,计算时要注意度和分之间为 60 进制.

(1) 由式(4-12-2)计算三棱镜玻璃的折射率 n,并求平均值 $\bar{n}$:$\bar{n}=\frac{1}{4}\sum_{i=1}^{4}n_i$.

(2) 计算 n 的相对不确定度.

$$E=\left[\left(\cot^2\frac{1}{2}(\bar{\alpha}+\delta_{min})\cdot\frac{1}{4}(\Delta^2(\alpha)+\Delta^2(\delta_{min}))+\cot^2\frac{1}{2}\bar{\alpha}\cdot\frac{1}{4}\Delta^2(\alpha)\right)\right]^{\frac{1}{2}},$$

式中 $\Delta(\delta_{min})=1'$.

(3) n 的不确定度为

$$\Delta_n = E \cdot \overline{n}.$$

(4) 正确表示结果.

$$n = \overline{n} \pm \Delta_n, \quad E = \frac{\Delta_n}{\overline{n}} \times 100\%.$$

【注意事项】

1. 勿用手摸三棱镜、光学平面平板、物镜和目镜的光学表面.

2. 只能推望远镜支臂,不能推动已调好的望远镜目镜、照明装置或镜筒. 旋紧望远镜止动螺钉17、调节望远镜转角微调螺钉15后才能读取游标装置上的示值.

3. 熟悉分光仪的原理和结构后,先目测,然后有目的地细调分光仪,否则越调越乱.

【思考题】

1. 测量各种谱线的 $\delta_{\min}$ 时,为什么在转动望远镜观测的同时还必须转动三棱镜?

2. 除了本实验中用自准直法测三棱镜的顶角外,还有一种常用的反射法. 其原理是当平行光束从三棱镜 BC 面中垂线方向射向顶角时,AB 和 AC 两个面分别反射出平行光束,如测出这两束平行光之间的夹角 β,也能测出三棱镜的顶角. 试画出简单的光路图并写出测量公式.

3. 用自准直法调节望远镜光轴与分光仪转轴相垂直时,只调节望远镜光轴高低调节螺钉是否可以?为什么?

实验 4.13　光栅衍射实验

光的衍射现象是光的波动性的一种表现,它说明光的直线传播是衍射现象不显著时的近似结果. 研究光的衍射现象有助于加深对光的波动性的理解.

衍射光栅是根据光的衍射原理使光波产生衍射和色散的光学元件. 它由一系列等宽等距且相互平行的狭缝组成,能产生谱线间距较宽的匀排光谱,所得光谱线的亮度比用棱镜分光时要小些,但光栅分辨本领比棱镜大. 光栅不仅适用于可见光,还能用于红外线和紫外线,许多摄谱仪和单色仪都用它作色散元件.

常见的光栅有透射光栅和反射光栅两种. 本实验采用平面透射光栅.

【预习提要】

1. 复习实验4.12中的分光仪的结构和调整方法及汞灯介绍.

2. 理解公式 $d\sin\varphi_k = k\lambda$ 中各个物理量的含义及其成立条件.

3. 推导测量光栅常数和光波波长的不确定度传递公式.

【实验目的】

1. 观察光栅衍射现象和衍射光谱.

2. 进一步熟悉分光仪的调节和使用.

3. 用衍射法测量光栅常数.

【实验仪器】

分光仪,汞光源,平行平面反射镜,光栅.

【实验原理】

光栅是一种常用的分光元件，它能产生按一定规律排列的光谱线，是各种衍射仪、光谱仪、分光仪等光学仪器的必备元件.

1. 光栅的种类.

(1) 透射式光栅.

原始的透射式光栅是在光学玻璃片上用金刚石刻划出大量相互平行、宽度和间距都相等的刻痕而制成. 当光照射光栅时，刻痕处由于散射作用，光线不易透过，光线只能从刻痕间的光滑部分通过. 这就与一排密集、均匀而又平行的透光狭缝的作用相同. 如图 4-13-1(a) 所示. 设这些透光狭缝的宽度为 a，狭缝的间距为 b，则 $a+b=d$，称 d 为光栅常数. 实际中往往用每毫米(或每厘米) 宽度内所含狭缝条数来表示光栅的规格，表示为 $1/d$. 例如，每毫米 300 条狭缝的光栅，其光栅常数 $d=1/300\ \text{mm}=0.003\ 3\ \text{mm}$.

(2) 反射式光栅.

在镀有金属膜的平面或凹面反射镜上，刻划出大量相互平行、宽度和间距都相等的刻痕，宽度为 b 的刻痕处由于散射，光线不易反射，宽度为 a 的未被刻划处可以反射光，由于 a 很窄，因此反射光也会产生衍射现象. 这种利用反射光的衍射而制成的光栅称为反射式光栅，其光栅常数 $d=a+b$.

(3) 特殊光栅.

在反射式光栅中，如果刻痕有一定的形状，这种光栅称为闪耀光栅，如图 4-13-1(b) 所示. 厚度、宽度和折射率都相同的透明玻璃或石英薄片排成阶梯状，这种用于透射或反射的光栅称为阶梯光栅，如图 4-13-1(c) 所示. 晶体中原子的排列是有规则的，其晶片可用作为 X 射线衍射的三维光栅.

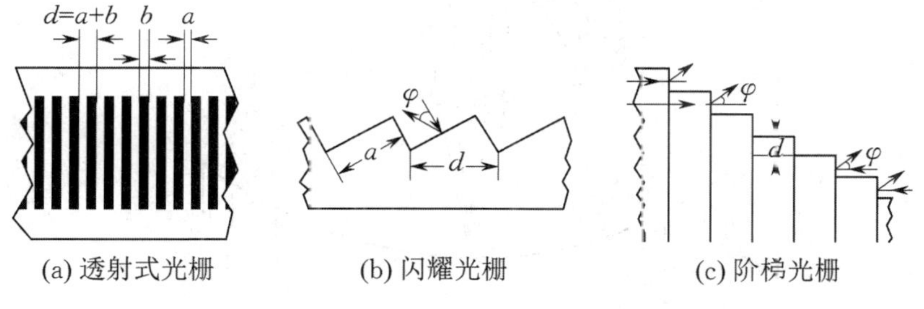

(a) 透射式光栅　(b) 闪耀光栅　(c) 阶梯光栅

图 4-13-1　光栅示意图

2. 复制光栅.

优质的原刻光栅是十分昂贵的，因此现在仍有不少国家从事优质复制光栅的研制. 复制光栅的基本方法是将优质的原刻光栅作为模版，用各种特殊工艺把光栅刻痕“印”在特制的基坯面上，然后在基坯面上进行真空镀膜等工艺而制成.

3. 全息光栅.

全息光栅是用全息照相感光干版，将激光的双光干涉(如双缝干涉、双棱镜干涉等) 产生的平行的、宽度和间距都相同的明暗干涉条纹记录下来，对干版显影、定影和漂白后制成的(可参见实验 5.7). 有的全息光栅表面上还镀有反射膜和保护膜. 全息光栅克服了刻痕光栅由于使用刻痕机械而带来的系统误差，而且价格便宜，是目前物理实验室常用的光栅. 但由于光栅是记录在感光材料 —— 乳胶薄膜上的，随着环境变化和使用时间的延续，以及受到污染(如指纹) 和损伤等，乳胶薄膜的物理、化学性质和形状都会发生变化，因而使全息光栅的

常数 d 发生变化. 本实验就是利用光栅衍射实验来测定(或校准) 全息光栅的光栅常数.

4. 光栅衍射公式.

当单色平行光垂直入射光栅时,透过各狭缝的光线将向各个方向衍射. 如果用凸透镜将与光栅法线成 φ 角的衍射光线会聚在其焦平面上,由于来自不同狭缝的光束相互干涉,结果在透镜焦平面上形成一系列明条纹. 根据光栅衍射理论,产生明条纹的条件为

$$d\sin\varphi_k = k\lambda,\quad k = 0, \pm 1, \pm 2, \cdots, \tag{4-13-1}$$

式中 $d = a + b$ 为光栅常数,λ 为入射光波长,k 为明条纹(光谱线) 的级数,φ_k 为第 k 级明条纹的衍射角. 式(4-13-1) 称为光栅方程,它对垂直照射条件下的透射式和反射式光栅都适用.

如果入射光为复色光,由式(4-13-1) 可知,波长不同,衍射角也不同,于是复色光被分解. 在中央 $k = 0$,$\varphi_k = 0$ 处,各色光仍然重叠在一起,形成中央明条纹. 在中央明条纹两侧对称分布着 $k = \pm 1, \pm 2, \cdots$ 级光谱. 每级光谱中紫色谱线靠近中央明条纹,红色谱线远离中央明条纹.

实验中如用汞灯照射分光仪的狭缝,经平行光管后的平行光会垂直照射到放在载物台上的光栅上,用望远镜观察衍射光,在可见光范围内比较明亮的光谱线如图 4-13-2 所示. 这些光谱线的波长都是已知的. 用分光仪判断它的级数 k 并测出相应的衍射角 φ_k,就可由式(4-13-1) 求出光栅常数 d.

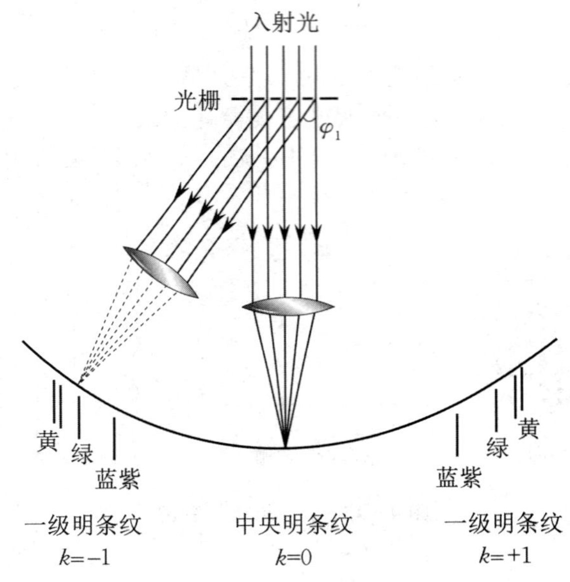

图 4-13-2 衍射光各级谱线

【实验内容及步骤】

1. 调整分光仪.

调整方法参见实验 4.12. 调好的分光仪应使望远镜调焦在无穷远,平行光管射出平行光,望远镜与平行光管共轴并与分光仪转轴垂直. 平行光管的狭缝宽度调至 0.3 mm 左右,并使狭缝与望远镜中分划板的中央竖线平行而且两者中心重合. 要注意消除望远镜的视差. 调好后固定望远镜和平行光管的有关螺钉.

2. 放置光栅.

(1) 将放在光栅座上的光栅按图 4-13-3 所示的位置放在分光仪的载物台上,并小心地

用载物台上的压片将光栅片位置固定. 先目测使光栅面与平行光管轴线大致垂直，然后用自准法调节. 注意：望远镜和平行光管都已调好不能再调，只调节载物台下方的两个螺钉 B_1，B_3，使得从光栅面反射回来的绿色十字在图 4－12－8(c) 所示的位置，然后固定载物台.

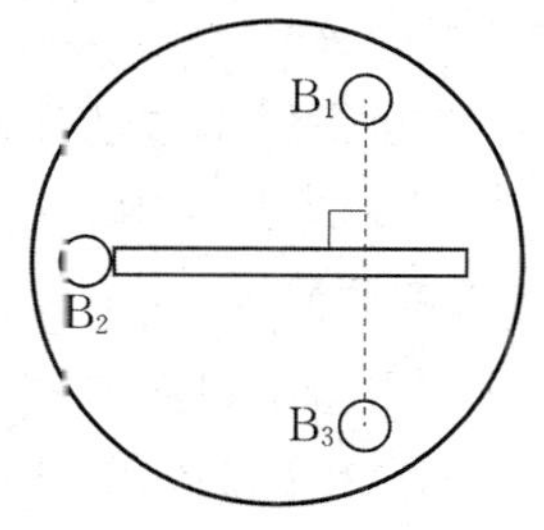

图 4－13－3　光栅放置位置

(2) 轻轻转动望远镜支臂以转动望远镜，观察中央明条纹两侧的衍射光谱是否在同一水平面内. 如果观察到光谱线有高低变化，说明狭缝与光栅刻痕不平行. 此时可调节图 4－13－3 所示的载物台螺钉 B_2，直到各级谱线基本上在同一水平面内为止.

3. 测量汞灯各谱线的衍射角.

(1) 将分光仪内小灯熄灭，转动望远镜，从最左端的 －1 级黄色谱线开始测量，依次测到最右端的 ＋1 级黄色谱线. 为了使分划板竖线对准光谱线，应用望远镜的微调螺钉仔细调节，不能用手直接推动望远镜.

(2) 为了消除分光仪度盘的偏心差，测量每一条谱线的衍射角时要分别测出左右两个游标的示值，然后取平均.

(3) 由于衍射光谱对中央明条纹是左右对称的，为了减小测量的误差，对于每一条谱线应测出 ＋1 级和 －1 级光谱线的位置，两个位置差值的一半即为 φ_1.

【数据处理及分析】

1. 将测量数据记入表 4－13－1，并用列表法预处理数据，将计算结果填入表格.

表 4－13－1　各谱线位置记录表

λ/nm		黄 1(579.07)	黄 2(576.96)	绿(546.07)	紫蓝(435.83)
$k=-1$	左游标读数 $\theta_1/(°)$				
	右游标读数 $\theta_1'/(°)$				
$k=+1$	左游标读数 $\theta_2/(°)$				
	右游标读数 $\theta_2'/(°)$				
$\varphi_{1i}=\dfrac{\lvert(\theta_{2i}-\theta_{1i})\rvert+\lvert(\theta_{2i}'-\theta_{1i}')\rvert}{4}$					
$d_i=\dfrac{\lambda_i}{\sin\varphi_{1i}}$					

2. 计算光栅常数平均值 $\overline{d}=\dfrac{1}{4}\sum_{i=1}^{4}d_i$.

3. 计算 d 的测量不确定度 $\Delta_d=t_p\times\sqrt{\dfrac{\sum_{i=1}^{4}(d_i-\overline{d})^2}{4\times(4-1)}}$.

4. 写出测量结果：$d=\overline{d}\pm\Delta_d$，$E=\dfrac{\Delta_d}{\overline{d}}\times100\%$.

【注意事项】

1. 禁止用手触摸光栅，拿取或移动光栅时应移动光栅座.

2. 对于调好的分光仪，不能再调平行光管和望远镜上的任何调节螺钉或旋钮（目镜聚焦调节手轮除外).

3. 测量衍射角时,应锁紧望远镜止动螺钉,用望远镜转角微调螺钉使分划板竖线与光谱线对齐,再读游标示值.

【思考题】

1. 本实验中观察到的光栅衍射光谱与实验 4.12 中观察到的棱镜色散光谱有什么不同?

2. 用已校准的光栅,通过实验能看到第几级 579.07 nm 的黄光谱线?并与理论计算结果相比较.

3. 已知校准后的光栅常数,用分光仪如何测出可见光谱线的波长?

实验 4.14 硅光电池特性研究

太阳能是一种新能源,对太阳能的充分利用可以解决人类日趋增长的能源需求问题. 目前,太阳能的利用主要集中在热能和发电两方面. 利用太阳能发电目前有两种方法:一是利用热能产生蒸气驱动发电机发电,二是硅光电池. 太阳能的利用和硅光电池的特性研究是 21 世纪的热门课题,许多发达国家正投入大量人力、物力对太阳能接收器进行研究. 在大学物理实验中开设了硅光电池的特性研究实验,介绍硅光电池的电学性质和光学性质,并对两种性质进行测量,对太阳能的有效利用和开发有很高的实用价值.

【预习提要】

1. 查阅资料,了解硅光电池的相关背景知识及其光电转换原理.

2. 熟悉硅光电池在无光照条件下的伏安特性关系公式和光照条件下的路端电压公式.

3. 查阅本教材第 1 章,掌握用最小二乘法拟合经验公式的相关知识.

4. 熟悉"实验内容及步骤",对实验中要测量哪些物理量、如何测量等做到心中有数. 事先绘制好实验数据记录表格.

【实验目的】

1. 了解硅光电池的光-电转换原理.

2. 测绘硅光电池在无光照条件下的伏安特性曲线.

3. 测定硅光电池在光照条件下的输出特性参数(I_{SC}, U_{OC}, P_{max}, FF).

4. 学习用最小二乘法处理数据.

【实验仪器】

光具座组件,白炽灯,硅光电池,光功率计(选用),遮光罩,硅光电池测试盒,稳压电源.

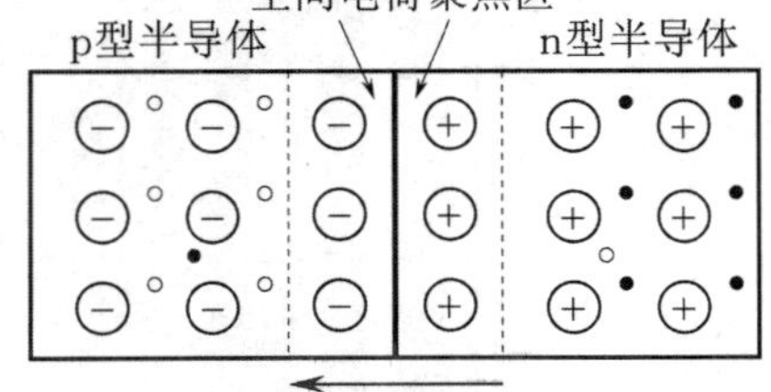

图 4-14-1 pn 结原理示意图

【实验原理】

根据半导体理论,当两种不同类型的半导体结合形成pn结时,由于分界层(pn结)两边存在载流子浓度的突变,必将导致电子从 n 区向 p 区扩散和空穴从 p 区向 n 区扩散,扩散结果将在 pn 结附近产生空间电荷聚集区,从而形成一个由 n 区指向 p 区的内电场,如图 4-14-1 所示. 当有光照射到 pn 结上时,具有一定能量的光子会激发出电子-空穴对. 这样，在内部电场的作用下，电子被拉向 n 区，而空穴被拉向 p 区. 结果在 p 区空穴数目增加而带正电，在 n 区电子数目增加而带负电. 在 pn 结两端产生了光生电动势，这就是硅光电池的电动势. 若硅光电池接有负载，电路中就有电流产生.

单体硅光电池在阳光照射下，其电动势为 0.5 ～ 0.6 V，最佳负荷状态工作电压为 0.4 ～ 0.5 V，根据需要可将多个硅光电池串并联使用.

硅光电池在没有光照时其特性与二极管相似，其正向偏压 U 与通过电流 I 的关系式为

$$I = I_0(e^{\beta U} - 1), \tag{4-14-1}$$

式中 I_0 和 β 是常数. 当 U 较大时($U \geqslant 3$ V)，$e^{\beta U} \gg 1$，上式可以简化为

$$I = I_0 e^{\beta U}. \tag{4-14-2}$$

假设硅光电池的理论模型是由一个理想电流源（光照产生光电流的电流源）、一个理想二极管、一个并联电阻 R_{sh} 与一个电阻 R_s 所组成，如图 4-14-2 所示.

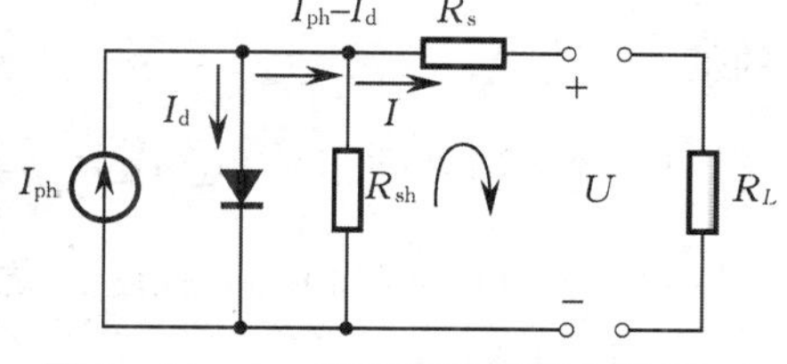

图 4-14-2　硅光电池等效电路图

图 4-14-2 中，I_{ph} 为硅光电池在光照时该等效电源输出电流，I_d 为光照时通过硅光电池内部二极管的电流. 由基尔霍夫定律得

$$IR_s - U - (I_{ph} - I_d - I)R_{sh} = 0, \tag{4-14-3}$$

式中 I 为硅光电池的输出电流，U 为输出电压. 由式(4-14-3) 可得

$$I\left(1 + \frac{R_s}{R_{sh}}\right) = I_{ph} - \frac{U}{R_{sh}} - I_d. \tag{4-14-4}$$

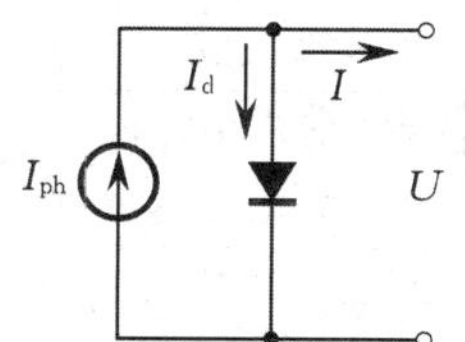

图 4-14-3　简化等效电路图

假定 $R_{sh} = \infty$和 $R_s = 0$，硅光电池可简化为图 4-14-3 所示电路. 这里，$I = I_{ph} - I_d = I_{ph} - I_0(e^{\beta U} - 1)$. 在短路时，$U = 0$，$I_{ph} = I_{SC}$($I_{SC}$ 为短路电流)；而在开路时，$I = 0$，$I_{SC} - I_0(e^{\beta U_{OC}} - 1) = 0$，则有

$$U_{OC} = \frac{1}{\beta}\ln\left(\frac{I_{SC}}{I_0} + 1\right). \tag{4-14-5}$$

式(4-14-5) 即为在 $R_{sh} = \infty$和 $R_s = 0$ 的情况下，硅光电池的开路电压 U_{OC} 和短路电流 I_{SC} 的关系式，其中 I_0，β 是常数.

【实验内容及步骤】

1. 测绘硅光电池在无光照条件下的伏安特性曲线.

(1) 在无光照条件下，将硅光电池接入测试盒的暗箱线路(左侧接线柱)，插上电源；先将测试盒左侧电位器逆时针方向旋至最小，然后将硅光电池测试盒上的切换开关打到暗箱线路(左侧).

(2) 顺时针方向调节电位器旋钮使加在硅光电池(相当于二极管) 上的电压由零逐渐升高，此时串联在电路中的电流表示数也将随之变化(注意：由于二极管门限电压的影响，起初加在二极管两端的正向电压低于其门限电压时，回路电流几乎为零). 当发现电流表指针开始偏转时，反向旋转电位器使电流表指示刚好为零，记录此时的电压值 U_f(门限电压).

(3) 以 U_f 为起点，在 U_f ～ 5.0 V 范围内，选取 10 ～ 12 个数据点(起初的 2 ～ 4 个数据的电压间隔可以大一点)，分别测出 U - I 对应数据，填入数据记录表 4-14-1.

2. 测定硅光电池在光照条件下的输出特性参数(I_{SC}，U_{OC}，R_{max}，FF).

(1) 将硅光电池接入测试盒的光照线路(右侧接线柱)，同时将硅光电池测试盒上的开关打到光照线路. 去掉硅光电池暗盒盖及暗盒插片，在不加偏压的条件下，用白色光源(白炽

灯）照射硅光电池，调节右侧电位器旋钮可通过改变负载电阻的大小来测量硅光电池的输出特性. 注意：此时光源到硅光电池距离保持为20 cm左右.

(2) 先将负载电位器逆时针方向调至阻值为零，测出此时的输出电流（忽略电流表内阻影响，该电流即为短路电流 I_{SC}），然后分别测出电压为 0.8 V，1.2 V，1.6 V，1.8 V，2.0 V，…到负载电阻变化时电压不再变化为止对应的电流值，记入表 4－14－2.

3.（选做）测量硅光电池的光照效应与光电性质.

在暗箱中（用遮光罩挡光），取离白光源 20 cm 水平距离光强作为标准光照强度，用光功率计测量该处的光照强度 J_0. 改变硅光电池到光源的距离 x，用光功率计测量 x 处的光照强度 J，求光强 J 与位置 x 关系. 测量硅光电池接收到相对光强度 $\frac{J}{J_0}$ 不同值时，相应的 I_{SC} 和 U_{OC} 的值.

(1) 描绘 I_{SC} 和相对光强度 $\frac{J}{J_0}$ 之间的关系曲线，求 I_{SC} 与相对光强 $\frac{J}{J_0}$ 之间近似关系函数.

(2) 描绘 U_{OC} 和相对光强度 $\frac{J}{J_0}$ 之间的关系曲线，求 U_{OC} 与相对光强度 $\frac{J}{J_0}$ 之间的近似函数关系.

【数据处理及分析】

表 4－14－1　无光照条件下硅光电池电压-电流关系

次数	1	2	3	4	5	6	7	8	9	10	11	12	
U/V													$\sum U_i =$
I/mA													不计算
U^2													$\sum U_i^2 =$
$\ln I$													$\sum \ln I_i =$
$U\ln I$													$\sum U_i \ln I_i =$

表 4－14－2　光照条件下硅光电池输出特性

$R = 0$，$I_{SC} =$ ______mA

次数	1	2	3	4	5	6	7	8	9	10	11	12	…	
U/V														
I/mA														
P/mW														
R/kΩ														

1. 用最小二乘法拟合经验公式.

待测硅光电池的伏安特性关系表达式为 $I = I_0(e^{\beta U} - 1)$. 因 $e^{\beta U} \gg 1$，$I \approx I_0 e^{\beta U}$，两边取自然对数，有

$$\ln I = \ln I_0 + \beta U.$$

令 $y = \ln I$，$x = U$，$b = \ln I_0$，$k = \beta$，则有 $y = kx + b$.

由 $\begin{cases} k\sum x_i + nb = \sum y_i, \\ k\sum x_i^2 + b\sum x_i = \sum (x_i y_i), \end{cases}$ 得

$$\begin{cases} k\sum U_i + nb = \sum \ln I_i, \\ k\sum U_i^2 + b\sum U_i = \sum (U_i \ln I_i). \end{cases}$$

利用表4-14-1中的后6组测量数据，分别算出$\sum U_i$，$\sum U_i^2$，$\sum \ln I_i$，$\sum U_i \ln I_i$. 代入上述公式即可求得k,b,进而得出I_0和β.

2. 根据表4-14-1数据绘制出无光照条件下硅光电池伏安特性曲线($U-I$关系图).

3. 硅光电池的开路电压U_{OC}.

(1) 分别将I_{SC},I_0,β代入式(4-14-5)即可得到开路电压U_{OC}.

(2) 根据表4-14-2数据，绘制硅光电池输出特性曲线$U-I$图，利用曲线外延法求出开路电压U'_{OC}，将其与计算值进行比较分析.

4. 求硅光电池的最大输出功率P_{max}及最大输出功率时的负载电阻R_0.

利用表4-14-2数据，分别计算出不同负载电阻下的电源输出功率P及其对应的负载电阻值R. $P_i = I_i U_i$，$R_i = \dfrac{U_i}{I_i}$. 依照所得数据绘制$R-P$图，用作图法求出最大输出功率及其对应的负载电阻，该负载电阻即为电源内阻.

5. 计算填充因子$FF = \dfrac{P_{max}}{I_{SC} \cdot U_{SC}}$.

【注意事项】

1. 无光照条件下测定硅光电池伏安特性参数时，硅光电池的正、负极与电源正、负极接线必须正确(红接线片接正极，黑接线片接负极)，否则将损坏硅光电池. 连接电路时，必须盖上暗盒盖、插上遮光板使硅光电池处于无光照(全黑)条件下.

2. 加在电路两端的电源电压不能超过5 V，否则将烧坏硅光电池和调压电位器及电流表、电压表等器件.

3. 连接电路时，保持电源开关断开.

4. 实验过程中避免除主光源外的其他光照射硅光电池.

【思考题】

1. 举例说明硅光电池的应用.

2. 测定硅光电池的输出特性参数时对毫安表的内阻有无要求？

3. 如果将两个硅光电池并联，可否测量它们的伏安特性曲线、填充因子等?如何测量？

实验4.15　偏振光的研究及应用

光的偏振性具有良好的方向性、相干性和高亮度等特点，光的偏振现象的研究在光学发展史上有很重要的地位，它使人们认识到，光不但具有波动性，还具有横波性，从而对光的波动理论和光的传播规律有了更深入的认识. 在科学技术领域，光的偏振现象获得了广泛的应用，例如，医疗行业用红外偏振光治疗，汽车的前挡风玻璃和大灯罩都有偏振片，影视业方面的立体电影，导航器，偏振光眼镜等.

【预习提要】

1. 学习普通物理学中光的偏振部分的有关内容.

2. 复习分光仪的调节原理与方法.
3. 熟悉获得与检验偏振光的几种常用方法.

【实验目的】

1. 观察光的偏振现象,加深对偏振光的了解.
2. 掌握产生、检验偏振光的原理和方法.
3. 学习用布儒斯特定律测量玻璃折射率的方法,验证马吕斯定律.

【实验仪器】

分光仪,光源,平行平面反射镜,偏振器.

【实验原理】

在一切可能的方向都有光振动,且各个方向的光矢量的振幅相等的光称为自然光.只在一个固定方向有光振动的光称为偏振光(平面偏振光、线偏振光或完全偏振光).光矢量在某一方向上的振幅大于其他方向的振幅的光称为部分偏振光.还有一些光,其偏振面的取向和光矢量的大小随时间有规律的变化,且光矢量末端在垂直于传播方向的平面上的轨迹呈椭圆或圆形,这样的光称为椭圆偏振光或圆偏振光.

本实验仅观察自然光、部分偏振光和偏振光,并用布儒斯特定律测平玻璃片的折射率.

1. 偏振片、起偏与检偏.

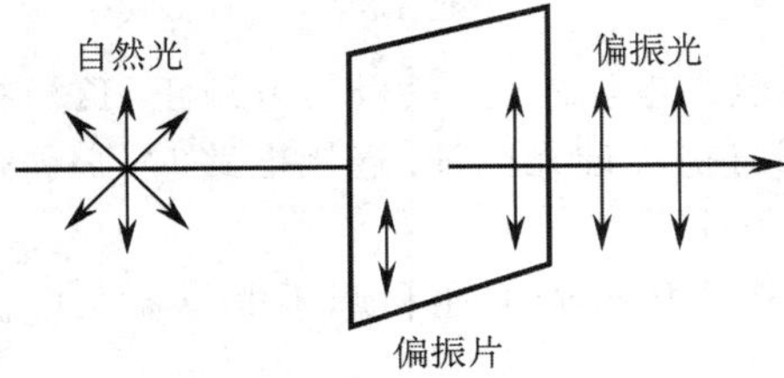

图 4-15-1 偏振片的起偏作用

某些物质能吸收某一方向的光振动,而只让与这个方向垂直的光振动通过,用这种物质涂于透明薄片上,就成为偏振片,如图 4-15-1 所示.偏振片上标出的记号“↕”表示该偏振片允许通过的光振动的方向,这个方向称为偏振化方向(或透光轴方向).自然光通过偏振片后成为偏振光,此时偏振片作为起偏器.

2. 起偏器与检偏器的作用.

用偏振片不仅可以获取偏振光,也可以检查某光是否为偏振光,这一过程称为检偏.此时偏振片作为检偏器.

自然光通过起偏器后可变为偏振光,偏振光振动方向与起偏器的透光轴方向一致.因此,如果检偏器的透光轴与起偏器的透光轴平行时,在检偏器后面可获得最大光强;两者垂直时,无光透过,如图 4-15-2 所示.其中图 4-15-2(a) 为起偏器 P_1 透光轴与检偏器 P_2 透光轴平行的情况;图 4-15-2(b) 为起偏器 P_1 透光轴与检偏器 P_2 透光轴垂直的情况,此时透射光强度为零,这种现象称为消光.在实验中要经常利用消光现象来判断光的偏振状态.

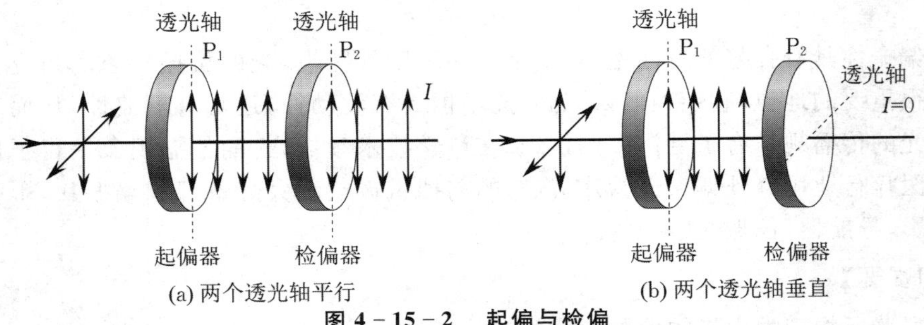

图 4-15-2 起偏与检偏

按照马吕斯定律，强度为 I_0 的偏振光通过检偏器后，透射光的强度为

$$I = I_0 \cos^2\theta, \tag{4-15-1}$$

式中 θ 为入射光偏振光方向与检偏器偏振化方向的夹角，如图 4-15-3 所示.

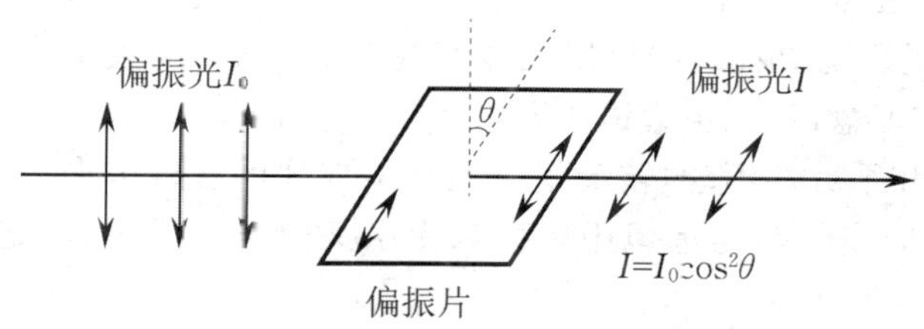

图 4-15-3　马吕斯定律示意图

显然，若入射到检偏器的是偏振光，当以光线传播方向为轴转动检偏器时，透射光强度将发生明暗的周期性变化. 当 $\theta = 0$ 时，透射光强度 I 最大；当 $\theta = 90°$ 时，达到消光；当 $0 < \theta < 90°$ 时，I 随 θ 而变，即非最亮也非全暗. 若入射到检偏器的是自然光，则不论怎样转动检偏器，透射光的强度始终不变.

3. 反射起偏与布儒斯特定律.

我们不仅可以用偏振片产生偏振光，还可以用反射、折射、双折射等方法产生偏振光. 这里介绍反射起偏.

当一束自然光 S 以入射角 φ 经非金属面反射后，反射光 R 与折射光 T 都是部分偏振光. 改变入射角 φ 时，反射光的偏振程度随之改变. 如入射角 $\varphi = \varphi_b$，并满足

$$\tan\varphi_b = n_{21} = n_2/n_1, \tag{4-15-2}$$

反射光 R 为偏振光，其振动方向垂直于入射面，而折射光 T 为部分偏振光，如图 4-15-4 所示. 式中 n_1 和 n_2 分别为入射光和折射光所在介质的折射率，n_{21} 为相对折射率. 式(4-15-2) 称为布儒斯特定律，φ_b 称为布儒斯特角，也称起偏角. 对于空气中的玻璃，$n_{21} = n_2/n_1 = 1.54$，φ_b 约为 57°.

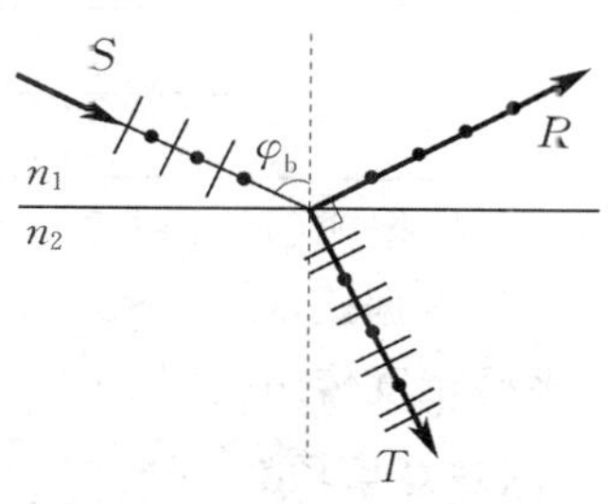

图 4-15-4　布儒斯特定律示意图

【实验内容及步骤】

1. 观察光的偏振现象.

(1) 按实验 4.12(分光仪的调整) 中的要求，调整好分光仪，望远镜对准平行光管狭缝像.

(2) 在望远镜物镜前套上一偏振片，作为检偏器，旋转检偏器一周，观察狭缝像的光强有无变化.

(3) 再在平行光管物镜前套上一偏振片，作为起偏器，旋转检偏器一圈，观察狭缝光强有无变化.

记录(2)，(3) 观察的结果，并说明原因.

2. 测布儒斯特角，计算平玻片的折射率.

(1) 取下平行光管上的起偏器，望远镜上的检偏器保留.

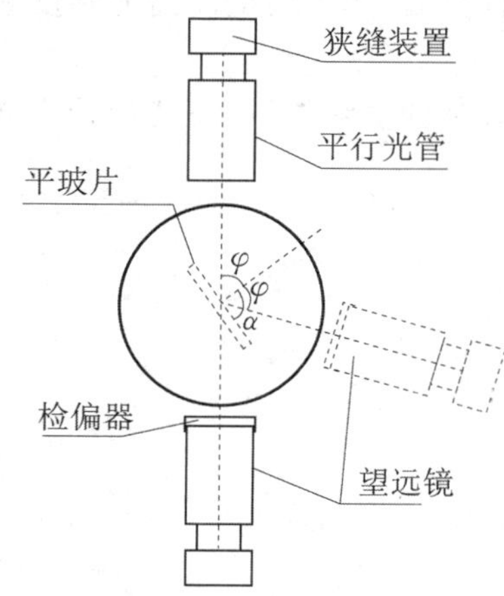

图 4-15-5　测量起偏角示意图

(2) 转动望远镜使望远镜的轴线与平行光管轴线夹角约为 100° 左右，大致放置如图 4-15-5 所示($\alpha \approx 80°$)，将

平玻片放在载物台上，反射面位于中心，使平行光管发出的自然光经平玻片反射后能进入望远镜，旋转检偏器可观察到反射光有明暗变化. 检偏器透光轴方向在水平位置时，望远镜中看到的反射光强度最弱.

(3) 转动载物台，逐渐增大平行光管射出的平行光对平玻片的入射角，并用望远镜跟踪反射光(狭缝像)，从望远镜中看到的反射光越来越暗，直到光亮度消失(或经反复调节均为最弱程度)为止. 锁定度盘，记录望远镜的方位 $\theta_{左1}$，$\theta_{右1}$.

(4) 保持载物台和平玻片不动，转动望远镜到平玻片的法线方向，应用自准直法使平玻片反射回来的亮十字竖直线与望远镜中黑色双十字叉丝竖直线重合. 记录此时望远镜的方位 $\theta_{左0}$，$\theta_{右0}$，则

$$\varphi_{b1}=\frac{1}{2}[(\theta_{左1}-\theta_{左0})+(\theta_{右1}-\theta_{右0})]. \tag{4-15-3}$$

(5) 重复测量 6 次，数据填入表 4-15-1.

【数据处理及分析】

表 4-15-1 测量记录表

$\theta_{左0}$ = ________，$\theta_{右0}$ = ________，$\Delta_{\theta仪}$ = ________

	θ_1	θ_2	θ_3	θ_4	θ_5	θ_6
左						
右						
φ_{bi}						

1. 根据式(4-15-3)计算 φ_{bi}，并求其最佳值 $\overline{\varphi}_b$ 和不确定度 $\Delta(\varphi_b)$.

2. 根据式(4-15-2)计算平玻片的折射率 n_2 的最佳值 $\overline{n}_2$(空气的折射率按 1.0 计算)，根据不确定度传递公式 $\Delta(n_2)=\sec^2\varphi_b\cdot\Delta(\varphi_b)$ 计算 n_2 的不确定度 $\Delta(n_2)$，正确表示实验结果.

【注意事项】

1. 分光仪应按要求调到工作状态，否则测量结果不准.

2. 因有些偏振片的检偏特性不理想，不能完全消光，只有采取比较的方法，找到一个相对来说能达到消光后最暗的位置.

【思考题】

1. 在测量布儒斯特角时，为什么检偏器透光轴要水平方向放置，才能看到反射光强度最弱的现象?

2. 测量布儒斯特角时，测出反射光线的位置后，不测平玻片的法线位置，还能用什么方法测出布儒斯特角?

第5章

综合性实验

实验 5.1 铁磁材料磁滞回线和磁化曲线的测绘

在交通、通信、航天、自动化仪表等领域中，大量应用各种特性的铁磁材料. 常用的铁磁材料多数是铁和其他金属元素或非金属元素组成的合金以及某些包含铁的氧化物(铁氧体). 铁磁材料的主要特性是磁导率 μ 非常高，在同样的磁场强度下铁磁材料中磁感应强度要比真空或弱磁材料中的大几百至上万倍.

磁滞回线和磁化曲线表征了磁性材料的基本磁化规律，反映了磁性材料的基本磁参数，对铁磁材料的应用和研制具有重要意义. 本实验利用交变励磁电流产生的磁场对不同性能的铁磁材料进行磁化，通过单片机采集实验数据，测绘磁滞回线和磁化曲线，研究铁磁材料的磁化性质.

【预习提要】

1. 什么是铁磁质?铁磁质有什么特性?
2. 铁磁材料分类和选用的主要依据有哪些?
3. 为什么要消除剩磁?又如何消除剩磁?

【实验目的】

1. 认识铁磁质的磁化规律，比较两种典型的铁磁质的动态磁化特性.
2. 测定样品的基本磁化曲线，作 $\mu-H$ 曲线.
3. 测定样品的 H_D, B_r, B_s 和($H_m \cdot B_m$) 等参数.
4. 测绘样品的磁滞回线，估算其磁滞损耗.

【实验仪器】

TH-MHC 型磁滞回线实验仪，智能磁滞回线测试仪，双踪示波器，数字万用表等.

【实验原理】

铁磁质是一种性能特异、用途广泛的材料. 铁、钴、镍及其众多合金以及含铁的氧化物(铁氧体) 均属铁磁质. 其特征是在外磁场作用下能被强烈磁化，故磁导率 μ 很高. 另一特征是磁滞，即外磁场作用停止后，铁磁质仍保留磁化状态，图 5-1-1 为铁磁质的磁感应强度 B 与外磁场强度 H 之间的关系曲线.

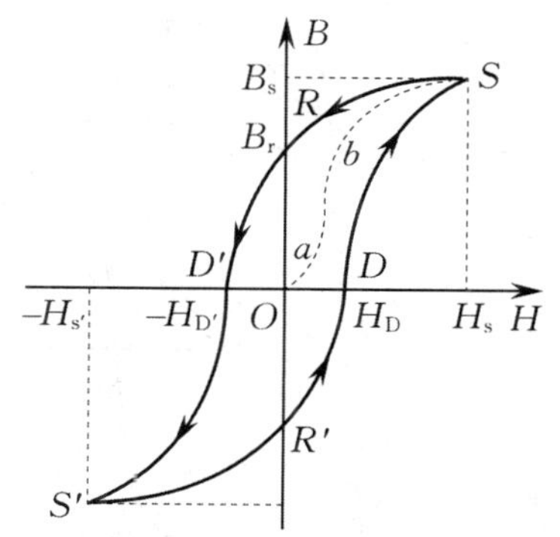

图 5-1-1 铁磁质起始磁化曲线和磁滞回线

图 5-1-1 中的原点 O 表示磁化之前铁磁物质处于磁中性状态，即 $B=H=0$. 当磁场强度 H 从零开始增加时，磁感应强度 B 随之缓慢上升，如曲线 Oa 所示，继之 B 随 H 迅速增长，如曲线 ab 所示，其后 B 的增长又趋缓慢，并当 H 增至 H_s 时，B 到达饱和值 B_s，$OabS$ 称为起始磁化曲线. 图 5-1-1 表明，当磁场从 H_s 逐渐减小至零，磁感应强度 B 并不沿起始磁化曲线恢复到 O 点，而是沿另一条新的曲线 SR 下降，比较曲线 OS 和 SR 可知，H 减小 B 相应也减小，但 B 的变化滞后于 H 的变化，这种现象称为磁滞. 磁滞的明显特征是当 $H=0$ 时，B 不为零，而保留剩磁 B_r.

当磁场反向从 O 逐渐变至 $-H_{D'}$ 时，磁感应强度 B 消失，说明要消除剩磁，必须施加反向磁场，$H_{D'}$ 称为矫顽力，它的大小反映铁磁材料保持剩磁状态的能力，曲线 RD' 称为退磁曲线.

图 5-1-1 还表明，当磁场按 $H_s \to O \to -H_{D'} \to -H_{s'} \to O \to H_D \to H_s$ 次序变化，相应的磁感应强度 B 则沿闭合曲线 $SRD'S'R'DS$ 变化，这一闭合曲线称为磁滞回线. 当铁磁材料处于交变磁场中时(如变压器中的铁芯)，将沿磁滞回线反复被磁化→去磁→反向磁化→反向去磁. 在此过程中要消耗额外的能量，并以热的形式从铁磁材料中释放，这种损耗称为磁滞损耗. 可以证明，磁滞损耗与磁滞回线所围面积成正比.

应该指出，初始态为 $H=B=0$ 的铁磁材料，在交变磁场强度由弱到强依次进行磁化，可以得到面积由小到大向外扩张的一簇磁滞回线，如图 5-1-2 所示，这些磁滞回线顶点的连线称为铁磁材料的基本磁化曲线，由此可近似确定其磁导率 $\mu=\dfrac{B}{H}$. 因 B 与 H 非线性，故铁磁材料的 μ 不是常数而是随 H 而变化，如图 5-1-3 所示. 铁磁材料的相对磁导率可高达数千乃至数万，这一特点是它用途广泛的主要原因之一.

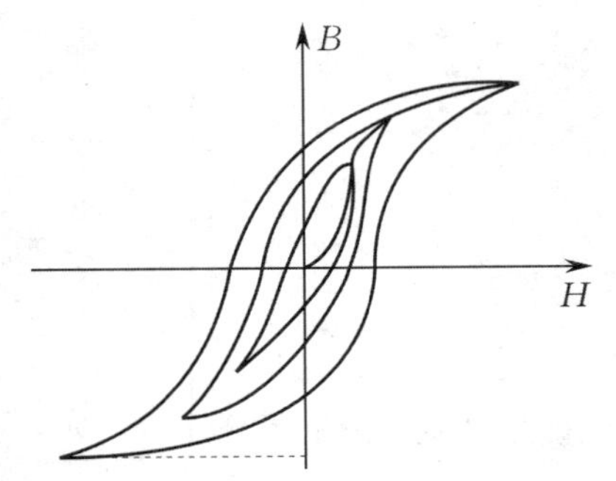

图 5-1-2　同一铁磁材料的一簇磁滞回线

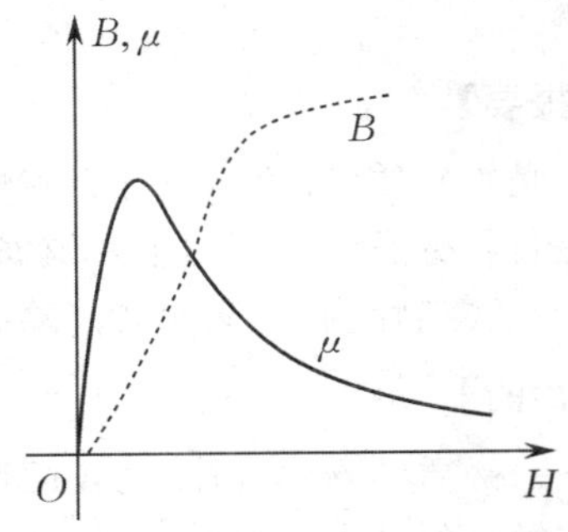

图 5-1-3　铁磁材料 μ 与 H 关系曲线

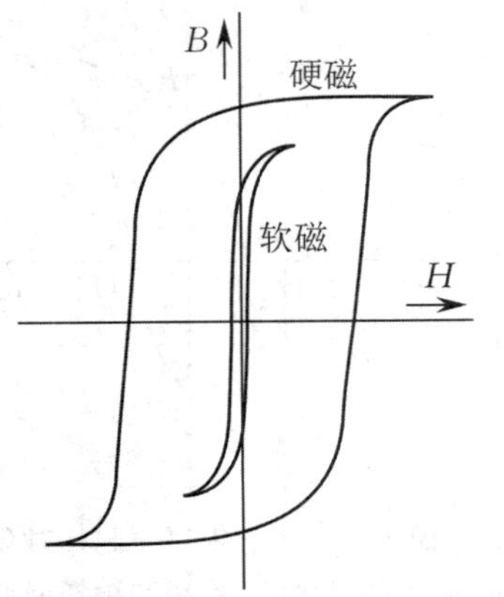

图 5-1-4　不同铁磁材料的磁滞回线

磁化曲线和磁滞回线是铁磁材料分类和选用的主要依据，图 5-1-4 为常见的两种典型的磁滞回线，其中软磁材料的磁滞回线狭长、矫顽力、剩磁和磁滞损耗均较小，是制造变压器、电机和交流磁铁的主要材料；而硬磁材料的磁滞回线较宽，矫顽力大，剩磁强，可用来制造永磁体.

观察和测量磁滞回线和基本磁化曲线的线路如图 5-1-5 所示. 待测样品为 EI 型硅钢片，N 为励磁绕组，n 为用来测量磁感应强度 B 而设置的绕组，R_1 为励磁电流取样电阻. 设通过励磁绕组的交流励磁电流为 i，根据安培环路定律，样品的磁场强度 $H=\dfrac{Ni}{L}$，其中 L 为样品的平均磁路.

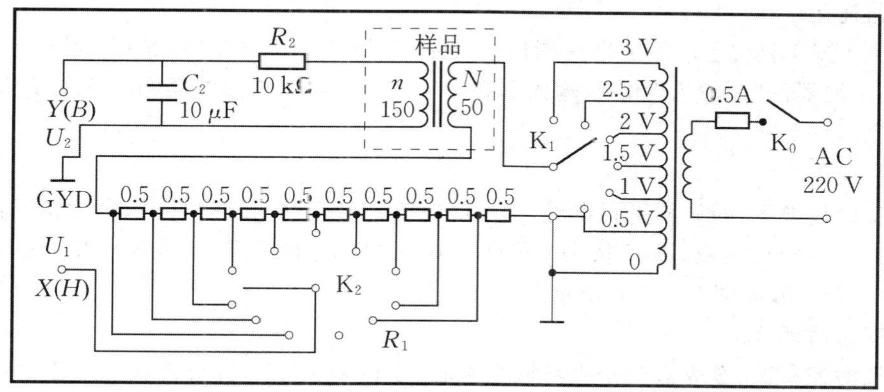

图 5-1-5　实验线路图

由欧姆定律得 $i=\dfrac{U_1}{R_1}$,故有

$$H=\frac{N}{LR_1}U_1, \tag{5-1-1}$$

式中的 N,L,R_1 均为已知常数,所以由 U_1 可确定 H.

在交变磁场下,样品的磁感应强度瞬时值 B 是测量绕组 n 和 RC 电路给定的. 根据法拉第电磁感应定律,由于样品中的磁通量 Φ 的变化,在测量线圈中产生的感生电动势的大小为 $\mathscr{E}_2=n\dfrac{\mathrm{d}\Phi}{\mathrm{d}t}$,故 $\Phi=\dfrac{1}{n}\displaystyle\int\mathscr{E}_2\mathrm{d}t$,由此可得

$$B=\frac{\Phi}{S}=\frac{1}{nS}\int\mathscr{E}_2\mathrm{d}t, \tag{5-1-2}$$

式中 S 为样品的截面积.

如果忽略自感电动势和电路损耗,回路方程为

$$\mathscr{E}_2=i_2R_2+U_2,$$

式中 i_2 为感应电流,U_2 为积分电容 C_2 两端电压. 设在 Δt 时间内,电容 C_2 的充电电量为 Q,则 $U_2=\dfrac{Q}{C_2}$,即有

$$\mathscr{E}_2=i_2R_2+\frac{Q}{C_2}.$$

如果选取足够大的 R_2 和 C_2,使 $i_2R_2\gg\dfrac{Q}{C_2}$,则 $\mathscr{E}_2=i_2R_2$. 由于 $i_2=\dfrac{\mathrm{d}Q}{\mathrm{d}t}=C_2\dfrac{\mathrm{d}U_2}{\mathrm{d}t}$,故有

$$\mathscr{E}_2=C_2R_2\frac{\mathrm{d}U_2}{\mathrm{d}t}. \tag{5-1-3}$$

由式(5-1-2)和式(5-1-3)得

$$B=\frac{C_2R_2}{nS}U_2, \tag{5-1-4}$$

式(5-1-4)中 C_2,R_2,n 和 S 均为已知常数,所以由 U_2 可确定 B.

综上所述,将图 5-1-5 中的 U_1 和 U_2 分别加到示波器的"X 输入"和"Y 输入",便可观察样品的 B-H 曲线;如将 U_1 和 U_2 加到测试仪的信号输入端可测定样品的饱和磁感应强度 B_s、剩磁 B_r、矫顽力 H_D、磁滞损耗 W_{BH} 以及磁导率 μ 等参数.

【实验内容及步骤】

1. 电路连接.

选样品1按实验仪上所给的电路图连接线路，并令 $R_1 = 2.5\ \Omega$，“U选择”置于0位. U_H 和 U_B 分别接示波器的“X 输入”和“Y 输入”，插孔 ⊥ 为公共端，将示波器的 TIME/DIV 旋钮逆时针旋到底($X-Y$ 挡).

2. 样品退磁.

开启实验仪电源，对试样进行退磁，即顺时针方向转动“U选择”旋钮，令U从0增至3 V，然后逆时针方向转动旋钮，将 U 从最大值降为 0，其目的是消除剩磁，确保样品处于磁中性状态，即 $B = H = 0$，如图 5-1-6 所示.

3. 观察磁滞回线.

开启示波器电源，令光点位于坐标网格中心，令 $U = 2.2\ \mathrm{V}$，并分别调节示波器 X 和 Y 轴的灵敏度，使显示屏上出现图形大小合适的磁滞回线. 若图形顶部出现编织状的小环，如图 5-1-7 所示，这时可通过降低励磁电压 U 予以消除.

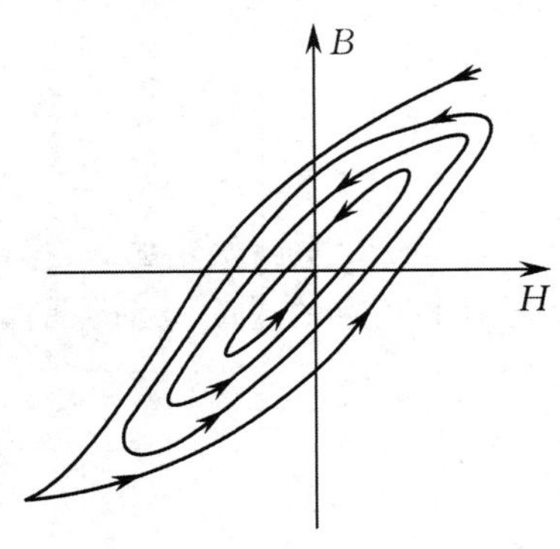

图 5-1-6　退磁示意图

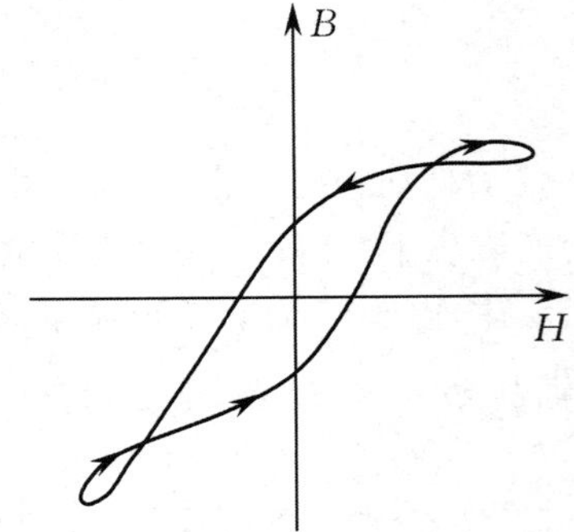

图 5-1-7　U_B 和 B 的相位差等因素引起的畸变

4. 观察基本磁化曲线.

按步骤 2 对样品进行退磁，从 $U = 0$ 开始，逐挡提高励磁电压，将在显示屏上得到面积由小到大一个套一个的一簇磁滞回线. 这些磁滞回线顶点的连线就是样品的基本磁化曲线，借助长余辉示波器，便可观察到该曲线的轨迹.

5. 观察并比较样品 1 和样品 2 的磁化性能.

6. 测绘 $\mu-H$ 曲线.

仔细阅读测试仪的使用说明，接通实验仪和测试仪之间的连线. 开启电源，对样品进行退磁后，依次测定 $U = 0.5\ \mathrm{V}, 1.0\ \mathrm{V}, \cdots, 3.0\ \mathrm{V}$ 时的 10 组 H_m 和 B_m 值，作 $\mu-H$ 曲线.

7. 令 $U = 3.0\ \mathrm{V}, R_1 = 2.5\ \Omega$ 测定样品 1 的 B_s, B_r, H_D, W_{BH} 等参数.

8. 取步骤7中的H和其相应的B值，用坐标纸绘制B-H曲线(如何取数，取多少组数据，自行考虑)，并估算曲线所围面积.

【数据处理及分析】

1. 测量并将测量数据填入表 5-1-1 与表 5-1-2 中.

2. 绘制 $B-H$ 曲线并估算曲线所围面积大小.

表 5-1-1　基本磁化曲线与 $\mu-H$ 曲线

U/V	$H/(10^4\ \mathrm{A \cdot m^{-1}})$	$B/10^2\ \mathrm{T}$	$(\mu = B/H)/(\mathrm{H \cdot m^{-1}})$
0			
0.5			
0.9			
1.2			
1.5			
1.8			
2.1			
2.4			
2.7			
3.0			

表 5-1-2　磁滞回线测量数据记录

H_D = ________　　B_r = ________　　B_s = ________　　W_{BH} = ________

No.	$H/(10^4\ \mathrm{A \cdot m^{-1}})$	$B/10^2\ \mathrm{T}$	No.	$H/(10^4\ \mathrm{A \cdot m^{-1}})$	$B/10^2\ \mathrm{T}$	No.	$H/(10^4\ \mathrm{A \cdot m^{-1}})$	$B/10^2\ \mathrm{T}$

【注意事项】

1. 正式测量前须对样品进行退磁处理.

2. 在测量磁化曲线的过程中,应保证磁化电流依次单调增加,否则应立即退磁,并重新开始测量.

【思考题】

1. 怎样使样品完全退磁,使初始状态在 $H=0, B=0$ 的点上?

2. 在什么条件下,环形铁磁材料的间隙中测得的磁感应强度能代表磁路中的磁感应强度?

实验 5.2 霍尔效应及应用

1879 年霍尔首先观察到，把一载流导体放在磁场中时，如果磁场方向与电流方向垂直，则在与磁场和电流两者垂直方向上出现横向电势差，这一现象称为霍尔效应. 该电势差称为霍尔电势差(或霍尔电压). 从本质上讲，霍尔效应的产生是因为运动的带电粒子在磁场中受洛伦兹力的作用而发生了横向漂移. 用霍尔效应测量磁场是直接测量磁感应强度的常用方法. 霍尔元件具有结构简单、探头体积小、测量速度快等优点，特别适用于测量只有几个毫米的磁极间的磁场. 霍尔效应也是测定半导体材料参数的主要手段. 利用霍尔效应制成的霍尔元件已广泛用于非电量电测、工业生产自动控制和信息处理等方面.

【预习提要】

1. 霍尔效应及其测磁场的原理.
2. 确定霍尔系数及样品导电类型的方法.
3. 霍尔效应实验中产生的副效应有哪些？如何消除副效应？

【实验目的】

1. 了解霍尔效应的原理及霍尔元件有关参数的含义及作用.
2. 学习利用霍尔效应测量电磁铁气隙中的磁感应强度.
3. 学习用“对称交换测量法”消除副效应产生的系统误差.

【实验仪器】

HL-4 型霍尔效应实验仪、箱式电位差计(或毫伏表)、滑线变阻器、直流稳压电源、毫安表等.

【仪器介绍】

HL-4 型霍尔效应实验仪实物图如图 5-2-1 所示. 下面分别介绍仪器组成和工作电路.

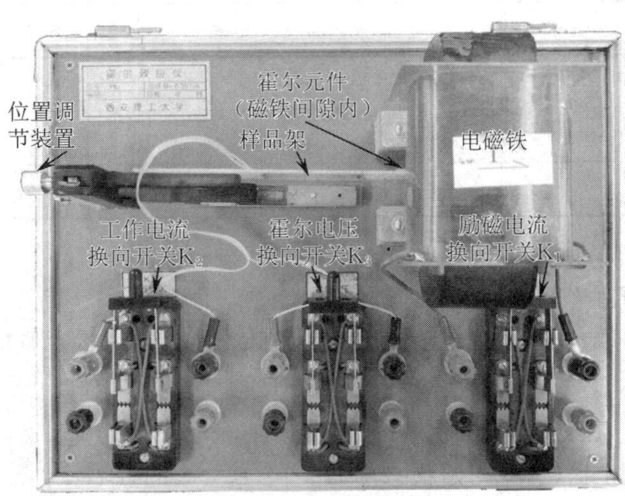

图 5-2-1 HL-4 型霍尔效应实验仪实物图

1. 仪器组成.

(1) 霍尔元件.

霍尔元件是由 n 型硅单晶经过平面工艺制成的磁电转换元件，元件尺寸为 4 mm×2 mm×0.2 mm，元件胶合在白色绝缘衬板(样品架)上，有 4 条引出导线，其中 2 条导线为工作电流极(1,2)，2 条导线为霍尔电压输出极(3,4)，同时将这 4 条导线引到仪器换向开关上.

工作电流需用稳压电源供电，适当减小工作电流，以减少热磁效应引起的误差，最大工作电流为 15.0 mA.

霍尔元件的灵敏度已给出(一般在 10.0 mV·mA^{-1}·T^{-1} 左右). 温度变化时，灵敏度也略有变化，这主要是由于不同温度下半导体的载流子浓度不同造成的.

(2) 位置调节装置.

位置调节装置由垂直位置调节螺钉和水平位置调节螺钉以及其对应的读数标尺构成，旋转垂直位置调节螺钉可以改变霍尔元件在 y 轴方向上的位置，旋转水平位置调节螺钉可以改变霍尔元件在 x 轴方向上的位置.

(3) 电磁铁.

电磁铁带状铁芯采用冷轧电工钢带制成，线圈用高强度漆包线多层密绕，层间绝缘，导线绕向即磁化电流的方向(已标明在线圈上)，可确定磁场方向. 线圈的两端引线已连接到仪器的换向开关上，便于实验操作.

(4) 换向开关.

仪器上装有三只换向开关，分别为励磁电流 I_M 换向开关 K_1、工作电流 I_S 换向开关 K_2 和霍尔电压 U_H 换向开关 K_3，可以很方便地改变 I_M，I_S，U_H 的方向.

2. 工作电路.

霍尔效应的工作电路图如图 5-2-2 所示.

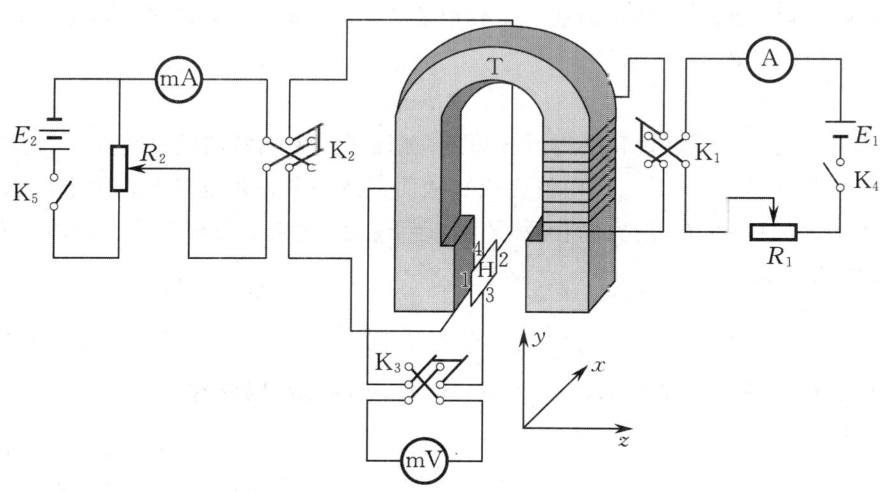

图 5-2-2　霍尔效应的工作电路图

(1) 产生磁路部分.

由直流稳压电源 E_1 给电磁铁 T 供电，以提供励磁电流 I_M，通过换向开关 K_1 来改变励磁电流方向，从而改变磁场 $\boldsymbol{B}$ 的方向.

(2) 工作电流部分.

由直流稳压电源 E_2 给霍尔元件 H 的 1,2 端供电，以提供霍尔元件工作电流 I_S，通过换向开关 K_2 改变工作电流方向.

(3) 测量霍尔电压部分.

毫伏表用于测量霍尔元件 H 的 3,4 端电压(即霍尔电压U_H),通过换向开关K_3可改变霍尔电压极性.

【实验原理】

1.霍尔效应原理.

霍尔效应从本质上讲是运动的带电粒子在磁场中受洛伦兹力作用而引起的偏转.当带电粒子(电子或空穴)被约束在固体材料中,这种偏转就导致在垂直电流和磁场的方向上产生正、负电荷的积累,从而形成附加的横向电场.

如图 5-2-3 所示,把一载流导体板垂直于磁场$\boldsymbol{B}$放置,如果磁场$\boldsymbol{B}$垂直于导体板中电流I_S,那么在导体中垂直于$\boldsymbol{B}$和I_S的方向就会出现一定的电势差U_H(即霍尔电压),这一现象叫作霍尔效应.

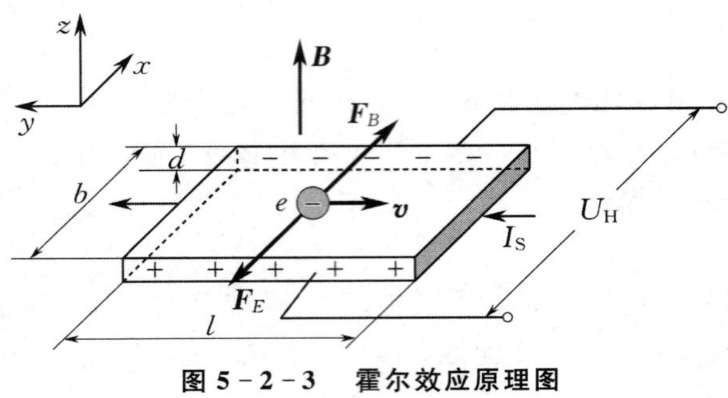

图 5-2-3 霍尔效应原理图

本实验用 n 型半导体(其载流子为电子),如图 5-2-3 所示,设其长为l,宽为b,厚为d.沿z轴正向加一磁场$\boldsymbol{B}$,沿y轴正向通一工作电流I_S,半导体中的载流子将在x方向受到洛伦兹力的作用,其大小为

$$F_B = evB, \tag{5-2-1}$$

式中e,v分别是载流子的电量和平均漂移速度.载流子受力偏转的结果将在x方向形成霍尔电压U_H(此过程在$10^{-13} \sim 10^{-11}$ s 内就完成),从而形成一个霍尔电场E_H.由于霍尔电场对载流子的作用力$\boldsymbol{F}_E$总是与$\boldsymbol{F}_B$的方向相反,当$F_E = F_B$时,载流子的聚集就达到动态平衡.此时电场力$\boldsymbol{F}_E$的大小为

$$F_E = eE_H = \frac{eU_H}{b}. \tag{5-2-2}$$

设霍尔元件中载流子的浓度为n,则电流强度为$I_S = envbd$,因此有

$$v = \frac{I_S}{enbd}. \tag{5-2-3}$$

于是洛伦兹力的大小可表示为

$$F_B = evB = \frac{I_S B}{nbd}. \tag{5-2-4}$$

由$F_B = F_E$可得

$$U_H = \frac{I_S B}{ned}. \tag{5-2-5}$$

令

$$R_H = \frac{1}{ne}, \tag{5-2-6}$$

称为霍尔系数，是反映材料霍尔效应强弱的重要参数，于是有

$$U_H = R_H \frac{I_S B}{d}. \tag{5-2-7}$$

若令

$$K_H = \frac{R_H}{d} = \frac{1}{ned}, \tag{5-2-8}$$

则有

$$U_H = K_H I_S B, \tag{5-2-9}$$

K_H 称为霍尔灵敏度，对一定的霍尔元件是一个常数，它的大小与材料的性质以及元件的尺寸有关，表示霍尔元件在单位磁感应强度和单位工作电流下霍尔电压的大小.

利用式(5-2-9)，如果磁场的磁感应强度的大小 B 为已知，测出通过霍尔元件的工作电流 I_S 和相应的 U_H，就可以测定该元件的灵敏度 K_H，即

$$K_H = \frac{U_H}{I_S B}. \tag{5-2-10}$$

反之，如果霍尔元件的灵敏度 K_H 已知，只要测得 I_S 和 U_H，就可测定霍尔元件所在处的磁感应强度强度的大小 B.

由式(5-2-6)可知，霍尔系数 R_H 与载流子的浓度 n 成反比，由于半导体中载流子的浓度小于金属中载流子的浓度，半导体的霍尔效应比金属的霍尔效应显著. 又由式(5-2-6)和式(5-2-7)有

$$n = \frac{I_S B}{edU_H}. \tag{5-2-11}$$

因此由 U_H, I_S, B, d 就可以计算该材料的载流子浓度.

如果半导体为 n 型，则 K_H 为负，U_H 也为负；若半导体为 p 型半导体(载流子为空穴)，K_H 为正，U_H 也为正. 因此，利用霍尔系数的正、负可以判断半导体的导电类型. 如果知道了载流子的类型，就可以由 U_H 的正、负确定磁场的方向.

2. 实验中产生的副效应及其消除方法.

实际测量时所测得的电压不只是 U_H，还包括其他因素带来的附加电压. 下面首先分析其产生的原因及特点，然后探讨其消除方法.

(1) 不等势电势 U_0.

由于制作时两个霍尔电极不可能绝对对称地焊在霍尔元件的两侧，霍尔元件电阻率不均匀，控制电流极的端面接触不良. 这些都可能造成两极焊接点不在同一等势面上，此时虽未加磁场，但两焊接点间存在电势差 U_0，$U_0 = I_S R$，R 是两等势面间的电阻. 由此可见，在 R 确定的情况下，U_0 与 I_S 的大小成正比，且其正负随 I_S 的方向而改变.

(2) 埃廷斯豪森效应.

从微观来看，当霍尔电压 U_H 达到一个稳定值时，速度为 v 的载流子的运动达到动态平衡. 但从统计的观点看，元件中也存在速度大于 v 和小于 v 的载流子. 因速度大的载流子所受的洛伦兹力大于电场力，而速度小的载流子所受的洛伦兹力小于电场力，因而速度大的载流子会聚集在元件的一侧，而速度小的载流子聚集在另一侧，又因为速度大的载流子的能量大，所以速度大粒子聚集的一侧温度高于另一侧. 由于霍尔电极和霍尔元件的材料不同，电极和元件之间形成温差电偶，这一温差产生温差电动势 U_E，这种由于温差而产生电势差的现

象称为埃廷斯豪森效应. U_E 的大小和正负与 I_S, $\boldsymbol{B}$ 的大小和方向有关,跟 U_H 与 I_S, $\boldsymbol{B}$ 的关系相同,所以不能在测量中消除.

(3) 能斯特效应.

在元件上接出引线时,不可能做到接触电阻完全相同. 当工作电流 I_S 通过不同接触电阻时会产生不同的焦耳热,并因温差产生一个温差电动势,此电动势又产生温差电流 I_N(称为热电流),热电流在磁场的作用下将发生偏转,结果产生附加电势差 U_N,这就是能斯特效应. 它与电流 I_S 无关,只与磁场 $\boldsymbol{B}$ 有关.

(4) 里吉-勒迪克效应.

由能斯特效应产生的热电流也有埃廷斯豪森效应,由此而产生附加电势差 U_R,称为里吉-勒迪克效应. U_R 与 I_S 无关,只与磁场 $\boldsymbol{B}$ 有关.

因此,在确定磁场 $\boldsymbol{B}$ 和工作电流 I_S 的条件下,实际测量的电压包括 U_H, U_0, U_E, U_N, U_R 五个电压的代数和. 为了减少和消除以上效应引起的附加电势差,利用这些附加电势差与霍尔元件工作电流 I_S、励磁电流 I_M 的关系,采用对称交换测量法进行测量. 测量时可用改变 I_S 和 $\boldsymbol{B}$ 的方向(即励磁电流 I_M 的方向)的方法,抵消副效应的影响. 例如,测量时首先任取某一方向的 I_S 和 I_M 为正,用 $+I_M$, $+I_S$ 表示,当改变它们的方向时为负,用 $-I_M$, $-I_S$ 表示,保持 I_S, $\boldsymbol{B}$ 的大小不变,在 $(+I_M, +I_S)$, $(-I_M, +I_S)$, $(-I_M, -I_S)$, $(+I_M, -I_S)$ 四种情况下进行测量,有

$$\begin{aligned}
U_1 &= U_H + U_0 + U_E + U_N + U_R \quad (+I_M, +I_S), \\
U_2 &= -U_H + U_0 - U_E - U_N - U_R \quad (-I_M, +I_S), \\
U_3 &= U_H - U_0 + U_E - U_N - U_R \quad (-I_M, -I_S), \\
U_4 &= -U_H - U_0 - U_E + U_N + U_R \quad (+I_M, -I_S).
\end{aligned}$$

从上述结果中消去 U_0, U_N 和 U_R,得到

$$U_H = \frac{1}{4}(U_1 - U_2 + U_3 - U_4) - U_E. \tag{5-2-12}$$

一般地, U_E 比 U_H 小得多,在误差范围内可以忽略不计,则有

$$U_H = \frac{1}{4}(U_1 - U_2 + U_3 - U_4). \tag{5-2-13}$$

【实验内容及步骤】

1. 按图 5-2-2 连接线路,将霍尔元件调至电磁铁气隙内的中心位置附近.

2. 调节滑线变阻器 R_1,使励磁电流 $I_M = 1\,000$ mA 并保持不变. 然后调节滑线变阻器 R_2 改变工作电流 I_S 使其分别等于 1.00 mA, 2.00 mA, 3.00 mA, 4.00 mA, 5.00 mA, 6.00 mA, 7.00 mA, 8.00 mA, 9.00 mA, 10.00 mA,并分别改变电流 I_M, I_S 的方向,测出相应的霍尔电压 U_H,将测量数据填入表 5-2-1.

3. 霍尔元件仍位于电磁铁气隙的中心,将工作电流调整为 $I_S = 10.00$ mA 并保持不变,调节励磁电流 I_M 使其分别等于 100 mA, 200 mA, 300 mA, 400 mA, 500 mA, 600 mA, 700 mA, 800 mA, 900 mA, 1 000 mA,分别测量霍尔电压 U_H,将测量数据填入表 5-2-2.

4. 先将霍尔元件置于电磁铁的中心,分别将励磁电流和工作电流调节为 $I_M = 1\,000$ mA, $I_S = 10.00$ mA. 然后旋动位置调节装置的水平位置调节螺钉,使霍尔元件从中心向边缘移动,每移动 5 mm 测出相应的霍尔电压 U_H,将测量数据填入表 5-2-3.

【数据处理及分析】

表 5-2-1　励磁电流不变时测量数据记录表

$I_M = 1\,000$ mA

I_S/mA	U_1/mV	U_2/mV	U_3/mV	U_4/mV	$U_H = \frac{U_1 - U_2 + U_3 - U_4}{4}$/mV
	$+I_M, +I_S$	$-I_M, +I_S$	$-I_M, -I_S$	$+I_M, -I_S$	
1.00					
2.00					
3.00					
4.00					
5.00					
6.00					
7.00					
8.00					
9.00					
10.00					

根据测量数据绘出 $I_S - U_H$ 曲线，验证线性关系.

表 5-2-2　工作电流不变时测量数据记录表

$I_S = 10.00$ mA

I_M/mA	U_1/mV	U_2/mV	U_3/mV	U_4/mV	$U_H = \frac{U_1 - U_2 + U_3 - U_4}{4}$/mV
	$+I_M, +I_S$	$-I_M, +I_S$	$-I_M, -I_S$	$+I_M, -I_S$	
100					
200					
300					
400					
500					
600					
700					
800					
900					
1 000					

绘出 $I_M - U_H$ 曲线，验证线性关系范围，分析当 I_M 达到一定值以后，$I_M - U_H$ 直线斜率变化的原因.

表 5-2-3 励磁电流、工作电流不变，改变霍尔元件位置时测量数据记录表

$I_M = 1\,000$ mA，$I_S = 10.00$ mA

X/mm	U_1/mV	U_2/mV	U_3/mV	U_4/mV	$U_H = \frac{U_1 - U_2 + U_3 - U_4}{4}$/mV
	$+I_M, +I_S$	$-I_M, +I_S$	$-I_M, -I_S$	$+I_M, -I_S$	
2					
4					
6					
8					
10					
12					
14					
16					

根据已知的霍尔灵敏度 K_H 值(由实验室提供)，由式(5-2-10)求出磁感应强度 $\boldsymbol{B}$ 的大小：

$$B = \frac{U_H}{K_H I_S}.$$

【注意事项】

1. 实验中应使霍尔元件平面与磁感应强度 $\boldsymbol{B}$ 垂直，此时 $U_H = I_S B\cos\theta = I_S B$，$U_H$ 最大.

2. 霍尔元件工作电流 I_S 的最大值允许值为直流 15 mA，交流有效值 11 mA，实验时该电流不能超过最大值.

3. 实验时电磁铁励磁电流 I_M 不得超过最大允许值(直流 1 A).

4. 霍尔元件及二级移动易折断、变形，应注意避免挤压、碰撞等，不要用手触摸霍尔元件.

5. 仪器组装时已调整好，为防止搬运、移动中发生的形变、位移，实验前应将霍尔元件移至电磁铁气隙的中心，调整霍尔元件方位，使输出 U_H 达到最大.

6. 霍尔元件的工作电流引线与霍尔电压引线不能搞错，霍尔元件的工作电流和螺线管的励磁电流要分清，否则会烧坏霍尔元件.

【思考题】

1. 若磁场与霍尔元件不垂直，对测量结果有何影响？

2. 霍尔元件的工作电流是否可用交流电？此时的霍尔电压变化如何？

3. 怎样减小或消除实验中附加电压所产生的影响？

实验 5.3 用冲击电流计测量磁感应强度

在工业生产和科学研究中，经常涉及磁场的测量. 目前常用的磁场测量方法很多，如电磁感应法、霍尔效应法、磁通门法、核磁共振法等. 用冲击电流计测量磁感应强度的方法称为冲击法，它是一种比较经典的测量磁场方法. 该方法所用设备简单、测量磁场范围宽、操作方便，是测磁技术中的一种常用方法，通常用于对恒定磁场的测量. 其测量原理也是测量磁通

量、磁化曲线、磁性材料参数等的基本原理.

【预习提要】

1. 熟悉螺线管轴线上的磁场分布理论.

2. 复习电磁感应定律.

3. 掌握用螺线管磁场测量仪测量螺线管内磁场及标定冲击电流计的步骤.

【实验目的】

1. 了解用冲击电流计测量磁场的基本原理.

2. 掌握用冲击电流计测量磁感应强度的方法.

3. 测定螺线管轴线上磁感应强度的分布.

【实验仪器】

数字式冲击电流计，螺线管磁场装置，直流数显稳流源，标准互感器，双刀双掷开关，直流安培表等.

【实验原理】

1. 数字式冲击电流计测电量原理.

本实验采用的数字冲击电流计是由中、大规模MOS集成电路及高速、高输入阻抗运算放大器组成的数字式测量仪表，用于测量短时间内脉冲电流所迁移电量.

数字式冲击电流计测量主要通道部分简化如图 5-3-1 所示，图中 R_1，R_2 为输入级变换网络，IC_1 为高输入阻抗运放组成的同相电压放大器，其输入电流可忽略不计.

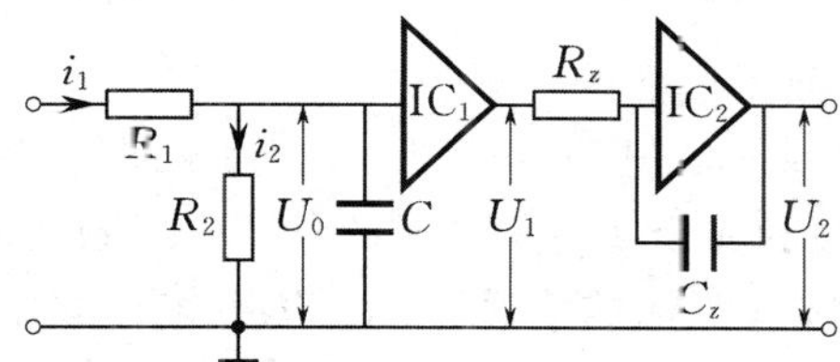

图 5-3-1　数字式冲击电流计测量主要通道简图

IC_2，R_z，C_z 构成精密的积分器. 当输入电流在 $0 \sim \tau$ 时间内注入一次脉冲电流 $i_1(t)$ 时，则输入端馈入的电量为

$$Q = \int_0^\tau i_1(t)\mathrm{d}t. \qquad (5-3-1)$$

而 $U_1 = A_1 U_0 = A_1 i_2(t) R_2$（$A_1$ 为 IC_1 电压放大倍数），当 $t=0$ 和 $t=\tau$ 时，C 两端电压为 0，故在 $0 \sim \tau$ 时间内，Q 全部流过 R_2，则

$$\int_0^\tau i_2(t)\mathrm{d}t = \int_0^\tau i_1(t)\mathrm{d}t = Q. \qquad (5-3-2)$$

积分后的输出电压

$$U_2 = -\frac{1}{R_z C_z}\int_0^\tau U_1(t)\mathrm{d}t = \frac{A_1 R_2}{R_z C_z}\int_0^\tau i_2(t)\mathrm{d}t = -\frac{A_1 R_2}{R_z C_z}Q. \qquad (5-3-3)$$

可见，积分电路的输出电压与馈入仪器输入端的电量成正比. 该电压经过 A/D（模 / 数）线性转换成数字量 K，设转换系数为 A_2，即

$$K = -A_1 A_2 \frac{R_2}{R_z C_z}Q. \qquad (5-3-4)$$

实际上，仪器在设计时已将 $-A_1A_2\dfrac{R_2}{R_zC_z}=1$，因此，数字式冲击电流计显示的数字 K 就是迁移电量 Q.

2. 螺线管内部轴线上的磁场.

如图 5-3-2 所示的螺线管，单位长度上线圈匝数为 n，长度为 L，直径为 D. 当通有电流 I_0 时，螺线管内轴线上某点 P 处的磁感应强度的理论值为

$$B_0=\frac{1}{2}\mu_0 nI_0(\cos\alpha-\cos\beta), \tag{5-3-5}$$

式中 $\mu_0=4\pi\times10^{-7}\,\mathrm{H\cdot m^{-1}}$，为真空磁导率. 螺线管内的磁感应强度的大小 B 沿 X 轴的分布曲线如图 5-3-3 所示. 当 $L\gg D$ 时，螺线管中心附近的磁感应强度的大小为

$$B_0=\mu_0 nI_0. \tag{5-3-6}$$

在螺线管轴线的一端，磁感应强度的大小为

$$B_{0端}=\frac{1}{2}\mu_0 nI_0. \tag{5-3-7}$$

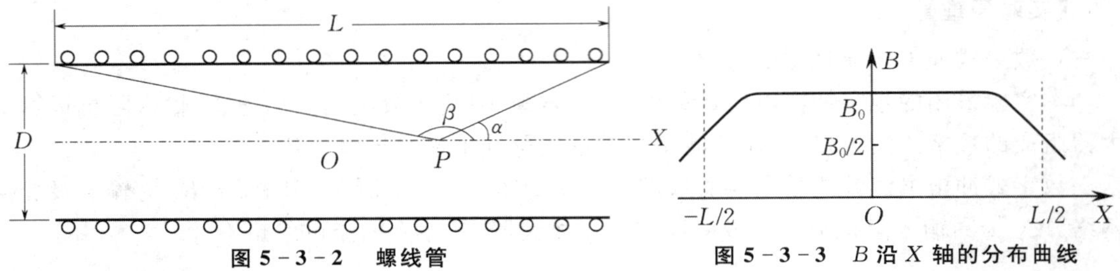

图 5-3-2 螺线管　　图 5-3-3 B 沿 X 轴的分布曲线

3. 用数字式冲击电流计测量磁场的原理.

冲击电流计测量磁场接线图如图 5-3-4 所示. L 为螺线管；G 为冲击电流计；T 为探测线圈，是用漆包铜线在非铁磁性和非金属材料做成的骨架上绕制而成，它的总匝数 N 和每匝平均磁通面积 S 由实验室给出；M 为标准互感器，R_n 为滑线变阻器；R_0 和 R_1 为电阻箱；E 为直流稳压电源；K_2 为双刀双掷开关；K_3 为单刀开关，闭合时 G 工作. 探测线圈在螺线管轴线上移动时保持与螺线管同轴，其横截面始终与管轴垂直. 如果在其移动过程中轴上某处横截面内的平均磁感应强度的大小为 B，这时穿过探测线圈的磁通量为

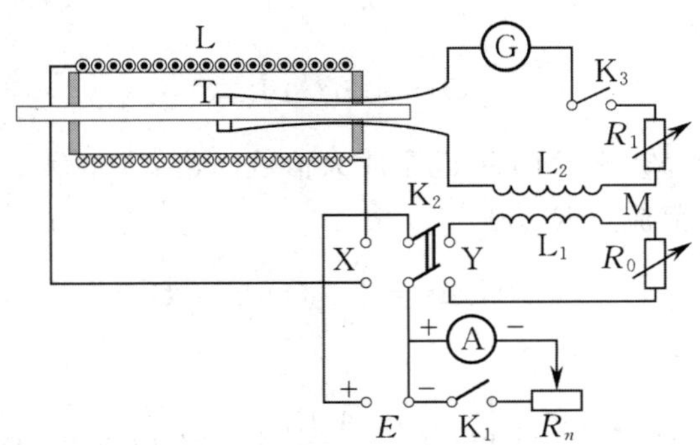

图 5-3-4 冲击电流计测量磁场接线图

$$\Phi=NBS. \tag{5-3-8}$$

显然，S 越小，B 越接近螺线管轴线上的磁感应强度.

如果接通 K_3，将双刀双掷开关 K_2 打向 X 侧，在接通开关 K_1 的瞬间，T 中磁通量由零迅速

变为 Φ，因而感应出脉冲电动势 $\mathscr{E}=-\dfrac{\mathrm{d}\Phi}{\mathrm{d}t}$. 如果探测回路(包括标准互感器的次级线圈 L_2、电阻 R_1 和冲击电流计 G) 的总电阻为 R，此时感应电动势在回路中产生的感应电流为

$$i=\frac{1}{R}\frac{\mathrm{d}\Phi}{\mathrm{d}t}. \tag{5-3-9}$$

在脉冲电流 i 持续的时间 τ 内，通过冲击电流计 G 的电荷迁移量为

$$Q=\int_0^{\tau} i\mathrm{d}t=\frac{1}{R}\int_0^{\Phi}\mathrm{d}\Phi=\frac{\Phi}{R}=\frac{NBS}{R}. \tag{5-3-10}$$

如果接通 K_3，将 K_2 打向 Y 侧，在接通 K_1 时，标准互感器 M 的原线圈 L_1 中电流由零突变为 I，M 的次级线圈 L_2 中将产生互感电动势 $\mathscr{E}_M$，探测回路中因而有脉冲电流 i_M 产生. 这时有 $\mathscr{E}_M=-\dfrac{\mathrm{d}\Phi}{\mathrm{d}t}$，$\mathrm{d}\Phi=M\mathrm{d}I$($M$ 为标准互感器的互感系数)，$i_M=\dfrac{\mathscr{E}_M}{R}=\dfrac{M}{R}\dfrac{\mathrm{d}I}{\mathrm{d}t}$，在脉冲电流 i_M 持续的时间 τ' 内通过冲击电流计 G 的电荷迁移量为

$$Q'=\int_0^{\tau'} i_M\mathrm{d}t=\int_0^{\tau'}\frac{M}{R}\frac{\mathrm{d}I}{\mathrm{d}t}\mathrm{d}t=\frac{M}{R}\int_0^{I}\mathrm{d}I=\frac{M}{R}I, \tag{5-3-11}$$

则有

$$R=\frac{M}{Q'}I. \tag{5-3-12}$$

将式(5-3-12)代入式(5-3-10)并整理得

$$B=\frac{Q}{Q'}\frac{MI}{NS}. \tag{5-3-13}$$

由上式可见，只要测出 I,Q 和 Q'(M,N,S 由实验室给出)，就可算出 B 的实验值. 如取 M 的单位为 H,S 的单位为 m^2,I 的单位为 A,Q 和 Q' 单位为 C，那么 B 的单位为 T.

【实验内容及步骤】

按图 5-3-4 连接线路. R_n 和 R_0 先调为电阻最大的状态. K_1 只是在观测时接通，观测完毕即断开，以免螺线管过热.

1. 测量螺线管轴线中心处的磁感应强度.

(1) 以探测线圈 T 的中心为准，将 T 安置在螺线管轴线的中心. 接通 K_3,K_2 倒向 X 侧，再闭合 K_1，调节 R_n 使此时电流表 A 的读数为 $I_0=10\ \mathrm{mA}$，并查看冲击电流计 G 的示值，如果这时 G 的示数过小，可以通过调节 R_1 使其在量程范围内有一较大的数值，保持 R_n,R_1 位置不变，断开 K_1 后再次闭合，读出此时冲击电流计 G 的读数 Q_1；然后再切断 K_1，读出此时冲击电流计 G 的读数 Q_2. 取两次数值的平均值 Q,Q 就是螺线管轴线的中心点处对应的 Q 的值.

(2) 保持探测线圈 T 在螺线管轴线的中心点处的位置和 R_n 位置不变(即保持 I_0 不变)，接通 K_3,K_2 倒向 Y 侧，闭合 K_1，并查看电流表 A 的示值，如果这时电流表 A 的示数过小，可以通过调节 R_0 使其在标准互感器的额定电流范围内有一较大的数值. 断开 K_1 后再次闭合，读出此时电流表 A 的读数 I 和冲击电流计 G 的读数 Q_1'；然后切断 K_1，读出此时冲击电流计 G 的读数 Q_2'. 取两次数值的平均值 Q',Q' 就是螺线管轴线的中心点处对应的 Q' 的值.

(3) 重复步骤(1),(2)5 次，并将测量数据记入表 5-3-1.

2. 测量螺线管轴线端头处的磁感应强度.

以探测线圈 T 的中心为准，将 T 安置在螺线管轴线的端头处. 重复上述步骤，并将测量数据记入表 5-3-2.

【数据处理及分析】

表 5-3-1　测量螺线管轴线中心处的磁感应强度数据记录表

$N=$ ________, $S=$ ________ m^2, $M=$ ________ H, $n=$ ________, $I_0=10$ mA

次数	Q的测定			I和Q′的测定				磁感应强度
n	Q_1/C	Q_2/C	Q/C	I/mA	Q'_1/C	Q'_2/C	Q'/C	B/T
1								
2								
3								
4								
5								

表 5-3-2　测量螺线管轴线端头处的磁感应强度数据记录表

$N=$ ________, $S=$ ________ m^2, $M=$ ________ H, $n=$ ________, $I_0=10$ mA

次数	Q的测定			I和Q′的测定				磁感应强度
n	Q_1/C	Q_2/C	Q/C	I/mA	Q'_1/C	Q'_2/C	Q'/C	$B_{端}$ /T
1								
2								
3								
4								
5								

1. 先分别计算表 5-3-1 表 5-3-2 中的每次测量的 $Q=\dfrac{Q_1+Q_2}{2}$ 和 $Q'=\dfrac{Q'_1+Q'_2}{2}$.

2. 由式(5-3-13)计算每次测量的磁感应强度值.

3. 分别求出磁感应强度的平均值$\overline{B}$ 和$\overline{B}_{端}$.

4. 由式(5-3-6)和式(5-3-7)分别计算螺线管中心和端头磁感应强度的理论值 B_0 和 $B_{0端}$.

5. 分别比较测量值和理论值,计算测量相对误差.

【注意事项】

1. 实验时,标准互感器应尽量远离螺线管放置.

2. 螺线管回路长时间通电会发热而引起 I 的变化. 因此不观测时应及时断开 K_1,电流 I 如有变化,可微调滑线电阻器 R_n.

【思考题】

1. 为什么在测量 Q 时,需要记录通过螺线管的电流 I_0?

2. 为什么在测量 Q' 时,需要记录流过标准互感器的初级线圈 L_1 的电流 I,且不能超过标准互感器的额定电流?

3. 在实验过程中,通过螺线管的电流 I_0 为什么要保持不变?

实验 5.4　迈克耳孙干涉仪及应用

干涉仪是根据光的干涉原理制成的一种进行精密测量的仪器，干涉仪的形式很多，迈克耳孙干涉仪是其中的一种. 迈克耳孙干涉仪是在薄膜干涉现象的基础上发展起来的，利用分振幅的方法实现干涉，设计十分巧妙. 它在仪器基本结构和设计思想上的巧妙之处给科学研究和仪器开发工作以重要启迪，为后人研制各种干涉仪和测微仪提供了宝贵的可借鉴经验. 迈克耳孙干涉仪在物理学中有非常广泛的应用，如研究光源的时间相干性，测量气体、固体的折射率，测量色光波长和进行微小长度测量等.

实验 5.4.1　用迈克耳孙干涉仪测光波波长

【预习提要】

1. 了解迈克耳孙干涉仪的结构及各组成部件的名称和作用.
2. 什么是扩展光源的非定域干涉?非定域等倾干涉条纹有何特点?
3. 简述调出非定域干涉条纹的条件和方法.
4. 如何用迈克耳孙干涉仪测量激光的波长?

【实验目的】

1. 了解迈克耳孙干涉仪的结构和工作原理，学习调节方法.
2. 测量单色光的波长.

【实验仪器】

迈克耳孙干涉仪，氦氖激光器，扩束镜（根据需要选用），钠光灯（根据需要选用），升降台.

【实验原理】

1. 迈克耳孙干涉仪的结构与干涉原理.

(1) 迈克耳孙干涉仪的结构.

迈克耳孙干涉仪的结构如图 5-4-1 所示，M_1 和 M_2 是两面经精细磨光的平面反射镜，M_1 固定，M_2 可在导轨上前后移动，其移动由一涡轮蜗杆机构再经精密丝杆传动，其移动距离由转盘读出. 仪器前方的粗调手轮最小分格值为 10^{-2} mm，右侧微调手轮的最小分格值为 10^{-4} mm，可估读到 10^{-5} mm.

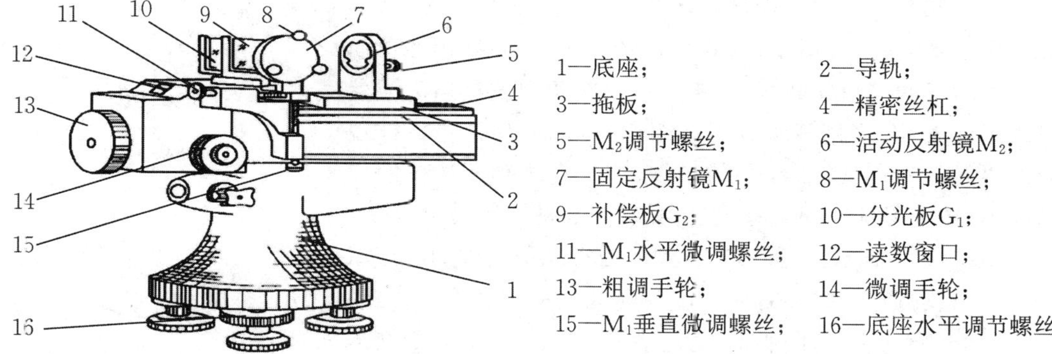

图 5-4-1　迈克耳孙干涉仪的结构图

G_1 和 G_2 是两块材料、厚度一样的平行平面玻璃板. 在 G_1 的一个表面上镀有半透明(半反射) 膜 K,可将入射光分成振幅近乎相等的反射光 1 和透射光 2,故称之为分光板. G_2 与 G_1 相互平行放置,厚度和折射率均与 G_1 相同,且与 M_1 成 45°. G_2 的作用是使光束 2 也两次透过玻璃板,以"补偿" 光束 1 在 G_1 中往返两次所多走的光程,故称为补偿板.

M_1 和 M_2 背面各有 2 或 3 个调节螺钉,用以调节镜面的方位. 实验时可通过调整这些调节螺钉,使两个镜面 M_1 与 M_2 互相垂直或成某一角度. M_1 下面还有两个互相垂直且附有拉簧的微调螺丝,用于精细地调节镜面的方位.

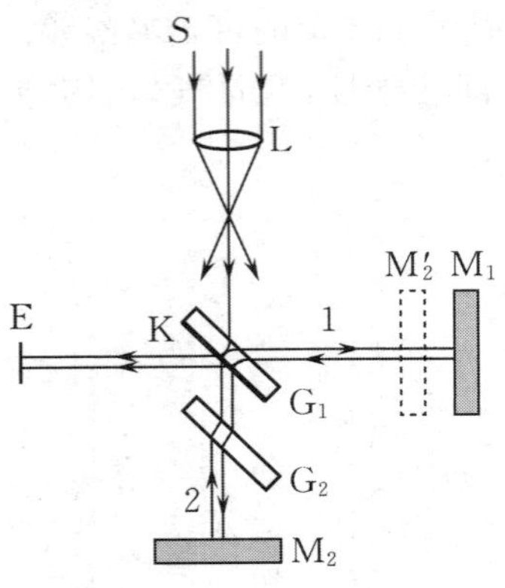

图 5-4-2 迈克耳孙干涉仪的光路图

(2) 迈克耳孙干涉仪的干涉原理.

如图 5-4-2 所示,光源 S 上一点发出的光线射到半透膜 K 上,被分为两束光线 1 和 2. 光线 1 由 K 反射后透过 G_1 射到 M_1 上,由 M_1 反射后再次透过 G_1 而到达 E 处. 光线 2 透过 G_2 射到 M_2 上,由 M_2 反射后透过 G_2 经 K 反射到达 E 处. 这两束光线是由一束光线分出来的,所以它们是相干光. 如果没有 G_2,光线 1 到达 E 时通过玻璃板 G_1 两次,光线 2 未通过玻璃板,这样两束光到达 E 时会存在较大的光程差. 放上 G_2 后,使光线 2 通过玻璃板 G_2 两次. 这样就补偿了光线 2 到达 E 时光路中所缺少的光程.

M_2' 为平面镜 M_2 在 K 中的虚像,从 E 处看,两束光相当于是从 M_2' 和 M_1 反射回来的. 干涉图样与 M_2' 和 M_1 之间所夹空气薄膜所产生的情况完全相同. 进行光路分析时,M_2 与 M_2' 是等效的.

2. 干涉条纹图样及条纹变化情况.

迈克耳孙干涉仪的干涉图样由光源、M_2' 和 M_1 及观察屏的相对位置来决定.

用迈克耳孙干涉仪可以观察扩展光源(如白炽灯、钠灯、汞灯等) 产生的定域干涉(相干光叠加区只有特定位置才能观察到干涉现象的情况,称为定域干涉) 条纹. 当 M_2' 和 M_1 严格平行时,出现等倾干涉条纹,条纹定域于无穷远;调节 M_2 使得它与 M_1 不严格垂直时,则 M_2' 和 M_1 形成一个夹角很小的空气劈尖,膜厚很小时可以观察到等厚干涉条纹,条纹定域于薄膜表面附近. 定域干涉条纹不能直接成像于光屏,只能用人眼观察.

用迈克耳孙干涉仪还可以观察点光源产生的非定域干涉(相干光叠加区的任意位置均能观察到干涉条纹,称为非定域干涉) 条纹. 如经凸透镜会聚后的激光束,是一个线度小、强度足够大的点光源,当 M_2' 和 M_1 互平行(M_2 和 M_1 相互垂直) 时,点光源 S 发出的光经 M_2' 和 M_1 反射后,相当于由两个虚光源 S_2' 和 S_1 发出的相干光,其等效光路图如图 5-4-3 所示,这两个虚光源 S_2' 和 S_1 发出的球面波在它们相遇的空间处处相干,所以只要在两列波相遇区域就会出现干涉条纹. 当用屏观察干涉图样时,不同的位置可以观察到圆、椭圆、双曲线、直线状的条纹(在迈克耳孙干涉仪的实际情况下,放置屏的空间是有限的,只有圆和椭圆容易出现).

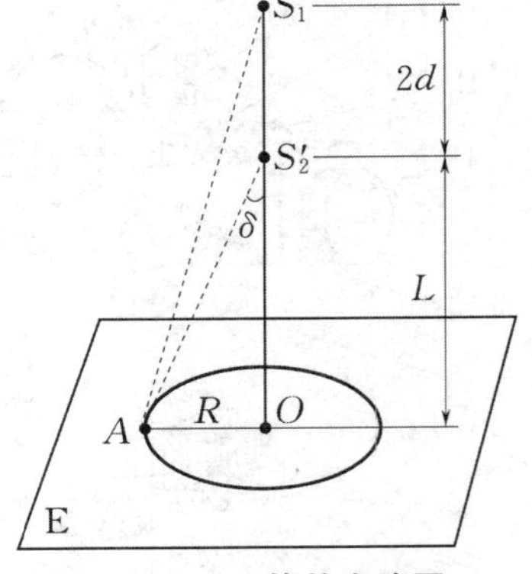

图 5-4-3 等效光路图

如图 5-4-3 所示,在屏 E 上看到的为点光源产生的非定域等倾干涉条纹. 通常,把屏 E 放在 S_1S_2' 延长线的垂直面上,这时看到的干涉条纹是一组同心圆,圆心在 S_1S_2' 延长线和屏的交点 O 处. 设由 S_1,S_2' 分别发出的两束光到达观察屏上 A 点的光程

差为 Δr，则

$$\Delta r = S_1A - S'_2A = \sqrt{(L+2d)^2+R^2} - \sqrt{L^2+R^2}$$
$$= \sqrt{L^2+R^2}\left(\sqrt{1+\frac{4d(L+d)}{L^2+R^2}}-1\right). \tag{5-4-1}$$

通常 $L \gg d$，所以 $L+d \approx L$，利用展开式 $\sqrt{1+X} = 1+\frac{1}{2}X - \frac{1}{2\times 4}X^2+\cdots$，取前两项，可将式(5-4-1)改写成

$$\Delta r \approx \sqrt{L^2+R^2}\left[1+\frac{1}{2}\times\frac{4d(L+d)}{L^2+R^2}-1\right]$$
$$= \sqrt{L^2+R^2}\times\frac{2Ld}{L^2+R^2} = \frac{2Ld}{\sqrt{L^2+R^2}}. \tag{5-4-2}$$

由图5-4-3中的三角关系，可将上式改写成

$$\Delta r = 2d\cos\delta. \tag{5-4-3}$$

由产生条纹明、暗条件可得

$$\Delta r = 2d\cos\delta = \begin{cases} k\lambda, & \text{明纹}, \\ (2k+1)\dfrac{\lambda}{2}, & \text{暗纹}. \end{cases} \tag{5-4-4}$$

由图5-4-3和式(5-4-4)可知，屏上 O 点处 $\delta=0$，这时两束光的光程差 Δr 最大，干涉条纹所对应的干涉级数最高，中心点 O 的明暗完全由 d 确定. 当 $2d=k\lambda$ 时，即 $d=k\cdot\frac{\lambda}{2}$ 时中心为亮点；当 $2d=(2k+1)\frac{\lambda}{2}$ 时，即 $d=\left(k+\frac{1}{2}\right)\frac{\lambda}{2}$ 时，中心为暗点. 随着距离 OA 的增加，光程差 Δr 减小，干涉级数相应减小. 由于位于屏上以 O 点为圆心的同一圆环上各点对应的 δ 角(圆锥角)相等，则同一级干涉条纹是以 O 为圆心的圆环状条纹. 因此，当满足干涉条件时将在观察屏上看到一系列的同心圆环状干涉条纹.

当转动手轮而移动 M_2，使 M'_2 和 M_1 的距离 d 增大时，对应于屏上某一级干涉条纹(比如 k 级明纹)而言，由于要保持 $\Delta r=k\lambda$ 不变，会增加相应的 δ 角，R 也随之增大，因此，可看到屏上的圆环一个个从中心"涌出"而后向外扩张；反之，当 d 减小时，干涉圆环会一个个向中心方向"缩进"，最后"淹没"在中心处. d 增大时，光程差 Δr 每改变一个波长所需的 δ 的变化值减小，即两亮环(或两暗环)之间的间隔变小，看上去条纹变细变密；反之，d 减小时，看上去条纹变粗变疏.

3. 单色光波长的测量.

对于屏上某一固定观测点而言，每从该点处"涌出"或者"缩进"一个干涉环，该处干涉条纹的级数则减小或增大一级.

若以中心处为观测点，假设起初中心点处是亮斑，干涉级数为 k，对应的 M'_2 和 M_1 的距离为 d_1，则由式(5-4-4)可得 $\Delta r_1 = 2d_1 = k\lambda$. 如果转动手轮而使 M'_2 和 M_1 的距离发生变化 Δd，观察到"涌出"或者"缩进" N 个干涉环后中心处依然为亮斑时距离为 d_2，可得 $\Delta r_2 = 2d_2 = (k+N)\lambda$，则

$$\Delta d = d_2 - d_1 = \frac{1}{2}(\Delta r_2 - \Delta r_1) = \frac{1}{2}N\lambda \quad \text{或} \quad \lambda = \frac{2\Delta d}{N}. \tag{5-4-5}$$

(1) 若将 λ 作为标准值，测出"涌出"(或"淹没") N 个圆环时 M_2 实际移动的距离 $\Delta d_{测}$ 与由式(5-4-5)算出的理论值 Δd 比较，可以校准仪器传动系统的误差.

(2) 若以传动系统作为基准，则由 N 和 Δd 可测定单色光源的波长 λ. 实验时，光源都有一定

体积，要获得一个比较理想的点光源，实验中往往用透镜将光束改变成较为理想的发散光束.

4.（拓展内容）测量钠双线波长差.

钠灯发出的黄光包含两条谱线，波长分别为$\lambda_1=588.996\ \text{nm}$和$\lambda_2=589.592\ \text{nm}$. 用钠灯作为光源得到的等倾干涉圆条纹，是两种单色光分别产生的干涉图样的叠加. 设开始时λ_1与λ_2的干涉图样同时加强，条纹最清晰. 现移动M_2以改变光程差，由于两光的波长不同，这两组干涉条纹将逐渐错开，条纹在视场中变模糊，当一个光波的明纹与另一个光波的暗纹恰好重叠时，干涉条纹消失，如此周期性变化. 如图 5-4-4 所示，从条纹最清晰到条纹消失，由于M_2移动所产生的光程差用L_m表示（L_m也就是M_2在导轨上移动的距离），则两组条纹有如下关系：

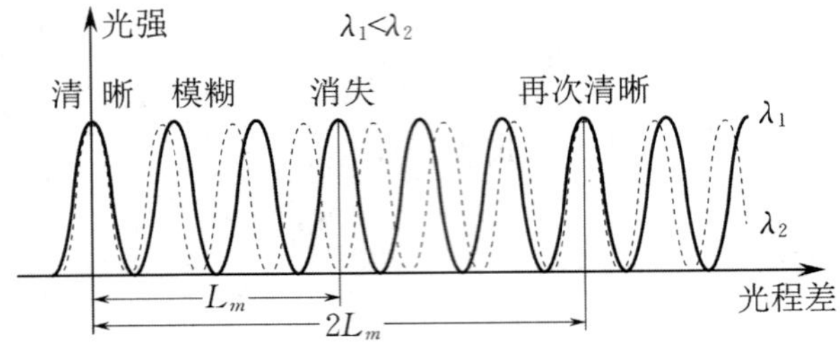

图 5-4-4　钠光双谱线干涉条纹清晰度与光程差的关系

$$L_m=k\lambda_2=\left(k+\frac{1}{2}\right)\lambda_1.$$

设$\lambda=\dfrac{\lambda_1+\lambda_2}{2}$，$\Delta\lambda=\lambda_2-\lambda_1$，则$\lambda_1=\lambda-\dfrac{\Delta\lambda}{2}$，$\lambda_2=\lambda+\dfrac{\Delta\lambda}{2}$，故

$$L_m=k\left(\lambda+\frac{\Delta\lambda}{2}\right)=\left(k+\frac{1}{2}\right)\left(\lambda-\frac{\Delta\lambda}{2}\right).$$

求得

$$k=\frac{\lambda}{2\Delta\lambda}-\frac{1}{4}.$$

进一步求得

$$L_m=\frac{\lambda^2}{2\Delta\lambda}-\frac{\Delta\lambda}{8}.$$

因上式中第二项远小于第一项，可忽略不计，则有

$$\Delta\lambda=\frac{\lambda^2}{2L_m}. \tag{5-4-6}$$

故测得L_m，即可由式(5-4-6)计算得到钠双黄线波长差.

【实验内容及步骤】

1. 仪器和非定域干涉条纹的调节.

(1) 使氦氖激光束大致垂直于M_1，即调节氦氖激光器高低左右位置，使从M_1反射回来的光束按原路返回. 旋转粗调手轮，使M_1和M_2到G_1半透膜 K 的距离大致相等.

(2) 从观察屏 E 上可看到分别由M_1和M_2反射到屏的两排光点（适用于未经扩束的激光器），每排 4 个左右光点，从中间找到一个最亮的，调节M_2背面的方位调节螺丝，使两排光点中的最亮点重合，这时M_1与M_2大致相互垂直. 对于多束光纤激光器，由于传输光纤的出光头自带扩束镜，在屏上看不到光点，所以需要移开屏，在原观察屏处用眼睛朝向M_2方向直接观察并调节.

(3) 在氦氖激光器实际光路中加进扩束器(短焦距透镜),使扩束光照在 G_1 上(多束光纤激光器无需此环节),此时在屏上就会出现干涉条纹,再细调微调螺丝,直到能看到位置适中、清晰的圆环状非定域干涉条纹.

(4) 转动微调手轮,可看到条纹的"涌出"或"淹没"(由于空程差影响,当微调手轮沿某个方向转动时起初可能会出现条纹不动的情况,这时可以先将粗调手轮沿同方向转过 1/3 圈左右后再转动微调手轮即可),判别 M_1,M_2 之间的距离 d 是变大还是变小,观察条纹的粗细、疏密和 d 的关系.

2. 测量氦氖激光波长.

(1) 通过前面的观察,先确定测量时是条纹"涌出"还是"缩进",从而确定微调手轮的转动方向.

(2) 读数刻度基准线的调零.沿事先确定好的转动方向转动微调手轮使其读数基准线对准鼓轮的 0 刻度线,然后向同一方向转动粗调手轮,使其读数窗口中的读数基准线对准读数盘上的某一整刻度.后续测量过程中,使用微调手轮必须向同一方向转动,否则,需重新调零并重测数据.

(3) 与调零时的转动方向相同,缓慢转动微调手轮,当观察到屏上有条纹吞吐现象时,记录 M_2 的初始位置读数 d_1,每当"涌出"或"淹没"50 个干涉环记录一次 M_2 的位置读数 d_i,连续测量 10 次,记录相应的位置读数.

(4) 由于该实验数据采用逐差法处理,测量过程中必须保证测量数据的连续正确性和顺延性.建议每测量一次,算出相邻数据的读数差,及时核对并检查数据是否有误.如果中途出现测量错误,以错误点的位置读数作为 d_1,继续测量 10 次,将正确测量结果填入表 5-4-1.

3. 测量钠双线的波长差.

根据钠双线的波长差实验测量原理,自行设计方案和数据记录表格并进行测量.

【数据处理及分析】

1. 列表记录数据并将数据平分为两组,用逐差法预处理,将计算结果填入表 5-4-1.

2. 计算 Δd_i 的平均变化量 $\overline{\Delta d}$.

$$\overline{\Delta d}=\frac{1}{5}\sum_{i=1}^{5}d_i.$$

3. 计算 $\overline{\Delta d}$ 的测量不确定度 $\Delta_{\Delta d}$.

$$\Delta_{\Delta d}=t_{\mathrm{p}}\times\sqrt{\frac{\sum\limits_{i=1}^{5}(\Delta d_i-\overline{\Delta d})^2}{n(n-1)}}\quad(\text{其中 } n=5,\text{B 类不确定度忽略不计}).$$

4. 计算待测单色光波长 $\bar{\lambda}$.

$$\bar{\lambda}=\frac{2\,\overline{\Delta d}}{N}\quad(N=250).$$

5. 计算波长 $\bar{\lambda}$ 的测量不确定度 Δ_λ.

$$\Delta_\lambda=\frac{2\Delta_{\Delta d}}{N}.$$

6. 写出测量结果.

$$\lambda=\bar{\lambda}\pm\Delta_\lambda,\quad E=\frac{\Delta_\lambda}{\bar{\lambda}}\times100\%.$$

7. 计算波长的测量值 $\bar{\lambda}$ 与公认值 λ_0 的相对误差.

$$E=\frac{|\bar{\lambda}-\lambda_0|}{\lambda_0}\times100\%.$$

表 5-4-1 测量数据记录表

环数	$d_1(0)$	$d_2(50)$	$d_3(100)$	$d_4(150)$	$d_5(200)$
位置读数 /mm					
环数	$d_6(250)$	$d_7(300)$	$d_8(350)$	$d_9(400)$	$d_{10}(450)$
位置读数 /mm					
$\Delta d_i = d_{i+5} - d_i$					

【注意事项】

1. 迈克耳孙干涉仪是精密光学仪器，在旋转调整螺丝和手轮时动作要轻、稳，不能强拧硬扳，切勿用手触摸光学镜片.

2. 测微系统由齿轮或螺杆传动，存在反向空程，测量过程中不可反向转动手轮，否则需重新调零并测量.

3. 测读 M_2 的位置时，先读导轨侧面主标尺上整刻度值(估计数位不读)，再读读数窗口中读数盘的整刻度值(两位数，估计数位不读)，最后读出测微鼓轮的两位整刻度值和一位估计值. 以 mm 为单位，将这 3 个读数按前后顺序依次记在一起，成一数字，该数字即为 M_2 的位置读数. 需要注意的是，这 3 次读数都是以读数准线所在位置为准，向着数字小的方向观察并读数.

4. 使用未经扩束的激光器时，应防止激光束射入眼睛，以免损伤视网膜.

【思考题】

1. 实验中如何利用干涉条纹测出单色光的波长?

2. 结合实验调节中出现的现象总结一下迈克耳孙干涉仪调节的要点及规律.

3. 什么是扩展光源?为什么扩展光源产生的干涉只能在特定区域观察到?

4. 为什么点光源产生的干涉在叠加区的任意位置都能观察到?

5. 在测量激光波长时为什么有的仪器上看到的圆环状干涉条纹较大并且粗而疏，有的仪器上看到的圆环状干涉条纹较小并且细而密?

实验 5.4.2 用迈克耳孙干涉仪测水的折射率

【预习提要】

1. 了解迈克耳孙干涉仪的结构及各组成部件的名称和作用.

2. 如何用迈克耳孙干涉仪测定水的折射率?说明测量原理.

3. 测量水的折射率时是如何通过改进或加装附属装置来实现的?

【实验目的】

1. 了解改装过的迈克耳孙干涉仪的工作原理、结构及调整方法.

2. 了解通过改装迈克耳孙干涉仪测量透明介质折射率的实验原理和测量方法.

3. 学会通过改装迈克耳孙干涉仪测量水的折射率.

【实验仪器】

迈克耳孙干涉仪、附加装置、激光器等.

【实验原理】

利用迈克耳孙干涉仪测量水的折射率时，可以制作一个如图 5-4-5(a) 所示的附加装

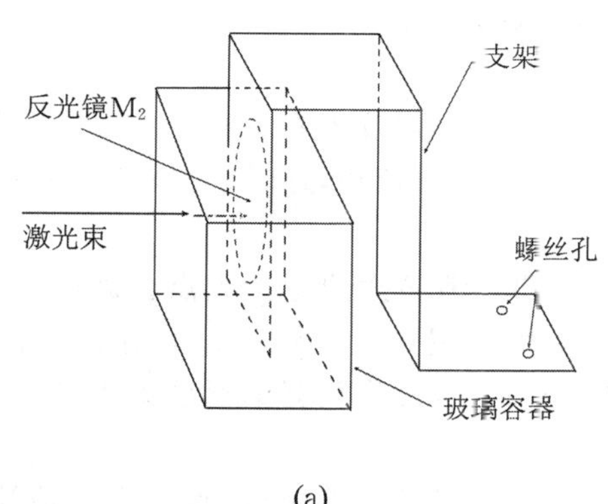

(a)

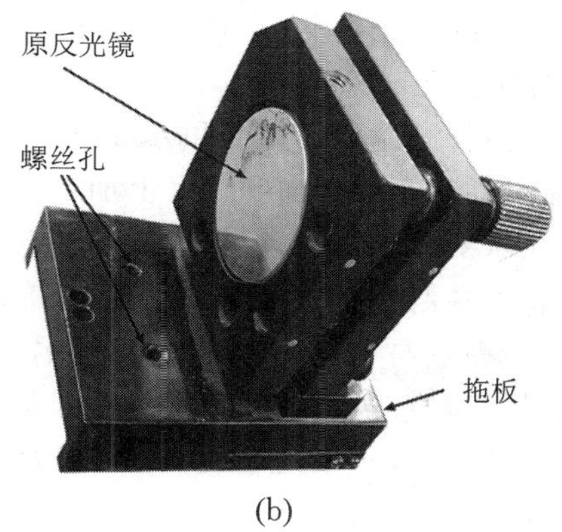

(b)

图 5-4-5　附加装置安装示意图

置. 该装置主要由金属支架、矩形玻璃容器和平面反射镜构成. 金属支架呈“几”字形，一端有安装固定螺丝孔，这部分可用螺丝固定在图 5-4-5(b) 所示的迈克耳孙干涉仪原有活动反射镜 M_2 拖板的螺丝孔位上，另一端为垂直面板，在其上粘贴一平面反射镜用以替代原有的活动反射镜 M_2(可以是日常用的小圆镜的镜片). 测量时矩形玻璃容器平放在干涉仪拖板与 G_1 之间的导轨面上，内装待测液体，“几”字形金属支架的反射镜部分铅垂地放在液体内且镜面法线沿导轨轴线朝向观察屏方向. 转动手轮可带动拖板，从而使反射镜 M_2 能在液体内前后移动改变光程差. 改装后的迈克耳孙干涉仪等效光路图如图 5-4-6 所示，其干涉原理参阅“实验 5.4.1”. 当调节仪器使观察屏上出现等倾干涉条纹时，由式(5-4-4)可知，对于 k 级明纹有

$$\Delta r = 2d\cos\delta = k\lambda. \tag{5-4-7}$$

在同心圆的圆心处，干涉条纹的级数最高，有

$$\Delta r = 2d = k\lambda. \tag{5-4-8}$$

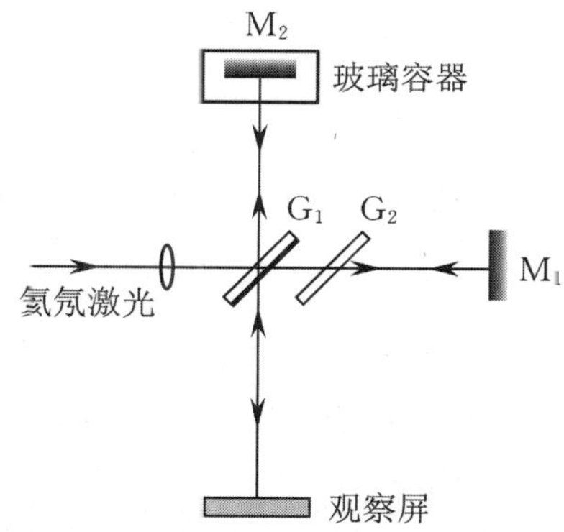

图 5-4-6　改装后的等效光路图

假设起初中心点处是亮斑，干涉级数为 k，M_2 在液体中的位置读数为 d_1. 如果转动手轮而使 M_2 在液体中移动 Δd 的距离，观察到“涌出”或者“缩进”N 个干涉环后中心处依然为亮斑时 M_2 的位置读数为 d_2，由式(5-4-5)可得

$$\Delta d = d_2 - d_1 = \frac{1}{2}(\Delta r_2 - \Delta r_1) = \frac{1}{2}N\lambda. \tag{5-4-9}$$

设待测液体的折射率为 n，M_2 在液体内移动距离 Δd 时引起的光程差变化量 $\Delta r_2 - \Delta r_1 = 2n\Delta d$，则有 $2n\Delta d = N\lambda$，即

$$n = \frac{N\lambda}{2\Delta d}. \tag{5-4-10}$$

在测量时，调好干涉条纹后，只要读出 M_2 在液体中移动距离 Δd 相对应的条纹变化数 N，就能求出待测液体的折射率 n.

【实验内容及步骤】

1. 先调节干涉仪的 3 个底脚螺丝，将仪器调整至水平，将装有待测体的玻璃容器放在导轨上，然后再小心安装上带 M_2 的支架，如图 5-4-5 所示. 在光源前放一小孔光阑，使激光束通过小孔照射到分光板上. 此时在光阑的小孔旁有 3 排反光点，每排有 3 个光点，中间一排是属于 M_2 的反射光，较亮.

2. 通过调整激光器的高度和方位角（上下左右）或调整金属支架在拖板上的固定螺丝松紧（必要时可在两个接触面间螺杆上加一弹簧）以改变 M_2 的方位角，这时 3 排光点跟着变化，最终 3 排光点变成一排，9 个光点成一直线.

3. 将容器左右轻微转动，9 个光点逐渐靠拢，最后使逐渐靠拢的 9 个光点会聚成 3 个光点，且中间最亮点与小孔重合. 此时容器的入射玻璃面和 M_2 平行，分光板 G_1 上的反射光与入射玻璃面、M_2 垂直. 再微调固定镜 M_1 后面的方位调节螺丝，使其最亮的反射光点与小孔重合. 这样，分光板 G_1 上的透射光和 M_1 垂直.

4. 拿开小孔光阑，放上短焦距透镜，此时在观察屏上能看到干涉条纹. 若无干涉条纹，则重复第 3 步的调节，一直到出现条纹，并将条纹的中心移到观察屏视场的中央.

5. 后续测量步骤与实验 5.4.1 中“测量氦氖激光波长”方法相同，将测量数据记入表格（同表 5-4-1）. 其中激光波长 λ 是 632.8 nm.

【数据处理及分析】

1. 列表记录数据并将数据平分为两组，用逐差法预处理将计算结果填入相应表格.

2. 计算 Δd_i 的平均变化量 $\overline{\Delta d}$.

$$\overline{\Delta d} = \frac{1}{5}\sum_{i=1}^{5} d_i.$$

3. 计算 $\overline{\Delta d}$ 的测量不确定度 $\Delta_{\Delta d}$.

$$\Delta_{\Delta d} = t_{\mathrm{p}} \times \sqrt{\frac{\sum\limits_{i=1}^{5}(\Delta d_i - \overline{\Delta d})^2}{n(n-1)}} \quad (\text{其中 } n = 5\text{，B 类不确定度忽略不计}).$$

4. 计算待测液体的折射率 $\overline{n}$

$$\overline{n} = \frac{N\lambda}{2\,\overline{\Delta d}} \quad (N = 250, \lambda = 632.8\ \mathrm{nm}).$$

5. 计算折射率 $\overline{n}$ 的测量不确定度 $\Delta_{\overline{n}}$

$$\Delta_{\overline{n}} = \frac{N\lambda}{2\Delta_{\Delta \mathrm{d}}}.$$

6. 写出测量结果.

$$n = \overline{n} \pm \Delta_{\overline{n}}, \quad E = \frac{\Delta_{\overline{n}}}{\overline{n}} \times 100\%.$$

【思考题】

1. 为什么在记录数据中途转动手轮不能倒转？如果发生了倒转，记录的数据还能用吗？为什么？

2. 还可以使用什么方法测量液体的折射率？

3. 使用迈克耳孙干涉仪测量液体折射率的优点是什么？

实验 5.5　密立根油滴实验

由美国物理学家密立根（R. A. Millikan）首先设计并完成的密立根油滴实验，在近代物理学的发展史上是一个十分重要的实验.它证明了任何带电体所带的电荷都是某一最小电荷——基本电荷的整数倍;明确了电荷的不连续性;精确地测定了基本电荷的值,并令人信服地揭示了电子的量子本性.由于密立根实验设计巧妙、原理清楚、装置简单,而结论具有不容置疑的说服力,堪称物理实验的精华、典范.密立根以其实验的精确而著名,由于他在测量基本电荷量以及在研究光电效应等方面的杰出成就,于1923年获得诺贝尔物理学奖.重温这一著名的油滴实验,不仅应该了解密立根所用的基本实验方法,更要借鉴与学习密立根采用宏观的力学模式揭示微观粒子的量子本性的物理构思、精湛的实验设计和严肃的科学作风,从而更好地提高我们的实验素质和能力.

【预习提要】

1.阅读教材,充分了解仪器各部件的名称及功能.

2.理解并熟悉静态平衡法和动态平衡法的测量原理.

3.掌握油滴的选择原则和控制的操作技巧.

4.掌握时间的"联动"测量方法.

【实验目的】

1.学习密立根油滴实验的设计思想.

2.理解密立根油滴实验测量基本电荷的原理和方法.

3.验证电荷的不连续性,并测定基本电荷值 e.

【实验仪器】

OM99型密立根油滴仪主机,显示器,钟表油,喷雾器等.

OM99型密立根油滴仪主机面板如图5-5-1所示.该主机主要由油滴盒、CCD(电荷耦合元件)视频显微镜、电路箱和相关功能开关旋钮等组成.电路箱体内装有高压产生、测量显示、功能控制等电路.箱体底部装有3个水平调节手轮,可调节油滴盒的水平状态.在面板上有3个状态控制按钮开关,按下"平衡"按钮时,可通过"平衡电压"电位器调节平衡电压,使所选油滴处于平衡状态;按下"提升"按钮时,自动在平衡电压的基础上增加200～300 V的提升电压,可提升所选油滴在油滴盒腔体内的垂直位置(即使油滴在显示屏上向上移动);按下"0 V"按钮时,两极板上的电压为0 V,油滴开始下落.由于空气阻力的存在,油滴的变速运动时间非常短,小于0.001 s,与计时器精度相当,可以看作油滴自静止开始运动时即做匀速

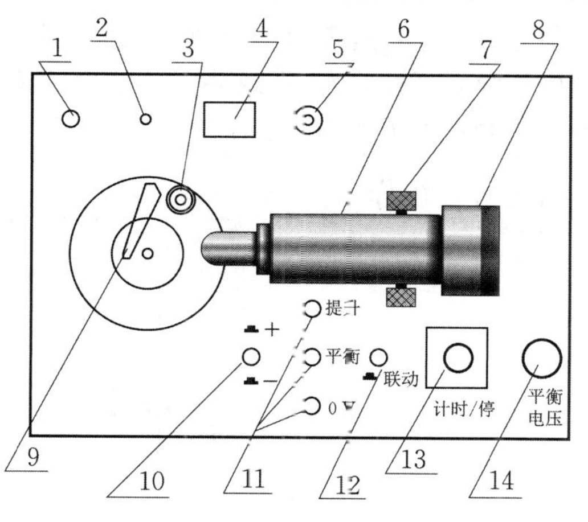

1—电源线;
2—指示灯;
3—水准仪;
4—电源开关;
5—视频电缆;
6—显微镜;
7—聚焦手轮;
8—CCD;
9—上电极压簧;
10—极性转换开关;
11—状态控制开关;
12—计时联动开关;
13—计时开关;
14—平衡电压调节

图5-5-1　油滴仪面板图

运动."极性转换开关"用于控制上极板电压的极性."联动开关"是为了提高测量精度,将"状态控制开关"的"平衡""0 V"挡与计时器的"计时/停"联动,在由"平衡"打向"0 V",油滴开始匀速下落的同时开始计时,油滴下落到预定距离时,迅速将"状态控制开关"由"0 V"挡打向"平衡"挡,油滴停止下落的同时停止计时(此即为联动).此时,在屏幕上显示的时间值就是油滴实际运动预定距离所用的时间.这样可提高测距、测时精度.根据不同的教学要求,也可以不联动(关闭联动开关即可)."计时/停"用于非联动状态下的手动计时,即按一下开关,清"0"的同时即开始计时,再按一下,停止计时,并保存数据.

油滴盒结构如图 5-5-2 所示,由两块经过精磨的平行板(上、下电极)和中间垫的胶木圆环组成.胶木圆环上有进光孔、观察孔和石英玻璃窗口,油滴盒放在防风罩中.上极板中央有一个直径 0.4 mm 的小孔,油滴从油雾室经油雾孔落入小孔,进入上、下电极之间.油滴盒防风罩前装有测量显微镜,用以观察平行板间的油滴.OM99 型密立根油滴仪的标准分板是 8×3 结构,垂直线视场为 2 mm,每格对应垂直距离为 0.25 mm.

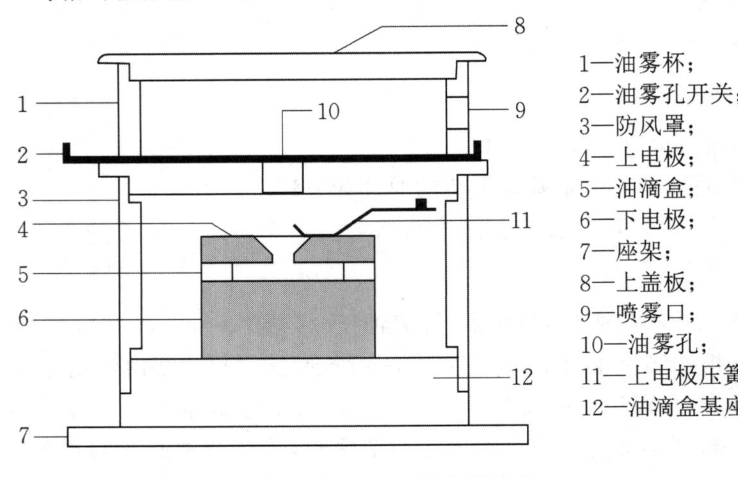

图 5-5-2 油滴盒结构图

【实验原理】

微小油滴在均匀电场中运动时,可将对油滴所带的微观电荷量 q 的测量转化为对油滴宏观运动速度的测量,具体测量方法有静态平衡测量法和动态平衡测量法.

1. 静态平衡测量法.

如图 5-5-3 所示,设一质量为 m、带电量为 q 的油滴,处于水平放置的间距为 d 的两平行极板间,当两极板间电压为 U 时,油滴处于静态平衡状态.在忽略空气浮力的情况下,油滴将受到竖直向下的重力 mg 和竖直向上的静电场力 qE 作用,这时有

$$mg = qE = \frac{qU}{d}. \tag{5-5-1}$$

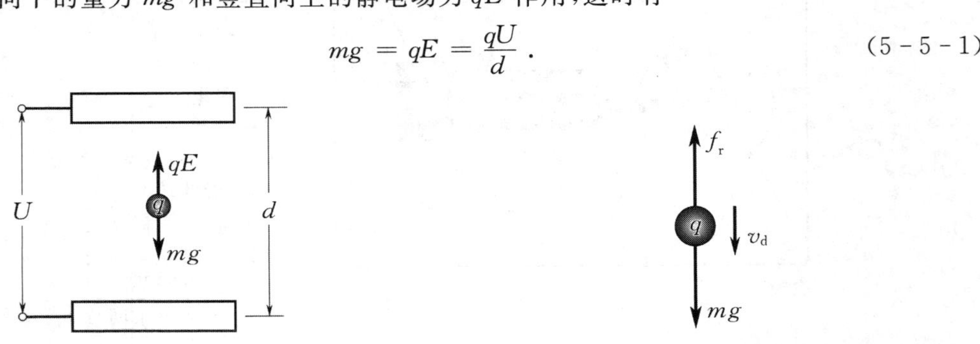

图 5-5-3 油滴在极板间静止时的受力情况　　**图 5-5-4 极板间未加电压时油滴受力情况**

当撤去平行极板上所加电压 $U(U=0)$ 时，油滴因受重力作用加速下降，这时将会受到空气的黏滞阻力 f_r 作用. 根据斯托克斯定理，f_r 与油滴下降速度 v 成正比，f_r 随 v 的增大而增大，当 $mg=f_r$ 时，油滴将以极限速度 v_d 匀速下落，如图 5－5－4 所示. 由斯托克斯定理得黏滞阻力 f_r 为

$$f_r=6\pi r\eta v_d, \tag{5-5-2}$$

式中 r 为油滴半径(因其处于悬浮状态且受到表面张力作用，油滴总是呈小球状)，η 为空气的黏滞系数. 这时有

$$6\pi r\eta v_d=mg. \tag{5-5-3}$$

设油滴密度为 ρ，因 $m=\frac{4}{3}\pi r^3\rho$，由式(5－5－3) 可得油滴半径

$$r=\left(\frac{9\eta v_d}{2\rho g}\right)^{\frac{1}{2}}. \tag{5-5-4}$$

考虑到油滴非常小，空气已不能看成连续介质，空气的黏滞系数 η 应修正为

$$\eta'=\frac{\eta}{1+b/(pr)}, \tag{5-5-5}$$

式中 b 为修正常数，p 为空气压强，r 为未经修正过的油滴半径[由于它在修正项中，不必计算得很精确，由式(5－5－4) 计算即可].

将式(5－5－3) ～ 式(5－5－5) 代入式(5－5－1) 并整理，可得

$$q=\frac{d}{U}\times\frac{18\pi}{\sqrt{2\rho g}}\left(\frac{\eta}{1+\frac{b}{pr}}\right)^{\frac{3}{2}}v_d^{\frac{3}{2}}. \tag{5-5-6}$$

油滴匀速下降速度 v_d 可用下面方法测出：当两极板电压 $U=0$ 时，设油滴匀速下降距离为 l，时间为 t_d 则有 $v_d=\frac{l}{t_d}$，将其代入式(5－5－6) 得

$$q=\frac{d}{U}\times\frac{18\pi}{\sqrt{2\rho g}}\left(\frac{\eta}{1+\frac{b}{pr}}\right)^{\frac{3}{2}}\left(\frac{l}{t_d}\right)^{\frac{3}{2}}, \tag{5-5-7}$$

式中 r 用 $r=\left(\frac{9\eta l}{2\rho g t_d}\right)^{\frac{1}{2}}$ 计算得到.

2.(选做) 动态平衡测量法.

动态平衡测量法是相对于静态平衡测量法中的在极板间加上一定的“平衡电压”让油滴处于静止状态而言的，处于静态的油滴不受黏滞力作用. 而动态平衡是指在忽略空气浮力的情况下，油滴在电场力、重力和与运动方向相反的空气黏滞阻力三个力的共同作用下做匀速运动.

如图 5－5－5(a) 所示，设在平行极板上加电压 U_1 时，带电油滴受静电场力 $\frac{qU_1}{d}$、重力 mg 和黏滞阻力 f_{r1} 共同作用下以极限速度 v_1 匀速下降，则有

$$mg-6\pi r\eta v_1=qE=\frac{qU_1}{d}. \tag{5-5-8}$$

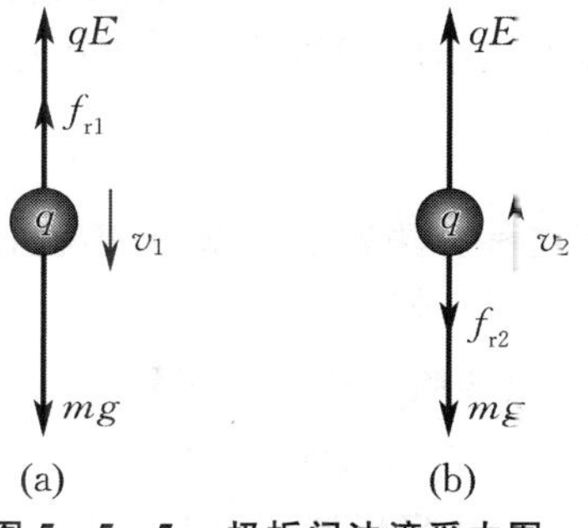

图 5－5－5　极板间油滴受力图

如图 5－5－5(b) 所示，设在平行极板上加电压 U_2 时，油滴在上述三个力共同作用下以极限速度 v_2 匀速上升，

则有

$$mg + 6\pi r\eta v_2 = qE = \frac{qU_2}{d}. \tag{5-5-9}$$

由式(5-5-8)和式(5-5-9)可得

$$q = \frac{d}{U_2 - U_1} \times 6\pi r\eta(v_2 + v_1). \tag{5-5-10}$$

为测定油滴所带电荷 q，除应测出 U_1，U_2，d 和速度 v_1，v_2 外，还需知道油滴半径 r，它的测量与静态平衡测量法中半径测量方法相同，可用式(5-5-4)计算.

与静态平衡测量法原理相同，考虑到油滴非常小，空气已不能看成连续介质，空气的黏滞系数 η 应修正为

$$\eta' = \frac{\eta}{1 + b/(pr)}, \tag{5-5-11}$$

式中 b 为修正常数，p 为空气压强，r 由式(5-5-4)计算即可.

实验中使油滴下降和上升的距离均为 l，若分别测出油滴匀速下降的时间 t_1 和匀速上升的时间 t_2，则有

$$v_1 = \frac{l}{t_1}, \quad v_2 = \frac{l}{t_2}. \tag{5-5-12}$$

将式(5-5-4)、式(5-5-11)、式(5-5-12)代入式(5-5-10)，可得

$$q = \frac{d}{U_2 - U_1} \times \frac{18\pi}{\sqrt{2\rho g}} \left[\frac{\eta l}{1 + \dfrac{b}{pr}}\right]^{\frac{3}{2}} \left(\frac{1}{t_1} + \frac{1}{t_2}\right)\left(\frac{1}{t_d}\right)^{\frac{1}{2}}, \tag{5-5-13}$$

式中 $r = \left(\dfrac{9\eta v_d}{2\rho g}\right)^{\frac{1}{2}} = \left[\dfrac{9\eta l}{2\rho g t_d}\right]^{\frac{1}{2}}$，$t_d$ 为未加平衡电压(即先将油滴“提升”到顶部后切换到“0 V”状态下)匀速下降距离 l 所用的时间.

在实际测量中，为使测量过程简化，通常将下降过程的电压取 $U_1 = 0$，这时 $t_1 = t_d$，若将 U_2 用 U 表示，t_2 用 t_u 表示，则有

$$q = \frac{d}{U} \times \frac{18\pi}{\sqrt{2\rho g}} \left[\frac{\eta l}{1 + \dfrac{b}{pr}}\right]^{\frac{3}{2}} \left(\frac{1}{t_d} + \frac{1}{t_u}\right)\left(\frac{1}{t_d}\right)^{\frac{1}{2}}. \tag{5-5-14}$$

由式(5-5-7)或式(5-5-14)得到的为油滴的带电量，为了证明电荷的不连续性和任何物体所带的电荷量都是基本电荷 e 的整数倍，并得到基本电荷 e 的值，应对实验测得的各个电荷量 q 求最大公约数，这个最大公约数就是基本电荷 e 的值. 但由于存在测量误差，要求出各个电荷量 q 的最大公约数比较困难，通常可用“反向验证法”进行数据处理，即用公认的基本电荷 $e = 1.602 \times 10^{-19}$ C 去除实验测得的电荷量 q，并对得到的商值取整数，这个整数就是油滴所带的基本电荷的数目 n，再用这个 n 去除实验测得的电荷量 q，即得电子的电荷 e 的测量值，即

$$e = \frac{q}{n} \quad (n = \pm 1, \pm 2, \cdots). \tag{5-5-15}$$

用这种方法处理数据，只能是作为一种实验验证，而且仅在油滴的带电量比较少(n 值较小)时，可以采用.

【实验内容及步骤】

1. 实验前准备.

(1) 将仪器面板上的视频电缆线的输出插头插到监视器视频输入(INPUT)端口.

(2) 调节仪器底部的 3 个调平手轮,使水准仪气泡居中.

(3) 调节显微镜聚焦手轮,使显微镜筒前端位于油滴盒观测孔边缘附近.

(4) 打开油滴仪和监视器电源,几秒后将在监视器屏幕上出现标准刻度分划线及电压、时间值.

(5) 按下"平衡"按钮,将平衡电压调至 250 V 左右.

2. 选择油滴并练习对油滴的控制.

(1) 手握喷雾器,持平或使玻璃喷嘴朝上(切勿朝下)并将喷嘴靠近并对准油滴盒侧面的喷雾口,按捏橡皮囊(1 ~ 2 次即可,不可多次)使油雾喷入油雾室.

(2) 微调测量显微镜的调焦手轮,使在显示屏中出现大量清晰的油滴.如果视场太暗,油滴不够清晰,或视场上下亮度不均匀,或刻度线上下抖动,可通过调节监视器显示屏下方相关功能旋钮(适用于 CRT(Cathode Ray Tube) 型监视器)或功能按钮(适用于液晶屏监视器).

(3) 选择大小合适的油滴,这是本实验的关键操作.大而亮的油滴质量大、带电多,但下落速度快,难以控制,因而测量误差大;太小的油滴亮度低,观察困难,且布朗运动明显,测量误差也大.具体选择方法是:实验时,在按下"平衡"按钮并将平衡电压调至 250 V 左右状态下,"极性开关"处于"+"或"−"状态均可,放走不需要的油滴,直到剩下几颗下落或上升速度比较缓慢,且大小和亮度适中的油滴为止,分别按下"提升"和"0 V"时,观察能够控制其上、下运动并且速度适中的一个油滴作为测量对象.

(4) 练习控制油滴.

① 针对选择好的目标油滴通过按下"提升"或"0 V"按钮,使其移动至屏幕中间(垂直方向)某一位置,然后按下"平衡"按钮,仔细调节"平衡电压"旋钮,使油滴达到平衡(静止),并持续观察 2 ~ 3 min,如若依然静止不动,才能确认其真正平衡.

② 在油滴处于平衡状态后,按下"0 V"按钮(即取消平衡电压),让它匀速下降一段距离,再按下"提升"按钮(即加上提升电压),使油滴上升.如此反复进行练习,以掌握控制油滴的方法.

3. 练习测量.

要准确测出油滴上升或下降某一段距离所需的时间,关键是做到以下几点:① 统一油滴始末位置的参考观察点,即油滴到达刻度线什么位置才认为油滴已经踏线;② 观察时眼睛要平视刻度线;③ 把握好启动计时和停止计时的时机,在"联动"计时状态下,当"提升"油滴达到起始计时线时及时按下"平衡"按钮,然后按下"0 V"按钮,将自动开始计时,油滴达到终止计时线时,及时按下"平衡"按钮,自动停止计时.

按照上述关键点对目标油滴在 2 ~ 3 格距离内进行几次"动、停"操作练习,要求达到熟练准确的程度.

4. 正式测量.

实验方法有静态平衡测量法和动态平衡测量法,本实验只要求用静态平衡法测量.计时测量方式有自动计时和手动计时两种方式,这两种方式各有优缺点:① 自动计时操作简单,计时准确,但必须先将油滴准确地移至计时起点线上,有一定难度;② 手动计时,可以先将油滴移至计时起点线上方任一位置,当油滴下降到计时起点线的一瞬间启动计时开关开始计时,待油滴下降到终点线时再按一次计时开关停止计时,但在停止计时的同时,需要按下"平衡"开关使油滴停止下落,操作较复杂.本实验采用自动计时方式,具体步骤如下.

(1) 按下"提升"或"0 V"按钮,将已经调好平衡电压的油滴移动至第 2 条水平线(起点）上.

(2) 按下“联动”按钮，这时计时器是否处于 00.00 状态不影响测量，不用置零.

(3) 按下“0 V”按钮，油滴开始匀速下降，计时器自动清零并开始计时.

(4) 当油滴到达倒数第 2 条线刻度线(终点线）时，按下“平衡”按钮，油滴停止下降并自动停止计时. 从屏幕上记录相应的平衡电压 U 和油滴下降 6 格($l = 1.5$ mm) 所用的时间 t_{d}.

(5) 对同一油滴重复上述测量 6 ～ 10 次，每次测量都应检查和调整平衡电压，以减少因油滴挥发引起的平衡电压变化而产生的系统误差.

【数据处理及分析】

1. 实验已知参数.

油的密度：$\rho = 981\ \mathrm{kg \cdot m^{-3}}$；重力加速度：$g = 9.80\ \mathrm{m \cdot s^{-2}}$；空气黏滞系数：$\eta = 1.83 \times 10^{-5}\ \mathrm{kg \cdot m^{-1}}$；油滴匀速下降距离：$l = 1.5 \times 10^{-3}$ m(6 格)；修正常数：$b = 6.17 \times 10^{-6}\ \mathrm{m \cdot cmHg}$；大气压强：$p = 76.0$ cmHg；平行极板间距离：$d = 5.00 \times 10^{-3}$ m.

将以上数据代入式(5-5-7)，化简公式为

$$q = \frac{9.29 \times 10^{-15}}{\left[t_{\mathrm{d}}\left(1 + 0.023\sqrt{t_{\mathrm{d}}}\right)\right]^{3/2}} \times \frac{1}{U}.$$

2. 静态平衡测量法数据记录与处理.

表 5-5-1　油滴数据记录及预处理表格

次数	平衡电压 U/V	下降时间 t_{d}/s	油滴带电量 $q/10^{-19}$ C	带电量的量子数 n（取整）	基本电荷 $e/10^{-19}$ C
1					
2					
3					
4					
5					
6					

(1) 将测量数据记入表 5-5-1，并完成表内各项. 表中带电量的量子数 n 和基本电荷 e 的计算采用“反向验证法”，即用测得的油滴带电量除以已知的基本电荷量 $e_0 = 1.602 \times 10^{-19}$ C 对其计算结果进行四舍五入取整，得到的整数作为油滴带电量的量子数 n，然后再用 n 去除带电量 q，计算结果就是测得的基本电荷 e 值.

(2) 计算所测得基本电荷的平均值

$$\bar{e} = \frac{1}{n}\sum_{i=1}^{n} e_i.$$

(3) 计算测量相对误差

$$E = \frac{|\bar{e} - e_0|}{e_0} \times 100\%.$$

【注意事项】

1. 油滴盒内的平行极板带有高压，切勿在仪器通电状态下打开油滴盒触摸或擦拭平行极板.

2. 喷雾器不可加油太多，不出油雾时用滴定管向喷雾嘴内滴入 1 ～ 2 滴钟表油即可，使

用或存放喷雾器时喷口要始终朝上，以免钟表油流出.

3. 喷雾器喷嘴为玻璃制品，用完后要放到专用器皿中，以免损坏.

4. 若已向油雾室内喷油雾，但无论如何调节显微镜都不能在屏幕上看到油滴，可能是上极板油雾孔堵塞，需在教师指导下清理.

5. 同一颗油滴反复多次测量时，不要丢失油滴.

【思考题】

1. 静态平衡法中，油滴带电量的测量转化为哪些量的测量？在测量时，平行极板上是否加电压？平行极板上何时加电压？

2. 如何选择合适的油滴进行测量？

3. 怎样判断油滴所带电荷量的改变？

实验 5.6　光电效应　普朗克常量测定

当光照在物体上时，光的能量仅部分以热的形式被物体吸收，而另一部分则转化为物体中某些电子的能量，使电子逸出物体表面，这种现象称为光电效应. 逸出的电子称为光电子，在光电效应中，光显示出它的粒子性质，这种现象对认识光的本性具有极其重要的意义.

1905 年爱因斯坦发展了辐射能量 E 以 $h\nu$（ν 是光的频率）为不连续的最小单位的量子化思想，成功地解释了光电效应实验中遇到的问题. 1916 年密立根用光电效应法测量了普朗克常量 h，确定了光量子能量方程式的成立. 光电效应已经广泛地运用于现代科学技术的各个领域，利用光电效应制成的光电器件已成为光电自动控制、电报以及微弱光信号检测等技术中不可缺少的器件.

【预习提要】

1. 什么是光电效应？它具有什么实验规律？光电效应的伏安特性含义是什么？

2. 什么是截止电压？如何用实验来测定？

3. 什么是截止频率？如何用实验来测定？

4. 本实验中如何测定普朗克常量？

【实验目的】

1. 了解光的量子性、光电效应的规律，加深对光的量子性的理解.

2. 验证爱因斯坦光电效应方程，并测定普朗克常量 h.

3. 学习作图法处理数据.

【实验仪器】

DH－GD－1 型普朗克常量测试仪（主机），汞灯及光电管组件，汞灯电源等.

【仪器介绍】

1. DH－GD－1 型普朗克常量测试仪（主机）主要由微电流测量仪、光电管工作电源等组成，其面板图如图 5－6－1 所示.

(1) 微电流测量仪. 在微电流测量中采用了高精度集成电路构成电流放大器，对测量回路而言，放大器近似于理想电流表，对测量回路无影响，使测量仪具有高灵敏度和高稳定性.

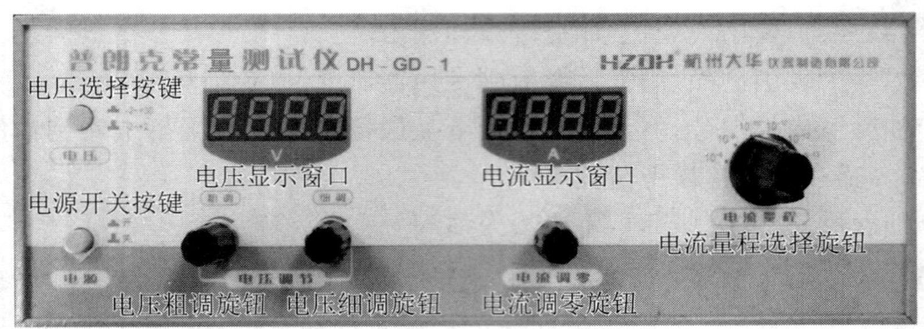

图 5-6-1 DH-GD-1 型普朗克常量测试仪(主机)面板图

共有六段电流测量量程($10^{-8}\sim10^{-13}$ A),可根据测量需要通过调节“电流量程选择旋钮”进行选择,其电流输入端“K”位于主机后面板,测量结果在“电流显示窗口”由三位半 LED 数字显示.

(2) 光电管工作电源. 该仪器提供了两组光电管工作电源($-2\sim+2$ V,$-2\sim+30$ V),可通过“电压选择按键”根据需要进行选择,并可通过“电压粗调旋钮”和“电压细调旋钮”连续调节,其电压输出端位于主机后面板,分别用红(正极)、蓝(负极)插座输出,输出电压值在“电压显示窗口”由三位半 LED 数字显示.

2. 汞灯及光电管组件主要由高压汞灯、滤光片、光阑、光电管等组成,并固定在光具座上(见图 5-6-2).

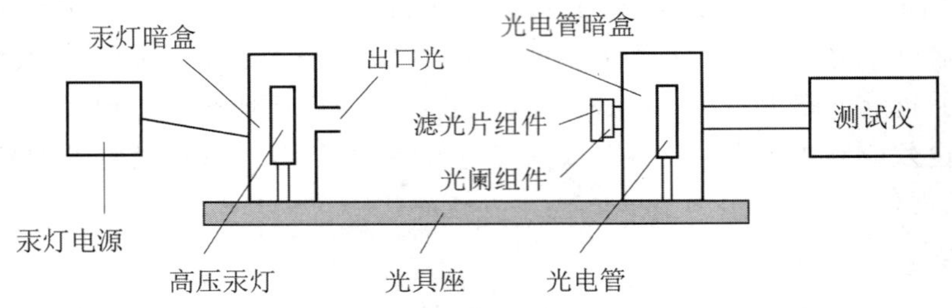

图 5-6-2 汞灯及光电管组件示意图

(1) 高压汞灯. 高压汞灯安装在汞灯暗盒内,暗盒朝向光电管一侧有出光孔. 高压汞灯光谱范围为 320.3 ~ 872.0 nm,可用谱线为 365.0 nm,404.7 nm,435.8 nm,546.1 nm,577.0 nm,共五条强线谱线.

(2) 滤光片. 滤光片安装在滤光片组件上,配有五种与高压汞灯可用谱线对应波长的滤光片,可通过旋转机构进行选择.

(3) 光阑. 光阑安装在光阑组件上,配有三种不同光阑孔径(2 mm,4 mm,8 mm),可根据需要通过旋转机构进行选择. 在选择光阑孔径时,需要用手将滤光片组件和光阑组件旋转机构一起握住并向外边拉边旋转.

(4) 光电管. 光电管安装在光电管暗盒内,采用测普朗克常量专用光电管. 由于采用了特殊结构,使光不能直接照射到阳极,由阴极反射照到阳极的光也很少,加上采用新型的阴、阳极材料及制造工艺,使得阳极反向电流大大降低,暗电流也很低($\leqslant 2\times10^{-12}$ A).

【实验原理】

在光的照射下,从金属表面释放电子的现象称为光电效应. 光电效应的基本规律可归纳如下:① 光电流与光强成正比;② 入射光频率低于某一临界值 ν_0(称 ν_0 为截止频率)时,不论光的强度如何，都没有光电子产生；③ 光电子的动能与光强无关，与入射光频率成正比；④ 光电效应具有瞬时性，不需要时间积累.

爱因斯坦突破了光的能量连续分布的观念，他认为光是以能量 $E = h\nu$ 的光量子的形式一份一份向外辐射. 光电效应中，具有能量 $h\nu$ 的一个光子作用于金属中的一个自由电子. 光子能量 $h\nu$ 或者被电子完全吸收，或者完全不吸收. 电子吸收光子能量 $h\nu$ 后，这些能量一部分用于克服分子间相互约束力做功(即逸出功 $e\varphi$)，剩余部分成为逸出电子的最大动能，即

$$\frac{1}{2}mv_{\max}^2 = h\nu - e\varphi, \tag{5-6-1}$$

此式称为爱因斯坦光电效应方程. 式中 h 为普朗克常量，公认值为 $6.626\,176\times10^{-34}$ J·s. 由上式可知，当入射光的频率为某一特殊值 ν_0 时，即 $h\nu_0 - e\varphi = 0$，则有

$$\nu_0 = \frac{e\varphi}{h}. \tag{5-6-2}$$

这时，$\frac{1}{2}mv_{\max}^2 = 0$，光电子不能从金属表面逸出. 此状态称为光电管的截止状态，相应的频率 ν_0 称为截止频率，它与逸出功 $e\varphi$ 一样，都由金属材料自身性质决定，不同金属材料具有不同的逸出功和截止频率. 因而当 $h\nu < e\varphi$($\nu < \nu_0$) 时没有光电流，只有入射光的频率 $\nu > \nu_0$ 时才有光电流. 当 $\nu > \nu_0$ 时，光电子具有较大动能，在阳极不加电压，甚至阳极电位低于阴极电位时，也会有光电子到达阳极，产生光电流，这种电流称为本底电流. 另外，光电管即使处在全黑环境下，由于在一定温度下电子热发射也会产生电流，这种电流称为暗电流. 在阳极反向电场作用下，还会有极少数电子由阳极迁移到阴极形成阳极反向电流.

1. 光电管的伏安特性.

若将光电管与电流表、电压表及电源连接，构成如图 5-6-3 所示闭合回路，当一定波长和强度的光照射到光电管上时，从阴极逸出的光电子在两极间电场作用下，在光电管内部由阴极运动到阳极，将在回路中形成光电流. 当光电管两极间电压大小和正负发生变化时，电子在电场中的运动速度将发生相应变化，光电流也将发生变化. 光电流与光电管两极间电压 的关系，称为光电管的伏安特性. 图 5-6-4 为光电管伏安特性曲线，图中 I_s 称为光电管的正向饱和电流，U_0 称为反向截止电压.

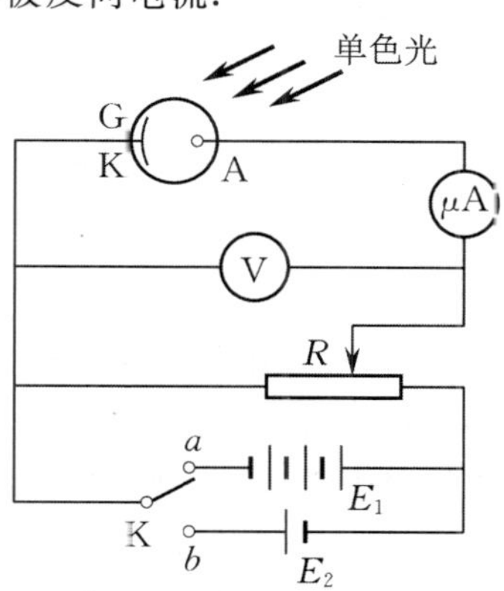

图 5-6-3　光电效应原理图

2. 普朗克常数测定.

由图 5-6-4 可见，当给阳极加上相对阴极为负的电压(即反向电压)时，该电压产生的电场将阻止光电子向阳极运动. 随着反向电压的增加，到达阳极的电子数减少，光电流减少，当反向电压满足 $eU_0 = \frac{1}{2}mv_{\max}^2$ 时，将没有光电子到达阳极，光电流为零，称 U_0 为截止电压. 由式(5-6-1)和式(5-6-2)得 $eU_0 = h\nu - e\varphi$，即

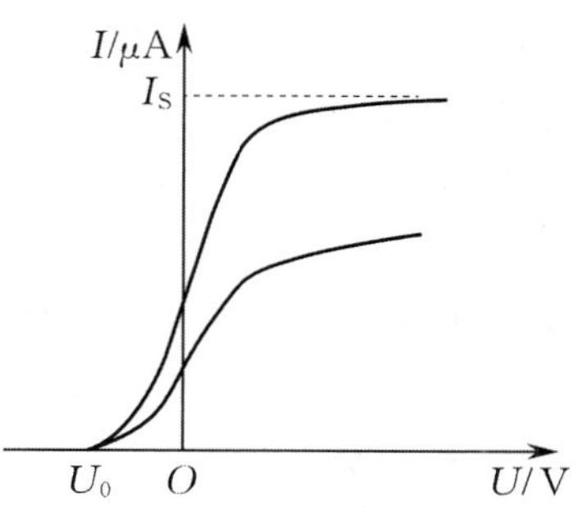

图 5-6-4　光电管伏安特性实验曲线

$$U_0 = \frac{h\nu}{e} - \varphi. \tag{5-6-3}$$

将式(5-6-2)代入式(5-6-3)有

$$U_0 = \frac{h}{e}(\nu - \nu_0). \tag{5-6-4}$$

式(5-6-4)表明,对同一种光电阴极材料制成的光电管,其截止电压 U_0 和入射光频率 ν 呈线性关系.对于不同频率的光,有相应的截止电压 U_0.可见,只要测出不同单色光对应的截止电压,经过相关数据处理就可以得到直线斜率 $k=\dfrac{h}{e}$,进而可确定普朗克常量 h 的值.因此,用光电效应方法测量普朗克常量的关键在于获得单色光,测量光电管的伏安特性曲线和确定截止电压 U_0.

实验中,单色光可由汞灯光源经过滤光片选择谱线产生,汞灯是一种气体放电光源,点燃稳定后,在可见光区域内有几条波长相差较远的强谱线,如表 5-6-1 所示,在汞灯与滤光片联合作用后可产生需要的单色光.为了获得准确的截止电压 U_0,本实验用的光电管应该具备下列条件.

① 对所有可见光谱都比较灵敏.

② 阳极包围阴极,这样当阳极为负电位时,大部分光电子仍能射到阳极.

③ 阳极没有光电效应,不会产生反向电流.

④ 暗电流很小.

表 5-6-1　可见光区汞灯强谱线

波长 /nm	频率 /10^{14} Hz	颜色
579.0	5.178	黄
577.0	5.196	黄
546.1	5.490	绿
435.8	6.879	蓝
404.7	7.408	紫
365.0	8.214	近紫外

但是,实际中使用的真空型光电管并不完全满足以上条件.由于存在阳极光电效应所引起的反向电流和暗电流(即无光照射时的电流),测得的电流值实际上包括上述两种电流和由阴极光电效应所产生的正向电流,伏安曲线并不与 U 轴相切.本实验仪器采用了新型结构的光电管.由于其特殊结构使光不能直接照射到阳极,由阴极反射照到阳极的光也很少,加上采用新型的阴,阳极材料及制造工艺,使得阳极反向电流大大降低,暗电流也很少.据此,确定截止电压 U_0,可采用以下方法.

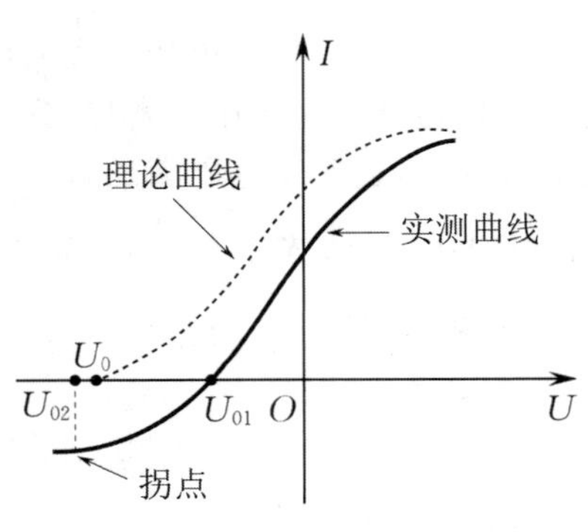

图 5-6-5　光电管伏安特性实测曲线与理论曲线

(1) 交点法.

光电管阳极用逸出功较大的材料制作,制作过程中尽量防止了阴极材料蒸发,实验前对光电管阳极通电,实验中避免入射光直接照射到阳极上,这样可使它的反向电流大大减少.如图 5-6-5 所示,其实测伏安特性曲线与理论曲线比较接近,此时实测曲线与电压 U 轴的交点电压值 U_{01} 近似等于截止电压 U_0.因此,可用交点电压 U_{01} 作为截止电压 U_0,此法称为交点法.

(2) 拐点法.

光电管阳极反向光电流虽然较大,但在结构设计上，若使反向光电流能较快地饱和，则伏安特性曲线在反向电流进入饱和段后有着明显的拐点，如图 5-6-5 所示，此拐点的电压值 U_{02} 即为截止电压 U_0，此法称为拐点法.

(3) 零电流法.

零电流法是直接将各谱线照射下测得的电流为零时对应的电压 U_{AK} 的绝对值作为截止电压 U_0. 该方法的前提是阳极反向电流、暗电流和本底电流都很小，由此测得的截止电压与真实值相差很小. 且各谱线的截止电压都相差 U，对 $U_0-\nu$ 曲线的斜率无大的影响，因此对 h 的测量不会产生大的影响.

(4) 补偿法.

补偿法是先在以某波长的光照射时，调节电压 U_{AK} 使电流为零后，保持 U_{AK} 不变，然后遮挡汞灯光源，此时测得的电流 I 为电压接近截止电压时的暗电流和本底电流；重新让汞灯照射光电管，再次调节电压 U_{AK} 使电流值为 I，将此时对应的电压 U_{AK} 的绝对值作为截止电压 U_0. 此法可补偿暗电流和本底电流对测量结果的影响.

本实验采用了新型结构的光电管. 由于其特殊结构使光不能直接照射到阳极，由阴极反射照到阳极的光也很少，加上采用新型的阴、阳极材料及制造工艺，使得阳极反向电流大大降低，暗电流也很少. 因此，在测量截止电压 U_0 时，不采用不够精准的“交点法”和难于操作的“拐点法”，而用“零电流法”或“补偿法”.

【实验内容及步骤】

1. 测试前准备.

(1) 将测试仪及汞灯电源接通，预热 20 min.

(2) 把汞灯及光电管暗箱遮光盖盖上，将汞灯暗箱光输出口对准光电管暗箱光输入口(为了保护光电管，先把滤光片旋转机构的“0”转到正上方，这时光被遮住，照射不到光电管上)，调整光电管与汞灯距离为约 40 cm 并保持不变.

(3) 用专用连接线将光电管暗箱电压输入端与测试仪电压输出端(后面板上) 连接起来(红 — 红，蓝 — 蓝). 将“电流量程选择旋钮”置于 10^{-10} A 挡位，可先不调零. 仪器在充分预热后，进行测试前调零，旋转“电流调零旋钮”使电流指示为 0.000.

(4) 用高频匹配电缆将光电管暗箱电流输出端与测定仪微电流输入端(后面板上) 连接起来.

2. 测光电管的伏安特性曲线.

(1) 将电压选择按键置于 -2 V ~ $+30$ V，先将“电流量程选择旋钮”置于 10^{-10} A，从普朗克常量测定仪主机后面板上，拔下电流输入线放于旁边，旋转“调零”旋钮使电流指示为 0.000，然后再插回电流输入线.

(2) 选择光阑孔径 2 mm，滤光片波长 435.8 nm，调节电压使其达到 30 V 左右，观察电流表示数，若电流表示数在 19.9 以上，说明电流表量程选择适当，可进行测量；若此时电流表示数小于或等于 19.9，说明量程选大了，需要将量程调为 10^{-11} A，并重新调零.

(3) 从 30 V 电压开始，逐步减小电压，选择适当的电压间隔在每一电压下记录一组电压、电流读数(当电流变化较缓时，电压间隔可以取大一点，反之，若电流变化较快时，电压间隔应取小一点)，直到电流为零；再继续下调电压(这时为负电压)，当电流表示数为零时，再记录一组这时的电压、电流值.(提示：若这时电压已经调到最小，但电流依然不能为零，说明电流表零点发生了漂移，对于最后这个数据，可以对电流表降低一挡量程，如从 10^{-10} A 降低到 10^{-11} A，重新调零后进行测量.) 将数据记入表 5-6-2 中.

(4) 保持光阑孔径 2 mm 不变，换上 546.1 nm 的滤光片，重复(2)，(3) 测量步骤.

(5) 选择光阑孔径为 4 mm，滤光片波长 546.1 nm，重复(2)，(3) 测量步骤.

表 5-6-2 $I-U_{AK}$ 数据关系表

435.8 nm	U_{AK}/V								
光阑孔径 2 nm	$I/10^{-11}$ A								
546.1 nm	U_{AK}/V								
光阑孔径 2 nm	$I/10^{-11}$ A								
546.1 nm	U_{AK}/V								
光阑孔径 4 nm	$I/10^{-11}$ A								

3. 测普朗克常量 h.

(1) 将电压选择按键置于 $-2\sim+2$ V 挡；将"电流量程选择旋钮"置于 10^{-12} A 挡，电流表重新调零（注意：一旦调好零点，整个测量过程中电流表量程和调零旋钮都不能再动）；将孔径4 mm 的光阑及 365.0 nm 的滤色片装在光电管暗箱光输入口上.

(2) 从高到低调节电压，用"零电流法"或"补偿法"测量该波长对应的 U_0，并将数据记于表 5-6-3 中.

(3) 依次换上 404.7 nm，435.8 nm，546.1 nm，577.0 nm 的滤光片，重复以上测量步骤.

表 5-6-3 $U_0-\nu$ 数据关系表

光阑孔径 $\varnothing=$ ________ mm

波长 λ/nm	365.0	404.7	435.8	546.1	577.0
频率 $\nu/10^{14}$ Hz	8.214	7.408	6.879	5.490	5.196
截止电压 U_0/V					

【数据处理及分析】

1. 依据表 5-6-2 的数据在同一坐标系内绘制 $I-U_{AK}$ 关系曲线，并根据曲线进行如下分析.

(1) 入射光波长（频率）一定时，光电流与光阑孔径（光照强度）有何关系？

(2) 不同光阑孔径下，光电流与入射光波长（频率）有何关系？

2. 可用以下三种方法之一处理表 5-6-3 的实验数据，得出 $U_0-\nu$ 直线的斜率 k.

(1) 根据线性回归理论，$U_0-\nu$ 直线的斜率 k 的最佳拟合值为 $k=\dfrac{\overline{\nu}\cdot\overline{U_0}-\overline{\nu\cdot U_0}}{\overline{\nu}^2-\overline{\nu^2}}$，其中 $\overline{\nu}=\dfrac{1}{n}\sum\limits_{i=1}^{n}\nu_i$ 为频率 ν 的平均值；$\overline{\nu^2}=\dfrac{1}{n}\sum\limits_{i=1}^{n}\nu_i^2$ 为频率 ν 的平方的平均值；$\overline{U_0}=\dfrac{1}{n}\sum\limits_{i=1}^{n}U_{0i}$ 为截止电压 U_0 的平均值；$\overline{\nu\cdot U_0}=\dfrac{1}{n}\sum\limits_{i=1}^{n}(\nu_i\cdot U_{0i})$ 为频率 ν 与截止电压 U_0 的乘积的平均值.

(2) 根据公式 $k=\dfrac{\Delta U_0}{\Delta\nu}=\dfrac{U_{0i}-U_{0j}}{\nu_i-\nu_j}$，将表 5-6-3 中的后 4 组数据，采用逐差法求出两个 k 值，并将其平均值作为 k 的最终数值.

(3) 可用表 5-6-3 数据在坐标纸上作 $U_0-\nu$ 直线，由图求出直线斜率 k.

3. 求出直线斜率 k 后，利用公式 $h=ek$（式中 $e=1.602\times10^{-19}$ C）求出普朗克常量，并与 h 的公认值 $h_0=6.626\times10^{-34}$ J·s 比较，求出相对误差 $E=\dfrac{h-h_0}{h_0}\times100\%$.

【注意事项】

1. 汞灯关闭后，不要立即开启电源. 必须待灯丝冷却后再开启，否则会影响汞灯寿命.

2. 光电管应保持清洁，避免用手摸，而且应放置在遮光罩内，不用时禁止用光照射.

3. 滤光片要保持清洁，禁止用手摸光学面.

4. 不使用光电管时，要断掉加在其阳极与阴极间的电压，保护光电管，防止意外的光线照射.

【思考题】

1. 光电流是否随光源的强度变化?截止电压是否因光源强度不同而改变,请解释.
2. 本实验是如何满足照到光电管的入射光束为单色光的?
3. 在实验过程中若改变了光源与光电管之间距离,会产生什么影响?
4. 光电管的阴极和阳极之间存在接触电位差,试分析这对本实验结果有无影响.
5. 光电管的阳极、阴极材料选用应考虑哪些因素?
6. 请用学过的知识设计一实验方案,测量饱和光电流随光强度的变化.

实验 5.7　全息照相技术

1948 年盖伯(D. Gabor)为了提高电子显微镜的分辨本领,提出了一种无透镜的两步光学成像方法,称为全息术,由于当时缺乏足够强的相干光源而未能实现.直至 20 世纪 60 年代初激光器问世之后才得以真正实现,盖伯也因此在 1971 年获得了诺贝尔物理学奖.全息照相的基本原理以波的干涉和衍射为基础,适用于红外、微波、X 射线以及声波和超声波等一切波动过程.现在,全息术已发展成为科学技术上一个崭新的领域,在精密计量、无损检测、信息存储和处理、遥感技术及生物医学等方面获得了广泛的应用.

【预习提要】

1. 拍摄全息照片时所要求的两束相干光束怎样获得?如何检查两束相干光束的强度比?
2. 拍摄全息照片时必须具备的三个基本实验条件是什么?如何获得?
3. 拍摄前应如何布置光路?布置时要注意哪些条件?全息照片如何冲洗?冲洗程序是什么?
4. 拍好的全息照片如何再现?

【实验目的】

1. 学习全息照相的基本原理.
2. 学习全息照相的基本方法和技术,拍摄合格的全息图.
3. 学习全息照相再现物像的观察方法.
4. 了解摄影暗室技术.

【实验仪器】

氦氖激光器、减震平台、全反射平面镜、分束镜、扩束镜、凸透镜、卷尺、全息底片、曝光及冲洗装置.

【实验原理】

(一) 全息照相与全息照相术

全息照相和普通照相的原理完全不同.普通照相通常是通过照相机物镜成像,在感光底片平面上将物体发出的或它散射的光波(通常称为物光)的强度分布(即振幅分布)记录下来.由于底片上的感光物质只对光的强度有响应,对相位分布不起作用,因此在照相过程中丢失了光波的相位分布这个重要的信息.在照片中物体的三维特征消失了,不再存在视差,改变观察角度时,并不能看到像的不同侧面.全息照相则完全不同,由全息术所获得的是完全逼真的立体像(因为同时记录了物光的强度分布和相位分布,即全部信息),当以不同的角度观察时,就像观察一个真实的物体一样,能够看到像的不同侧面,也能在不同的距离聚焦.

全息照相在记录物光的相位和强度分布时,利用了光的干涉.由光的干涉原理可知,当两束相干光波相遇发生干涉叠加时,其合强度不仅依赖于每一束光各自的强度,同时也依赖于这两束光波之间的相位差.在全息照相中就是引进了一束与物光相干的参考光,使这两束光在全息底片处发生干涉叠加,全息底片将与物光有关的振幅和相位分别以干涉条纹的反差和条纹的间隔形式记录下来，经过适当的处理，便得到一张全息照片.

（二）全息照相的过程

具体来说，全息照相包括以下两个过程.

1. 全息照相记录过程.

利用干涉的方法记录物体散射的光波在某一个波前平面上的复振幅分布，这就是波前的全息记录. 通过干涉方法能够把物光波在某波前的相位分布转换成光强分布，从而被全息底片记录下来，因为两个干涉光波的振幅比和相位差决定了干涉条纹的强度分布，所以在干涉条纹中就包含了物光波的振幅和相位信息.

全息照相光路图如图 5-7-1 所示，从激光器发出的相干光波被分束镜分成两束，一束经反射、扩束后照在被摄物体上，经物体的反射或透射的光再射到全息底片上，这束光称为物光波（简称物光），另一束经反射、扩束后直接照射在全息底片上，这束光称为参考光波（简称参考光）. 由于这两束光是相干的，在全息底片上就形成了明暗相间的干涉条纹. 干涉条纹的形状和疏密反映了物光的相位分布的情况，而条纹明暗的反差反映了物光的振幅. 全息底片将物光的信息都记录下来，经过显影、定影处理后，便形成与光栅相似结构的全息图 —— 全息照片. 全息图正是参考光和物光干涉图样的记录，显然全息照片本身与原物体没有任何相似之处.

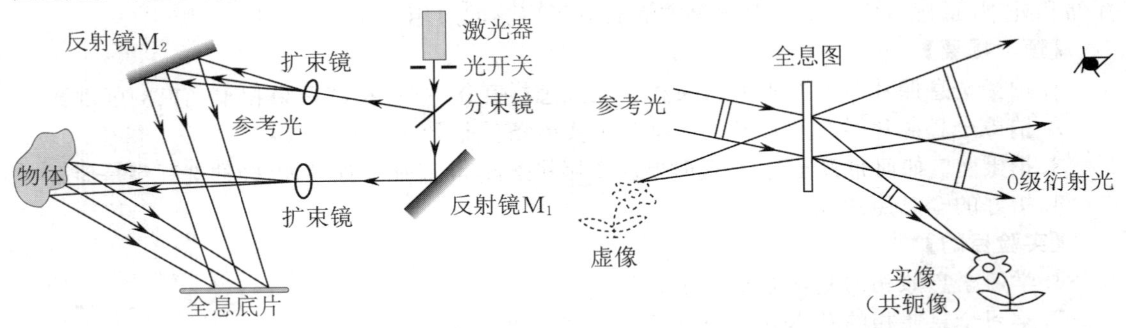

图 5-7-1 全息照相光路图　　**图 5-7-2 全息图的再现**

2. 全息图的再现过程.

直接用眼睛观察全息图时，只能看到一些复杂的干涉条纹，如果要观察物体的像，必须使全息图能再现物体光波，这个过程就是全息图的再现过程. 实际上，全息图如同一块复杂的光栅. 如图 5-7-2 所示，如果用一束参考光（在大多数情况下是与记录全息图时用的参考光完全相同）照射在全息图上，参考光将发生衍射，除了沿照射方向的传播的零级衍射光外，两列 1 级衍射光中，一个是发散光，与物体原位置发出的光波一样，形成一个虚像，它就是原物体的再现立体像，另一个是会聚光，形成一个共轭实像，它的三维结构与原物并不完全相似.

3. 全息照相的主要特点和应用.

全息照相具有许多有趣的特点.

（1）全息图上花纹与被摄物体无任何相似之处，在相干光束照射下，物体图像却能如实重现.

（2）立体感很明显（三维再现性），如某些隐藏在物体背后的东西，只要把头偏移一下，也可以看到，视差效应很明显.

（3）全息图打碎后，只要任取一小片，照样可以用来重现物光波. 犹如通过小窗口观察物体那样，仍能看到物体的全貌. 这是因为全息图上的每一个小的局部都完整地记录了整个物体的信息（每个物点发出的球面光波都照亮整个全息底片，并与参考光波在整个底片上发生干涉，因而整个底片上都记录了这个物点的信息）. 当然，由于受光面积减少，成像光束的强度要相应地减弱，而且由于全息图变小，边缘的衍射效应增强而必然会导致像质的降低.

(4) 在同一张全息底片上，可以重叠数个不同的全息图. 在记录时或改变物光与参考光之间的夹角，或改变物体的位置，或改变被摄的物体等，逐一曝光之后通过显影与定影，再现时能一一重现各个不同的图像.

由于具有这些特点，全息照相现在已经得到了广泛的应用. 如全息信息存储和全息干涉分析就是分别应用了上述后两个特点.

4. 实验条件.

为了实现全息照相，实验装置必须具备下述三个基本条件.

(1) 一个好的相干光源. 本实验用氦氖激光器作为光源，其波长为 632.8 nm，其相干长度约为 20 cm. 为了保证物光和参考光之间良好的相干性，应尽可能使两光束的光程接近，一般要求光程差不超过 4 cm，以使光程差在激光的相干长度内.

(2) 一个稳定性较好的防震台. 由于全息底片上所记录的干涉条纹很细(波长数量级)，在照相过程中极小的干扰都会引起干涉条纹的模糊，不能形成全息图，因此要求整个光学系统的稳定性良好. 由布拉格法则可知，条纹宽度 $d=\dfrac{\lambda}{2\sin\dfrac{\theta}{2}}$，由此公式可以估计条纹的宽度. 当物光与参考光之间的夹角 $\theta=60^\circ$ 时，$\lambda=632.8\ \text{nm}$，则 $d=0.632\,8\ \mu\text{m}$. 可见，在记录时条纹或底片移动 1 μm，将不能成功地得到全息图. 因此在记录过程中，光路中各个光学元件(包括光源和被摄物体)都必须牢牢固定在防震台上. 当 θ 角减小时，d 增加，抗干扰性增强. 但考虑到再现时使 ± 1 级衍射光和零级衍射光能分得开一些，θ 角要大于 30°，一般取 45° 左右. 同时，适当缩短曝光时间、保持环境安静都是有利于记录的.

(3) 高分辨率的全息底片. 普通感光底片由于银化合物的颗粒较粗，每毫米只能记录几十至几百条，不能用来记录全息照相的细密干涉条纹，必须采用高分辨率的全息底片(一般采用条纹宽度 d 的倒数表示空间频率或感光材料的分辨率).

另外，要获得最终的全息图，充分了解和学习全息底片的显影、定影、冲洗等有关摄影的暗室技术知识也是不可缺少的.

【实验内容及步骤】

(一) 全息记录

1. 调节防震台. 使减震平台具有良好的减震效果并处于水平状态.

2. 打开激光器，参照图 5-7-1 放置光学元件. 使各光学元件中心共轴等高；光学元件、被摄物安装牢固；被摄物得到均匀照明，且离接收屏(调整光路时用来替代感光底片的观察屏)较近；物光与参考光尽量多地照射到屏上底片将放置的位置，且有足够大的重叠区.

3. 调节光路系统.

(1) 物光和参考光的光程大致相等.

(2) 经扩束镜扩展后的参考光应均匀照在整个接收屏(底片)上，被摄物体各部分也应得到较均匀照明.

(3) 使两光束在底片处重叠时之间的夹角约为 45°.

(4) 在底片处物光和参考光的光强比约为 1∶2～1∶6.

4. 选择预定的曝光时间. 按所选用的底片特性、激光强度以及被摄物确定曝光时间(一般为几秒到几十秒)，通常由实验室提供具体时间. 调好定时曝光器. 可以先练习一下快门的使用.

5. 关闭激光器，打开暗绿灯(底片在暗绿光下不会曝光)，取下观察屏，在底片的边角处仔细用手识别出乳胶面(乳胶面有一种发黏的感觉),使它朝着曝光方向置于底片架上夹牢,静止 3 min,然后拍照.

6. 显影及定影. 显影液采用 D-19,定影液采用 F-5(均由实验室提供). 如室温较高,显影后底片应放在 5% 冰醋酸溶液中停显后再定影. 显影定影温度以 20 ℃ 最为适宜. 显影时间为 2 ~ 3 min,定影时间为 5 ~ 10 min. 定影后的底片应放在清水中冲洗 5 ~ 10 min(长期保存的底片定影后要冲洗 20 min 以上),晾干.

(二) 物像再现

1. 再现虚像的观察.

(1) 在原记录光路中再现. 将全息图放回原记录光路中的原位置上(药膜面朝向激光方向),挡住物光,仅参考光照射全息图,迎着散射光方向(见图 5-7-1),透过全息图,搜索、观察再现虚像,将其形状、大小及位置与实物比较.

(2) 在简单再现光路中再现. 只用一个扩束镜直接扩束激光,照射全息图(如图 5-7-2 所示,药膜面迎着激光方向). 这种情况下衍射光较强,再现像较亮,便于观察,只是像的大小及位置可能有变化.

2. 全息照相特点的研究.

(1) 观察到再现虚像后,上、下、左、右慢慢移动眼睛,仔细观察再现像的变化,看看能否观察到先前观察时被遮盖住的侧面,体会全息像的三维立体感.

(2) 观察到再现虚像后,用一张带有一个小孔(∅ = 8 mm) 的纸片贴近全息图,观察这时的再现像是部分物像还是仍然完整的物像.

(3) 如果已对全息底片进行了多次曝光记录(每次曝光记录后,将同一张底片转动一个小角度,或略微改变物体位置,或略微改变参考光的入射角,再次曝光记录),再现时适当转动全息照片,观察不同被摄物的再现像是重叠的还是无干扰独立的.

(4) 如果有不同波长的激光分别照射全息图,观察随再现光波长的不同,再现像的放大或缩小现象.

(5) 如果有条件,将直接拍摄好的全息底片(负片) 和未感光的全息底片对合压紧再曝光,复制出全息正片. 观察全息正片与负片的再现像有无差异.

3. (选做) 再现实像的观察.

观察到再现实像有较高的技术要求. 拍摄时,参考光和物光的夹角不宜超过 30°;参考光到底片的距离宜大于两倍被摄物到底片的距离;参考光尽量垂直入射底片. 再现时,用未扩束激光照射全息图,用眼睛直接迎着会聚光方向,在观察一侧搜索、观察再现实像或用毛玻璃接收实像. 比较实像与虚像之间的位置关系.

【注意事项】

1. 拍摄前应仔细检查以下各方面.

(1) 被摄物及全息底片是否被均匀照明?

(2) 物光和参考光的光程差是否控制在几厘米以内?两光束的夹角是否合适?

(3) 参考光的光强分配是否适当?

(4) 各光学元件安装是否牢固?

(5) 有无杂散光干扰?

(6) 曝光时间选择是否合适?

(7) 照片冲洗准备如何?

2. 激光电源开启后,电压高达数千伏,切勿触及输出端.

3. 激光束高强度,切勿用眼睛直接对视未扩束的激光束.

4. 光学元件通光表面应保持清洁,切勿用手、布片、纸片等擦拭.

5. 拍摄前几分钟及整个曝光时间内,人员必须离开全息台并保持静止和安静,以防止震动,确保全息照相在稳定状态下进行.

【思考题】

1. 物光和参考光的光程差要很小甚至要接近相等,若使它们的光程差比较大(如 20 cm 或 40 cm),是不是一定得不到全息图?若有条件,不妨实际做一下实验检验你的想法.

2. 在没有激光进行再现的条件下,如何检验底片上是否记录了信息?

3. 全息照相与普通照相相比有哪些不同?全息图有哪些特点?

4. 全息记录时要求参考光和物光的夹角较小,为什么?

5. 设计光路时选用分束镜与扩束镜的原则是什么?全息记录时理论上要求让参考光比物光强许多,为什么?实验中又总是让分束镜分出的较强光束进入物光光路,两者矛盾吗?为什么?光路基本摆好后,移动哪一种元件既不影响光程差和夹角又能改变光强比?

6. 为什么全息图的每一碎片都能再现整个物体的像?

【附录】

(一)D-19 显影液

1. 配方.

(1) 温水 50 ℃	800 mL
(2) 米土尔	2 g
(3) 无水亚硫酸钠	72 g
(4) 对苯二酸	8.8 g
(5) 无水碳酸钠	4.8 g
(6) 溴化钾	4 g

2. 配制.

将上述药品按配方顺序放入容器中,同时充分搅拌,每加一种药完全溶解后,再加另一种药品,否则所配的显影液容易产生浑浊而效果差,最后加水至 1 000 mL 充分混合,室温 4 ℃ 避光保存.

(二)F-5 定影液

1. 配方.

(1) 温水 60 ~ 70 ℃	600 mL
(2) 结晶硫代硫酸钠	240 g
(3) 无水亚硫酸钠	15 g
(4) 醋酸 30%	45 mL
(5) 硼酸	7.5 g
(6) 铝钾矾	15 g

2. 配制.

配制方法同上.

实验 5.8　金属电子逸出功的测定

由于原子核对电子的束缚，电子从金属中逸出必须吸收一定的能量. 增加电子能量的方法有多种，如用光照通过光电效应使电子逸出，或用加热法使金属中的电子热运动加剧并最终逸出. 电子从金属表面逸出时克服表面势垒必须做的功称为金属电子的逸出功. 电子从加热的金属中发射的现象称为热电子发射. 热电子发射的性能与金属材料的逸出功有关. 在真空器件阴极材料的选择中，材料的逸出功是一个很重要的参数.

本实验用里查孙直线法测定金属钨的电子逸出功，这一实验包含丰富的物理思想，并有助于学生在实验方法和数据处理方面得到很好的训练.

【预习提要】

1. 阅读本实验，熟悉实验原理，了解什么是里查孙直线外延法？如何用该方法求出逸出功和零场电流？

2. 了解实验电路、测量和调节方法等.

3. 熟悉“实验内容及步骤”，预先拟定好数据记录表格.

【实验目的】

1. 了解热电子发射的基本规律.

2. 学会用里查孙直线法测定金属钨的电子逸出功.

3. 掌握用直线外延法处理数据的技巧.

【实验仪器】

WF－3 型逸出功测定仪，WF－3 型组合数字表等.

【仪器介绍】

1. WF－3 型逸出功测定仪主要由理想二极管及座架、灯丝电源和阳极电压等组成.

(1) 理想二极管.

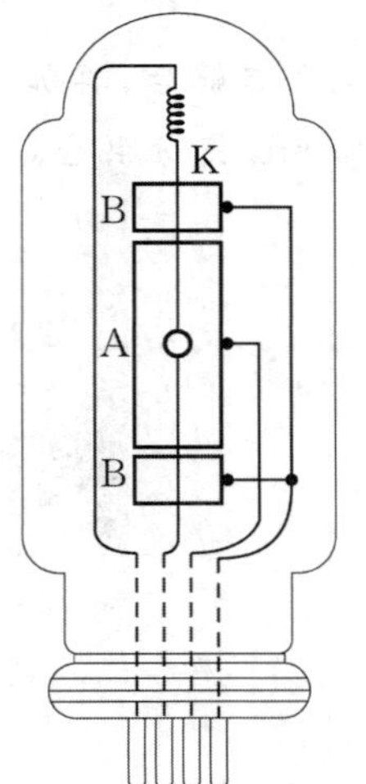

图 5－8－1　理想二极管

为了测定金属钨的逸出功，将钨作为二极管的阴极，如图 5－8－1 所示，阴极 K 是用纯钨丝做成的灯丝，阳极 A 是用镍片做成的圆筒形电极，在圆筒上有一小孔（辐射孔），通过它可以看到阴极，以便用光测高温计测量阴极温度. 为了避免阳极两端因温度较低而引起的冷端效应和电场不均匀引起的边缘效应，故在阳极上下两端各装一个栅环电极（或称保护电极）B，并与阳极加相同电压，它们在管内相连后再引出管外，但它们与阳极绝缘，其电流不计入阳极电流中. 这样，使其成为理想二极管.

(2) 灯丝电源.

为了使灯丝有足够的温度而发射电子，需要给灯丝加热. 当给灯丝两端加上电压，由于电流的热效应灯丝将会发热. 灯丝电源就是用来给灯丝提供加热电压的.

(3) 阳极电压.

当在阳极加上正电压时，阴极因高温加热而逸出的电子才能在连接阴、阳两极的外电路中形成电流，从而产生热电子发射．这就是阳极电压的作用．

2. WF-3 型组合数字电表主要由仪器面板上的三只电表组成，分别为实验电路中的微安表、电压表和安培表．

【实验原理】

1. 金属电子的逸出功．

如图 5-8-2 所示，当对一个真空二极管（即理想二极管）的阴极 K 通以电流 I_f 加热时，阴极 K 将有电子逸出，即有热电子发射．若同时在阳极 A 加上正电压，则在连接这两个电极的外电路中将有电流 I_A 通过．外电路中的电流 I_A 随着灯丝温度的升高而增大，呈现非线性变化，其电流大小可从电路中的微安表上读出．理想二极管的电子电流曲线（即伏安特性曲线）如图 5-8-3 所示．

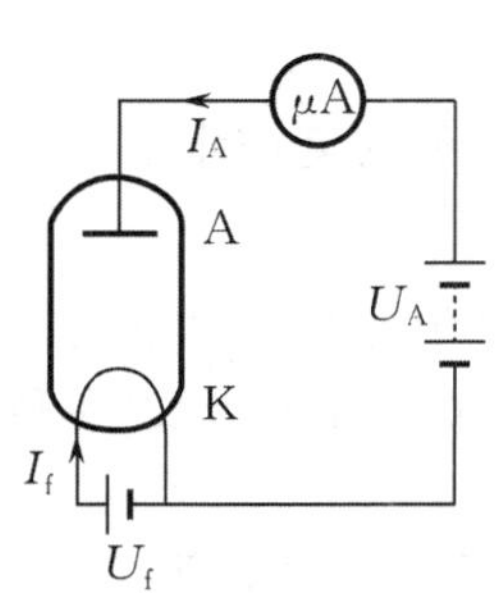

图 5-8-2　阳极电流的形成

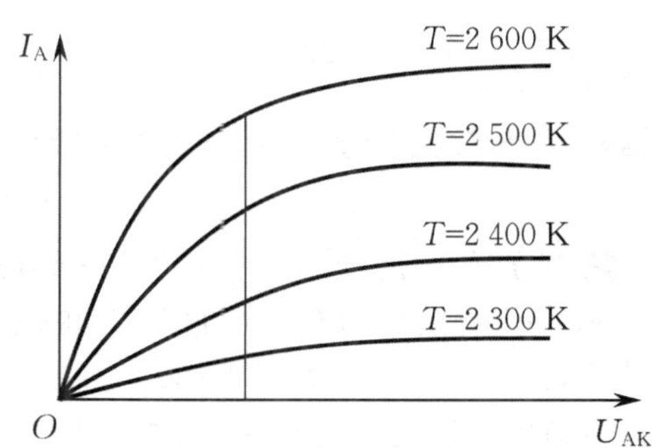

图 5-8-3　理想二极管的伏安特性曲线

根据固体物理学中金属电子理论，金属中传导电子能量的分布服从费米-狄拉克分布，即

$$f(E)=\frac{dN}{dE}=\frac{4\pi}{h^3}(2m)^{\frac{3}{2}}E^{\frac{1}{2}}\left(e^{\frac{E-E_F}{kT}}+1\right)^{-1},\qquad(5-8-1)$$

式中 E 为电子的能量，E_F 为费米能级，h 为普朗克常量，m 是电子质量，k 是玻尔兹曼常量，T 是热阴极的绝对温度．

图 5-8-4 中，纵坐标 E 的左侧表示在不同温度下的电子能量分布函数与能量的关系，右侧表示金属表面势垒（横坐标 x 是电子相对于金属表面的距离）．图中曲线 ① 表示 $T=0$ K（绝对零度）时电子能量分布情况，该曲线在 E_F 处被陡然切断，说明这时金属中电子的最大动能值都不超过费米能级 E_F，不可能有任何电子发射．曲线 ② 表示 $T>0$ K 但温度仍然较低时电子能量分布情况，此时有少数电子具有比 E_F 更高的能量，但其数量很少，所以在较低温度下也观察不到电子发射．之所以形成这种形状的曲线，是因为随着温度的升高，只是能量在 E_F 附近的电子才能改变它的状态（因温度较低时，热能不足以使能量较低的电子激发到 E_F 以上的能态），所以曲线在 E_F 处由陡变缓，并向高能量处伸出一个尾巴．当温度进一步升高时，这种效应将变得更加显著，曲线 ③ 即为此种情况．曲线 ③ 表示温度已经升高到一定程度，此时已经有相当数量的电子的能量高于 E_b（图中阴影部分所示），有相当大的热发射电流（实际上逸出金属的电子只是图中阴影部分所表示的电子的一部分）．

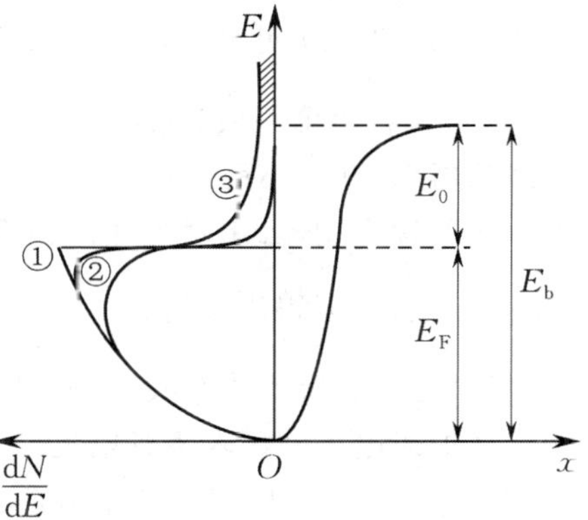

图 5-8-4　势能垫垒图

在通常情况下，由于金属表面与外界（真空）之间存在一个势垒 E_b，电子要从金属中逸出，必须具有大于等于 E_b 的动能. 由图 5-8-4 可见，在绝对零度时，电子逸出金属至少需要从外界得到的能量为

$$E_0 = E_b - E_F = e\varphi, \tag{5-8-2}$$

式中 e 为电子电荷，$E_0(e\varphi)$ 称为金属电子的逸出功，其常用的单位是电子伏(eV)，它表示要使处于绝对零度时的金属中具有最大能量的电子逸出金属表面所需要给予的最小能量. 与之相应的电势 φ 称为电子的逸出电势，数值上等于以电子伏为单位的电子逸出功.

可以用各种方式为金属表面的电子提供能量，加热就是其中的一种. 当金属被加热到较高温度时，有一部分电子的动能可以超过势垒的高度而从金属中逸出，形成所谓的热电子发射. 不同的金属有不同的逸出功，因此逸出功的大小对热电子发射的强弱具有决定性的作用.

2. 热电子发射公式.

根据费米-狄拉克能量分布公式，可以推导出关于热电子发射的里查孙-热西曼公式：

$$I = AST^2 e^{-\frac{e\varphi}{kT}}, \tag{5-8-3}$$

式中 I 是热电子发射的电流，单位为 A；A 是和阴极表面化学纯度有关的系数，单位为 $\mathrm{A \cdot m^{-2} \cdot K^{-2}}$；$S$ 是阴极的有效发射面积，单位为 $\mathrm{m^2}$；T 是热阴极的绝对温度，单位为 K；k 是玻尔兹曼常量($k = 1.38 \times 10^{-23}\,\mathrm{J \cdot K^{-1}}$).

从理论角度来讲，只要测定出 I，A，S 和 T，就可以根据式(5-8-3)计算出阴极材料的逸出功 $e\varphi$. 但实际中 A 和 S 难以直接测定，所以在实际测量中常用下述的里查孙直线法，以设法避开 A 和 S 的测量.

3. 里查孙直线法.

将式(5-8-3)两边除以 T^2 并取对数，然后代入 e，k 的值得

$$\ln\frac{I}{T^2} = \ln(AS) - \frac{e\varphi}{kT} = \ln(AS) - 1.16 \times 10^4 \varphi \frac{1}{T}. \tag{5-8-4}$$

由式(5-8-4)可见，$\ln\frac{I}{T^2}$ 与 $\frac{1}{T}$ 呈线性关系. 如以 $\ln\frac{I}{T^2}$ 为纵坐标、$\frac{1}{T}$ 为横坐标作图，则式(5-8-4)右边第一项 $\ln(AS)$ 表示图中直线在横轴上的截距，第二项中的"$-1.16\times10^4\varphi$"为直线的斜率，其大小可以从图中直线上取两点求得，这样就可求出电子的逸出电势 φ，从而求得电子的逸出功 $e\varphi$. 上述方法即为里查孙直线法，其好处是不必求出 A 和 S 的具体数值，直接从 I 和 T 就可以得出 φ 值，A 和 S 的影响只是使 $\ln\frac{I}{T^2}$-$\frac{1}{T}$ 直线平移. 这正是查孙直线法的巧妙之处！这种实验方法在实验、科研和工程上都有着广泛应用.

4. 从加速电场外延求零场电流.

式(5-8-4)中的 I 是在阳极和阴极之间不存在加速电场的情况下的热电子发射电流(即零场电流). 为了维持阴极发射的热电子能连续不断地飞向阳极，必须在阳极和阴极间外加一个加速电场 E_a. 当阴极(灯丝)通以加热电流 I_f 时，若有热电子发射，则热电子在加速电场作用下趋向阳极，形成阳极电流 I_A. 然而，由于 E_a 的存在，会使阴极表面的势垒 E_b 降低，因而逸出功减小，发射电流增大，这一现象称为肖脱基效应. 可以证明，在阴极表面加速电场 E_a 的作用下，阴极发射电流 I_A 与 E_a 有如下的关系：

$$I_A = Ie^{\frac{0.439\sqrt{E_a}}{T}}, \tag{5-8-5}$$

式中 I_A 和 I 分别为加速电场等于 E_a 和零时的发射电流. 对式(5-8-5)取对数,得

$$\ln I_A = \ln I + \frac{0.439}{T}\sqrt{E_a}. \tag{5-8-6}$$

如果把真空二极管的阴极和阳极做成共轴圆柱形,并忽略接触电势差和其他影响,则加速电场可表示为

$$E_a = \frac{U_A}{r_1 \ln \frac{r_2}{r_1}}, \tag{5-8-7}$$

式中 r_1 和 r_2 分别为阴极和阳极的半径,U_A 为加速电压(即阳极电压). 将式(5-8-7)代入式(5-8-6)中,可得

$$\ln I_A = \ln I + \frac{0.439}{T\sqrt{r_1 \ln \frac{r_2}{r_1}}}\sqrt{U_A}. \tag{5-8-8}$$

由式(5-8-8)可见,当 r_1,r_2 和 T 一定时,$\ln I_A$ 与 $\sqrt{U_A}$ 呈线性关系. 如果以 $\ln I_A$ 为纵坐标、$\sqrt{U_A}$ 为横坐标作图,如图 5-8-5 所示,这些直线的延长线与纵坐标的交点即为截距 $\ln I$. 由此即可求出在一定温度下加速电场为零时的发射电流 I.

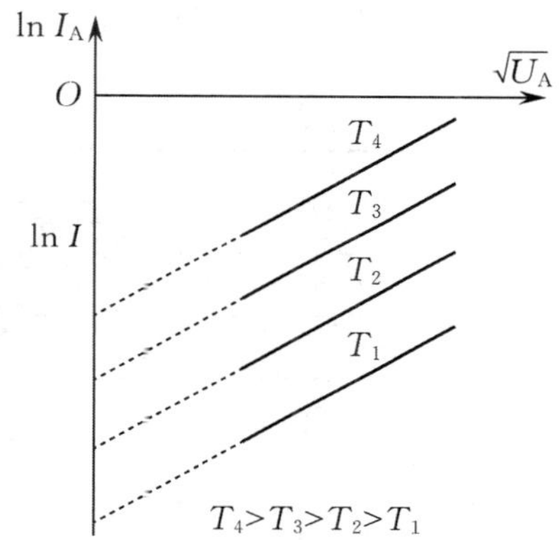

图 5-8-5　外延法求零场电流

因此,当测定了理想二极管在阳极电压为 U_A、加热后不同阴极温度 T 对应的发射电流 I_A 后,通过上述的数据处理,得到零场电流 I. 再根据式(5-8-3),就可以求出金属钨的电子逸出功 $e\varphi$(或逸出电势 φ).

5. 阴极(灯丝)温度 T 的测定.

阴极温度 T 的测定有两种方法. 一是用光测高温计通过理想二极管阳极上的小孔,直接测定. 但用这种方法测温时,需要判定二极管阴极和光测高温计灯丝的亮度是否相一致. 该项判定具有主观性,尤其对初次使用光测高温计的学生,测量误差更大. 另一种方法是根据已经标定的理想二极管的灯丝(阴极)电流 I_f,查表 5-8-1 得到阴极温度 T. 相对而言,此种方法的实验结果比较稳定. 本实验采用第二种方法确定灯丝温度.

表 5-8-1　灯丝 I_f-T 关系

灯丝 I_f/A	0.54	0.58	0.62	0.66	0.70	0.74	0.78	0.82
灯丝温度 $T/10^3$ K	1.89	1.96	2.03	2.10	2.17	2.24	2.31	2.79

【实验内容及步骤】

1. 熟悉并安排好仪器装置,接通电源,预热 10 min. 根据图 5-8-2 连接电路,注意,勿将阳极电压 U_A 和灯丝电压 U_f 接错,以免烧坏二极管.

2. 建议理想二极管灯丝电流 I_f 在 0.58～0.78 A 范围内取值,每间隔 0.04 A 进行一次测量. 如果阳极电流 I_A 偏小或偏大,也可适当增加或降低灯丝电流 I_f. 对应每一灯丝电流,在阳极上加 25 V,36 V,49 V,64 V,…,144 V 电压($U_A = n^2$,$n = 5,6,7,\cdots,12$),各测出一组阳极电流 I_A. 记录数据于表 5-8-2.

【数据处理及分析】

1. 由表 5－8－2 数据计算相应的 $\ln I_A$，填入表 5－8－3 中(表中 T 为不同灯丝电流 I_f 对应的灯丝温度).

2. 根据表 5－8－3 数据，作 $\ln I_A-\sqrt{U_A}$ 图线(即外延法求零场电流图)，并由 $\ln I_A-\sqrt{U_A}$ 图线，用外延法求出不同阳极电流 I_A 对应的截距 $\ln I$，同时根据表 5－8－3 中的灯丝温度 T 值计算出 $\ln \frac{I}{T^2}$ 和 $\frac{1}{T}$，一并填入表 5－8－4 中.

3. 根据表 5－8－4 数据，作 $\ln \frac{I}{T^2}-\frac{1}{T}$ 图线. 从直线斜率求出钨的逸出功 $e\varphi$(或逸出电势 φ). 也可用逐差法处理该数据.

4. 金属钨的电子逸出功公认值为 $e\varphi=4.54$ eV，将测量值与公认值比较，求出相对误差 E.

表 5－8－2　I_A 数据记录

单位：10^{-6} A

I_f/A	U_A/V							
	25	36	49	64	81	100	121	144
0.58								
0.62								
0.66								
0.70								
0.74								
0.78								

表 5－8－3　$\ln I_A$ 数据记录

$T/10^3$ K	$\sqrt{U_A}$							
	5.0	6.0	7.0	8.0	9.0	10.0	11.0	12.0
1.96								
2.03								
2.10								
2.17								
2.24								
2.31								

表 5－8－4　用里查孙直线法处理数据记录

$T/10^3$ K	1.96	2.03	2.10	2.17	2.24	2.31
$\ln I$						
$\ln \frac{I}{T^2}$						
$\frac{1}{T}/10^{-4}$ K^{-1}						

【注意事项】

1. 实验中用的理想二极管管壳为真空玻璃泡，易损且价格昂贵，实验时要注意保护，以防损坏.

2. 测灯丝电流法获得阴极温度时，灯丝电流值最大不超过 0.8 A.

3. 实验结束后，关闭电源，将仪器面板上的电势器逆时针旋转到底.

【思考题】

1. 何为电子逸出功？改变阴极温度是否改变了材料的电子逸出功？

2. 改变温度对电子发射有何影响？

3. 里查孙直线法求逸出功有何优点？

4. 为什么理想二极管灯丝电流要 I_f 从 0.58 ～ 0.78 A 进行测量？

5. 有没有其他方法可以测定金属电子逸出功？

实验 5.9　弗兰克-赫兹实验

1914 年，弗兰克(J. Franck) 和赫兹(G. Hertz) 在研究充汞放电管的气体放电现象时，发现透过汞蒸气的电子流随电子的能量显现出周期性的变化，同年又拍摄到汞发射光谱的 253.7 nm 谱线，并提出了原子中存在“临界电位”. 1920 年，弗兰克及其合作者对原先的装置做了改进，测得了亚稳能级和较高的激发能级，进一步证实了原子内部能量是量子化的，从而证实了原子能级的存在. 由于这项卓越的成就，弗兰克和赫兹荣获 1925 年诺贝尔物理学奖.

【预习提要】

1. 弗兰克-赫兹实验是如何实现原子从基态到高能态的跃迁的？

2. 什么是原子的第一激发电位？它和原子能级有什么关系？

3. 如何测量并计算出氩原子的第一激发电位？

【实验目的】

1. 了解弗兰克-赫兹实验的原理和方法.

2. 测定氩原子第一激发电位，验证原子能级的存在.

【实验仪器】

ZKY - FH 型智能弗兰克-赫兹实验仪，示波器.

【仪器介绍】

1. 智能弗兰克-赫兹实验仪面板及基本操作介绍.

(1) 智能弗兰克-赫兹实验仪前面板功能说明.

智能弗兰克-赫兹实验仪前面板如图 5 - 9 - 1 所示，以功能划分为 8 个区.

a 区是弗兰克-赫兹管各输入电压连接插孔和板极电流输出插座.

b 区是弗兰克-赫兹管所需激励电压的输出连接插孔，其中左侧输出孔为正极，右侧为负极.

c 区是测试电流指示区：① 四位七段数码管指示电流值；② 4 个电流量程挡位选择按键用

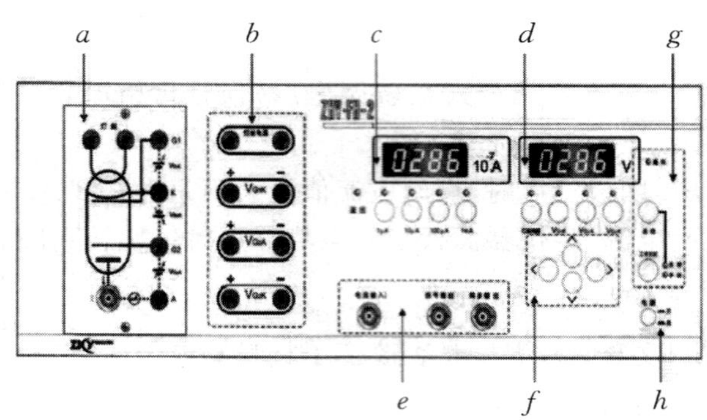

图 5-9-1　弗兰克-赫兹实验仪前面板图

于选择不同的最大电流量程挡，每一个量程选择同时备有一个选择指示灯指示当前电流量程挡位.

d 区是测试电压指示区：① 四位七段数码管指示当前选择电压源的电压值；② 4 个电压源选择按键用于选择不同的电压源，每一个电压源选择都备有一个选择指示灯指示当前选择的电压源.

e 区是测试信号输入输出区：① 电流输入插座输入弗兰克-赫兹管板极电流；② 信号输出和同步输出插座可将信号送示波器显示.

f 区是调整按键区：① 改变当前电压源电压设定值；② 设置查询电压点.

g 区是工作状态指示区：① 通信指示灯指示实验仪与计算机的通信状态；② 启动按键与工作方式按键共同完成多种操作，详细说明见相关栏目.

h 区是电源开关.

(2) 智能弗兰克-赫兹实验仪后面板说明.

智能弗兰克-赫兹实验仪后面板上有交流电源插座，插座上自带保险管座；如果实验仪已升级为微机型，则通信插座可连接计算机，否则，该插座不可使用.

(3) 智能弗兰克-赫兹实验仪接线说明.

在确认供电电网电压无误后，将随机提供的电源连线插入后面板的电源插座中，连接面板上的连接线(见图 5-9-2). 务必反复检查，切勿连错!

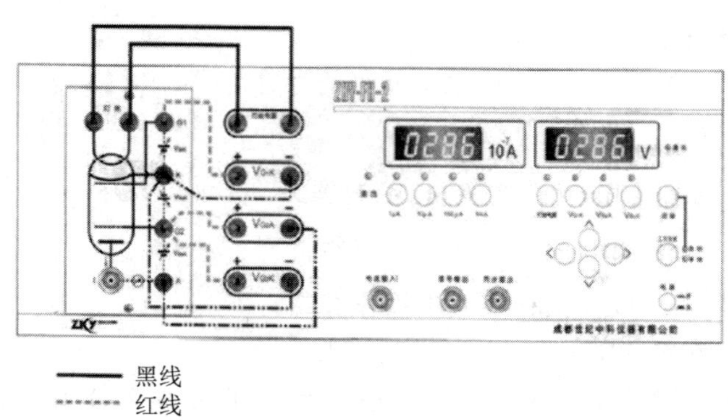

图 5-9-2　弗兰克-赫兹实验仪接线示意图

(4) 开机后的初始状态.

开机后，实验仪前面板状态显示如下.

① 实验仪的"1 mA"电流挡位指示灯亮，表明此时电流的量程为 1 mA；电流显示值为 000.0 μA(若最后一位不为 0，属正常现象).

② 实验仪的"灯丝电压"挡位指示灯亮，表明此时修改的电压为灯丝电压；电压显示值为 000.0 V；最后一位在闪动，表明现在修改位为最后一位.

③ "手动"指示灯亮，表明此时实验操作方式为手动操作.

(5) 变换电流量程.

如果想变换电流量程，则按下 c 区中的相应电流量程按键，对应的量程指示灯点亮，同时电流指示的小数点位置随之改变，表明量程已变换.

(6) 变换电压源.

如果想变换不同的电压，则按下 d 区中的相应电压源按键，对应的电压源指示灯随之点亮，表明电压源变换选择已完成，可以对选择的电压源进行电压值设定和修改.

(7) 修改电压值.

① 按下前面板 f 区上的 ←/→ 键，当前电压的修改位将进行循环移动，同时闪动位随之改变，以提示当前修改的电压位置.

② 按下前面板上的 ↑/↓ 键，电压值在当前修改位递增/递减一个增量单位.

注意：① 如果当前电压值加上一个单位电压值的和值超过了允许输出的最大电压值，再按下 ↑ 键，电压值只能修改为最大电压值；② 如果当前电压值减去一个单位电压值的差值小于零，再按下 ↓ 键，电压值只能修改为零.

(8) 建议工作参数.

警告：弗兰克-赫兹管很容易因电压设置不合适而遭到损害，一定要按照规定的实验步骤和适当的状态进行实验. 由于弗兰克-赫兹管的离散性以及使用中的衰老过程，每一只弗兰克-赫兹管的最佳工作状态是不同的，对具体的弗兰克-赫兹管应在机箱上盖建议参数的基础上找出其较理想的工作状态.

注：贴在机箱上盖的标牌参数，是在出厂时"自动测试"工作方式下的设置参数(手动方式、自动方式都可参照)，如果在使用过程中，波形不理想，可适当调节灯丝电压、U_{G_1K} 电压、U_{G_2K} 电压(灯丝电压的调整建议控制在标牌参数的 ±0.3 V 范围内)，以获得较理想的波形. 但灯丝电压不宜过高，否则会加快弗兰克-赫兹管老化. U_{G_2K} 不宜超过 85 V，否则弗兰克-赫兹管易被击穿.

2. 手动测试.

下面是用智能弗兰克-赫兹实验仪实验主机单独完成弗兰克-赫兹实验的介绍.

(1) 认真阅读实验教程，理解实验内容.

(2) 按第 1 部分第(3)条的要求完成线路连接.

(3) 检查线路，确认无误后按下电源开关，开启实验仪.

(4) 检查开机状态，应与第 1 部分第(4)条一致.

(5) 开机预热：实验仪预热 10 min. 预热条件见第 5 部分.

(6) 参见第 1 部分第(8)条设置各组电源电压值和电流量程. 操作方法参见第 1 部分第(6)条和第(7)条. 需设定的电压源有：灯丝电压 U_F，U_{G_1K}，U_{G_2K}，设定状态参见第 1 部分第(8)条或随机提供的工作条件.

(7) 测试操作与数据记录.

测试操作过程中每改变一次电压源的电压值 U_{G_2K}，弗兰克-赫兹管的板极电流值随之改变.此时记录下 c 区显示的电流值和 d 区显示的电压值数据,以及环境条件,待实验完成后,进行实验数据分析.改变电压源 U_{G_2K} 的电压值的操作方法参见第 1 部分第(6)条和第(7) 条叙述的方法进行.电压源 U_{G_2K} 的电压值的最小变化值是 0.5 V.为了快速改变 U_{G_2K} 的电压值,可按第 1 部分第(7)条叙述的方法先改变调整位的位置,再调整电压值,可以得到每步大于 0.5 V 的调整速度.

(8) 示波器显示输出.

测试电流也可以通过示波器进行显示观测.将 e 区的"信号输出"和"同步输出"分别连接到示波器的信号通道和外同步通道,调节好示波器的同步状态和显示幅度,按第 2 部分第(7)条的方法操作实验仪,在示波器上即可看到弗兰克-赫兹管板极电流的即时变化.

(9) 重新启动.

在手动测试的过程中,按下 g 区中的启动按键,U_{G_2K} 的电压值将被设置为零,内部存储的测试数据被清除,示波器上显示的波形被清除,但 U_F,U_{G_1K},U_{G_2A} 电流挡位等的状态不发生改变.这时,操作者可以在该状态下重新进行测试,或修改状态后再进行测试.

3. 自动测试.

智能弗兰克-赫兹实验仪除可以进行手动测试外,还可以进行自动测试.进行自动测试时,实验仪将自动产生 U_{G_2K} 扫描电压,完成整个测试过程.将示波器与实验仪相连接,在示波器上可看到弗兰克-赫兹管板极电流随电压变化的波形.

(1) 自动测试状态设置.

自动测试时 U_F,$U_{G_1K}U_{G_2A}$ 及电流挡位等状态设置的操作如下.弗兰克-赫兹管的连线操作过程与手动测试操作过程一样,可参看第 2 部分第(1) 至(6)条的介绍(若仪器已经开机预热,就不用再预热).如要通过示波器观察自动测试过程,可将 e 区的"信号输出" 和"同步输出" 分别连接到示波器的信号通道和外同步通道,调节好示波器的同步状态和显示幅度.建议工作状态和手动测试情况下相同.

(2) U_{G_2K} 扫描终止电压的设定.

进行自动测试时,实验仪将自动产生 U_{G_2K} 扫描电压.实验仪默认 U_{G_2K} 扫描电压的初始值为零,U_{G_2K} 扫描电压大约每 0.4 s 递增 0.2 V,直到扫描终止电压.要进行自动测试,必须设置 U_{G_2K} 的扫描终止电压.首先,将面板 g 区中的"手动 / 自动" 测试键按下,自动测试指示灯亮;在 d 区按下 U_{G_2K} 电压源选择键,U_{G_2K} 电压源选择指示灯亮;在 f 区用 ↑/↓,←/→ 完成 U_{G_2K} 终止电压值的具体设定,建议以不超过 85 V 为好.

(3) 自动测试启动.

自动测试状态设置完成后,在启动自动测试过程前应检查 U_F,U_{G_1K},U_{G_2A},U_{G_2K} 的电压设定值是否正确,电流量程选择是否合理,自动测试指示灯是否正确指示.如果有不正确的项目,请按第 2 部分第(1) 条和第(2) 条重新设置正确.如果所有设置都是正确、合理的,将 d 区的电压源选择选为 U_{G_2K},再按面板上 g 区的"启动" 键,自动测试开始.在自动测试过程中,通过面板的电压指示区(d 区) 和测试电流指示区(c 区),观察扫描电压 U_{G_2K} 与弗兰克-赫兹管板极电流的相关变化情况.如果连接了示波器,可通过示波器观察扫描电压 U_{G_2K} 与弗兰克-赫兹管板极电流的相关变化的输出波形.在自动测试过程中,为避免面板按键误操作,导致自动测试失败,面板上除"手动 / 自动" 按键外的所有按键都被屏蔽禁止.

(4) 中断自动测试过程.

在自动测试过程中,只要按下"手动 / 自动"键,手动测试指示灯亮,实验仪就中断了自动测试过程，恢复到开机初始状态. 所有按键都被再次开启工作，可进行下一次的测试准备工作. 这时本次测试的数据依然保留在实验仪主机的存储器中，直到下次测试开始时才被清除. 所以，示波器仍会观测到部分波形.

(5) 自动测试过程正常结束.

当扫描电压 U_{G_2K} 的电压值大于设定的测试终止电压值后，实验仪将自动结束本次自动测试过程，进入数据查询工作状态. 测试数据保留在实验仪主机的存储器中，供数据查询过程使用，所以，示波器仍可观测到本次测试数据所形成的波形. 直到下次测试开始时才刷新存储器的内容.

(6) 自动测试后的数据查询.

自动测试过程正常结束后，实验仪进入数据查询工作状态. 这时面板按键除 c 区部分还被禁止外，其他都已开启. g 区的自动测试指示灯亮，c 区的电流量程指示灯指示于本次测试的电流量程选择挡位，d 区的各电压源选择按键可选择各电压源的电压值指示，其中，U_F，U_{G_1K}，U_{G_2K} 三个电压源只能显示原设定电压值，不能通过 f 区的按键改变相应的电压值. 改变电压源 U_{G_2K} 的指示值，就可查阅到在本次测试过程中，电压源 U_{G_2K} 的扫描电压值为当前显示值时，对应的弗兰克-赫兹管板极电流值的大小，该数值显示于 c 区的电流指示表上.

(7) 结束查询过程恢复初始状态.

当需要结束查询过程时，只要按下 g 区的"手动 / 自动"键，g 区的手动测试指示灯亮，查询过程结束，面板按键再次全部开启. 原设置的电压状态被清除，实验仪存储的测试数据被清除，实验仪恢复到初始状态.

4. 实验仪与计算机联机测试.

本节的介绍仅对已被升级成为微机型的智能弗兰克-赫兹实验仪有效. 在与计算机联机操作的过程中，操作控制是由计算机完成的，计算机对实验仪的控制操作过程的具体步骤请参阅《软件操作说明》. 在与计算机联机测试的过程中，实验仪面板上的 g 区的自动测试指示灯亮，通信指示灯闪亮；所有按键都被屏蔽禁止；在 c 区、d 区的电流、电压指示表上可观察到即时的测试电压值和弗兰克-赫兹管的板极电流值，电流电压选择指示灯指示了当前的电流挡位和电压源选择状况. 如果连接了示波器，在示波器上可看到测试波形，在计算机的显示屏上也能看到测试波形. 在与计算机联机测试的过程结束后，实验仪面板上的 g 区的自动测试指示灯仍维持亮. 按下 g 区的"手动 / 自动"键，g 区的手动测试指示灯亮，面板按键再次全部开启；实验仪存储的测试数据被清除，实验仪恢复到初始状态. 这时可使用实验仪再次进行手动或自动测试.

5. ZKY－FH 系列仪器开机预热条件.

(1) 参照说明书提供的接线图连接好弗兰克-赫兹管的各组工作电源.

(2) 打开电源，工作方式选择手动.

(3) 预热条件.

① 电流量程、灯丝电压、U_{G_1K} 电压、U_{G_2A} 电压设置参数见仪器机箱上盖的标牌参数.

② 将 U_{G_2K} 设置为 30 V.

③ 预热 10 min 左右，然后再做相应的实验.

【实验原理】

1. 玻尔原子理论和激发电位.

根据玻尔原子理论，原子只能较长地停留在一些稳定状态(即定态)，各定态的能量是分立的.原子的能量不论通过什么方式发生改变,它只能从一个定态跃迁到另一个定态,发生跃迁时辐射频率是一定的.如果用 E_m 和 E_n 分别代表有关两定态能量,辐射的频率 ν 满足如下关系:

$$h\nu = E_m - E_n, \tag{5-9-1}$$

式中普朗克常量 $h = 6.63 \times 10^{-34}$ J·s.

弗兰克-赫兹实验是通过具有一定能量的电子与原子碰撞,进行能量交换而实现原子从基态到高能态的跃迁.

设初速度为零的电子在电位差为 U_0 的加速电场作用下获得能量 eU_0.当具有这种能量的电子与稀薄气体的原子(比如十几个托的氩原子)发生碰撞时,就会发生能量交换.如以 E_1 代表氩原子的基态能量、E_2 代表氩原子的第一激发态能量,那么当氩原子吸收从电子传递来的能量恰好为

$$eU_0 = E_2 - E_1 \tag{5-9-2}$$

时,氩原子就会从基态跃迁到第一激发态,相应的电位差称为氩的第一激发电位.测出电位差,就可以求出氩原子的基态和第一激发态之间的能量差(其他元素气体原子的第一激发电位亦可依此法求得).

2.弗兰克-赫兹实验的基本原理.

弗兰克-赫兹实验(简称 F-H 实验)的原理如图 5-9-3 所示,其中弗兰克-赫兹管(简称 F-H 管)是一只具有双栅极结构的柱面型四极管,管内充有待测的氩气.第一栅极 G_1 与阴极 K 之间加上约 2 V 的电压,由电源 U_{G_1K} 提供,其作用是消除空间电荷对阴极散射电子的影响,提高发射效率.灯丝电源 U_H 加热灯丝 H,当灯丝 H 加热时,阴极的氧化层发射慢电子,慢电子在栅极 G_2 和阴极 K 间的加速电场的作用下被加速而获得越来越大的能量,并通过管内氩气朝栅极 G_2 运动.由于阴极与 G_2 的距离较大,电子在加速向 G_2 运动的过程中,可能会与氩原子发生多次碰撞,有的可以穿越加速区间到达 G_2,有的却无法到达 G_2,有的即使勉强到达而所具有的定向速度已经很小了.电源 U_{G_2A} 在栅极 G_2 和极板 A 之间建立一个拒斥场,它使到达 G_2 附近而能量小于 eU_{G_2A} 的电子不能到达极板 A.测量极板电路中的电流,可以得知到达基本的电子数目.

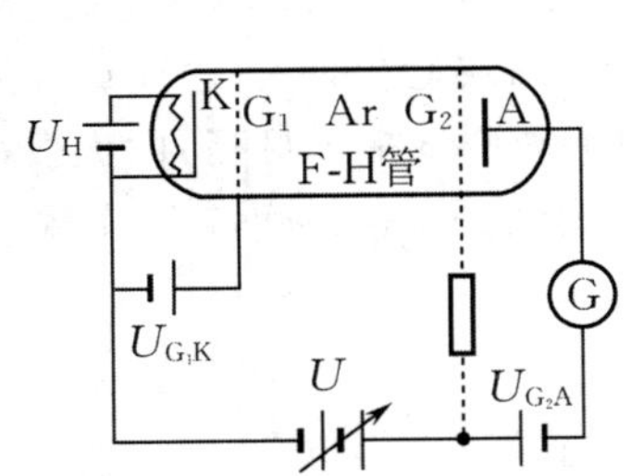

图 5-9-3 弗兰克-赫兹实验原理图

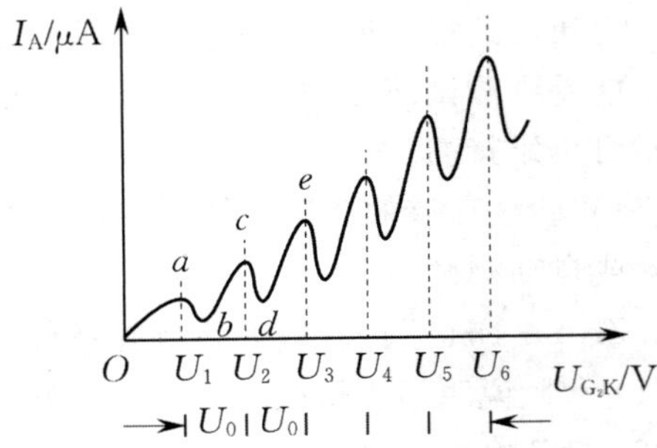

图 5-9-4 $I_A - U_{G_2K}$ 曲线

实验过程中保持 U_{G_1K} 和 U_{G_2A} 的数值不变,直接测量极板电流 I_A 随加速电压 U_{G_2K} 变化的关系,并由此可以确定待测原子的第一激发电位.在 U_{G_2K} 刚开始升高时,电子的能量较小,即使在运动过程中与原子相碰撞(弹性碰撞)也只有微小的能量交换.随着 U_{G_2K} 的升高,电子的能量增大,越来越多的电子具有穿越拒斥场的能力,从而由到达极板 A 的电子所形成的极板电流 I_A 将也随之增大,如图 5-9-4 的 Oa 段.

当 U_{G_2K} 达到或大于氩原子的第一激发电位(13.1 V)时,电子在 G_2 附近与氩原子发生非

弹性碰撞. 电子把从加速电场中获得的全部或部分能量传递给氩原子，使氩原子从基态激发到第一激发态，而电子本身由于损失了能量，即使能穿越过 G_2，也不能克服反向拒斥电场而被迫返回 G_2，于是极板电流 I_A 将急剧减小，如图 5-9-4 的 ab 段. 此后随着 U_{G_2K} 的增加，电子与氩原子发生非弹性碰撞后余下的能量也随之增大，能够克服拒斥电场的作用力而到达极板 A 的电子数目也随之增加，如图 5-9-4 的 bc 段. 当 U_{G_2K} 增大到氩原子第一激发电位的 2 倍时，电子在加速区间又会与氩原子发生第二次非弹性碰撞，从而再次损失能量，导致极板电流 I_A 的再次下降，如图 5-9-4 的 cd 段.

同理，随着加速电压 U_{G_2K} 的增加，电子会在 G_2 附近发生第三次、第四次 …… 非弹性碰撞，导致 I_A 的下跌，形成具有周期性的 $I_A-U_{G_2K}$ 变化，如图 5-9-4 所示. 两峰之间的电势差称为氩原子的第一激发电位.

【实验内容及步骤】

1. 手动测试 $I_A-U_{G_2K}$ 曲线，并计算氩原子的第一激发电位.

(1) 连接面板图上的连接线，反复检查是否连接正确，确认后方可开机.

(2) 按给定值设定各电压源电压值.

(3) 手动增大 U_{G_2K}，记录相应电流值，绘制 $I_A-U_{G_2K}$ 曲线.

2. 利用自动测试方法观察曲线

(1) 按给定值设定各电压值，启动自动测试观察 $I_A-U_{G_2K}$ 曲线并将其在坐标纸上绘出.

(2) 灯丝电压在原有基础上增加 0.3 V，其他电压不变，再次利用自动测试方法观察并记录曲线.

(3) 比较两条曲线的变化，并解释原因.

【数据处理及分析】

1. 测量并将数据填入自行设计的表格.

2. 绘制 $I_A-U_{G_2K}$ 曲线并计算氩原子的第一激发电位.

3. 利用自动测试方法观察曲线并比较两条曲线的变化规律.

【思考题】

1. 原子跃迁辐射频率与发生跃迁的两定态能量之间有什么关系？

2. 什么是原子的第一激发电位？它和原子能级有什么关系？

3. 为什么 $I_A-U_{G_2K}$ 曲线上的各谷点电流随 U_{G_2K} 的增大而增大？

实验 5.10　电子荷质比的测定

电子的比荷又称荷质比，即电子电荷与其质量之比 e/m，是 J. J. 汤姆孙于 1897 年在英国剑桥卡文迪什实验室测得的. 之后，1911 年密立根用油滴法测得了电子的电荷. 这样，由电子的荷质比可进而推算出电子的质量. 这两项杰出的成就，不仅证实了电子的客观存在，而且进一步说明原子是具有内部结构的. 电子荷质比的测定，在近代物理学的发展史上占有重要地位. 此外，在实验方法上为人们探讨微观世界的奥秘提供了一条新的途径：通过对大量粒子宏观行为的研究确定单个粒子的微观数量关系. 汤姆孙的工作对实验物理学的发展，也具有开创性的意义.

【预习提要】

1. 了解热电子发射的基本概念.
2. 磁聚焦法测量电子荷质比的原理是什么?

【实验目的】

1. 了解示波管的基本构造和工作原理.
2. 理解示波管中电子束电聚焦的基本原理.
3. 掌握利用作图法求电磁偏转灵敏度的数据处理方法.

【实验仪器】

FB710 型电子荷质比测定仪.

【实验原理】

1. 示波管的基本结构.

电子荷质比测定仪的主要部件是示波管,关于示波管结构已在本教材实验 4.10.1 中做了介绍,请参阅相关内容.

2. 研究电子束在轴向磁场作用下的螺旋运动,测量电子荷质比.

在本实验中,我们把示波管套在一只通电螺线管线圈中,该螺线管长为 L,直径为 D,绕制匝数为 N,通电电流为 I,其轴线的中心部分的磁感应强度为

$$B = k\mu_0 \frac{N}{L} I, \tag{5-10-1}$$

式中 k 为修正系数,对无限长直螺线管 $k=1$,对有限长螺线管 $k=\frac{L}{\sqrt{L^2+D^2}}$. 由于螺线管的长度较长,示波管在螺线管的中部,故示波管中的磁场可近似为沿轴线方向的均匀磁场.

在均匀磁场 $\boldsymbol{B}$ 中以速度 $\boldsymbol{v}$ 运动的电子,受到洛伦兹力 $\boldsymbol{F}$ 的作用:

$$\boldsymbol{F} = -e\boldsymbol{v} \times \boldsymbol{B}. \tag{5-10-2}$$

当 $\boldsymbol{v}$ 与 $\boldsymbol{B}$ 平行时,$\boldsymbol{F}$ 等于零,电子的运动不受影响. 当 $\boldsymbol{v}$ 与 $\boldsymbol{B}$ 垂直时,$\boldsymbol{F}$ 垂直于 $\boldsymbol{v}$ 和 $\boldsymbol{B}$,电子在垂直于 $\boldsymbol{B}$ 的平面内做匀速圆周运动,如图 5-10-1(a) 所示. 而在一般情况下,电子运动的速度 $\boldsymbol{v}$ 与 $\boldsymbol{B}$ 成某一角度,则速度 $\boldsymbol{v}$ 可分解成与 $\boldsymbol{B}$ 平行的轴向速度 $v_{//}$ ($v_{//} = v\cos\theta$) 和与 $\boldsymbol{B}$ 垂直的横向速度 $v_{\perp}$ ($v_{\perp} = v\sin\theta$). 其中电子束运动的轴向速度 $v_{//}$ 为

$$v_{//} = \sqrt{\frac{2eU_2}{m}}, \tag{5-10-3}$$

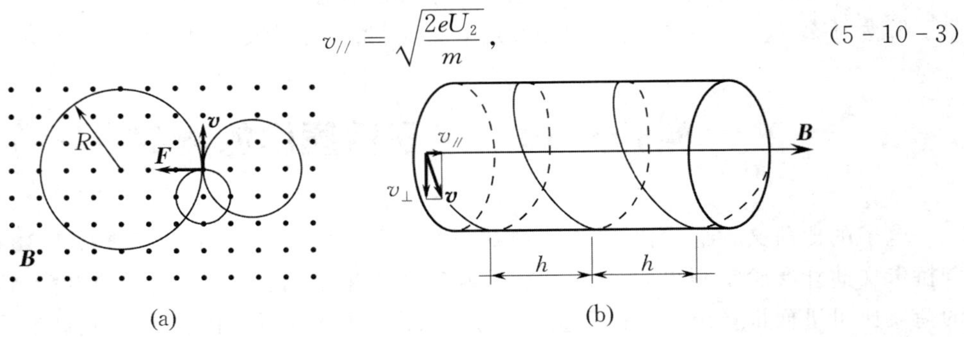

图 5-10-1 电子束在磁场中的运动情况

式中 U_2 是第二阳极对阴极的加速电压. 轴向速度分量 $v_{//}$ 使电子沿着 $\boldsymbol{B}$ 的方向做匀速运动,而横向速度分量 $v_{\perp}$ 则使电子做圆周运动. 这两种分量的共同效果使电子在磁场中围绕 $\boldsymbol{B}$ 的方向做螺旋运动,如图 5-10-1(b) 所示. 电子在磁场中绕一圈的时间(周期)T 为

$$T = \frac{2\pi m}{eB}. \tag{5-10-4}$$

上式表明，电子绕 **B** 方向旋转的周期 T 与速度无关，即在均匀磁场中不同速度的电子运动一周所需的时间是相同的，虽然不同速度的电子运动的半径不同，但原来从一点出发的、具有不同速度的电子，运动一周以后仍然会聚于一点（见图 5-10-2），这就是磁聚焦的原理.

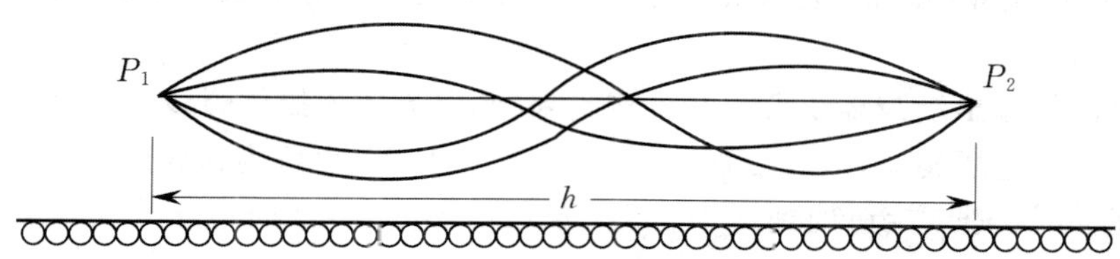

图 5-10-2　磁聚焦的原理

在图 5-10-2 所示的通电螺线管的磁场中，一束电子从 P_1 点出发，各自沿不同的轨迹一边沿螺线管的轴线方向前进，一边绕此轴线旋转，经过了一个周期 T 后又会聚于 P_2 点. 设电子束沿螺线管轴线方向的速度为 $v_{//}$，当 θ 较小时，$v_{//} \approx v$，则 P_1，P_2 两点间的距离（即螺距 h）应为

$$h = v_{//} \cdot T = v_{//} \cdot \frac{2\pi m}{eB} \approx v \cdot \frac{2\pi m}{eB}. \tag{5-10-5}$$

若适当地选择磁场 B，即改变螺距 h，使电子束聚焦的 P_2 点恰好落在示波管的荧光屏上，可在屏幕上观察到一个很细的亮点，电子束从阳极的进入点到屏幕的距离为

$$l = h = \frac{2\pi m}{eB}v_{//} = \frac{2\pi m}{eB} \cdot \sqrt{\frac{2eU_2}{m}}. \tag{5-10-6}$$

再根据式(5-10-1) 算出螺线管的磁场，代入式(5-10-6)，解得

$$\frac{e}{m} = \frac{8\pi^2 U_2}{l^2 \mu_0^2 N^2 I^2}(L^2 + D^2). \tag{5-10-7}$$

式中的 l，L，D 及 N 均事先给出，U_2 及 I 均可测量，于是可算出电子的荷质比. 如继续增大 B，使电子流旋转周期相继减小为上述的 1/2，1/3，…，则相应地电子在磁场作用下旋转两周、三周 …… 后聚焦于荧光屏上，这称为二次聚焦、三次聚焦等.

在保持 U_2 不变时，设光斑第一次聚焦的励磁电流为 I_1，则根据式(5-10-1) 和(5-10-5)，第二次聚焦时，磁感应强度 B 增加一倍，电子在管内绕轴线转两周，所需的励磁电流 $I_2 = 2I_1$，同理，第三次聚焦的励磁电流为 $I_3 = 3I_1$，所以电子束磁聚焦时一个的螺距所对应的平均励磁电流为

$$I_0 = \frac{I_1 + I_2 + I_3}{1 + 2 + 3}. \tag{5-10-8}$$

将式(5-10-8) 求得的 I_0 代替式(5-10-7) 中的 I，可得

$$\frac{e}{m} = \frac{8\pi^2 U_2}{l^2 \mu_0^2 N^2 I_0^2}(L^2 + D^2). \tag{5-10-9}$$

改变加速电压 U_2 的值，重新测量，实验时要求 U_2 分别取 3 个不同值，对每个 U_2 值实现三次聚焦，测出 e/m，求出平均值，并与公认值 $e/m = 1.758\,819\,62 \times 10^{11}\ \mathrm{C \cdot kg^{-1}}$ 比较，求出相对误差.

仪器相关参数如下：螺线管线圈平均直径 $D = 0.090\ \mathrm{m}$；螺线管线圈长度 $L = 0.230\ \mathrm{m}$；螺线管线圈匝数 $N = 1\,300$；电子束从栅极 G 交叉点至荧光屏的距离（即电子束在均匀磁场中聚焦的螺距）$l = 0.192\ \mathrm{m}$；I_0 为光斑进行三次聚焦时对应的励磁电流的平均值；本实验建议电压调节范围为 1 000 ～ 1 300 V（也可选其他电压值）.

【实验内容及步骤】

1. 打开仪器，接上示波管.

接通仪器右上角电源插头，分别打开电子束电源开关和稳压电源开关. 调节亮度旋钮（即调节栅压相对于阴极的负电压）、聚焦钮（即调节第一阳极电压，可改变电子透镜的焦距，达到聚焦的目的）和加速电压旋钮，观察各旋钮的作用.（实验中必须注意，亮点的亮度切勿过大，以免烧坏荧光屏；并观察栅极相对于阴极的负电压对亮度的影响，并说明原因.）

2. 测荷质比.

(1) 将电流的输出端与螺线管两端连接起来（此电流即为提供螺线管的励磁电流）.

(2) 调节加速电压旋钮，以改变加速电压约为 1 000 V（也可为建议的其他值），聚焦电压旋钮逆时针旋到底，栅压旋钮旋到适中位置（光点不要太亮，此时电子束交叉点发散的电子在荧光屏上形成光斑是散焦的）.

(3) 调节励磁电流 I，观察第一次聚焦现象，继续加大励磁电流 I 以加大螺线管磁场 B，这时将观察到第二次聚焦、第三次聚焦等，分别记录三次聚焦的电流值，并代入式(5-10-8) 和式(5-10-9) 计算出荷质比 e/m.

(4) 改变第二阳极加速电压 U_2，再次分别记录第一次、第二次、第三次聚焦的励磁电流值，并计算荷质比 e/m.

(5) 将螺线管磁场的方向反向（即改变励磁电流的方向），重复步骤(3)，(4) 的内容，共测量 4 次，将实验数据记录在表 5-10-1 中.

(6) 最后计算各次测量荷质比的总平均值，与公认值比较.

【数据处理及分析】

1. 测量并将数据填入表 5-10-1.

2. 计算表 5-10-1 下方的各个物理量.

表 5-10-1　电子荷质比测量数据记录表

<table>
<tr><td rowspan="4">第一次</td><td rowspan="4">正向</td><td>加速电压 /V</td><td colspan="2">励磁电流 /A</td><td>平均励磁电流 I_0/A</td></tr>
<tr><td rowspan="3"></td><td>I_1</td><td></td><td rowspan="3"></td></tr>
<tr><td>I_2</td><td></td></tr>
<tr><td>I_3</td><td></td></tr>
<tr><td rowspan="4">第二次</td><td rowspan="4">正向</td><td>加速电压 /V</td><td colspan="2">励磁电流 /A</td><td>平均励磁电流 I_0/A</td></tr>
<tr><td rowspan="3"></td><td>I_1</td><td></td><td rowspan="3"></td></tr>
<tr><td>I_2</td><td></td></tr>
<tr><td>I_3</td><td></td></tr>
<tr><td rowspan="4">第三次</td><td rowspan="4">反向</td><td>加速电压 /V</td><td colspan="2">励磁电流 /A</td><td>平均励磁电流 I_0/A</td></tr>
<tr><td rowspan="3"></td><td>I_1</td><td></td><td rowspan="3"></td></tr>
<tr><td>I_2</td><td></td></tr>
<tr><td>I_3</td><td></td></tr>
<tr><td rowspan="4">第四次</td><td rowspan="4">反向</td><td>加速电压 /V</td><td colspan="2">励磁电流 /A</td><td>平均励磁电流 I_0/A</td></tr>
<tr><td rowspan="3"></td><td>I_1</td><td></td><td rowspan="3"></td></tr>
<tr><td>I_2</td><td></td></tr>
<tr><td>I_3</td><td></td></tr>
</table>

$I_0 =$ ________ A，$e/m =$ ________ $C \cdot kg^{-1}$.

各次测量荷质比的总平均值：

$$(e/m)_{平均} = \frac{(e/m)_1 + (e/m)_2 + (e/m)_3 + (e/m)_4}{4} = \underline{\qquad\qquad} \mathrm{C \cdot kg^{-1}},$$

相对误差：

$$E = \frac{|(e/m)_{平均} - (e/m)_{公认}|}{(e/m)_{公认}} \times 100\% = \underline{\qquad\qquad}.$$

【注意事项】

1. 本仪器使用时，周围应无其他强磁场及铁磁物质，仪器应南北方向放置以减小地磁场对测试精度的影响.

2. 螺线管不要长时间通以大电流，以免线圈过热. 示波管装好后不要经常拿下.

3. 改变加速电压后，亮点的亮度会改变，应重新调节亮度，勿使亮点过亮，这样容易损坏荧光屏，同时也不易判断聚焦好坏. 调节亮度后，加速电压值也可能有了变化，再调到规定的电压值即可.

【思考题】

1. 为什么螺线管磁场要反向测量后求平均磁感应强度来计算荷质比？

2. 如何判断一次聚焦、二次聚焦、三次聚焦？

实验 5.11　核磁共振

核磁共振是指核磁矩不为零的原子核在恒定磁场作用下，核自旋能级发生塞曼分裂，共振吸收某一特定频率的电磁辐射而引起的共振跃迁现象. 由美国科学家柏塞尔（E. M. Purcell）和瑞士科学家布洛赫（E. Bloch）于 1945 年 12 月和 1946 年 1 月分别独立发现，他们共享了 1952 年诺贝尔物理学奖.

自然界约有 270 种稳定的同位素，其中有 105 种核具有磁性，可以观察其核磁共振. 研究得比较深入的有 $^{1}\mathrm{H}$，$^{19}\mathrm{F}$，$^{13}\mathrm{C}$，$^{11}\mathrm{B}$ 等核. 50 多年来，由核磁共振转化为探索物质微观结构和性质的高新技术已取得惊人的进展. 现今，核磁共振已成为化学、物理、生物、医药等研究领域中必不可少的实验工具，是研究分子结构、构型构象、分子动态等的重要方法.

【预习提要】

1. 什么是核磁共振现象？利用这种现象能测量什么物理量？

2. 满足核磁共振的条件是什么？

3. 什么是核磁共振的弛豫时间？有哪几种？

4. 实现核磁共振的方法有哪些？

【实验目的】

1. 学习核磁共振的基本原理，观测 $CuSO_4$，HF，$FeCl_3$ 等水溶液的 $^{1}\mathrm{H}$ 和 $^{19}\mathrm{F}$ 核磁共振信号.

2. 测量这些溶液中 $^{1}\mathrm{H}$ 和 $^{19}\mathrm{F}$ 的 g 因子及旋磁比 γ、共振线宽和弛豫时间.

3. 学习用核磁共振方法测量磁场不均匀性的方法.

4. 熟练掌握双踪示波器的操作，提高对实验中多种影响因素进行综合分析的能力.

【实验仪器】

实验装置由永磁铁、边限振荡器和探头、50 Hz 交流扫场、移相器及稳压电源组成，另外配有100兆频率计、20兆双踪示波器.扫场0～5 V/AC连续可调,输出到永磁铁,移相器调节(X轴振幅调节,X轴移相调节),可观测蝶形共振信号的相对位置;边限振荡器"射频幅度"调节用于改变边限振荡器电流大小.HC-F1 000L型多功能等精度频率计.

样品若干,如$CuSO_4$水溶液、$FeCl_3$水溶液、HF溶液和甘油等.

【实验原理】

1.核磁矩的一些基本概念.

核磁共振(nuclear magnetic resonance,NMR)的研究对象是具有磁矩的原子核,即存在自旋运动的原子核.量子力学给出原子核的自旋角动量为

$$P = \hbar\sqrt{I(I+1)}, \tag{5-11-1}$$

其中I为自旋量子数(对于质子$I=1/2$),$\hbar=h/2\pi$,h为普朗克常量.相应的核磁矩大小为

$$\mu = \gamma P = g\frac{e}{2M}P = g\frac{e\hbar}{2M}\sqrt{I(I+1)} = g\mu_{\mathrm{N}}\sqrt{I(I+1)}, \tag{5-11-2}$$

式中g为朗德因子,$\mu_{\mathrm{N}}=\dfrac{e\hbar}{2M}=5.050\ 787\times10^{-27}\ \mathrm{J\cdot T^{-1}}$,$e$为质子的电量,$M$为质子的质量,$\gamma$为旋磁比,对于确定的核是一常数.不同的核$g$值也不同,需要用实验测得,如质子的$g_{\mathrm{p}}=5.585\ 1$,中子的$g_{\mathrm{n}}=3.82$.

当一个磁矩为$\boldsymbol{\mu}$的孤立原子核处于恒定的外磁场$\boldsymbol{B}_0$中时,若磁矩$\boldsymbol{\mu}$和外磁场$\boldsymbol{B}_0$之间的夹角为θ,则它受到的磁场的作用力矩$\boldsymbol{\tau}$(见图5-11-1)为

$$\boldsymbol{\tau} = \boldsymbol{\mu}\times\boldsymbol{B}_0. \tag{5-11-3}$$

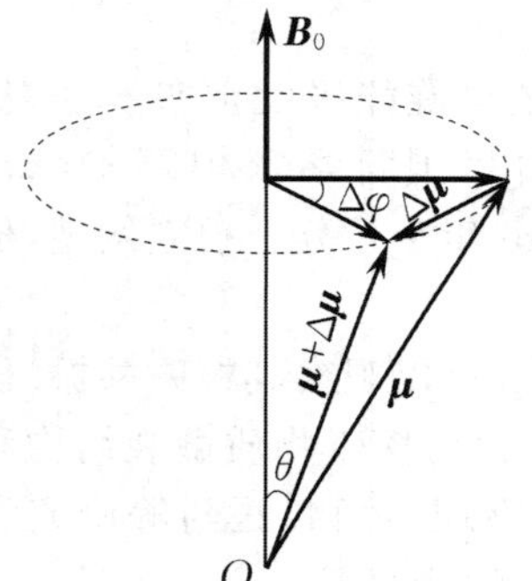

图5-11-1　核磁共振原理图

此力矩引起角动量的变化:

$$\boldsymbol{\tau} = \frac{\mathrm{d}\boldsymbol{P}}{\mathrm{d}t}.$$

又因为$\boldsymbol{\mu}=\gamma\boldsymbol{P}$,所以有

$$\frac{\mathrm{d}\boldsymbol{\mu}}{\mathrm{d}t} = \boldsymbol{\mu}\times\gamma\boldsymbol{B}_0. \tag{5-11-4}$$

对上式,可以解出磁矩的三个分量随时间变化的关系为

$$\begin{cases}\mu_x = \mu_1\cos(\omega_0 t+\varphi),\\ \mu_y = -\mu_1\sin(\omega_0 t+\varphi),\\ \mu_z = 常数,\end{cases} \tag{5-11-5}$$

式中μ_1为磁矩$\boldsymbol{\mu}$在Oxy平面上的投影,φ为初相位.由μ_x,μ_y随时间变化关系可知,$\boldsymbol{\mu}$在Oxy平面上的投影μ_1做圆周运动.

当$\gamma>0$时,$\omega_0>0$,称为左旋,即以左手的拇指沿着磁场$\boldsymbol{B}_0$的方向时,四指所指为圆周运动指向;当$\gamma<0$时,$\omega_0<0$,称为右旋.

磁矩在z轴上的投影为一常数,表明这种运动不改变磁矩$\boldsymbol{\mu}$在磁场中的能量.磁矩的这种运动称为拉莫尔进动.进动的角频率ω_0用矢量表示时为

$$\boldsymbol{\omega}_0 = -\gamma\boldsymbol{B}_0. \tag{5-11-6}$$

2.核磁矩$\boldsymbol{\mu}$与外磁场$\boldsymbol{B}_0$的相互作用与共振原理.

核磁矩$\boldsymbol{\mu}$处于外磁场$\boldsymbol{B}_0$中(设磁场方向为z方向),此时具有能量E:

$$E = -\boldsymbol{\mu}\cdot\boldsymbol{B}_0 = -\mu_z B_0 = -m\gamma\hbar B_0, \tag{5-11-7}$$

式中m为磁量子数,是自旋量子数I在外磁场$\boldsymbol{B}_0$方向上的分量,它的取值等于I,$I-1$,$I-2$,

…，$-I+1$，$-I$，共有$(2I+1)$个数值. 对于自旋 $I=1/2$ 的核，$m=\pm\frac{1}{2}$. 能级间的跃迁选择定则为 $\Delta m=\pm 1$，故两能级之间的差值：

$$\Delta E=\gamma\hbar B_0. \tag{5-11-8}$$

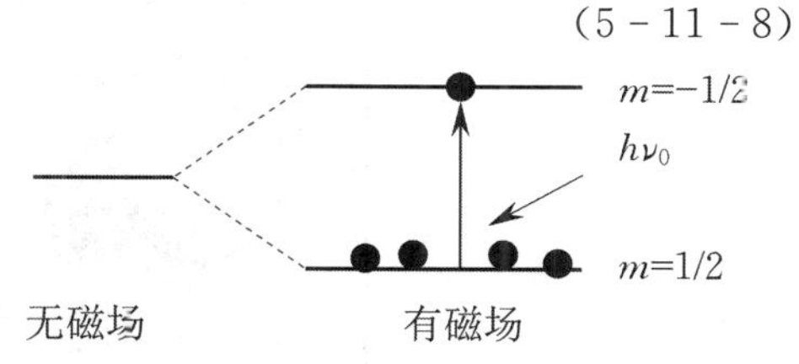

图 5-11-2　能级和跃迁

磁矩可能出现的运动状态及其对应的能级跃迁如图 5-11-2 所示.

若在垂直于 $\boldsymbol{B}_0$ 的方向再加一个频率为 ν 的射频场，其能量为 $h\nu$. 如果此入射电磁波的频率为 ν_0，并满足

$$h\nu_0=\Delta E=\gamma\hbar B_0$$

时，处在下能级的核子有一定的概率吸收这部分能量并跃迁到上能级，这便是共振吸收，可表示为

$$\nu_0=\frac{\gamma}{2\pi}B_0 \tag{5-11-9}$$

或

$$h\nu_0=g\mu_N B_0. \tag{5-11-10}$$

当射频场 $h\nu_0$ 被撤去后，磁场又把这部分能量 ΔE 以辐射形式释放出来，这就是共振发射. 共振吸收和共振发射的过程称为核磁共振.

3. 磁化的弛豫.

介质中大量质子磁矩在外磁场作用下达到平衡，若受到扰动会偏移平衡，但可以自动地恢复平衡. 恢复平衡可以通过两种不同步骤：第一步，通过质子与质子之间的作用先达到平衡，这种恢复平衡所需要的时间称为自旋-自旋弛豫时间 T_2；第二步是整个质子磁矩与周围环境作用而恢复平衡，这种恢复平衡所需的时间称为自旋-晶格弛豫时间 T_1. 不管弛豫时间是 T_1 还是 T_2，它们都与物质的结构、物质内部的相互作用有关. 物质的结构和相互作用变化，必将引起弛豫时间的变化，得到的核磁共振信号的强弱也就随之变化了. 例如，人们发现水中的氢和脂肪及其他大分子中的氢的弛豫时间相差很大. 由于不同组织所含的水的分量不同，通过测量弛豫时间就能把它们区分开来

只有存在自旋运动的原子核才具有磁矩，才能产生核磁共振. 原子核的自旋运动与自旋量子数 I 相关，$I=\frac{1}{2}$ 的原子核是电荷在核表面均匀分布的旋转球体. 如 ${}^1_1H$，${}^{13}_6C$，${}^{15}_7N$，${}^{19}_9F$，${}^{31}_{15}P$ 等，它们的核磁共振谱线较窄，最适宜于核磁共振检测，是核磁共振的主要研究对象.

4. 实现核磁共振的方法.

(1) 调磁场法.

如图 5-11-3 所示，使用固定频率的电磁波照射，调节样品所受的外磁场变化，它由永磁铁、扫描线圈、射频振荡器和探测器四部分组成，其中扫描线圈用于使外磁场 $\boldsymbol{B}_0$ 做微小振荡，从而能在示波器上看到尖锐的共振峰，射频振荡器用于产生固定频率的电磁辐射，通常频率 $\nu=6\times10^7$ Hz.

(2) 调频法.

调频法保持磁场 $\boldsymbol{B}_0$ 不变，调节入射电磁波的频率. 如图 5-11-4 所示，样品(如水)装在小瓶中并置于磁体两极之间，瓶外绕以线圈，由射频振荡器向它输入射频电流，向样品发射同频率的电磁波，同时调节射频频率大致与外磁场 $\boldsymbol{B}_0$ 对应的共振频率相等，当电磁波频率正

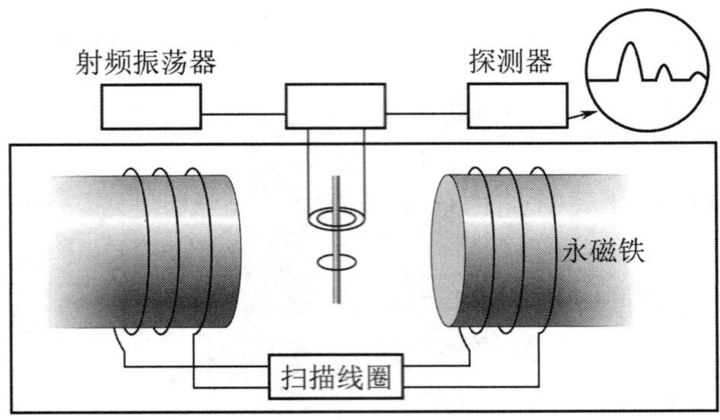

图 5-11-3　调磁场核磁共振示意图

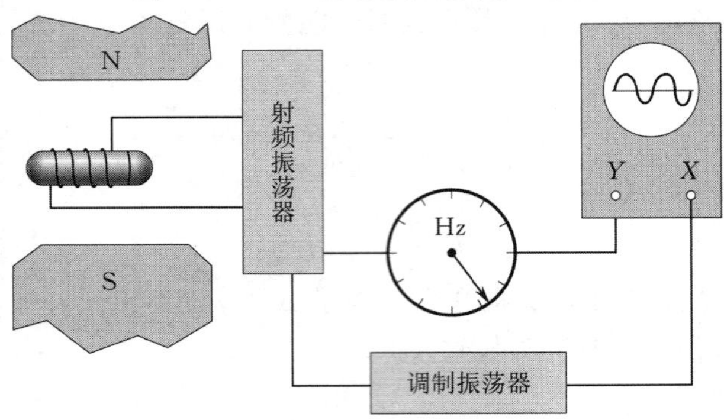

图 5-11-4　调频核磁共振示意图

好等于共振频率时，射频振荡器的输出就出现一个吸收峰，它可以从示波器上看出，同时由频率计数器读出此共振频率.

本实验采用调频法实现核磁共振.

【实验内容及步骤】

1. 在磁极之间磁场分布较均匀的区域选择前、中、后各相差 1 cm 处的三个位置，用高斯计测出磁场强度，并选择磁场较大的点($B_0 \approx 0.50 \sim 0.55$ T) 作为样品放置点.

2. 用测量得到的磁场和标准旋磁比估算共振频率 ν_0：

$$\nu_0 = \left(\frac{\gamma}{2\pi}\right)_{\mathrm{H}} B_0,$$

其中$\left(\frac{\gamma}{2\pi}\right)_{\mathrm{H}} = 42.576\ 37\ \mathrm{MHz \cdot T^{-1}}$ 为质子的旋磁比.

3. 分别将 HF，$FeCl_3$ 及 $CuSO_4$ 水溶液(浓度为 $1\ \mathrm{mol \cdot L^{-1}}$) 样品放入磁极中间部位；定性观察 ^{1}H 的共振信号(扫场电压 1 ～ 2 V，射频幅度约为 20 μA).

内扫描法：CH2(或 CH1) 接共振信号，调节射频频率和示波器扫描频率，找到并在示波器上调出清楚的三峰等间隔核磁共振信号(见图 5-11-5)，并记录它们的共振频率 ν_0.

4. 李萨如移相法. 示波器 CH2 接共振信号，CH1 接 50 Hz 交流扫场信号，示波器上“时间挡位”调至 X-Y 挡，“电源”选 CH2，示波器上出现李萨如图像，移相器 X 轴振幅和 X 轴移相，出现图 5-11-6 所示的蝶形共振信号；寻找最佳的扫场电压和射频电流(内扫描或移相法)：调节扫场电压，使核磁共振幅度最大、尾波多、上下对称.

【数据处理及分析】

1. 自拟表格，记录不同条件下的共振频率 ν_0、核磁共振幅度和相应的射频电流等参数.

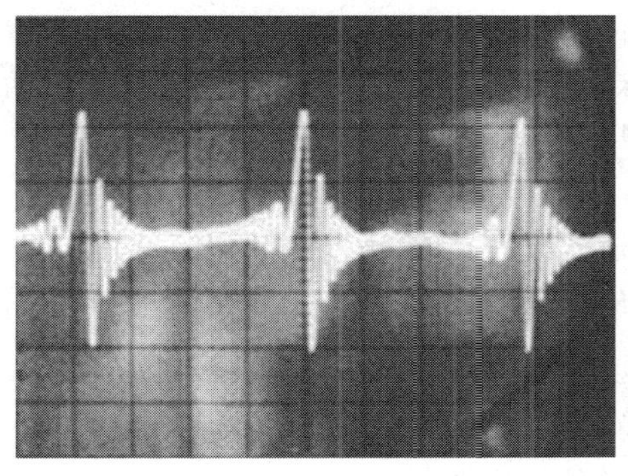

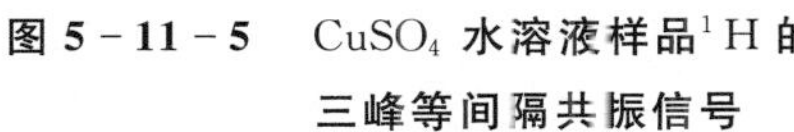

图 5-11-5　$CuSO_4$ 水溶液样品^{1}H 的三峰等间隔共振信号

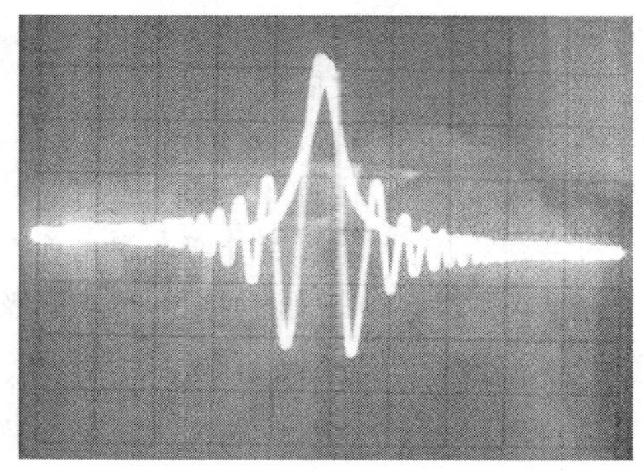

图 5-11-6　蝶形共振信号

2. 对射频电流和核磁共振信号幅度的关系作图.

3. 计算 $CuSO_4$ 水溶液^{1}H 的 g 因子和旋磁比 γ，并与标准值比较，求相对误差.

4. 已知核磁子标准值：$\mu_H = 5.050\,787 \times 10^{-27}$ J · T^{-1}；质子 g 因子标准值：$g_H = 5.581\,0$；质子旋磁比标准值：$\gamma_H = 26.752 \times 10^7$ rad · T^{-1} · s^{-1}. 计算 $CuSO_4$ 水溶液核磁共振线宽 ΔH 和弛豫时间 T_2.

5. 作 $CuSO_4$ 水溶液的共振峰幅度与浓度的关系图.

【注意事项】

1. 边限电流取最大幅度后再减小 1 ～ 3 μA，如果边限电流过大（信号饱和现象）或太小（边限振荡器停振）都会导致没有信号. 在观测 HF 信号样品中的^{1}H、^{19}F 信号时，边限电流略小(2 ～ 5 μA)，才能观测到质量比较好的^{1}H，^{19}F 信号.

2. 边限电流调节会对频率产生影响. 因此，在调节好边限电流后应对频率重新进行调节，使每一次测量频率保持一致，电位器应慢慢旋转.

3. 样品安置在磁场均匀区域内，信号会十分明显，否则，很难观察到共振信号.

4. 扫场电压一般取 1 ～ 2 V 即可，HF 样品略取大些(3 ～ 5 V).

5. 为减少各类干扰，本电源插座必须有良好的接地措施，由于射频线圈既是发射线圈又是信号接收器，容易受到空间周围环境的影响，实验室周围应无明显的高频信号和无线电干扰源.

6. 取放样品时要轻拿轻放，特别是 HF 样品，切不可自行揭开样品盖.

【思考题】

1. 对核磁共振的测试对象有哪些要求？

2. 如何用调频法实现核磁共振？当频率正好等于共振频率时，示波器上的核磁共振信号有什么特征？

3. 什么是核磁共振共振峰的半峰宽？

4. 如果采用内扫描法，核磁共振半峰宽 Δt 该怎样测量？

实验 5.12　塞曼效应

1896 年，荷兰著名物理学家塞曼(Zeeman) 使用较强的磁场和精密的光谱仪器将光源置于强磁场中，研究磁场对谱线的影响，发现原来的一条光谱线分裂成几条光谱线，分裂的谱线成分为偏振光. 塞曼效应实验与施特恩-格拉赫实验有力证明了电子具有自旋，能级的分裂是由于电子轨道磁矩与自旋磁矩相互作用的结果. 塞曼由于发现这一效应，荣获了 1902 年度诺贝尔物理学奖.

通过塞曼效应实验，可由能级分裂的个数知道能级的 J 值，由能级的裂距可知 g 因子；如果原子遵从 LS 耦合，则可由 g 值判断该能级的 L 和 S 值.

【预习提要】

1. 学习用法布里-珀罗标准具研究塞曼效应的实验思想及方法.
2. 观察汞谱线 546.1 nm 的塞曼分裂以及它的偏振特性.
3. 学习光路调节和一些光学仪器的使用.

【实验目的】

1. 学习用法布里-珀罗标准具研究塞曼效应的实验思想及方法，观察汞谱线 546.1 nm 的塞曼分裂以及它的偏振特性.
2. 学习光路调节和一些光学仪器的使用.

【实验仪器】

I 型导轨，电磁铁，稳流稳压电源，笔形汞灯，聚光透镜及偏振片，干涉滤光片，法布里-珀罗标准具，摄谱物镜，摄谱装置(或读数显微镜).

【实验原理】

1. 谱线的塞曼分裂原理.

塞曼效应证实了原子具有磁矩及空间取向量子化，在磁场中电子轨道磁矩和自旋磁矩与磁场作用，使得具有能量 E 的某一定态原子获得一附加能量 ΔE，形成原子能级的分裂，以至光谱线分裂成若干条谱线.

塞曼效应的产生是由于原子磁矩与磁场相互作用的结果. 塞曼效应可以用于原子结构的研究，天文学家还用塞曼效应来测量太阳或其他星体表面的磁场强度. 没有精细结构的光谱线(单重线系) 在几千高斯的磁场中均会发生正常塞曼效应. 若在垂直于磁场方向观察(称为横效应)，可发现光源中波长为 λ 的一条谱线，在磁场作用下分裂为 $\lambda \pm \Delta\lambda$，$\lambda$ 的 3 条谱线，都是线偏振光. 中间一条是频率未改变的谱线，其偏振方向平行于磁场的方向，称为 π 成分，在它两旁的两条谱线的偏振方向垂直于磁场的方向，称为 σ 成分. 当平行于磁场方向观察时(称为纵效应)，能观察到频率为 ν 的一条谱线分裂为频率为 $\nu \pm \Delta\nu$ 的两条圆偏振光. 沿磁场方向观察时，$\nu + \Delta\nu$ 的谱线沿顺时针方向做圆偏振，$\nu - \Delta\nu$ 的谱线沿逆时针方向做圆偏振，以上称为正常塞曼效应.

对于双线系及更复杂的线系，在强磁场中均表现出反常塞曼效应. 在该效应中，每条谱线不只是分裂成 3 条，而是分裂成更多的谱线. 例如，汞的 546.1 nm 的谱线在强磁场中将分裂成 9 条谱线，其中 3 条 π 成分，6 条 σ 成分，如图 5-12-1 所示.

本实验所观察到汞的 546.1 nm 谱线是由汞原子从能级 $^3S_1$ 跃迁到 $^3P_2$ 产生的.

无外磁场时，由 $h\nu = E_2 - E_1$，跃迁生产 546.1 nm 谱线. 有外磁场时，能级分裂，$^3S_1$ 分裂成 3 个能级，$^3P_2$ 分裂成 5 个能级. 设产生新谱线的频率为 ν'，则

$$h\nu' = (E_2 + \Delta E_2) - (E_1 + \Delta E_1),$$

其中 ΔE_1，ΔE_2 为外磁场作用下能级分裂后产生的附加能量. 由理论推导得

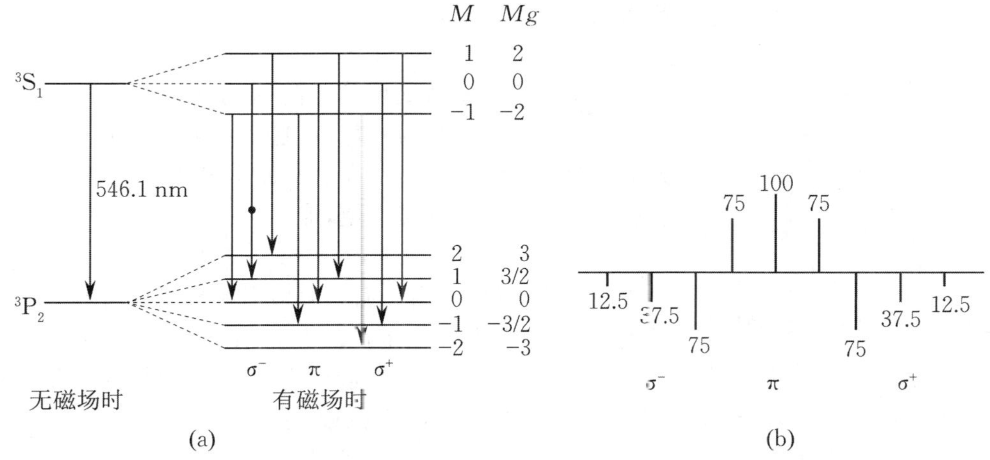

图 5-12-1　汞的 546.1 nm 谱线的塞曼分裂示意图

$$\Delta E = Mg\mu_B B, \tag{5-12-1}$$

其中 M 为磁量子数，g 为 LS 耦合的朗德因子，μ_B 为玻尔磁子，且 $\mu_B = \dfrac{he}{4\pi m}$，$B$ 为外磁场的磁感应强度. 分裂后谱线与原谱线频率差为

$$\Delta\nu = \nu' - \nu = \frac{\Delta E_2 - \Delta E_1}{h} = \frac{(M_2 g_2 - M_1 g_1)heB}{4\pi m}. \tag{5-12-2}$$

将频率差转变为波长差，有

$$\Delta\lambda = \frac{-\lambda^2}{c} \cdot \Delta\nu = (M_2 g_2 - M_1 g_1)\frac{\lambda^2 e}{4\pi mc} \cdot B. \tag{5-12-3}$$

当 $\Delta M = 0$ 时，垂直磁场观察时产生线偏振光，线偏振光振动方向平行于磁场，称为 π 成分. 平行于磁场观察时，此成分不出现.

当 $\Delta M = \pm 1$ 时，垂直磁场观察时产生线偏振光的振动方向垂直于磁场，称为 σ 成分；平行于磁场观察时产生圆偏振光，对于 $\Delta M = +1$，为左旋圆偏振光，用 σ^+ 表示；对于 $\Delta M = -1$，为右旋圆偏振光，用 σ^- 表示.

从图 5-12-1(a) 中我们可看到，由于选择定则的限制，只允许 9 种跃迁存在，故原 546.1 nm 的一条谱线将分裂为 9 条彼此靠近的谱线. 图 5-12-1(b) 中以线长短表示各谱线的相对强度，并把 π 成分画在波长坐标轴上方，σ 成分画在波长坐标轴下方. 它们的间距即为谱线裂距，相邻谱线裂距为$\dfrac{1}{2}$洛伦兹单位. 设 $\lambda = 500$ nm，$B = 1$ T，则相邻谱线波长差为 $\Delta\lambda = \lambda^2 eB/8\pi mc \approx 0.005$ nm，可见这个波长差是非常小的，欲测如此小的波长差，必须用高分辨本领的光学仪器，如法布里-珀罗标准具，或用陆末-格尔克板、阶梯光栅等.

2. 利用法布里-珀罗标准具测定波长差.

(1) 法布里-珀罗标准具的结构原理.

法布里-珀罗标准具由两块平行平面玻璃板和夹在中间的一个间隔圈组成，平面玻璃板内表面加工精度要求优于 1/20 中心波长. 内表面镀膜的反射率高于 90%，间隔圈用膨胀系数很小的熔融石英材料精加工成一定厚度，用来保证两块平面玻璃板之间有很高的平行度和稳定的间距. 法布里-珀罗标准具光路图如图 5-12-2 所示.

当单色平行光束 S 以某一小角度射到标准具 M 平面上时，光束在 M 和 M' 两表面经过多次反射和折射，分别形成一系列相互平行的反射光束 1，2，3，… 及透射光束 1′，2′，3′，…. 任何

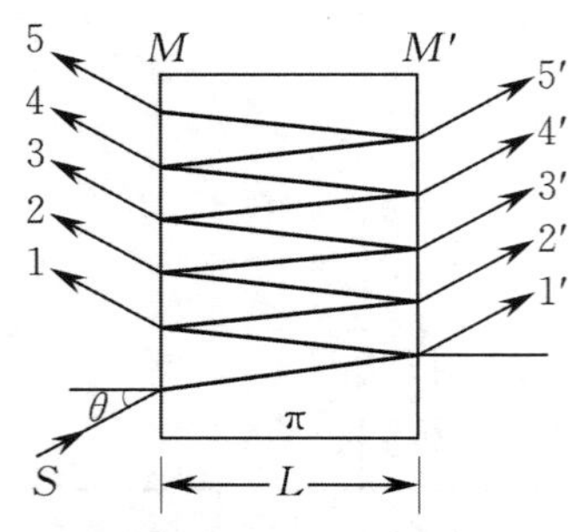

图 5-12-2 法布里-珀罗标准具光路图

相邻光束间的光程差为

$$\Delta L = 2nL\cos\theta,$$

其中 L 为平行玻璃板之间的距离；n 为板间介质的折射率，空气中 $n=1$；θ 为光束的入射角. 这一系列平行并有一定光程差的光束，经透镜会聚后，在焦平面上形成干涉，光程差为波长整数倍时产生干涉极大值，即

$$2L\cos\theta = k\lambda \quad (k=1,2,\cdots), \qquad (5-12-4)$$

式中 k 为干涉级数. 由于面光源射向标准具的光可以有各种角度，如果只考虑一个干涉级数，则同一倾角的光可以形成一个干涉条纹，即为一个圆环. 整个面光源形成一组等倾干涉条纹，即一组同心圆，圆环中心处 $\theta=0$ 为亮斑，干涉级数最高.

(2) 测量微小波长差.

用透镜把法布里-珀罗标准具干涉条纹成像在焦平面上，如图 5-12-3 所示，条纹的入射角 θ 与条纹的直径 d 有如下关系：

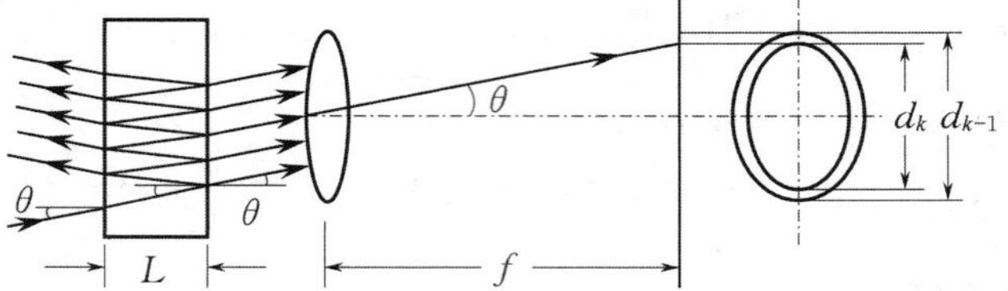

图 5-12-3 干涉圆环示意图

$$\cos\theta = \frac{f}{\left[f^2+\left(\frac{d}{2}\right)^2\right]^{\frac{1}{2}}} \approx 1-\frac{d^2}{8f^2}, \qquad (5-12-5)$$

式中 f 为透镜焦距，d 为干涉圆环直径. 将式(5-12-5)代入式(5-12-4)得

$$2L\left(1-\frac{d^2}{8f^2}\right)=k\lambda. \qquad (5-12-6)$$

由此可见，干涉级数 k 与干涉圆环直径 d 的平方呈线性关系. 随着圆环直径增大，条纹越来越密.

如图 5-12-4 所示，对于同一波长的相邻两个干涉级数为 k 和 $k-1$ 的干涉圆环，设其直径分别为 d_k 和 d_{k-1}，由式(5-12-6)可得直径平方差

$$\Delta d^2 = d_{k-1}^2 - d_k^2 = \frac{4\lambda f^2}{L}. \qquad (5-12-7)$$

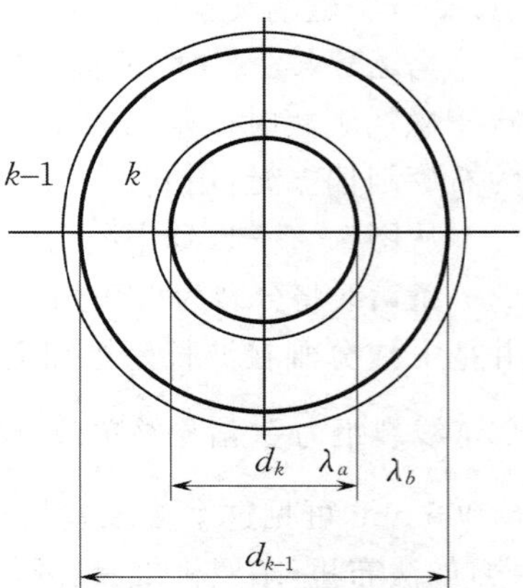

图 5-12-4 干涉圆环示意图

对于同一干涉级数 k 的不同波长 λ_a，λ_b，由式(5-12-6)和式(5-12-7)可得谱线波长差为

$$\Delta\lambda = \lambda_a - \lambda_b = \frac{L}{4kf^2}(d_b^2-d_a^2) = \frac{\lambda}{k}\times\frac{d_b^2-d_a^2}{d_{k-1}^2-d_k^2}. \qquad (5-12-8)$$

测量时所用的干涉圆环一般是在中心圆环附近，由于法布里-珀罗标准具间隔圈的厚度比波长大得多，中心圆环的干涉级数很大，故用中心圆环的干涉级数代替被测圆环的干涉级数时，引入的误差可忽略. 这时，$f \gg d$，式(5-12-6)中的 $\frac{d^2}{8f^2}\approx 0$，则 $k=\frac{2L}{\lambda}$，将其代入

式(5-12-8),可得

$$\Delta\lambda=\lambda_a-\lambda_b=\frac{\lambda^2}{2L}\times\frac{d_b^2-d_a^2}{d_{k-1}^2-d_k^2}.\tag{5-12-9}$$

3. 电子荷质比(e/m)的测定

将光源置于磁场中,在磁场作用下,使波长为 λ 的谱线产生分裂,根据式(5-12-3)和式(5-12-9),便得到电子荷质比公式:

$$\frac{e}{m}=\frac{2\pi c}{LB(M_2g_2-M_1g_1)}\cdot\frac{d_b^2-d_a^2}{d_{k-1}^2-d_k^2}.\tag{5-12-10}$$

【实验内容及步骤】

1. 法布里-珀罗标准具调整(实验室已调好).

(1) 将标准具置于汞灯照明下,用眼睛观察即能看到一组同心圆的干涉条纹.

(2) 眼睛从标准具镜片中心向3个微调螺丝方向移动,若观察到此时干涉图样发生移动,说明标准具两个镜片还未严格平行,需要进行调整.如果干涉图样是向外扩展,则该微调螺丝压力太小,应增加压力,把微调螺丝按顺时针方向旋;若此时干涉图样向内收缩,则说明该微调螺丝压力太大,应减小压力,把微调螺丝按逆时针方向旋.按此方法反复调整压力直至干涉图样不动为止,此时法布里-珀罗标准具已严格平行,可进行实验.

2. 观察横向塞曼效应.

(1) 将I型导轨放置在长工作台上,调整水平螺丝,使导轨成水平状态.将电磁铁放在工作台上近靠导轨尾部(实验室已调好).

(2) 把笔形汞灯放在电磁铁的磁极间,点燃汞灯.放置聚光镜使它的照明光斑均匀.

(3) 放置干涉滤光片使汞灯光斑充满干涉滤光片径孔.放置法布里-珀罗标准具与干涉滤光片同轴.

(4) 旋转摄谱物镜,调整高度与法布里-珀罗标准具镜片同轴.调整摄谱装置与摄谱物镜从看谱管中观察,看到清晰的干涉图像.

(5) 接通稳流稳压电源,见注意事项2,缓慢增强电流,从看谱管中看到清晰的塞曼效应分裂谱线9条.

(6) 在聚光镜上装偏振片,转动偏振片可看到塞曼 π 成分和 σ 成分,可利用偏振片将 σ 成分的6条条纹滤去,只让 π 成分3条条纹(中心3条)留下来(因为两种成分线偏振光的偏振方向是正交的),观察到应是如图5-12-5所示图像.在了解光路原理及各光学元件作用的基础上,调整好实验仪器系统.

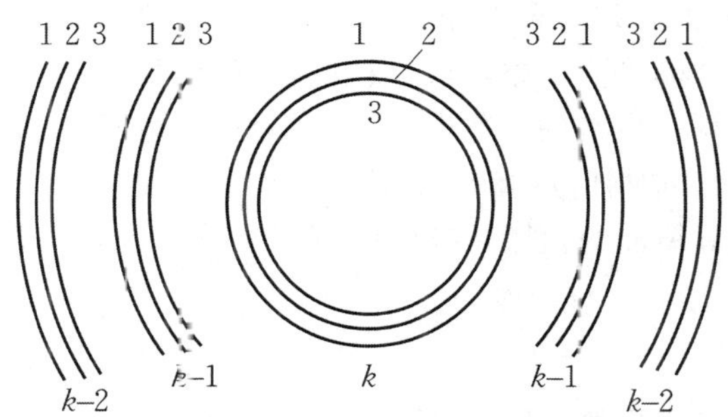

图5-12-5　π 成分3条条纹(中心3条)

3. 观察纵向塞曼效应.

(1) 抽掉电磁铁一端的芯棒,将电磁铁旋转 90°,使汞灯光束从小孔射出.

(2) 部件的安装调整与横向塞曼效应相同.

(3) 在电磁铁小孔前加四分之一波片给圆偏振光以附加的 $\pi/2$ 相位差,使圆偏振光变为线偏振光,波片上箭头指示方向为光轴方向,表示相位差落后 $\pi/2$,偏振片顺时针旋转 $\pi/2$,分裂的两条谱线其中一条消失了;偏振片逆时针旋转 $\pi/2$,消失的一条谱线重现,另一条则消失. 从而证实了分裂的两条谱线是左、右旋转偏振光.

【数据处理及分析】

1. 调节读数显微镜,看到清晰中心干涉条纹(不加磁场时).

2. 加磁场,将电磁铁的电流调到合适的电流值,观察干涉条纹分裂情况,然后加偏振片并放置偏振片,直接看到每一级干涉条纹变为 3 条条纹(中间一条较亮).

3. 用读数显微镜测量 k 级、$k-1$ 级、$k-2$ 级的各干涉条纹直径,记入表 5-12-1.

4. 用特斯拉计测量磁感应强度 B($1\ \mathrm{T}=10^4\ \mathrm{G}$). 计算电子荷质比 e/m 及其相对误差. 已知 e/m 的标准值为 $e/m=1.77\times10^{11}\ \mathrm{C\cdot kg^{-1}}$.

表 5-12-1 数据记录表格

<table>
<tr><th>干涉条纹</th><th>同级细条纹序</th><th>条纹直径上端读数/mm</th><th>条纹直径下端读数/mm</th><th>条纹直径 d/mm</th><th>d^2/mm^2</th><th colspan="2">相邻两级中间条纹直径平方差</th><th colspan="2">同级中相邻两条纹径平方差</th><th>$M_2g_2-M_1g_1$</th></tr>
<tr><td rowspan="6">k</td><td rowspan="2">1</td><td rowspan="2"></td><td rowspan="2"></td><td rowspan="2"></td><td rowspan="2"></td><td rowspan="9">$d_{k-1}^2-d_k^2$</td><td rowspan="18">平均值</td><td rowspan="3">$d_{k,1}^2-d_{k,2}^2$</td><td rowspan="9">平均值</td><td rowspan="9">$+\frac{1}{2}$</td></tr>
<tr></tr>
<tr><td rowspan="2">2</td><td rowspan="2"></td><td rowspan="2"></td><td rowspan="2"></td><td rowspan="2"></td></tr>
<tr><td rowspan="3">$d_{k-1,1}^2-d_{k-1,2}^2$</td></tr>
<tr><td rowspan="2">3</td><td rowspan="2"></td><td rowspan="2"></td><td rowspan="2"></td><td rowspan="2"></td></tr>
<tr></tr>
<tr><td rowspan="6">$k-1$</td><td rowspan="2">1</td><td rowspan="2"></td><td rowspan="2"></td><td rowspan="2"></td><td rowspan="2"></td><td rowspan="3">$d_{k-2,1}^2-d_{k-2,2}^2$</td></tr>
<tr></tr>
<tr><td rowspan="2">2</td><td rowspan="2"></td><td rowspan="2"></td><td rowspan="2"></td><td rowspan="2"></td></tr>
<tr><td rowspan="9">$d_{k-2}^2-d_{k-1}^2$</td><td rowspan="3">$d_{k,3}^2-d_{k,2}^2$</td><td rowspan="9">平均值</td><td rowspan="9">$-\frac{1}{2}$</td></tr>
<tr><td rowspan="2">3</td><td rowspan="2"></td><td rowspan="2"></td><td rowspan="2"></td><td rowspan="2"></td></tr>
<tr></tr>
<tr><td rowspan="6">$k-2$</td><td rowspan="2">1</td><td rowspan="2"></td><td rowspan="2"></td><td rowspan="2"></td><td rowspan="2"></td><td rowspan="3">$d_{k-1,3}^2-d_{k-1,2}^2$</td></tr>
<tr></tr>
<tr><td rowspan="2">2</td><td rowspan="2"></td><td rowspan="2"></td><td rowspan="2"></td><td rowspan="2"></td></tr>
<tr><td rowspan="3">$d_{k-3,1}^2-d_{k-2,2}^2$</td></tr>
<tr><td rowspan="2">3</td><td rowspan="2"></td><td rowspan="2"></td><td rowspan="2"></td><td rowspan="2"></td></tr>
<tr></tr>
</table>

【注意事项】

1. 任何光学元件表面尤其是法布里-珀罗标准具镜面要保持清洁,不要用手触摸.

2. 若要电磁铁产生磁场,应先调整电流(或电压) 读数的旋钮沿逆时针方向转到最小值,然后才能接通电源,缓慢增加电流的工作电压,否则会损坏电源. 实验完毕,同样应先调节电流(或电压) 读数的旋钮沿逆时针方向转到最小值,然后切断电源.

3. 法布里-珀罗标准具镜面的粗微调螺丝的范围是有限的,尤其是粗微调螺丝不应使平面变形.

【思考题】

1. 法布里-珀罗标准具产生的干涉图样是多光束干涉的结果,它与牛顿环、迈克耳孙干涉仪的双光束干涉图样有何区别?

2. 偏振片如何判断偏振光 π 成分和 σ 成分?

第6章 设计性实验

实验6.1 电阻优化测量

电阻测量是电学中常用的物理测量之一，在电阻测量中有许多测量方法，它们都有着自己的测量特点和使用范围，其测量误差也不大相同. 测量电阻时应根据电阻特性、阻值大小及提供的条件和具体要求选择相应的实验仪器和实验方法，设计优化测量方案.

【实验目的】

1. 根据被测电阻的性质及阻值大小，学会合理选定实验方案、测试方法和测量仪器，培养实验设计和独立工作能力.

2. 根据不同被测对象和测量特点，学会分析误差和减小误差的方法，进一步培养分析问题和解决问题的能力.

【可选用实验仪器】

电压表，电流表，滑线变阻器，单臂电桥（箱式），惠斯通电桥（直线型），标准电阻，直流检流计，电阻箱，稳压电源，单刀开关，双刀开关，待测电阻（2 000 Ω，200 Ω，20 Ω），导线若干.

【实验内容和要求】

1. 根据实验目的及可选用实验仪器、待测电阻阻值情况，进行优化设计，尽可能减小系统误差，确定一种测量方案.

2. 对于20 Ω的待测电阻，要求测量结果的相对不确定度小于2%；对于200 Ω，2 000 Ω的待测电阻，要求测量结果的相对不确定度小于1%.

【实验提示】

1. 测量电阻的方法很多，常用的有伏安法、电桥法、补偿法（电压补偿、电流补偿）、电桥伏安法（平衡法）、替代法等. 简单伏安法不论是内接法还是外接法，都有电表内阻带来的系统误差，“优化测量”的目的就是要尽可能消除或减小测量误差，使测量结果更接近真值，所以不能直接选用简单伏安法进行测量，如果要用伏安法测量，先要设法消除因电表内阻带来的系统误差.

2. 设计方案时应考虑的因素.

(1) 测量方法对测量结果的影响.

(2) 所用实验仪器是否在实验室可提供仪器范围内.

(3) 电源电压、仪器量程、待测电阻与电阻箱和滑线变阻器的最大允许电流等.

(4) 仪器的正确使用和读数方法及实验注意事项.

(5) 估算测量不确定度,是否满足测量要求.

【思考题】

1. 本实验所给定的待测电阻属于什么范围(低值、中值、高值)?常用的测量方法有哪些?

2. 伏安法测电阻的主要缺点是什么?有几种连接方法?不同连接方法在测量电阻时的适用范围有何区别?

3. 如何消除或减小用伏安法测电阻带来的系统误差?

4. 分析并阐述三种以上电阻测量方法的优缺点.

实验 6.2　重力加速度测定

【实验目的】

1. 掌握在实验室条件下测定重力加速度的方法.

2. 培养学生自行设计方案并独立完成实验的能力.

【可选用实验仪器】

单摆,三线摆,气垫导轨组件,光电门,数字计时仪,秒表,物理天平,砝码等.

【实验内容和要求】

根据所给定仪器设备条件,自行设计一种测量方法,要求测量结果的相对不确定度小于 1%.

【实验提示】

1. 单摆在摆角小于 5° 时,其周期公式为 $T=2\pi\sqrt{\dfrac{l}{g}}$,故 $g=\dfrac{4\pi^2 l}{T^2}$.

2. 利用三线摆可以测定刚体转动惯量,反过来也可以利用已知转动惯量的刚体来测定重力加速度.

3. 在气垫导轨上研究物体在重力作用下的运动规律,反过来就可以利用它测定重力加速度.

【思考题】

1. 利用单摆测定重力加速度时,哪些因素会影响测量精度?应从哪些方面入手来提高测量精确度?

2. 如果利用三线摆测量重力加速度,物理模型如何建立?试写出最终表达式. 需要测量哪些物理量?如何提高测量精度?应对哪些物理量进行多次测量,哪些进行单次测量?

3. 在利用气垫导轨测定重力加速度时,有哪些可供选择的物理模型?如何提高在较短时间内的位移和时间的测量精度?如何消除由于气层不均匀、滑块不平衡等带来的影响?

实验 6.3　组装望远镜(或显微镜)

【实验目的】

1. 研究透镜成像规律和望远镜(显微镜)的放大原理.

2. 搭建一个望远镜(显微镜)的光路,并绘出其光路图.

3. 在条件允许的情况下自制一个望远镜.

【可选用实验仪器】

光学实验平台及所有附件.

【实验内容和要求】

1. 用自准法或共轭法分别测出两个透镜的焦距,并确定物镜和目镜的组成.

2. 在光学实验平台上搭建望远镜(或显微镜),观察并分析其成像规律.

3. 画出光路图,并测定所组装望远镜(或显微镜)的视角放大率.

【实验提示】

1. 查阅资料,熟悉望远镜和显微镜的工作原理及它们的区别. 关键了解各自的物镜与目镜的选择及其对放大倍率的影响.

2. 简单望远镜由两个透镜组成,一般为"凸＋凸"或"凸＋凹"形式,目镜焦距短,物镜焦距长.

3. 望远镜成像原理及特征. 望远镜第一次成缩小的实像,第二次成放大的虚像.

4. 放大率的测量. 一般采用目测法,即在无限远处(大于 2 m 即可)放一标尺,用一只眼睛通过目镜观察标尺的倒立放大的虚像,另一只眼睛直接看标尺,调整目镜至两者重叠而无视差,这时在标尺上读出像高和物高,两者之比即为放大率.

【思考题】

1. 在光学平台上,如何对光学器件进行等高共轴调节?

2. 在自准直法测焦距的实验中,当透镜从远处移近物屏时,为什么能在物屏上出现两次成像?哪一个才是透镜的自准像,如何判断?

3. 在用共轭法测焦距时,如果不论如何调节透镜位置都不能在光屏上得到清晰的成像或只有一次成像,说明什么问题?应如何解决?对于焦距较大(4 倍焦距大于光学平台的有效长度)的凸透镜能否用共轭法测出其焦距?

4. 对于在光学平台上搭建的望远镜(或显微镜),如何调节焦距以获得清晰的成像?

实验 6.4　组装投影仪

【实验目的】

1. 研究透射式投影仪(幻灯机)的工作原理.

2. 分析并了解其成像放大率与所选用透镜焦距、物距、像距间的关系.

【可选用实验仪器】

光学实验平台及所有附件.

【实验内容和要求】

1. 选择合适的透镜将点光源发出的光变为平行光,作为投影光源.

2. 设计一个放大率在 8 倍左右的投影仪光路图,阐明工作原理及器件选用理由.

3. 按照设计的光路图在光学平台上进行实物搭建,测定其放大率并与设计值进行比较.

【实验提示】

1. 仔细分析透镜成像原理,充分考虑光具座自身限度(约 5 cm) 对物距、像距调节的影响,选择合适的透镜作为聚光透镜(注意兼顾光照范围,使得整个幻灯片在光照范围内) 和物镜.

2. 在选择物镜时要考虑光学平台的有效长度(约 120 cm)、物距、像距间的关系.

【思考题】

1. 在光学平台的有效长度和光具座自身限度制约下为了获得较大的物像距离,聚光透镜的焦距选择范围如何确定?

2. 在不考虑光源发热对幻灯片影响的条件下,幻灯片的放置位置如何确定?

3. 在确定的放大率(8 倍左右) 下,物(幻灯片)、镜(放大透镜)、像(投影屏) 三者的关系如何确定?

实验 6.5 组装欧姆表

【实验目的】

1. 掌握用 QJ23 型惠斯通电桥测量表头内阻的方法.

2. 了解欧姆表的原理,按要求组装欧姆表.

3. 用组装的欧姆表测量未知电阻.

【可选用实验仪器】

100 μA 表头,QJ23 型惠斯通电桥,ZX21 型电阻箱,可调稳压电源,滑线变阻器,单刀双掷开关,单刀开关以及若干导线.

【实验内容和要求】

1. 用给定惠斯通电桥测出待改装表头的内阻.

2. 利用上述表头及其他器件组装一个有 $R\times 1$,$R\times 10$,$R\times 100$ 三挡的多量程欧姆表.

3. 给出微安表读数与欧姆表读数对应表或制作出表示电阻值的欧姆表表盘.

4. 用组装的欧姆表测量一个未知电阻.

【实验提示】

1. 查阅资料,了解用惠斯通电桥测定表头内阻的方法和多量程欧姆表的基本原理.

2. 根据实验要求设计多量程欧姆表工作电路. 除了工作原理,还要考虑如何用单刀双掷开关进行三个量程间的切换.

3. 进行电路组装.

4. 对组装表进行定标.

【思考题】

1. 惠斯通电桥测量电阻的原理及方法是什么?用它测量表头的内阻需要注意流过表头的电流不得超过其量程,试设法解决该问题.

2. 欧姆表工作的原理是什么?什么是欧姆表的中值电阻?如何确定欧姆表中值电阻的大小?在确定了电池的电压和表头的内阻以后,如何使中值电阻等于预定值?

3. 如果电池的电压在某一范围(如 1.35～1.55 V)内变动时,要求欧姆表均能工作,如何设计组装欧姆表?

4. 当表头满偏时,对应的待测电阻值是多少?当表头不偏转时,对应的待测电阻值是多少?如何确定流过表头的电流与待测电阻之间的关系?

实验 6.6　简谐振动研究

自然界存在各种振动现象,其中最基本的是简谐振动.任何复杂的振动都可以认为是多个简谐振动的合成.弹簧振子在其平衡位置附近的无阻尼(阻力忽略不计)振动就是简谐振动.本实验的设计思路是通过弹簧振子的振动对简谐振动规律及其相关量进行测量.具体实验仪器的使用由实验者根据自己的实验方案而定.

【实验目的】

1. 观察并验证简谐振动规律及其特征.
2. 测量弹簧振子的劲度系数和有效质量.
3. 研究弹簧振子的周期与质量的关系.

【可选用实验仪器】

气垫导轨系统,弹簧组,物理天平,砝码,焦利秤,秒表,数字计时计数器,米尺等.

【实验内容和要求】

1. 观察弹簧振子的振动规律,学习建立实验公式的方法.
2. 测定简谐振动周期 T 与弹簧劲度系数 k、弹簧振子质量 m 的数值关系.
3. 通过用"曲线改直"法和图解法等数据处理方法,总结归纳出简谐振动周期公式 $T=Ck^{\alpha}m^{\beta}$ 中 C,α,β 的近似值,误差范围不超过 $\pm 5\%$.
4. 测定弹簧的劲度系数 k 和弹簧有效质量 m_0.

【实验提示】

1. 气垫导轨上弹簧振子(滑块)的运动是一种简谐振动.其振动周期 T 和弹簧的劲度系数 k 及振动系统的有效质量 m'($m'=m+m_0=m+m_1/3$,忽略弹簧有效质量 m_0 时就是滑块质量 m,其中 m_1 为弹簧自身质量)的大小有关,与振幅 A 大小无关.

若略去弹簧质量,假设振子运动规律为

$$T=Ck^{\alpha}m^{\beta},$$

式中 m 为振子质量,k 为弹簧的劲度系数,C,α,β 为待定常数,可以通过实验来确定.

在弹簧振子质量 m 远大于弹簧自身质量 m_1 的条件下,测定 T-m 的数值关系,数据处理可以利用作图法,将指数函数化为对数函数,曲线关系变为直线关系,利用线性坐标纸作图,从图中确定 C,α 和 β,从而归纳出实验公式.

2. 在焦利秤的自由端加砝码 m 时,其伸长量为 Δx,根据胡克定律,弹簧在弹性限度内的伸长量 Δx 与所施加的外力 f 成正比,即 $f=k\Delta x$,则有

$$k=\frac{mg}{\Delta x}.$$

忽略弹簧质量 m_1,弹簧振子的质量 m' 就是滑块质量 m;如果不能忽略弹簧质量 m',可由理论计算得到弹簧的有效质量

$$m_0=\frac{m_1}{3}.$$

3. 若有劲度系数分别为 k_1 和 k_2 的两根弹簧,并联时两根弹簧的合成劲度系数为

$$k=k_1+k_2;$$

串联时两根弹簧的合成劲度系数为

$$k=\frac{k_1k_2}{k_1+k_2}.$$

【思考题】

1. 如果气垫导轨(或焦利秤)有倾斜,对实验结果有无影响?为什么?
2. 测周期 T 时,取多少个为最佳周期数?这是由什么因素决定?
3. 滑块的振幅在振动过程中不断减小,是什么原因?对实验结果有无影响?

实验 6.7 用补偿法测量电流

【实验目的】

1. 理解补偿法原理.
2. 用补偿法测量电流.

【可选用实验仪器】

除原有通电回路外,可供选择的仪器有:1.5 V 电源一个,电阻箱一个,1.5 级 100 μA 表头一个,检流计一个,分流器一个,开关一个,导线若干.

【实验内容和要求】

给定的回路中存在几十微安的电流,请设计一个电路,测量该电流,要求不因电表的接入而改变这一电流.

【实验提示】

1. 查阅资料,掌握补偿法原理及如何用补偿法测电流.
2. 合理设计电路,使其既简单(电路尽可能简洁)又方便(检流计的平衡调节要求方便易行,最好既能粗调又能微调).

【思考题】

1. 什么是补偿法原理?
2. 如果在电流回路中直接串联一个电流表,该回路中的电流值是否受电流表的影响而改变?如何用补偿法消除这一影响?
3. 在所设计的方法中,造成测量误差的主要因素有哪些?

实验 6.8　用示波器测量电容

【实验目的】

1. 熟悉示波器的工作原理,掌握其使用方法.

2. 用示波器观察李萨如图形,观测两正弦电压信号的相位差.

3. 利用示波器测量电容器的电容 C.

【可选用实验仪器】

已知电阻一个,已知电感一个,待测电容器一个,信号发生器一台,示波器一台,导线若干.

【实验内容和要求】

1. 设计一种或几种方法,利用示波器测量电容器的电容 C.

2. 实验所用器材必须在"可选用实验仪器" 范围之内.

【实验提示】

示波法测电容和电感,就是用示波器观察 RLC 串联电路谐振现象的方法. 测量电路如图 6-8-1 所示,如果测电容,则 C 为待测电容,L 为标准电感,R 为标准电阻. 将 RLC 串联电路接在频率为 f 可调的信号发生器输出端. 串联电路两点的总电压 U 和电路中总电流 I 之间的相位差为

$$\varphi = \arctan \frac{\omega L - \frac{1}{\omega C}}{R + R'}. \qquad (6-8-1)$$

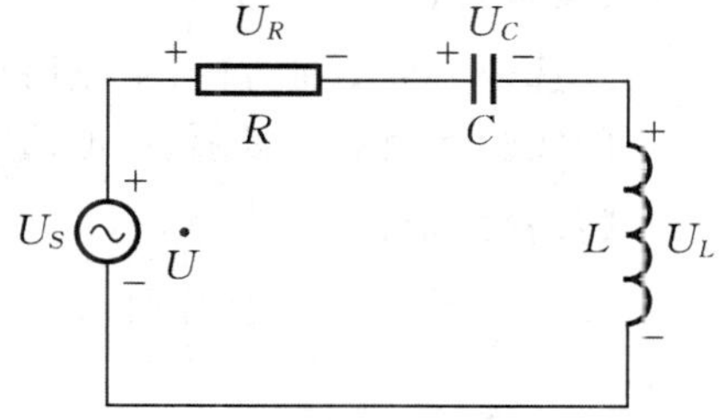

图 6-8-1　RLC 电联电路

把总电压 U 和电阻 R 上的电压 U_R(因为 U_R 与 I 同相位,所以用它来代表电流信号)分别输入示波器的 Y 输入端和 X 输入端,即可在示波器上得到反映两者间相位差的李萨如图形,两者的相位差为

$$\varphi = \arctan \frac{B}{A}, \qquad (6-8-2)$$

式中 A,B 分别为从双通道示波器 $Y-T$ 模式下观察到的波形相位.

当信号频率 $f = f_0$ 时,满足关系式

$$\omega_0 L = \frac{1}{\omega_0 C}, \qquad (6-8-3)$$

此时相位差 $\varphi = 0$,电路处于谐振状态,示波器上观察到的李萨如图形为一条直线,相应的 ω_0 和 f_0 称为谐振角频率和谐振频率. 得到

$$C = \frac{1}{\omega_0^2 L} \quad 或 \quad C = \frac{1}{4\pi^2 f_0^2 L}. \qquad (6-8-4)$$

测量电容时,保持 L 不变,调节信号发生器输出信号的频率,同时观察李萨如图形,当李萨如图形由椭圆变为一三象限的一条直线时,电路处于谐振状态,读出此时信号发生器输出信号的频率,即为 f_0,由式(6-8-4) 即可求得电容器的电容值. 同样的方法,也可测量电感 L 的值:

$$L=\frac{1}{\omega_0^2 C} \quad 或 \quad L=\frac{1}{4\pi^2 f_0^2 C}. \tag{6-8-5}$$

【思考题】

1. 是否可以用 RC 或 LC 串联电路来测量待测电容？如何测量？
2. 什么条件下 RLC 串联电路达到谐振状态？如何观测它是否达到了谐振？
3. 如何获得谐振频率？

实验 6.9　细丝直径的测量

【实验目的】

1. 用间接测量法设计一种测量细丝直径的方案，并加以实施.
2. 测量细丝直径 d.

【可选用实验仪器】

氦氖激光器，读数显微镜（带 45° 反光镜），光学平台或光具座，钠光灯，可调升降台，劈尖（或两块平板光学玻璃），光屏，已知焦距透镜，待测细丝等.

【实验内容和要求】

1. 选定一种测量方法（不能用直接测量法），设计实验方案并加以实施.
2. 实验所用器材必须在"可选用实验仪器" 范围之内.

【实验提示】

1. 劈尖干涉原理通常用来测量细丝直径或薄膜厚度，参考教材实验 4.11.2 设计测量方案.
2. 可考虑用累计放大法进行测量.
3. 用细丝代替单缝，利用夫琅禾费单缝衍射原理设计测量方案，测量细丝直径.
4. 夫琅禾费单缝衍射原理.

根据巴比涅原理可知，在夫琅禾费衍射中，平行光通过一个单缝或一个与单缝线度相当的细丝时，在光屏上远离衍射中心点产生的衍射图样是相同的. 因此，可以用细丝代替单缝，通过夫琅禾费单缝衍射原理来测量细丝直径.

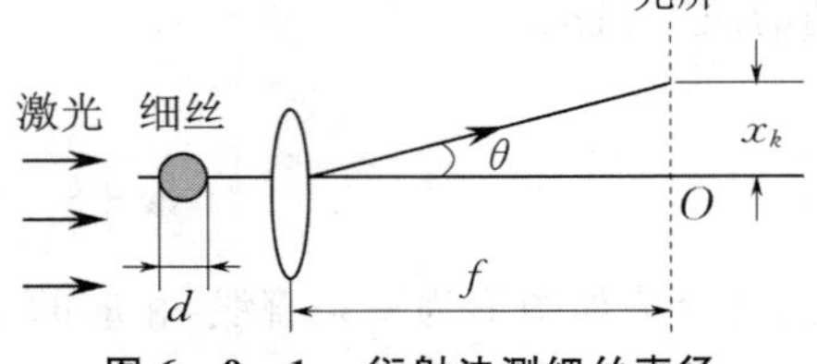

图 6-9-1　衍射法测细丝直径

为获得明亮的远场条纹，一般用透镜在焦平面上形成夫琅禾费衍射条纹，如图 6-9-1 所示. 设透镜的焦距为 f，细丝直径为 d. 当平行光垂直于单缝平面入射时，就形成平行的明暗条纹，其位置衍射角由下式决定：

$$\begin{cases} 暗条纹的中心 & a\sin\theta=k\lambda \ (k=\pm1,\pm2,\cdots), \\ 明条纹的中心 & a\sin\theta=(2k+1)\lambda/2 \quad (k=\pm1,\pm2,\cdots), \\ 中心条纹 & \theta=0. \end{cases}$$

本实验一般对暗条纹进行测量. 对于 k 级暗纹，有

$$d\sin\theta=k\lambda. \tag{6-9-1}$$

设 k 级暗纹与光屏上中心点 O 的距离为 x_k，且在一般情况下 θ 角较小，故 $\sin\theta\approx\tan\theta$，则有

$$d\frac{x_k}{f}=k\lambda,\quad d=\frac{k\lambda f}{x_k}.\qquad(6-9-2)$$

理论上，只要透镜焦距 f 和激光波长 λ 已知，如测出 x_k，就可以由上式得到细丝直径.但实际中由于细丝对光线的遮挡，在光屏上看到的中心条纹并不是一条线，而是一个较宽的暗带，这样就很难准确测量 x_k.如果在光屏上的中心暗带两侧距离中心点较远的地方分别选择某两条暗纹，设其衍射级数分别为 m 和 n，距中心点 O 的距离分别为 x_m 和 x_n，由式(6-9-2)可得

$$d\frac{x_m}{f}=m\lambda,\quad d\frac{x_n}{f}=n\lambda,$$

上两式相加并整理得 $d=\frac{m+n}{x_m+x_n}\lambda f$.设 $L=x_m+x_n$，为两条纹间的距离，则有

$$d=\frac{(m+n)}{L}\lambda f.\qquad(6-9-3)$$

实验测出 f，L 值之后，就可根据式(6-9-3)计算细丝的直径.

【思考题】

1. 劈尖干涉属于等厚干涉还是等倾干涉？本实验所看到的干涉条纹是位于何处的？该条纹是定域的还是非定域的？
2. 将细丝夹放在两块玻璃板中间时要注意哪些问题？如何保证细丝不被压扁而影响测量结果？
3. 若用累计放大法进行测量，如何进行累计叠放？为保证测量准确性要注意什么？
4. 用夫琅禾费单缝衍射测量时如何用细丝代替单缝？为什么可以代替？

实验 6.10　用自准直法测凹透镜焦距

【实验目的】

1. 通过测量透镜焦距，加深对薄透镜成像规律的认识.
2. 学习光路分析和调节技术.
3. 测量凹透镜的焦距.

【可选用实验仪器】

光具座（或光学导轨），带遮光罩的光源，箭形孔板，待测透镜，平面反射镜，观察屏等.

【实验内容和要求】

1. 用可选用实验仪器，设计一个用"自准直"原理测量凹透镜焦距的方案并加以实施.
2. 陈述实验原理，画出光路图（两种光路及两种方法），写出测量结果的计算公式.
3. 写出主要实验步骤及注意事项.
4. 自拟数据记录表格.

【实验提示】

根据凹透镜成像规律，实物不能成实像，要测量凹透镜焦距，必须使通过凹透镜的光线最后成为实像才能进行测量.要完成这一步，必须有其他透镜与之相配合.

【思考题】

1.在光具座上,如何对光学器件进行等高共轴调节?

2.在自准直法测焦距的实验中,当透镜从远处移近物屏时,为什么能在物屏上出现两次成像?哪一个才是透镜的自准像,如何判断?

3.自准直法测凹透镜焦距时怎样消除透镜光心偏离支座中心线所带来的误差?

实验 6.11 用迈克耳孙干涉仪测透明玻璃片折射率

【实验目的】

1.掌握迈克耳孙干涉仪的工作原理和结构,学会它的调节方法和技巧.

2.学会用迈克耳孙干涉仪测透明玻璃片折射率.

【可选用实验仪器】

迈克耳孙干涉仪,氦氖激光器,汞光灯,白光光源,毛玻璃,扩束镜,螺旋测微器等.

【实验内容和要求】

设计一个用迈克耳孙干涉仪测透明玻璃片折射率的实验方案并加以实施,测出透明玻璃片的折射率.

【实验提示】

1.阅读教材实验 5.4,了解迈克耳孙干涉仪结构和工作原理.

2.教材中主要介绍的是迈克耳孙干涉仪等厚干涉现象,查阅资料了解等厚干涉和等倾干涉的原理和区别.

3.查阅资料了解并掌握在迈克耳孙干涉仪上获得等厚干涉图样的原理和调节方法及如何获得白光等厚干涉.

【思考题】

1.用迈克耳孙干涉仪测薄膜折射率时,为什么用白光而不用单色光?

2.用迈克耳孙干涉仪测薄膜折射率时为什么要用等厚干涉而不是等倾干涉?

3.若将迈克耳孙干涉仪上的补偿板取出,能否得到白光干涉条纹?为什么?

第7章 研究与创新性实验

实验 7.1　光栅立体/变换画设计与制作

【实验目的】

1. 了解在二维平面产生立体视觉效果的成像原理.
2. 学会用图像处理软件制作立体基画.
3. 掌握光栅立体画的制作流程.

【实验仪器】

电脑及图像处理软件，喷墨打印机，光栅板材，冷裱机，透明双面胶等.

【实验原理】

一、立体成像原理

立体就是能够表现物体的前后远近的透视关系.立体画就是利用人的两眼视觉差别和光学折射原理，在一个平面内，使人们可直接看到一幅三维立体图，画中物体可以凸出于画面之外，也可以深藏其中，活灵活现、栩栩如生，给人们以强烈的视觉冲击力.立体图像与平面图像的本质区别在于平面图像反映了物体上下、左右的二维关系.人们看到的平面图也有立体感，这主要是运用光影、虚实、明暗对比来体现的，而真正的立体画是模拟人眼看实物的原理，利用光学折射制作出来，它可以使眼睛观感上看到物体的上下、左右、前后三维关系.

人们的两只眼睛相距 6～7 cm，左右两只眼睛看物体时是从不同角度看到的两个稍有差别的图像，大脑将这两个具有视差的图像合成后形成立体的感觉，但人们平常见到的平面图，进入眼睛的是一幅角度完全相同的图像，所以视觉和大脑无法提取平面画面上物体真实意义上的空间立体感，不能体现其三维关系（见图 7-1-1）.

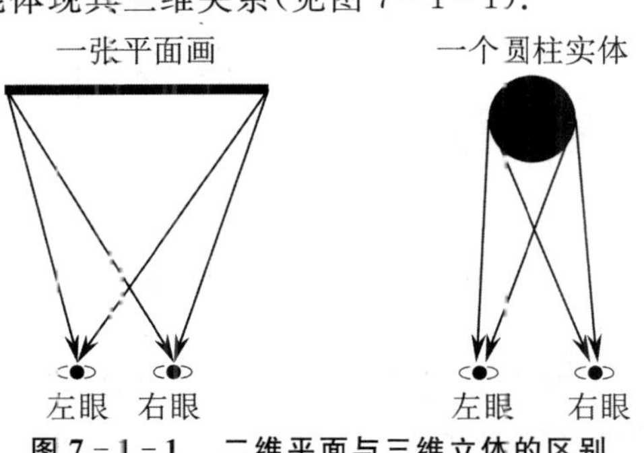

图 7-1-1　二维平面与三维立体的区别

立体成像按其成像方式的不同,分为透视成像和折射成像.

1. 透视成像.

运用透视原理,采用黑白相间的线条进行遮光和透光,光栅图背面的光线将光栅图从狭缝间透射形成像点,各个像点点阵形成一幅完整的图像.如图 7-1-2 所示,图中 A,B,C,D,E 分别代表不同的图像,同一符号代表同一图像,不同图像按序依次循环排列在光栅后面,当眼睛处在光栅前面不同位置观看时,就会看到不同的图像.

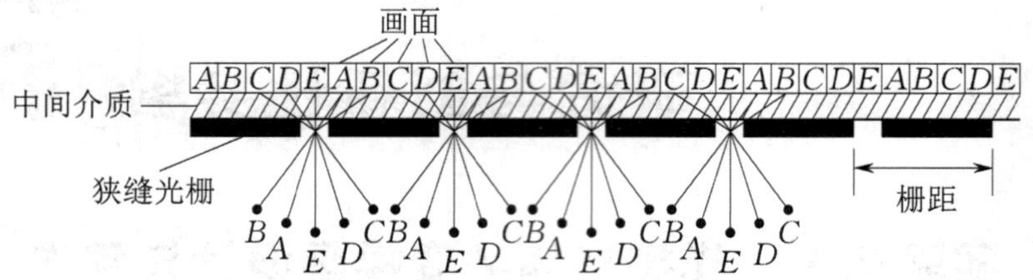

图 7-1-2 透视(狭缝光栅)成像原理图

2. 折射成像.

光栅前面的光线通过光栅时形成折射,聚集到光栅图上,通过反射在画面外成像的方式,如图 7-1-3 所示.

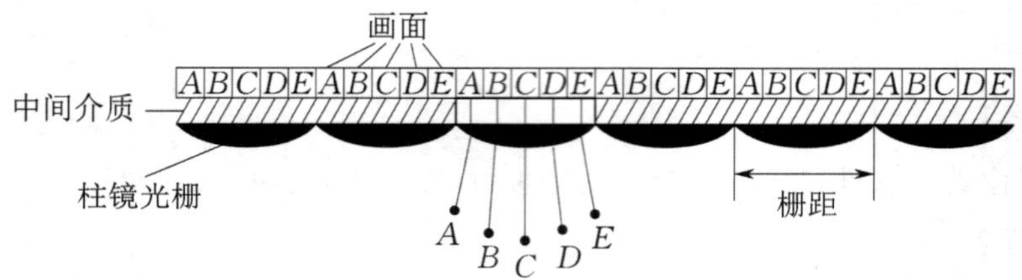

图 7-1-3 折射(柱镜光栅)成像原理图

二、立体光栅的种类及其参数

1. 光栅的种类.

光栅的种类主要有狭缝光栅、柱镜光栅和点阵式立体光栅三大类.点阵式立体光栅由于技术、成本等原因目前很少被市场推广使用,现在市场上主要有狭缝光栅和柱镜光栅,具体分类情况如图 7-1-4 所示.

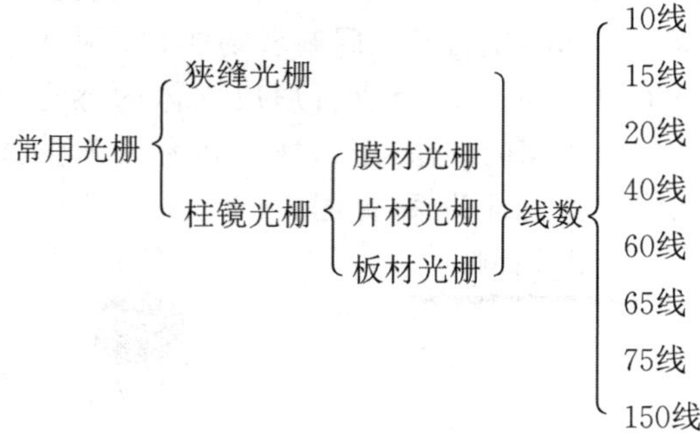

图 7-1-4 光栅的种类

根据透射原理制作的立体光栅称为狭缝光栅(透射光栅或黑光栅).狭缝光栅由制版印刷而成,为黑白线相间,一般都带背胶,装裱光栅时不再用双面胶.由于狭缝光栅采用高精度制版印刷技术,光栅线条的精确度非常高.狭缝光栅的最大优点是聚集相当精确、成像好、立体效果强烈、画面显示高档、长时间观看不晕眼.但它需要在有背光源的情况下才能观看.目前市场上的狭缝光栅有10线、20线、30线、40线,主要制作中大幅面立体图像.

根据折射原理制作的立体光栅称为柱镜光栅或反射光栅.柱镜光栅由模具滚压而成,表面的光栅线条形成半柱体贴附于介质表面,柱镜光栅受制作因素的限制,其成像质量有所不同,有时会出现水波纹、眼晕等情况.用它制作的立体像不需要背光源就能正常欣赏.柱镜光栅又分为膜材光栅、片材光栅和板材光栅,以制作画面大小和要求成本的不同,选用不同的光栅作图.

2. 光栅的主要参数.

光栅线数和栅距是描述光栅的两个常用参数,在制作立体图时作图者要根据图像大小和观看距离的远近来选择使用不同参数的光栅.

(1) 光栅线数:一英寸(2.54 cm)长度的光栅中所包含的光栅线条数量,单位符号为lpi(每英寸线数).

(2) 栅距:相邻两条光栅线条之间的距离,通常以mm为单位.

(3) 光栅参数的选择:光栅立体画的观看效果与光栅线数和观看距离有很大的关系,在制作光栅立体画时,要根据观看距离选择合适的光栅线数.光栅线数与观看距离可参考表7-1-1进行选择.

表7-1-1　光栅线数与观看距离的关系

光栅线数	适合观看距离
15 ~ 25 lpi	200 ~ 300 cm
30 ~ 50 lpi	100 ~ 150 cm
60 ~ 80 lpi	50 cm以内
85 lpi以上	30 cm以内

三、光栅的测试与校准

通常说的光栅线数是光栅生产商开发的光栅模具的线数,在模具制作过程和生产过程中,受热膨胀系数和各种因素的影响,生产的光栅产品的实际线数会有一些误差.同时,不同的图像输出工具,不同的纸张在图像输出中的误差也是不同的.在图像制作过程中是不允许较大误差的,因此,作图之前要对使用的光栅线数进行校准.具体方法如下.

1. 在光栅尺软件或带光栅测试功能的软件中输入已知的光栅线数,设定栏数和幅度,生成光栅测试图.

2. 用相纸将光栅测试图打印出来(最好是用准备好打印图像的同一纸张和同一输出工具输出).

3. 把光栅放到测试图上(如果是膜材光栅,中间要附要求厚度的介质),对准右侧的校准线.

4. 闭上一只眼睛在测试图的上方左右晃动,看到同时全黑或者全白的那条线,它前面给出的数据就是要找的精确线数(一般精确到千分位).如果一次没有找到,就以最接近的那个数据为基本数据输入光栅尺软件重新测试,直到找到为止.

四、光栅立体画的设计理念和设计技巧

1. 选图原则.

(1) 构图要简洁.在选择作立体的图像时,要尽量选择图层简洁的画面,避免物景非常散

碎的图层大量出现.画面简洁,给人的视觉效果好,不会出现眼晕的感觉;画中事物散碎零乱,作出来的立体画就看不清晰,并且会出现眼晕的感觉.

(2) 主景要浑厚.主景是一幅图画的生命,主景的真实性直接关系到一幅立体画设计的成败,因此,在有多幅图片可供选择的情况下,要选择主景自身浑厚、有丰富层次感的图片.如果是人物,最好是侧面像或者是有一定姿势或动作的画面;如果是景物,自身要有穿插,要有分明的层次感.

(3) 避免大平光.现在平面摄影中,很多人往往喜欢使用大平光,这种用光,破坏了事物的立体效果,用这样的画做出来的立体,就达不到栩栩如生的境界,因此要尽量避免.

(4) 主景至上.一幅画,只要主景非常合适,这就足够了,至于其他图层,我们可以采用配景的方式来表达其最完美的效果.

四种图像不适合做立体:色彩单一、层次模糊的图像;黑白图像;留白太多的图像;纵向景深很小的图像.

2. 配图原则.

选择了画面,有时需要配图,也就是搭配背景和前景,配图要尽量把握以下原则.

(1) 逸出.前景要有明显的逸出,也就是让前景伸出画面之外.这样,前景就不能太大太实,否则不仅飘不出来,而且会喧宾夺主;也不能太小太碎,否则不仅不清晰,而且会出现晃眼现象.

(2) 透视.最好能从第一层的空隙看到它的后面,这样更能体现出画面的景深.

(3) 穿插.各层之间要有物体穿插连贯,这样各层就不会孤立,整幅画面就会浑然一体,活灵活现.

(4) 深入.一是前后景有事物连贯深入,物景自然向后延伸;二是前后图层距离拉开,显得整幅画面能够向深处看很远.

(5) 对比.一是要有色彩对比,单一颜色形不成画,也不会做出立体,只有色彩丰富的画面,才能做出很强烈的立体效果;二是图层之间的色彩对比,同色的两个图层,不能作为两个图层处理,也做不出来立体效果;三是同一图层的物景要有色彩变化,不然做不出来浑厚真实的立体感.

【实验内容及步骤】

一、原画的分层处理

进行分层处理(即抠图)的基本原则是:宁整勿零、宁少勿多.也就是能分层较整的部分就不要分得比较零碎,能少分几层的就不要分很多层,只要够做立体的需要就可以了.具体的分割方法如下.

1. 画面上物体有前后关系的就要分开.

2. 前面的能遮挡住后面的也要分开.

3. 背景要从画面上分开,让它成为一个单独背景图层,衬托在各个部分的后面.

4. 前后、远近关系不太明显,又没有遮挡的可以不分.

(一) 抠图

1. 在 Photoshop 中打开要制作的素材图片,并在图层中将要分层的图片(当前打开的图片)的背景图双击解锁变成图层(见图 7-1-5).

2. 选用钢笔工具 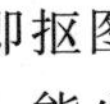 (注意:一定要选路径按钮 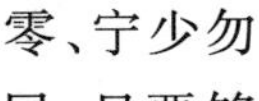)或索套工具 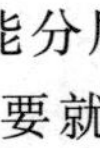 把第一层物体

(a)

(b)

图 7-1-5　双击解锁变成图层

与底层背景分开. 具体操作如下.

(1) 为了防止操作错误损坏原图,最好先复制一个图层 0 副本. 在图层面板,点选原图层,然后用快捷键 Ctrl + J 即可.

(2) 选中图层 0 副本,在图片界面上点击右上角全屏显示按钮使其全屏显示,为了获得高质量的抠图效果,将原图放大 4 倍以上(快捷键 Ctrl + 空格键,并点击鼠标左键;若要缩小,Alt + 空格键,并点击鼠标左键),使用钢笔工具进行抠图.

(3) 选择路径. 建立起始锚点,沿着被选图形边沿依次点鼠标左键可连成直线,若在某锚点点住左键移动鼠标可拉出弧线并调整弧度,鼠标放在两锚点中间某处笔尖旁出现"+"号点按右键可添加锚点,按住 Ctrl 键左键点住该锚点移动可调整该段弧线的弧度,勾图完成后将第一个锚点与最后一个锚点连接成一个闭合路径.

(4) 建立选区. 在勾出闭合路径后,用快捷键 Ctrl + Enter,将路径变为选区.

羽化选区. 用快捷键 Ctrl + Alt + D 调出"羽化选区"设置框,设置羽化半径(0.5 ～ 2 像素),以便消除边缘毛刺.

(5) 通过剪切建立一个图层. 用快捷键 Ctrl + Shift + J 通过剪切建立一个图层,默认图层名为图层 1. 若需更改图层名,则双击"图层 1",然后重命名.

(6) 用同样方法,依此抠出各个不同层面的物体,使其与底层图片分开.

常用快捷键如下.

复制:Ctrl + C;粘贴:Ctrl + V;放大:Ctrl + 空格 + 鼠标左键或 Ctrl + "+";缩小:Alt + 空格 + 鼠标左键或 Ctrl + "—";撤销:Ctrl + Alt + Z;建立选区:Ctrl + Enter;羽化:Ctrl + Alt + D;剪切:Ctrl + Shift + J;取消选区:Ctrl + D;复制图层:Ctrl + J;自由变换:Ctrl + T;抓手工具:空格键.

(二) 补图

补图就是把分好层的图片被上一层遮盖的(残缺) 部分修改成一个完整的画面形状. 例如,蝴蝶落在花上,把蝴蝶当成第一层分开,花成为第二层,花瓣上原来被蝴蝶遮挡部分若直接抠掉蝴蝶,将变为空白区,就需要对花瓣进行修补,修补成没有蝴蝶落在上面时的模样,呈现出一朵单独的花. 通常使用仿制图章工具来进行修补:选择仿制图章工具,在修补处附近按住 Alt 键选取要修补的花的颜色,依次将"蝴蝶" 位置覆盖掉. 在此过程中要根据色彩的变化不断地从周围选取相应的颜色.

依次将每一层被上层遮盖部分修补完好.

(三) 设置图像及画布大小

根据需要制作的画面尺寸大小设置其高度或宽度其中之一,选择"约束比例""重定图像像素" 进行缩放,再将画布加宽 6 ～ 8 cm,修改分辨率至 150 ～ 300 像素 / 英寸.

(四) 使用印章工具或自由变换工具将背景图层的白边修补完善.

(五) 将修补好的分层图片保存为 Photoshop(* psd) 格式.

二、勾线并生成立体图

1. 将加密狗接入 USB 接口,在程序窗口或者通过桌面快捷图标打开并运行 Psdto3d 软件(见图 7-1-6).

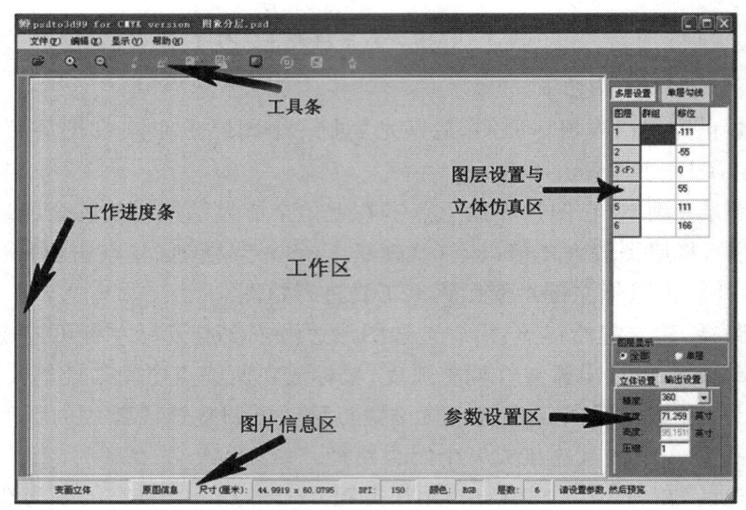

图 7-1-6 Psdto3d 界面

工具条:此条显示绝大多数在制作立体、变画时用到的工具,各工具图标的具体名称和作用详见表 7-1-2.

工作进度条:当一个命令执行中,此进度条显示目前命令执行的程度,以蓝色条显示.

工作区:打开图片后显示打开的图片、红绿图与光栅图等.

图片信息区:显示原始 PSD 图片的尺寸、分辨率、色彩模式、图层数量等.

参数设置区:分为两部分,一是输出参数设置,包括输出的精度、尺寸;二是设置立体参数,光栅线数、镜头数、焦点层、景深.

图层设置与立体仿真区:此区为 Psdto3d 软件的中心,多层设置是用来设置每个 PSD 层的位移量,而单层勾线用来对某一个图层进行仿真处理.

表 7-1-2 工具图标的具体名称和作用

名称	图标	作用	等同作用的菜单操作方法
打开		将 PSD 文件导入到 Psdto3d 软件中	文件 — 导入 PSD
放大		放大显示图像	显示 — 放大
缩小		缩小显示图像	显示 — 缩小
删除勾线点		勾线过程中如果有错误的点,可以按此键删除	
删除单条勾线		可以将刚刚勾过的或每层中最后勾过的一段勾线删除	编辑 — 删除单条线
删除单层勾线		删除勾线中的一个小层里的所有勾线	编辑 — 删除单层线
删除所有勾线		将所有的勾线全部删除	编辑 — 删除所有线

续表

名称	图标	作用	等同作用的菜单操作方法
动画预览		1. 生成单张 EMP 序列图. 2. 播放立体动画，以便观察立体效果.	
停止预览		与动画预览对应，此工具作用是停止动画预览	
输出保存		输出并且保存光栅立体图像	文件 — 输出 TIFF
勾线		在单层显示状态下，点击此工具进行仿真勾线	编辑 — 开始勾线
红绿显示		显示红绿立体图	文件红绿眼镜观看

2. 单击软件中图像导入标识，浏览找到经过分层处理好的待勾线图像，在 Psdto3d 中打开(必须.psd 格式)，如图 7-1-7 所示.

图 7-1-7　导入 PSD 文件

3. 参数设定.

(1) 光栅线数. 作图者根据图像的大小和观看距离的远近，确定使用多少线的光栅后，将选用的光栅的精确线数填入“光栅”栏.

(2) 镜头数. 一般以 5 ～ 13 为宜，线数越高，镜头数越小. 如 25，35，40 线(8 ～ 12 个)，70 线(6 个).

(3) 焦点. 焦点是一幅图像的核心，焦点的设置决不能出错. 软件虽然会给出一个焦点层，但是不一定是图像的主景层，要重新修正. 如一幅婚纱画，画中的人物自然是整幅画的灵魂，也就是焦点，它在第几个图层，就设焦点为几. 该图层将作为视觉焦点，在动态预览图层时，这个图层不发生位移.

(4) 景深. 景深是由光栅线数、图像大小、图层多少决定的，软件会自动给出景深的数据，但是在很多情况下也需要调整，将设定的景深输入景深栏，一般设为 1.5.

(5) 移位. 设定了不同的线数和景深，软件会自动给出各层的移位数值，这个数值在制作平面分层立体画时一般不用修改. 但在分层勾线时，应将所有层的移位数归零，勾线完成时，系统会自动生成移位数.

4. 勾线和预览.

勾线是通过像素拉伸和图像的扭曲而获得图片的空间感.勾线过程是将二维画面变为三维立体效果的关键步骤,它和图像分层处理一样,都是光栅立体画制作的最关键也是最繁杂的环节,它决定着最终画面的效果.

具体勾线过程需要结合画面来描述,相对比较烦琐,这里不再赘述,上课时教师将结合视频进行讲解.勾好图之后点击预览,预览之后点击停止,停止后点击多层设置,勾下面的图层,按顺序把所有的图层勾完之后,点击总的预览.

为使大家对 Psdto3d 软件的使用和勾线过程有一个直观的了解,这里用以下 8 幅图片做一说明.

(1) 如图 7-1-8 所示,按照图中步骤点选"单层 — 选择勾线图层 — 单层勾线 — 按勾线工具按钮 — 开始勾线".

图 7-1-8　勾线前的选择

(2) 开始勾线.如图 7-1-9 ~ 图 7-1-12 所示,将所有图层进行勾线.

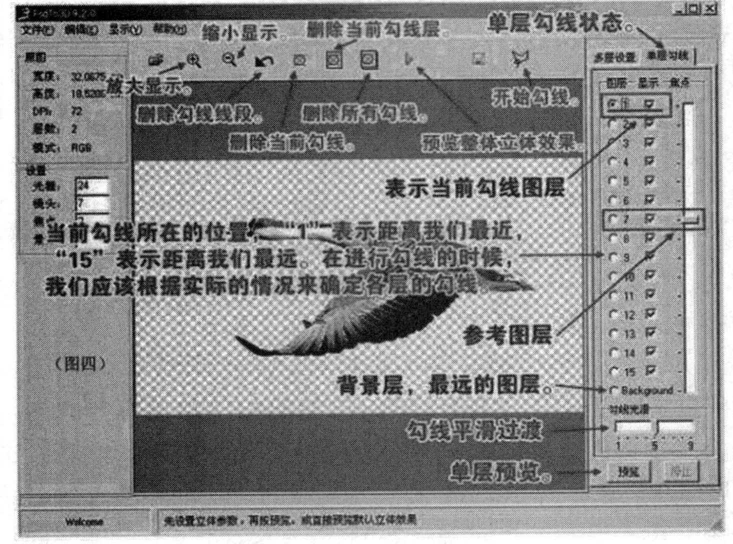

图 7-1-9　设置参考图层

图 7-1-10　图片中视觉距离最近位置为第一层进行勾线

图 7-1-11　由近及远逐层勾线

(3) 每完成一个图层勾线后，都要进行预览操作. 点击勾图界面右下角"预览"按钮，开始预览，点击"停止"按钮，结束预览. 如果预览效果不满意，可修改勾线或重新勾线，如图 7-1-12 所示.

(4) 完成所有图层勾线后，应返回"多层设置"界面，点选显示"全部"，然后按"预览播放"按钮，进行整体效果预览，按"停止播放"按钮可结束整体预览(注意：所有勾线完成后一定要进行预览，才能自动生成序列图，否则，软件不更新在临时目录里的序列图). 预览完成后，可以选择"以红蓝 3D 效果"观看，戴上红蓝立体眼镜，即可看到立体效果，如图 7-1-13 所示.

(5) 获取软件自动生成的序列图. 注意，不能关闭软件，否则，软件会自动删除临时目录(E:\pdscache) 里用于预览动作的所有序列图，如图 7-1-14 和图 7-1-15 所示. 其中以 vwd 开头的. bmp 文件就是序列图(图片个数与设置的镜头数有关)，又称为立体原图.

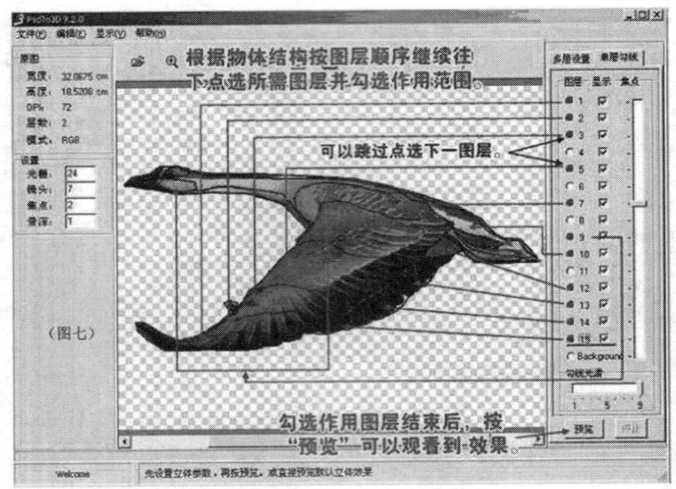

图 7-1-12 完成某一图层所有勾线的效果

图 7-1-13 预览播放，查看立体效果

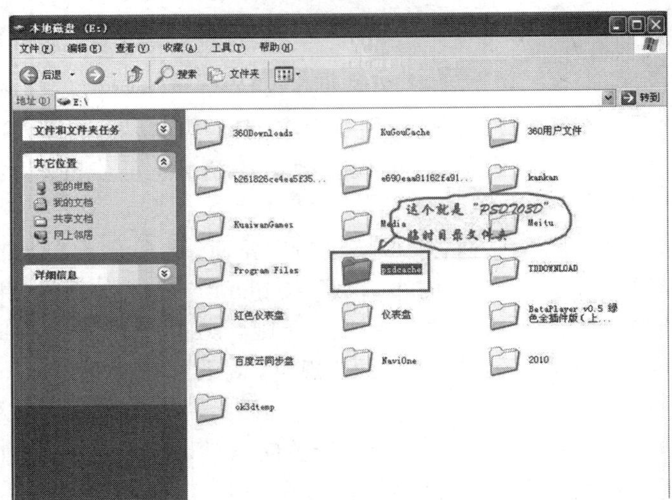

图 7-1-14 Psdto3d 临时文件夹存放位置

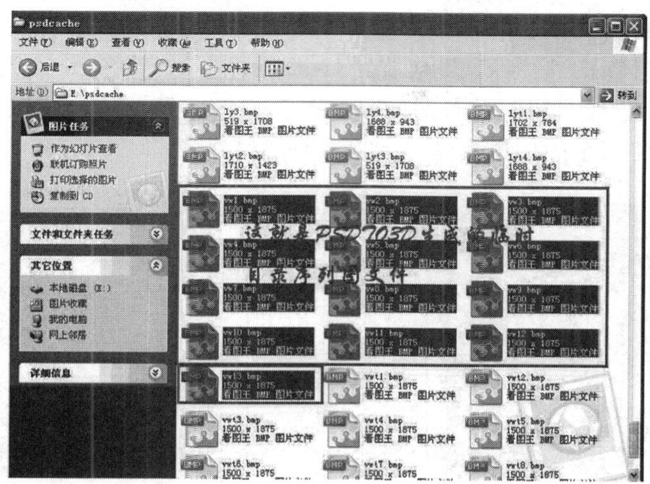

图 7－1－15　Psdto3d 生成的临时序列文件

三、测量最大位移

Psdto3d 软件虽然提供强大的将平面分层图像转换为立体图像的功能，但由于 Psdto3d 软件本身功能比较简单，在做好立体图像后，无法确定立体画上的最大位移是否合适. 最大位移一般为 0.8 ～ 1.3 cm 之间，再大则会造成立体画比较晃眼、模糊，再小则会造成立体画立体感不强.

怎样才能知道做好的立体画最大位移是否合适呢？还要借助强大的 Photoshop 软件. 在 Psdto3d 软件中做好立体画并预览完成之后，可以点输出按钮将这幅立体图像输出成一幅做好光栅层的图像(称为光栅图). 只要在 Psdto3d 软件中作图时设定了准确的线数，这个光栅图就可以直接打印输出了，但此时不能确定最大位移是否合适. 那么在输出光栅图之后，就会在电脑中的 D 盘下的 psdtemp 文件夹下产生以 vwd 开头的临时文件(vwd1 ～ vwd11)，对应 11 幅图像(图像个数与在 Psdto3d 软件设置的镜头数有关)，称这 11 幅图像为原图，它们是 11 个不同角度的图像，就好比用相机拍摄了 11 个角度的照片.

原图的作用是非常大的，立体图的保存一般都以原图的方式进行保存. 因为原图可以做成不同大小、不同光栅的立体画，而无须再用 Psdto3d 软件进行复杂的勾线处理，只需要用 Photoshop 软件做一下后期合成即可打印输出，并且数据还非常精确.

有了这 11 幅原图，测量最大位移也是在原图上进行的.

1. 用 Photoshop 打开 11 幅原图(见图 7－1－16).

图 7－1－16　用 PS 打开 11 幅原图并拖放到 vwd1 图像上

2. 按着 Shift 键的同时用移动工具将 vwd2 拖放到 vwd1 图像上，然后将 vwd2 关闭；再按着 Shift 键的同时用移动工具将 vwd3 拖放到 vwd1 图像上，然后将 vwd3 关闭；重复操作，直到将 11 幅图像全部拖放到 vwd1 上，最后效果如图 7-1-17 所示.

3. 用裁切工具将多余的白边裁掉(见图 7-1-18).

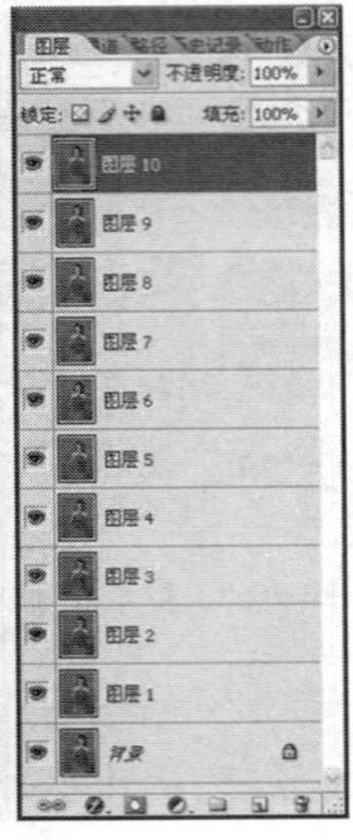

图 7-1-17　拖放后完成的效果

图 7-1-18　裁切掉多余白边后的效果图

4. 将图像放大到需要打印的大小，用“图像”菜单下的“图像大小”命令，在修改图像大小时去掉“重定图像像素”前面的对钩，这样可以在不破坏图像质量的情况下将图像任意放大或缩小到需要的尺寸(见图 7-1-19).

5. 做立体画一般取 5 到 8 幅图像，可以看到，从背景到图层 10 共 11 幅图像，图层 4 为第 5 幅图像，要测量从图层 4 开始一直到图层 10 这 7 幅图像中每一幅到背景(第 1 幅图像)的最大位移距离. 图像上移动最大的部位应该是手部，因此在手部找一个参考点用于测量.

(1) 将除背景层外的所有图层隐藏，在背景层找一参考点，并在参考点的位置拉出一条参考线(按 Ctrl + R 键显示出标尺，用鼠标从标尺上拖动到参考点即可得到一条参考线)，如图 1-7-20 所示.

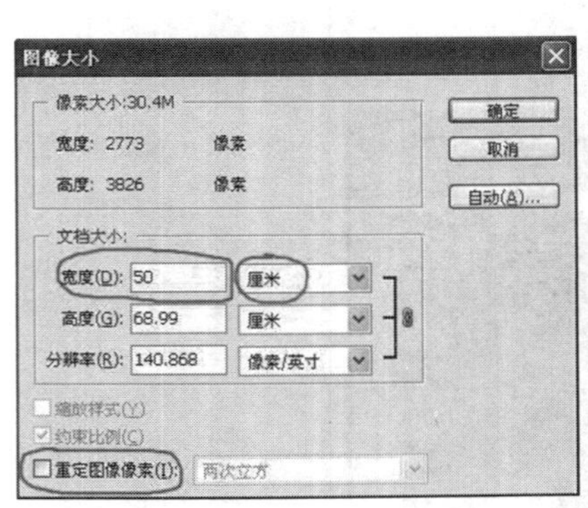

图 7-1-19　修改图像大小

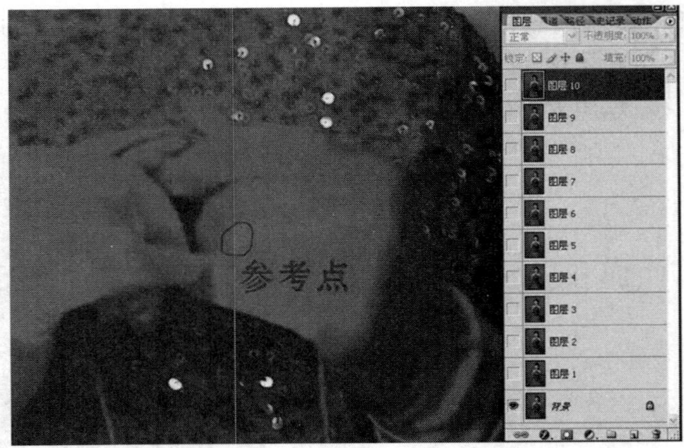

图 7-1-20　设置背景层参考线

(2) 因为最少要用 5 幅图像，所以将第 5 幅图像(图层 4) 显示出来，从这幅图起开始测量(见图 7-1-21).

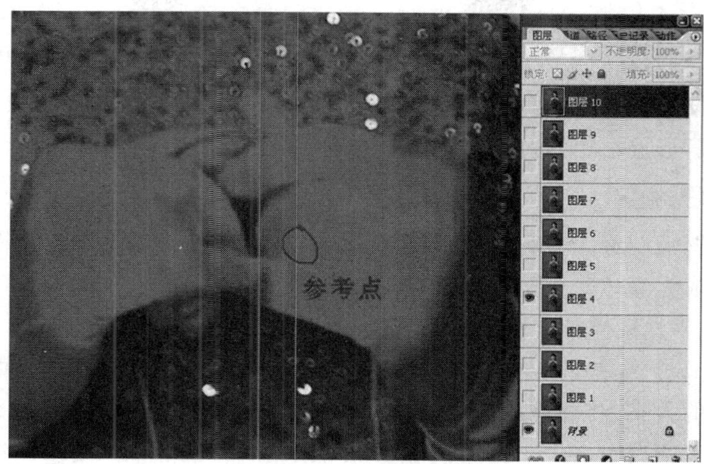

图 7-1-21　拉出图层 4 参考线

(3) 依次拉参考线,将图层 5 到图层 10 共 6 个图层的参考线也拉出来,如图 7-1-22 所示.

(4) 用矩形选框工具进行测量,可以在信息面板看到间隔距离.如图 7-1-23 所示,可以

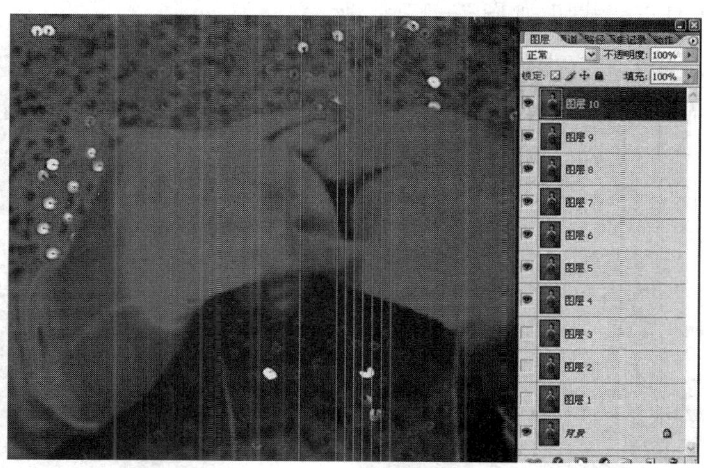

图 7-1-22　拉出所有图层参考线

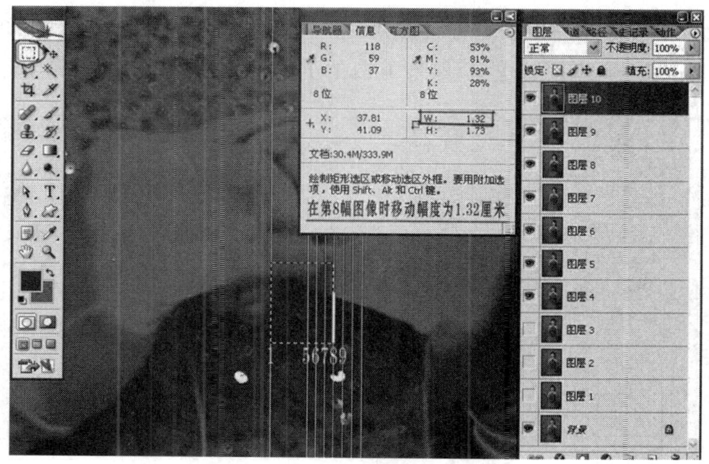

图 7-1-23　测量最大位移

看到从第1幅图像到第8幅图像的最大位移是1.32 cm，略大于1.3 cm，这个距离也可以使用（一般要求最大位移不超过1.3 cm）. 因为图像的宽度是50 cm，那么此时在做50 cm宽度的图像时就可以取8幅图像. 如果要做其他尺寸的图像，可以在这个时候将图像的大小改为所需要的大小即可用矩形选框工具进行测量，因为参考线已经存在而不用再拉参考线.

四、合成立体光栅图

前面已经将图像的最大位移测量准确了，做幅宽为50 cm的画面取8幅图像，接下来就是将这8幅图像合成为立体光栅图，之后就可以打印了.

在11幅图像中选取连续8幅图像，光栅层要做成7黑1白的图层，图像分辨率 = 光栅线数 × 层数. 例如，图像分辨率 = 40.16 × 8 = 321.28（像素 / 英寸）. 下面开始作图.

1. 设定图像的大小. 将图像改为50 cm × 60 cm的大小（目前图像为50 cm × 68.99 cm），不能直接将图像大小改为50 cm × 60 cm的大小，因为那样会导致人物被压缩而变形. 采取将多余部分裁掉的办法来改大小，这样会导致图像少一部分，但能保证人物的比例.

(1) 通过“视图”菜单的“新建参考线”命令建立一条水平方向的60 cm长的参考线（见图7-1-24）.

(2) 用裁切工具进行裁切，如图7-1-25所示.

图7-1-24　建立水平参考线

图7-1-25　用裁切工具进行裁切

(3) 删除图层8、图层9、图层10三个图层，留下8个图层，如图7-1-26所示.

2. 创建光栅层，取8幅图像，创建7黑1白的光栅层，如图7-1-27所示.

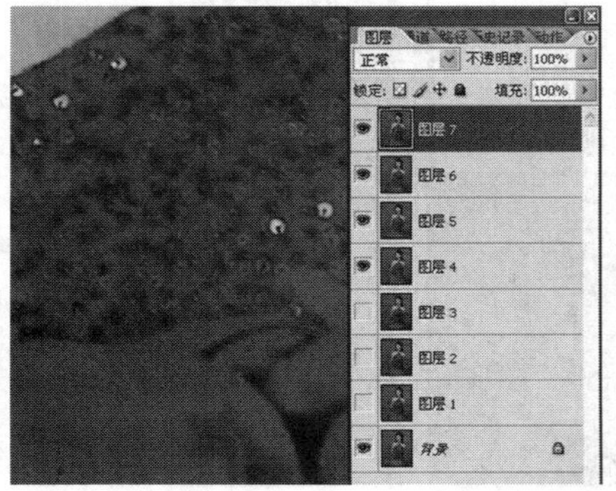

图7-1-26　删除多余图层，保留8个图层

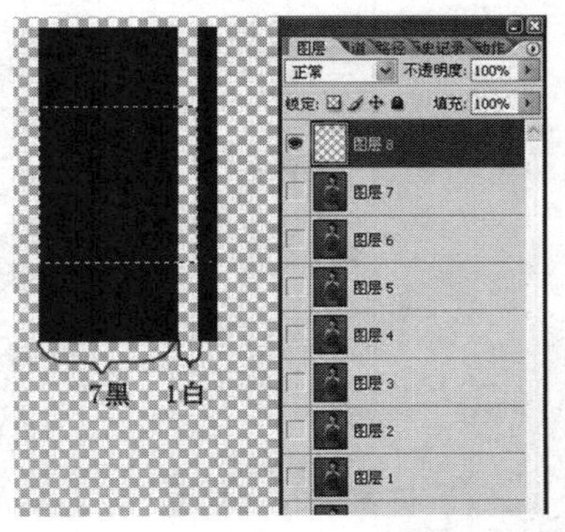

图7-1-27　创建7黑1白的光栅层

3. 将光栅层载入选区并将光栅层隐藏，显示出第一幅画面(图层 7)，按 Delete 键删除，如图 7-1-28 所示.

4. 确保在选择工具的情况下，用左方向将← 向左移动 1 像素，选择第 6 图层，按 Delete 键删除，如图 7-1-29 所示.

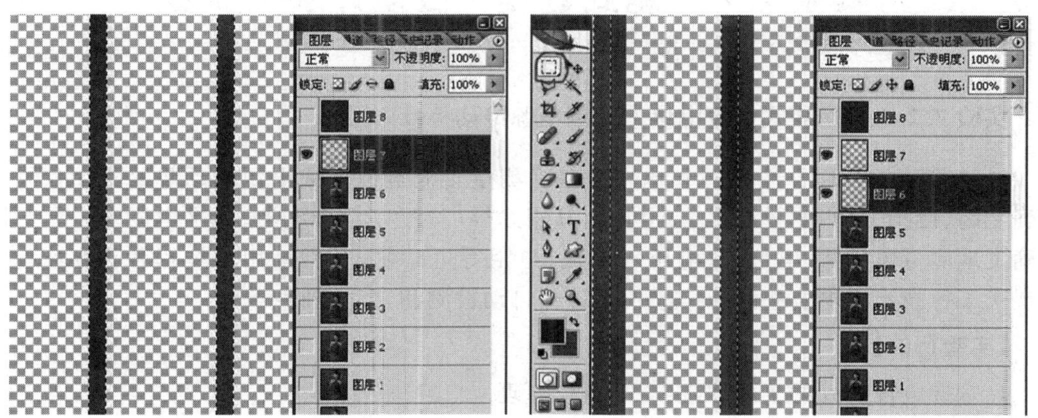

图 7-1-28　隐藏光栅层，显示并删除第 7 层图像　　**图 7-1-29　左移一像素，显示并删除第 6 层图像**

5. 继续进行操作，将图层 5 到图层 1 的所用图像进行删除(左移选区 1 像素然后删除)，背景层可以不进行删除，因为上面(图层 1 ～ 图层 7) 的图像会遮挡住背景上不该有的部分，如图 7-1-30 所示.

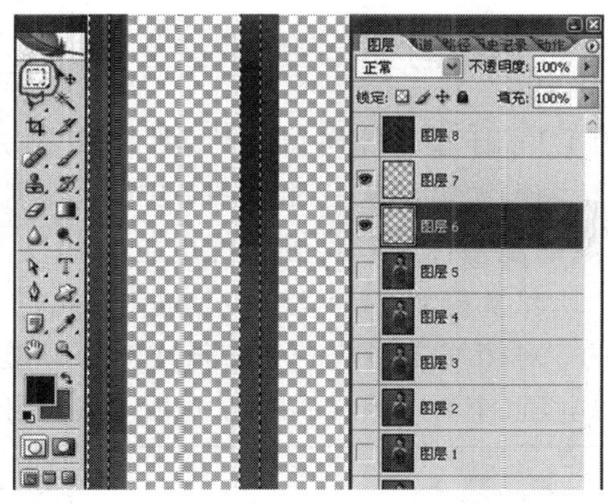

图 7-1-30　最终合成的光栅图效果

6. 删除光栅层并拼合图像，保存以备打印或直接打印输出即可.

五、进行后期装裱制作

后期制作包括图像打印输出、光栅板材裁切、冷裱、装框等过程，这里不再赘述.

六、常见问题和一些作图技巧

1. 勾线错误：在勾线过程中出现错误，可以用工具条中的删除工具进行修改更正.

2. 景深大小的判断：在作图预览时，如果图层晃动的幅度过大(特别是出现了图像重叠时)，就是景深大了，要调小些；如果晃动的幅度太小，就是景深小了，就把景深调大些.

3. 合成后的图像两边有留白，说明在做 PSD 图时没有把背景拉大或者拉大得少.

4. 同一物体做出来的图像装裱后有断裂感，说明是在勾线时应该连续的图层没有连续勾线，一个物体勾了一部分后丢下了，相隔多层后才接着勾线的结果.

5.人物面部不清晰,表明没有把人物层的焦点定到面部.

6.作图太慢或者死机,表明电脑内存不够,应增加电脑内存或者清理电脑.

实验 7.2 箱式直流电位差计系列实验

实验 7.2.1 用箱式直流电位差计测电源电动势及内阻

电位差计是利用补偿原理和比较法精确测量直流电位差或电源电动势的常用仪器,它准确度高、使用方便,测量结果稳定可靠,其用途很广,配以标准电池、标准电阻等,不仅能高准确度地测量电动势、电位差(电压)、电流、电阻等电学量,还常被用来校正各种精密电表.在现代工程技术中电位差计还广泛用于各种自动检测和自动控制系统.

【实验目的】

1.掌握电位差计的工作原理 —— 补偿原理.

2.了解箱式直流电位差计的结构,学会用箱式直流电位差计测电动势及内阻.

【实验仪器】

UJ-31 型直流电位差计,标准电池,标准电阻,直流稳压电源,检流计,滑线变阻器,干电池盒(带干电池)等.

【仪器介绍】

1. UJ-31 型直流电位差计.

本实验所用电位差计为 UJ-31 型直流电位差计,图 7-2-1 是其面板示意图.图 7-2-2 是用 UJ-31 型直流电位差计测电源电动势的原理图,图中虚线框内是 UJ-31 型直流电位差计的原理简图.UJ-31 型直流电位差计是一种测量低电位差的仪器,分为量程 17 mV(最小分度 1 μV,倍率开关 P 旋到 ×1)和量程 170 mV(最小分度 10 μV,倍率开关 P 旋到 ×10)两挡.图 7-2-1 面板示意图上方的 5 对接线端钮从左到右依次接入标准电池、检流计、5.7 ~ 6.4 V 直流电源和待测的两组未知电压(未知 1 和未知 2).面板上各旋钮、开关及调节盘的名称、作

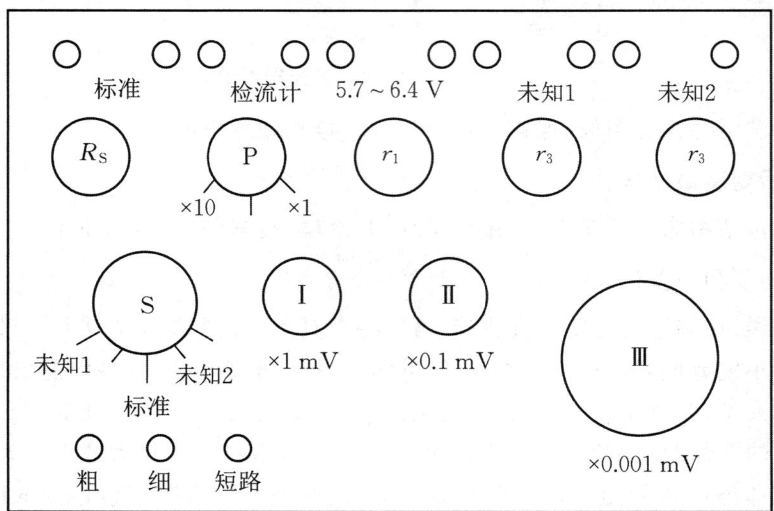

图 7-2-1 UJ-31 型直流电位差计面板示意图

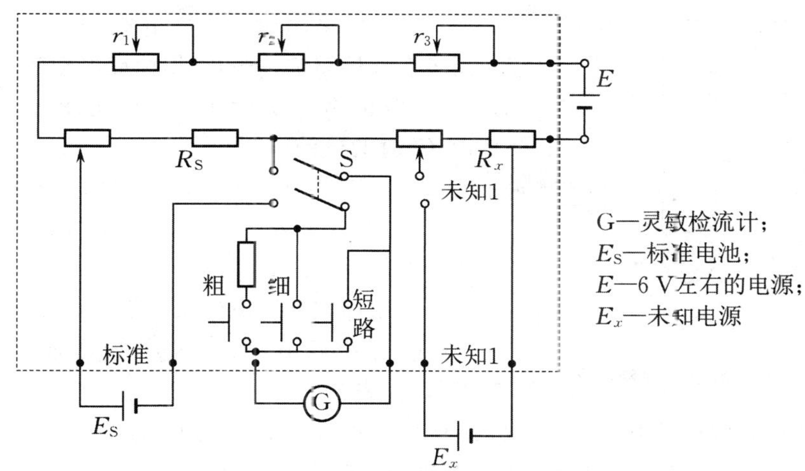

图 7-2-2　UJ-31 型直流电位差计测量电源电动势 E_x

用及操作注意事项见表 7-2-1.

表 7-2-1　UJ-31 型直流电位差计的面板及操作注意事项

图 7-2-1 中标记及名称		图 7-2-2 中标记	作用、特点及操作注意事项
S:操作步骤选择开关		S	进行“校准”时 S 旋至“标准”位置,“测量”时旋至“未知 1”或“未知 2”位置,不用时旋至“断”位置
校准	R_S:温度补偿盘	R_S	“校准”前根据室温查出当时的标准电池电动势 E_S,将 R_S 盘旋至对应位置,该盘已直接按电池电动势值标注. R_S 的电阻值 $= E_S/0.010\ 000$
	r_1,r_2,r_3:电流调节盘	r_1,r_2,r_3	“校准”时旋转面板上三个粗、中、细调节盘,使检流计指零,这时 $I_0 = 10.000$ mA
测量	P:倍率选择开关	图中未画出	“测量”前根据被测电压的约值预先选定,让最大的一位测量盘用上. 未知电压 = 测量盘读数 × 倍率(有 ×1 或 ×10 两挡)
	Ⅰ,Ⅱ,Ⅲ:测量盘	R_x	测量未知电压用的粗、中、细调节盘,已按倍率为 ×1 时的电压值标定分度,可直接读数
粗、细、短路:电流计按钮开关		粗、细、短路	进行“校准”或“测量”的操作时,应先按“粗”按钮,这时检流计回路串联有 10 kΩ 电阻,经调节待测检流计几乎指零后再按下“细”按钮继续调节,直至指零. 按下“短路”按钮时,检流计被短路,检流计光标或指针能很快停住. 当光标或指针左右摆动,长久不停时可用它,一般不用

UJ-31 型直流电位差计的准确度等级为 0.05,在环境温度与 20 ℃ 相差不大的条件下,其基本误差限 Δ_{U_x} 为

$$\Delta_{U_x} = \pm(0.05\% U_x + \Delta_U), \tag{7-2-1}$$

式中的 Δ_U 当倍率为 ×1 时取 0.5 μV,当倍率为 ×10 时取 5 μV.

2. 标准电池.

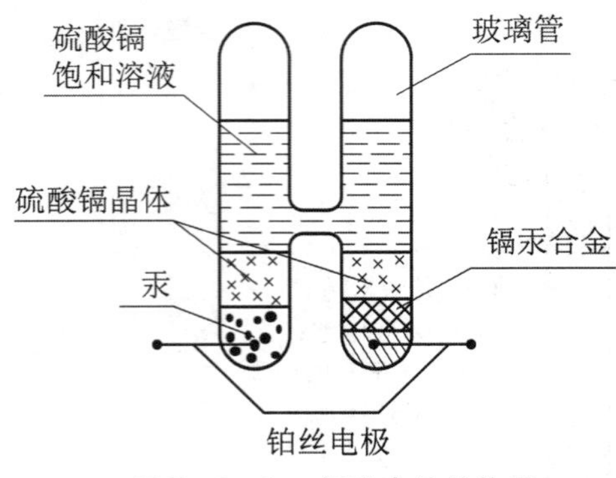

图 7-2-3 标准电池结构图

本实验采用饱和标准电池(电解液为饱和硫酸镉溶液)(见图 7-2-3) 作标准电动势源. 标准电池 20 ℃ 时的电动势为 $E_S(20)$，可求得 0 ℃ $\leqslant t \leqslant$ 40 ℃ 时的电动势为

$$E_S(t) = E_S(20) - [39.9(t-20) + 0.94(t-20)^2 - 0.009(t-20)^2] \times 10^{-6},$$

式中单位为 V.

使用标准电池应注意以下几点.

① 根据使用时的室温算出或查出当时的电动势值(见表 7-2-2).

② 存放地点温度波动要小，远离热源，并避免强光直接照射到电池上.

③ 正、负极不能接错，严禁短路，流经电池的电流应小于 10 μA.

④ 轻拿轻放，不得振动和倒置.

表 7-2-2 不同温度下标准电池的电动势

温度 /℃	标准电池的电动势 E_S/V	温度 /℃	标准电池的电动势 E_S/V
10	1.018 91	20	1.018 60
11	1.018 89	21	1.018 56
12	1.018 86	22	1.018 52
13	1.018 84	23	1.018 47
14	1.018 81	24	1.018 42
15	1.018 78	25	1.018 37
16	1.018 75	26	1.018 32
17	1.018 71	27	1.018 27
18	1.018 68	28	1.018 21
19	1.018 64	29	1.018 16

【实验原理】

一般用伏特表测电位差或电动势时，由于伏特表自身的内阻在电路中有分流作用，往往产生较大的测量误差. 而用电位差计测电位差或电动势时，却不存在这个问题.

箱式直流电位差计可精确测量电池电动势或电位差，它采用电位比较方法，依据补偿原理进行测量，由于与之配合使用的标准电池电动势非常稳定，用作检测电流的灵敏电流计灵敏度很高，加上箱式直流电位差计的电压比较电路精确度较高，因此，它能精确地测量待测的电位差和电池的电动势. 同时，因为箱式直流电位差计精度很高，常用来校正电压表和电流表.

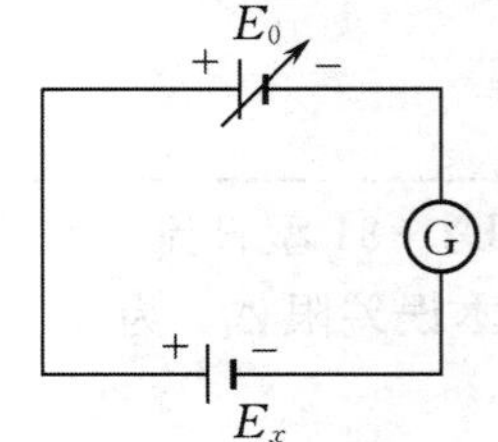

图 7-2-4 电压补偿原理图

1. 电压补偿原理.

图 7-2-4 为电压补偿原理图，图中 E_x 为被测未知电动势，E_0 为可以调节的已知电源，G 为检流计. 在此回路中，若 $E_0 \neq$

E_x，则回路中一定有电流，检流计指针偏转. 调整 E_0 值，总可以使检流计 G 指示零值，说明此时回路中两电源的电动势必然大小相等、方向相反，数值上有 $E_x = E_0$，因而相互补偿（平衡）. 若已知平衡状态下 E_0 的大小，就可以确定 E_x 的值. 这种测电位差或电动势的方法称为补偿法. 电位差计就是应用这种补偿原理设计而成的测量电动势或电位差的仪器.

由上可见，构成电位差计需要有一个特定的可调电源 E_0，而且要求它满足两个条件：① 它的大小便于调节，使 E_0 能够和 E_x 补偿；② 它的电压很稳定，并能读出精确的电位差值.

2. 电位差计原理.

图 7-2-5 为电位差计原理图，图中 E 为工作电源，E_S 为标准电池的电动势，E_x 为待测电动势，R_S 为标准电阻（即温度补偿盘），R_P（即 r_1，r_2，r_3）为电流校准电阻，R（即 Ⅰ，Ⅱ，Ⅲ 测量盘，R_x 为其中部分电阻）为测量未知电位差（或电动势）用的调节盘. E，R_S，R，R_P 组成工作回路，E_S，K，G，R_S 组成校准回路，E_x，K，G，R_x 组成测量回路.

（1）校准工作电流.

工作回路中的电流称为工作电流. 如图 7-2-5 所示，校准时使开关 K 打向 a（即标准），调节 R_P 使检流计指示为零，R_S 上的电压降恰与补偿回路中标准电池的电动势相等，即工作电流使工作回路和校准回路达到补偿，此时工作电流为

$$I = \frac{E_S}{R_S}. \tag{7-2-1}$$

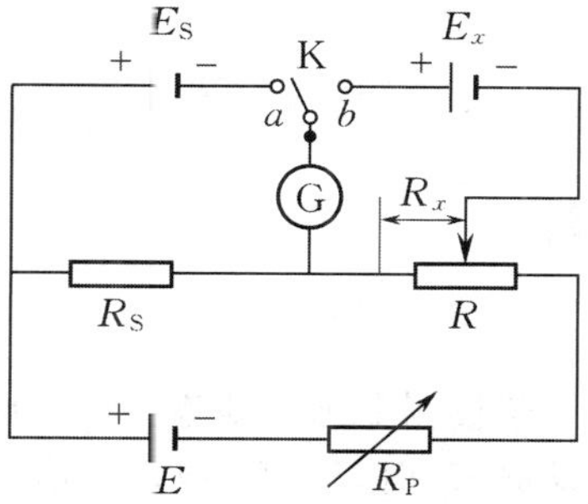

由于 E_S 和 R_S 都是很准确的标准量，此时工作回路中的工作电流就被精确地校准到所需要的电流值.

图 7-2-5　电位差计原理简图

（2）测量未知电动势.

如图 7-2-5 所示，测量时将 K 打向 b（即未知），保持 I 不变（即 R_P 不变），只要 $E_x \leqslant IR$，总可以调节 R_x 使检流计再度指示为零，此时 R_x 上的电压降 $U = IR_x$ 和测量回路的待测电动势 E_x 达到补偿，可得

$$E_x = IR_x = E_S \frac{R_x}{R_S}. \tag{7-2-2}$$

由于测量时保证 I 恒定不变，E_x 与 R_x 一一对应. 箱式直流电位差计在制造时，用可调节的标准电动势取代 E_x 给 R_x 定标，在测量未知电动势 E_x 时就可以从 R_x 示值（已标定为电压值）上直接读出所测电动势 E_x 值.

电位差计法具有以下优点.

① 电位差计是一个电阻分压装置，其中被测电动势 E_x 和一标准电动势 E_S 两者接近，可以直接加以并列比较. E_x 的值仅取决于电阻比 R_x/R_S 及标准电动势 E_S，因而能达到较高的测量准确度.

② 上述“校准”和“测量”两步骤中检流计两次均指零，表明测量时既不从标准回路内的标准电动势源（通常用标准电池）中吸取电流，也不从测量的回路中吸取电流. 因此，不改变被测回路的原有状态及被测电压值等参量，同时可避免测量回路导线电阻、标准电池内阻及被测回路等效内阻等对测量准确度的影响，这是补偿法测量的准确度较高的另一原因.

3. 电位差计测电源电动势和内阻.

当待测电动势 E_x 小于或等于电位差计量程时，测量电路图如图 7-2-6(a) 所示，当开关

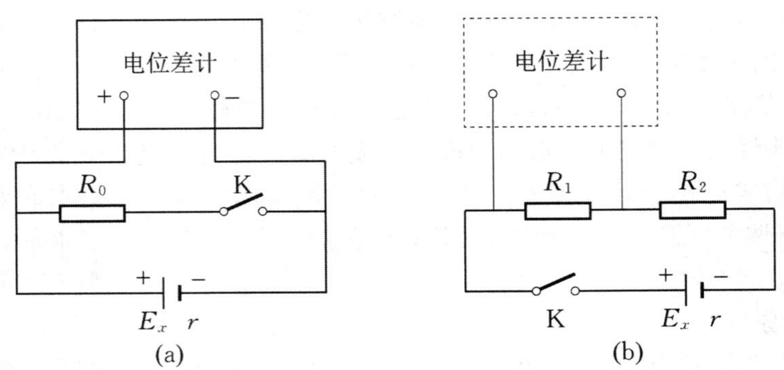

图 7-2-6 电位差计测电源电动势和内阻原理图

K 断开时，由式(7-2-2)可知，用电位差计就可以直接测出待测电源电动势 E_x 的值. 当开关 K 合上时，测标准电阻 R_0 两端电压 U_x，由于

$$U_x = I_x R_0, \tag{7-2-3}$$

$$E_x = I_x(r + R_0) = \frac{U_x}{R_0}r + U_x, \tag{7-2-4}$$

因此

$$r = \frac{E_x - U_x}{U_x}R_0. \tag{7-2-5}$$

若被测电源电动势大于电位差计量程时，可采用标准电阻分压，如图 7-2-6(b) 所示，测电动势 E_x 时，R_1，R_2 取较大值(如取几千欧姆，可忽略电源的内压降)，用电位差计测出 R_1 两端电压 U_1 后，再根据电阻分压比算出 E_x：

$$E_x = \frac{R_1 + R_2}{R_1}U_1. \tag{7-2-6}$$

测电源内阻时，R_1，R_2 取较小值(如取几百欧姆)，用电位差计测出 U'_1 后，再根据电阻分压比算出电源的端电压

$$U_x = \frac{R_1 + R_2}{R_1}U'_1. \tag{7-2-7}$$

根据全电路欧姆定律，得 $E_x = U_x + Ir$，$I = \frac{U'_1}{R_1}$，有

$$r = \frac{E_x - U_x}{I} = \frac{E_x - U_x}{U_x}R_1. \tag{7-2-8}$$

【实验内容及步骤】

1. 测量前的准备工作.

(1) 线路没有接通前，先将 S 转到"断"的位置，并将面板左下角"粗""细"按钮松开，将倍率选择开关 P 按测量需要调到"×10"或"×1"的位置上.

(2) 因为标准电池的电动势随温度也有微小的变化，所以应按照实验室温度计示值，参照表 7-2-2，把温度补偿器 R_S 转到所查得的数值位置上.

(3) 根据图 7-2-1 上分布的接线柱的极性，按图 7-2-2 分别接上"工作电源"(工作电源 E 值电压范围是 5.7 ~ 6.4 V)"标准电池""检流计"及测量导线.

2. 校准工作电流.

(1) 按下"短路"按钮，检查检流计初始状态是否为零，若不为零，调节检流计调零旋钮使

其指示为零.

(2) 将开关S转到"标准"位置,先将按钮"粗"按下,调节变阻器 r_1,r_2,使检流计指示零位置,再将按钮"细"按下,进一步调节 r_2,r_3 使检流计重新指示零位置,这时工作电流校准完毕.

3. 测量未知电动势 E_x 和内阻 r.

(1) 工作电流校准完毕后,按图7-2-6(b)连接线路,先用万用表或电压表粗测干电池电压.根据粗测数值,R_1,R_2 均取较大值(1 kΩ以上),且 R_1/R_2 取适当数值,使 R_1 上压降小于电位差计最大量程,且 R_1 两端接"未知1"或"未知2"的位置,将S转到对应的"未知1"或"未知2",调节 R_x(即依次转动测量盘Ⅰ,Ⅱ,Ⅲ),使检流计指示为零.此时所得 R_1 上压降是电位差计所有测量盘Ⅰ,Ⅱ,Ⅲ上读数乘以各量程的总和再乘以倍率选择开关P所指示的"×10"或"×1"的值.用电位差计测出 R_1 两端电压 U_1 后,再根据式(7-2-6)算出 E_x.

(2) R_1,R_2 均取较小值(几百欧姆左右),且 R_1/R_2 取适当数值,使 R_1 上压降小于电位差计最大量程,用电位差计测出 R_1 两端电压 U_1' 后,再根据式(7-2-8)算出 r.

(3) 重复上述步骤(1)和(2)5～6次,将数据填入自拟表格.

【数据处理及分析】

分别求出 E_x 和 r 的平均值及不确定度,正确表示结果.

【注意事项】

1. 在测量过程中,其工作条件可能发生变化(如电压 E 不稳定等),为了保证回路中电流保持不变,每次测量都要对工作电流重新校准.

2. 测量中所有电源及电池正负极不能接错,否则补偿回路不可能调到补偿状态.

3. 标准电池使用时不可以接错正负极,严禁短路,流经标准电池的电流不能大于 10^{-6}～10^{-5} A,不能用电压表去测量其电动势.

4. 检流计线圈中不允许通过大电流,与检流计内部相接的面板左下角的电键必须按先"粗"后"细"的顺序操作.

5. 使用电位差计必须先接通其他电路,然后再接补偿回路;断电时须先断开补偿回路,再断开其他电路.

【思考题】

1. 能否用电压表精确测量电池的电动势?为什么?

2. 在工作电流标准化过程中,总调不到平衡,即检流计指针总是偏向一边,试分析可能的原因.

实验7.2.2 用箱式直流电位差计测电阻(或电阻率)

【实验目的】

1. 学习用电位差计测电阻的方法.

2. 学习简单电路的设计方法.

【可选用实验仪器】

UJ-31型直流电位差计,标准电池,标准电阻,直流稳压电源,干电池盒(带干电池),滑线变阻器,检流计,游标卡尺,螺旋测微器,导线,待测电阻丝,电阻实验板等.

【实验提示】

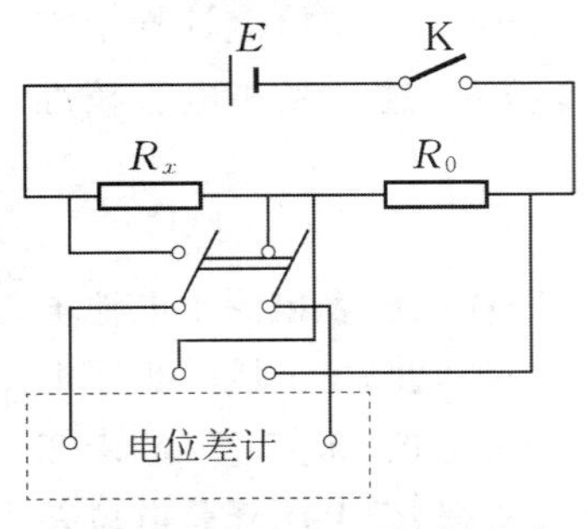

图 7-2-7　电位差计测电阻原理图

如图 7-2-7 所示，R_0 为标准电阻，R_x 为待测电阻. 用电位差计分别测出 R_0 和 R_x 上的电压 U_0 和 U_x，由于

$$\frac{U_x}{U_0}=\frac{R_x}{R_0},$$

因此

$$R_x=\frac{U_x}{U_0}R_0. \tag{7-2-9}$$

测量时应尽可能取标准电阻值与待测电阻值相近，使测量能得到更准确的结果.

【实验内容和要求】

1. 参照实验 7.2.1，调节电位差计，使其工作电流达到标准值.
2. 根据图 7-2-7，合理选用给定仪器及参数，测量给定电阻丝的阻值.
3. 选用适当的仪器，测量电阻丝长度及电阻丝直径，计算其电阻率.

【注意事项】

1. UJ-31 型直流电位差计使用的注意事项参见实验 7.2.1，注意 R_0 和 R_x 上的压降一定要在电位差计的量程内.

2. 在测量电阻丝的电阻时一定要使其两端接入电路，不要折叠，否则不能准确测得电阻率.

【思考题】

1. 实验中根据测量值，怎样合理选择电位差计的量程？
2. 根据待测电阻值，怎样选取标准电阻值能得到更准确的测量结果？

实验 7.2.3　用箱式直流电位差计校准电流表

【实验目的】

1. 熟悉电位差计的工作原理及使用方法.
2. 掌握使用电位差计校准电流表的方法.

【可选用实验仪器】

UJ-31 型直流电位差计，标准电池，标准电阻，直流稳压电源，干电池盒(带干电池)，滑线变阻器，检流计，待校准电流表等.

【实验提示】

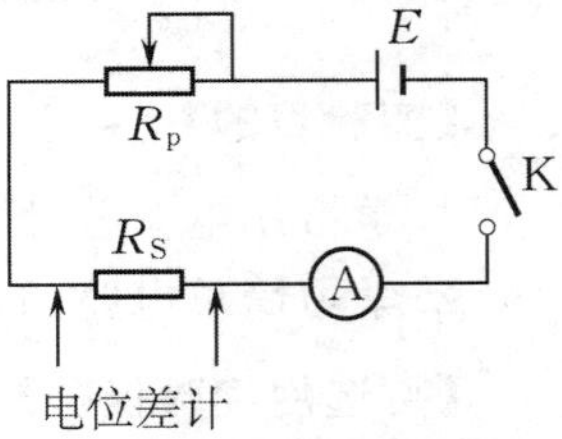

如图 7-2-8 所示，将待校准的电流表与一标准电阻串联. 当电流表读数为 I 时，用电位差计测出 R_S 上电压 U_S，则流经 R_S 的电流为 $I_S=U_S/R_S$. 由于电位差计对电路无分流作用，因此 I_S 为流过电流表的电流，电流表的测量误差为 $\Delta I=|I-I_S|$.

图 7-2-8　电位差计校准电流表原理图

经多次测量，找出所测值中的最大绝对误差 ΔI_m，按公式 $a=$

$\frac{\Delta I_m}{量程} \times 100\%$ 就可以确定电流表级别.

【实验内容和要求】

1. 根据待校准电流表的量程，选取适当间隔，共计校准 10 个点. 由测得的数据，计算电流表的各校准刻度的误差值 ΔI. 以电流表的示值 I 为横坐标、误差值 ΔI 为纵坐标，作 $\Delta I - I$ 校正曲线.

2. 根据 a 的值确定电流表的准确度等级. 当 $a \leqslant 0.5$ 时为 0.5 级，$0.5 < a \leqslant 1.0$ 时为 1.0 级，$1.0 < a \leqslant 1.5$ 时为 1.5 级，$1.5 < a \leqslant 2.0$ 时为 2.0 级 …… 由此确定被校准电流表的实际等级.

【注意事项】

1. UJ－31 型直流电位差计使用的注意事项参见实验 7.2.1.

2. 合理选择仪器设备的规格参数，使得流经电流表的电流能满足在其量程范围内变化的要求，电阻 R_S 阻值的选取可以使得其上的电压 $\leqslant$ 170 mV(UJ－31 型直流电位差计的量程)，并且流过电阻 R_S 的电流应小于该电阻的额定电流.

【思考题】

1. 根据 UJ－31 型直流电位差计的量程，标准电阻 R_S 的阻值选取有什么要求？

2. 为了使被校准电流表校准后有较高的准确度，对于电位差计与标准电阻的准确度等级有何要求？

实验 7.2.4　用箱式直流电位差计校准电压表

【实验目的】

1. 进一步熟悉电位差计的工作原理及使用方法.

2. 掌握使用电位差计校准电压表的方法.

【可选用实验仪器】

UJ－31 型直流电位差计，标准电池，标准电阻，直流稳压电源，干电池盒(带干电池)，滑线变阻器，检流计，待校准电压表等.

【实验提示】

电压表的校准电路如图 7－2－9 所示，V 为待校准电压表，虚线框内为分压器，调节分压输出，同时记录电压表与电位差计的读数 U 和 U_S，则 $\Delta U = |U_S - U|$.

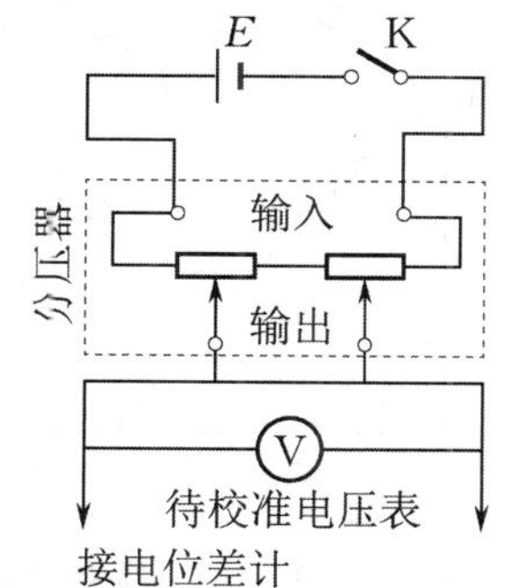

图 7－2－9　电位差计校准电压表原理图

经多次测量，找出所测值中的最大绝对误差 ΔU_m，按公式 $a = \frac{\Delta U_m}{量程} \times 100\%$ 就可以确定电压表级别.

【实验内容和要求】

1. 根据待校准电压表的量程，选取适当间隔，共计校准 10 个点. 由测得的数据，计算电压表的各校准刻度的标准值 ΔU，以电压表的示值 U 为横坐标、校准值 ΔU 为纵坐标，作 $\Delta U - U$ 校正曲线.

2. 确定电压表的准确度等级，方法与确定电流表准确度等级相同.

【注意事项】

1. UJ－31 型直流电位差计使用的注意事项参见实验 7.2.1.

2. 合理选择仪器设备的规格参数，使得输出电压能满足在电压表量程范围内变化的要求，流经各器件的电流应小于其额定电流.

【思考题】

如何利用低量程电位差计校准比其量程高的电压表？请设计一简单电路.

实验 7.3　非平衡电桥系列实验

电桥是一种比较式仪器. 它将被测量与已知量进行比较，从而获得测量结果，所以测量精确度比较高. 按平衡方式可将电桥分为平衡电桥和非平衡电桥. 如果将平衡电桥电路中的待测电阻换成一个电阻型传感器，在某一条件下，先调节电桥达到平衡. 当外界条件改变时，传感器阻值会有相应变化，这时电桥不再平衡，桥路两端的电压随之改变，此类电桥称为非平衡电桥. 由于桥路的非平衡电压能反映桥臂电阻的微小变化，因此通过测量非平衡电压可以检测外界物理量的变化.

非平衡电桥是最常见的信号调理电路之一，在传感技术、非电量测量技术以及自动检测技术中广泛用作测量信号的转换. 在非电量测量技术中，通常用来测量温度、湿度、压力、重量以及微小位移等.

实验 7.3.1　非平衡电桥的特性研究

本实验着重介绍非平衡电桥的工作原理，通过研究非平衡电桥在单臂、双臂、四臂输入下的电压输出特性，分析其灵敏度和非线性误差.

【实验目的】

1. 了解非平衡电桥的工作原理.

2. 学习研究非平衡电桥的输出特性.

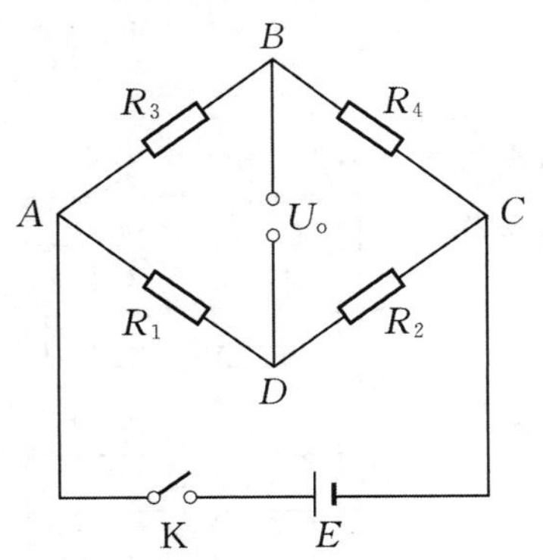

图 7－3－1　非平衡电桥原理图

【实验仪器】

直流稳压电源，电阻箱（4 只），数字万用表，单刀开关，导线等.

【实验原理】

1. 非平衡电桥的输出电压.

图 7－3－1 所示电路中，当 $R_1R_4 = R_2R_3$ 时，电路中 B，D 两点间电压 $U_o = 0$，此时为平衡电桥. 当电桥 4 个臂的电阻分别发生 ΔR_1，ΔR_2，ΔR_3，ΔR_4 的变化时，电桥平衡将被打破，B，D 两点间电压 U_o 将不为零，此时电桥则称为非平衡电桥，U_o 为非平衡电桥的输出电压. 设加在 A，C 两点之间的电压为 U，A 点为电势零点，根据串联电阻分压原理，则非平衡电桥的输出电压为

$$U_o = \left[\frac{R_1 + \Delta R_1}{(R_1 + \Delta R_1) + (R_2 + \Delta R_2)} - \frac{R_3 + \Delta R_3}{(R_3 + \Delta R_3) + (R_4 + \Delta R_4)}\right]U. \quad (7-3-1)$$

如果 $\Delta R_i \ll R_i(i=1,2,3,4)$，忽略二阶微小量 $\Delta R_i \Delta R_j(i,j=1,2,3,4)$ 和 $(\Delta R_1+\Delta R_2)(\Delta R_3+\Delta R_4)$，则式(7-3-1)可简化为

$$U_o=\frac{R_1R_4\left(1+\frac{\Delta R_1}{R_1}+\frac{\Delta R_4}{R_4}\right)-R_2R_3\left(1+\frac{\Delta R_2}{R_2}+\frac{\Delta R_3}{R_3}\right)}{(R_1+R_2)(R_3+R_4)\left(1+\frac{\Delta R_1+\Delta R_2}{R_1+R_2}+\frac{\Delta R_3+\Delta R_4}{R_3+R_4}\right)}U. \tag{7-3-2}$$

由于 $R_1R_4=R_2R_3$，$\frac{\Delta R_1+\Delta R_2}{R_1+R_2}+\frac{\Delta R_3+\Delta R_4}{R_3+R_4}\ll 1$，则式(7-3-2)又可以简化为

$$U_o=\frac{R_1R_4}{(R_1+R_2)(R_3+R_4)}\left(\frac{\Delta R_1}{R_1}-\frac{\Delta R_2}{R_2}-\frac{\Delta R_3}{R_3}+\frac{\Delta R_4}{R_4}\right)U. \tag{7-3-3}$$

由 $\frac{R_1}{R_2}=\frac{R_3}{R_4}$，得 $\frac{R_2}{R_1+R_2}=\frac{R_4}{R_3+R_4}$，代入式(7-3-3)得

$$U_o=\frac{R_1R_2}{(R_1+R_2)^2}\left(\frac{\Delta R_1}{R_1}-\frac{\Delta R_2}{R_2}-\frac{\Delta R_3}{R_3}+\frac{\Delta R_4}{R_4}\right)U. \tag{7-3-4}$$

若用 $K=\frac{R_1}{R_2}$ 表示电桥倍率，可得到 $\frac{R_1R_2}{(R_1+R_2)^2}=\frac{K}{(1+K)^2}$，则

$$U_o=\frac{K}{(1+K)^2}\left(\frac{\Delta R_1}{R_1}-\frac{\Delta R_2}{R_2}-\frac{\Delta R_3}{R_3}+\frac{\Delta R_4}{R_4}\right)U. \tag{7-3-5}$$

由式(7-3-5)可知，当电桥倍率 K 一定时，非平衡电桥的输出电压取决于各电阻的相对阻值变化. 若用 $\delta=\frac{\Delta R}{R}$ 表示各桥臂电阻总的相对变化量，即

$$\delta=\frac{\Delta R}{R}=\frac{\Delta R_1}{R_1}-\frac{\Delta R_2}{R_2}-\frac{\Delta R_3}{R_3}+\frac{\Delta R_4}{R_4}, \tag{7-3-6}$$

将式(7-3-6)代入式(7-3-5)得

$$U_o=\frac{K\delta}{(1+K)^2}U. \tag{7-3-7}$$

2. 非平衡电桥的灵敏度.

电桥的灵敏度可以用电桥测量臂的单位相对变化量引起输出端电压或电流的变化来表示. 设电桥的电压灵敏度用 S_U 表示，当电桥测量臂电阻的相对变化量为 $\Delta\delta$ 时，引起的输出电压变化量为 ΔU_o，则

$$S_U=\frac{\Delta U_o}{\Delta\delta}. \tag{7-3-8}$$

3. 非平衡电桥的非线性误差.

设电桥在经忽略微小量由简化后的式(7-3-3)得到的输出电压为 U_o，当 K 和 δ 一定时，由式(7-3-7)可见，电桥的输出电压 U_o 与加在电桥 A，C 两端的工作电压 U 呈线性关系，该电压 U_o 称为非平衡电桥的线性输出电压. 而实际测量时由于被忽略的微小量的影响，实际输出电压 U_o'[由式(7-3-1)得到的电压]并不等于理论电压 U_o[由式(7-3-3)得到的电压]. 因而 U_o' 与 U_o 实际并非线性关系，将实际值 U_o' 与理论值 U_o 之差相对于理论值 U_o 之比定义为非平衡电桥的非线性误差，用 η 表示，即

$$\eta=\frac{U_o'-U_o}{U_o}. \tag{7-3-9}$$

4. 单臂输入非平衡电桥.

设工作臂为R_4,且R_1,R_2,R_3,R_4的初始值均为R_0,当且仅当R_4发生一个变化量ΔR_4时,则$K=1,\delta=\frac{\Delta R_4}{R_0}$,根据式(7-3-7)可得电桥输出电压为

$$U_o=\frac{\Delta R_4}{4R_0}U. \tag{7-3-10}$$

由式(7-3-8)可得,电桥的输出电压灵敏度有最大值

$$S_{1\max}=\frac{U}{4}. \tag{7-3-11}$$

可以证明,当$\Delta R_4 \ll R_0$时,单臂输入非平衡电桥非线性误差系数为

$$\eta_1=\frac{\Delta R_4}{2R_0}. \tag{7-3-12}$$

5. 双臂输入(又称半桥)非平衡电桥.

在非平衡电桥电路中,如果工作桥臂为相邻的两个桥臂(设为图7-3-1中的R_3,R_4),则当一个桥臂电阻增大时,另一个桥臂电阻应减小,即两个桥臂电阻变化应相反(如$\Delta R_3=-\Delta R_4$),这种电路称为差动半电桥电路.如果工作桥臂为相对的两个桥臂(设为图7-3-1中的R_3,R_2),则两个桥臂电阻变化应相同(如$\Delta R_3=\Delta R_2$),这种电路称为对称半电桥电路.

若各桥臂电阻采用对称元件,即R_1,R_2,R_3,R_4的初始值均为R_0,对于差动半电桥电路,当$-\Delta R_3=\Delta R_4=\Delta R_{34}$时,则$K=1$,由式(7-3-6)可得$\delta=\frac{2\Delta R_{34}}{R_0}$,将其代入式(7-3-7)可得差动半电桥电路输出电压为

$$U_o=\frac{\Delta R_{34}}{2R_0}U. \tag{7-3-13}$$

对于对称半电桥电路,当$-\Delta R_3=-\Delta R_2=\Delta R_{32}$时,则$K=1$,由式(7-3-6)可得$\delta=\frac{2\Delta R_{32}}{R_0}$,将其代入式(7-3-7)可得对称半电桥电路输出电压为

$$U_o=\frac{\Delta R_{32}}{2R_0}U. \tag{7-3-14}$$

由式(7-3-8)可得,电桥的输出电压灵敏度有最大值

$$S_{2\max}=\frac{U}{2}. \tag{7-3-15}$$

可以证明,当$\Delta R_{34} \ll R_0$时,差动半电桥电路非线性误差系数为

$$\eta_2=\frac{1}{2}\left(\frac{\Delta R_3}{R_3}-\frac{\Delta R_4}{R_4}\right)=\frac{1}{2}\left(\frac{\Delta R_{34}}{R_0}-\frac{\Delta R_{34}}{R_0}\right)=0. \tag{7-3-16}$$

对称半电桥电路非线性误差系数为

$$\eta_2=\frac{1}{2}\left(\frac{\Delta R_3}{R_3}+\frac{\Delta R_2}{R_2}\right)=\frac{1}{2}\left(\frac{\Delta R_{32}}{R_0}+\frac{\Delta R_{32}}{R_0}\right)=\frac{\Delta R_{32}}{R_0}. \tag{7-3-17}$$

由此可见,差动半桥电路可以抑制非线性误差,而对称半桥电路的非线性误差较大.在使用双臂非平衡电桥时,应避免选用对称半桥电路,通常采用差动半桥电路.

6. 四臂输入非平衡电桥.

由式(7-3-5)可见,四臂输入(又称全桥)非平衡电桥的电阻变化量在变化方向上应满足以下关系:两个变化量符号相反的可变电阻应接入相邻桥臂,而两个变化量符号相同的可

变电阻应接入相对桥臂，这样构成的电路称为全桥差动电路．若采用对称元件（见图 7－3－2）．$\Delta R_1=-\Delta R_2=-\Delta R_3=\Delta R_4=\Delta R, R_1=R_2=R_3=R_4=R_0$，则由式(7－3－5)可得其输出电压为

$$U_o=\frac{\Delta R}{R_0}U. \qquad (7-3-18)$$

电桥的输出电压灵敏度有最大值

$$S_{4max}=U. \qquad (7-3-19)$$

四臂输入非平衡电桥（全桥差动电路）的非线性误差为

$$\eta_4=0.$$

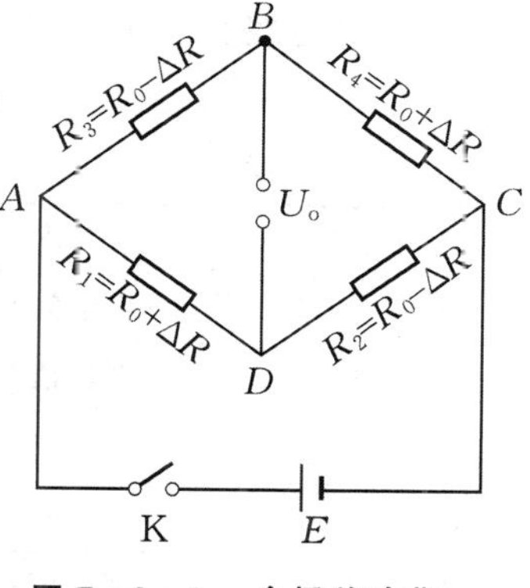

图 7－3－2　全桥差动非平衡电桥

【实验内容及步骤】

本实验用 4 只电阻箱、1 只数字万用表和电源按图 7－3－1 连接电路，构成自组非平衡电桥．首先选取电源为 6 V，实验前将 4 个桥臂的电阻调至相等（如 $R_0=300\ \Omega$），这时电桥应达到平衡，$U_o=0$．若这时 $U_o\neq 0$，可微调 R_3 使 $U_o=0$，并记录 R_3 的值．

1．单臂输入非平衡电桥输出特性研究．

(1) 选择 R_4 为工作臂，通过调整 R_4 对应的电阻箱的电阻值，使 R_4 的阻值从 $R_0=300\ \Omega$ 开始每次增大 2 Ω，测量对应的输出电压 U_o'．共测 5 组数据，将测量数据记入表 7－3－1．

(2) 保持电源电压不变，选择 $R_0=600\ \Omega$，重复步骤(1)进行测量，将测量数据记入表 7－3－1．

(3) 选择 $R_0=600\ \Omega$，将电源电压变为 3 V，重复步骤(1)进行测量，将测量数据记入表 7－3－1．

2．双臂输入非平衡电桥输出特性研究．

(1) 选择 R_3 和 R_4 为工作臂，通过改变两个电阻值的大小，使其中一个电阻 R_3 每次增加 2 Ω，另一个电阻 R_4 相应每次减小 2 Ω，测量对应的输出电压 U_o'．共测 5 组数据，将测量数据记入表7－3－2．

(2) 保持电源电压不变，选择 $R_0=600\ \Omega$，重复步骤(1)进行测量，将测量数据记入表7－3－2．

(3) 选择 $R_0=600\ \Omega$，将电源电压变为 3 V，重复步骤(1)进行测量，将测量数据记入表 7－3－2．

3．四臂输入非平衡电桥输出特性研究．

(1) 实验前将 4 个桥臂的电阻调至相等（如 $R_0=300\ \Omega$），这时电桥应达到平衡，$U_o=0$．若这时 $U_o\neq 0$，可微调 R_3 使 $U_o=0$，并记录 R_3 的值．

(2) 改变 4 个桥臂测阻值大小，使两个电阻 R_1, R_4 每次分别增加 2 Ω，另两个电阻 R_2, R_3 相应每次分别减小 2 Ω，测量对应的输出电压．共测 5 组数据，将测量数据记入表 7－3－3．

(3) 保持电源电压不变，选择 $R_0=600\ \Omega$，重复步骤(1)进行测量，将测量数据记入表 7－3－3．

(4) 选择 $R_0=600\ \Omega$，将电源电压变为 3 V，重复步骤(1)进行测量，将测量数据记入表 7－3－3．

【数据处理及分析】

表 7-3-1　单臂输入非平衡电桥测量数据

$R_4 = R_0 + \Delta R$

测量条件	$\Delta R/\Omega$	2.0	4.0	6.0	8.0	10.0
$R_0 = 300\ \Omega$ $U = 6\ \mathrm{V}$	测量值 U'_o/V					
	理论值 U_o/V					
	η_1					
$R_0 = 600\ \Omega$ $U = 6\ \mathrm{V}$	测量值 U'_o/V					
	理论值 U_o/V					
	η_1					
$R_0 = 600\ \Omega$ $U = 3\ \mathrm{V}$	测量值 U'_o/V					
	理论值 U_o/V					
	η_1					

表 7-3-2　双臂输入非平衡电桥电压测量数据

$R_3 = R_0 + \Delta R, R_4 = R_0 - \Delta R$

测量条件	$\Delta R/\Omega$	2.0	4.0	6.0	8.0	10.0
$R_0 = 300\ \Omega$ $U = 6\ \mathrm{V}$	测量值 U'_o/V					
	理论值 U_o/V					
	η_2					
$R_0 = 600\ \Omega$ $U = 6\ \mathrm{V}$	测量值 U'_o/V					
	理论值 U_o/V					
	η_2					
$R_0 = 600\ \Omega$ $U = 3\ \mathrm{V}$	测量值 U'_o/V					
	理论值 U_o/V					
	η_2					

表 7-3-3　四臂输入非平衡电桥电压测试数据

$R_1 = R_0 - \Delta R, R_2 = R_0 + \Delta R, R_3 = R_0 + \Delta R, R_4 = R_0 - \Delta R$

测量条件	$\Delta R/\Omega$	2.0	4.0	6.0	8.0	10.0
$R_0 = 300\ \Omega$ $U = 6\ \mathrm{V}$	测量值 U'_o/V					
	理论值 U_o/V					
	η_4					
$R_0 = 600\ \Omega$ $U = 6\ \mathrm{V}$	测量值 U'_o/V					
	理论值 U_o/V					
	η_4					

续表

测量条件	$\Delta R/\Omega$	2.0	4.0	6.0	8.0	10.0
$R_0 = 600\ \Omega$	测量值 U_o'/V					
$U = 3\ \mathrm{V}$	理论值 U_o/V					
	η_4					

1. 根据各表中的电阻变化量 ΔR 和输出电压测量值 U_o' 分别算出 U_o，η_i，填入相应表格.

2. 根据各表中的数据，分别绘出不同测量条件下的 $\Delta R - U_o'$ 和 $\Delta R - U_o$ 关系曲线，并拟合线性，该直线的斜率就是电桥的输出电压灵敏度，并分析它们之间的相互关系.

3. 根据各表中的数据，分别绘出不同测量条件下的 $\Delta R - \eta$ 关系曲线，并分析其是否为线性关系.

【思考题】

1. 对于非平衡电桥，当 $\Delta R \ll R_0$ 时，输出电压 U 和 ΔR 的关系如何？

2. 双臂输入与四臂输入时，电桥的灵敏度与单臂输入时灵敏度的有何不同？

实验 7.3.2　非平衡电桥的灵敏度与臂电阻的关系研究

【实验目的】

1. 进一步熟悉非平衡电桥的工作原理.

2. 研究非平衡电桥的臂电阻阻值对其灵敏度的影响规律.

【实验仪器】

非平衡电桥（任意型号均可），ZX21 型电阻箱等.

【实验原理提示】

在图 7-3-1 所示电路中，若选 R_4 为工作臂 R_x，R_1 和 R_2 为比例臂，可根据需要选择倍率，R_3 为可变电阻（平衡臂）. 当取 $R_1 = R_2 = R_3 = R_{x0}$（R_{x0} 为 R_x 的初始值），这时倍率 $K = 1$，由式（7-3-11）可得，电桥的输出电压灵敏度有最高值 $S_{1\max} = \dfrac{U}{4}$，这种电桥称为等臂电桥. 那么，在下列不同情况下，电桥的输出电压灵敏度会如何呢？

（1）当 $K = \dfrac{R_1}{R_2} = 1$，保持 ΔR_x 一定，R_{x0} 取不同值时，电桥的输出电压灵敏度 S_U 与 R_{x0} 有何关系？

（2）当 $K = \dfrac{R_1}{R_2} = 1$，保持 R_{x0} 一定，ΔR_x 取不同值时，电桥的输出电压灵敏度 S_U 与 ΔR_x 有何关系？

（3）当保持 R_{x0} 和 ΔR_x 一定，取不同的倍率 $K = \dfrac{R_1}{R_2} = K_i$ 时，电桥的输出电压灵敏度 S_U 与 K_i 有何关系？

（4）对于双臂输入和四臂输入非平衡电桥，当以上条件发生变化时，情况又如何呢？

【实验内容提示】

用电阻箱作为工作臂电阻 R_x，将其接入非平衡电桥. 选择合适的比例臂电阻 R_1 和 R_2 取值，在上述三种不同条件下进行实验，每个条件下测量数据不少于 5 组. 自拟表格记录数据.

【数据记录与处理】

根据所测数据，分别作 S_U-R_{x0}，$S_U-\Delta R_x$，S_U-K_i 关系曲线，并进行相关分析得出实验结论.

【思考题】

非线性误差也是非平衡电桥的一个重要指标，在应用非平衡电桥电路进行测量时，如何综合考虑灵敏度和非线性误差的影响？

实验 7.3.3 用非平衡电桥研究热敏电阻的温度特性

【实验目的】

1. 了解热敏电阻的电阻值与温度的关系.
2. 学习用非平衡电桥测定电阻温度系数的方法.

【实验仪器】

DHW－2 型温度传感实验装置(含温控仪和加热装置)，非平衡电桥(含数字毫伏表，任意型号均可)，热敏电阻温度传感器(可用普通二极管替代).

DHW－2 型温度传感实验装置由主机(即温控仪) 和温度传感实验加热装置组成，是为配合 DHQJ 系列非平衡电桥在实验过程中测试时配套使用的实验装置. 本装置采用智能温度控制器控温.

DHW－2 型温度传感实验装置的主机面板如图 7－3－3 所示，DHW－2 型温度传感实验加热装置如图 7－3－4 所示.

【实验原理】

1. 半导体热敏电阻.

热敏电阻由半导体材料制成，是一种敏感元件. 其特点是在一定的温度范围内，它的电阻率 ρ_T 随温度 T 的变化而显著地变化，因而能直接将温度的变化转换为电量的变化. 一般情况下，半导体热敏电阻随温度升高电阻率下降，称为负温度系数热敏电阻(简称 NTC 元件，实际中大多数半导体二极管、三极管都具有这种特性)，其电阻率 ρ_T 与热力学温度 T 的关系为

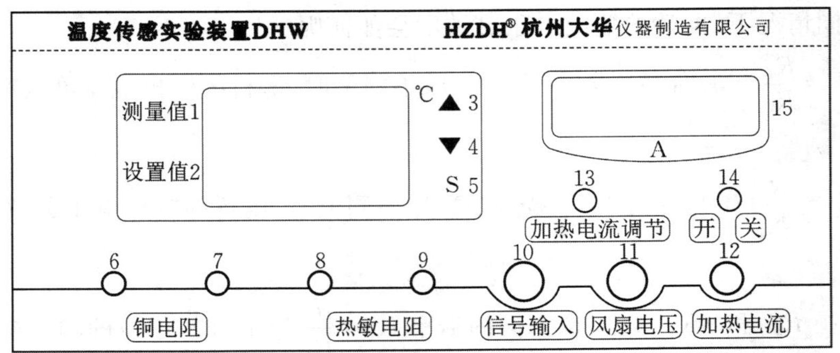

1—测量值：显示器（绿）；2—设定值：显示器(红)；3—加数键（▲）；4—减数键（▼）；
5—设定键（S）；6，7—铜电阻输出端子；8，9—热敏电阻输出端子；
10—加热炉信号输入插座；11—风扇电压输出插座；12—加热电流输出插座；
13—加热电流调节电位器；14—加热电流输出控制开关；15—加热电流显示屏

图 7－3－3 DHW－2 型温度传感实验装置主机面板

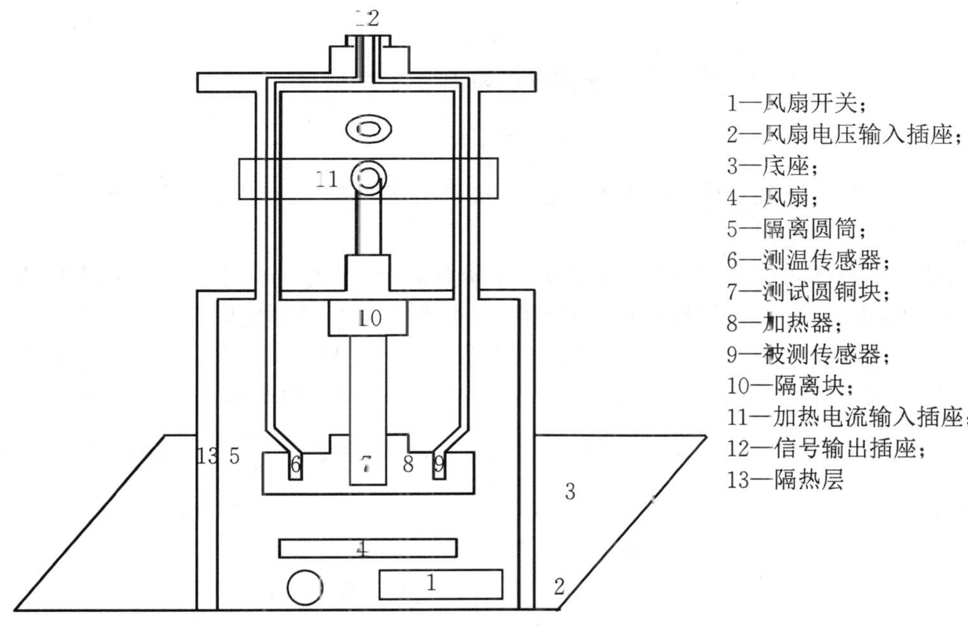

图 7-3-4　DHW-2 型温度传感实验加热装置示意图

$$\rho_T = A_0 e^{B/T}, \tag{7-3-20}$$

式中 A_0 与 B 为常数，由材料的物理性质决定.

有些半导体热敏电阻（例如钛酸钡掺入微量稀土元素，采用陶瓷制造工艺烧结而成的热敏电阻）在温度升高到某特定范围（居里点）时，电阻率会急剧上升，称为正温度系数热敏电阻（简称 PTC 元件）. 其电阻率的温度特性为

$$\rho_T = A_0' e^{B_\rho T}, \tag{7-3-21}$$

式中 A_0'，B_ρ 为常数，由材料物理性质决定.

本实验使用负温度系数的热敏电阻. 对于截面均匀的 NTC 元件，阻值 R_T 表示为

$$R_T = \rho_T \frac{l}{S} = A_0 \frac{l}{S} e^{B/T}, \tag{7-3-22}$$

式中 l 为热敏电阻两极间的距离，S 为热敏电阻横截面积. 令 $A = A_0 \dfrac{l}{S}$，则有

$$R_T = A e^{B/T}. \tag{7-3-23}$$

上式说明负温度系数热敏电阻的阻值随温度升高按指数规律下降（见图 7-3-5），可见其对温度的敏感程度比金属电阻等其他感温元件要高得多. 由于具有上述性质，热敏电阻被广泛应用于精密测温和自动控温电路中.

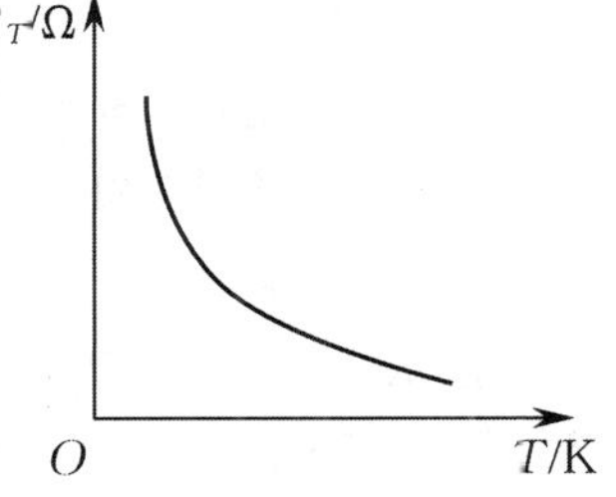

图 7-3-5　热敏电阻的 R_T-T 曲线

对式(7-3-23) 两边取对数，得

$$\ln R_T = B \frac{1}{T} + \ln A. \tag{7-3-24}$$

可见，$\ln R_T$ 与 $\dfrac{1}{T}$ 呈线性关系. 若从实验中测得若干个 R_T 和对应的 T 值，通过作图法可求出 A（由截距 $\ln A$ 求出）和 B（即斜率）.

根据电阻温度系数的定义：

$$\alpha = \frac{1}{\rho_T}\frac{\mathrm{d}\rho_T}{\mathrm{d}T} = \frac{1}{R_T}\frac{\mathrm{d}R_T}{\mathrm{d}T}, \tag{7-3-25}$$

将式(7-3-23)代入上式可求出热敏电阻的电阻温度系数:

$$\alpha = -\frac{B}{T^2}. \tag{7-3-26}$$

对于给定材料的热敏电阻,在测得 B 值后,可求出该温度下的电阻温度系数.

2. 非平衡电桥测电阻.

用惠斯通电桥测量电阻时,电桥应调节到平衡状态,此时 $I_g = 0$. 但有时被测电阻阻值变化很快(如热敏电阻),电桥很难调节到平衡状态,此时用非平衡电桥测量较为方便.

如图 7-3-1 所示,若将 R_4 作为待测热敏电阻 R_T,则它与 R_1,R_2,R_3(实际非平衡电桥中 R_1 和 R_2 为比例臂,可根据需要选择倍率,R_3 为可变电阻)构成单臂输入非平衡电桥. 设该电阻在某一初始状态(如 0 ℃ 或室温)下的阻值为 R_{T0},取倍率 $K = \frac{R_1}{R_2} = 1$,预调节 R_3 使电桥处于平衡,输出电压为 0;当给热敏电阻 R_T 加热,使其阻值发生变化量 $\Delta R_T = R_T - R_{T0}$,由式(7-3-4)可得此时非平衡电桥输出电压为

$$U_o = \frac{\Delta R_T}{4R_{T0}}U = \frac{R_T - R_{T0}}{4R_{T0}}U = \frac{1}{4}\left(\frac{R_T}{R_{T0}} - 1\right)U, \tag{7-3-27}$$

由上式整理可得

$$R_T = R_{T0} + \frac{4R_{T0}}{U}U_o. \tag{7-3-28}$$

可见,当电桥工作电压 U 和工作桥臂初始电阻 R_{T0} 一定时,热敏电阻的阻值 R_T 与电桥输出电压 U_o 呈线性关系,即只要测出非平衡电桥的输出电压,就可以得到热敏电阻阻值.

同样,当热敏电阻温度变化时,其阻值随温度变化量与非平衡电桥的输出电压一一对应. 如果将这一对应关系进行标定,就可以根据电桥输出电压值得到相应的温度值. 这就是用热敏电阻测温的原理.

3. 非平衡电桥的四种工作方式.

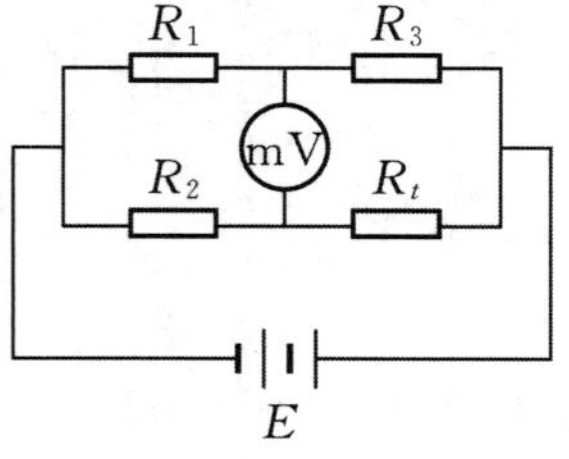

图 7-3-6 非平衡电桥电路简图

这里以非平衡电桥测量热敏电阻为例进行说明(见图 7-3-6).

(1) 等臂电桥.

当电桥的三个桥臂阻值相等(即 $R_1 = R_2 = R_3$)时称为等臂电桥. 设 R_t 在 0 ℃(或某一起始温度 t_0 ℃)的电阻值为 R_{t0},先选 $R_1 = R_2 = 1\ \mathrm{k\Omega}$,令电桥在 t_0℃ 时平衡,则有 $R_{t0} = R_3$,再调 $R_1 = R_2 = R_3 = R_{t_0}$ 构成等臂电桥. 然后改变温度 t,R_t 相应改变,电桥桥路有相应电压输出 U_t,记录不同温度 t 与相应 U_t 值,即可算出 t 时相应的 R_t 值.

(2) 卧式电桥.

当 $R_1 = R_3$,但 $R_1 \neq R_2$ 时称为卧式电桥. 电桥在 t_0℃ 时平衡,应有 $R_{t0} = R_2$. 保持 $R_2 = R_{t0}$,则改变温度 t 时 R_t 变化,桥路有相应输出 U_t. 记录 t 与相应 U_t 值即可算出 R_t 值.

(3) 立式电桥.

实验时先测出 R_{t0} 的值,然后使 $R_1 = R_2$,$R_3 = R_{t0}$,但 $R_1 \neq R_3$,这种桥路称为立式电桥. 改变温度 t,记录不同温度 t 时的 U_t,即可算出 R_t 值.

(4) 比例电桥.

实验时先测出 R_{t0} 的值后，取 $R_2 = KR_{t0}$，$R_1 = KR_3$，K 为倍率，为方便计算可选取整数，这种桥路称为比例电桥. 改变温度 t，记录不同温度 t 时的 U_t，即可算出 R_t 值.

上述几种电桥工作方式各有特点. 等臂电桥和卧式电桥的测量范围较小，但有较高的灵敏度；立式电桥的测量范围较大，但灵敏度比前两个电桥要低；比例电桥可以灵活地选用桥臂电阻，且测量范围大，线性较好，所以在实际使用中较为广泛.

【实验内容提示】

本实验研究半导体负温度系数热敏电阻的温度特性. 在老师指导下连接电路，采用 DHW－2 型温度传感实验装置（含温控仪和加热装置）加热热敏电阻，非平衡电桥测定电桥输出电压. 对热敏电阻加热，从 30 ℃ 开始温度每升高 5 ℃ 测一组电压值，一直到 90 ℃. 将测量数据记入表 7－3－4.

【数据处理及分析】

表 7－3－4　NTC 热敏电阻非平衡电桥输出电压与温度的关系

温度 t/℃	30	35	40	45	50	55	60	65	70	75	80	85	90
电压 U_o/mV													
阻值 R_T/Ω													

根据表 7－3－4，由式（7－3－28）计算各温度 t 对应的热敏电阻的值 R_T，并计算 $\frac{1}{T}$（T 为热力学温度）及相应的 $\ln R_T$ 值，然后以 $\ln R_T$ 为纵轴、$\frac{1}{T}$ 为横轴作 $\ln R_T - \frac{1}{T}$ 图，应为一条直线，求出其斜率 B，截距 $\ln A$，写出热敏电阻的 $R_T - T$ 关系式，并计算出各温度的电阻温度系数.

【思考题】

1. 非平衡电桥测电阻的原理是什么？在具体操作中是如何实现的？

2. 在箱式非平衡电桥中，比例臂的倍率选取的原则是什么？如果选取不合适，对结果有何影响？

3. 简述直流非平衡电桥与直流平衡电桥的关系.

实验 7.3.4　金属电阻温度传感器特性研究

【实验目的】

1. 研究金属电阻温度特性.

2. 加深对非平衡电桥的工作原理和温度传感器测温原理的理解.

【实验仪器】

DHW－2 型温度传感实验装置（含温控仪和加热装置），DHQJ－3 型非平衡电桥（含数字毫伏表），铜电阻（Cu50）温度传感器，铂电阻（Pt100）温度传感器等.

1. DHQJ－3 型非平衡电桥.

DHQJ－3 型非平衡电桥是一种综合性的电桥实验仪器，其面板如图 7－3－7 所示. 它可以组成属于平衡电桥的惠斯通电桥（单桥）、开尔文电桥（双桥），也可以组成多种形式的非平衡电桥.

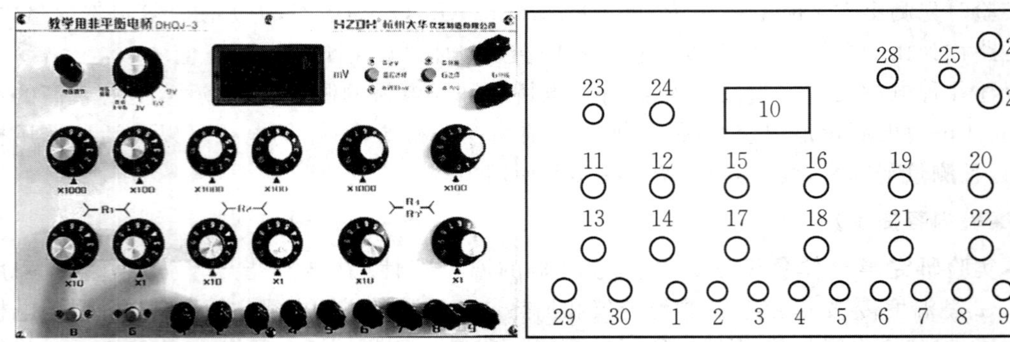

1—工作电源负端；　2—R_1电阻端；　3—R_2电阻端；　4，5—双桥电流端；　6—R'_3电阻端；
7—单桥被测端；　8—R_3电阻端；　9—工作电源正端；　10—数显直流毫伏表；
11~14—R_1电阻调节盘，分别为×1 000，×100，×10，×1电阻盘；
15~18—R_2电阻调节盘，分别为×1 000，×100，×10，×1电阻盘；
19~22—R_3和R'_3电阻调节盘，分别为×1 000，×100，×10，×1电阻盘；
23—非平衡电桥和双桥的电压调节；
24—电源选择开关，分别可选：非平衡电压测量、非平衡双桥、3 V、6 V、9 V五种工作电源；
25—电桥输出转换开关(按下为内接，弹出为外接)；　26，27—电桥输出“外接”端；
28—量程选择开关（按下为200 mV，弹出为2 V）；
29，30—电桥的B，G按钮（即工作电源和电桥输出通断按钮）

图 7-3-7　DHQJ-3 型非平衡电桥面板图

2. 金属电阻式温度传感器.

金属电阻式温度传感器是利用金属电阻的电阻率与温度在一定范围内呈近似线性关系的特性，经特殊工艺制作而成的一种温度传感器. 如常用铜电阻(Cu50) 和铂电阻(Pt100) 等就属于此类温度传感器，它们都属于正电阻温度系数.

Cu50 温度传感器是一种用金属铜做成的电阻式温度传感器，Cu50 是指它的阻值在 0 ℃ 时为 50 Ω，在 100 ℃ 时它的阻值约为 71.40 Ω.

Pt100 温度传感器是一种用金属铂做成的电阻式温度传感器，Pt100 是指它的阻值在 0 ℃ 时为 100 Ω，在 100 ℃ 时它的阻值约为 138.50 Ω. 它的主要特点是测量精度高、性能稳定. 在各种热电阻中铂热电阻的测量精确度是最高的，它不仅广泛应用于工业测温，而且被制成标准的基准仪.

Pt100 温度传感器的精度等级分为 A 级和 B 级两类，它们的允许偏差值 Δt(℃) 分别为：A 级 $\pm(0.15+0.002|t|)$，B 级 $\pm(0.30+0.005|t|)$.

金属电阻传感器的引出线有两线和三线之分. 两线即从电阻两端分别引出一根线，当该传感器与测量电路直接连接或连线较短时，可用两线接入电路. 但当传感器与测量电路相距较远时，接线电阻将带来较大误差. 为了解决这一问题，可用三端电阻形式接入电路，因而需要三根线，假设用 A，B，C(或黑、红、黄) 来代表电阻传感器三根线，它们之间有如下规律：A 与 B 或 C 之间的阻值常温下为 54 Ω 左右(Cu50) 和 108 Ω 左右(Pt100)，B 与 C 之间为 0 Ω，B 与 C 在内部是直通的，原则上没什么区别.

【实验原理】

1. 三端电阻电桥接法.

所谓三端电阻，是指从待测电阻 R_t 两端引出三根接线. 其中一端引一根线连接桥路，另一端引出两根线，一根称为电位端，连到电阻 R_3 上，另一根为电流端，连到电源回路上，如

图 7-3-8 所示. 这三端由于引线与接线会出现一定的接触电阻 R_4, R_5, R_6, 但因接线方式与长度基本相同, 它们的阻值基本相同, 在电桥平衡时 R_4, R_5 的作用相互抵消, R_6 因为串接在电源回路, 对测量没有影响.

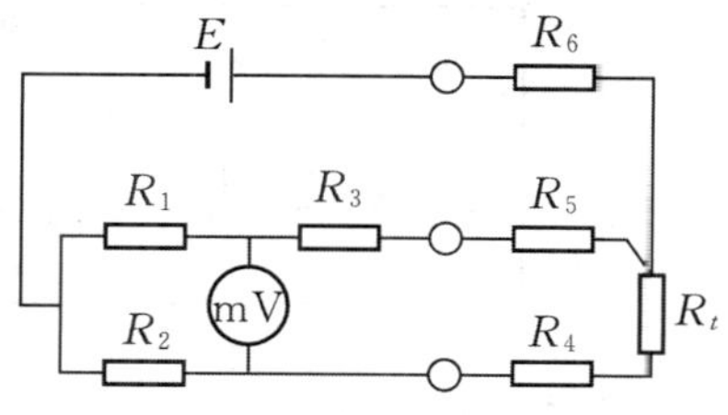

图 7-3-8　三端电阻电桥电路简图

2. 金属导体的电阻.

金属导体的电阻随温度的升高而增加, 电阻值 R_t 与温度 t 之间的关系常用以下经验公式表示:

$$R_t = R_0(1 + \alpha t + bt^2 + ct^3 + \cdots), \tag{7-3-29}$$

式中 R_t 是温度为 t 时的电阻, R_0 为 $t = 0$ ℃ 时的电阻, α, b, c 为常系数.

在很多情况下, 可只取前三项, 即

$$R_t = R_0(1 + \alpha t + bt^2). \tag{7-3-30}$$

因为常数 b 比 α 小很多, 在不太大的温度范围内, b 可以略去, 于是上式可近似写成

$$R_t = R_0(1 + \alpha t), \tag{7-3-31}$$

式中 α 称为该金属电阻的温度系数.

严格地说, α 与温度有关, 但在 0 ~ 100 ℃ 范围内, α 的变化很小, 可看作不变. 利用电阻与温度的这种关系可做成电阻温度计, 如铂电阻温度计等, 把温度的测量转换成电阻的测量, 既方便又准确, 在实际中有广泛的应用.

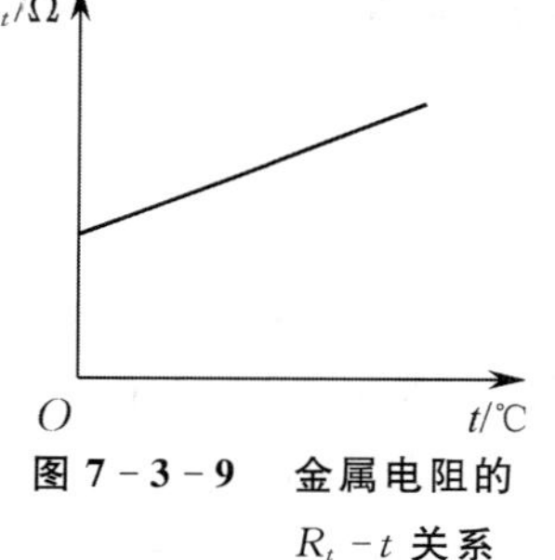

图 7-3-9　金属电阻的 R_t-t 关系

通过实验测得金属的 R_t-t 曲线(见图 7-3-9) 近似为一条直线, 斜率为 $R_0\alpha$, 截距为 R_0.

根据金属导体的 R_t-t 曲线, 可求得该导体的电阻温度系数. 方法是从曲线上任取相距较远的两点 (t_1, R_1) 及 (t_2, R_2), 根据式(7-3-31) 有

$$R_1 = R_0 + R_0\alpha t_1, \quad R_2 = R_0 + R_0\alpha t_2,$$

两式联立求解得

$$\alpha = \frac{R_2 - R_1}{R_0(t_2 - t_1)}. \tag{7-3-32}$$

【实验内容及步骤】

1. 准备工作.

(1) 将电桥上的开关 24, 25 拨到合适位置. 24 为电源选择开关, 可根据被测阻值大小选择 "3 V" "6 V" 或 "9 V". 25 为电桥输出转换开关, 本实验用仪器自带数显表测量, 可选"内接".

(2) 在 DHW-2 型温度传感加热装置的一个加热杯中加入自来水, 注意水面高度要适当. 将加热装置的信号输出插座与 DHW-2 温度传感实验装置前面板上的加热炉信号输入插座连接好.

(3) 将带有传感器的加热杯盖盖到加热杯上. 将温控仪面板的热敏电阻两输出端子按图 7-3-10 接入非平衡电桥. 若金属电阻为两线电阻, 按图 7-3-10(a) 分别接到非平衡电桥 7(红端) 和 8 两端子, 8 和 9(绿端) 用导线相连, 此为一般单桥时连线. 若金属电阻为三线电阻, 则按图 7-3-10(b) 连接, 电桥 7(红端) 接电阻 A 端, 电桥 8, 9 端子分别与电阻 B, C 端连接. 1, 2, 3 钮用短导线相连接.

(4) 将加热杯电源线接温控仪加热电流输出插座 12, 将加热装置的风扇电压输入插座接温控仪前面板的风扇电压输出插座 11(见图 7-3-3), 并将电桥、温控仪接电源.

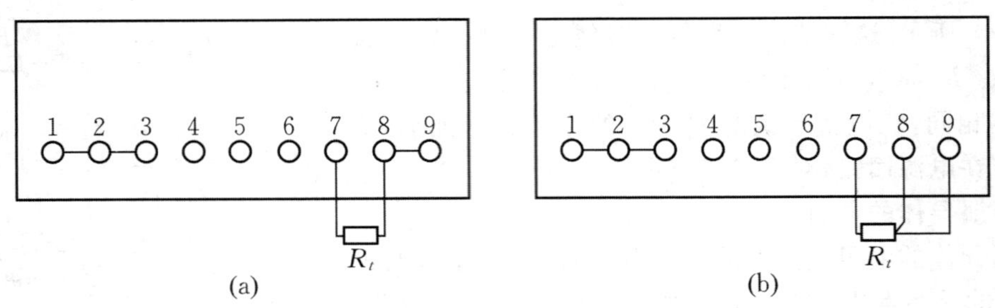

图 7-3-10 热电阻连线示意图

2. 用平衡电桥测量金属电阻的电阻-温度特性.

(1) 启动DHW-2型温度传感实验装置的加热电流开关开始加热,设置起始温度从室温(25 ℃)开始,具体操作如下:先按面板上S键,再按▲或▼键,使SV屏(即温度显示窗口中的设置值一栏)显示设置的温度值 t_0(25 ℃),最后按S键确认.PV屏(即温度显示窗口中的测量值一栏)则显示杯中热水实时温度,亦即与热水达热平衡时热电阻的温度.

(2) 调 $R_1 = R_2 = 100\ \Omega$,并调整 R_3(仪器面板中19～22调节盘)使桥路输出电压示数为零,此时 R_3 示数(可从 R_3 电阻调节盘上读出)则为 t_0 时热电阻阻值 R_{t_0}.

(3) 重新设置温控仪到所需加热的最高温度(如90 ℃),缓慢逐步改变 R_3 值,密切观察PV屏显示的温度 t,每隔5 ℃记录下电桥输出电压恰为零时对应的 R_3 的值,这正是相应温度 t 下的热电阻值 R_t,至少测量10组数据,结果记入相应表格.

3. 测量非平衡电桥输出电压与热电阻温度的关系.

(1) 倒掉杯中热水,换上冷自来水重新实验.

(2) 重复步骤"2.(1)～(2)",记下此时的 t_0 和 R_{t_0}(即 R_3 的读数).

(3) 重新设置温控仪到所需加热的最高温度(如90 ℃),保持 $R_1 = R_2 = 100\ \Omega$ 和 R_3 值不变.水加热时记录温控仪PV屏上一系列温度值 t 及与之相应的非平衡桥输出电压 U_t 的数值.至少测量10组数据,结果记入相应表格.

4. 按以上内容和步骤分别测出铜电阻(Cu50)和铂电阻(Pt100)两种温度传感器的相应数据.

【数据记录与处理】

表 7-3-5 铜电阻(Cu50)温度特性数据记录表

次数 n	1	2	3	4	5	6	7	8	9	10	11
温度 t/℃	25	30	35	40	45	50	55	60	65	70	75
电阻 R_t/Ω											
电压 U_t/mV											

表 7-3-6 铂电阻(Pt100)温度特性数据记录表

次数 n	1	2	3	4	5	6	7	8	9	10	11
温度 t/℃	25	30	35	40	45	50	55	60	65	70	75
电阻 R_t/Ω											
电压 U_t/mV											

1. 根据表 7－3－5 和表 7－3－6 中温度与电阻关系数据，分别绘制 R_t-t 关系曲线，并拟合线性分别求出斜率和截距，由式(7－3－31) 分别写出这两种金属电阻的阻值与温度关系式.

2. 根据表 7－3－5 和表 7－3－6 中非平衡电压与电阻关系数据，分别绘制 U_t-t 关系曲线，并拟合线性分别求出斜率和截距，由式(7－3－31) 分别写出这两种金属电阻的非平衡电压与温度关系式.

3. 也可采用最小二乘法处理数据，得到相关关系式.

4. 对实验结果进行分析，得出相应结论.

【思考题】

1. 平衡电桥与非平衡电桥有哪些不同？本实验中的两部分实验内容各采用的是什么电桥？

2. 若将此实验的原理应用于改装热电阻-数字温度计，你认为设计中关键应注意什么？

实验 7.3.5　热电偶温差电动势的测量与研究

【实验目的】

1. 了解热电偶的测温原理，学习热电偶的测温方法.

2. 学习热电偶的标定，并求出其温差电系数.

【实验仪器】

DHW－2 型温度传感实验装置，数字毫伏表(量程 20 mV)，杜瓦瓶(或热电偶冰点补偿器).

【实验原理】

热电偶是由 A，B 两种不同材料的金属丝的端点彼此紧密接触而组成的，如图 7－3－11(a) 所示. 当两个接点处于不同温度时，在回路中就有直流电动势产生，该电动势称为温差电动势或热电动势. 当组成热电偶的材料一定时，温差电动势 θ 仅与两接点处的温度 t 有关，并且两接点的温差在一定的温度范围内有如下近似关系式：

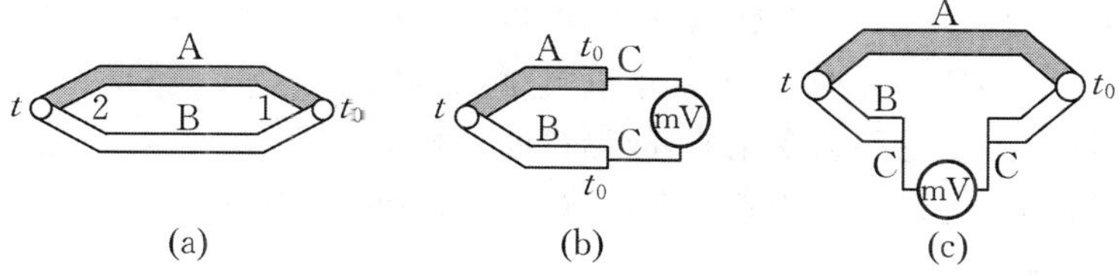

图 7－3－11　热电偶的结构原理示意图

$$\theta=\alpha(t-t_0), \tag{7－3－33}$$

式中 α 称为热电偶常数(或温差电系数). 对于不同金属组成的热电偶，α 是不同的，且在不同温度下 α 值略有变化，数值上等于两接点温度差为 1 ℃ 时所产生的电动势. t 为工作端的温度，t_0 为冷端的温度. 为测量温差电动势，就需要在回路中接入数字毫伏表. 但测量仪器的引入不能影响热电偶原有的性质，如不影响它在一定的温差 $t-t_0$ 下应有的电动势 θ 值. 根据伏打定律，即在 A，B 两种金属之间插入第三种金属 C 时，若它与 A，B 的两接点处于同一温度 t_0，则该闭合回路的温差电动势与上述只有 A，B 两种金属组成回路时的温差电动势在数值上完全相同. 因此，我们把 A，B 两根不同化学成分的金属丝的一端焊在一起，构成热电偶的热端(工作端),将另两端各与铜引线(即第三种金属 C)焊接,构成两个同温度(t_0)的冷端(自由端),铜引线与数字毫伏表相连,如图 7-3-11(b) 所示. 也可以采用如图 7-3-11(c) 所示接法.

通常将冷端置于冰水混合物中,保持 $t_0=0$ ℃,将热端置于待测温度处,即可测得相应的温差电动势,再根据事先校正好的曲线或数据来求出温度 t. 热电偶温度计的优点是热容量小、灵敏度高、反应迅速、测温范围广,还能直接把非电学量温度转换成电学量. 因此,在自动测温、自动控温等系统中得到广泛应用.

本实验选用铜-康铜热电偶(康铜是铜、镍合金).

【实验内容及步骤】

对热电偶进行定标,并测量热电偶的温差电系数.

1. 准备工作.

在使用之前,先把温控仪底部的支撑架竖起,以便在测试时方便观察及操作. 将温控仪与加热装置连接好(参考实验 7.3.4),并在加热杯中加入常温自来水,经检查无误后,打开后面板上的电源开关,接通电源. 此时温控仪的 PV 显示屏显示的温度为环境温度.

2. 热电偶连接.

本实验测定热电偶的温度特性. 把热电偶一端接入 DHW-2 型温度传感实验装置加热装置的待测传感器孔内,热电偶的另一端置于盛有冰水混合物的杜瓦瓶中,保证 $t_0=0$ ℃,热电偶的两根输出线与数字毫伏表相连,以测定热电偶的电动势.

3. 设置控制温度.

先设定最高加热温度,之后打开面板上的加热电流开关. 温控仪开始给加热炉加热,在使用时可根据所需升温速度的快慢及环境温度与所需加热温度值,调节电流调节旋钮输出一个合适的加热电流. 加热电流的大小通过面板上的加热电流显示屏显示.

4. 测量.

开启加热电流开关,使加热装置开始工作,当温度达到 30 ℃ 时,读出此时对应的温差电动势,然后在 30 ℃ 基础上,温度每升高 5 ℃ 测量一个热电偶的温差电动势值,至少测量 14 个数据. 再做一次降温测量,即在升温时测出第 14 个数据后,关闭"加热电流调节",打开加热装置上的"风扇开关",然后从第 14 个数据开始,温度每下降 5 ℃,测量一个热电偶的温差电动势值,直至回到第一个数据对应的温度结束测量. 将数据记入表 7-3-7.

由于升温测量时温度是动态变化的,故测量时可提前 2 ℃ 进行跟踪,以保证测量速度和测量精度. 测量时,一旦达到目标值应立即读取温度值和电动势值.

【数据处理及分析】

表 7-3-7 热电偶定标数据记录

室温______℃ $t_0=0$ ℃

次 数	2	3	4	5	6	7	8	9	10	11	12	13	14
t/℃	35	40	45	50	55	60	65	70	75	80	85	90	95
$\theta_{升}$/mV													
$\theta_{降}$/mV													
θ/mV													

1. 根据表 7-3-7 中的测量数据计算同一温度下的 $\theta_{升}$ 和 $\theta_{降}$ 的平均值，即 $\theta_i = \frac{\theta_{升i} + \theta_{降i}}{2}$，填入对应的 θ 一栏中.

2. 作热电偶的 $\theta - t$ 定标曲线，并拟合线性，得到直线斜率 k，该斜率 k 就是热电偶温差电系数 α.

由式(7-3-33)可见，当 $t_0 = 0$ ℃ 时，$\theta = \alpha t$，即热电偶的温差电动势与温度一一对应. 只要测出温差电动势，利用定标曲线就可以得到待测的温度值，也就是说热电偶可以作为温度计使用了.

【注意事项】

1. 实验仪器使用完毕后应关掉电源，长期不用应拔出电源线.

2. 杜瓦瓶中的冰水混合物应该含少量水，以满足实验时间的需求.

【思考题】

该实验结果表明热电偶的温差电动势与温度具有一一对应关系，但是不能直接由毫伏表读出温度. 如果要能直接显示为温度值，该如何实现？

实验 7.3.6　用非平衡电桥和温度传感器设计一个测温装置

【实验目的】

1. 了解电子温度计的测温原理.

2. 掌握非平衡电桥测量温度的方法.

3. 用温度传感器结合非平衡电桥设计测量范围为 0 ～ 100 ℃ 的数显温度计.

【可选用实验仪器】

非平衡电桥，DHW-2 型温度传感实验装置，数字毫伏表(含 20 mV 量程)，杜瓦瓶(或热电偶冰点补偿器)，温度传感器(热敏电阻，铜电阻 Cu50，铂电阻 Pt100，热电偶任选).

【实验内容和要求】

1. 合理选择温度传感器，并测定其温度特性.

2. 对所选择的温度传感器进行定标，确定其温度与非平衡电压的关系.

3. 如果条件允许，尝试用毫伏表直接显示温度值.

【实验提示】

1. 查阅本教材实验 7.3 相关内容，熟悉各种温度传感器的相关知识.

2. 充分熟悉非平衡电桥的原理和用非平衡电桥测量电阻、温度的方法.

3. 设计时要考虑不同传感器的不同温度特性和本身电阻对电桥电路的影响.

实验 7.3.7　用力敏传感器设计一个测力装置

【实验目的】

1. 了解力敏传感器的种类、构造、工作原理和特性.

2. 根据实验室所给器材设计一个测力装置.

【可选用实验仪器】

实验电路板，直流稳压电源，非平衡电桥，数字毫伏表，电阻箱，50 kg 称重压力传感器组件,电阻应变片(350 Ω 或 1 000 Ω) 等.

力敏传感器是对各种力传感器的统称. 根据作用方式不同,力可分为拉力、压力、扭力等,与此相对应,在工业自动化测量中有拉力传感器、压力传感器、扭力传感器等.

压力传感器是能感受压力信号并能按照一定的规律将压力信号转换成可用电信号的器件或装置. 压力传感器是工业工程中最为常用的一种传感器,广泛应用于自动控制、工农业生产以及人们生活的方方面面. 如水利水电、铁路交通、智能建筑、生产自控、称重设备等.

根据力-电转换方式的不同,压力传感器可分为压电压力传感器、压阻压力传感器、电容压力传感器、电磁压力传感器等. 其中压阻压力传感器应用最为广泛,它是利用压阻效应原理制成的. 压阻效应是指材料在受到机械式应力下所产生的电阻变化. 大多数金属材料与半导体材料都被发现具有压阻效应.

压阻压力传感器通常是用金属或半导体材料做成片状薄膜(称为电阻应变片),使用时将其吸附(或粘贴) 在基体材料上,当基体材料因受力而发生机械形变时,电阻应变片也随之发生形变,从而产生阻值的变化,这种现象称为电阻应变效应.

金属电阻应变片品种繁多,形式多样,常见的有丝式电阻应变片和箔式电阻应变片. 半导体应变片是用半导体材料制成的,常见的有体型半导体应变片、扩散型半导体应变片和薄膜半导体应变片.

压阻压力传感器(电阻应变片) 一般通过引线接入非平衡电桥中. 当传感器没有外加压力作用时,电桥处于平衡状态,当传感器受压后电阻应变片的电阻发生变化,电桥将失去平衡. 若给电桥加一个恒定电流或电压电源,传感器将所受的压力变化转换为电阻应变片的电阻变化,再通过电桥转换成电压信号输出.

一般来讲,压力引起的电阻应变片电阻变化很小,因而电桥检测出电阻值的变化引起的电压变化也很小,需要经过放大电路放大和非线性校正电路的补偿,才能输出一个与输入电压成线性对应关系的毫伏级标准输出信号.

【实验内容和要求】

1. 根据设计目标选择合适的压力传感器.
2. 画出工作电路图,并根据电路图连接电路.
3. 测定所选压力传感器的输出电压与压力的关系数据,并拟合线性,得到力敏系数(即单位作用力引起的电压变化量). 此过程称为传感器定标.
4. 合理设计测力装置的结构组成,使其具有实用性.
5. 组装调试.

【实验提示】

1. 查阅资料,充分了解压力传感器的工作原理、结构类型、应用范围等.
2. 找一个废旧电子秤或体重计进行拆装,了解其结构原理.
3. 充分利用实验室条件或手头材料进行结构设计.

实验 7.4　多普勒效应系列实验

对于机械波、声波、光波和电磁波,当波源和观察者(或者接收器) 之间发生相对运动,或者波源、观察者不动而传播介质运动,或者波源、观察者、传播介质都在运动,观察者接收到的波的频率和发出的波的频率不相同的现象,称为多普勒效应.

多普勒效应在核物理、天文学、工程技术、交通管理、医疗诊断等方面都有十分广泛的应用,如卫星测速、光谱仪、多普勒雷达、多普勒彩色超声诊断仪等.

用电磁波和超声波研究多普勒效应的原理是相同的,但由于超声波的波长较电磁波要小得多,所以用超声波来研究多普勒效应具有在较低的运动速度下也有明显的多普勒效应的优点.

【仪器介绍】

一、DH-DPL 多普勒效应及声速综合实验仪的构成

本实验的仪器由综合测试仪、智能运动控制系统和测试架三部分组成.综合测试仪面板、智能运动控制系统面板、测试架及线路连接示意图分别如图 7-4-1、图 7-4-2、图7-4-3和图 7-4-4 所示.

1. 测试仪由信号发生器和接收器、功率放大器、微处理器和液晶显示器组成.

2. 智能运动控制系统由步进电机、电机控制模块、单片机系统组成,用于控制载有接收换能器的小车的速度.

3. 测试架由底座、超声发射器、导轨、载有超声接收器的小车、步进电机、传动系统和光电门等组成.

二、仪器使用说明

在验证多普勒效应和直射式测声速时,超声发射器和接收器面对面平行对准;在反射测量时,超声发射器和接收器应转一定角度,使入射角度近似等于反射角度.

各部分的使用情况如下.

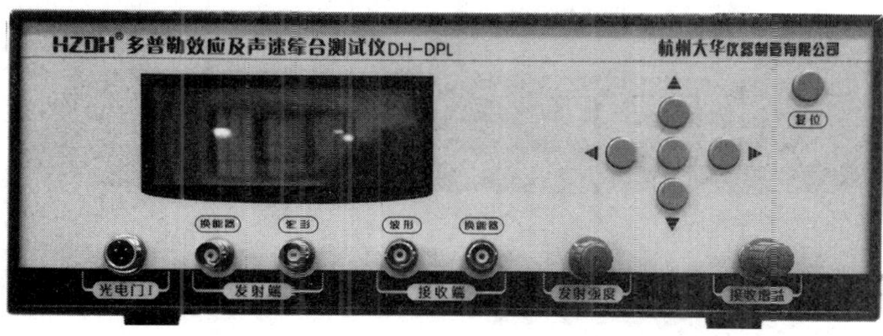

图 7-4-1　综合测试仪面板图

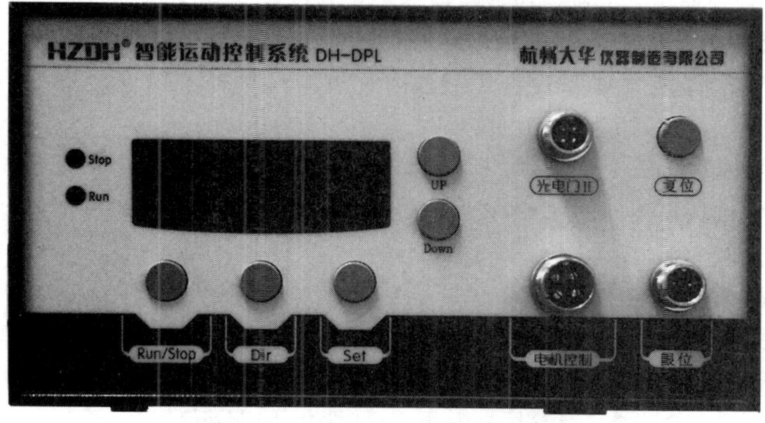

图 7-4-2　智能运动控制系统面板图

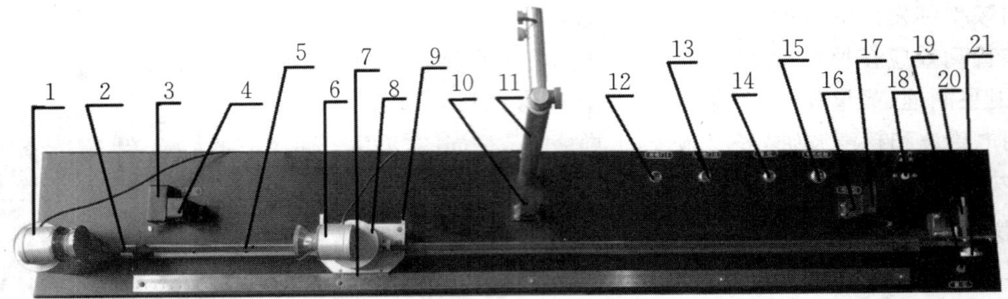

1—发射换能器；　2—同步带；　3—左行程开关；　4—左限位保护光电门；
5—运动导轨；　6—接收换能器；　7—标尺及游标；　8—小车；　9—行程撞块；
10—测速光电门；　11—接收线支撑杆；　12—光电门Ⅰ；　13—光电门Ⅱ；
14—限位；　15—电机控制；　16—右限位保护光电门；　17—右行程开关；
18—电机开关；　19—复位开关；　20—步进电机；　21—滚花帽

图 7－4－3　测试架结构示意图

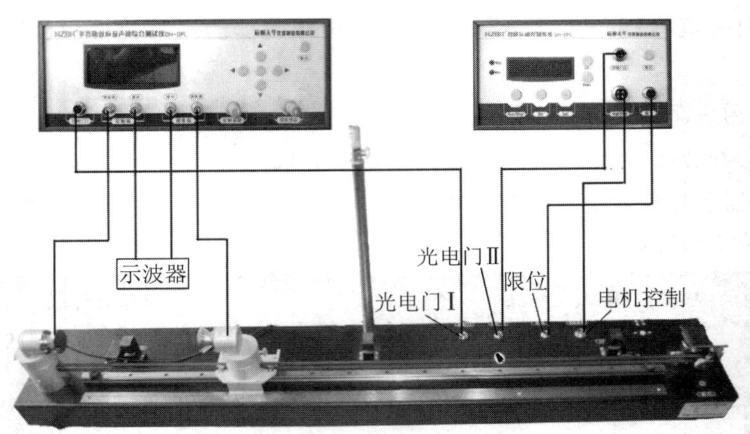

图 7－4－4　线路连接示意图

1. 测试仪主画面.

开机时或按复位键时显示：

　　“欢迎使用多普勒效应及声速综合实验仪”
　　“时差法测声速”
　　“多普勒效应实验”
　　“变速运动实验”
　　“数据查询”

按“▲”“▼”键选择不同的任务，按“确认”键进入以下各任务.

(1)“时差法测声速”.

“时间差 Δt：XXXμs”；

“返回”：按“确认”键返回菜单.

(2)“多普勒效应实验”.

“设置源频率”：“▶”“◀”增减信号频率，一次变化 10 Hz；

“瞬时测量”：测量用光电门时的平均频率及平均速度；

“动态测量”：不用光电门测得的动态频率(频率计)；

"返回"：按"确认"键返回主菜单.

(3)"变速运动实验".

"采样点数"160，用"▲""▼"增减，一次变化 1；

"采样步距"65 ms，用"▲""▼"增减，一次变化 1 ms；

"开始测量"：进入测量状态，测量完后显示结果"$f-t$""数据""存储""返回"；按"▶""◀"键进入相关功能；若要对数据进行存储，先选择该功能，按下"确认"键后将显示"存储组别：x"，用"▲""▼"增减改变组别 x，然后按下"确认"后将显示"已存储到组 x"，并自动回到原操作界面；

"返回"：按"确认"键返回菜单.

(4)"数据查询".

"变速运动数据组别：x"；

用"▶""◀"键增减要查询的组别 x，按下"确认"后显示相关信息"$f-t$""数据""存储""返回"，按"▶""◀"键切换到相关功能.

说明：瞬时测量时，信号源测速可能会与智能运动控制系统给定的速度存在较大误差，原因是挡光板加工误差造成，如图 7-4-5 所示.

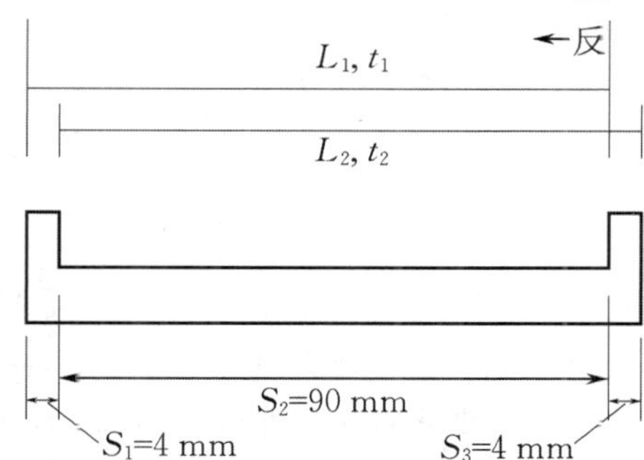

图 7-4-5　挡光板加工误差

软件设计采用标准数据：$S_1 = 4$ mm，$S_2 = 90$ mm，$S_3 = 4$ mm，$V_{正} = L_1/t_1$，$V_{反} = L_2/t_2$. 实际的 $L_1 = S_1 + S_2$，$L_2 = S_2 + S_3$ 并非标准，t_1 和 t_2 为标准测量值，所以需要用游标卡尺测量 S_1，S_2，S_3，然后计算出实际的 $V_{正}$，$V_{反}$.

2. 智能运动控制系统.

用于控制小车的启、停及小车做匀速运动的速度. 此外，内建了 7 种变速运动模式：从零加速，后减速到零；再反向从零加速，后减速到零 …… 不停循环.

为了防止小车运动时发生意外，设计有小车限位功能，该功能有光电门限位和行程开关控制组成. 当小车运动到导轨两侧的限位光电门处时，根据不同的运行方式，小车会自行停止运行或反向运行；当因误操作致使小车越限光电门后，会触发行程开关，使系统复位停车，此时小车被锁住，需要切断测试架上的电机开关按钮，移动小车到导轨中央位置后再接通电机开关按钮，接着按一下复位开关即可.

注意：为了保证电机运动状态的准确性，开启电源时必须确保小车起始位置在两限位光电门之间.

(1) 在匀速运动模式下，即显示速度 V 为 0. XXX m·s^{-1} 或 −0. XXX m·s^{-1}("−"表示方向为负)，单击 Set 键，进入速度设定模式，显示速度 V 为 0. XXX m·s^{-1} 或 −0. XXX m·s^{-1}，并且高位"0"处于闪烁状态；这时再按 Up 键(速度增加)或者 Down 键(速度减小)对速度的大小进行设定，设定好后再单击 Set 键进行确定即可.

速度显示误差为 ±0.002 m·s^{-1}. 此速度可以当作已经确定的物理量，也可以用外部测速装置来测量.

(2) 单击 Run/Stop(启动、停止控制键)，将使电机加速启动到设定速度或从设定速度减速到停止运行(为了防止步进电机的失步和过冲现象，需加速启动和减速停止). 此键在小车运行时才有效.

(3) 在电机停止时单击 Dir(正/反转控制键)，速度显示方向改变，电机下次的运行方向将会改变. 需要注意的是，当电机运行到导轨两侧的限定位置而停机时，只有按此键改变电机运行方向后才可反向运行.

(4) 在速度设定完毕，即显示速度 V 为 0. XXX m·s^{-1} 或 -0. XXX m·s^{-1} 时，单击 Up 键将显示上次电机运行的距离 D，显示为 XXX. XX mm，用于时差法测声速，再次单击此键将停止查看，恢复原来速度显示数. 在查看的过程中，其他键将失效.

(5) 在速度设定完毕，单击 Down 键将进入最小步进距离 L 设定，显示为 L0. XXX mm，并且最低位开始闪烁；此时按 Up 加键(加 1) 或 Set 减键(减 1) 来对该位的大小进行设定；再次单击 Down 键，向左移位闪烁，再按 Up 加键(加 1) 或 Set 减键(减 1) 来对该闪烁位的大小进行设定…… 依次对各位进行设定，继续单击 Down 键，直到自动显示速度 V 为 0. XXX m·s^{-1} 或 -0. XXX m·s^{-1} 时，表示设定完毕. 最大步进距离可设定到 0.300 mm，最小为0.050 mm，初始设定值为 0.102 mm，具体设定方法见速度设定说明.

(6) 在速度设定完毕后，按下 Set 键不放，直到数码管显示 ACCX 或 -ACCX 时再释放，即可进入变速运动模式；再次按 Set 键不放直到显示速度 V 为 0. XXX m·s^{-1} 或 -0. XXX m·s^{-1} 时将返回原来的匀速运动模式.

(7) 在变速运动模式下，当电机处于停止状态时，单击 Down 键将改变速度曲线，总共有 7 条先加速再减速曲线[速度都是从 0.000 m·s^{-1} 加速到系统速度所能设定的最大值(0.475 m·s^{-1}) 然后再减速停止]，显示 ACCX 或 -ACCX，X 为 1 ～ 7.

(8) 速度曲线选择好后，单击 Run/Stop 控制键将启动变速运动曲线，运行的过程中将显示瞬时速度0. XXX m·s^{-1} 或-0. XXX m·s^{-1}，反映瞬时速度的大小和方向变化. 运动过程中再次单击 Run/Stop 控制键将停止运行变速曲线，显示 ACCX 或 -ACCX，X 为 1 ～ 7.

(9) 在变速运动模式下，当电机不运行时，单击 Dir 控制键，变速运动速度显示方向改变，电机下次的运行方向将会改变.

(10) 当变速运动停止时显示 ACCX 或 -ACCX，单击 Up 键将显示上次变速运动的距离 D，当 $0\ \text{mm} < D < 1\,000\ \text{mm}$ 时显示 XXX. XX mm；当 $1\,000\ \text{mm} < D < 10\,000\ \text{mm}$ 时显示 XXXX. X；当 $10\,000\ \text{mm} < D < 100\,000\ \text{mm}$ 时显示 XXXXX mm.

3. 速度设定说明.

(1) 启动电机开始运行时，要先将固定接收器的小车置于导轨中间，即两个限位光电门之间的位置，然后按一下控制器后面的复位键或测试架上面的复位键即可做实验. 若运动模式切换，需再重复上面操作，确保初始运动状态正确.

在匀速运动模式下，限位停车后，要按 Dir 键改变电机运行方向后方可再按 Run/Stop 键启动运行；在变速运动模式下，到限位位置后，电机运行方向将自动改变且继续运行，按 Run/Stop 键才可停止运行.

若小车越限触发行程开关后，小车将停车，此时小车被锁住，需要切断测试架上的电机开关按钮，移动小车到导轨中央位置后再接通电机开关按钮，接着按一下复位开关即可.

(2) 7 条加速曲线都是先从 0 加速到最大速度 V，然后再减速到 0；然后反向再从 0 加速到最大速度 V，再减速到 0…… 变速运行的距离可以查看.

(3) 通过外部测距来校对距离 L. 先设定一个速度，使电机匀速运行，运行一段距离后停车，记下控制器中显示的运行距离 D 和小车实际运行的距离 S(从标尺上读出). 由于步进电机运行的步数一定，设原最小步进为 L，需设定的最小步进为 L_S，则有 $D/L = S/L_S$. 把计算出的 L_S 值设入系统，那么下次运行距离显示值即为实际测量值. 本系统已预置一个参考值 $L = 1.102$ mm，可以通过多次实验设定该值.

4. 超声波与压电陶瓷换能器.

频率介于 20 Hz ～ 20 kHz 的机械振动在弹性介质中传播形成声波，高于 20 kHz 称为超声波. 超声波的传播速度就是声波的传播速度，而超声波具有波长短、易于定向发射等优点. 声速实验所采用的声波频率一般都在 20 ～ 60 kHz 之间，在此频率范围内，采用压电陶瓷换能器作为声波的发射器、接收器效果最佳.

压电陶瓷换能器按工作方式分为纵向(振动)换能器、径向(振动)换能器及弯曲振动换能器. 声速教学实验中大多采用纵向换能器(见图 7-4-6).

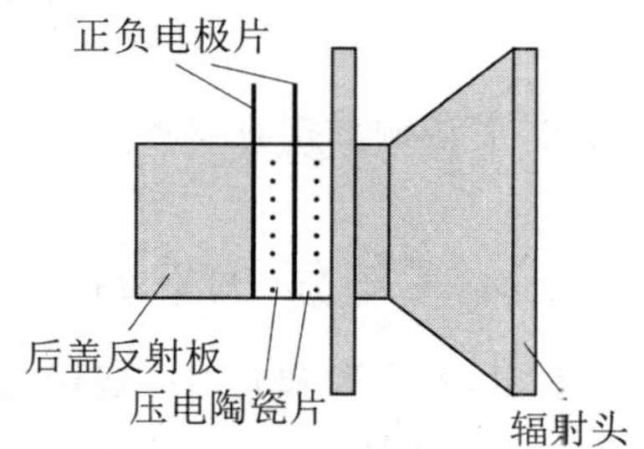

图 7-4-6　纵向换能器的结构简图

【总实验原理】

设声源在原点，声源振动频率为 f，声速为 c_0，接收器在 x_0，运动和传播都沿 x 方向. 对于三维情况，处理稍复杂一点，其结果相似. 声源、接收器和传播介质不动时，沿 x 方向传播的声波的数学表达式为

$$p = p_0 \cos\left[\omega\left(t - \frac{x}{c_0}\right)\right]. \tag{7-4-1}$$

(1) 声源运动速度为 v_s，介质和接收器不动.

设接收器坐标为 x_0，在时刻 t 接收到信号，此时声源距接收点的距离为 x，声源的速度为 v_s，则声源移动的距离为

$$x_0 - x = v_s\left(t - \frac{x}{c_0}\right), \tag{7-4-2}$$

因而声源距接收器的实际距离为

$$x = x_0 - v_s\left(t - \frac{x}{c_0}\right), \tag{7-4-3}$$

$$x = (x_0 - v_s t)/(1 - M_s), \tag{7-4-4}$$

其中 $M_s = \frac{v_s}{c_0}$ 为声源运动的马赫数. 声源向接收器运动时 v_s(或 M_s)为正，反之为负. 将式(7-4-4)代入式(7-4-1)得

$$p = p_0 \cos\left[\frac{\omega}{1 - M_s}\left(t - \frac{x_0}{c_0}\right)\right]. \tag{7-4-5}$$

可见接收器接收到的频率变为原来的 $\frac{1}{1 - M_s}$，即

$$f_s = \frac{f}{1 - M_s}. \tag{7-4-6}$$

(2) 声源、介质不动，接收器运动速度为 v_r.

由于 c_0 只与介质有关，而与声源和接收器无关，因此传播过程中声波的波长 λ 不变，传播时的频率 f 也不变，可得接收器接收到的频率为

$$f_r = \frac{c_0 + v_r}{\lambda} = \frac{c_0 + v_r}{\frac{c_0}{f}} = \left(1 + \frac{v_r}{c_0}\right)f = (1 + M_r)f, \tag{7-4-7}$$

其中 $M_r = \frac{v_r}{c_0}$ 为接收器的马赫数. 接收器向着声源移动时 v_r(或 M_r)为正，反之为负.

(3) 介质不动，声源运动速度为 v_s，接收器运动速度为 v_r，可得接收器接收到的频率为

$$f_{rs} = \frac{1 + M_r}{1 - M_s} f. \tag{7-4-8}$$

(4) 若介质运动，设介质运动速度为 v_m，得

$$x = x_0 - v_m t, \tag{7-4-9}$$

代入式(7-4-1)得

$$p = p_0 \cos\left[\omega(1+M_m)t - \frac{x_0}{c_0}\omega\right]. \tag{7-4-10}$$

可见,若声源和接收器不动,则接收器接收到的频率为

$$f_m = (1+M_m)f, \tag{7-4-11}$$

其中 $M_m = \frac{v_m}{c_0}$ 为介质运动的马赫数.介质向着接收器运动时 v_m(或 M_m)为正,反之为负.还可以看出,若声源和介质一起运动,则频率不变.

为了简单起见,本实验只研究第二种情况:声源、介质不动,接收器运动速度为 v_r.根据式(7-4-7)可知,改变 v_r 就可以得到不同的 f_r 以及不同的 $\Delta f = f_r - f$,从而验证了多普勒效应.另外,若已知 v_r,f,并测出 f_r,则可算出声速 c_0,可将用多普勒效应测得的声速值与用时差法测得的声速做比较.若将仪器的超声换能器用作速度传感器,就可以用多普勒效应来研究物体的运动状态.

实验 7.4.1 共振干涉法(驻波法)测量声速

【预习提要】

1. 阅读教材实验 7.4 中的"仪器介绍",了解 DH-DPL 多普勒效应及声速综合实验仪的结构和使用方法.
2. 阅读本实验内容,了解用共振干涉法(驻波法)测量声速的原理.

【实验目的】

1. 理解多普勒效应的原理及应用.
2. 学会用共振干涉法(驻波法)测量声速.

【实验仪器】

DH-DPL 多普勒效应及声速综合实验仪,示波器.

【实验原理】

假设在无限声场中,仅有一个点声源换能器 1(发射换能器)和一个接收平面(接收换能器 2).当点声源发出声波后,在此声场中只有一个反射面(即接收换能器平面),并且只产生一次反射.

在上述假设条件下,发射波 $\xi_1 = A_1\cos(\omega t + 2\pi x/\lambda)$ 在接受换能器处产生反射,反射波 $\xi_2 = A_2\cos(\omega t - 2\pi x/\lambda)$,信号相位与 ξ_1 相反,幅度 $A_2 < A_1$.ξ_1 与 ξ_2 在反射面相交叠加,合成波束 ξ_3,

$$\begin{aligned}\xi_3 &= \xi_1 + \xi_2 = A_1\cos(\omega t + 2\pi x/\lambda) + A_2\cos(\omega t - 2\pi x/\lambda)\\ &= A_1\cos(\omega t + 2\pi x/\lambda) + A_1\cos(\omega t - 2\pi x/\lambda) + (A_2 - A_1)\cos(\omega t - 2\pi x/\lambda)\\ &= 2A_1\cos(2\pi x/\lambda)\cos\omega t + (A_2 - A_1)\cos(\omega t - 2\pi x/\lambda).\end{aligned} \tag{7-4-12}$$

由此可见,合成后的波束 ξ_3 在幅度上具有随 $\cos(2\pi x/\lambda)$ 呈周期变化的特性,在相位上具有随 $(2\pi x/\lambda)$ 呈周期变化的特性.另外,由于反射波幅度小于发射波幅度,合成波的幅度即使在波节处也不为零,而是按 $(A_2 - A_1)\cos(\omega t - 2\pi x/\lambda)$ 变化.图 7-4-7 所示波形显示了叠加后的声波幅度随距离按 $\cos(2\pi x/\lambda)$ 变化的特征.

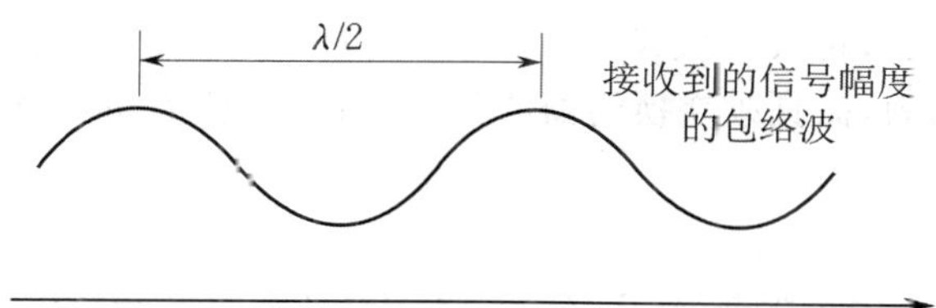

图 7-4-7　换能器间距与合成幅度

实验装置如图 7-4-3 所示，图中 1 和 6 为压电陶瓷换能器. 换能器 1 作为声波发射器，它由信号源供给频率为数十千赫的交流电信号，由逆压电效应发出一平面超声波；而换能器 6 则作为声波的接收器，压电效应将接收到的声压转换成电信号，将它输入示波器，就可看到一组由声压信号产生的正弦波形. 由于换能器 6 在接收声波的同时还能反射一部分超声波，接收的声波、发射的声波振幅虽有差异，但两者周期相同且在同一线上沿相反方向传播，两者在换能器 1 和 6 区域内产生了波的干涉，形成驻波. 在示波器上观察到的实际上是这两个相干波合成后在声波接收器（换能器 6）处的振动情况. 移动换能器 6 位置（即改变换能器 1 和 6 之间的距离），从示波器显示上会发现，当换能器 6 在某位置时振幅有最大值. 根据波的干涉理论，任意两个相邻的振幅最大值的位置之间（或者任意两个相邻的振幅最小值的位置之间）的距离为 $\frac{\lambda}{2}$. 为了测量声波的波长，可以在一边观察示波器上声压振幅值的同时，缓慢改变换能器 1 和 6 之间的距离. 示波器上就可以看到声振动幅值不断地由最大变到最小再变到最大，两个相邻的振幅最大位置之间的距离为 $\frac{\lambda}{2}$；换能器移过的距离亦为 $\frac{\lambda}{2}$. 换能器 1 和 6 之间距离的改变可通过转动滚花帽来实现，而超声波的频率又可由测试仪直接读出.

在连续多次测量相隔半波长的位置变化及声波频率 f 后，可用测量数据计算声速，用逐差法处理测量的数据.

【实验内容及步骤】

1. 准备工作.

（1）按照图 7-4-4，把测试架上的发射和接收换能器（固定的为发射换能器，运动的为接收换能器）及光电门 Ⅰ 连在测试仪上的相应插座上，测试仪上的“发射波形”及“接收波形”与普通双路示波器相接，将“发射强度”及“接收增益”调到最大，将测试架上的光电门 Ⅱ、限位及电机控制接口与智能运动控制系统相应接口相连，将智能运动控制系统“电源输入”接测试仪的“电源输出”.

（2）通过外部测距来校对距离 L（校对方法参看本实验“仪器使用说明”中“速度设定说明”部分）.

（3）开机.

（4）检查之前的准备工作是否做好了.

（5）把载有接收换能器的小车移动到导轨最右端（移动时可以关闭智能运动控制系统电源或在通电时保证移动区域在两个限位光电门之间），并把测试仪超声波“发射强度”和“接受增益”调到最大.

（6）进入“多普勒效应实验”子菜单，切换到“设置源频率”后，按“▶”“◀”键增减信号频率，一次变化 10 Hz；用示波器观察接收换能器波形的幅度是否达到最大值，该值对应的超声波频率即为换能器的谐振频率.

(7) 谐振频率调好后，转入“动态测量”，我们可以看到画面中换能器的接收频率(测量频率)和发射频率是相等的，而且改变换能器的位置，该测量频率和发射频率始终是相等的，证明调谐成功.

2. 测量.

室温______℃，换能器谐振频率 $f=$ ______Hz(参考值 $f = 37\ 730$ Hz).

(1) 切换到“多普勒效应实验”画面进行实验.

(2) 通过转动步进电机上的滚花帽使小车朝一个方向缓慢移动，同时观察接收波的幅值，当幅值出现最大(或最小)时，记录小车此时的位置 L_1，继续朝同一个方向转动滚花帽，当再次出现幅值最大(或最小)时，记下此时小车位置 L_2，继续重复上述步骤 8 次，数据记入表 7-4-1. 计算两个振幅最大值(或最小值)之间的距离差，此距离差为 $\lambda/2$，λ 为声波的波长，则声速 $c_0=\lambda f$.

【数据处理及分析】

表 7-4-1　驻波法测空气中的声速数据记录

单位:cm

L_1	L_2	L_3	L_4
L_5	L_6	L_7	L_8
$\Delta L_1=L_5-L_1$	$\Delta L_2=L_6-L_2$	$\Delta L_3=L_7-L_3$	$\Delta L_4=L_8-L_4$

注:L_i 代表小车位置.

(1) 数据处理和分析:

$$\overline{\Delta L}=\frac{\Delta L_1+\Delta L_2+\Delta L_3+\Delta L_4}{4},\quad \Delta_{\Delta L\mathrm{A}}=t_{\mathrm{p}}(4)\sqrt{\frac{\sum_{i=1}^{4}(\Delta L_i-\overline{\Delta L})^2}{4\times 3}},\quad \Delta_{仪}=0.5\ \mathrm{mm},$$

$$\Delta_{\Delta L}=\sqrt{\Delta_{\Delta L\mathrm{A}}^2+\Delta_{仪}^2},\quad \bar{\lambda}=\overline{\Delta L}/2,\quad \Delta_{\lambda}=\Delta_{\Delta L}/2,\quad V_{声}=\bar{\lambda}f,\quad \Delta_{V_{声}}=\Delta_{\lambda}f.$$

(2) 实验结果:

$$V_{声}=\overline{V}\pm\Delta_{V_{声}},\quad E=\frac{|\overline{V}-c_0|}{c_0}\times 100\%.$$

【注意事项】

1. 注意仪器部件的正确安装、线路的正确连接.

2. 正式测量之前应该先进行测量练习，以对最大幅值有所了解，增加测量精度.

实验 7.4.2　相位法测量声速

【预习提要】

1. 阅读教材实验 7.4 中的“仪器介绍”，了解 DH-DPL 多普勒效应及声速综合实验仪的结构和使用方法.

2. 阅读本实验内容，了解用相位法测量声速的原理.

【实验目的】

1. 理解多普勒效应的原理及应用.

2. 学会用相位法测量声速.

【实验仪器】

DH-DPL多普勒效应及声速综合实验仪，示波器.

【实验原理】

由前述可知，入射波 ξ_1 与反射波 ξ_2 叠加，形成波束

$$\xi_3 = 2A_1\cos(2\pi x/\lambda)\cos\omega t + (A_2 - A_1)\cos(\omega t - 2\pi x/\lambda).$$

相对于发射波束 $\xi_1 = A_1\cos(\omega t + 2\pi x/\lambda)$ 来说，在经过 Δx 距离后，接收到的余弦波与原来位置处的相位差（相移）为 $\theta = 2\pi\Delta x/\lambda$，如图7-4-8所示. 因此可通过示波器，用李萨如图法观察测出声波的波长.

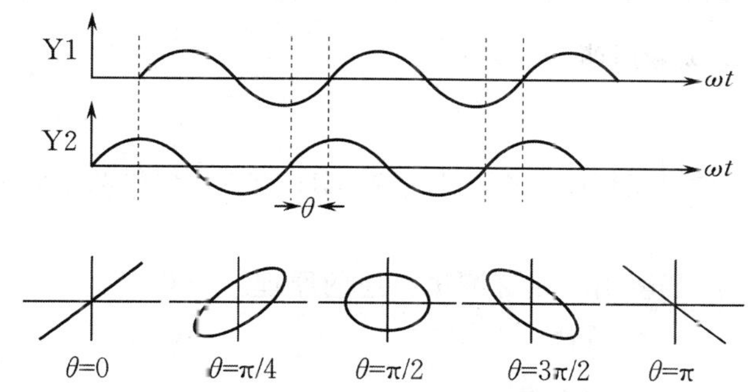

图7-4-8　用李萨如图形观察相位变化

【实验内容及步骤】

室温______℃，$c_0 = 347\ \mathrm{m\cdot s^{-1}}$，换能器谐振频率 $f =$ ________Hz.

1. 按照实验7.4.1中步骤1操作，使调谐成功.

2. 切换到"多普勒效应实验"画面进行实验.

3. 选择合适的发射强度，将示波器打到"X-Y"方式，选择合适的示波器通道增益，这时示波器显示李萨如图像. 朝同一个方向转动步进电机上的滚花帽使载接收换能器的小车缓慢移动，使李萨如图形显示的椭圆变为一定角度的一条斜线，记录小车此时的位置 L_1，继续向同一个方向移动小车，观察到波形又回到之前所说的特定的斜线，这时接收波的相位变化为 2π，记录此时的位置 L_2，可求得波长 $\lambda_i = |L_i - L_{i-1}|$. 继续转动滚花帽，重复上述步骤共计8次，数据记入表7-4-2中.

【数据处理及分析】

表7-4-2　用相位法测定空气中的声速数据记录

单位：cm

L_1	L_2	L_3	L_4
L_5	L_6	L_7	L_8
$\Delta L_1 = L_5 - L_1$	$\Delta L_2 = L_6 - L_2$	$\Delta L_3 = L_7 - L_3$	$\Delta L_4 = L_8 - L_4$

$$\overline{\Delta L}=\frac{\Delta L_1+\Delta L_2+\Delta L_3+\Delta L_4}{4},\quad \Delta_{\Delta L\text{A}}=t_{\text{p}}(4)\sqrt{\frac{\sum_{i=1}^{4}(\Delta L_i-\overline{\Delta L})^2}{4\times 3}},\quad \Delta_{仪}=0.5\ \text{mm},$$

$$\Delta_{\Delta L}=\sqrt{\Delta_{\Delta L\text{A}}^2+\Delta_{仪}^2},\quad \bar{\lambda}=\frac{\overline{\Delta L}}{4},\quad \Delta_{\lambda}=\frac{\Delta_{\Delta L}}{4},\quad V_{声}=\bar{\lambda}f,\quad \Delta_{V_{声}}=\Delta_{\lambda}f.$$

实验结果：

$$V_{声}=\overline{V}\pm\Delta_{V_{声}},\quad E=\frac{|\overline{V}-c_0|}{c_0}\times 100\%.$$

【注意事项】

观察李萨如图形接近一条直线时应缓慢转动滚花帽，确保测量准确.

实验 7.4.3　时差法测声速

【预习提要】

1. 阅读教材实验 7.4 中的“仪器介绍”，了解 DH - DPL 多普勒效应及声速综合实验仪的结构和使用方法.

2. 阅读本实验内容，了解用时差法测量声速的原理.

【实验目的】

1. 理解多普勒效应的原理及应用.

2. 学会用时差法测量声速.

【实验仪器】

DH - DPL 多普勒效应及声速综合实验仪，示波器.

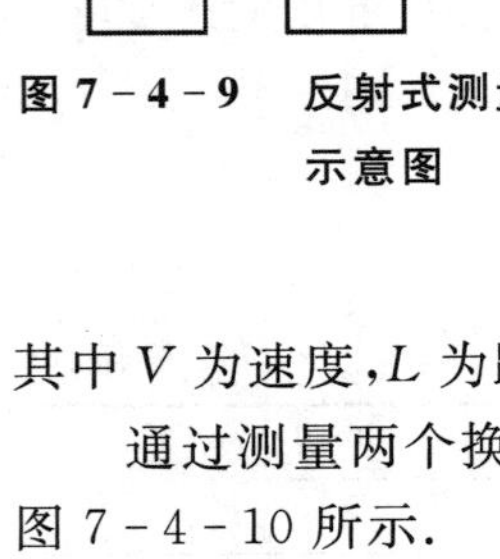

【实验原理】

时差法测量分为直射式和反射式两种方式. 直射式指发射换能器的发射面与接收换能器的接收面正对；反射式指发射换能器和接收换能器与反射面之间有一定夹角，如图 7 - 4 - 9 所示.

反射屏　θ　L　θ　θ

图 7 - 4 - 9　反射式测量示意图

1. 直射式测量原理.

连续波经脉冲调制后由发射换能器发射至被测介质中，声波在介质中传播，经过 t 时间后，到达 L 距离处的接收换能器. 由运动定律可知，声波在介质中传播的速度可由以下公式求出：

$$V=\frac{L}{t},$$

其中 V 为速度，L 为距离，t 为时间.

通过测量两个换能器之间的距离 L 和时间 t，就可以计算当前介质下的声波传播速度，如图 7 - 4 - 10 所示.

注意：按照图 7 - 4 - 10 所示的时差法测量原理，时间 t 为发射波到接收波的第一个波峰之间的时间；在移动 Δx 的过程中，只要 Δt 的变化是连续的，则测量误差最小.

2. 反射式测量原理.

如图 7 - 4 - 11 所示，使双踪示波器接收到稳定波形，通过调节示波器使接收波形的某一波头 b_n 的波峰处在一个容易辨识的时间轴位置上，然后向前或者向后水平调节反射屏的位置，使移动 ΔL，记下此时示波器中前述波头 b_n 在时间轴上平移的时间 Δt，则声速

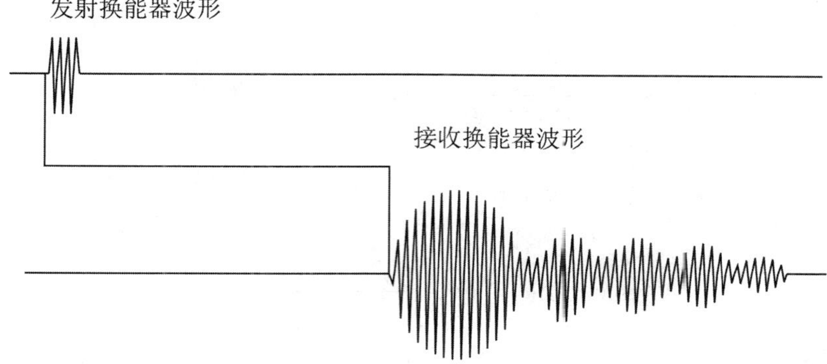

图 7-4-10　发射波与接收波

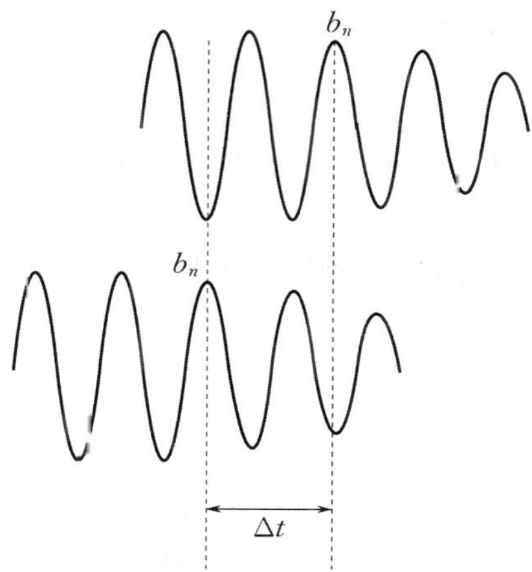

图 7-4-11　反射式接收波形

$$c_0=\frac{\Delta x}{\Delta t}=\frac{2\Delta L}{\Delta t\cdot\sin\theta}.$$

【实验内容及步骤】

直射法测量：

1. 按照实验 7.4.1 中步骤 1 进行操作，使调谐成功.

2. 切换到"时差法测声速"，使接收换能器与发射换能器的最大距离保持在 0 ～ 300 mm 之内，通过步进电机上的滚花帽使小车缓慢移动，改变两换能器之间的距离，在测量时间差 Δt 连续变化的区间内进行实验数据记载. 数据记录于表 7-4-3.

【数据处理及分析】

表 7-4-3　时差法测量声速数据记录

小车位置 S_i/cm	S_1	S_2	S_3	S_4	S_5	S_6	S_7	S_8
时间差 Δt_i/s								

注：S_i 代表小车位置，Δt_i 为时间差（一般时间差并非等间距）.

理论声速：

$$c_{\mathrm{C}}=331.45\sqrt{1+\frac{t}{273.16}},$$

其中 t 代表室温.

测量值:

$$V_i = \frac{S_i - S_{i-1}}{\Delta t_i - \Delta t_{i-1}} \quad (i = 2,3,\cdots,8),$$

$$\overline{V} = \frac{V_2 + V_3 + \cdots + V_8}{7}, \quad \Delta_V = t_p(7)\sqrt{\frac{\sum_{i=1}^{7}(V_i - \overline{V})^2}{7 \times 6}},$$

$$V = \overline{V} \pm \Delta_V, \quad E = \frac{|\overline{V} - c_0|}{c_0} \times 100\%.$$

【注意事项】

接收换能器与发射换能器的最大距离应保持在 0 ～ 300 mm 之内.

实验 7.4.4 动态多普勒效应测声速

【预习提要】

1. 阅读教材实验 7.4 中的“仪器介绍”,了解 DH－DPL 多普勒效应及声速综合实验仪的结构和使用方法.

2. 阅读本实验内容,了解用动态多普勒效应测声速的原理.

【实验目的】

1. 理解多普勒效应的原理及应用.

2. 学会用动态多普勒效应测声速.

【实验仪器】

DH－DPL 多普勒效应及声速综合实验仪,示波器.

【实验原理】

根据式(7-4-7),发射换能器不动,介质不动,接收换能器移动,“动态测量”或者“瞬时测量”时仪器直接可以测出源频率 f,接收频率 f_r,接收换能器移动的速度 v_r,则可以直接计算出声速 c_0.

【实验内容及步骤】

室温____℃,c_0 = ____m · s^{-1},换能器谐振频率 f = ____Hz. 声源、介质不动,接收器运动速度为 v_r.

1. 按照实验 7.4.1 的步骤 1 进行操作,使调谐成功.

2. 切换到“动态测量”,设定小车的速度,使小车在限位区间内正或反运行,记录测量频率与源频率之差 $\Delta f_{正}$ 和 $\Delta f_{反}$,以及智能运动控制系统给出的小车速度 v_r.

3. 测量和记录的相关数据记入表 7－4－4.

【数据处理及分析】

表 7－4－4 动态多普勒效应测声速数据记录

v_{ri}/m · s^{-1}	$\Delta f_{i正}$/Hz	$\Delta f_{i反}$/Hz	[$\Delta f_i = (\Delta f_{正 i} + \Delta f_{反 i})/2$]/Hz	($V_i = f \times v_{ri}/\Delta f_i$)/(m · s^{-1})
0.059				
0.115				

续表

v_{ri}/m·s^{-1}	$\Delta f_{i正}$/Hz	$\Delta f_{i反}$/Hz	[$\Delta f_i=(\Delta f_{正i}+\Delta f_{反i})/2$]/Hz	($V_i=f\times v_{ri}/\Delta f_i$)/(m·s^{-1})
0.150				
0.193				
0.235				

$$\overline{V}=\frac{\sum_{i=1}^{5}V_i}{5},\quad \Delta_V=t_p(5)\sqrt{\frac{\sum_{i=1}^{5}(V_i-\overline{V})^2}{5\times4}},\quad V=\overline{V}\pm\Delta_V,\quad E=\frac{|\overline{V}-c_0|}{c_0}\times100\%.$$

说明：由于系统测频精度为 1 Hz，因此低速测量时，多普勒效应的相对误差较大.

【注意事项】

1. 实验中，小车始终要保持在两限位光电门之间.
2. 动态测量小车速度不宜过高.

实验 7.4.5　瞬时多普勒效应测声速

【预习提要】

1. 阅读教材实验 7.4 中的“仪器介绍”，了解 DH－DPL 多普勒效应及声速综合实验仪的结构和使用方法.
2. 阅读本实验内容，了解用瞬时多普勒效应测声速的原理.

【实验目的】

1. 理解多普勒效应的原理及应用.
2. 学会用瞬时多普勒效应测声速.

【实验仪器】

DH－DPL 多普勒效应及声速综合实验仪，示波器.

【实验原理】

与实验 7.4.4 的“实验原理”相同.

【实验内容及步骤】

室温______℃，c_0 = ______ m·s^{-1}，换能器谐振频率 f = ______ Hz. 声源、介质不动，接收器运动速度为 v_r.

1. 按照实验 7.4.1 步骤 1 进行操作，使调谐成功.
2. 切换到“瞬时测量”，设定小车速度，使小车正或反通过中间测速光电门，每次测量完毕后记录测量频率与源频率之差 $\Delta f_{正}$ 或 $\Delta f_{反}$，瞬时速度 $v_{r正}$ 和 $v_{r反}$ 及智能运动控制系统给出的小车速度 v_{ri}.
3. 测量和记录的相关数据记入表 7－4－5.

【数据处理及分析】

表 7－4－5　瞬时多普勒效应测声速数据记录

次数	v_r/(m·s^{-1})(系统显示的小车速度)	$v_{r正}$/(m·s^{-1})	$\Delta f_{正}$/Hz	$v_{r反}$/(m·s^{-1})	$\Delta f_{反}$/Hz	[$v'_r=(v_{r正}+v_{r反})/2$]/(m·s^{-1})	[$\Delta f_i=(\Delta f_{正}+\Delta f_{反})/2$]/Hz	($V_i=f\times v'_r/\Delta f$)/(m·s^{-1})
1	0.059							

续表

次数	v_r/(m·s^{-1})(系统显示的小车速度)	$v_{r正}$/(m·s^{-1})	$\Delta f_{正}$/Hz	$v_{r反}$/(m·s^{-1})	$\Delta f_{反}$/Hz	[$v'_r=(v_{r正}+v_{r反})/2$]/(m·s^{-1})	[$\Delta f_i=(\Delta f_{正}+\Delta f_{反})/2$]/Hz	($V_i=f\times v'_r/\Delta f$)/(m·s^{-1})
2	0.150							
3	0.177							
4	0.235							
5	0.282							
6	0.367							
7	0.407							
8	0.475							

$$\overline{V}=\frac{\sum_{i=1}^{8}V_i}{8},\quad \Delta_V=t_p(8)\sqrt{\frac{\sum_{i=1}^{8}(V_i-\overline{V})^2}{8\times 7}},\quad V=\overline{V}\pm\Delta_V,\quad E=\frac{|\overline{V}-c_0|}{c_0}\times 100\%.$$

【注意事项】

瞬时测量时小车速度也不宜过高.

实验 7.4.6 验证多普勒效应

【实验目的】

验证多普勒效应.

【实验内容及步骤】

室温______℃，$c_0=$ ______ m·s^{-1}，换能器谐振频率 $f=$ ______ Hz. 声源、介质不动，接收器运动速度为 v_r.

1. 按照实验 7.4.1 步骤 1 进行操作，使调谐成功.

2. 切换到“瞬时测量”，设定小车速度，使小车正或反通过中间测速光电门，每次测量完毕后记录测量频率与源频率之差 $\Delta f_{正}$ 或 $\Delta f_{反}$，智能运动控制系统给出的小车速度 v_r.

3. 测量和记录的相关数据记入表 7-4-6.

【数据处理及分析】

表 7-4-6 验证多普勒效应数据记录

次数	v_{ri}/(m·s^{-1})	$\Delta f_{i正}$/Hz	$\Delta f_{i反}$/Hz	[$\Delta f_i=(\Delta f_{正i}+\Delta f_{反i})/2$]/Hz
1	0.059			
2	0.115			
3	0.150			
4	0.177			
5	0.193			
6	0.235			
7	0.282			

续表

次数	$v_{ri}/(\mathrm{m\cdot s^{-1}})$	$\Delta f_{i正}/\mathrm{Hz}$	$\Delta f_{i反}/\mathrm{Hz}$	$[\Delta f_i=(\Delta f_{正i}+\Delta f_{反i})/2]/\mathrm{Hz}$
8	0.367			
9	0.407			
10	0.475			

因为 $\Delta f=\dfrac{f}{v_{声}}v_r=kv_r$，以 Δf 为 y 轴，v_r 为 x 轴，作 $\Delta f-v_r$ 曲线(用坐标纸作图或者计算机作图)，用曲线拟合法得到直线斜率 k，并与理论值 $\dfrac{f}{c_0}$ 比较.

实验 7.4.7　研究变速直线运动

【实验目的】

研究变速直线运动.

【预习提要】

1. 阅读教材实验 7.4 的“仪器介绍”，了解 DH－DPL 多普勒效应及声速综合实验仪的结构和使用方法.

2. 阅读本实验内容，了解瞬时多普勒效应测量声速的原理.

【实验仪器】

DH－DPL 多普勒效应及声速综合实验仪，示波器.

【实验原理】

参阅实验 7.4.4 的实验原理.

【实验内容及步骤】

1. 按照实验 7.4.1 步骤 1 进行操作，使调谐成功.

2. 切换到“变速运动实验”.

(1) 设定“采样点数”XX，用“▲”“▼”增减，一次变化 1.

(2) 设定“采样步距”XX ms，用“▲”“▼”增减，一次变化 1 ms.

(3)“开始测量”.

首先，确保小车起始位置在两限位光电门之间，然后按一下控制器后面的复位键或测试架上面的复位键.

其次，进行速度曲线设定. 在电机处于停止状态时，单击 Down 键将改变速度曲线，总共有 7 条先加速再减速曲线[速度都是从 $0.000\ \mathrm{m\cdot s^{-1}}$ 加速到系统速度所能设定的最大值 $(0.475\ \mathrm{m\cdot s^{-1}})$ 然后再减速停止]，显示 ACCX 或－ACCX，X 为 1 ～ 7.

然后，速度曲线选择好后，单击 Run/Stop 控制键将启动变速运动曲线，运行的过程中将显示瞬时速度 $0.\mathrm{XXX\ m\cdot s^{-1}}$ 或 $-0.\mathrm{XXX\ m\cdot s^{-1}}$，反映瞬时速度的大小和方向变化. 运动过程中再次单击 Run/Stop 控制键将停止运行变速曲线，显示 ACCX 或－ACCX，X 为 1 ～ 7.

最后，当变速运动停止时显示 ACCX 或－ACCX，单击 Up 键将显示上次变速运动的距离 D，当 $0\ \mathrm{mm}<D<1\,000\ \mathrm{mm}$ 时显示 XXX.XX mm，当 $1\,000\ \mathrm{mm}<D<10\,000\ \mathrm{mm}$ 时显示 XXXX.X，当 $10\,000\ \mathrm{mm}<D<100\,000\ \mathrm{mm}$ 时显示 XXXXX mm.

测量结束后显示结果“f-t”“数据”“存储”“返回”.

按“▶”“◀”键进入相关功能;若要对数据进行存储,先选择该功能,按下“确认”键后将显示“存储组别:x”,用“▲”“▼”增减改变组别 x,然后按下“确认”后将显示“已存储到组 x”,并自动回到原操作界面.

【数据处理及分析】

根据 f-t 数据,依据公式 $v_r=\dfrac{f_r-f}{f}c_0$,得到 t-v_r 数据,用坐标纸作 t-v_r 曲线,体会超声波测速的原理.

【注意事项】

1. 仪器的运动部分是由步进电机驱动的精密系统,严禁在运动过程中人为阻碍小车运动.

2. 避免传动系统的同步带的人为损坏.

3. 不允许小车在导轨两侧的限位位置外运行,意外触发行程开关后要先切断测试架上的电机开关,再把小车移到导轨中央位置,然后接通电机开关且按一下复位键即可.

附　　录

1. 中华人民共和国法定计量单位.

附表 1－1　国际单位制的基本单位

量的名称	单位名称	单位符号
长度	米	m
质量	千克	kg
时间	秒	s
热力学温度	开[尔文]	K
电流	安[培]	A
物质的量	摩[尔]	mol
发光强度	坎[德拉]	cd

附表 1－2　国际单位制的辅助单位

量的名称	单位名称	单位符号
[平面]角	弧度	rad
立体角	球面度	sr

附表 1－3　可与国际单位并用的我国法定计量单位

量的名称	单位名称	单位符号	换算关系和说明
时间	分	min	1 min = 60 s
	[小]时	h	1 h = 60 min = 3 600 s
	日,(天)	d	1 d = 24 h = 86 400 s
[平面]角	[角]秒	″	$1'' = (\pi/648\ 000)$ rad(π 为圆周率)
	[角]分	′	$1' = 60'' = (\pi/10\ 800)$ rad
	度	°	$1^\circ = 60' = (\pi/180)$ rad
旋转速度	转每分	$\mathrm{r \cdot min^{-1}}$	$1\ \mathrm{r \cdot min^{-1}} = (1/60)\mathrm{s^{-1}}$
长度	海里	n mile	1 n mile = 1 852 m(只用于航行)
速度	节	kn	$1\ \mathrm{kn} = 1\ \mathrm{n\ mile \cdot h^{-1}}$ $= (1\ 852/3\ 600)\mathrm{m \cdot s^{-1}}$(只用于航行)
质量	吨	t	$1\ \mathrm{t} = 10^3\ \mathrm{kg}$
	原子质量单位	u	$1\ \mathrm{u} \approx 1.660\ 540 \times 10^{-27}\ \mathrm{kg}$
体积	升	L	$1\ \mathrm{L} = 1\ \mathrm{dm^3} = 10^{-3}\ \mathrm{m^3}$
能[量]	电子伏	eV	$1\ \mathrm{eV} \approx 1.602\ 177 \times 10^{-19}\ \mathrm{J}$
级差	分贝	dB	
线密度	特[克斯]	tex	$1\ \mathrm{tex} = 10^{-6}\ \mathrm{kg \cdot m^{-1}}$

附表 1－4 单位词头

因数	词头名称		符号
	中文	英文	
10^{18}	艾[可萨]	exa	E
10^{15}	拍[它]	peta	P
10^{12}	太[拉]	tera	T
10^{9}	吉[咖]	giga	G
10^{6}	兆	mega	M
10^{3}	千	kilo	k
10^{2}	百	hecto	h
10^{1}	十	deca	da
10^{-1}	分	deci	d
10^{-2}	厘	centi	c
10^{-3}	毫	milli	m
10^{-6}	微	micro	μ
10^{-9}	纳[诺]	nano	n
10^{-12}	皮[可]	pico	p
10^{-15}	飞[母托]	femto	f
10^{-18}	阿[托]	atto	a

附表 1－5 国际单位制中具有专门名称的导出单位

量的名称	单位名称	符号	用 SI 基本单位的表示式	其他表示示例
频率	赫[兹]	Hz	s^{-1}	
力,重力	牛[顿]	N	$m \cdot kg \cdot s^{-2}$	
压力,压强,应力	帕[斯卡]	Pa	$m^{-1} \cdot kg \cdot s^{-2}$	$N \cdot m^{-2}$
能[量],功,热	焦[耳]	J	$m^{2} \cdot kg \cdot s^{-2}$	$N \cdot m$
功率,辐[射能]通量	瓦[特]	W	$m^{2} \cdot kg \cdot s^{-3}$	$J \cdot s^{-1}$
电荷[量]	库[仑]	C	$s \cdot A$	
电势,电压,电动势	伏[特]	V	$m^{2} \cdot kg \cdot s^{-3} \cdot A^{-1}$	$W \cdot A^{-1}$
电容	法[拉]	F	$m^{-2} \cdot kg^{-1} \cdot s^{4} \cdot A^{2}$	$C \cdot V^{-1}$
电阻	欧[姆]	Ω	$m^{2} \cdot kg \cdot s^{-3} \cdot A^{-2}$	$V \cdot A^{-1}$
电导	西[门子]	S	$m^{-2} \cdot kg^{-1} \cdot s^{3} \cdot A^{2}$	$A \cdot V^{-1}$
磁通[量]	韦[伯]	Wb	$m^{2} \cdot kg \cdot s^{-2} \cdot A^{-1}$	$V \cdot s$
磁通[量]密度,磁感应强度	特[斯拉]	T	$kg \cdot s^{-2} \cdot A^{-1}$	m^{2}
电感	亨[利]	H	$m^{2} \cdot kg \cdot s^{-2} \cdot A^{-2}$	$Wb \cdot A^{-1}$
摄氏温度	摄氏度	℃	$m^{2} \cdot kg \cdot s^{-2} \cdot A^{-2}$	
光通量	流[明]	lm	$cd \cdot sr$	
[光]照度	勒[克斯]	lx	$m^{2} \cdot cd \cdot sr$	$lm \cdot m^{-2}$
[放射性]活度	贝可[勒尔]	Bq	s^{-1}	
吸收剂量	戈[瑞]	Gy	$m^{2} \cdot s^{-2}$	$J \cdot kg^{-1}$
剂量当量	希[沃特]	Sv	$m^{2} \cdot s^{-2}$	$J \cdot kg^{-1}$

2. 一些常用的物理常数.

附表 2－1　基本的和重要的物理常量表

名称	符号	数值和单位
真空中的光速	c	$2.997\ 924\ 58\times10^{8}\ \mathrm{m\cdot s^{-1}}$
基本电荷	e	$1.602\ 177\ 33(49)\times10^{-19}\ \mathrm{C}$
电子质量	m_e	$9.109\ 389\ 7(54)\times10^{-31}\ \mathrm{kg}$
中子质量	m_n	$1.674\ 928\ 6(10)\times10^{-27}\ \mathrm{kg}$
质子质量	m_p	$1.672\ 623\ 1(10)\times10^{-27}\ \mathrm{kg}$
原子质量常量	m_u	$1.660\ 540\ 2(10)\times10^{-27}\ \mathrm{kg}$
普朗克常量	h	$6.626\ 075\ 5(40)\times10^{-34}\ \mathrm{J\cdot s}$
阿伏伽德罗常量	N_A	$6.022\ 136\ 7(36)\times10^{23}\ \mathrm{mol^{-1}}$
摩尔气体常数	R	$8.314\ 510(70)\ \mathrm{J\cdot mol^{-1}\cdot K^{-1}}$
玻尔兹曼常量	k	$1.380\ 658(12)\times10^{-23}\ \mathrm{J\cdot K^{-1}}$
万有引力常数	G	$6.672\ 59(85)\times10^{-11}\ \mathrm{N\cdot m^{2}\cdot kg^{-2}}$
法拉第常数	F	$96\ 485.309(29)\ \mathrm{C\cdot mol^{-1}}$
里德伯常量	R_∞	$1.097\ 373\ 153\ 4(13)\times10^{7}\ \mathrm{m^{-1}}$
电子荷质比	e/m_e	$-1.758\ 819\ 62(53)\times10^{11}\ \mathrm{C\cdot kg^{-1}}$
电子静止能量	$m_e c^2$	$0.510\ 998\ 902\ \mathrm{MeV}$
质子静止能量	$m_p c^2$	$938.271\ 998(38)\ \mathrm{MeV}$
电子的康普顿波长	λ_C	$2.426\ 310\ 236\ 7(11)\times10^{-12}\ \mathrm{m}$
玻尔磁矩	μ_B	$9.274\ 015\ 4(31)\times10^{-24}\ \mathrm{A\cdot m^{2}}$
玻尔半径	a_0	$5.291\ 772\ 49(24)\times10^{-11}\ \mathrm{m}$
标准大气压	p_0	$1.013\ 25\times10^{5}\ \mathrm{Pa}$
标准大气压下理想气体的摩尔体积	V_m	$22.414\ 10(19)\times10^{-3}\ \mathrm{m^{3}\cdot mol^{-1}}$
真空电容率	ε_0	$8.854\ 188\times10^{-12}\ \mathrm{F\cdot m^{-1}}$
真空磁导率	μ_0	$1.256\ 637\times10^{-6}\ \mathrm{H\cdot m^{-1}}$
冰点绝对温度	T_0	$273.15\ \mathrm{K}$
标准状态下空气在空气中的速度		$331.45\ \mathrm{m\cdot s^{-1}}$
标准状态下干燥空气密度	ρ_s	$1.293\ \mathrm{kg\cdot m^{-3}}$
标准状态下水银密度	ρ_{Hg}	$13\ 505.04\ \mathrm{kg\cdot m^{-3}}$
钠光谱中黄线波长	λ_D	$589.3\ \mathrm{nm}$
在 15 ℃,101 325 Pa 时镉光谱中红线的波长	λ_{Cd}	$643.846\ 96\ \mathrm{nm}$

附表 2-2 空气的相对湿度与干湿球温度计温差的关系

表中所列为相对湿度(%)

干球温度计读数 /℃	干湿温度计读数差 /℃										
	0	1	2	3	4	5	6	7	8	9	10
0	100	81	63	45	28	11					
2	100	84	68	51	35	20					
4	100	85	70	56	42	28	14				
6	100	86	73	60	47	35	23	10			
8	100	87	75	63	51	40	28	18	7		
10	100	88	76	65	54	44	34	24	14	4	
12	100	89	78	68	57	48	38	29	20	11	
14	100	90	79	70	60	51	42	33	25	17	9
16	100	90	81	71	62	54	45	37	30	22	15
18	100	91	82	73	64	56	48	41	34	26	20
20	100	91	83	74	66	59	51	44	37	30	24
22	100	92	83	77	68	61	54	47	40	34	28
24	100	92	84	77	69	62	56	49	43	37	31
26	100	92	85	78	71	64	58	50	45	40	34
28	100	93	85	78	72	65	59	53	48	42	37
30	100	93	86	79	73	67	61	55	50	44	39
⋮											

附表 2-3 在标准大气压下不同温度的水的密度

温度 t/℃	密度 ρ/(kg·m^{-3})	温度 t/℃	密度 ρ/(kg·m^{-3})	温度 t/℃	密度 ρ/(kg·m^{-3})
0	999.841	17	998.774	34	994.371
1	999.900	18	998.595	35	994.031
2	999.941	19	998.405	36	993.68
3	999.965	20	998.203	37	993.33
4	999.973	21	997.992	38	992.96
5	999.965	22	997.770	39	992.59
6	999.941	23	997.638	40	992.21
7	999.902	24	997.296	41	991.83
8	999.849	25	997.044	42	991.44
9	999.781	26	996.783	50	988.04
10	999.700	27	996.512	60	983.21
11	999.605	28	996.232	70	977.78
12	999.498	29	995.944	80	971.80
13	999.377	30	995.646	90	965.31
14	999.244	31	995.340	100	958.35
15	999.099	32	995.025		
16	998.943	33	994.702		

附表 2－4　在 20 ℃ 时常用固体和液体的密度

物质	密度 $\rho/(10^3\,\mathrm{kg\cdot m^{-3}})$	物质	密度 $\rho/(10^3\,\mathrm{kg\cdot m^{-3}})$
铝	2.70	水晶玻璃	2.50 ～ 2.80
铜	8.94	窗玻璃	2.40 ～ 2.70
铁	7.86	冰(0 ℃)	0.80 ～ 0.92
银	10.50	甲醇	0.79
金	19.27	乙醇	0.789
钨	19.30	乙醚	0.71
铂	21.45	汽油	0.66 ～ 0.75
铅	11.34	松节油	0.87
锡	7.30	变压器油	0.84 ～ 0.89
水银	13.546	甘油	1.261
钢	7.60 ～ 7.90	蓖麻油	0.96 ～ 0.97
石英	2.50 ～ 2.80		

附表 2－5　在海平面上不同纬度处的重力加速度*

纬度 /(°)	$g/(\mathrm{m\cdot s^{-2}})$	纬度 /(°)	$g/(\mathrm{m\cdot s^{-2}})$
0	9.780 66	50	9.811 16
5	9.781 06	55	9.815 54
10	9.782 23	60	9.819 64
15	9.784 14	65	9.823 35
20	9.786 74	70	9.826 56
25	9.789 95	75	9.829 16
30	9.793 66	80	9.831 07
35	9.797 76	86	9.832 24
40	9.802 14	90	9.832 64
45	9.806 65		

* 表中所列的数据系根据公式 $g = 9.806\,565(1-0.002\,65\cos 2\varphi)$ 算出，其中 φ 为纬度.

附表 2－6　在 20 ℃ 时某些金属的杨氏模量**

金属	杨氏模量	
	E/GPa	$E/(\mathrm{N\cdot m^{-2}})$
铝	70.00 ～ 71.00	$(7.000 \sim 7.100)\times 10^{10}$
钨	415.0	4.150×10^{11}
铁	190.0 ～ 210.0	$(1.900 \sim 2.100)\times 10^{11}$
铜	105.0 ～ 130.0	$(1.050 \sim 1.300)\times 10^{11}$
金	79.00	7.900×10^{10}
银	70.00 ～ 82.00	$(7.000 \sim 8.200)\times 10^{10}$
锌	800.0	8.000×10^{10}
镍	205.1	2.050×10^{11}
铬	240.0 ～ 250.0	$(2.400 \sim 2.500)\times 10^{11}$
合金钢	210.0 ～ 220.0	$(2.100 \sim 2.200)\times 10^{11}$
碳钢	200.0 ～ 210.0	$(2.000 \sim 2.100)\times 10^{11}$
康钢	163.0	1.630×10^{11}

** 杨氏模量的值跟材料的结构、化学成分及加工制造方法有关，因此在某些情况下，E 的值可能跟表中所列的值不同

附表 2－7 在 20 ℃ 时与空气接触的液体的表面张力系数

液体	σ/(10^{-3} N·m^{-1})	液体	σ/(10^{-3} N·m^{-1})
航空汽油(在 10 ℃ 时)	21	甘油	63
石油	30	水银	513
煤油	24	甲醇	22.6
松节油	28.8	(在 0 ℃ 时)	24.5
水	72.75	乙醇	22.0
肥皂溶液	40	(在 60 ℃ 时)	13.4
氟利昂-12	9.0	(在 0 ℃ 时)	24.1
蓖麻油	36.4		

附表 2－8 在不同温度下与空气接触的水的表面张力系数

温度 /℃	σ/(10^{-3} N·m^{-1})	温度 /℃	σ/(10^{-3} N·m^{-1})	温度 /℃	σ/(10^{-3} N·m^{-1})
0	75.62	16	73.34	30	71.15
5	74.90	17	73.20	40	69.55
6	74.76	18	73.15	50	67.90
8	74.48	19	72.89	60	66.17
10	74.20	20	72.75	70	64.41
11	74.07	21	72.60	80	62.60
12	73.92	22	72.44	90	60.74
13	73.78	23	72.28	100	58.84
14	73.64	24	72.12		
15	73.48	25	71.96		

附表 2－9 液体的黏度

液体	温度 /℃	η/(10^{-6} Pa·s)	液体	温度 /℃	η/(10^{-6} Pa·s)
汽油	0	1 788	甘油	－20	1.34×10^{8}
	18	530		0	1.21×10^{8}
乙醇	－20	2 780		20	1.499×10^{11}
	0	1 780		100	12 945
	20	1 190	蜂蜜	20	6.50×10^{6}
甲醇	0	817		80	1.00×10^{6}
	20	584	鱼肝油	20	45 600
乙醚	0	296		80	4 600
	20	243	水银	－20	1 855
变压器油	20	19 800		0	1 685
蓖麻油	10	2.42×10^{6}		20	1 554
葵花子油	20	50 000		100	1 224

附表 2－10　不同温度时水的黏度

温度/℃	$\eta/(10^{-6}\,Pa \cdot s)$	温度/℃	$\eta/(10^{-6}\,Pa \cdot s)$
0	1 787	60	469
10	1 304	70	406
20	1 004	80	355
30	801	90	315
40	653	100	282
50	549		

附表 2－11　固体的线膨胀系数

物质	温度或温度范围/℃	$\alpha/(10^{-6}\,℃^{-1})$	物质	温度或温度范围/℃	$\alpha/(10^{-6}\,℃^{-1})$
铝	0～100	23.8	锌	0～100	32
铜	0～100	17.1	铂	0～100	9.1
铁	0～100	12.2	钨	0～100	4.5
金	0～100	14.3	石英玻璃	20～200	0.5
银	0～100	19.6	窗玻璃	20～200	9.5
钢(0.05%碳)	0～100	12.0	花岗石	20	6～9
康铜	0～100	15.2	瓷器	20～700	3.1～4.1
铅	0～100	29.2			

附表 2－12　固体的比热容

物质	温度/℃	比热容	
		$c/(kJ \cdot kg^{-1} \cdot K^{-1})$	$c/(kcal \cdot kg^{-1} \cdot K^{-1})$
铝	20	0.214	0.895
黄铜	20	0.091 7	0.380
铜	20	0.092	0.385
铂	20	0.032	0.134
生铁	0～100	0.13	0.54
铁	20	0.115	0.481
铅	20	0.030 6	0.130
镍	20	0.115	0.481
银	20	0.056	0.234
钢	20	0.107	0.447
锌	20	0.093	0.389
玻璃		0.14～0.22	0.585～0.920
冰	－40～0	0.43	1.797

附表 2 – 13 液体的比热容

液体	温度 /℃	比热容	
		$c/(kJ \cdot kg^{-1} \cdot K^{-1})$	$c/(kcal \cdot kg^{-1} \cdot K^{-1})$
乙醇	0	2.30	0.55
	20	2.47	0.59
甲醇	0	2.43	0.58
	20	2.47	0.59
乙醚	20	2.34	0.56
水	0	4.220	1.009
	20	4.182	0.999
氟利昂-12	20	0.84	0.20
变压器油	0 ～ 100	1.88	0.45
汽油	10	1.42	0.34
	0.50	50	2.09
水银	0	0.1465	0.035 0
	0.033 2	20	0.1390
甘油	18	2.43	0.58

附表 2 – 14 某些金属或合金的电阻率及其温度系数(20 ℃)

金属或合金	电阻率 /(μΩ • m)	温度系数 /℃$^{-1}$	金属或合金	电阻率 /(μΩ • m)	温度系数 /℃$^{-1}$
铝	0.028	42×10^{-4}	锌	0.059	42×10^{-4}
铜	0.017 2	43×10^{-4}	锡	0.12	44×10^{-4}
银	0.016	40×10^{-4}	水银	0.958	10×10^{-4}
金	0.024	40×10^{-4}	武德合金	0.52	37×10^{-4}
铁	0.098	60×10^{-4}	钢(0.10% ～ 0.15% 碳)	0.10 ～ 0.14	6×10^{-4}
铅	0.205	37×10^{-4}	康铜	0.47 ～ 0.51	$(-0.04 \sim 0.01) \times 10^{-3}$
铂	0.105	39×10^{-4}	铜锰镍合金	0.34 ～ 1.00	$(-0.03 \sim 0.02) \times 10^{-3}$
钨	0.055	48×10^{-4}	镍铬合金	0.98 ～ 1.10	$(0.03 \sim 0.4) \times 10^{-4}$

附表 2 – 15 几种常用热电偶的赛贝克系数值

(1) 铂铑$_{10}$ -铂.

温度 /℃	赛贝克数值 /(μV • ℃)	温度 /℃	赛贝克数值 /(μV • ℃)	温度 /℃	赛贝克数值 /(μV • ℃)	温度 /℃	赛贝克数值 /(μV • ℃)
100	7.33	500	9.89	900	11.20	1 200	12.02
200	8.46	600	10.19	961.93	11.40	1 300	12.12
300	9.14	630.74	10.30	1 000	11.53	1400	12.12
400	9.57	700	10.54	1 084.88	11.79	1500	12.03
419.58	9.64	800	10.87	1 100	11.83	1 600	11.85

(2) 镍铬-镍硅(镍铬-镍铝亦可用)等.

温度 /℃	赛贝克数值 /(μV · ℃$^{-1}$)		
	镍铬-镍硅	镍铬-铂	镍硅-铂
0	39.48	25.84	13.64
100	41.37	30.12	11.25
200	39.95	32.76	7.19
300	41.46	34.12	7.34
400	42.22	34.55	7.64
500	42.61	34.33	8.28
600	42.53	33.73	8.00
700	41.93	32.96	8.97
800	41.00	32.16	8.84
900	39.96	31.43	8.53
1 000	38.93	30.75	8.18
1 100	37.84	30.60	7.78
1 200	36.50	29.18	7.32
1 300	34.88	27.18	7.07

(3) 铜-康铜等.

温度 /℃	赛贝克数值 /(μV · ℃$^{-1}$)		
	铜-康铜	铜-铂	铂-康铜
−270	1.016	0.316	0.700
−195.802	16.328	−4.255	20.583
−100	28.394	1.211	27.183
−78.476	30.828	2.347	28.481
0	38.741	5.881	32.860
100	46.773	9.378	37.395
200	53.146	11.885	41.261
300	58.086	14.302	43.785
400	61.793	16.297	45.495

附表 2－16　不同温度时干燥空气中的声速

单位：m • s^{-1}

温度 /℃	0	1	2	3	4	5	6	7	8	9
60	366.05	366.60	367.14	367.69	368.24	368.78	369.33	369.87	370.42	370.96
50	360.51	361.07	361.62	362.18	362.74	363.29	363.84	364.39	364.95	365.50
40	354.89	355.46	356.02	356.58	357.15	357.71	358.27	358.83	359.39	359.95
30	349.18	349.75	350.33	350.90	351.47	352.04	352.62	353.19	353.75	354.32
20	343.37	343.95	344.54	345.12	345.70	346.29	346.87	347.44	348.02	348.60
10	337.46	338.06	338.65	339.25	339.91	340.43	341.02	341.61	342.20	342.78
0	331.45	332.66	332.66	333.27	333.87	334.47	335.07	335.67	336.27	336.87
－10	325.33	324.09	324.09	323.47	322.84	322.22	321.60	320.97	320.34	319.72
－20	319.09	318.45	317.82	317.19	316.55	315.92	315.28	314.64	314.00	313.36
－30	312.72	312.08	311.43	310.78	310.14	309.49	308.84	308.19	307.53	306.88
－40	306.22	305.56	304.91	304.25	303.58	302.92	302.26	301.59	300.92	300.25
－50	299.58	298.91	298.24	297.56	296.89	296.21	295.53	294.85	294.16	293.48
－60	292.79	292.11	291.42	290.73	290.03	289.34	288.64	287.95	287.25	286.55
－70	286.84	285.14	284.43	283.73	283.02	282.30	281.59	280.88	280.16	279.44
－80	278.82	278.00	277.27	276.55	275.82	275.09	274.36	273.62	272.89	272.15
－90	271.41	270.67	269.92	269.18	268.43	267.68	266.93	266.17	265.42	264.63

3. 常用电器仪表面板上的标记符号.

附表 3－1　常用电器仪表面板上的标记符号

名　称	符　号	名　称	符　号
磁电系列电表		静电系列电表	
公共端钮	✱	接地按钮	⏚
直流	—	交流	～
直流或交流	≃	调零器	
垂直放置	⊥↑	水平放置	⊓—
以标度尺量限的百分数表示准确等级	1.5	以指示值的百分数表示准确度等级	(1.5)
绝缘等级 实验电压为 2 kV	☆2	A 组仪表 用在 0 ～ 40 ℃ 工作	△A
二级防外磁及电场	Ⅱ	整流系列电表	

参考文献

1. 成正维. 大学物理实验[M]. 北京:高等教育出版社,2002.
2. 丁慎训,张连芳. 物理实验教程[M]. 2版. 北京:清华大学出版社,2002.
3. 姜长来,戴剑锋,欧阳武. 大学物理实验[M]. 北京:机械工业出版社,1995.
4. 李平. 大学物理实验[M]. 北京:高等教育出版社,2006.
5. 王云才,李秀燕. 大学物理实验教程[M]. 2版. 北京:科学出版社,2003.
6. 李学慧. 大学物理实验[M]. 北京:高等教育出版社,2006.
7. 刘延君,褚润通. 大学物理实验[M]. 兰州:兰州大学出版社,2007.
8. 马大猷. 现代声学理论基础[M]. 北京:科学出版社,2004.
9. 任隆良,谷晋骐. 物理实验[M]. 天津:天津大学出版社,2003.
10. 唐文强,韦名德,杨端翠. 大学物理实验[M]. 北京:北京理工大学出版社,2007.
11. 吴泳华,霍剑青,熊永红. 大学物理实验[M]. 北京:高等教育出版社,2001.
12. 张丽慧,周志坚,张景娇. 大学物理实验教程[M]. 北京:冶金工业出版社,2003.

图书在版编目(CIP)数据

大学物理实验/褚润通主编. —北京 ：北京大学出版社，2019.9

ISBN 978-7-301-30673-4

Ⅰ. ①大… Ⅱ. ①褚… Ⅲ. ①物理学—实验—高等学校—教材 Ⅳ. ①O4-33

中国版本图书馆 CIP 数据核字(2019)第 170471 号

书　　名　大学物理实验
　　　　　　DAXUE WULI SHIYAN
著作责任者　褚润通　主编
责 任 编 辑　张　敏
标 准 书 号　ISBN 978-7-301-30673-4
出 版 发 行　北京大学出版社
地　　址　北京市海淀区成府路 205 号　100871
网　　址　http://www.pup.cn
电 子 信 箱　zpup@pup.cn
新 浪 微 博　@北京大学出版社
电　　话　邮购部 010-62752015　发行部 010-62750672　编辑部 010-62765014
印 刷 者　长沙超峰印刷有限公司
经 销 者　新华书店
　　　　　　787 毫米×1092 毫米　16 开本　22 印张　548 千字
　　　　　　2019 年 9 月第 1 版　2021 年 8 月第 2 次印刷
定　　价　49.80 元
